网页设计与开发殿堂之路*

After Effects CC移动网站UI交互动效设计全程揭秘

张晨起　编著

清華大學出版社
北京

内 容 简 介

如今，在许多优秀的移动App应用界面中都能够看到丰富细腻的交互动效设计，通过在App应用界面中合理地加入交互动效，可以为用户提供良好的动态沉浸式体验，动效设计在产品研发过程中也越来越被认可和重视。

本书以After Effects CC为设计工具，对UI交互动效设计的流程和制作技巧进行了全面、细致的剖析。本书内容简洁、通俗易懂，通过知识点与实例相结合的方式，让读者能够清晰明了地理解UI交互动效设计的相关内容，从而达到学以致用的目的。全书共分6章，分别为理解UI交互设计、初识UI交互动效、After Effects软件基础操作、在After Effects中制作动效并输出、制作UI元素交互动效和UI界面动效设计。

本书结构清晰、实例经典、技术实用，适合作为UI交互动效设计人员的参考手册，也可以作为高等院校相关专业的教材。

图书在版编目(CIP)数据

After Effects CC移动网站UI交互动效设计全程揭秘 / 张晨起 编著. —北京：清华大学出版社，2019
(网页设计与开发殿堂之路)
ISBN 978-7-302-52918-7

Ⅰ. ①A… Ⅱ. ①张… Ⅲ. ①图像处理软件 Ⅳ. ①TP391.413

中国版本图书馆CIP数据核字(2019)第083543号

责任编辑：李　磊　焦昭君
封面设计：王　晨
版式设计：孔祥峰
责任校对：成凤进
责任印制：李红英

出版发行：清华大学出版社
网　　址：http://www.tup.com.cn，http://www.wqbook.com
地　　址：北京清华大学学研大厦A座　　**邮　　编：**100084
社 总 机：010-62770175　　**邮　　购：**010-62786544
投稿与读者服务：010-62776969，c-service@tup.tsinghua.edu.cn
质 量 反 馈：010-62772015，zhiliang@tup.tsinghua.edu.cn
印 装 者：三河市铭诚印务有限公司
经　　销：全国新华书店
开　　本：185mm×260mm　　**印　　张：**17.25　　**字　　数：**498千字
版　　次：2019年9月第1版　　**印　　次：**2019年9月第1次印刷
定　　价：89.80元

产品编号：077858-01

前言

如今移动端 App 应用种类繁多，如何才能够让自己设计的移动 App 应用脱颖而出呢？设计师需要考虑的，不仅仅是产品如何更合理地展现结构与功能，更重要的是思考所开发的移动应用 App 如何做到简便易懂的同时又带给用户新颖感。此时，有限的屏幕空间仅靠文字的提示是不够的，移动应用 App 需要更多的新鲜血液——动效设计。动效设计可以拓展空间内容，简化引导流程，降低学习成本，更重要的是给用户带来意想不到的惊喜，它就像人类的肢体语言，通过肢体语言传达更多的抽象信息和性格特征。

动效是物体空间关系与功能有意识的流动之美，它让用户更了解交互。本书紧跟移动交互设计的发展趋势，向读者详细介绍 UI 交互动效设计的相关知识，并讲解目前流行的交互动效制作软件 After Effects，通过基础知识与实例操作相结合的方式，使读者在理解的基础上能够更加快速动手制作出各种实用的界面交互动效，真正做到学以致用。

本书从交互设计的基础知识开始，由浅入深地详细介绍 UI 交互动效设计的知识，以及如何使用 After Effects 软件制作各种常见的交互动效，将知识点与实例相结合，使学习过程不再枯燥乏味。全书共分 6 章，各章内容介绍如下。

第 1 章　理解 UI 交互设计，本章主要介绍 UI 交互设计以及用户体验的相关基础知识，使读者对 UI 交互设计有基本的了解，动效设计的最终目的就是为了提升 UI 界面的交互体验。

第 2 章　初识 UI 交互动效，本章主要介绍 UI 交互动效设计的基础知识，使读者能够更好地理解什么是交互动效，以及交互动效与 UI 设计之间的关系，并且能够理解 UI 交互动效的应用范围和常见表现效果。

第 3 章　After Effects 软件基础操作，本章主要介绍交互动效制作软件 After Effects，从认识该软件的工作界面着手，到软件的基本操作方法、重要的功能面板和操作技巧，并通过一些简单的交互动效实例的制作，使读者能够快速掌握 After Effects CC 软件的基本操作和使用方法。

第 4 章　在 After Effects 中制作动效并输出，本章主要介绍在 After Effects 中制作交互动效最重要的关键帧的概念及其操作方法，还介绍了有关运动路径、蒙版等高级动画的表现方法，以及如何将 After Effects 中所制作的动效进行渲染输出的方法。

第 5 章　制作 UI 元素交互动效，本章主要介绍 UI 界面中各种元素交互动效的表现和设计方法，并结合实例练习，使读者能够快速掌握各种 UI 元素交互动效的制作方法。

第 6 章　UI 界面动效设计，本章主要介绍 UI 界面交互动效设计的相关知识，包括加载动效、引导界面动效、导航菜单动效、界面切换动效和其他界面动效等，通过知识点的学习使读者能够理解 UI 界面动效设计的要点，通过实例的制作使读者掌握 UI 界面动效的制作方法。

本书由张晨起编著，另外张晓景、李晓斌、高鹏、胡敏敏、张国勇、贾勇、林秋、胡卫东、姜玉声、周晓丽、郭慧等人也参与了本书的部分编写工作。本书在写作过程中力求严谨，由于作者水平所限，书中难免有疏漏和不足之处，希望广大读者批评、指正，欢迎与我们沟通和交流。QQ 群名称：网页设计与开发交流群；QQ 群号：705894157。

为了方便读者学习，本书为每个实例提供了教学视频，只要扫描一下书中实例名称旁边的二维码，即可直接打开视频进行观看，或者推送到自己的邮箱中下载后进行观看。本书配套的立体化学习资源中提供了书中所有实例的素材源文件、最终文件、教学视频和 PPT 课件，并附赠海量实用资源。读者在学习时可扫描下面的二维码，然后将内容推送到自己的邮箱中，即可下载获取相应的资源（注意：请将这两个二维码下的压缩文件全部下载完毕后，再进行解压，即可得到完整的文件内容）。

编　者

Search

目录

第 1 章 理解 UI 交互设计

第 2 章 初识 UI 交互动效

第 3 章 After Effects 软件基础操作

第 4 章 在 After Effects 中制作动效并输出

第 5 章 制作 UI 元素交互动效

第 6 章 UI 界面动效设计

第1章 理解 UI 交互设计

进入信息时代，多媒体的运用使交互设计显得更加多元化，多学科各角度的剖析让交互设计理论更加丰富，现在基于交互设计的互联网产品越来越多地投入市场，而很多新的互联网产品也大量吸收了交互设计的理论，使产品能够给用户带来更好的体验。本章将向读者介绍 UI 交互设计的相关基础知识，使读者对 UI 和交互设计有更深入的理解。

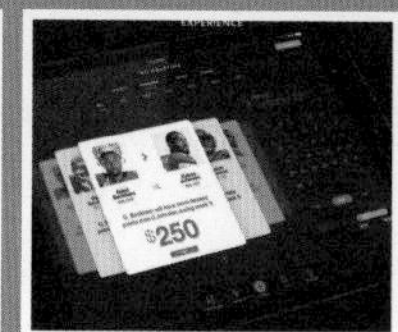

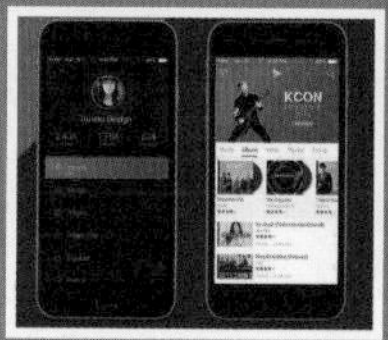

1.1 UI 设计

随着智能手机和平板电脑等移动设备的普及，使用这些移动设备进行交流和娱乐已经成为人们日常生活中不可缺少的一部分。移动设备成为与用户交互最直接的工具，各种类型的移动 App 软件层出不穷，极大地丰富了移动设备的应用。

移动设备用户不仅期望移动设备的软、硬件拥有强大的功能，更注重操作界面的直观性、便捷性，能够提供轻松、愉快的操作体验。

1.1.1 UI 设计概述

UI 即 User Interface(用户界面) 的简称，UI 设计则是指对软件的人机交互、操作逻辑、界面美观 3 个方面的整体设计。好的 UI 设计不仅可以让软件变得有个性、有品位，还可以使用户的操作变得更加舒服、简单、自由，充分体现产品的定位和特点。UI 设计包含范畴比较广泛，包括软件 UI 设计、网站 UI 设计、游戏 UI 设计、移动设备 UI 设计等。如图 1–1 所示为部分 UI 设计作品。

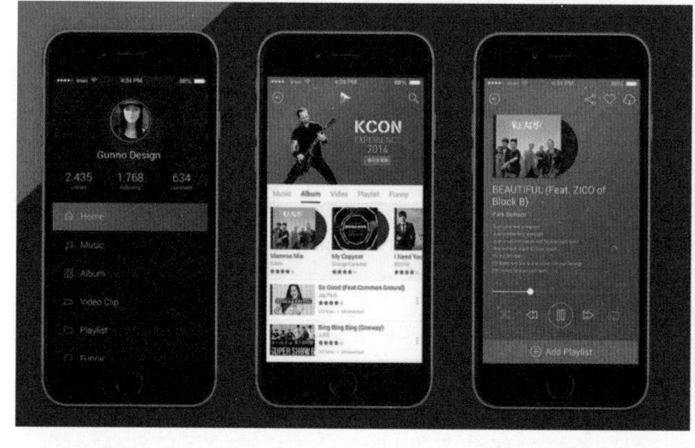

图 1-1

UI 设计不仅仅是单纯的美术设计，它需要根据使用者、使用环境、使用方式、最终用户而设计，是纯粹的、科学性的艺术设计。一个友好美观的界面会给用户带来舒适的视觉享受，拉近人机之间的距离，所以 UI 设计需要和用户研究紧密地结合，是一个不断为最终用户设计满意视觉效果的过程。

提示

UI 设计不仅需要客观的设计思想，还需要更加科学和人性化的设计理念。如何在本质上提升产品用户界面的设计品质？这不仅需要考虑到界面的视觉设计，还需要考虑到人、产品和环境三者之间的关系。

1.1.2 了解 UI 设计师

很多人还不太清楚什么是 UI 设计师，UI 设计师的工作是什么。其实，UI 设计从工作内容上来说主要有 3 个方向，这 3 个方向主要是由 UI 研究的 3 个因素决定的，这 3 个因素分别是研究界面、研究人与界面的关系、研究人。

1. 研究界面——图形设计师 (Graphic UI Designer)

目前国内大部分的 UI 设计者都是从事研究界面的图形设计师，也有人称其为“美工”，但实际上并不是单纯意义上的美术人员，而是软件产品的外形设计师。

通常，UI 图形设计师大多是专业美术院校毕业，其中大部分都具有美术设计教育背景，例如工业外形设计、信息多媒体设计、装潢设计等。

2. 研究人与界面的关系——交互设计师 (Interaction Designer)

在出现软件图形界面之前，长期以来 UI 设计师就是指交互设计师。交互设计师的工作内容就是设计软件的树状结构、操作流程、软件的结构与操作规范等。一个软件产品在进行编码设计之前需要做的工作就是交互设计，并且确定交互模型和交互规范。交互设计师一般都需要具有软件工程师的背景。

3. 研究人——用户测试 / 研究工程师 (User Experience Engineer)

为了保证产品的质量，任何产品在推出之前都需要经过测试，软件的功能编码需要进行测试，UI 设计也需要进行测试。UI 设计的测试与编码没有任何的关系，主要是测试交互设计的合理性以及图形设计的美观性。测试的方法一般都是采用焦点小组的形式，用目标用户问卷的形式来衡量 UI 设计的合理性。

用户测试 / 研究工程师的职位很重要，如果没有这个职位，UI 设计的好坏只能凭借设计师的经验或者领导的审美来判断，这样会给企业带来很大的风险。用户测试 / 研究工程师一般都需要具有心理学、人文学背景。

综上所述，读者应该明白 UI 设计师可以分为 3 种，分别是 UI 图形设计师、交互设计师和用户测试 / 研究工程师。

1.1.3 UI 设计的特点

随着移动设备的不断普及，对移动设备软件的需求越来越多，移动操作系统厂商都不约而同地建立移动设备应用程序市场，如苹果公司的 App Store、谷歌公司的 Android Market、微软公司的 Windows Phone Marketplace 等，给移动设备用户带来巨量的应用软件。

这些应用软件界面各异，移动设备用户在众多的应用软件使用过程中，最终会选择界面视觉效果良好，并且具有良好用户体验的应用软件。那么怎样的移动应用 UI 设计才能够给用户带来好的视觉效果和良好的用户体验呢？接下来向读者介绍移动 UI 设计的特点和技巧。

1. 第一眼体验

当用户首次启动移动应用程序时，在脑海中首先想到的问题是：我在哪里？我可以在这里做什么？接下来还可以做什么？要尽力做到应用程序在刚打开的时候就能够回答出用户的这些问题。如果一个应用程序能够在前几秒的时间里告诉用户这是一款适合他的产品，那么他一定会更加深层次地进行发掘。如图 1–2 中的产品合理运用颜色给用户良好的第一眼体验。

在该移动端订餐 App 界面中，可以看到信息内容清晰、明确，通过不同颜色的按钮来区分不同的功能，并且为食品类型设计了不同的图标，用户在使用时非常方便。

色块是移动端界面设计中常用的一种内容表现方式，通过色块用户可以在移动端屏幕中更容易区分不同的内容。在该移动端的界面设计中，使用不同色相的鲜艳色块来突出不同功能内容的表现，使界面的信息表现更加突出，并且大色块更容易使用手进行触摸操作。

图 1-2

2. 便捷的输入方式

在大部分时候，人们只使用 1 个拇指来操作移动应用程序，所以在设计时不要执着于多点触摸以及复杂精密的流程，而要让用户可以迅速地完成屏幕和信息间的切换和导航，快速获取所需要的信息，要珍惜用户每次的输入操作。如图 1–3 所示是在 App 中为用户提供更加便捷的搜索和查找功能。

3. 呈现用户所需

用户通常会利用一些时间间隙来做一些小事情，将更多的时间留下来做一些自己喜欢的事情。因此，不要让用户等待应用程序来做某件事情，尽可能地提升应用表现，改变 UI，让用户所需结果的呈现变得更快，如图 1–4 所示。

在该选择界面中，不但可以通过字母进行快速查找，还可以通过搜索的方式快速定位需要的内容，用户操作起来非常方便。

图 1-3

使用大图标与文字相结合，突出表现当前天气情况

统一风格的小图标与文字表现未来几天的天气

天气类 App 界面设计，使用具有代表性的城市风景图片作为界面背景来突出表现当前所显示的是哪个城市的天气信息。在界面正中间位置使用大图标与文字结合表现当前的天气情况，在界面底部介绍未来几天的天气情况，界面效果非常简洁、直观。

图 1-4

4. 适当的横向呈现方式

对于用户来说，横向呈现带来的体验是完全不同的，利用横向这种更宽的布局，以完全不同的方式呈现新的信息，如图 1–5 所示。

这是同一款 App 应用分别在手机与平板电脑中采用不同的呈现方式。
平板电脑提供了更大的屏幕空间，可以合理地安排更多的信息内容，而手机屏幕的空间相对较小，适合展示最重要的信息内容。通过横竖屏不同的展示方式，可以为用户带来不同的体验。

图 1-5

5. 制作个性应用

向用户展示一个个性的、与众不同的风格。因为每个人的性格不同，喜欢的应用风格也各不相同，制作一款与众不同的应用，总会有喜欢它的用户，如图 1–6 左图所示。

6. 不忽视任何细节

不要低估一个应用组中的任何一项。精心撰写的介绍和清晰且设计精美的图标会让设计的应用显得出类拔萃，用户会察觉到设计师额外投入的这些精力，如图 1–6 右图所示。

在该移动端 App 界面设计中，将功能操作按钮使用背景色块排列在界面的左侧，打破传统的布局方式，给用户带来新意，同样也能方便用户的操作。

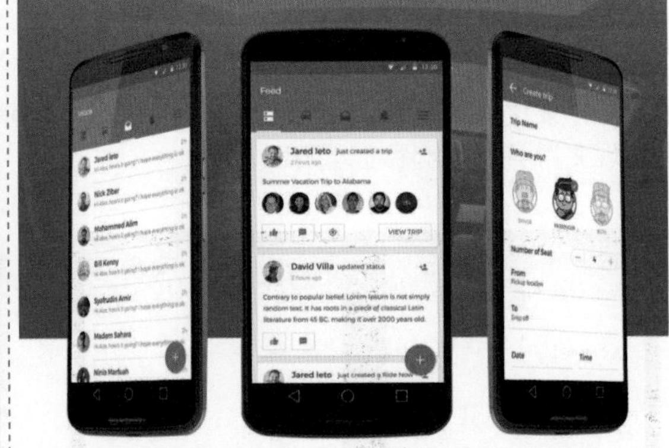

App 应用界面更重要的是实用，所以通用性一定要强，并且需要注意界面的设计细节，做到操作界面的统一，使用户能够快速了解熟悉操作界面，使用起来得心应手。

图 1-6

1.1.4 UI 设计的相关术语

了解用户体验设计领域的相关专业术语，如 UI、GUI、ID 和 UE 等，可以帮助我们进一步加深对该领域的认识。

- **UI(User Interface)**

UI 是指用户界面，包含用户在整个产品使用过程中相关界面的软硬件设计，囊括了 GUI、ID 和 UE，是一种相对广义的概念。

- **GUI(Graphic User Interface)**

GUI 是指图形用户界面，可以简单地理解为界面美工，主要完成产品软硬件的视觉界面部分，比 UI 的范畴要窄。目前国内大部分的 UI 设计其实做的是 GUI，设计师大多出自美术院校相关专业。

- **ID(Interaction Design)**

ID 是指交互设计，简单地讲就是指人与计算机等智能设备之间的互动过程的流畅性设计，一般是由软件工程师来实施。

- **UE(User Experience)**

UE 是指用户体验，更多关注的是用户的行为习惯和心理感受，即研究用户怎样使用产品才能够更加得心应手。

- **UED(User Experience Designer)**

UED 即用户体验设计师的简称，这个工作岗位在国外企业产品设计开发中十分被重视，这与国际上比较注重人们的生活质量密切相关。目前国内相关行业特别是互联网企业在产品开发过程中越来越多地认识到这一点，很多著名的互联网企业都已经拥有了自己的 UED 团队。

1.2 交互设计与用户体验

在网络发展的初期，由于技术和产业发展的不成熟，交互设计更多地追求技术创新或者功能实现，很少考虑用户在交互过程中的感受，这就使很多网络交互设计得过于复杂或者过于技术化，用户理解和操作起来困难重重，因而大大降低了用户参与网络互动的兴趣。随着数字技术的发展以及市场竞争的日趋激烈，很多交互设计师开始将目光转向如何为用户创造更好的交互体验，从而吸引用户参与到网络交互中来。于是，用户体验逐渐成为交互设计的首要关注点和重要的评价标准。

1.2.1 交互设计概述

交互设计，又称为互动设计 (Interaction Design)，是指设计人与产品或服务互动的一种机制。交互设计在于定义产品 (软件、移动设备、人造环境、服务、可穿戴设备以及系统的组织结构等) 在特定场景下反应方式相关的界面，通过对界面和行为进行交互设计，可以让使用者使用人造物来完成目标，这就是交互设计的目的。

从用户角度来说，交互设计是一种如何让产品易用、有效而让人愉悦的技术，它致力于了解目标用户和他们的期望，了解用户在与产品交互时彼此的行为，了解“人”本身的心理和行为特点。同时还包括了解各种有效的交互方式，并对它们进行增强和扩充。交互设计还涉及多个学科，以及和交互设计领域人员的沟通。

1.2.2 交互设计的基本步骤

通常来说，交互设计都会遵循类似如下的步骤进行设计，为特定的设计问题提供某个解决方案。交互设计的一般步骤包括以下 7 个。

(1) 用户调研	通过用户调研了解用户及其相关的使用场景，以便对其有深刻的认识 (主要包括用户使用时的心理模式和行为模式)，从而为后续设计提供良好的基础。
(2) 概念设计	通过综合考虑用户调研的结果、技术可行性以及商业机会，为交互设计的目标创建概念 (目标可能是新的软件、产品、服务或系统)。整个过程可能来回迭代进行多次，每个过程可能包含头脑风暴、交谈、细化概念模型等活动。
(3) 创建用户模型	基于用户调研得到的用户行为模式，设计师创建场景或者用户故事来描绘设计中产品将来可能的形态。通常设计师设计用户模型来作为创建场景的基础。

(4) 创建界面流程	交互设计师通常需要绘制界面流程图，用于描述系统的操作流程。
(5) 开发原型以及用户测试	交互设计师通过设计原型来测试设计方案。原型大致可以分为 3 类：功能测试原型、感官测试原型和实现测试原型。总之，这些原型用于测试用户和设计系统交互的质量。
(6) 实现	交互设计师需要参与方案的实现，从而确保方案实现是严格忠于原来的设计的；同时，也要准备进行必要的方案修改，从而确保不伤害原有设计的完整概念。
(7) 系统测试	系统实现完毕的测试阶段，可以通过用户测试发现设计的缺陷，设计师需要根据情况对方案进行合理修改。

1.2.3 用户体验概述

用户体验是用户在使用产品或服务的过程中建立起来的一种纯主观的心理感受。从用户的角度来说，用户体验是产品在现实世界的表现和使用方式，渗透到用户与产品交互的各个方面，包括用户对品牌特征，信息可用性、功能性、内容性等方面的体验。不仅如此，用户体验还是多层次的，并且贯穿于人机交互的全过程，既有对产品操作的交互体验，又有在交互过程中触发的认知、情感体验，包括享受、美感和娱乐。从这个意义上来讲，交互设计就是创建新的用户体验的设计。

提示

用户体验设计的范围很广，而且在不断地扩张，关于用户体验概念的定义有多重描述，不同领域的人有不同的阐述。

用户体验这一领域的建立，正是为了全面地分析和透视一个人在使用某个产品、系统或服务时的感受，其研究的重点在于产品、系统或服务给用户带来的愉悦度和价值感，而不是其性能和功能的表现。

1.2.4 用户体验的 5 个层面

很多人都曾经有过在手机 App 上购物的经历，这种过程几乎是一样的：访问购物 App 软件，使用站内搜索引擎或者分类目录寻找想要购买的商品，选择付款方式并输入快递地址，然后购物，App 则保证将商品递送到客户的手中。

这个清晰、有条不紊的体验，事实上由一系列完整的决策组成：App 界面看起来是什么样？它如何运转？它能让用户做什么？这些决策彼此依赖，告知并影响用户体验的各个方面。如果去掉这些体验的外壳，就可以清晰理解这些决策是如何做出来的了。

为了明确用户体验的整个过程，我们从网络交互最基本的形式——界面设计入手分析用户体验的要素，将用户体验的要素总结为 5 个层面：战略层、范围层、结构层、框架层和表现层，并从每一个层面包含的子要素入手提出符合用户体验的设计原则，如 1–7 所示。

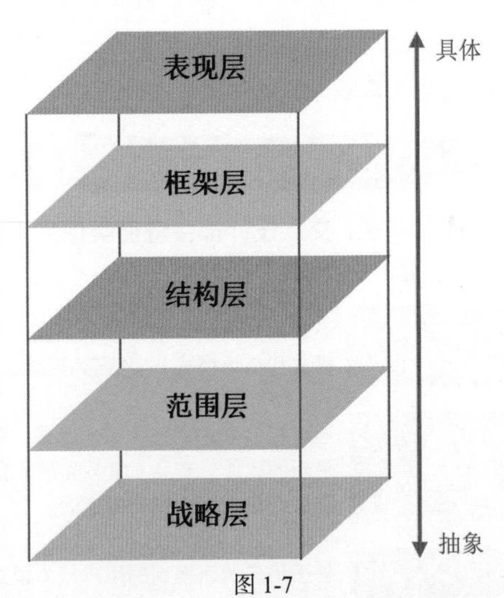

图 1-7

1. 表现层

表现层主要是界面的视觉效果设计。在表现层中，我们看到的是一系列的界面，这些界面由图片、文字和音乐等多媒体元素构成。一些图片可能是可以点击的，会执行某种功能，例如一个购物车的图标，会把用户带到购物车页面，而有些图片可能仅仅是装饰而已。文字信息也是如此，有一些可能会有超链接。如图 1–8 所示为界面上的各种元素。

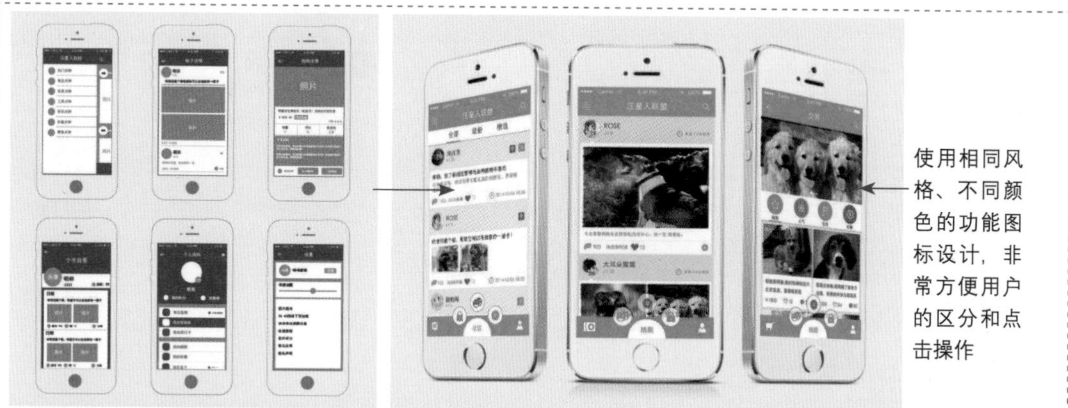

移动应用界面的视觉设计其实也是一种信息的表达，充满美感的应用界面会让用户从潜意识中青睐它，甚至于忘记时间成本和它“相处”，同时加深了用户对品牌的再度认知。而由于每个人的审美观念不太相同，因此必须面向目标用户去设计界面的视觉效果。

图 1-8

2. 框架层

在表现层下面是框架层，框架层利用按钮、控件、照片和文本区域位置等元素来优化界面的设计布局，使这些元素的使用达到最大化的效果和效率，确定很详细的界面外观、导航和信息设计，如图 1–9 所示。

在框架层中主要是对界面中不同的内容区域进行划分，确定界面的布局，从而方便对界面的视觉表现效果进行设计。合理布局对于移动端界面的设计尤为重要，一般来说，移动设备显示屏的尺寸有限，布局合理、流畅会使视线“融会贯通”，也可间接帮助用户找到自己关注的对象。

图 1-9

3. 结构层

在框架层下面是结构层，框架是结构的具体表现方式。框架层设定界面中交互元素的位置，而结构层则用来设计用户如何达到某个页面，以及访问结束后能够去到哪里。框架层定义了导航栏中各要素的排列方式，允许用户可以浏览不同的分类，而结构层则确定哪些类别应该出现在哪里，如图 1–10 所示。

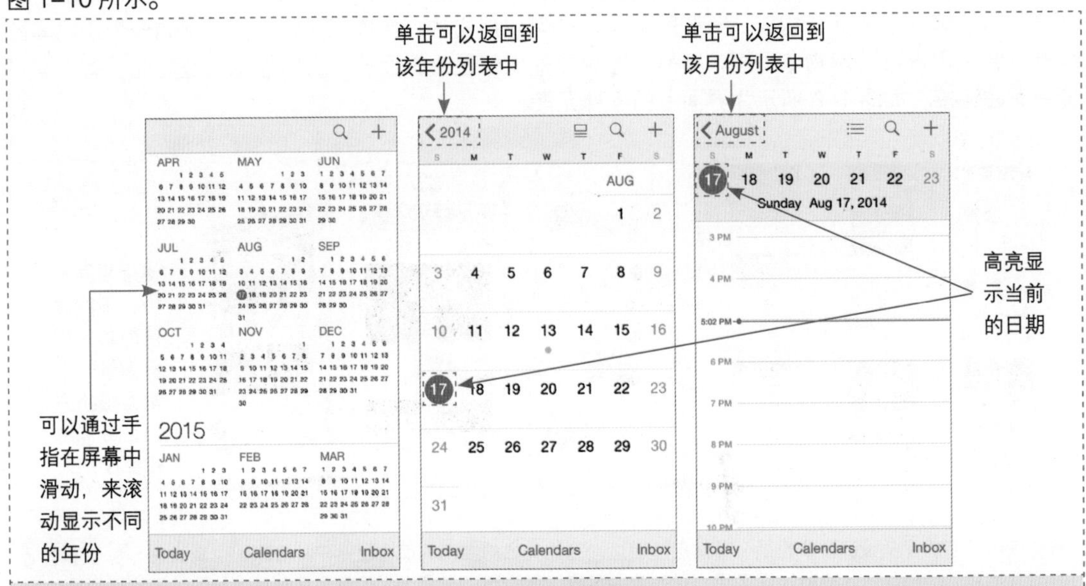

结构层主要用于表现用户如何到达某个页面，以及当前所在的位置。
日历具有较深的层级，当用户在翻阅年、月、日时，增强的转场动画效果能够给用户一种层级纵深感。在滚动年份视图时，用户可以即时看到今天的日期以及其他日历任务，如左图所示。当用户选择了某个月份，年份视图会局部放大该月份，过渡到月份视图。今天的日期依然处于高亮状态，年份会显示在返回按钮处，这样用户可以清楚地知道当前的位置，从哪里进来以及如何返回，如中图所示。类似的过渡动画还出现在用户选择某个日期时，月份视图从所选位置分开，将所在的周日期推出内容区顶部并显示以小时为单位的当天时间轴视图，如右图所示。这些交互动画都增强了年、月、日之间的层级关系以及用户的感知。

图 1-10

4. 范围层

结构层确定 App 应用软件各种特性和功能最合适的组织方式，而所有这些特性和功能就构成了 App 软件的范围层。例如，大多数电商 App 都提供了这样一个功能，就是用户可以保存以前的收货地址，这样当用户再次购买商品时可以直接使用所保存的地址，这个功能就属于“范围层”要解决的问题。如图 1–11 所示为一款服饰类电商 App。

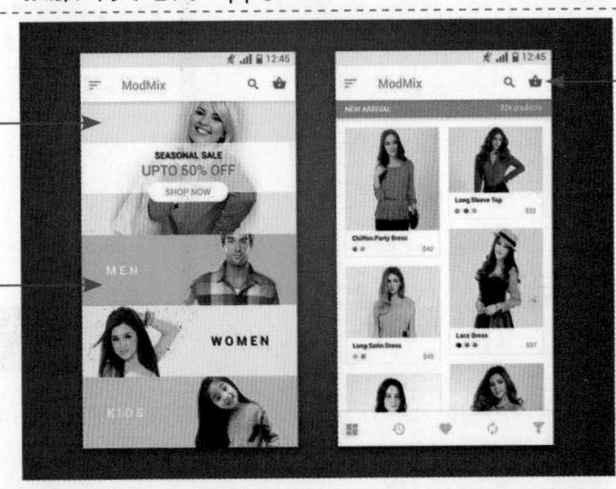

简单来说，范围层主要用于设定界面中所包含的内容和功能。例如，服饰类电商 App 中包含几乎所有电商 App 都有的功能，突出而明确的商品分类，为促销信息使用特殊的颜色在界面中进行突出表现，在标题栏的中间放置界面标题，左侧为该 App 应用的侧滑菜单功能图标，右侧为搜索功能图标，当然每一个功能中还包含很多细节的功能体现，这些都是在范围层中需要考虑到的。

图 1-11

5. 战略层

成功的用户体验，其基础是一个被明确表达的战略。这些战略不仅包括 App 应用软件经营者想从 App 软件中得到什么，还包括用户想从 App 应用软件中得到什么。例如电商 App，一些战略目标是显而易见的：用户想买到商品，App 应用想卖出商品。另一些目标可能并不是那么容易说清楚，例如促销信息等。

战略层决定了 App 应用的定位，由用户需求和产品目标决定。用户需求是交互设计的外在需求，包括美观、技术、心理等各方面，可以通过用户调查的方式获得。产品目标则是设计师和设计团队对整个产品功能的期望和目标的评估，如图 1–12 所示。

这是一个服饰类购物 App 应用软件，其目的非常单纯和明确，就是通过向用户推荐精选的服饰商品，从而促进用户的购买。而用户则可以通过该 App 了解到最新的商品信息，从而为自己的购物多一种选择的可能性。

图 1-12

提示

战略、范围、结构、框架和表现这 5 个层面中，每一层需要处理的问题既有抽象的，也有具体的。在最下面的战略层，设计者不需要考虑产品或者服务最终的表现形式，而要关心产品如何满足用户的需求。在最上面的表现层，则只需要关心产品所呈现的具体细节。随着层面的上升，我们要做的决策会逐渐从抽象变得具体。

这 5 个层面定义了用户体验的基本架构，并且由“连锁效应”相互联系与制约，即每一个层面都是由它上面的那个层面来决定的。所以表现层由框架层决定，框架层则建立在结构层的基础上，结构层又受到范围层的影响，范围层则根据战略层来设计。在每一个层面中，用户体验的要素必须相互作用才能完成该层面的目标，并且一个要素可能影响同一个层面中的其他要素。

提示

通过以上 5 个层面及子要素的划分，用户体验不再是一个抽象的概括的理念，而是具体的可触控的设计方针。用户体验贯穿于交互设计的各个方面，在指导交互设计的同时也受到交互设计的影响。

1.2.5 用户体验的需求层次

随着互联网的发展，网络从最初的简单信息传递发展到交互式的互动平台，一直到现在的以用户体验为核心的发展模式。可以说这一切改变都是以用户需求为核心在转变的，有需求才有改变，就像马斯洛的需求层次理论所描述的那样。任何一个东西，发展到一定程度就会有一个质的飞跃，量变引起质变。当然，这个世界发生变化的不仅仅是眼睛所能看到的，在看不到时，发展和变化是绝对存在的。例如，对于搜索引擎优化来说，不仅仅是关键词的部署和堆积，也不是外链接多与少的问题，在这些最简单的基础之上，良好的用户体验都是每个交互设计师津津乐道的事情。

在马斯洛关于人的 5 个需求层次的基础上，互联网产品的用户体验同样可以分为 5 个需求层次，从低至高分别是感觉需求、交互需求、情感需求、社会需求和自我需求，如图 1–13 所示。

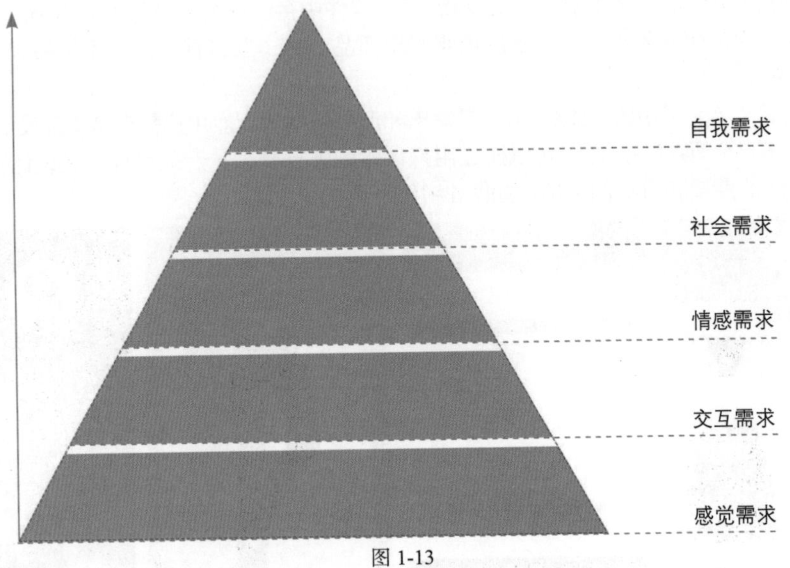

图 1-13

1. 感觉需求

感觉需求是用户最直观、最基本的感官需求，包括视觉、听觉和触觉等。感觉是用户体验设计的第一步，当用户第一次接触到某产品时，其外观体验就可能会成为决定产品是否吸引用户的重要因素。为了使产品更具有体验价值，最直接的办法就是增加某些感官体验要素，增强用户与产品互相交流的感觉。因此，设计师必须从视觉、听觉、触觉等方面进行细致的分析，突出产品的感官特征，使其容易被感知，创造良好的情感体验，如图 1–14 所示。

使用不同色相的小面积色彩在界面中表现不同的选项，非常直观、清晰

在该 App 应用界面设计中，使用模糊处理的运动人物图像作为界面的背景，非常直观地突出表现该 App 应用的特征。背景的明度较低，在界面中使用多种不同色相的鲜艳色彩来表现不同的选项，能够使用户明确区分不同的内容，从而有效突出界面中重要信息的表现。

图 1-14

2. 交互需求

在满足基本的感官需求后，用户与产品之间交互的可能性即交互需求。交互需求是人与产品或者系统交互过程中的需求，包括完成任务的时间、效率，是否顺利、是否出错、是否有帮助等。可用性研究关注的是用户的交互需求，包括产品在操作时的学习性、效率、记忆性、容错率和满意度等。交互需求关注的是交互过程是否顺畅，用户是否可以简单、高效地完成他们的任务，如图 1–15 所示。

在该音乐播放 App 界面中，为用户的交互操作给予了明确的指示。首先各播放控制图标运用了通俗易懂的简洁风格表现，并且通过色彩与时间文字相结合的方式来提示播放进度，而功能开关按钮则通过不同的色彩来区分开启和关闭的状态，这样在用户的交互操作过程中非常易理解、易操作。

图 1-15

3. 情感需求

情感需求是用户在使用产品或系统过程中所产生的情感，如从产品本身和使用过程中感受到关爱、互动和乐趣。情感强调产品的设计感、故事感、娱乐感和意义感，产品本身要具有吸引力、动人以及有趣，如图 1–16 所示。

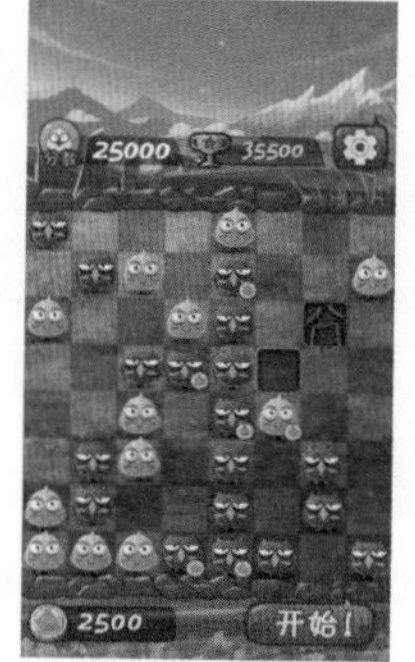

这是移动端的益智游戏界面设计，可爱的卡通形象与出色的交互设计相结合，使界面更加生动形象，具有很强的设计感和娱乐感，使人们在游戏过程中感受到互动与乐趣。通过出色的视觉效果设计，有效吸引用户的关注。

图 1-16

4. 社会需求

在基本的感觉需求、交互需求和情感需求得到满足后，用户需要追求更高层次的需求，往往钟情于某些品牌产品，而这些品牌也需要社会的认可。例如，必胜客是西式快餐品牌中的佼佼者，受到许多年轻消费人群的喜爱和推崇，如图 1–17 所示。

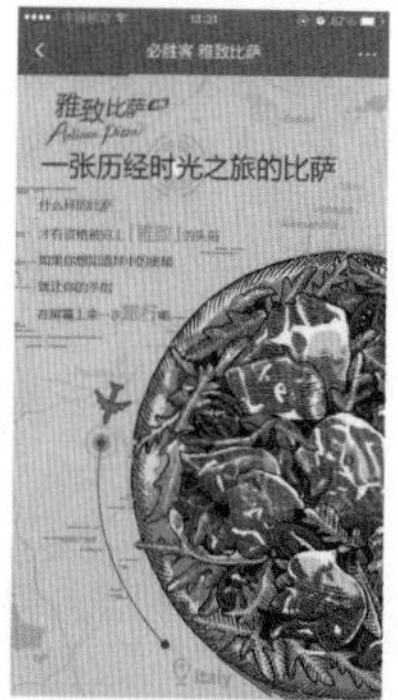

这是“必胜客”在移动端的一个新品宣传推广活动页面设计，精美的设计风格、简洁的构图、引人入胜的文案综合在一起，带领用户逐步了解该新产品的原料以及创作手法，最后再通过优惠券来诱惑用户，怎么能不唤醒用户蠢蠢欲动的心呢。

图 1-17

5. 自我需求

自我需求是指产品如何满足自我个性的需要，包括追求新奇、个性和张扬的自我实现等。对于产品设计，需要进行个性化定制设计或者自适应设计，满足用户的多样化和个性化需求，如图 1–18 所示。

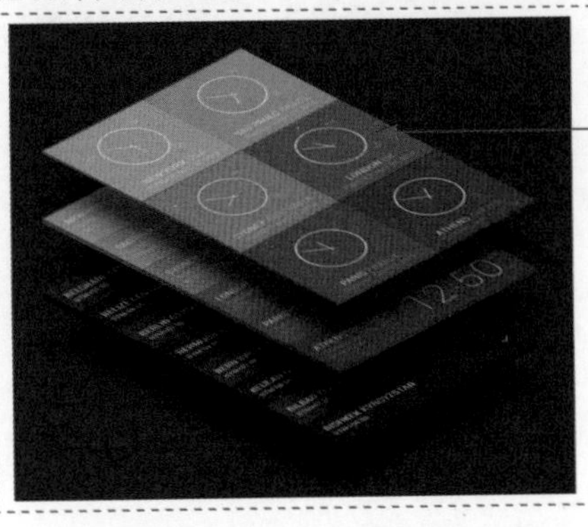

使用不同颜色的矩形色块相互拼接，使各部分信息内容非常明确、清晰

在该 App 应用界面设计中，使用不同的矩形色块拼接作为界面的背景，在界面中形成多个小方块，在每个矩形色块中放置相应的内容，对界面中的内容进行有效区分，使界面的信息表现非常明确，并且这种色块拼接的色彩搭配也能够给人带来一种新鲜感，突出表现该 App 应用界面的个性化。

图 1-18

在产品设计过程中，基于用户体验的需求层次，我们才能有的放矢，打造良好的用户体验，但这不像程序代码那样有固定的模式，我们需要去了解、观察、洞悉用户的习惯和心理，而这仅仅只是基础。

提示

用户体验不是嘴上说出来的，在一个项目或网站建立之初，就应该做一个全方位的问卷调查，看看需求的程度，是否这是值得做的事情，也就是所谓的可行性分析报告。除此之外，还需要细分用户群体，最后将方案转化为行之有效的执行力。当然，在实际应用中还有具体的用户体验挖掘及应用。

1.2.6 交互设计与用户体验的关系

移动设备的交互体验是一种“自助式”的体验，没有可以事先阅读的说明书，也没有任何操作培训，完全依靠用户自己去寻找互动的途径。即便被困在某处，也只能自己想办法，因此交互设计极大地影响了用户体验。好的交互设计应该尽量避免给用户的参与造成任何困难，并且在出现问题时及时提醒用户并帮助用户尽快解决，从而保证用户的感官、认知、行为和情感体验的最佳化，如图 1–19 所示。

反过来，用户体验又对交互设计起着非常重要的指导作用，用户体验是交互设计的首要原则和检验标准。从了解用户的需求入手，到对各种可能的用户体验的分析，再到最终的用户体验测试，交互设计应该将对用户体验的关注贯穿于设计的全过程。即便是一个小小的设计决策，设计师也应该从用户体验的角度去思考。

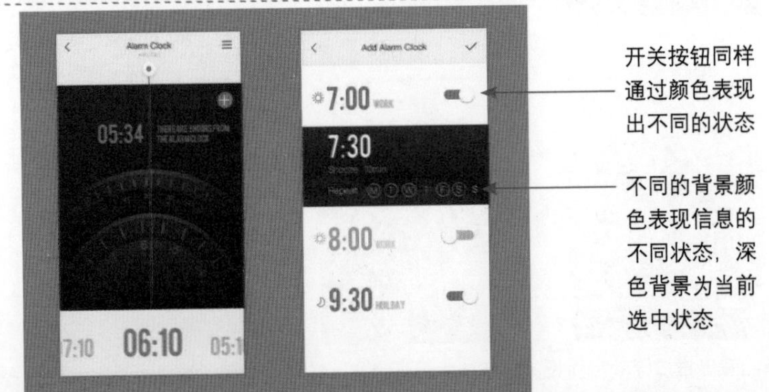

开关按钮同样通过颜色表现出不同的状态

不同的背景颜色表现信息的不同状态，深色背景为当前选中状态

这是某闹钟移动 App 的交互效果，图形化的时针表盘设计引导用户设定时闹钟时间，而在闹钟列表界面中，又通过不同的色彩、小图标等为用户提供非常清晰的指引。

图 1-19

1.3 移动端用户体验的发展趋势

触摸屏、多点触控、卫星定位、摄像头、重力感应，这些几乎都成为当前智能移动通信设备的标准配置，这些标准配置极大地改变了移动端的用户体验。

触摸拆掉了人与数字世界之间的障碍，操控行为从间接变成了直接，触摸屏是更为自然的与数字世界的交互方式，而且在不断演变。孩子从小就可能是通过父母的触摸式移动设备来体验数字世界的，这也将决定其未来的交互方式。

随着用户以触摸的方式来与数字服务互动，我们目前所熟悉的 UI（按钮、图标、菜单）将会退出舞台，内容本身（文件、图片、视频等）正成为新的用户交互方式，内容本身将逐渐占据移动设备屏幕，成为主流的审美观念，对用户的手指行为产生反应。

卫星定位让随时随地告知系统用户身处何处成为可能，从而可以设计出各种借助于地理位置的信息推送或本地化社会交互，增强在特定时空的用户个性化服务体验。

移动互联网设备上的摄像头不仅可以随时随地方便用户捕获影像信息，大大丰富了影像的信息源头，双向摄像头的大规模应用还广泛用于面对面的交流与交互，这大大改善了非现场的人们借助于通信设施进行情感沟通的体验，在视频电话和视频会议相关的应用场景设计中，增强用户面对面的真实现场体验感一直是用户体验设计追求的最高目标。如图 1-20 所示为顺应发展趋势的功能。

使用不同颜色、统一设计风格的图标为用户提供了多种交流与沟通的形式，其中包括语音、视频等，极大地提升了移动端的用户体验

地理位置定位是移动端应用中非常突出的功能之一，在移动端中最突出的应用就是地图，通过该功能可以定位出用户当前所在的位置，并且可以计算出从当前位置到某地的出行路线、耗时等非常个性化的功能，为用户带来极大的便利。

移动端的许多社交应用中，除了提供 PC 端常规的文字、图片等传统沟通交流方式外，还根据移动端的特点，加入了语音、视频、位置等功能，这些功能都极大地丰富了移动端的用户情感体验，也是传统 PC 端无法比拟的。

图 1-20

提示

移动设备也有其局限性，例如体积小、电能有限，无线网络不稳定，而且每个用户所能下载的数据量也有限制，用户在移动设备上的耐心是很低的。这些局限的改变需要多年的技术和经济发展才能解决，因此，如今移动端设计面临在用户体验和无线网络限制之间寻求一个平衡。

另一个发展趋势就是：单个设备控制多个屏幕，这个趋势有着两个发展方向。第一，屏幕耗电在减少，这样在单一设备会出现多个屏幕。第二，就是把内容从手机上转移至其他设备，例如无线连接到 PC、TV 等。这一发展趋势所带来的变化就是 1+1>2，多个数字接入点的结合大于各个数字设备的综合。

这些趋势对于目前的用户体验设计都是挑战，所以用户体验设计师必须不停地学习，从而为多屏幕多用户时代的设计做好准备。

1.4 在 UI 交互中加入动效设计

很多人在刚接触动效设计时，只是觉得新鲜、好玩，可以炫技，可以使 UI 设计看上去更加酷炫。但是这是在交互设计中加入动效设计的目的吗？当然不是。

要解决为什么要在 UI 交互设计中加入动效设计这个问题，就需要搞清楚什么是动效设计？以及动效设计的作用是什么？

1.4.1 UI 动效的发展

在扁平化设计兴起之后，UI 动效的设计应用越来越多。扁平化设计的好处在于用户的注意力可以集中在界面的核心信息上，将对用户无效的设计元素去掉，不被设计所打扰而分散注意力，使用户体验更加纯粹自然。这个思路是对的，回归了产品设计的本质，就是为用户提供更好的使用体验，其次才是精美的界面设计。但是，过于扁平化的设计，也会带来新的问题，一些复杂的层级关系如何展现？用户如何被引导和吸引？这与用户在现实世界中的自然感受很不一致，所以 Google 推出了 Material Design 设计语言。

提示

扁平化设计的核心是在设计中摒弃高光、阴影、纹理和渐变等装饰性效果，通过符号化或简化的图形设计元素来表现。在扁平化设计中去除了冗余的效果，其交互核心在于突出功能和交互的使用。

Material Design 设计语言的一部分作用是为了解决过于扁平化设计所带来的弊端，复杂层级关系如何展现，用户如何被引导和代入。为了解决这个问题，在 Material Design 设计语言中充分利用 z 轴，通过分层设计和动效设计相结合的方式，在扁平化的基础上为用户提供更容易理解的层级关系，赋予设计以情感，增强用户在产品使用过程中的参与度，如图 1–21 所示。

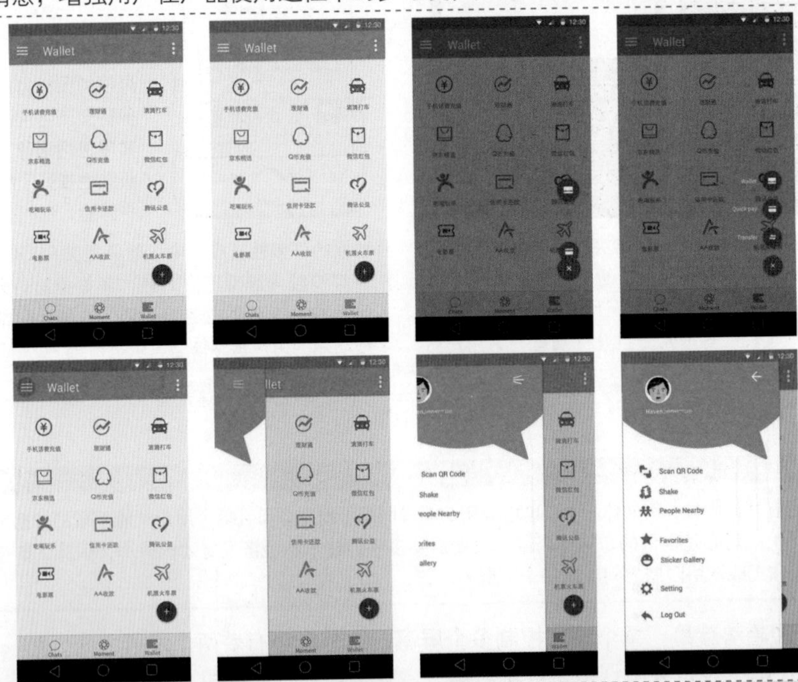

这是一款基于 Material Design 设计语言所设计的移动端应用 App 界面，在该界面中多处加入动效设计，从而使界面的操作表现更加流畅。在界面中通过悬浮按钮设计扩展操作，替代了单一的交互，当用户单击该悬浮工具按钮时，相关的操作按钮将会以动画的形式出现在界面中。导航菜单也采用了侧滑的交互动画形式，单击界面左上角的“菜单”图标，隐藏的导航菜单会从界面左侧滑入，与此同时，“菜单”图标会变形为“返回”图标，单击即可侧滑隐藏导航菜单。

图 1-21

在 Material Design 设计规范中，将动效设计命名为 Animation，意思是动画、活泼。动效设计可以被定义为使用类似动画的手法，赋予 UI 界面生命和活力。

1.4.2 动效在 UI 交互设计中的作用

为什么需要在 UI 交互中加入动效设计呢？除了能够给用户带来酷炫的视觉效果外，交互中的动效设计在用户体验中其实发挥着很重要的作用。

1. 吸引用户注意力

人类天生就对运动的物体格外注意，因此 UI 界面中的动态交互效果自然是吸引用户注意力的一种很有效的方法。通过动态效果来提示用户操作比传统的“点击此处开始”这样的提示往往更直接，也更美观，如图 1–22 所示。

通过动态效果吸引用户注意，同时也在引导用户滑动的方向

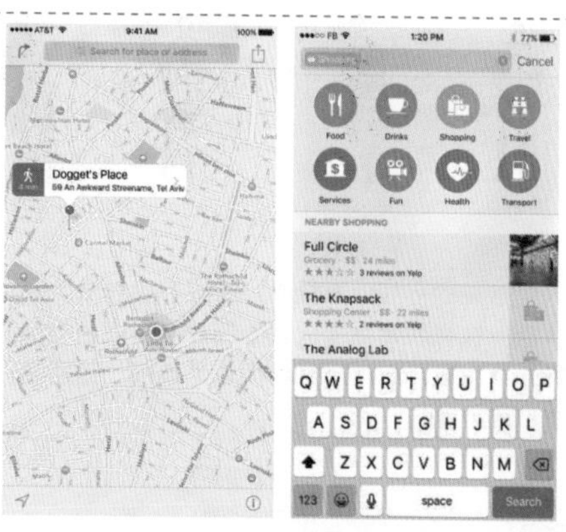

在 iOS 系统的锁屏界面上，唯一的动态效果是界面下方的“滑动解锁”提示文字从左向中运动的高光，这种动态效果尽管很细微，但还是能够引起用户的注意。

在 iOS 系统中当用户轻触 Safari 的地址栏时，界面发生了 3 个变化：①地址栏变窄，右侧出现取消按钮；②界面中出现书签；③界面下方弹出键盘。这几个动画中，幅度最大的动作是弹出键盘，从而把用户的注意力吸引到键盘上，有利于接下来要进行的操作。

图 1-22

2. 为用户提供操作反馈

在智能移动设备的屏幕上点按虚拟元素，不像按下实体按钮一样能够感觉到明确的触觉反馈。此时，动态的交互效果就成为一种很重要的反馈途径。有些动态效果反馈非常细微，但是组合起来却能传达很复杂的信息，如图 1–23 所示。

在 Android Material Design 设计语言中，界面元素会伴随着用户轻触呈现圆形波纹，从而给用户带来最贴近真实的反馈体验。

在 iOS 系统的输入解锁密码界面中，当用户输入解锁密码出错时，数字键上方的小圆点会来回晃动，模仿摇头的动作来提示用户重新输入。

图 1-23

3. 加强指向性

当为移动界面设计页面间的切换效果时，例如查看照片、进入聊天等，合理的动态交互效果能够帮助用户建立很好的方向感，就像设计合理的公路和路标能够帮助人们认路一样，如图 1–24 所示。

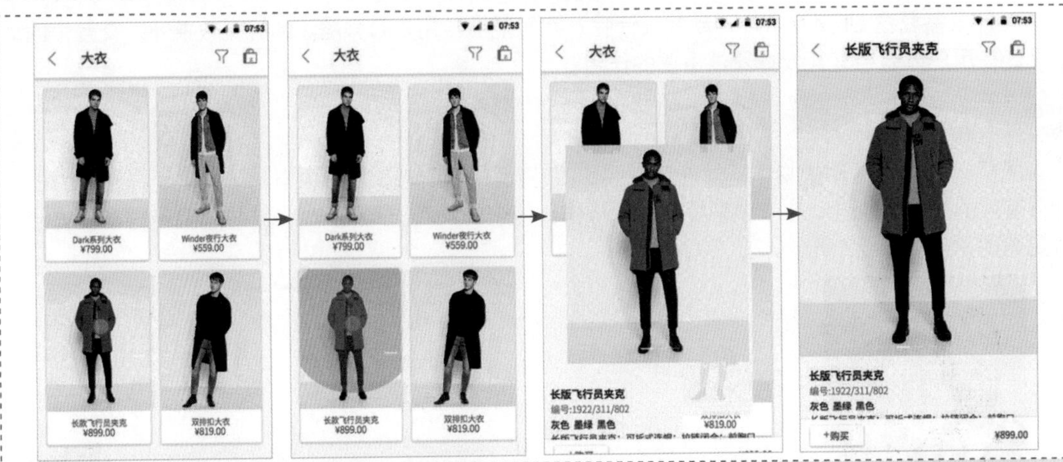

这是一个常见的商品列表界面，当用户轻触某个商品图像后，图像从列表中的位置放大，逐渐过渡到该商品的详细信息界面。这样就建立了放大的图片与列表中缩略图的联系，用户能很确信现在打开的图片就是自己点击的那张。相应地，单击商品详细信息界面左上角的“返回”图标，则该商品图片逐渐缩小，返回到商品列表的位置，指引用户找到浏览的位置。

图 1-24

提示

这种保持内容上下文关系的缩放动态交互效果在 iOS 系统的很多界面中都能见到，例如主屏幕的文件夹、日历、相册和 App 切换界面等。

4. 传递信息深度

动态交互效果除了可以表现元素在界面上的位置、大小的变化外，还可以用来表现元素之间的层级关系。借助陀螺仪和加速度传感器，让界面元素之间产生微小的位移从而产生视差效果，这样可以将不同层级的元素区分开来。

提示

通过以上对动效设计作用的分析，我们应该认识到，不能把动效作为让产品酷炫的手段，也不能把它当作产品的某种功能或者亮点。动效是为用户使用产品的核心体验服务的，只有设计好产品的核心体验，并合理使用动效才能最大限度地发挥动效的优势。

第 2 章 初识 UI 交互动效

交互是一个很明显的动态过程，人与人之间的交互就很容易明白，你问我答，你来我往，本身就是交互。随着移动互联网技术的发展，智能移动设备性能的提升，交互动效也越来越多地被应用于实际的项目中。在本章中将向读者介绍 UI 交互动效的相关基础知识，使读者认识 UI 交互动效，并了解设计交互动效的相关工具和表现方法。

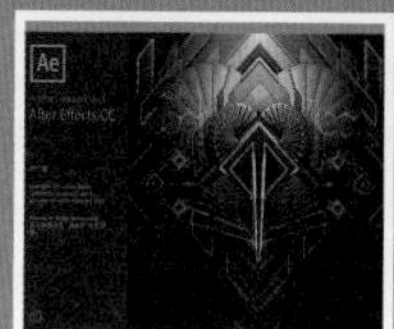

2.1 UI 交互动效

最近几年 UI 设计领域最大的变化便是越来越强调用户体验设计，而在 Web 或者移动 App 中使用交互动效设计也就成为一大趋势。但是，需要注意的是，交互动效应该是以提高产品的可用性为前提，并且以令人觉得自然、含蓄的方式提供有效用户反馈的一种机制。

2.1.1 UI 交互动效概述

近些年，人们对产品的要求越来越高，不再仅仅喜欢那些功能全、实用、耐用的产品，而是转向了产品给人的心理感觉，这就要求我们在设计产品时能够提高产品的用户体验。提高体验的目的在于给用户一些舒适的、与众不同的或意料之外的感觉。用户体验的提高使整个操作过程符合用户基本逻辑，使交互操作过程顺理成章，而良好的用户体验则是用户在这个流程的操作过程中获得的便利和收获。

交互动效作为一种提高交互操作可用性的方法，越来越受到重视，国内外各大企业都在自己的产品中默默地加入了交互动效设计，如图 2-1 所示。

这是某社交类 App 应用的界面设计，当用户在界面中滑动切换所显示的人物时，会采用动画的方式表现交互效果，模拟现实世界中卡片翻转切换的动画效果，给用户带来较强的视觉动感，也为用户在 App 应用中的操作增添了乐趣。

图 2-1

为什么现在的产品越来越注重动效的设计？我们可以先从人们对产品元素的感知顺序来看，不难看出人们对产品的动态信息感知是最强的，其次是产品的颜色，最后才是产品的形状，也就是说动态效果的感知要明显高于产品的界面设计，如图 2–2 所示。

图 2-2

动效是物体空间关系与功能有意识的流动之美，适当的动效设计能够使用户更了解交互。在产品的交互操作过程中恰当地加入精心设计的动效，能够向用户有效地传达当前的操作状态，增强用户对直接操纵的感知，通过视觉化的方式向用户呈现操作结果。

2.1.2 UI 交互动效的应用领域

一个好的动效设计应该是自然、舒适、锦上添花，绝对不是仅仅为了去吸引眼球，生拉硬套。所以要把握好在交互过程中动效设计的轻与重，先考虑用户使用的场景、频率和程度，然后再确定动效的注目程度，并且还需要重视界面交互整体性的编排。

1. App 应用启动动效

为了强化产品的品牌形象，目前很多移动端的 App 应用软件在启动时都会加入短小精致的启动动画。App 启动的动画大多都比较短小，因为软件启动画面的时间非常短，大概只有 2~3s 的时间，复杂的启动动画会导致界面过渡的延迟。许多 App 应用的启动动效都使用了简单的变形动画表现，重点在于突出产品的品牌 Logo 表现，如图 2–3 所示。

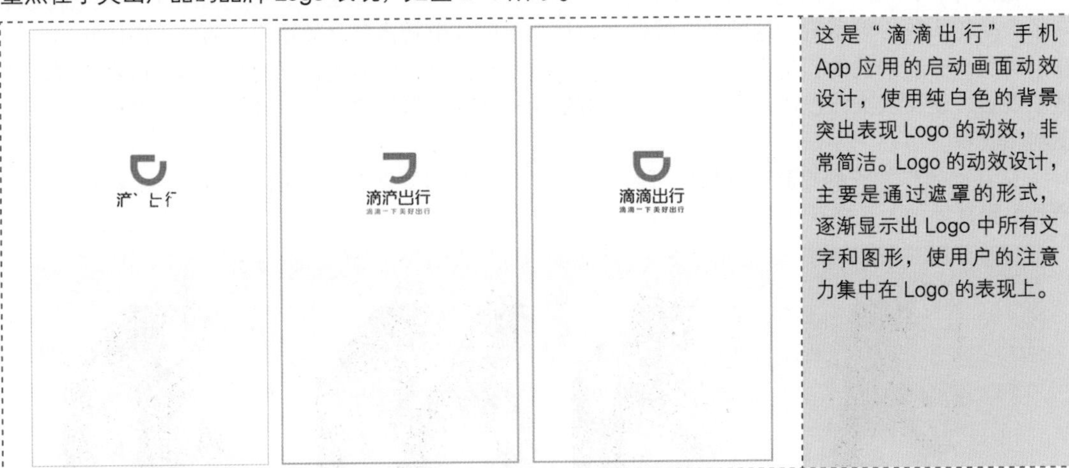

这是“滴滴出行”手机 App 应用的启动画面动效设计，使用纯白色的背景突出表现 Logo 的动效，非常简洁。Logo 的动效设计，主要是通过遮罩的形式，逐渐显示出 Logo 中所有文字和图形，使用户的注意力集中在 Logo 的表现上。

图 2-3

2. 等待状态动效

无论是网页还是移动应用都不可避免地会出现让用户等待的情况，在等待的过程中，为了让用户知道他的手机没有死机以及网络是通畅的，我们应该在这个时候加入一些与主题相关的动效设计来提醒用户内容正在加载中，如图 2–4 所示。

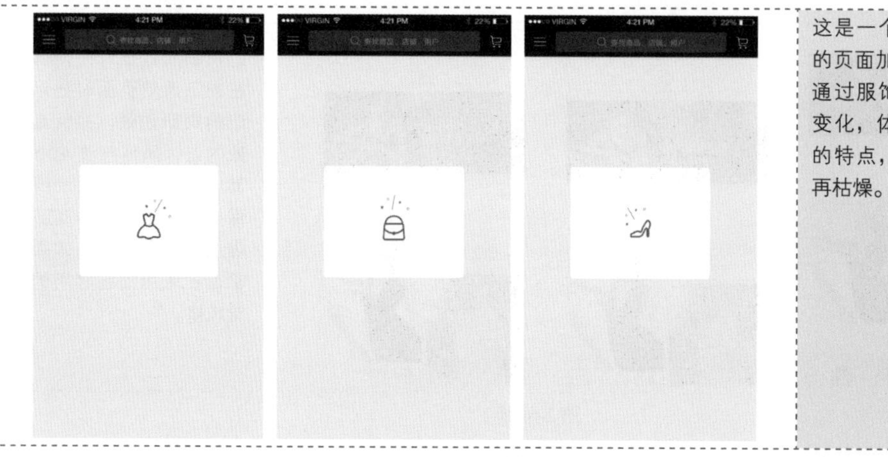

这是一个服饰类 App 应用的页面加载等待动效设计，通过服饰元素图标的动态变化，体现出该 App 应用的特点，也使加载等待不再枯燥。

图 2-4

移动 App 应用的操作反馈常常会受到网络状况的影响，在网络状况不好的情况下，操作反馈可能会出现延迟，这时候就需要有一个合理的等待动效，为用户提供适当的提醒，如图 2–5 所示。

在该 App 应用中的等待动效非常简单，仅仅是 3 个小圆点按顺序的显示和隐藏，即使这样简单的动画也能够为用户提供很好的操作反馈，起码让用户知道应用程序当前运行正常，稍等片刻，就能够得到操作结果。

图 2-5

3. 刷新动效

在 App 应用程序中，通常都是采用下拉的方式对界面内容进行刷新，最基础的刷新动效是一个转动的圆圈，如果可以根据该 App 应用的特点设计独特的刷新动效，是不是能够给用户带来不一样的体验呢？如图 2–6 所示为刷新动效设计。

这是某移动电商 App 首页面的刷新动效设计，融入女性时尚购物元素，当向下滑动界面时，在界面顶部出现一个年轻女性走动的动画效果，用来体现该移动 App 的特点。还可以根据运营需要在节日、大型促销活动等更新符合主题的动效。

图 2-6

这是某电商 App 普通页面的刷新动效设计，同样是在向下滑动页面时显示相应的刷新动效，并且其动效的设计风格与该 App 中其他交互动效的设计风格保持了一致，这种商品列表页面的刷新动态效果通常需要采用简约时尚的视觉风格。

图 2-6(续)

4. 列表相关动效

列表的相关动效主要包括列表的加载动效和列表内容到底的动效。列表内容加载动效与页面刷新动效非常相似，当某个界面的内容不止一屏时，通常我们都会向上滑动页面从而浏览更多的内容，在滑动页面后与内容完成加载之间可以通过简短的动效告知用户正在加载更多的内容，给用户心理上的暗示，如图 2–7 所示。

这是某电商 App 的商品列表页面的滚屏加载动效，与该 App 的下拉刷新采用了相似的动效设计，从而保持了 App 整体风格的统一。

图 2-7

列表页面中的内容也不是无限的，当页面中的列表内容已经全部加载，用户再次向下滑动页面希望获得新内容时，可以通过交互动效出现有趣的提示文案，从而增加 App 应用的趣味性，如图 2–8 所示。

在该电商 App 的商品列表界面中，当商品列表滑动到底部，已经没有新的商品信息时，会出现相应的提示动画效果，通过拟人语气的有趣提示文案，给人轻松、有趣的印象。

图 2-8

5. 转场动效

转场是指产品中从一个界面转换到另一个界面之间的过渡，具有意义的转场动画效果会降低产品的割裂感，使产品界面的过渡表现得更加流畅、自然，如图 2–9 所示。

在该影视类 App 应用界面中，主要以电影海报的展示为主，当用户在界面中滑动时，将通过类似折叠展开的动画形式过渡到下一个界面中，过渡效果自然、流畅，并且这个折叠展开的动效还能够为用户带来很强的立体空间感。

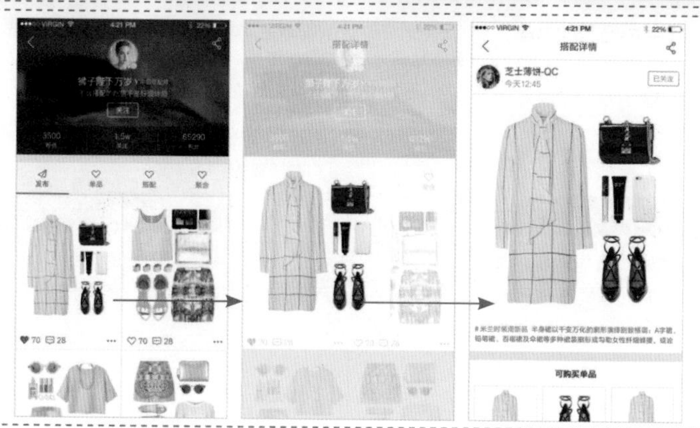

通过缩放的方式进行界面转场过渡也是一种非常常见的转场动画形式。例如该电商 App 应用，当用户单击某个商品图片后，该商品图片会逐渐放大过渡到该商品的详细介绍界面中；当单击界面左上角的“返回”按钮时，商品图片会逐渐缩小过渡到上一级界面中。

图 2-9

6. 营造氛围动效

在许多活动界面或 H5 宣传界面中常常需要通过动效的形式来营造相应的气氛，从而满足用户的心理需求，例如节日、游戏活动等产品，是需要一些动态效果去满足用户心理需求的，如图 2–10 所示。

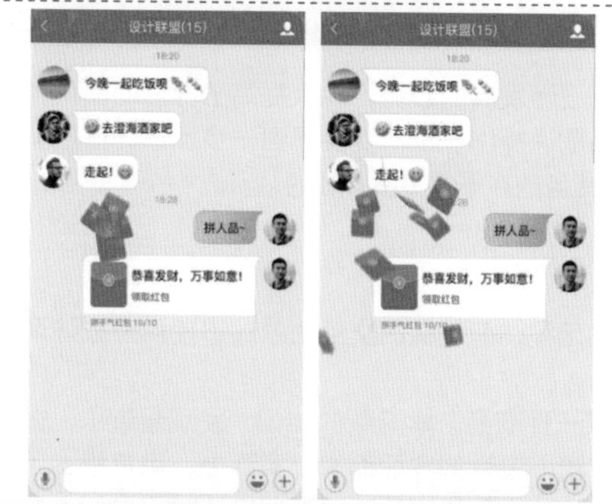

这是一个社交 App 的聊天界面，当用户给对方发送了一个红包，这时候在界面中就会同时出现大量红包散落的动画效果，很好地活跃了互动的氛围。

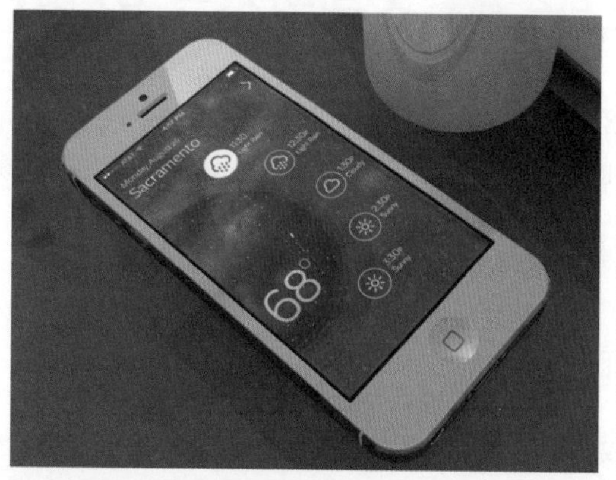

在天气类 App 应用的背景中，通常也会使用动态效果来表现当前的天气状况，给人一种非常直观的视觉印象。

图 2-10

7. 其他细节动效

除了上面所介绍的常见的动效应用，在 App 应用界面的设计中还有许多细节的地方可以添加合适的动效设计，例如当用户点击界面中的某个操作图标时，该图标以交互动效的形式给予用户相应的反馈，这样就能够为用户提供更加出色的用户体验，如图 2–11 所示。

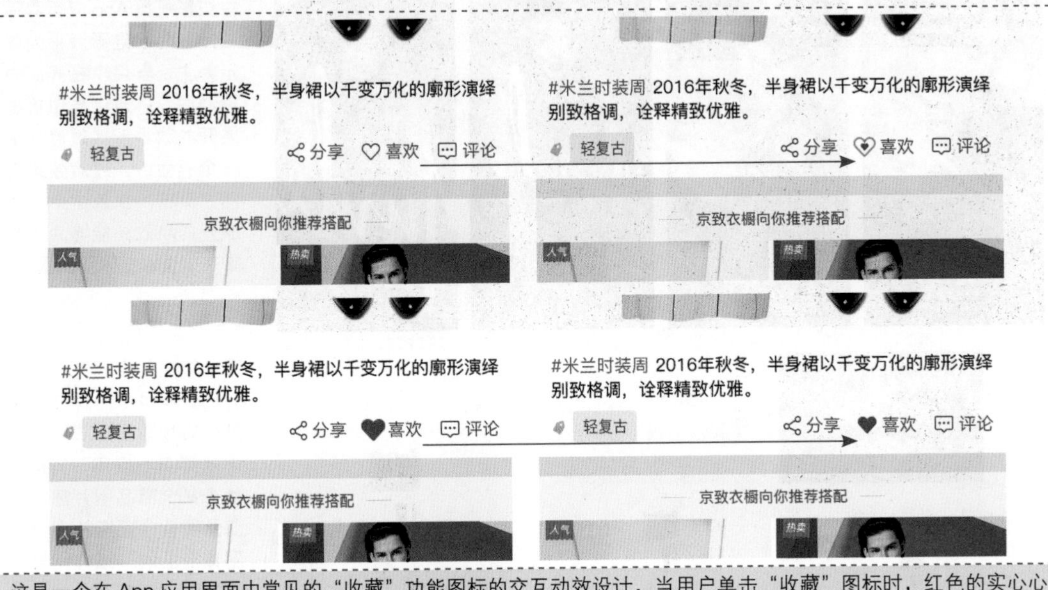

这是一个在 App 应用界面中常见的“收藏”功能图标的交互动效设计，当用户单击“收藏”图标时，红色的实心心形图标会逐渐放大并替换默认状态下的灰色线框心形图标，就是这样一个简单的交互操作动效，能够给用户带来非常明确的操作反馈。

图 2-11

提示

需要注意的是，过长的、冗余的动效会影响用户的操作，更严重的是还可能引起用户负面的体验。所以恰到好处地掌握动效的时间长度也是好的动效设计必备技能之一。

2.2 交互动效与 UI 设计

交互界面中加入动效设计，可以很好地满足交互设计发展的趋势，大大提高了界面的易用性。当用户进行了一步操作后，会看到操作的表现，也就是说操作一步，就会得到一步反馈。在产品中加入动效设计，是产品对用户操作进行的合理反馈，其目的在于提高其识别性。

2.2.1 优秀交互动效的特点

优秀的交互动效设计在用户操作过程中往往会被无视，而糟糕的交互动效却迫使用户去注意界面，而非内容本身。

用户都是带着明确的目的来使用 App 的，例如买一件商品、学习新的知识、发现新音乐，或者仅仅是寻找最近的吃饭地点等。他们不会只为了欣赏精心设计的界面而来，实际上，用户根本不在意界面设计，而只关心是否能够方便地达到他们的目的。优秀的交互动效设计应该对用户的点击或手势给予恰当的反馈，使用户能够非常方便地按照自己的意愿去掌控应用的行为，从而增强应用的使用体验，如图 2–12 所示。

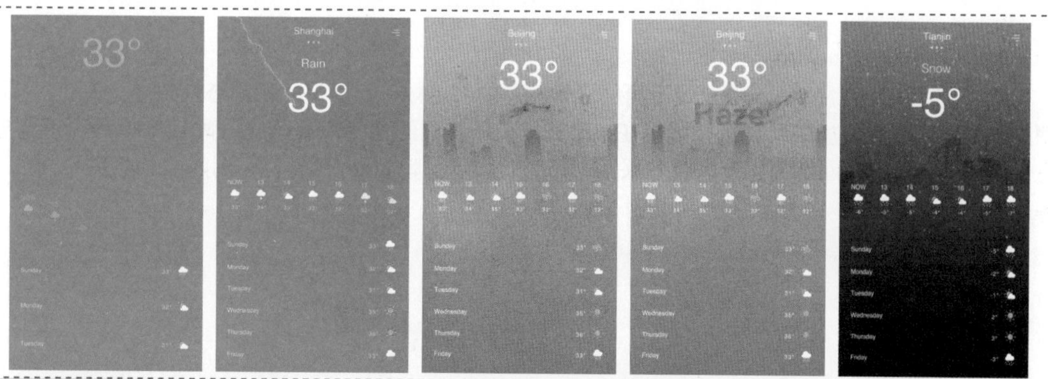

这是某移动端天气应用的界面设计，在界面中不再运用静态的背景与文字表现形式，而是采用了动态表现方式，使用动画效果来模拟不同天气情况的表现效果，从而使天气信息的表现更加直观，而且也有效地增强了该天气应用的动态效果，提高了用户体验。

图 2-12

优秀的交互动效设计具有如下特点。

- 快速并且流畅。
- 给交互以恰当的反馈。
- 提升用户的操作感受。
- 为用户提供良好的视觉效果。

提示

交互动效的制作可以让交互设计师更清晰地阐述自己的设计理念，同时帮助程序管理人员和研发人员在评审中解决视觉上的问题。交互动效具有缜密清晰的逻辑思维、配合研发人员更好地实现效果和帮助程序管理人员更好地完善产品的优点。

2.2.2 交互动效的优势

随着技术的不断发展，动态交互效果越来越多地被应用于实际的项目中。手机、网页等媒介都在大范围应用，为什么动态交互效果越来越吃香？它有哪些优势呢？

1. 展示产品功能

交互动效设计可以更加全面、形象地展示产品的功能、界面、交互操作等细节，让用户更直观地了解一款产品的核心特征、用途、使用方法等细节。如图 2–13 所示为通过交互动效来展示产品功能。

图 2-13

2. 更有利于品牌建设

目前许多企业或品牌 Logo 已经不再局限于静态的展示效果，而是采用动态效果进行表现，从而使品牌形象表现得更加生动。例如我们在电影开场前所看到的各制片公司的品牌 Logo 都是采用动态方式展现的，目前在网络中也越来越多采用动态方式展示品牌 Logo 的案例，例如“爱奇艺”“优酷”等视频网站。如图 2-14 所示为一个动态 Logo 效果。

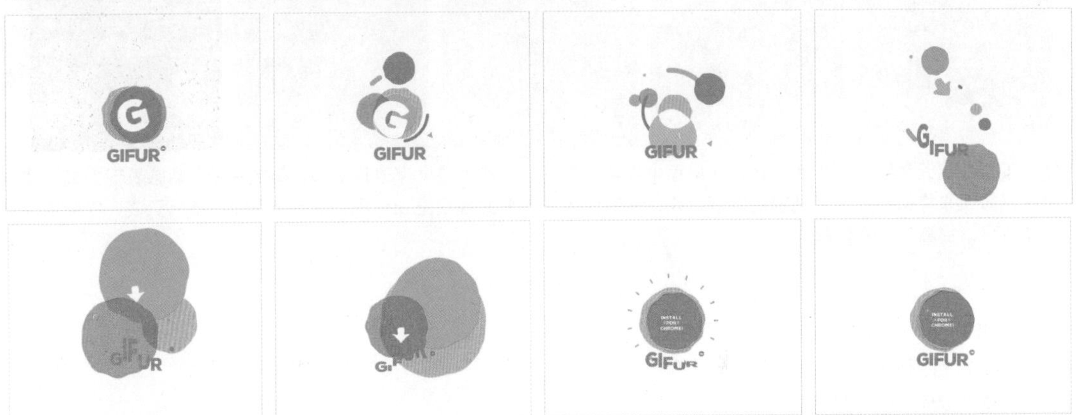

图 2-14

3. 有利于展示交互原型

很多时候设计不能光靠嘴去解释你的想法，静态的设计图设计出来后也不见得能让观者一目了然。因为很多时候交互形式和一些交互动效真的很难用语言描述来说清楚，所以才会有高保真 Demo，这样就节约了很多沟通成本。如图 2-15 所示为动态的交互原型设计。

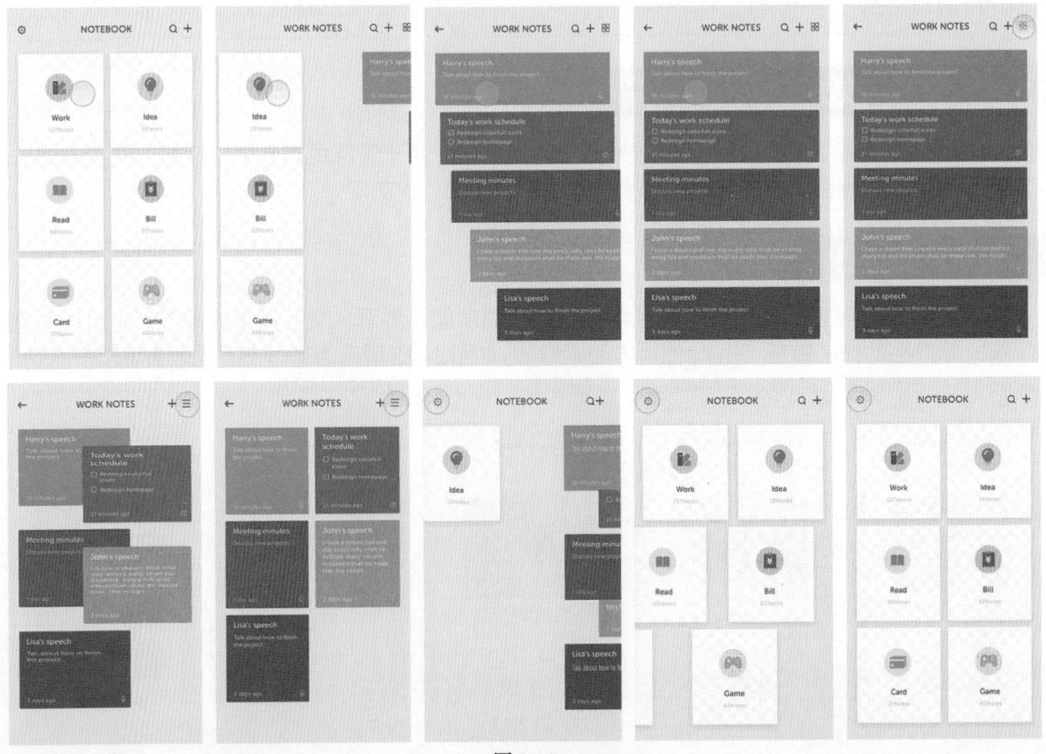

图 2-15

4. 增加产品的亲和力和趣味性

在产品中合理地添加动态效果，能够立刻拉近与用户之间的距离，如果能够在动态效果中再添加一些趣味性在里面，那么就会让用户更加“爱不释手”。如图 2-16 所示为动态效果趣味性的表现。

图 2-16

2.2.3 动效的分类

随着技术的不断发展，动效越来越多地被应用于实际的项目中，可以将动效设计粗略地分为两大类。

1. 功能性动效

功能性动效多适用于产品设计，是 UI 交互界面设计中最常见的动效类型，当用户与界面进行交互时所产生的动效都可以认为是功能性动效，如图 2-17 所示。

卡片的滑动切换动效是 App 应用中最常见的一种功能性特效，其应用范围非常广泛，商品图片、照片、菜单等都可以应用卡片滑动切换动效。

图 2-17

2. 展示型动效

展示型动效主要是指一些用于展示酷炫的动画效果或者对产品功能进行演示的动效设计，这类动效相对来说比功能性动效要复杂，但是在实际的界面交互设计中应用较少。如图 2-18 所示为 Logo 动效设计。

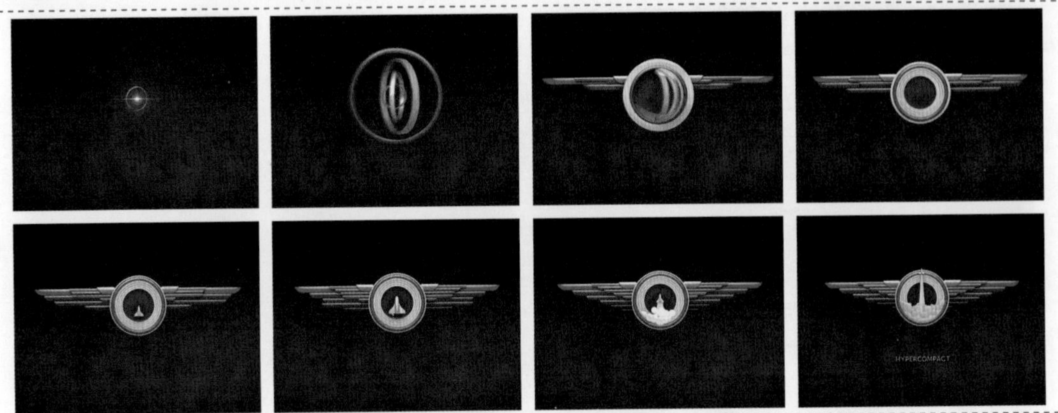

这是一个 Logo 动效设计，通过酷炫的动效展现其各部分的组成，最终表现为完整的标志，加深用户对该品牌形象的印象。该动效设计属于展示型动效，并不需要用户与界面发生交互性操作，也不会触发产品中的任何功能。

图 2-18

2.3 交互动效在用户体验中的应用

当用户打开一个界面，注意力首先会被动态的元素吸引，然后才会把注意力转向颜色对比强的部分，最后才是形状。这一过程是人在进化过程中形成的本能反应，基本适用所有用户。同时一个非常重要且容易被忽略的原则：用户的注意力是有限的，而且越来越少。并且如果界面中的动态效果过多，也会使用户感觉非常杂乱。

2.3.1 在交互过程中添加动效需要考虑的因素

在设计交互动效之前，首先需要考虑为什么要添加交互动效？可以通过以下几个方面来衡量是否应该在交互过程中添加动效设计。

1. 动效是否会影响到产品的性能

首先，所添加的动效设计是否会影响到产品的性能？这个是最重要的，添加任何交互动效前都要考虑是否会影响产品的性能，如果一个很酷炫的动效会拖累产品的性能，使体验变得卡顿不流畅，那么必须毫不犹豫地砍掉或简化它。

2. 所添加的动效是否能够提高产品的可用性

任何交互动效的出现都必须带有明确的目的性，能够解决用户在使用过程中的困惑，而不是炫技。单纯的炫技只会分散用户的注意力，弱化内容，从而获得适得其反的效果。

3. 所添加的动效是否能够使产品表现出独特的气质

这里所说的气质是指动效本身会有助于增强用户对于产品的认知和情绪带入。一个相得益彰的动效会为产品锦上添花，深化主题和功能，注意，一定是与主题相关的，牵强的搭配只会使人觉得莫名其妙，毫无意义。

2.3.2 如何表现交互动效

前面已经介绍了在哪些地方适合添加动态效果，那么应该如何表现动态效果呢？除了前面所介绍的基础动画表现方式外，主要有以下几种方式。

1. 基于真实形态的模拟

基于现实生活中对象的真实形状所模拟出来的动画效果能够给人一种自然流畅、符合运动规律的感觉，例如物体运动时的缓动现象。如图 2–19 所示为切换动效。

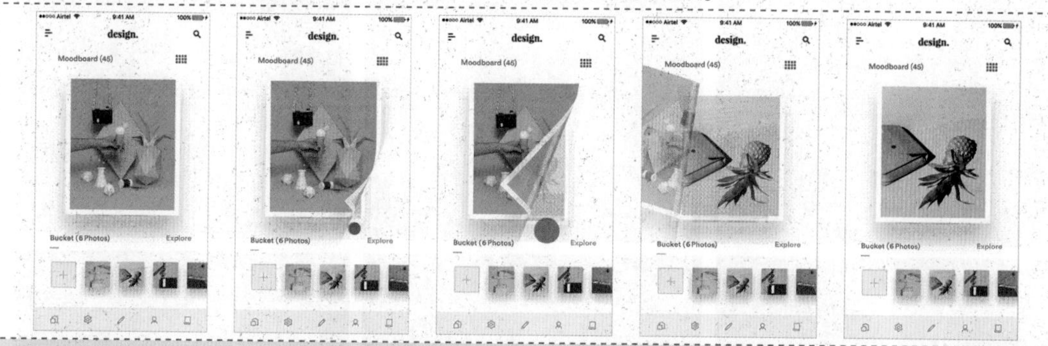

这是一个图片的切换动效，其动效的表现效果就完全模拟了真实世界中书本翻页的表现形态，给人一种自然流畅的感觉，更容易引起用户的共鸣。

图 2-19

2. 人物动作夸张化

在动效设计中，经常会出现各种各样的人物形象，夸张的人物动作会使作品的形象更加生动，增加趣味性，给用户以惊喜，如图 2–20 所示。

这是一家快递企业的 H5 宣传界面设计，界面设计采用了卡通的表现形式，搭配幽默的顺口溜主题，给人一种轻松、诙谐的印象。并且在每个界面的设计中根据主题的不同，设计了不同的夸张人物动作，给用户留下深刻的印象。

图 2-20

3. 为元素赋予弹性

有弹性的物体会让用户觉得具有生命感和真实性，弹性的程度取决于对元素软硬度的设定，如图 2–21 所示。

在该天气 App 界面中，不仅在背景部分通过天气动画的形式来表现天气状况，并且下方未来几天的天气状况也采用了位移入场的动画形式，按照元素缓动的原理，为内容赋予弹性处理，使动画效果的表现更加真实。

图 2-21

4. 蒙太奇

蒙太奇手法是指通过快速切换的画面来形成一种奇妙的后现代感觉，如图 2–22 所示。

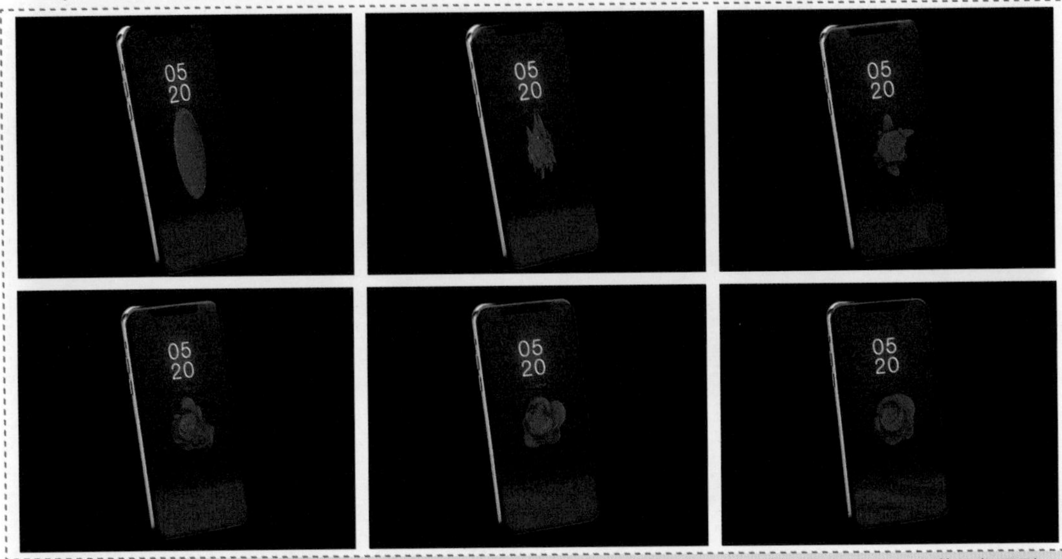

这是一个展示型的动效设计，界面中红色的立体几何形状会自动变换其形状，快速地变换为不同的立体几何图形，最终变换为一朵红色的玫瑰花，再从玫瑰花变换为最终的椭圆形，如此反复，几何形状的快速变化，具有很强的节奏感，给人一种非常酷炫、时尚的感觉。

图 2-22

提示

在实际的项目中还有很多表现交互动效的手段，建议大家平时可以多留意观察和体会，因为动画本身是一种对于动作行为的高度概括的手段。

2.4 如何设计动效

好的动效设计应该首先服务于用户体验，其次适当设计，再次就是要让用户感受到产品的情感互动，最后也是最基本的就是要具有视觉上的美感。那么，对于初学者如何才能进行动效设计呢？

2.4.1 要有一个创意想法

要想设计出一个好的动效，首先就必须拥有一个出色的想法，想法怎么来？怎么构思？可以从以下这 6 个方面进行构思。

1. 结合产品去设计

在动效设计之前，需要结合产品进行思考，思路设计要符合提升产品的用户体验，要经过细致思考，不要盲目。

2. 了解动效的基本常识

在进行动效设计之前，首先需要了解动效的基本常识，这些常识包括运动基本常识（如基本的运动规律、节奏等），动效开发的基本常识，什么样子的动效如何去实现，实现成本大概是多少。只有理解并掌握这些基本常识，才能够确保动效设计的顺利进行。

3. 观察生活

人们对于美的认知，大部分来自于日常的生活经历。比如什么样的运动是温柔的、激烈的、具有震撼性的。当我们对于需要构思的动效有性质定位的时候，可以从生活中这些相同的自然事物中寻找灵感，取其精华。

4. 多看多思考

除了多观察生活，我们还需要多看一些优秀的动效设计，在观看的过程中，同时还需要去思考他为什么要这么设计，是通过哪些技巧和方法完成这个动效设计的，以及动效的整体节奏等。时刻与自己对类似事物的想法进行对比，找差距、补不足，这就是经验技巧积累的过程。

5. 学会拆解

大多数的动效设计都是通过基础的变化组合而成的，我们要通过多看多观察，慢慢学会怎么去拆解别人复杂的动效设计，从中总结经验。然后，通过合理的编排设计出自己的动效，你就是这场动效设计的导演。

提示

动效设计中的基础变化主要包含 4 种，主要是移动、旋转、缩放和属性变化。所有的这些变化形式，经过合理的编排配合合适的运动节奏，就是一个完整的动效设计。关于动效设计的基础变化，将在本章第 2.6 节中进行详细介绍。如图 2–23 所示为旋转动效。

许多动效都是由元素的基础属性变化所形成的，例如该动效主要就是通过对元素的旋转属性进行设置从而形成的动画效果，通过多种基础属性变化的结合就能够表现比较复杂的动画效果。

图 2-23

6. 紧跟设计潮流

我们要时刻保持对设计行业，或者说对动效设计领域的关注，了解当下新的设计趋势、设计方式和表现手法等，不做一个落伍者，也不要把自己永远定义为一个跟随者。如图 2–24 所示为粒子动效。

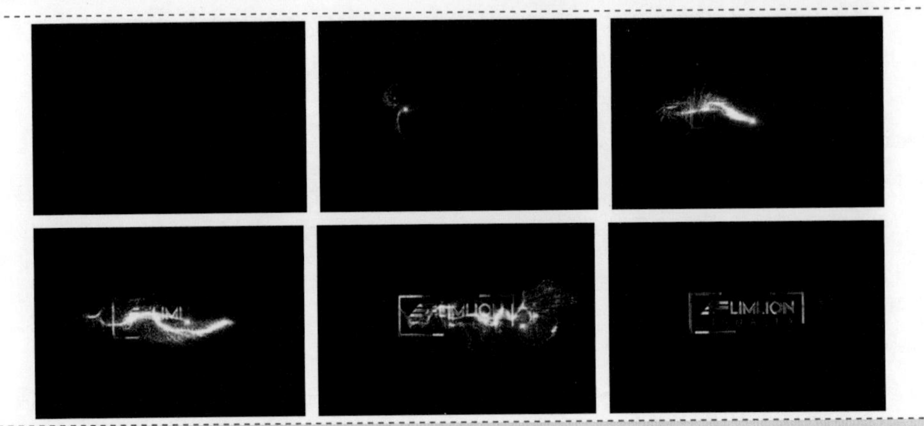

很多酷炫的动效都需要使用 After Effects 中的各种效果或者外部插件，通过这些效果和外部插件的使用往往能够实现许多基础动画无法实现的效果，例如该动效就是使用了外部插件实现的酷炫粒子动效。

图 2-24

2.4.2 根据想法付诸行动

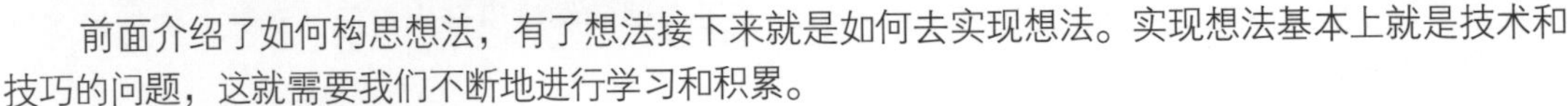

前面介绍了如何构思想法，有了想法接下来就是如何去实现想法。实现想法基本上就是技术和技巧的问题，这就需要我们不断地进行学习和积累。

1. 动手尝试，熟能生巧

理解了一些理论知识后，一定要亲自动手进行尝试，不断尝试才能够锻炼自己，提高技术水平，只有尝试才能够真的验证自己的设计。

2. 多临摹，多练习

学习任何东西，特别是在设计行业中，临摹都是一个非常有效的入门方法，动效设计也是如此。临摹的过程其实就是与优秀设计师交流的过程，从中能够仔细了解和学习他的设计思路和表现手法，也能够在临摹的过程中对原有设计手法结合自身经验进行优化升级，是很好的提升技巧的方法。

3. 注重细节

细节决定成败，动效设计和做单纯的视觉设计一样，一定要注重动效细节的表现。全面思考，认真实践。

4. 使动效富有节奏感

通过动效的设计使你的作品有活力不死板，才能够赋予产品新的活力。

5. 先加后减

在动效的设计过程中，可以不断地丰富原有的设计想法，当你不太明确如何丰富自己的设计，或者不太清楚使用何种技巧达到自己设想的感觉时，可以先尝试看哪些地方可以动态化，可以这样运动是否也可以那样运动，制作出可能性和突破性。然后，在这些可能性和突破性后进行减法，去除多余，保留精华。

2.5 制作 UI 交互动效的工具

随着 UI 设计的不断发展，UI 动效越来越多地被应用于实际的生活中。优秀的动态交互效果设计在提升产品体验、用户黏性方面的积极作用有目共睹，已经成为当下 Web 和 App 产品交互设计和界面设计必不可少的元素。那么，我们可以使用哪些工具来制作 UI 交互动效呢?

1. Adobe After Effects

After Effects 简称 AE，是目前热门的交互动效设计软件。After Effects 的功能非常强大，基本上想要的功能都能实现，UI 交互动效其实只使用到了该软件中很小一部分功能而已，要知道很多的美国大片都是通过它来进行后期合成制作的，配合 Photoshop 和 Illustrator 等软件，更是得心应手。如图 2–25 所示的动效就是使用 After Effects 软件制作的。

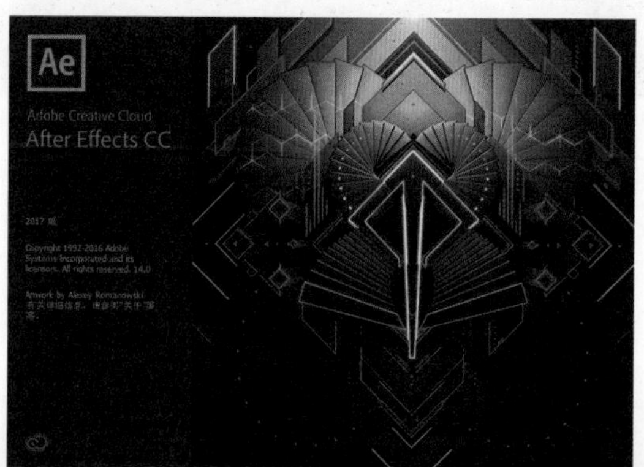

图 2-25

提示

本书所讲解的 UI 交互动效设计也是基于该软件，包括后面的章节中也将通过使用该软件来制作各种不同的 UI 交互动效。

2. Adobe Photoshop

可能很多人都认为 Photoshop 只是用来作图和处理图像的，并不知道 Photoshop 也可以制作动画。当然，Photoshop 只能通过其时间轴来制作一些比较简单的 GIF 动画效果，在 Photoshop CC 版本中加入了视频时间轴功能，这样可以快速完成简单的交互效果，如移动、变换、图层样式等。

但是 Photoshop 中的时间轴动画也有一些弊端。

（1）时间轴总时长只有 5s，在新版本中不能延长时间。

（2）不支持围绕点旋转，只支持中心对称旋转，这会造成一些不便。

（3）效果样式较少，一些复杂的效果难以实现。

（4）动画效果生硬，没有缓动效果，整体动画效果不太好。

如图 2–26 所示就是使用 Photoshop 软件所制作的简单的 GIF 动画效果。

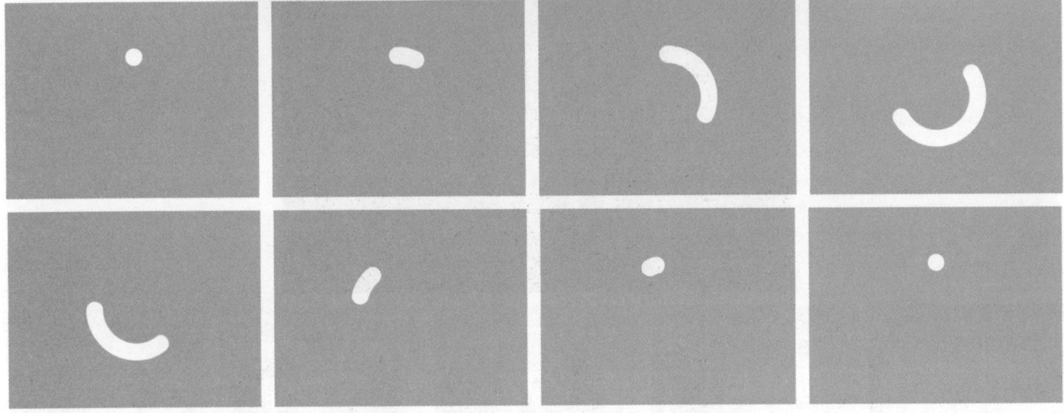

图 2-26

3. Adobe Flash

Flash 在以前互联网动画中应用非常普遍，可以说是过去交互动画的王者，但是其缺点也非常明显，Flash 动画的播放需要有浏览器插件的支持，并且随着移动互联网的发展，Flash 动画在移动端应用的弊端愈发明显，而随着 HTML5 和 CSS3 等新技术的崛起，Flash 目前已经基本被淘汰。

Adobe 公司为了适应 HTML5 和 CSS3 设计的发展趋势，在 Flash 的基础上添加了 HTML5 动画的新功能和新属性，从而开发了新的取代 Flash 的软件 Adobe Animate CC。如图 2–27 所示为 2 个软件的启动界面。

图 2-27

4. CINEMA 4D

CINEMA 4D 是近几年比较火的一款三维动画制作软件，其特点是拥有极高的运算速度和强大的渲染插件。与众所周知的其他 3D 软件一样（如 Maya、3ds Max 等），CINEMA 4D 同样具备高端 3D 动画软件的所有功能。所不同的是，在研发过程中 CINEMA 4D 的工程师更加注重工作流程的流畅性、舒适性、合理性、易用性和高效性。因此，使用 CINEMA 4D 会让设计师在创作设计时感到非常轻松愉快，赏心悦目，在使用过程中更加得心应手，有更多的精力置于创作之中，即使是新用户，也会感觉到 CINEMA 4D 上手非常容易。

CINEMA 4D 同样是一款非常出色的交互动效制作软件，使用 CINEMA 4D 能够制作出许多具有三维立体感的酷炫动效，如图 2-28 所示。

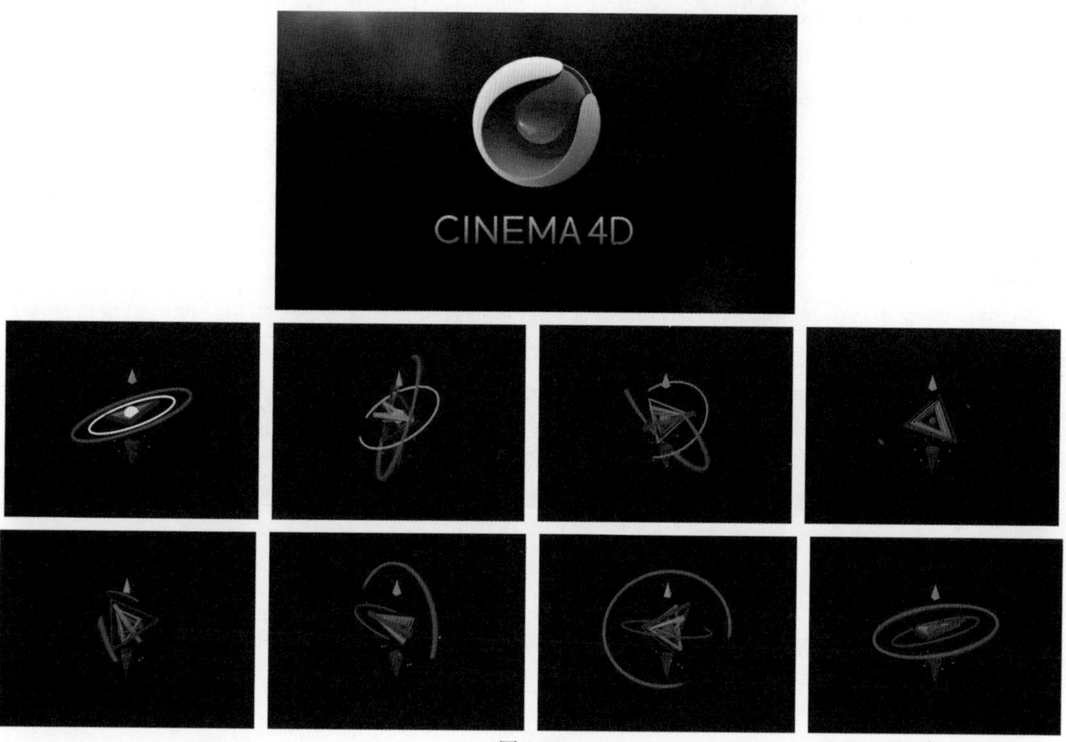

图 2-28

5. Pixate

Pixate 是一款图层类交互原型设计软件，其优点是可交互、共享性强，与 Sketch 软件的结合相对比较高，同时对 Google Material Design 的支持比较好，有许多 MD 相关预设。Pixate 软件的缺点是没有时间轴，层级管理不是非常明确，图层一多就会显得非常繁杂。如图 2-29 所示为该软件启动界面。

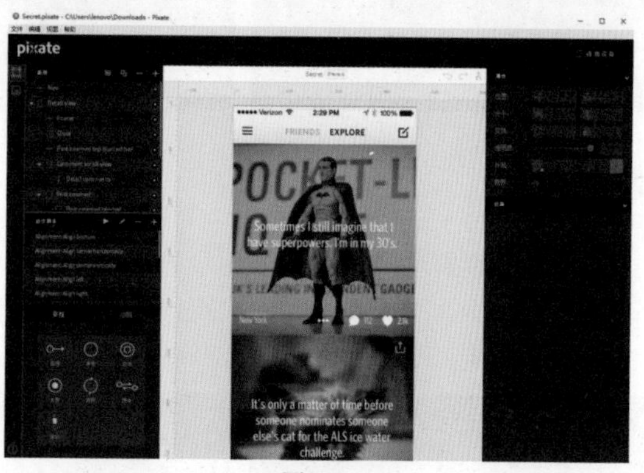

图 2-29

提示

以上所介绍的这几款动效制作软件都能够支持 Windows 操作系统，除了以上介绍的几款软件之外，还有其他一些小软件同样能够制作交互动效，例如 Origami、Hype 3、Flinto 和 Principle 等，这些软件都有其独特的优点，但大多数只支持 Mac 操作系统，感兴趣的用户可以查找相关资料进行深入了解。

2.6 认识基础 UI 交互动效

前面介绍过，我们在网站和 App 应用界面中所看到的动效设计都是由一些基础的变化组合而成的，这些基础变化如图 2–30 所示。

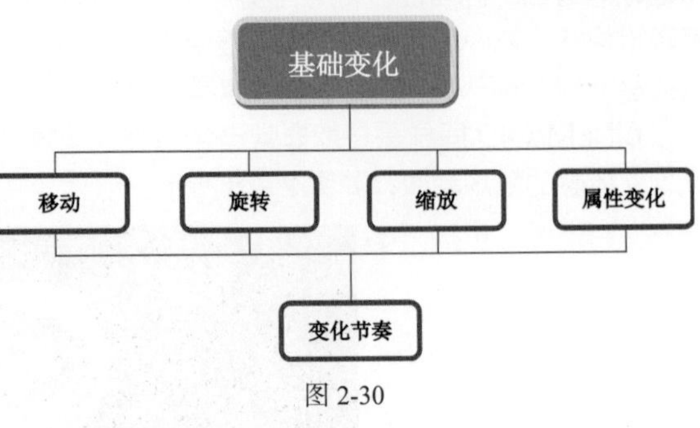

图 2-30

2.6.1 基础动效

我们平时在 App 应用界面中看到的动效其实都是由一些最基础的动效组合而成的，这些基础动效包括移动、旋转和缩放。在交互动效设计软件中，通常只需要设置对象的起点和终点，并在软件中设置想要实现的动效，设计软件便会根据这些设置去渲染出整个动画过程。

1. 移动

移动，顾名思义就是将一个对象从位置 A 移动到位置 B，如图 2–31 所示。这是最常见的一种动态效果，像滑动、弹跳、振动这些动态效果都是从移动扩展而来的。

图 2-31

2. 旋转

旋转是指通过改变对象的角度，使对象产生旋转的效果，如图 2–32 所示。通常在页面加载，或点击某个按钮触发一个较长时间操作时，经常使用到的 Loading 效果或一些菜单图标的变换都会使用旋转动态效果。

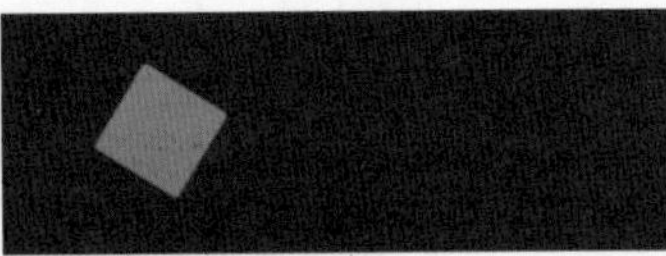

图 2-32

3. 缩放

缩放动态效果在移动 App 应用中被广泛地使用，如图 2–33 所示。例如点击一个 App 图标，打开该 App 全屏界面时，就是以缩放的方式来展开的，还有通过点击一张缩略图查看具体内容时，通常也会以缩放的方式从缩略图过渡到满屏的大图。

图 2-33

2.6.2 属性变化

在上一节中已经介绍了 3 种最基础的动效：移动、旋转和缩放，但元素的动效除了使用这 3 种基础的动效进行组合之后，还会加入元素属性的变化。属性变化其实就是指元素的透明度、形状、颜色等属性在运动过程中的变化。

属性变化也可以理解为是一种基础动效，例如可以通过改变元素的透明度来实现元素淡入/淡出的动画效果等。同时还可以通过改变元素的大小、颜色、位置等几乎所有属性来体现动画效果，如图 2–34 所示。

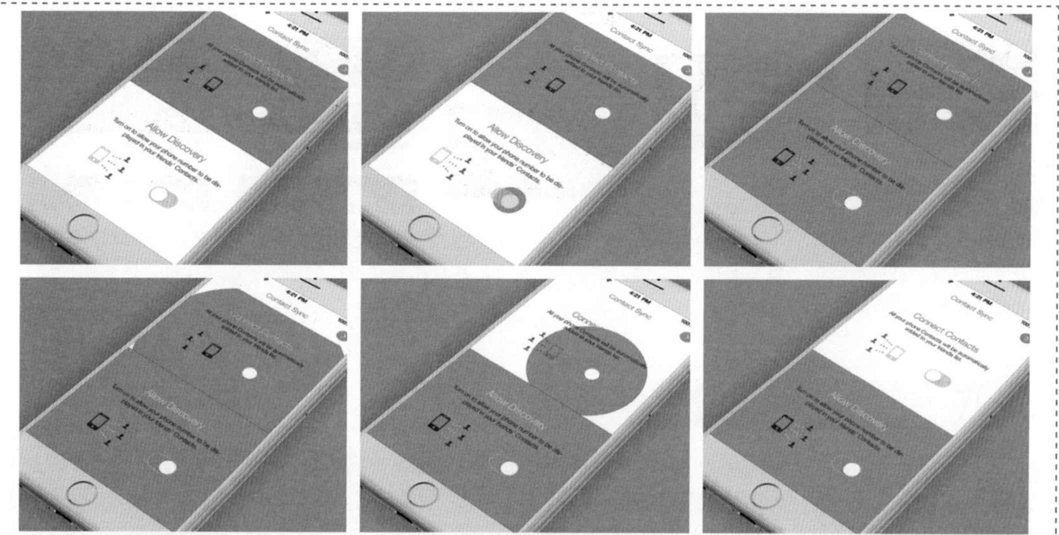

这是 App 应用界面中功能开关按钮的交互动效设计，当打开某个功能时，该功能按钮的小圆位置移动到另一侧，并且该功能选项的背景色会从开关按钮的位置逐渐放大覆盖整个功能选项。当关闭某个功能时，该功能按钮的小圆位置移动到另一侧，并且该功能选项的背景色会渐渐收缩至开关按钮下方隐藏。

图 2-34

2.6.3 运动节奏

自然界中大部分物体的运动都不是线性的，而是按照物理规律呈曲线性运动的。通俗点来说，就是物体运动的响应变化与执行运动的物体本身质量有关。例如，当我们打开抽屉时，首先会让它加速，然后慢下来。当某个东西往下掉时，首先是越掉越快，撞到地上后回弹，最终才又碰触地板。

优秀的动效设计应该反映真实的物理现象，如果动效想要表现的对象是一个沉甸甸的物体，那么它的起始动画响应的变化会比较慢。反之，对象如果是轻巧的，那么其起始动画响应的变化会比较快。如图 2–35 所示为元素缓动效果示意图。

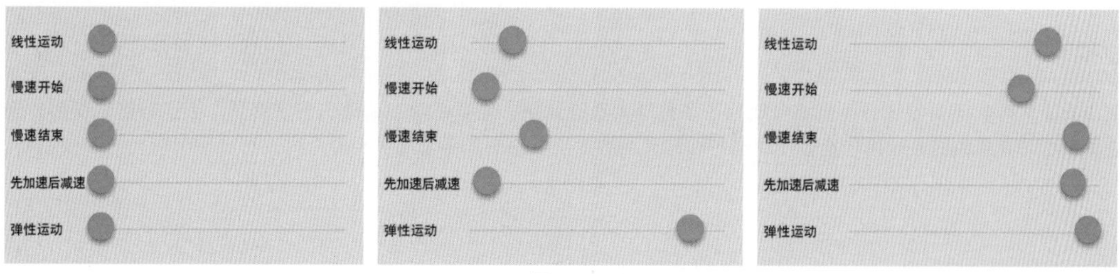

图 2-35

所以在交互动效设计中还需要考虑到元素的运动节奏，从而使所制作的交互动效表现得更加真实、自然，如图 2–36 所示。

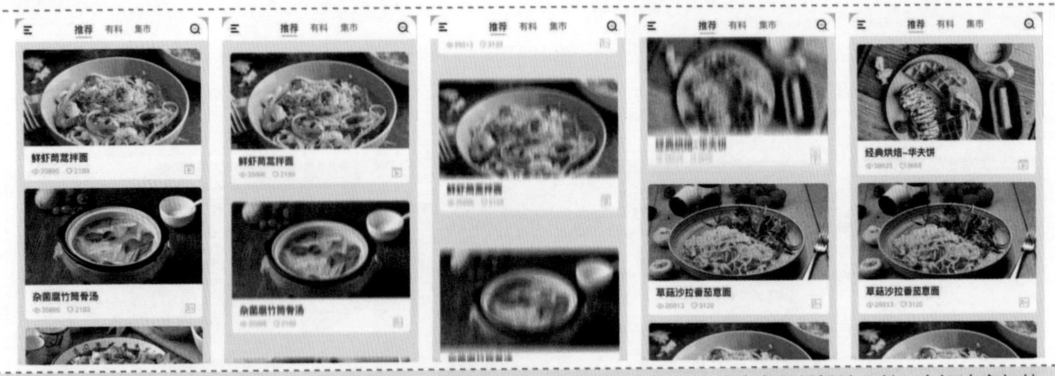

在该订餐 App 界面中，用户可以上下滑动界面，当用户滑动界面时，界面的运动速度是缓慢地开始，中间速度加快，再缓慢地结束，这种运动方式就充分地考虑了对象的运动规律，并且在运动过程中加入了运动模糊，使界面的动效表现更加真实、富有动感。

图 2-36

2.6.4 基础动效组合应用

在大多数场景中，一般需要同时使用 2 种以上的基础动效，将它们有效地组合在一起，以达到更好的动态效果。另外，需要让交互动效遵循普遍的物理规律，这样才能使所制作的动效更容易被用户接受。如图 2–37 所示为基础动态的综合运用。

理想的动效时长应该在 0.5~1s 之间，在设计淡入淡出、滑动、缩放等动效时都应将时长控制在这个范围内。如果动效时长设置得太短，会让用户看不清效果，甚至更糟的是给用户造成压迫感。反过来如果动效持续时间过长，又会使人感觉无聊，特别是当用户在使用 App 的过程中，反复看到同一动效的时候。

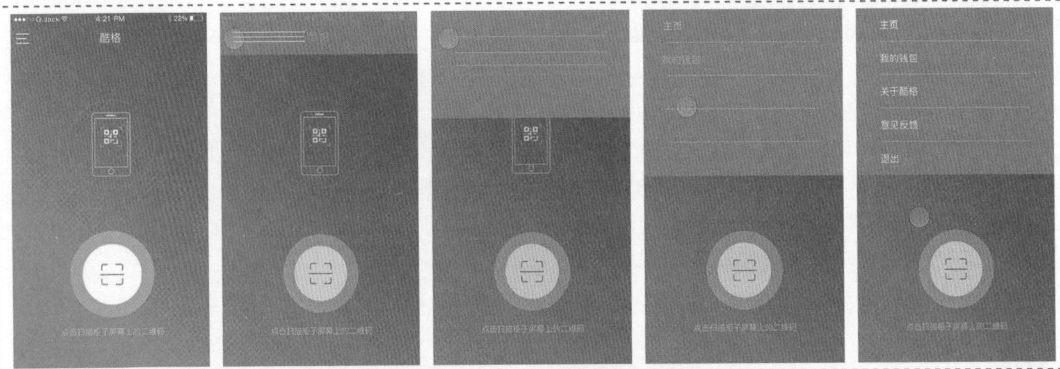

在该界面的导航菜单动效设计中综合运用了多种基本动态效果，包括缩放、移动、形状变化、不透明度变化等，通过多种动态效果的综合运用才能够使界面的动态交互效果表现得更加丰富而真实。

图 2-37

第3章 After Effects 软件基础操作

After Effects 是 Adobe 公司新推出的一款影视后期效果制作软件。随着计算机技术水平的提高，After Effects 不再仅仅局限于影视和后期效果的制作，由于其自身具有的特效能够给用户带来想要的效果，并且输出文件具有高保真的特性，在目前流行的交互动效设计中被广泛使用。想要使用 After Effects 软件制作交互动效，首先必须掌握 After Effects 软件的操作，在本章中将向读者介绍有关 After Effects 的基础操作。

3.1 认识 After Effects

After Effects 可以帮助用户高效、精确地创建精彩的动态图形和视觉效果。After Effects 在各个方面都具有优秀的性能，不仅能够广泛支持各种动画文件格式，还具有优秀的跨平台能力。After Effects 作为一款优秀的视频特效处理软件，经过不断地发展，在众多行业中已经得到了广泛的使用。

3.1.1 After Effects 概述

After Effects 简称 AE，是 Adobe 公司开发的一款视频剪辑及后期处理软件，目前的最新版本是 After Effects CC 2018。After Effects 是制作动态影像不可或缺的辅助工具，是视频后期合成处理的专业非线性编辑软件。After Effects 应用范围广泛，涵盖视频短片、电影、广告、多媒体和网页等。如图 3–1 所示为 After Effects CC 2018 的启动界面。

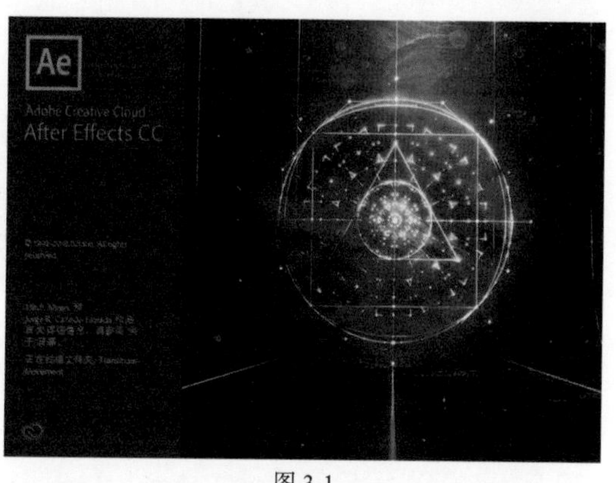

图 3-1

After Effects 支持无限多个图层，它能够直接导入 Illustrator 和 Photoshop 文件。After Effects 也有多种插件，其中包括 Meta Tool Final Effect，它能够提供虚拟移动图像以及多种类型的粒子系统，使用它还能够创造出独特的迷幻效果。

引入 Photoshop 中的图层，使 After Effects 可以对多层的合成图像进行控制，制作出天衣无缝的合成效果。关键帧、路径的引入，对控制高级的二维动画来说是一个很有效的解决途径。高效的视频处理系统，也确保了高质量视频的输出。

3.1.2 After Effects 的应用领域

随着社会的进步，科技的发展，电视、计算机、网络、移动多媒体等媒体设备越来越广泛地在人们的生活中普及。每天人们都通过不同的媒体观看和了解新闻时事、生活资讯、娱乐节目，这已经成为生活中不可缺少的一部分。正因为有了这些载体，影视后期处理技术的发展也越来越快，影视后期处理软件的应用领域也越来越广泛。

1. 电影特效

自从 20 世纪 60 年代以来，随着电影中逐渐运用了计算机技术，一个全新的电影世界展现在人们面前，这也是一次电影的革命。越来越多的计算机制作的图像被运用到电影作品中，其视觉效果的魅力有时已经大大超过了电影故事的本身。电影的另一个特性便是作为一种视觉传媒而存在的。

在最初由部分使用计算机特效的电影作品向全部由计算机制作的电影作品转变的过程中，人们已经看到了其在视觉冲击力上的不同与震撼。如今，已经很难看到没有添加任何计算机特效元素的电影作品。如图 3–2 所示为 After Effects 在电影特效方面的应用。

图 3-2

2. 影视动画

影视后期特效在影视动画中的应用是有目共睹的，没有后期特效的支持，就没有影视动画的存在。在如今靠视听特效来吸引观众眼球的动画片中，无处不存在影视后期特效的身影。可以说，每部影视动画都是一次后期特效视听盛宴。如图 3–3 所示为 After Effects 在影视动画方面的应用。

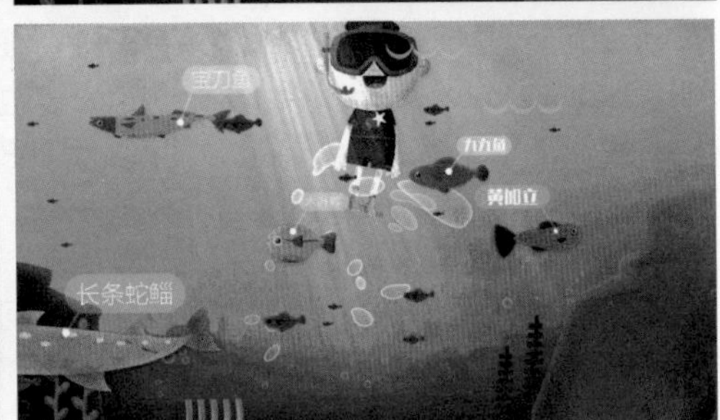

图 3-3

3. 电视栏目及频道片头

在信息化的时代中，影视广告是传播产品信息的首选，同时也是企业树立形象的重要手段。运用数十秒的时间将企业、产品、创意、艺术有机地结合在一起，可以达到图、文、声并茂的特点，传播范围广，也易被大众接受，这是平面媒体所无法取代的。涵盖电视栏目包装、频道包装和企业形象包装等功能的后期特效已经越来越多地为市场所接受。如图 3–4 所示为 After Effects 在电视栏目及频道片头方面的应用。

图 3-4

4. 城市形象宣传片

城市形象就是一座城市的无形资产，是一个城市综合竞争力不可或缺的要素。影视后期特效合成在城市形象宣传片中的应用在树立良好的城市形象、有力地提升城市品位、激发城市可持续发展的能力等方面发挥了重要作用。如图 3–5 所示为 After Effects 在城市形象宣传片方面的应用。

图 3-5

5. 产品宣传广告

产品宣传广告主要是针对产品制作的动态影视特效，一般用在公众电视媒体、电视传媒、网络媒体等方面。产品宣传广告如同一张产品名片，但其图、文、声并茂，使人一目了然，无须向客户展示大段的文字说明，也避免了反复枯燥无味的介绍。如图 3–6 所示为 After Effects 在产品宣传广告方面的应用。

图 3-6

6. 企业宣传片

相对于静止的画面来说，人们当然喜欢动态的影像作品，因而现在越来越多的企业希望自己的企业或者产品宣传动起来。用数码摄像机拍摄，然后使用后期软件合成，将动态视频影像通过各种渠道传播出去，效果好，成本低。

将实拍视频、解说、字幕、动画等技术结合起来，具有强大的表现力和感染力。从前期策划、脚本创作、拍摄、剪辑、配音、配乐，到后期光盘压制等全方位的影像动画制作服务已经是大多数影视广告公司的制胜法宝。此类专题片制作有企业形象介绍、公司品牌推广、产品品牌宣传、纪录片等。如图 3–7 所示为 After Effects 在企业宣传方面的应用。

图 3-7

7. 交互动效设计

随着交互设计的发展，交互动效的制作要求变得更加高规格，动画的效果也不再只是简单的图片切换。交互设计师为了满足广大用户群体的需求，逐渐地由原本使用 Flash 软件制作交互动效转向使用 After Effects 制作交互动效，After Effects 制作出的交互动效更加完美，更能够表现出设计师的设计理念，与此同时，还可以实现一些 Flash 原本无法实现的效果，这样一来设计师与开发人员的沟通合作变得更加便捷，从整体上来看，更能够充分地满足广大用户群体的需求。如图 3–8 所示为 After Effects 在交互动效设计方面的应用。

图 3-8

3.2 After Effects 工作界面

在使用 After Effects 进行交互动画设计之前，不仅要了解交互设计的理念，还要掌握其制作软件的使用方法。After Effects CC 就是现代交互动画设计的主流软件之一，本节将带领读者全面认识 After Effects 工作界面。

3.2.1 认识 After Effects 工作界面

After Effects 的工作界面越来越人性化，将界面中的各个窗口和面板集合在一起，不是单独的浮动状态，这样在操作过程中免去了拖来拖去的麻烦。启动 After Effects CC，可以看到全新的 After Effects CC 工作界面，如图 3-9 所示。

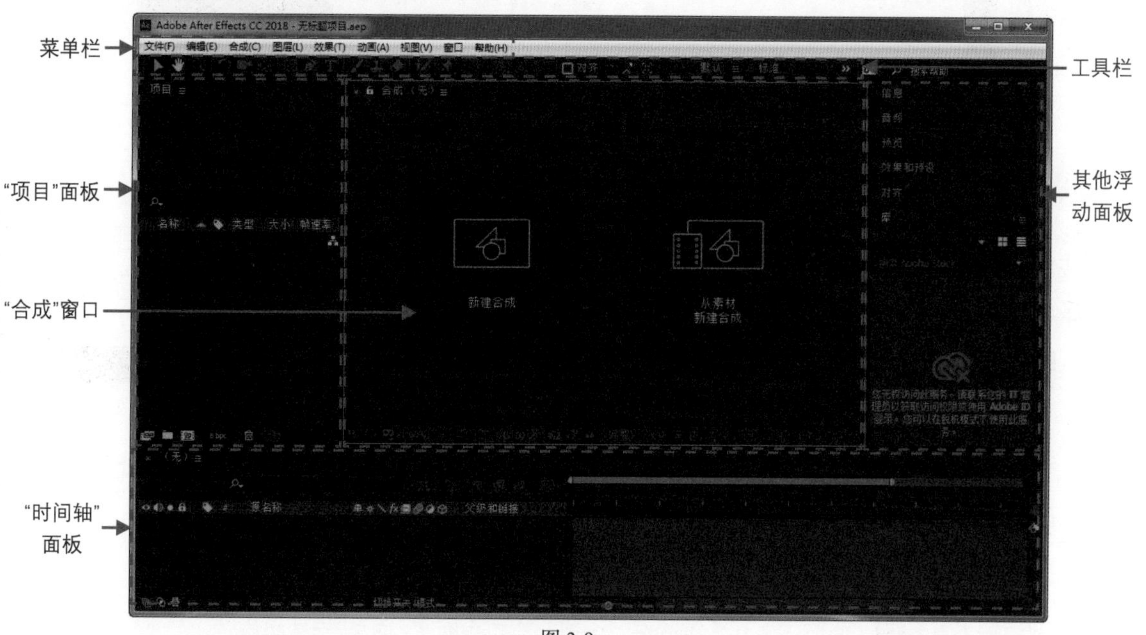

图 3-9

- **菜单栏：**在 After Effects 中，根据功能和使用目的将菜单命令分为 9 类，每个菜单项中包含多个子菜单命令。
- **工具栏：**包含 After Effects 中的各种常用工具，所有工具均是针对“合成”窗口进行操作的。
- **“项目”面板：**用来管理项目中的所有素材和合成，在该面板中可以很方便地进行导入、删除和编辑素材等相关操作。
- **“合成”窗口：**这是动画效果的预览区，能够直观地观察要处理的素材文件的显示效果，如果要在该窗口中显示画面，首先需要将素材添加到时间轴中，并将时间滑块移动到当前素材的有效帧内。
- **“时间轴”面板：**该面板是 After Effects 工作界面中非常重要的组成部分，它是进行素材组织的主要操作区域，主要用于管理层的顺序和设置动画关键帧。
- **其他浮动面板：**显示了 After Effects CC 中常用的面板，用于配合动画效果的处理制作，可以通过在窗口菜单中执行相应的命令，在工作界面中显示或隐藏相应的面板。

3.2.2 切换工作界面

After Effects 中有多种工作界面，其中包括标准、所有面板、效果、浮动面板、简约、动画、文本、绘画和运动跟踪等工作界面。不同的界面适合不同的工作需求，使用起来更加方便快捷。

如果需要切换 After Effects 的工作界面，可以执行“窗口”>“工作区”命令，在该命令的下级菜单中选择相应的命令，即可切换到对应的工作区，如图 3–10 所示。或者在工具栏上的“工作区”下拉列表中选择相应的选项，同样可以切换到对应的工作区，如图 3–11 所示。

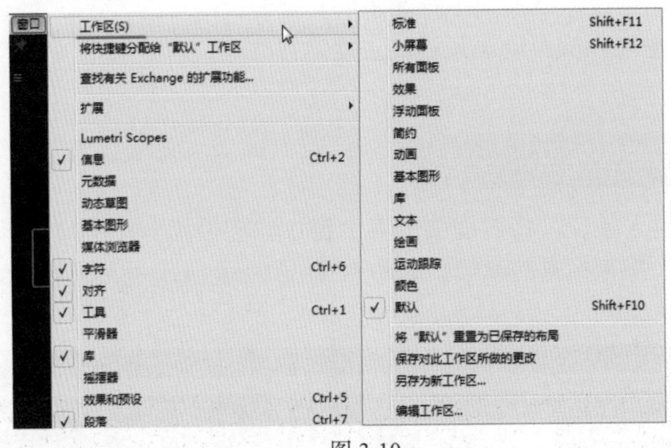

图 3-10

图 3-11

3.2.3 工具栏

执行“窗口”>“工具”命令，或者按快捷键 Ctrl+1，可以在工作界面中显示或隐藏工具栏。工具栏中包含常用的编辑工具，使用这些工具可以在“合成”窗口中对素材进行编辑操作，如移动、缩放、旋转、绘制图形和输入文字等，After Effect 中的工具栏如图 3–12 所示。

图 3-12

- **“选择工具”**：使用该工具，可以在“合成”窗口中选择和移动对象。
- **“手形工具”**：当素材或对象被放大超过“合成”窗口的显示范围时，可以使用该工具在“合成”窗口中拖动，以查看超出部分。
- **“缩放工具”**：使用该工具，在“合成”窗口中单击可以放大显示比例，按住 Alt 键不放，在“合成”窗口中单击可以缩小显示比例。放大的快捷键为 Ctrl++，缩小的快捷键为 Ctrl+–。
- **“旋转工具”**：使用该工具，可以在“合成”窗口中对素材进行旋转操作。
- **“统一摄像机工具”**：在建立摄像机后，该按钮被激活，可以使用该工具操作摄像机。在该工具按钮上按下鼠标左键不放，显示出其他 3 个工具，分别是“轨道摄像机工具”“跟踪 XY 摄像机工具”和“跟踪 Z 摄像机工具”，如图 3–13 所示。
- **“向后平移（锚点）工具”**：使用该工具，可以调整对象的轴心点位置。
- **“矩形工具”**：使用该工具，可以创建矩形蒙版。在该工具按钮上按下鼠标左键不放，显示出其他 4 个工具，分别是“圆角矩形工具”“椭圆工具”“多边形工具”和“星形工具”，如图 3–14 所示。
- **“钢笔工具”**：使用该工具，可以为素材添加不规则的蒙版图形。在该工具按钮上按下鼠标左键不放，显示出其他 4 个工具，分别是“添加‘顶点’工具”“删除‘顶点’工具”“转换‘顶点’工具”和“蒙版羽化工具”，如图 3–15 所示。

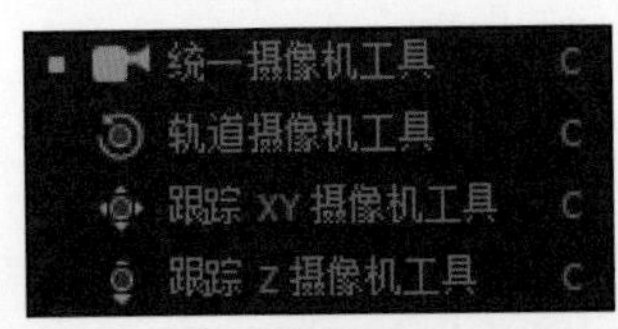

图 3-13

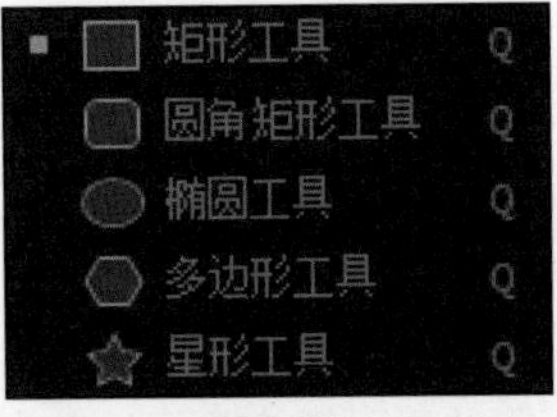

图 3-14

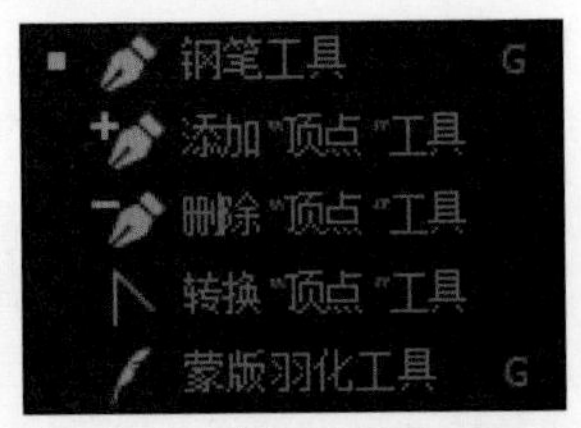

图 3-15

- **"横排文字工具"**：使用该工具，可以为合成图像添加文字，支持文字的特效制作，功能强大。在该工具按钮上按下鼠标左键不放，显示出另一个"直排文字工具"，如图 3-16 所示。
- **"画笔工具"**：使用该工具，可以对合成图像中的素材进行绘制和编辑。
- **"仿制图章工具"**：使用该工具，可以复制素材中的像素。
- **"橡皮擦工具"**：使用该工具，可以擦除多余的像素。
- **"Roto 笔刷工具"**：使用该工具，可以帮助用户在正常时间片段中独立出移动的前景元素。在该工具按钮上按下鼠标左键不放，显示出另一个"调整边缘工具"，如图 3-17 所示。
- **"操控点工具"**：使用该工具，可以用来确定动画的关节点位置。在该工具按钮上按下鼠标左键不放，显示出其他两个工具，分别是"操控叠加工具"和"操控扑粉工具"，如图 3-18 所示。

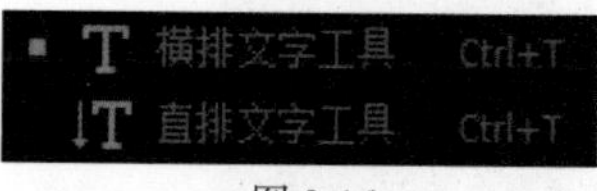

图 3-16

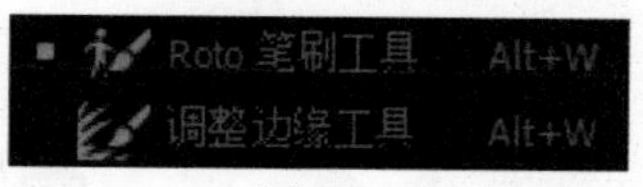

图 3-17

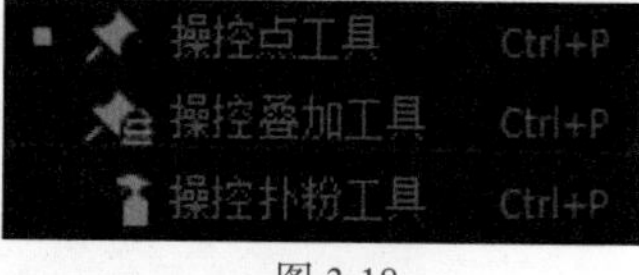

图 3-18

3.2.4 "项目"面板

"项目"面板主要用于组织、管理项目中所使用的素材。所制作的动效中需要使用的素材都要先导入"项目"面板中，在该面板中可以对素材进行预览。"项目"面板如图 3-19 所示。

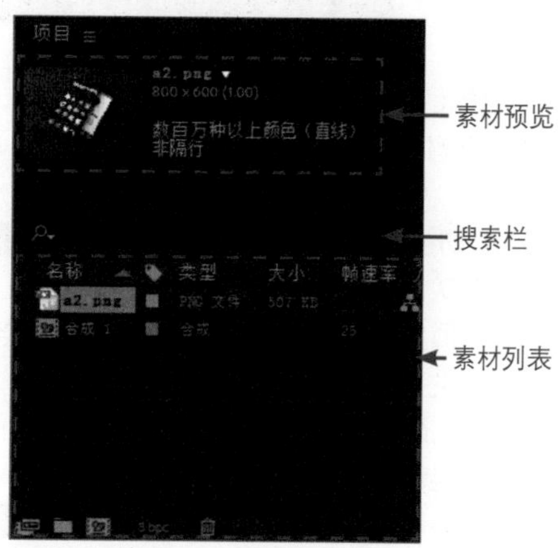

图 3-19

- **素材预览**：此处显示的是当前所选中素材的缩略图，以及尺寸、颜色等基本信息。
- **搜索栏**：在"项目"面板中有较多的素材、合成或文件夹时，可以通过搜索栏快速查找所需要的素材。
- **素材列表**：在该列表中显示当前项目中的所有素材文件，以及各素材的类型、大小等相关基本信息。
- **"解释素材"按钮**：单击该按钮，可以设置选择素材的透明通道、帧速率、上下场、像素以及循环次数。
- **"新建文件夹"按钮**：单击该按钮，可以在"项目"面板中新建一个文件夹。
- **"新建合成"按钮**：单击该按钮，可以在"项目"面板中新建一个合成。
- **"项目颜色深度"选项**：在该选项中显示了当前项目的颜色深度设置，单击该选项，弹出"项目设置"对话框并自动切换到"颜色设置"选项卡中，可以对当前项目的颜色深度选项进行修改。
- **"删除所选项目项"按钮**：单击该按钮，可以在"项目"面板中将当前选中的素材删除。

3.2.5 "合成"窗口

"合成"窗口是动画效果的预览区域，在进行动效项目的设计制作时，它是最重要的窗口，在该窗口中可以预览到编辑时每一帧的动画效果。如果要在"合成"窗口中显示画面，首先需要将素材添加到时间轴上，并将时间滑块移动到当前素材的有效帧内才可以显示，如图 3-20 所示。

- **当前显示的合成**：在一个项目文件中可以创建多个合成，在该下拉列表中可以选择需要在"合成"窗口中所显示的合成，或者对合成进行关闭、锁定等操作。
- **"始终预览此视图"按钮**：当该按钮呈现按下状态时，将会始终预览当前视图的效果。
- **"主查看器"按钮**：当该按钮呈现按下状态时，将在"合成"窗口中预览项目中的音频和外部视频效果。

- **“Adobe 沉浸式环境”按钮**：该选项用于设置是否在“合成”窗口中开启 Adobe 沉浸式环境的预览效果，如果需要使用 Adobe 沉浸式环境，则需要佩戴 VR 眼镜设备。默认为关闭“Adobe 沉浸式环境”功能。

图 3-20

- **放大率** 50%：在该下拉列表中可以选择“合成”窗口的视图显示比例。
- **“选择网格和参考线选项”按钮**：单击该按钮，在弹出菜单中选择相应的选项，可以在“合成”窗口中显示相应的标尺、网格等。
- **“切换蒙版和形状路径可视性”按钮**：单击该按钮，可以切换视图中蒙版和形状路径的可视性。默认情况下，该按钮为按下状态。
- **“预览时间”选项** 0;00;00;00：显示当前预览时间，单击该选项，弹出“转到时间”对话框，可以设置当前时间指针的位置。
- **“创建快照”按钮**：单击该按钮，可以捕捉当前“合成”窗口中的视图并创建快照。
- **“显示快照”按钮**：单击该按钮，可以在“合成”窗口中显示最后创建的快照。
- **“显示通道及色彩管理设置”按钮**：单击该按钮，可以在弹出菜单中选择需要查看的通道，或者是进行色彩管理设置。
- **“分辨率 / 向下采样系数”选项** (完整)：在该下拉列表中可以选择“合成”窗口中所显示内容的分辨率，如图 3-21 所示。
- **“目标区域”按钮**：单击该按钮，可以在视图中拖曳出一个矩形框，可以将该矩形区域作为目标区域。
- **“切换透明网格”按钮**：当该按钮呈现按下状态时，将以呈明网格的形式显示视图中的透明背景。
- **“3D 视图”选项** 活动摄像机：在该下拉列表中可以选择一种 3D 视图的视角，如图 3-22 所示。
- **“选择视图布局”选项** 1 个...：在该下拉列表中可以选择一种“合成”窗口的视图布局的方式，如图 3-23 所示。
- **“切换像素长宽比校正”按钮**：当该按钮呈现按下状态时，只可以对素材进行等比例的缩放操作。
- **“快速预览”按钮**：单击该按钮，可以在弹出菜单中选择一种在“合成”窗口中进行快速预览的方式，如图 3-24 所示。
- **“时间轴”按钮**：单击该按钮，自动选中当前工作界面中的“时间轴”面板。
- **“合成流程视图”按钮**：单击该按钮，可以打开“流程图”窗口，创建项目的流程图。
- **“调整曝光度”选项与“重置曝光度”按钮** +0.0：在曝光度数值上按下鼠标左键并左右拖动鼠标可以调整“合成”窗口中的曝光度效果；单击“重置曝光度”按钮，可以将“合成”窗口的曝光度重置为默认值。

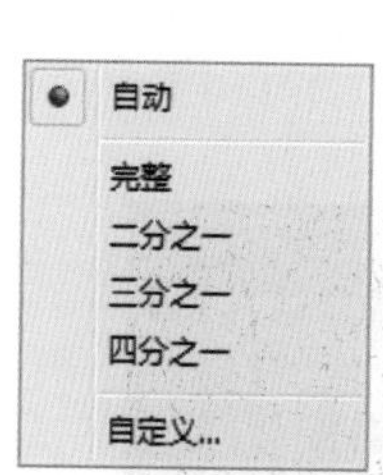

图 3-21

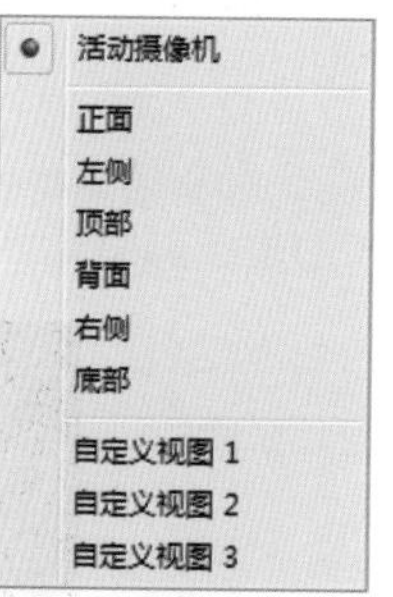

图 3-22

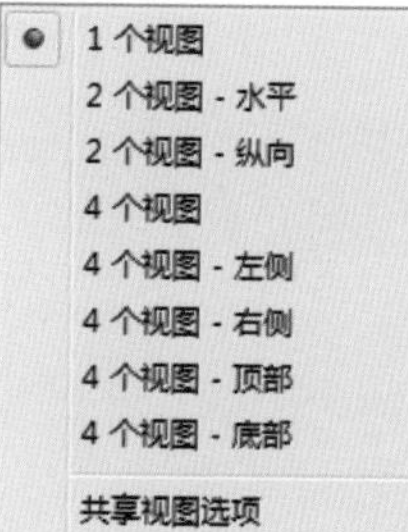

图 3-23

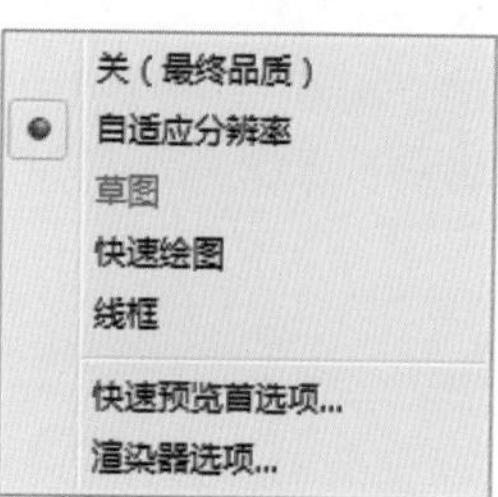

图 3-24

3.2.6 "时间轴"面板

"时间轴"面板是 After Effects 工作界面的核心组成部分，动画与视频编辑工作的大部分操作都是在该面板中进行的，它是进行素材组织和动画制作的主要区域。当添加不同的素材后，将产生多个图层，然后在不同的素材图层中完成该图层中素材动画的制作，如图 3–25 所示。

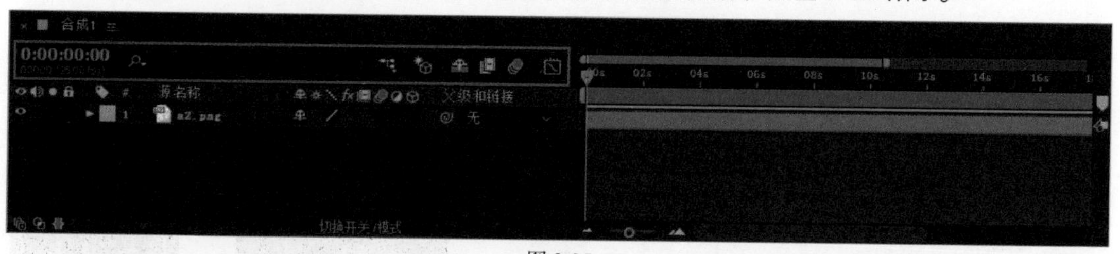
图 3-25

- **"当前时间"选项**：显示"时间轴"面板中当前播放指示头所处的时间位置。
- **"合成微型流程图"按钮**：单击该按钮可以合成微型流程图。
- **"草图 3D"按钮**：当该按钮呈现按下状态时，三维图层中的内容将以 3D 草稿的方式显示，从而加快显示的时间。
- **"隐藏为其设置了'消隐'开关的所有图层"按钮**：单击该按钮，可以同时隐藏"时间轴"面板中所有设置了"消隐"开关的图层。
- **"为设置了'帧混合'开关的所有图层启用帧混合"按钮**：单击该按钮，可以同时为"时间轴"面板中设置了"帧混合"开关的所有图层启用帧混合。
- **"为设置了'运动模糊'开关的所有图层启用运动模糊"按钮**：单击该按钮，可以同时为"时间轴"面板中设置了"运动模糊"开关的所有图层启用运动模糊。
- **"图表编辑器"按钮**：单击该按钮，可以将"时间轴"面板切换到图表编辑器状态，可以通过图表编辑器的方式来设置时间轴动画效果。

3.2.7 了解工作界面中的其他面板

在 After Effects 工作界面中，除了常用的"项目"面板、"合成"窗口和"时间轴"面板之外，还包含其他的一些面板，这些面板虽然并不是经常使用，但是也都有其相应的用途，接下来将对这些面板进行介绍。

1. "信息"面板

"信息"面板主要用来显示素材的相关信息，在"信息"面板的上部分，主要显示 RGB 值、Alpha 通道值、鼠标在"合成"窗口中的坐标位置；在"信息"面板的下部分，根据选择素材的不同，主要显示素材的名称、位置、持续时间、出点和入点等信息，如图 3–26 所示。

2. “音频”面板

在“音频”面板中可以对项目中的音频素材进行控制，实现对音频素材的编辑，执行“窗口”>“音频”命令，或按快捷键 Ctrl+4，可以打开或者关闭“音频”面板，如图 3–27 所示。

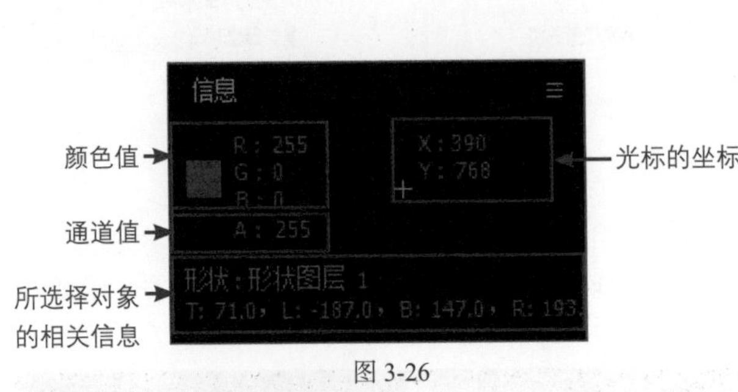

图 3-26

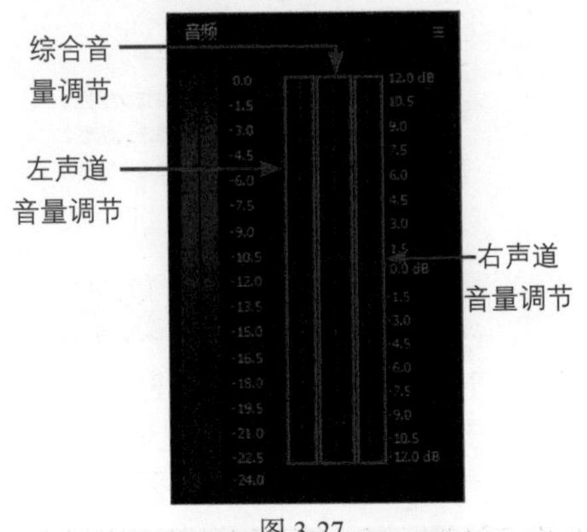

图 3-27

3. “预览”面板

“预览”面板主要是对合成内容进行预览操作，并且可以控制素材的播放与停止，还可以进行预览的相关设置。执行“窗口”>“预览”命令，或按快捷键 Ctrl+3，可以打开或关闭“预览”面板，如图 3–28 所示。

4. “效果和预设”面板

“效果和预设”面板中包含“动画预设”“抠像”“模糊和锐化”“通道”“颜色校正”等多种特效，是进行视频编辑处理的重要部分，主要针对时间轴上的素材进行特效处理。一般常见的特效都可以使用“效果和预设”面板中的特效来完成的，如图 3–29 所示。

图 3-28

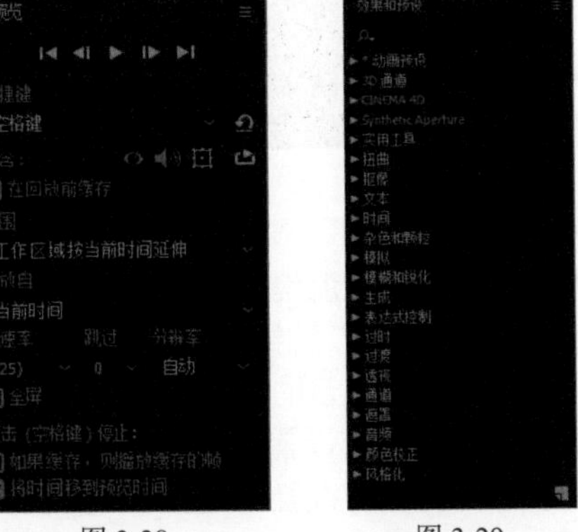

图 3-29

3.3 快速掌握 After Effects 的基本操作

如果需要使用 After Effects 软件来制作交互动效，那么首先必须在 After Effects 中创建一个新的项目，这也是 After Effects 的最基本操作之一，只有创建了项目，才能够在项目中进行其他的编辑工作。在本节中将向读者介绍 After Effects 的基本操作。

3.3.1 创建新项目文件

在创建新项目文件的时候，After Effects 软件与其他软件有一个明显的区别，就是在使用 After Effects 创建新项目文件后，并不可以在项目中直接进行动画的编辑操作，还需要在该项目文件中创建合成，才能够进行动画的制作与编辑操作。

当刚打开 After Effects 软件时，会在软件工作界面之前显示“开始”窗口，在该窗口为用户提供了软件操作的一些基本命令，如图 3–30 所示。单击“新建项目”按钮，或者关闭该“开始”窗口，进入 After Effects 工作界面中，如图 3–31 所示。默认情况下，After Effects 会自动新建一个空的项目文件。

图 3-30

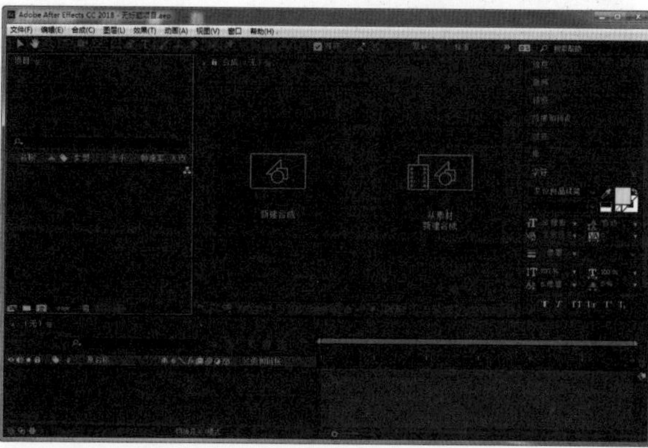

图 3-31

提示

如果用户当前在 After Effects 软件中正在编辑一个项目文件，需要创建新的项目文件，则可以执行“文件” > “新建” > “新建项目”命令，或者按快捷键 Ctrl+Alt+N，即可创建一个新的项目文件。

3.3.2 新建合成

完成项目文件的创建之后，接下来就需要在该项目文件中创建合成了。在“合成”窗口中为用户提供了两种创建合成的方法，如图 3–32 所示。一种是新建一个空白的合成，另一种是通过导入的素材文件来创建合成。

如果单击“新建合成”按钮，则会弹出“合成设置”对话框，在该对话框中可以对合成的相关选项进行设置，如图 3–33 所示。如果单击“从素材新建合成”按钮，则会弹出“导入文件”对话框，可以选择需要导入的素材文件，After Effects 会根据用户所选择导入的素材文件自动创建相应的合成。

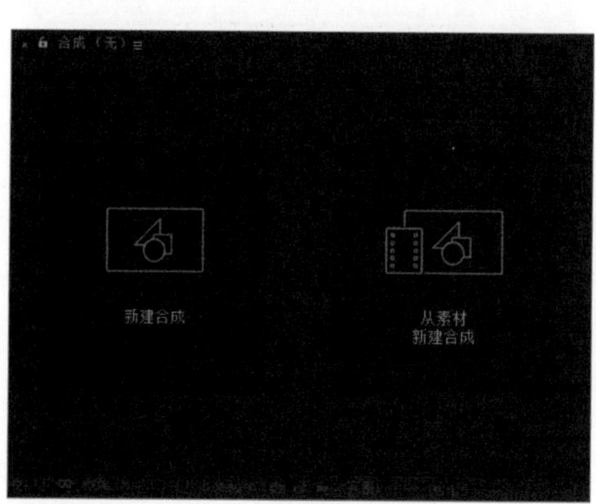

图 3-32

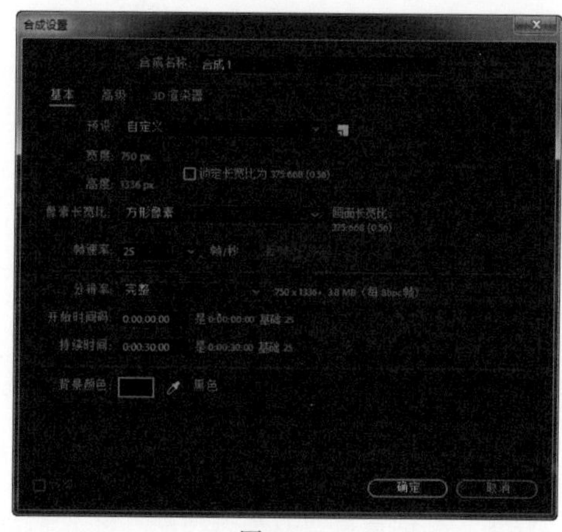

图 3-33

提示

在 After Effects 中，也可以执行“合成” > “新建合成”命令，或者按快捷键 Ctrl+N，弹出“合成设置”对话框。

在“合成设置”对话框中设置合成的名称、尺寸大小、帧速率、持续时间等选项，单击“确定”按钮，即可创建一个合成文件，在“项目”面板中可以看到刚创建的合成，如图 3–34 所示。此时，“合成”窗口和“时间轴”面板都变为可操作状态，如图 3–35 所示。

图 3-34

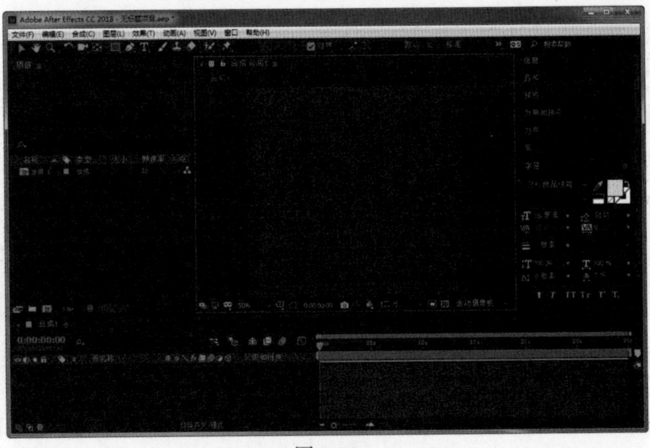
图 3-35

提示

完成项目中合成的创建后，在编辑制作过程中如果需要对合成的相关设置选项进行修改，可以执行“合成”>“合成设置”命令，或按快捷键 Ctrl+K，可以在弹出的“合成设置”对话框中对相关选项进行修改。

3.3.3 保存和关闭文件

用户在对项目进行操作的过程中，需要将项目文件随时进行保存，防止程序出错或发生其他意外情况而带来不必要的麻烦。

在 After Effects 的“文件”菜单中提供了多个用于保存文件的命令，如图 3–36 所示。

如果是新创建的项目文件，执行“文件”>“保存”命令，或按快捷键 Ctrl+S，在弹出的“另存为”对话框中进行设置，如图 3–37 所示，单击“保存”按钮，即可将文件保存。如果该项目文件已经被保存过一次，那么执行“保存”命令时则不会弹出“另存为”对话框，而是直接将原来的文件覆盖。

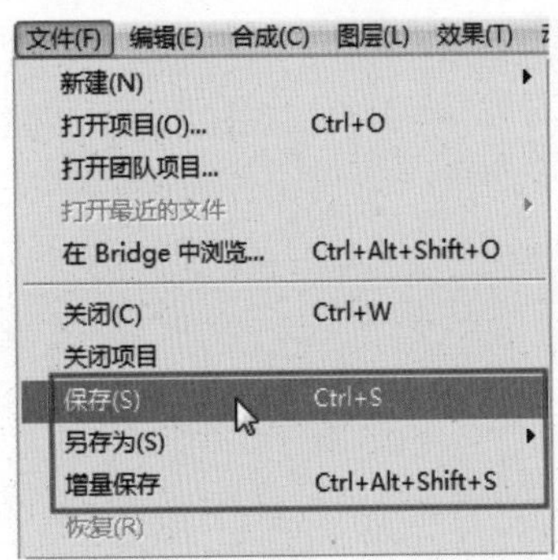

图 3-36

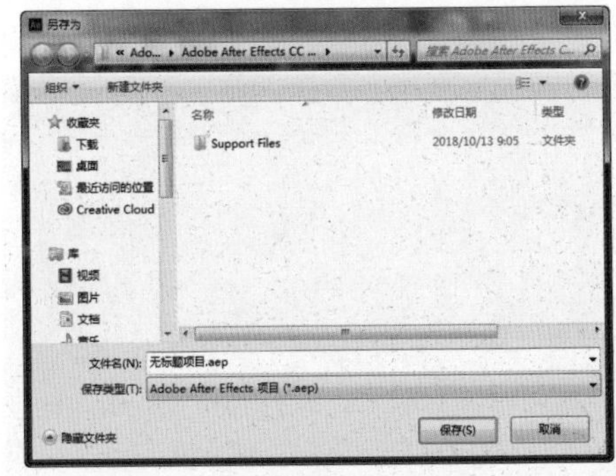

图 3-37

当用户想要关闭当前项目文件时，可以执行“文件”>“关闭”命令或执行“文件”>“关闭项目”命令。如果当前项目是已经保存过的文件，则可以直接关闭该项目文件；如果当前项目是未保存的或者做了某些修改而未保存的，则系统将会弹出提示窗口，提示用户是否需要保存当前项目或已做修改的项目，如图 3–38 所示。

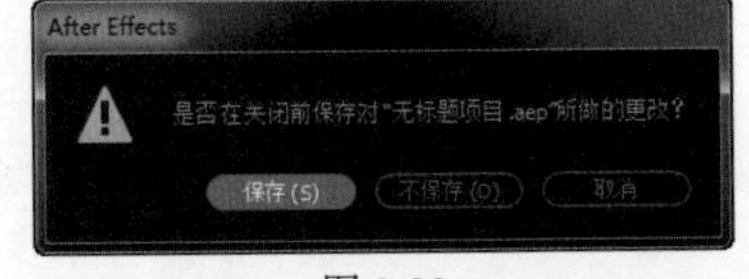

图 3-38

3.3.4 After Effects 中的基本工作流程

俗话说“万事开头难”，学习 After Effects 也是一样，在学习如何在 After Effects 中制作动效之前，本节将向读者介绍在 After Effects 中制作动效的一般工作流程，旨在建立一个学习的整体概念。

(1) 新建合成	在 After Effects 中进行交互动效制作时，需要新建项目和合成。在启动 After Effects 时，会自动创建一个空的项目，而此时并没有合成存在，所以在开始创建之前必须先新建合成。
(2) 导入素材	完成了项目和合成的创建后，接下来可以将相关的素材导入所创建的项目中，以便于在 After Effects 中进行合成处理。
(3) 添加素材	在项目中导入相应的素材后，可以将素材添加到合成的“时间轴”面板中，这样就可以制作该素材的动画效果了。
(4) 添加文字	根据制作交互动效的需要，如果动画中有文字，可以在合成中添加文字，并制作文字的动画效果。
(5) 渲染输出	在 After Effects 中完成交互动效的制作后，可以将项目保存，并且渲染输出所制作的交互动效，这样就可以看到所制作的动效了。

3.4 导入与管理素材

在 After Effects 中进行动画设计制作时，通常需要使用外部的素材文件，这时就需要将素材导入“项目”面板中，在 After Effects 中支持导入多种不同格式的素材文件。

3.4.1 导入素材的基本方法

1. 导入单个素材

在 After Effects 中，执行“文件” > “导入” > “文件”命令，或按快捷键 Ctrl+I，在弹出的“导入文件”对话框中选择需要导入的素材，如图 3–39 所示。单击“打开”按钮，即可将该素材导入“项目”面板中，如图 3–40 所示。

图 3-39

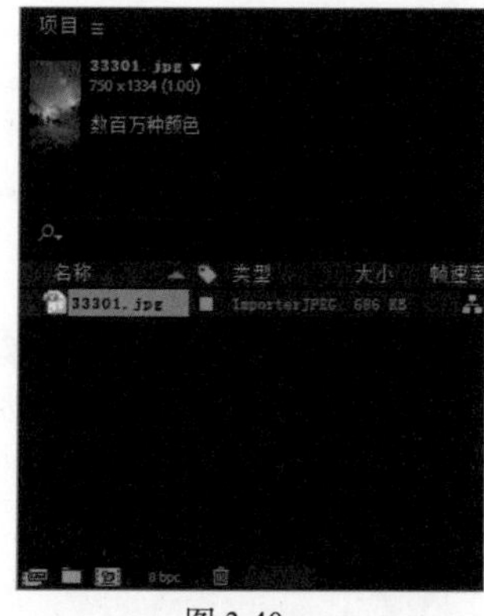

图 3-40

提示

视频和音频素材文件的导入方法与不分层静态图片素材的导入方法相同，导入后同样显示在“项目”面板中。

2. 导入多个素材

执行“文件” > “导入” > “多个文件”命令，或按快捷键 Ctrl+Alt+I，在弹出的“导入多个文件”对话框中，按住 Ctrl 键的同时逐个单击需要导入的多个素材文件，如图 3–41 所示。单击“打开”按钮，即可同时导入多个素材文件，在“项目”面板中可以看到导入的多个素材文件，如图 3–42 所示。

图 3-41

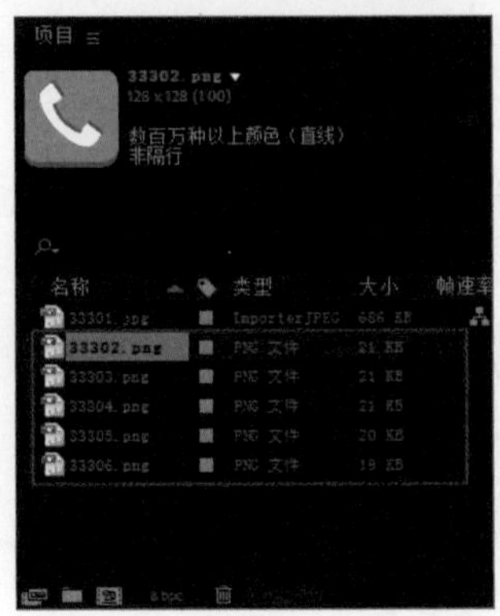

图 3-42

3. 导入素材序列

序列文件是指若干张按顺序排列的图片组成的一个图片序列，每张图片代表一个帧，用来记录运动的影像。

执行“文件” > “导入” > “文件”命令，在弹出的“导入文件”对话框中选择顺序命名的一系列素材中的第 1 个素材，并且勾选对话框下方的“PNG 序列”复选框，如图 3–43 所示。单击“导入”按钮，即可将图像以序列的形式导入，一般导入后的序列图像为动态文件，如图 3–44 所示。

图 3-43

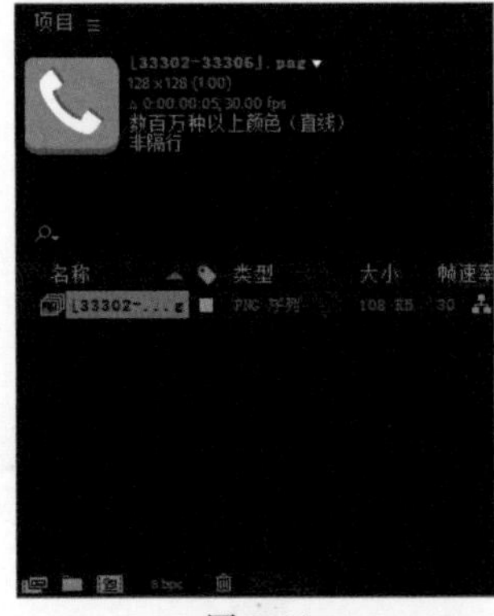

图 3-44

提示

在 After Effects 中导入图片序列时，会自动生成一个序列素材，如果将该序列素材添加到“时间轴”面板中，可以看到该序列中每一张图片占据一帧的位置，如果该序列图片中共有 5 张图片，则该序列素材中共有 5 帧。

3.4.2 导入 PSD 格式素材

在 After Effects 中，不分层的静态素材的导入方法基本相同，但是想要制作出丰富多彩的视觉效果，单凭不分层的静态素材是不够的。设计师通常都会在专业的图像设计软件中设计效果图，再导入 After Effects 中制作动画效果。

在 After Effects 中可以直接导入 PSD 或 AI 格式的分层文件，在导入过程中，可以设置如何对文件中的图层进行处理，是将图层合并为单一的素材，还是保留文件中的图层。

执行“文件” > “导入” > “文件”命令，在弹出的“导入文件”对话框中选择一个需要导入的 PSD 文件，单击“导入”按钮，弹出设置对话框，如图 3–45 所示。在“导入种类”下拉列表中可以选择将 PSD 文件导入为哪种类型的素材，如图 3–46 所示。

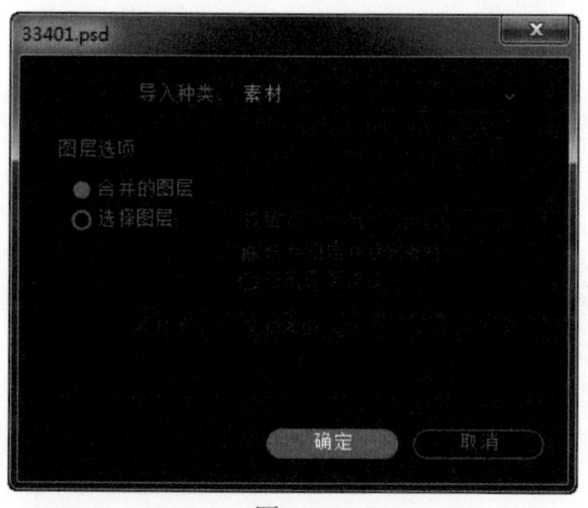

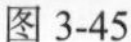
图 3-45

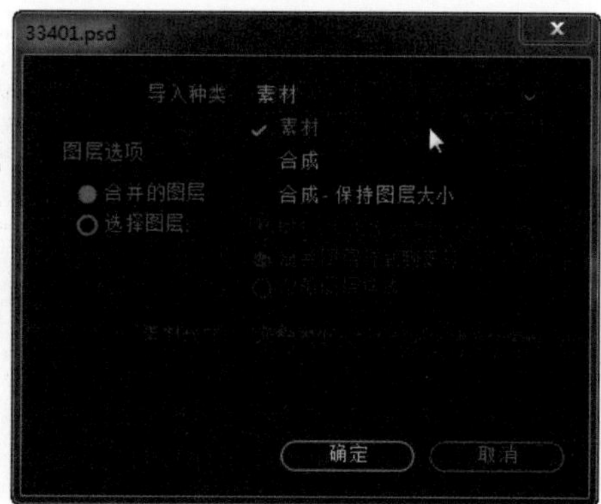

图 3-46

- **素材**：如果选择“素材”选项，在该对话框中可以选择将 PSD 文件中的图层进行合并后再导入为静态素材，或者是选择 PSD 文件中某个指定的图层，将其导入为静态素材。
- **合成**：如果选择“合成”选项，则可以将所选择的 PSD 文件导入为一个合成，PSD 文件中的每个图层在合成中都是一个独立的图层，并且会将 PSD 文件中所有图层的尺寸大小统一为合成的尺寸大小。
- **合成 – 保持图层大小**：如果选择“合成 – 保持图层大小”选项，则可以将所选择的 PSD 文件导入为一个合成，PSD 文件的每一个图层都作为合成的一个单独层，并保持它们原始的尺寸不变。

实例 01——通过导入 PSD 格式文件创建合成

源文件：源文件 \ 第 3 章 \3-4-2.aep　　视频：视频 \ 第 3 章 \3-4-2.mp4

01 在 Photoshop 中打开一个设计好的 PSD 素材文件“源文件 \ 第 3 章 \ 素材 \34201.psd”，打开“图层”面板，可以看到该 PSD 文件中的相关图层，如图 3-47 所示。打开 After Effects，执行“文件” > “导入” > “文件”命令，在弹出的“导入文件”对话框中选择该 PSD 素材文件，如图 3-48 所示。

图 3-47

图 3-48

02 单击“导入”按钮，弹出设置对话框，在“导入种类”下拉列表中选择“合成 – 保持图层大小”选项，如图 3-49 所示。单击“确定”按钮，即可将该 PSD 素材文件导入为合成，在“项目”面板中可以看到自动创建的合成，如图 3-50 所示。

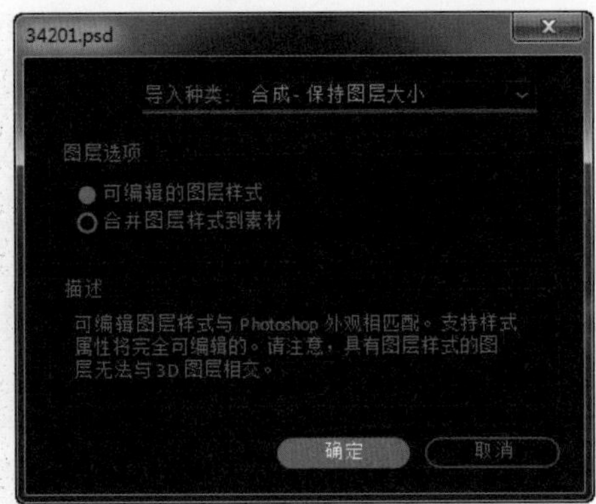

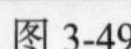
图 3-49

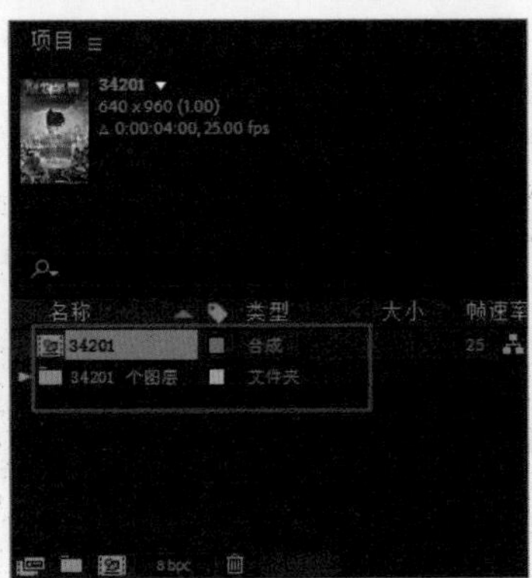

图 3-50

> **提示**
>
> 将 PSD 文件导入为合成时，After Effects 将会自动创建一个与 PSD 文件名称相同的合成和一个素材文件夹，该文件夹中为所导入 PSD 素材文件中每个图层上的图像素材。

03 在“项目”面板中双击自动创建的合成，可以在“合成”窗口中看到该合成的效果与 PSD 素材的效果完全一致，如图 3-51 所示。并且在“时间轴”面板中可以看到图层与 PSD 文件中的图层是相对应的，如图 3-52 所示。

图 3-51

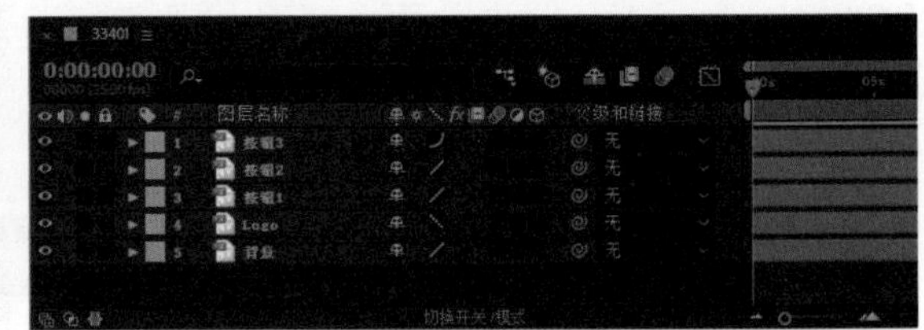

图 3-52

04 执行“文件”>“保存”命令，弹出“另存为”对话框，将该文件进行保存。

3.4.3 导入 AI 格式素材文件

导入 AI 格式素材文件的方法与导入 PSD 格式素材文件的方法基本相同，需要注意的是，所导入的 AI 格式的素材文件，必须是包含多个图层的 AI 格式文件，这样在导入时才可以将该 AI 格式素材文件导入为合成，如果该 AI 格式的素材文件中并没有分层，则导入 After Effects 中将是一个静态的矢量素材。

实例 02——通过导入 AI 格式文件创建合成

源文件：源文件\第 3 章\3-4-3.aep　　　视频：视频\第 3 章\3-4-3.mp4

01 在 Illustrator 中打开一个设计好的 AI 素材文件“源文件\第 3 章\素材\34301.ai”，打开“图层”面板，可以看到该 AI 文件中的相关图层，如图 3-53 所示。打开 After Effects，执行“文件”>“导入”>“文件”命令，在弹出的“导入文件”对话框中选择该 AI 格式素材文件，如图 3-54 所示。

图 3-53

图 3-54

提示

在“导入文件”对话框中，选择需要导入的素材文件之后，在“导入为”下拉列表中包含 3 个选项，分别是“素材”“合成 - 保存图层大小”和“合成”，选择相应的选项后，单击“导入”按钮，即可将选择素材导入为所选择的选项类型。

02 单击“导入”按钮，弹出设置对话框，在“导入种类”下拉列表中选择“合成”选项，如图 3–55 所示。单击“确定”按钮，即可将该 AI 格式素材文件导入为合成，在“项目”面板中可以看到自动创建的合成，如图 3–56 所示。

图 3-55

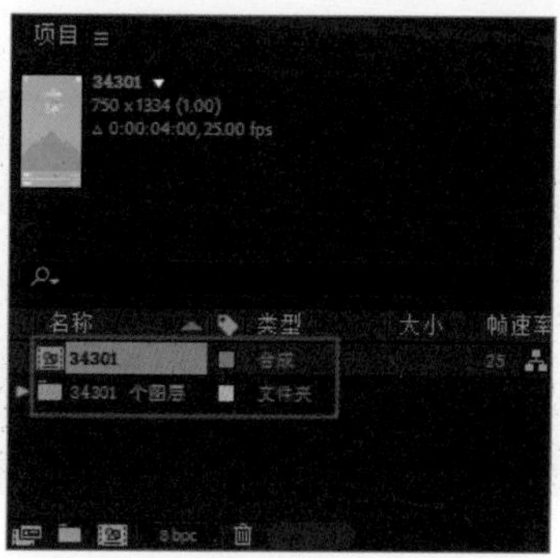
图 3-56

03 在“项目”面板中双击自动创建的合成，可以在“合成”窗口中看到该合成的效果与 AI 格式素材的效果完全一致，如图 3–57 所示。并且在“时间轴”面板中可以看到图层与 AI 格式素材文件中的图层是相对应的，如图 3–58 所示。

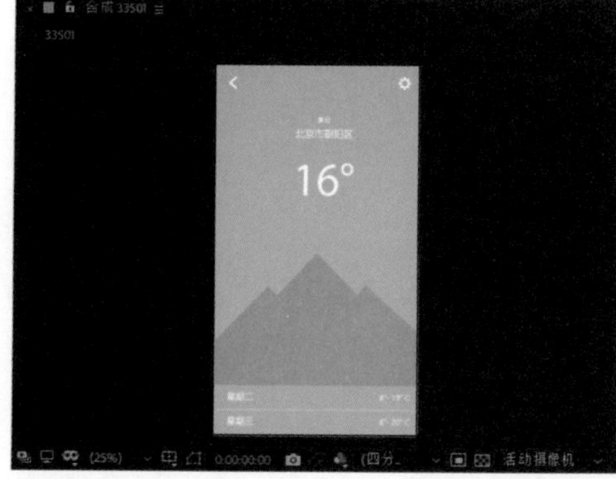
图 3-57

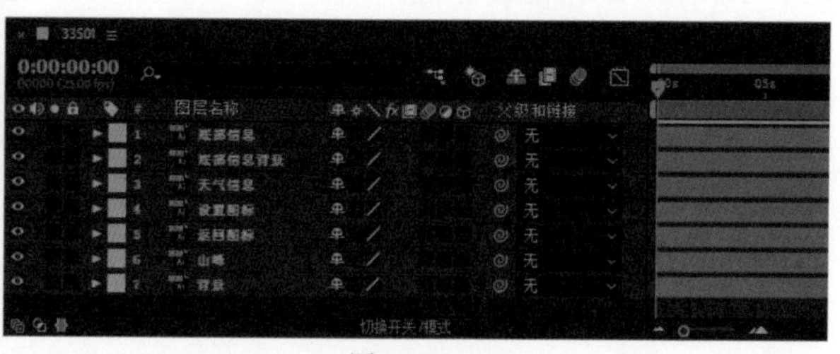
图 3-58

04 执行“文件” > “保存”命令，弹出“另存为”对话框，将该文件保存。

提示

导入 PSD 或 AI 格式的分层文件最大的优势就在于能够自动创建合成，并且能够保留 PSD 或 AI 格式文件中的图层，这样就可以直接在“时间轴”面板中制作各图层中元素的动画效果，非常方便。

3.4.4 素材的管理操作

完成导入素材的操作后，这些素材只是出现在“项目”面板中，如果想要进一步对项目进行编辑，就需要对这些素材进行一些基本的操作。

1. 添加素材

除了在导入 PSD 格式或 AI 格式的分层素材文件时选择“合成”选项，将其导入为合成，其他导入的素材都只会出现在“项目”面板中，而不会应用到合成中，在制作动画的过程中，可以将“项目”面板中的素材添加到合成中从而制作其动画效果。

在项目文件中新建合成后，如果需要在该合成中使用相应的素材，可以在“项目”面板中将该素材拖入“合成”窗口中，如图 3–59 所示。或者在“项目”面板中将该素材拖入“时间轴”面板中的图层位置，如图 3–60 所示，释放鼠标即可在“合成”窗口中对所添加的素材进行编辑，在“时间轴”面板中可以制作该素材的动画效果。

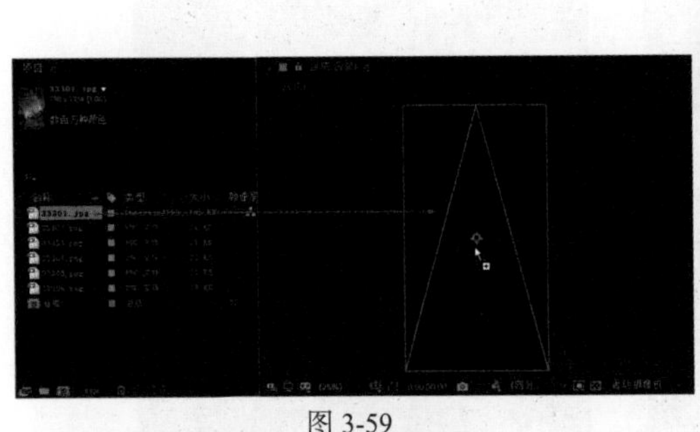

图 3-59

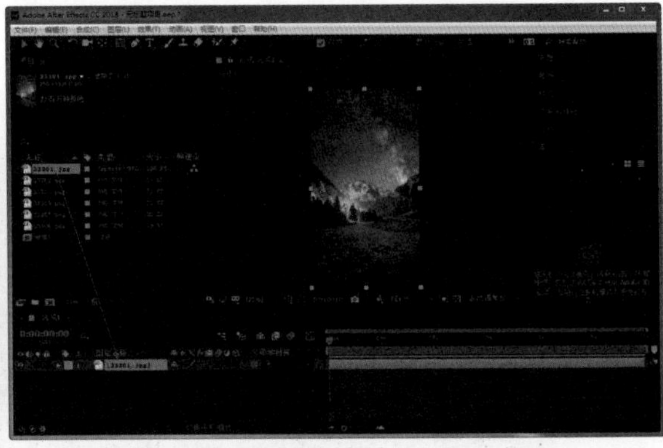

图 3-60

2. 使用文件夹归类素材

在使用 After Effects 编辑动画时，往往需要大量的素材，素材又可以分为很多种，包括静态图像素材、声音素材、合成素材等，用户可以分别创建相应的文件夹来放置不同类型的素材，从而方便使用时快速查找，提高工作效率。

执行“文件” > “新建” > “新建文件夹”命令，即可在“项目”面板中新建一个文件夹，所新建的文件夹自动进入重命名状态，可以直接输入文件夹的名称，如图 3–61 所示。完成文件夹的新建后，可以在“项目”面板中选中一个或多个素材，将其拖入文件夹中，即可移动素材，如图 3–62 所示。

3. 删除素材

对于多余的素材或文件夹，应该及时进行删除，删除素材或文件夹的方法很简单，选择需要删除的素材或文件夹，按 Delete 键即可将其删除；也可以选择需要删除的素材或文件夹，单击“项目”面板底部的“删除选择的项目”按钮即可。

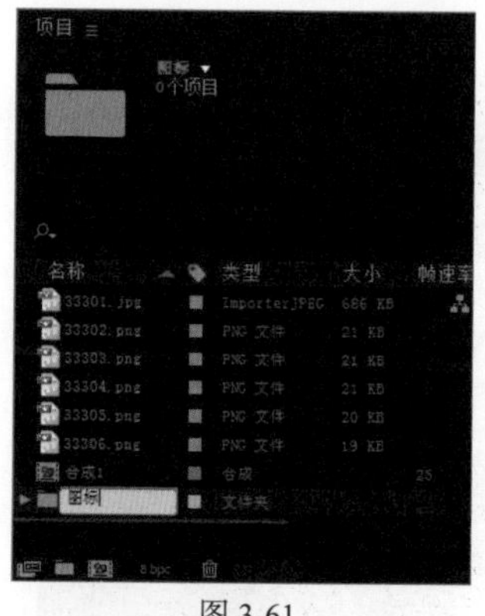

图 3-61

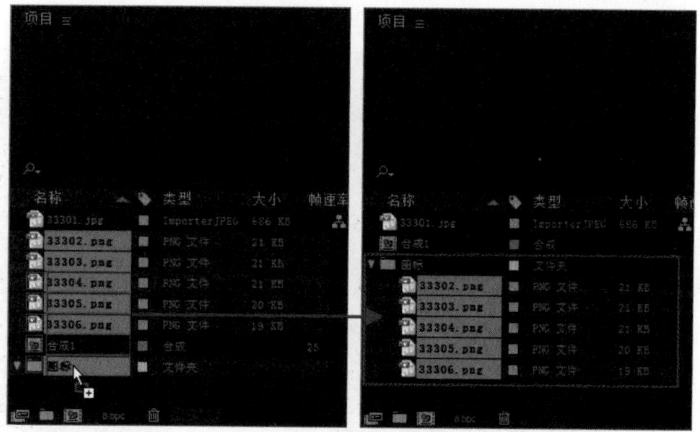

图 3-62

4. 替换素材

在 After Effects 中进行动画处理时，如果发现导入的素材不够精美或效果不满意，可以通过替换素材的方式来修改。

在“项目”面板中选择需要替换的素材，执行“文件”>“替换素材”>“文件”命令，或者在当前素材上右击，在弹出的菜单中执行“替换素材”>“文件”命令，如图 3–63 所示，即可在弹出的“替换素材文件”对话框中选择要替换的素材，如图 3–64 所示，单击“导入”按钮，即可完成替换素材的操作。

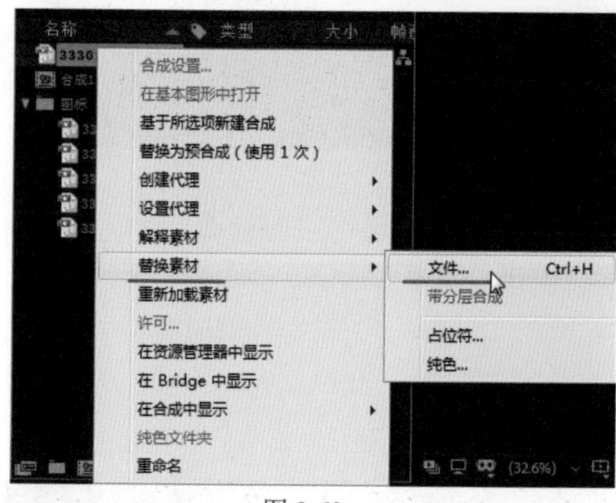

图 3-63

图 3-64

5. 查看素材

在 After Effects 中，导入的素材文件都被放置在“项目”面板中，在该面板的素材列表中选中某个素材，即可在该面板的预览区域中看到该素材的缩览图和相关信息，如图 3–65 所示。如果想要查看素材的大图效果，可以直接双击“项目”面板中的素材，系统将根据不同类型的素材打开不同的浏览模式。双击静态素材将打开“素材”面板，如图 3–66 所示。双击动态素材将打开对应的视频播放软件来预览。

3.4.5 合成的嵌套

嵌套操作用于素材繁多的动画项目。例如，可以通过一个合成制作动画的背景，再使用另一个合成制作动画元素，最终将动画元素的合成添加到动画背景的合成中，通过合成的嵌套，便于对不同素材的管理与操作。

创建合成嵌套有两种方法。

第 1 种方法：在“项目”面板中将某个合成拖曳至“时间轴”面板的图层中，将其作为素材添加到当前所制作的合成中，从而实现合成的嵌套，如图 3–67 所示。

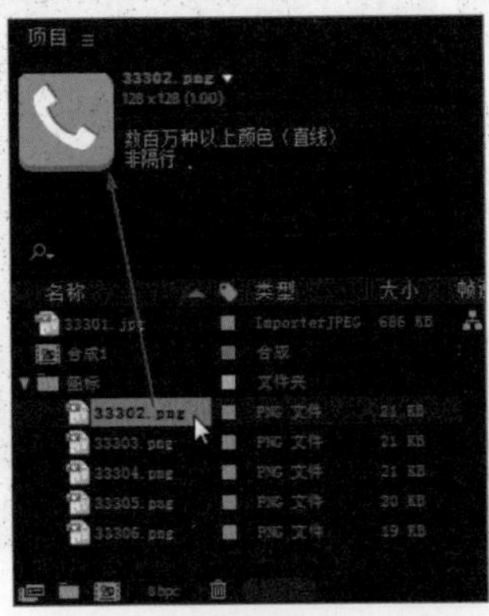

图 3-65

图 3-66

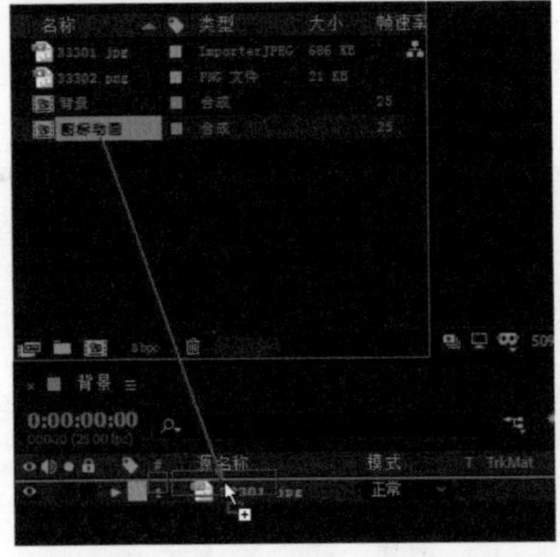

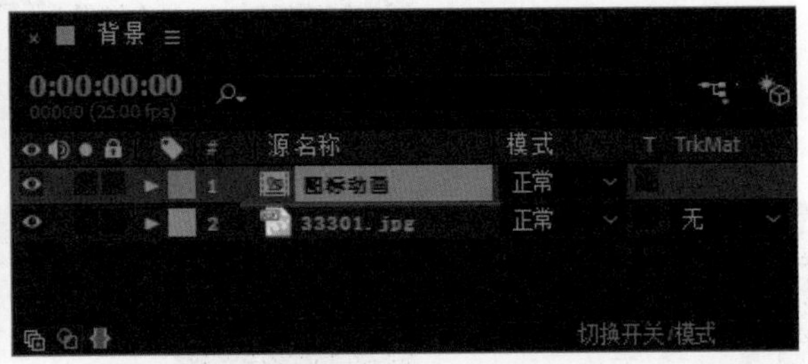

图 3-67

第 2 种方法：在“时间轴”面板中选择一个或多个图层，执行“图层”>“预合成”命令，弹出“预合成”对话框，对相关选项进行设置，如图 3–68 所示。单击“确定”按钮，即可将所选择的一个或多个图层创建为嵌套的合成，如图 3–69 所示。

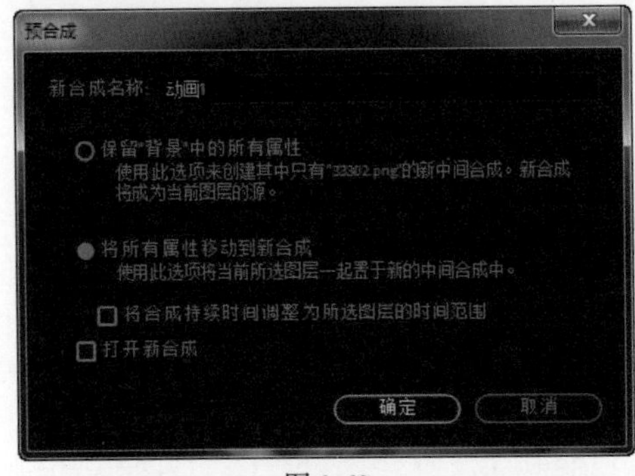

图 3-68

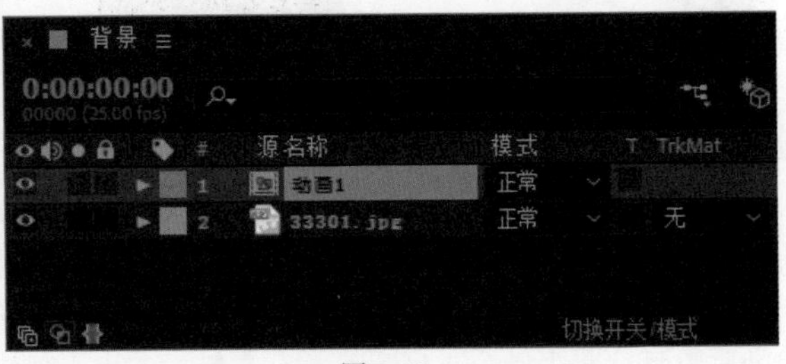

图 3-69

“预合成”对话框中各选项说明如下。

- **“新合成名称”选项：**该选项用于设置所创建的新合成的名称。
- **“保留‘背景’中的所有属性”选项：**将所有的属性、动画信息和效果保留在当前的合成中，是将所选择的图层进行简单的嵌套合成处理，也就是说所创建的合成不会应用当前合成中的所有属性设置（“背景”为当前合成的名称）。
- **“将所有属性移动到新合成”选项：**如果选择该选项，则表示将当前合成的所有属性、动画信息和效果都应用到新建的合成中。
- **“将合成持续时间调整为所选图层的时间范围”选项：**勾选该复选框，则当创建新合成时会自动根据所选择的图层的时间范围来设置合成的持续时间。

- **“打开新合成”选项：** 勾选该复选框，当创建新合成时自动打开所创建的新合成，进入该新合成的编辑状态。

3.5 认识“时间轴”面板

After Effects 的“时间轴”面板中包含图层，但是图层只是“时间轴”面板中的一小部分。“时间轴”面板是在 After Effects 中进行动效制作的主要操作面板，在“时间轴”面板中可以通过对各种控制选项进行设置从而制作出不同的动画效果。如图 3–70 所示为 After Effects 中的“时间轴”面板。

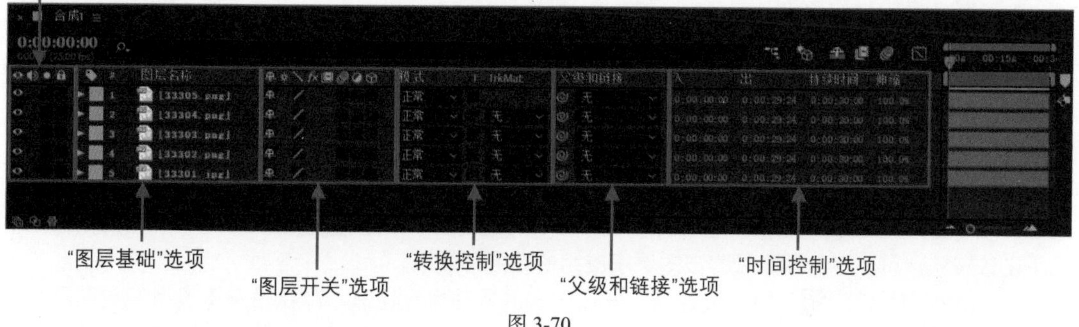

图 3-70

3.5.1 “音频 / 视频”选项

通过“时间轴”面板中的“音频 / 视频”选项，如图 3–71 所示，可以对合成中的每个图层进行一些基础的控制。

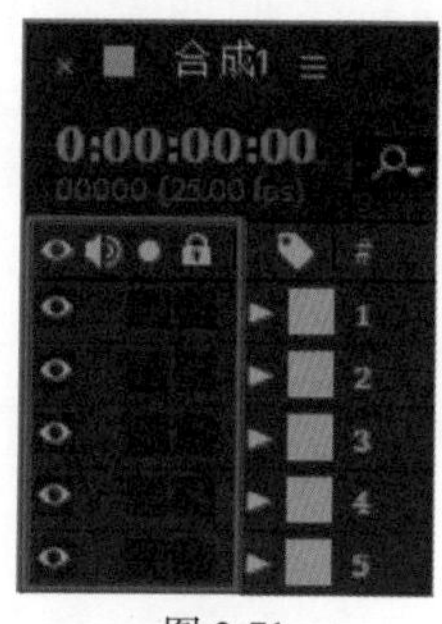

图 3-71

- **“视频”按钮：** 单击该按钮，可以在“合成”窗口中显示或隐藏该图层上的内容。
- **“音频”按钮：** 如果在某个图层上添加了音频素材，则该层上会自动添加音频图标，可以通过单击该图层的“音频”按钮，显示或隐藏该图层上的音频。
- **“独奏”按钮：** 单击某个图层上的该按钮，可以在“合成”窗口中只显示该图层中的内容，而隐藏其他所有图层中的内容。
- **“锁定”按钮：** 单击某个图层上的该按钮，可以锁定或取消锁定该图层内容，被锁定的图层将不能被操作。

3.5.2 “图层基础”选项

在“时间轴”面板的“图层基础”选项设置区中包含“标签”“编号”和“图层名称”3 个设置选项，如图 3–72 所示。

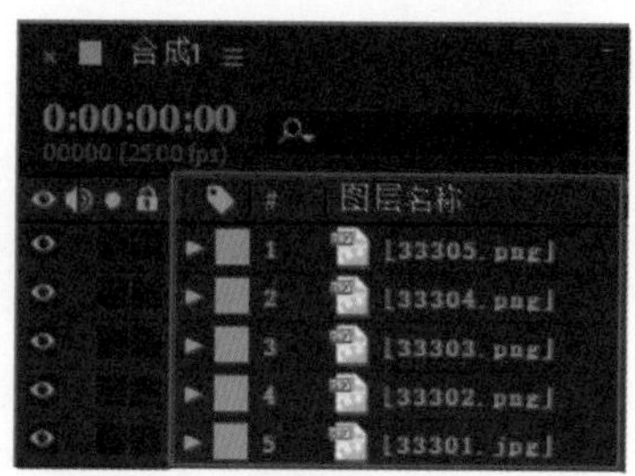

图 3-72

- **“标签”选项：** 在每个图层的该位置单击，可以在弹出菜单中选择该图层的标签颜色，通过为不同的图层设置不同的标签颜色，从而可以有效区分不同的图层。
- **“编号”选项：** 从上至下顺序显示图层的编号，不可以修改。
- **“图层名称”选项：** 在该位置显示的是图层名称，图层名称默认为在该图层上所添加的素材的名称或者是自动命名的名称，在图层名称上右击，在弹出的菜单中选择“重命名”命令，可以对图层名称进行重命名。

3.5.3 “图层开关”选项

单击“时间轴”面板左下角的“展开或折叠‘图层开关’窗格”按钮，可以在“时间轴”面板中的每个图层名称右侧显示相应的“图层开关”控制选项，如图 3–73 所示。

图层名称
[33305.png]
[33304.png]
[33303.png]
[33302.png]
[33301.jpg]

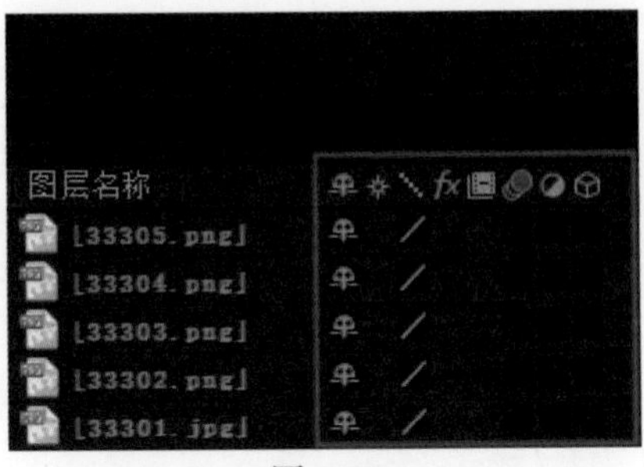

图 3-73

- **“消隐”按钮**：单击“时间轴”面板中的“隐藏为其设置了‘消隐’开关的所有图层”按钮，单击图层的“消隐”按钮，可以在“时间轴”面板中隐藏该图层。
- **“栅格化”按钮**：仅当图层中的内容为合成或矢量图形时，单击该图层的“栅格化”按钮，可以栅格化该图层，栅格化后的图层质量会提高而且渲染速度会加快。
- **“质量和采样”按钮**：单击图层的“质量和采样”按钮，可以将该图层中的内容在“低质量”和“高质量”这两种显示方式之间进行切换。
- **“效果”按钮**：如果为图层内容应用了效果，则该图层将显示“效果”按钮，单击该按钮，可以显示或隐藏为该图层所应用的效果。
- **“帧混合”按钮**：如果为图层内容应用了帧混合效果，则该图层将显示“帧混合”按钮，单击该按钮，可以显示或隐藏为该图层所应用的帧混合效果。
- **“运动模糊”按钮**：用于设置是否开启图层的运动模糊功能，默认情况下没有开启图层的运动模糊功能。
- **“调整图层”按钮**：单击该按钮，仅显示“调整图层”上所添加的效果，从而达到调整下方图层的作用。
- **“3D 图层”按钮**：单击该按钮，可以将普通的 2D 图层转换为 3D 图层。

3.5.4 “转换控制”选项

单击“时间轴”面板左下角的“展开或折叠‘转换控制’窗格”按钮，可以在“时间轴”面板中显示出每个图层的“转换控制”选项，如图 3–74 所示。

模式
T
TrkMat
正常
正常
无
正常
无
正常
无
正常
无

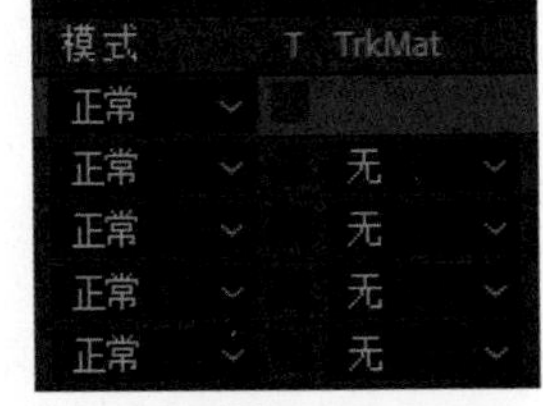

图 3-74

- **“模式”选项**：在该下拉列表中可以设置图层的混合模式。
- **“保留基础透明度”选项**：该选项用于设置是否保留图层的基础透明度。
- **“TrkMat（轨道遮罩）”选项**：在该下拉列表中可以设置当前图层与其上方图层的轨道遮罩方式，在该下拉列表中包含 5 个选项，如图 3–75 所示。

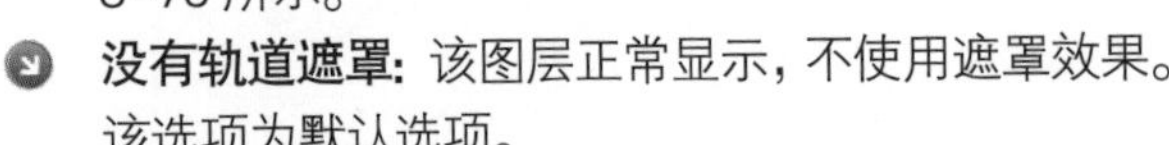

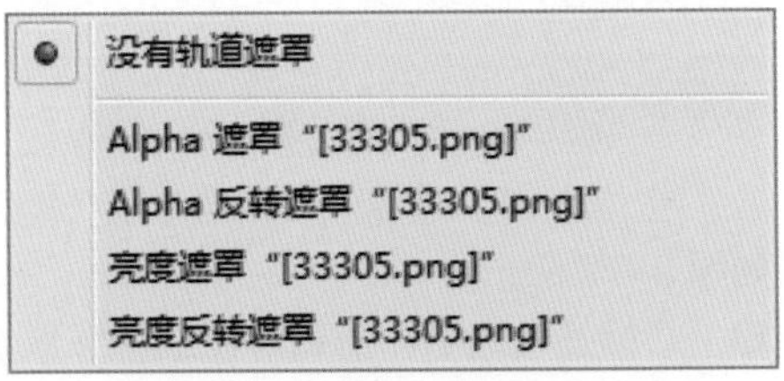

没有轨道遮罩
Alpha 遮罩 “[33305.png]”
Alpha 反转遮罩 “[33305.png]”
亮度遮罩 “[33305.png]”
亮度反转遮罩 “[33305.png]”

图 3-75

- **没有轨道遮罩**：该图层正常显示，不使用遮罩效果。该选项为默认选项。
- **Alpha 遮罩**：利用素材的 Alpha 通道创建轨道遮罩。
- **Alpha 反转遮罩**：反转素材的 Alpha 通道创建轨道遮罩。
- **亮度遮罩**：利用素材的亮度创建轨道遮罩。
- **亮度反转遮罩**：反转素材的亮度通道创建轨道遮罩。

3.5.5 “父级和链接”选项

父子链接是让图层与图层之间建立从属关系的一种功能，当对父对象进行操作的时候子对象也会执行相应的操作，但子对象执行操作的时候父对象不会发生变化。

在“时间轴”面板中有两种设置父子链接的方式。一种是拖动图层的◎图标到目标图层，这样目标图层为该图层的父级图层，而该图层为子图层；另一种方法是在图层的该下拉列表中选择一个图层作为该图层的父级图层，如图 3–76 所示。

图 3-76

3.5.6 “时间控制”选项

单击“时间轴”面板左下角的“展开或折叠‘入点’/‘出点’/‘持续时间’/‘伸缩’窗格”按钮，可以在“时间轴”面板中显示出每个图层的“时间控制”选项，如图 3–77 所示。

入	出	持续时间	伸缩
0:00:00:00	0:00:29:24	0:00:30:00	100.0%
0:00:00:00	0:00:29:24	0:00:30:00	100.0%
0:00:00:00	0:00:29:24	0:00:30:00	100.0%

图 3-77

- **“入点”选项：** 此处显示当前图层的入点时间。如果在此处单击，可以弹出“图层入点时间”对话框，如图 3–78 所示，输入要设置为入点的时间，单击“确定”按钮，即可完成该图层入点时间的设置。
- **“出点”选项：** 此处显示当前图层的出点时间。如果在此处单击，可以弹出“图层出点时间”对话框，如图 3–79 所示，输入要设置为出点的时间，单击“确定”按钮，即可完成该图层出点时间的设置。

图 3-78

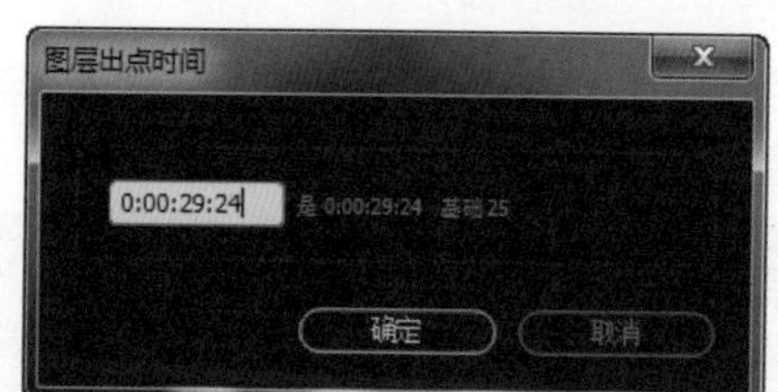

图 3-79

提示

默认情况下，添加到“时间轴”面板中的素材都会保持与当前合成相同的时间长度，如果需要在某个时间点显示该图层中的内容，而在某个时间点该图层中的内容隐藏，则可以为该图层设置“入点”和“出点”选项，简单地理解，“入点”和“出点”选项就相当于设置该图层内容在什么时间出现在合成中，什么时间在合成中隐藏该图层内容。

- **“持续时间”选项：** 显示当前图层上从入点到出点的时间范围，也就是起点到终点之间的持续时间。如果在此处单击，可以弹出“时间伸缩”对话框，如图 3–80 所示，修改该图层中内容的持续时间。
- **“伸缩”选项：** 用于调整动画的长度，控制其播放速度以达到快放或慢放的效果。如果在此处单击，可以弹出“时间伸缩”对话框，如图 3–81 所示，可以修改该图层的“拉伸因数”选项。该选项的默认值为 100%。如果大于 100%，则动画就会在长度不变的情况下变慢；如果小于 100%，则动画会变快。

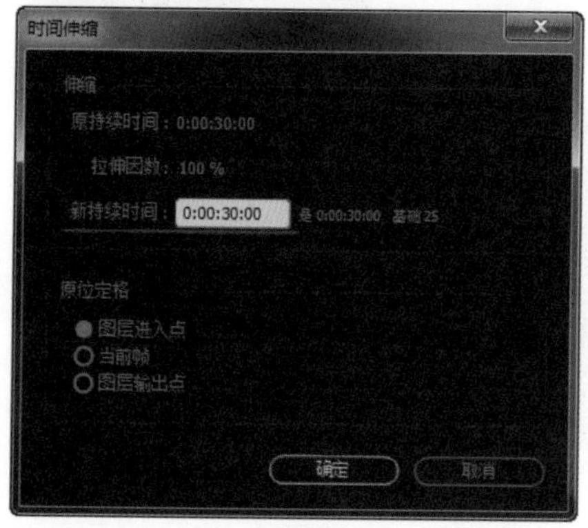

图 3-80

图 3-81

3.6 After Effects 图层

在 After Effects 中的图层类似于 Photoshop 中的图层，在制作交互动效的时候所有操作都必须在图层的基础上完成，所不同的是 After Effects 中的图层包括多种类型，通过利用不同的类型图层来组织素材。将素材拖入“时间轴”面板时就形成了素材层，通过调整“大小”“位移”和“不透明度”等属性可以完成简单的动画；灯光层可以用于对合成中的灯光进行调节，也可以用于制作出绚丽的灯光动画；文字层可以用于在合成中输入文字、制作文字动画等。

3.6.1 认识不同类型的图层

在 After Effects 中图层共有 10 种，分别为素材层、文字层、纯色层、灯光层、摄像机层、空对象层、形状图层、调整图层、Adobe Photoshop 文件和 MAXON CINEMA 4D 文件，下面对一些在交互动效制作过程中常使用的图层进行简单介绍。

1. 素材层

素材层是通过将外部的图像、音频、视频导入 After Effects 软件中，添加到“时间轴”面板中自动生成的图层，可以通过设置“变换”属性达到移动、缩放、透明等效果。如图 3-82 所示为新建的素材层。

图 3-82

2. 文字层

After Effects 中的文字层能够在动画中添加相应的文字及文字动画，单击工具栏中的“横排文字工具”按钮或“直排文字工具”按钮，在“合成”窗口中单击，输入文字，即可在“时间轴”面板中自动创建文字图层，如图 3-83 所示。创建文字图层后，可以在“字符”面板中对文字的大小、颜色、字体等进行设置，如图 3-84 所示，设置方法与 Photoshop 中的“字符”面板相似。

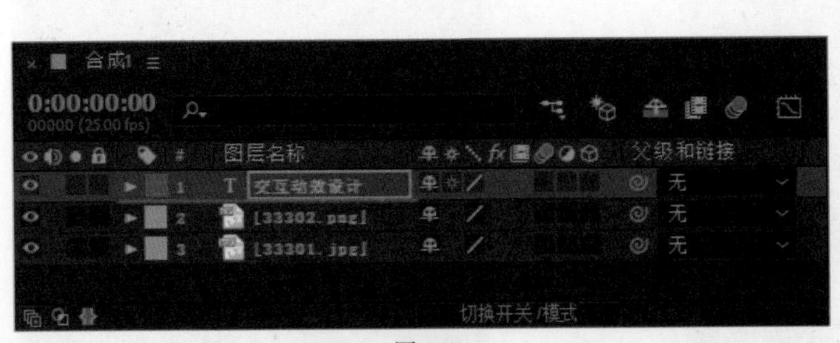

图 3-83

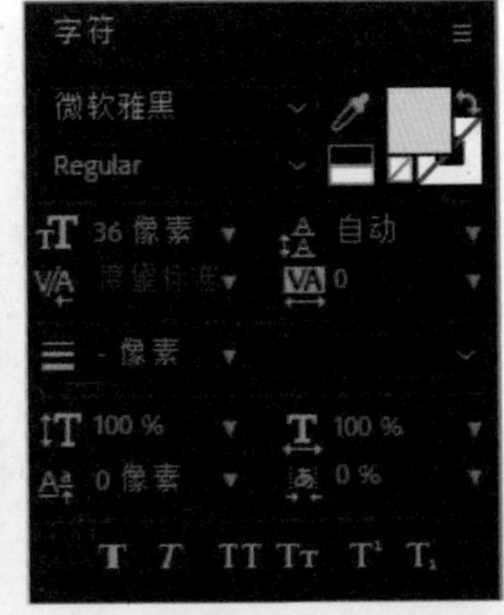

图 3-84

3. 纯色层

纯色层在交互动效中主要用来制作蒙版效果，同时也可以作为承载编辑的图层，在纯色层上制作各种效果。执行“图层” > “新建” > “纯色”命令，弹出“纯色设置”对话框，如图 3-85 所示。在对话框中完成相关选项的设置，单击“确定”按钮，即可创建一个纯色图层，如图 3-86 所示。

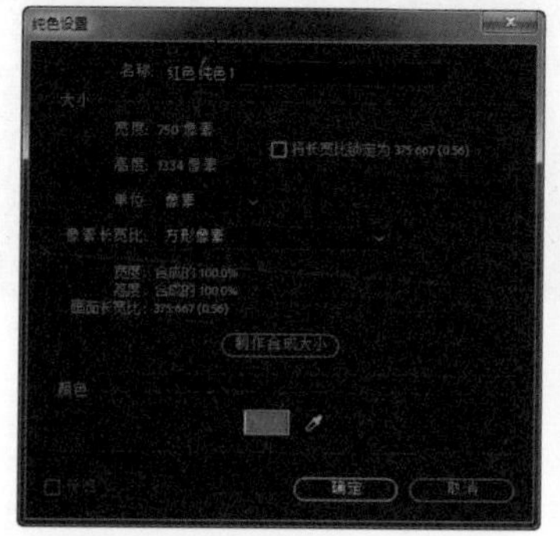

图 3-85

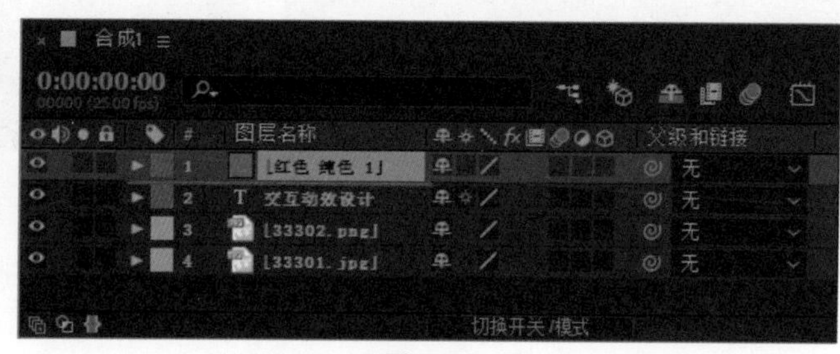

图 3-86

4. 灯光层

灯光层用来模拟不同种类的真实光源，如家用电灯、舞台灯等。灯光层中包含 4 种灯光类型，分别为平行光、聚光、点光和环境光，不同的灯光类型可以营造出不同的灯光效果。

执行“图层” > “新建” > “灯光”命令，弹出“灯光设置”对话框，如图 3-87 所示。完成“灯光设置”对话框中相关选项的设置，单击“确定”按钮，即可创建一个灯光层，如图 3-88 所示。灯光只对 3D 图层产生效果，因此需要添加光照效果的图层必须开启 3D 图层开关。

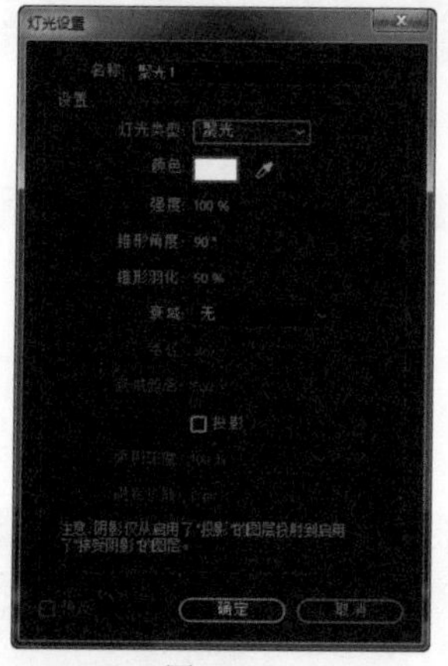

图 3-87

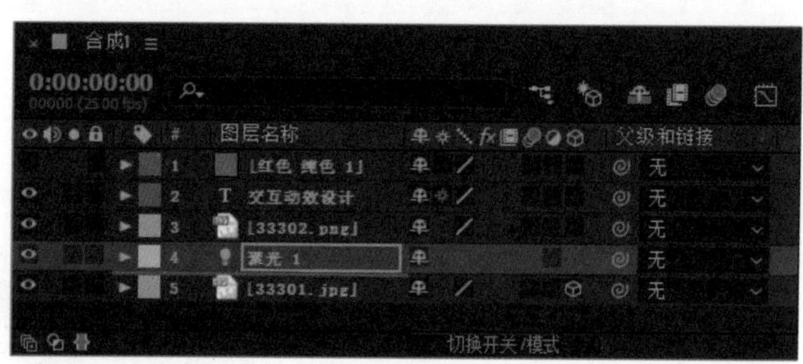

图 3-88

5. 摄像机层

摄像机层用于控制合成最后的显示角度，也可以通过对摄像机层创建动画来完成一些特殊的效果。想要通过摄像机层制作特殊效果就需要 3D 图层的配合，因此必须将图层上的 3D 开关打开。

执行“图层” > “新建” > “摄像机”命令，弹出“摄像机设置”对话框，如图 3-89 所示。完成“摄像机设置”对话框中相关选项的设置，单击“确定”按钮，即可创建一个摄像机层，如图 3-90 所示。

6. 空对象层

空对象层是没有任何特殊效果的图层，它主要用于辅助动画的制作，通过新建空对象层并以该层建立父子对象，从而控制多个图层的运动或移动，也可以通过修改空对象层上的参数同时修改多个子对象参数，控制子对象的合成效果。

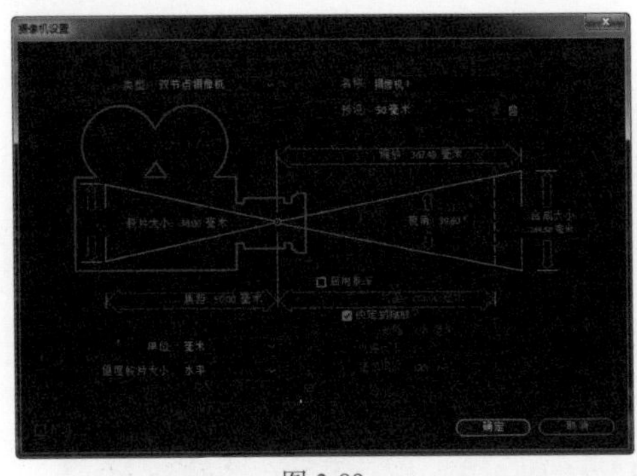

图 3-89

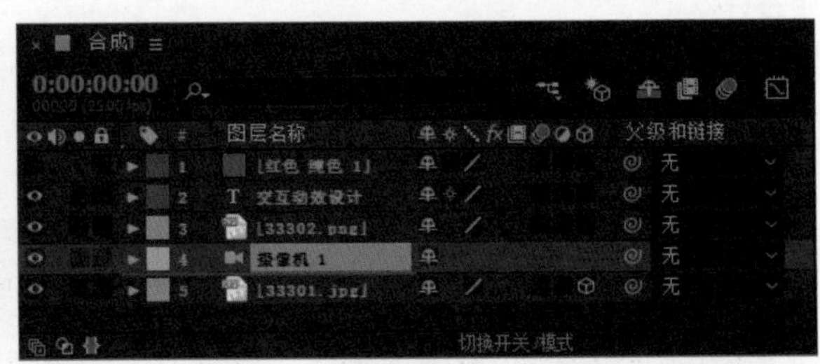

图 3-90

执行“图层”>“新建”>“空对象”命令，即可新建空对象层，如图 3–91 所示。空对象层在“合成”窗口中显示为一个与该图层颜色相同的透明边框，如图 3–92 所示，但在输出时空对象层是没有任何内容的。

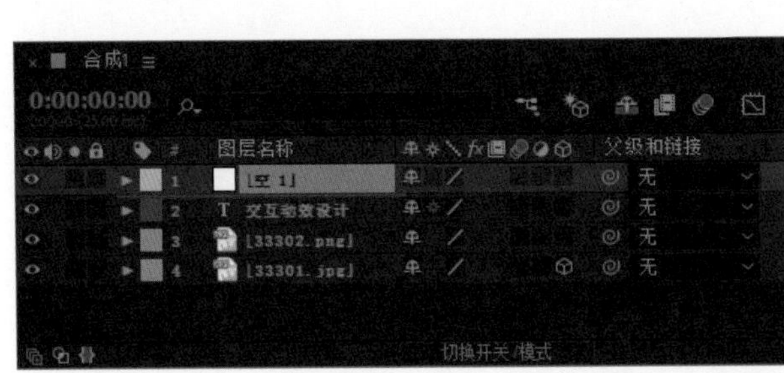

图 3-91

图 3-92

提示

如果需要在图层中创建父子元素链接，可以通过单击父层上的“父子链接”按钮◎并将链接线指向父对象上，或者在子对象上的链接按钮◎后的下拉列表中选择父层的层名称。

7. 形状图层

形状图层是指使用 After Effects 中的各种矢量绘图工具绘制图形所得到的图层。想要创建形状图层，可以执行“图层”>“新建”>“形状”命令，创建一个空白的形状图层。也可以直接单击工具栏中的矩形、圆形、钢笔工具等绘图工具，在“合成”窗口中绘制形状图形，同样可以得到形状图层，如图 3–93 所示。

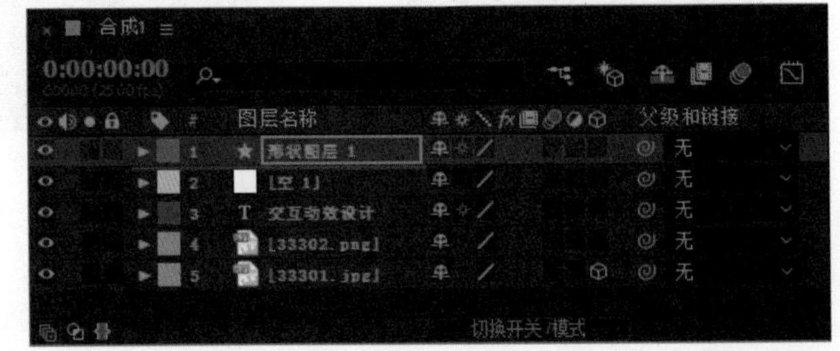

图 3-93

8. 调整图层

调整图层是用于调节动画中的色彩或者特效的图层，在该图层上制作效果可对该图层下方所有图层应用该效果，因此调整图层对控制动画的整体色调具有很重要的作用。

执行“图层”>“新建”>“调整图层”命令，即可新建一个调整图层，如图 3–94 所示。为调整图层添加相应的特效设置前后效果对比，如图 3–95 所示。

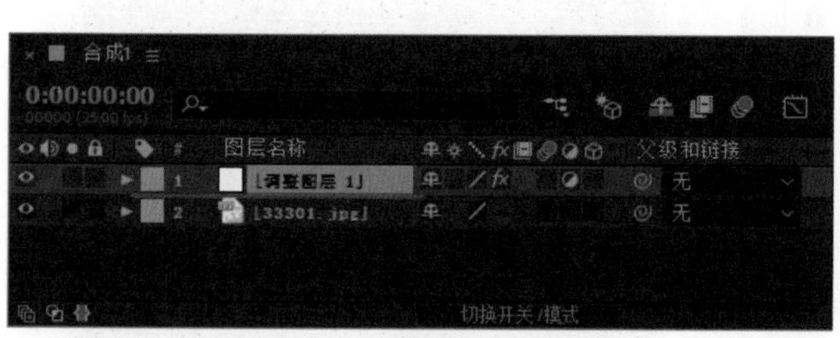

图 3-94

图 3-95

3.6.2 图层的混合模式

在 After Effects 中进行合成的时候，图层之间可以通过混合模式来实现一些特殊的融合效果。当某一层使用混合模式的时候，会根据所使用的混合模式与下层图像进行相应的融合而产生特殊的合成效果。

在“时间轴”面板中单击“展开或折叠‘转换控制’窗格”按钮，在“时间轴”面板中显示出“模式”控制选项，如图 3–96 所示。在“模式”下拉列表中可以设置图层的混合模式，如图 3–97 所示。

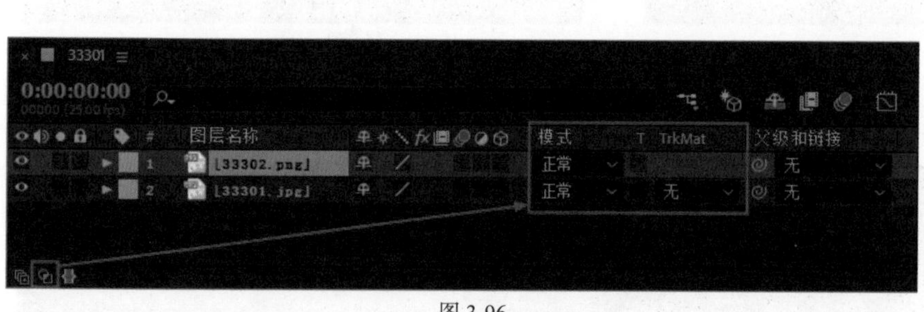

图 3-96

正常
溶解
动态抖动溶解
变暗
相乘
颜色加深
经典颜色加深
线性加深
较深的颜色
相加
变亮
屏幕
颜色减淡
经典颜色减淡
线性减淡
较浅的颜色
叠加
柔光
强光
线性光
亮光
点光
纯色混合
差值
经典差值
排除
相减
相除
色相
饱和度
颜色
发光度
模板 Alpha
模板亮度
轮廓 Alpha
轮廓亮度
Alpha 添加
冷光预乘

图 3-97

“模式”下拉列表中的选项较多，许多混合模式选项与 Photoshop 中图层的混合模式选项相同，选择不同的混合模式选项，会使当前图层与其下方的图层产生不同的混合效果，默认的图层混合模式为“正常”。

实例 03——快速制作图片素材淡入淡出动效

源文件：源文件 \ 第 3 章 \3–6–2.aep　　视频：视频 \ 第 3 章 \3–6–2.mp4

01 在 After Effects 中新建一个空白的项目，执行“文件” > “导入” > “文件”命令，在弹出的“导入文件”对话框中选择导入的素材文件“源文件 \ 第 3 章 \ 素材 \36201.psd”，如图 3–98 所示。单击“导入”按钮，弹出设置对话框，如图 3–99 所示。

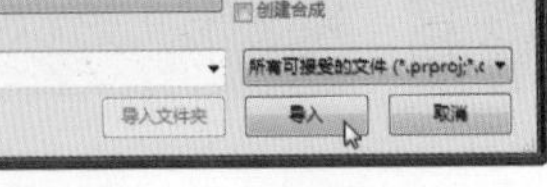

图 3-98

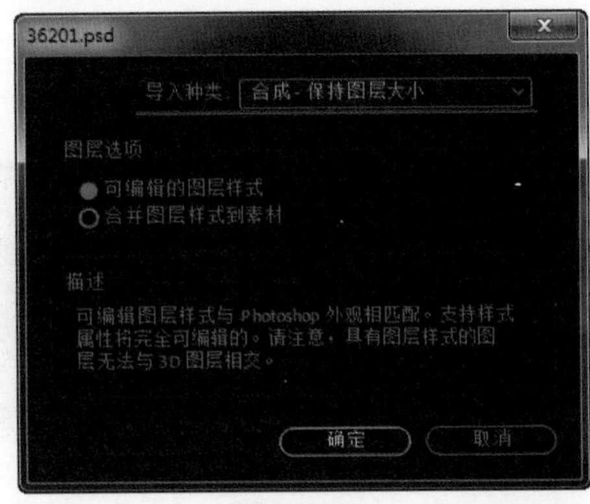

图 3-99

02 单击“确定”按钮，导入该 PSD 素材文件，在“项目”面板中可以看到自动创建的合成，如图 3–100 所示。在“项目”面板中双击自动创建的合成，在“合成”窗口中可以看到该合成的效果，如图 3–101 所示。

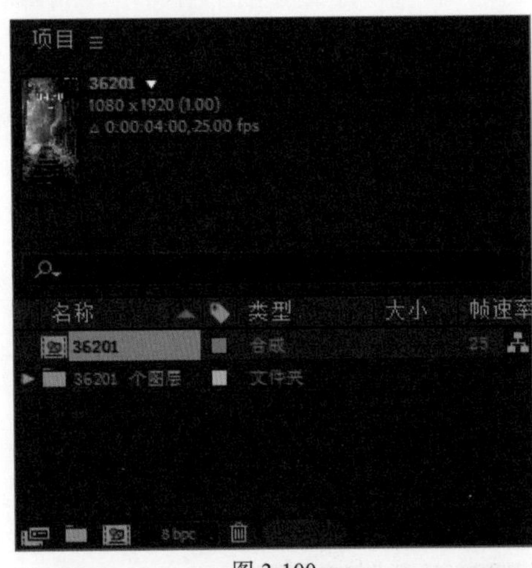

图 3-100

图 3-101

03 在“时间轴”面板中可以看到该合成中的相关素材图层，将不需要制作淡入淡出动画的素材图层锁定，如图 3–102 所示。

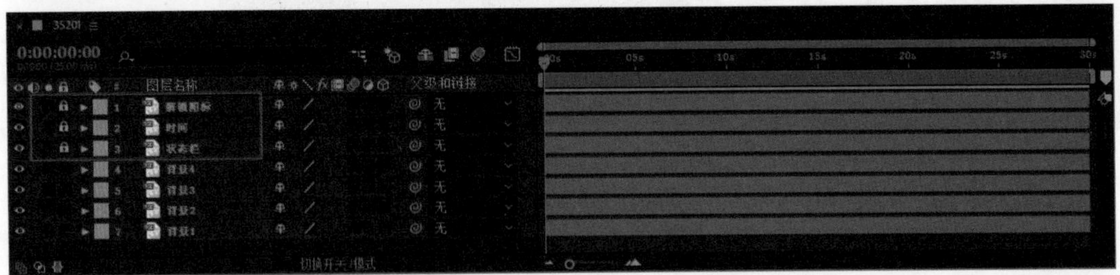

图 3-102

04 在“项目”面板中的合成名称上右击，在弹出的菜单中选择“合成设置”命令，如图 3–103 所示。弹出“合成设置”对话框，修改“持续时间”为 8s，如图 3–104 所示。单击“确定”按钮，完成“合成设置”对话框的设置。

05 在“时间轴”面板中同时选中需要制作淡入淡出动画的“背景 1”至“背景 4”图层，如图 3–105 所示。执行“动画” > “关键帧辅助” > “序列图层”命令，弹出“序列图层”对话框，如图 3–106 所示。

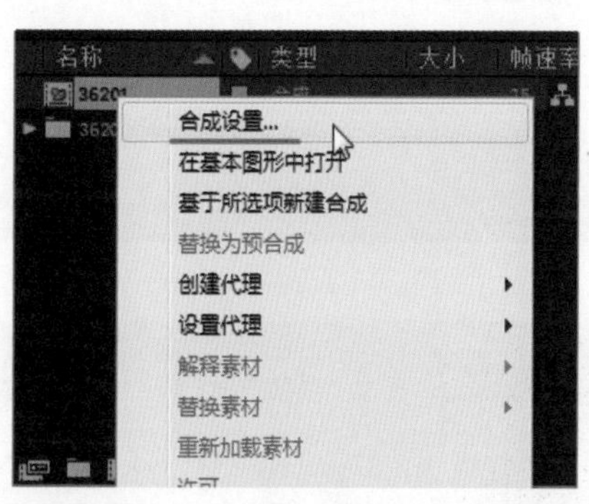

图 3-103

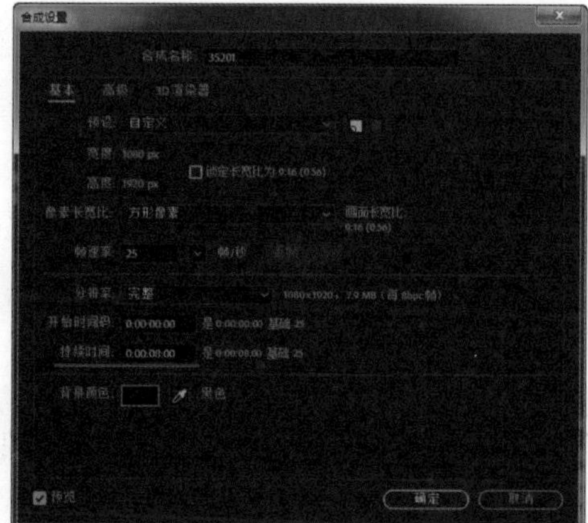
图 3-104

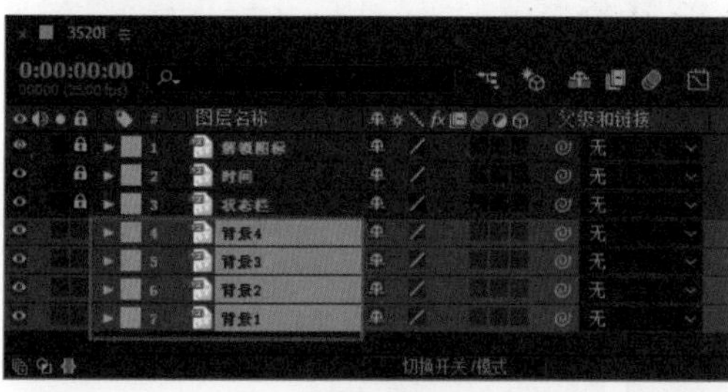
图 3-105

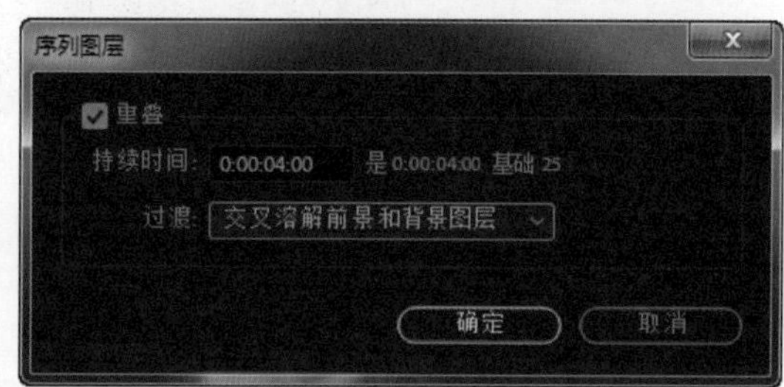

图 3-106

提示

在“序列图层”对话框中，通过不同的参数设置可以产生不同的图层过渡效果。勾选“重叠”复选框，可以启用层重叠效果；“持续时间”选项用于设置图层重叠过渡效果的持续时间；“过渡”选项用于设置图层的重叠过渡方式，在该下拉列表中包含 3 个选项，分别是“关”“溶解前景图层”和“交叉溶解前景和背景图层”。

06 单击“确定”按钮，完成“序列图层”对话框的设置。在“项目”面板中的合成名称上右击，在弹出的菜单中选择“合成设置”命令，如图 3–107 所示。弹出“合成设置”对话框，修改“持续时间”为 20 秒，如图 3–108 所示。

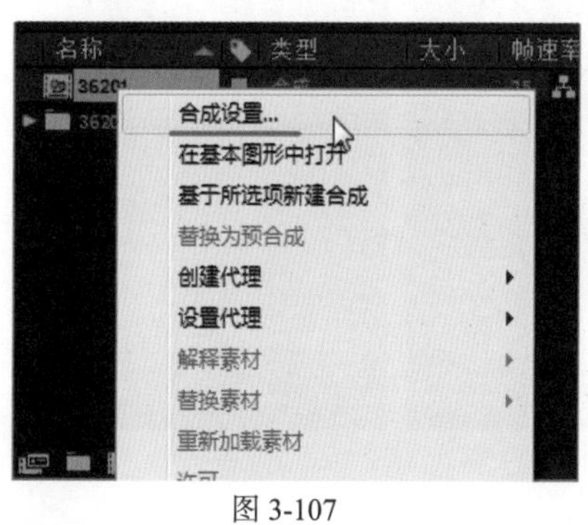

图 3-107

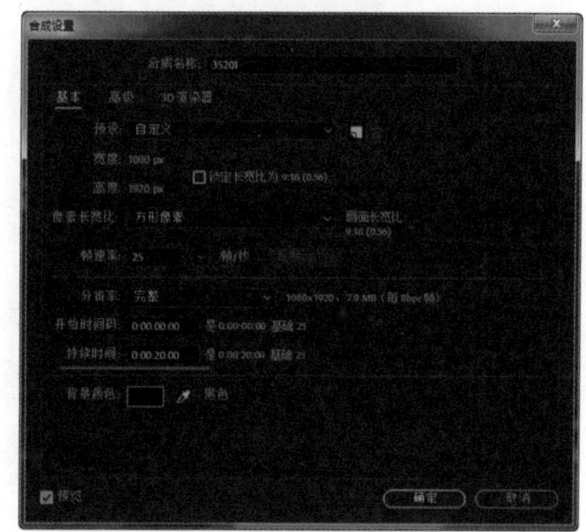
图 3-108

07 单击“确定”按钮，完成“合成设置”对话框的设置，“时间轴”面板如图 3–109 所示。

08 将锁定的图层解锁，在“时间轴”面板中显示出“时间控制”选项，修改“状态栏”“时间”和“解锁图标”这 3 个素材层的“持续时间”为 20 秒，如图 3–110 所示。

图 3-109

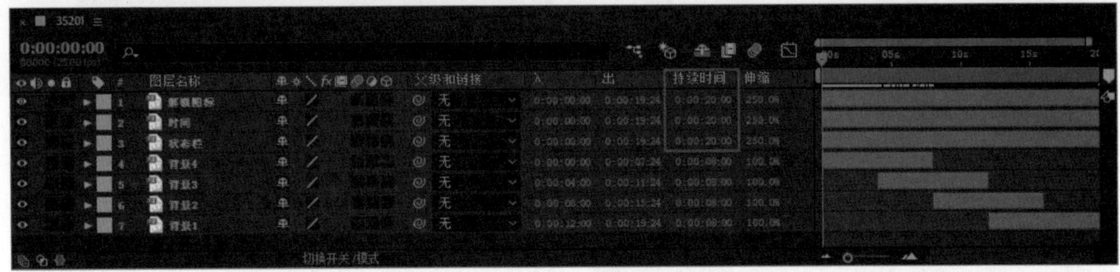

图 3-110

09 完成图片淡入淡出动效的制作，执行“文件”>“保存”命令，将文件保存为“源文件\第 3 章\3-6-2.aep”。单击“预览”面板上的“播放 / 停止”按钮，可以在“合成”窗口中预览动画效果，如图 3-111 所示。

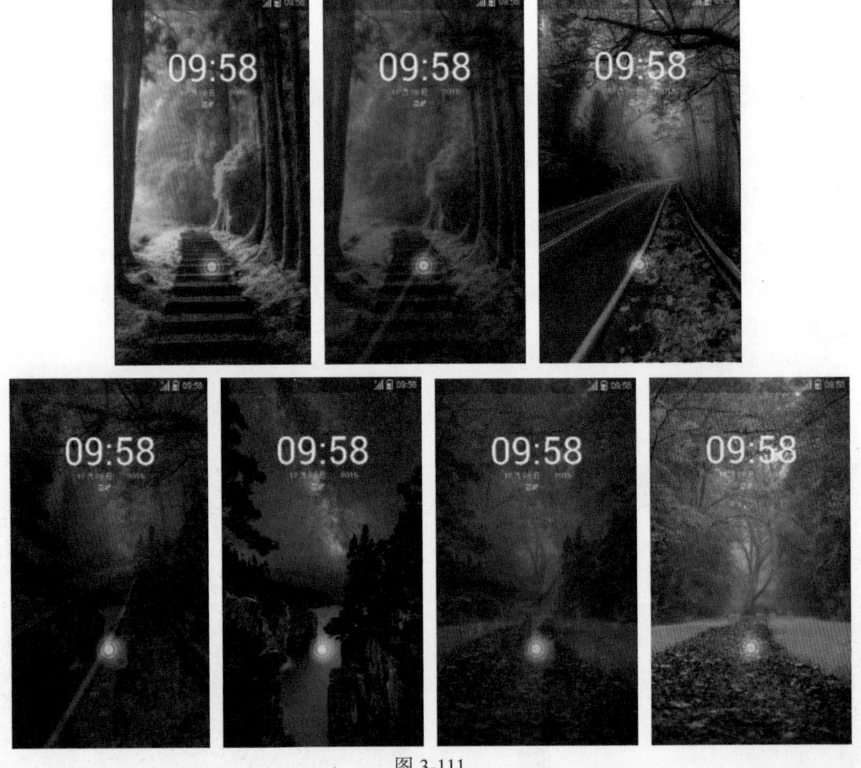

图 3-111

提示

在 After Effects 中完成动效的制作后，还可以将动效进行渲染输出，关于渲染输出动效的方法将在本书第 4 章中进行详细讲解。

3.7 图层的基础“变换”属性

在图层左侧的小三角按钮上单击，可以展开该图层的相关属性，素材图层默认包含“变换”属性，单击“变换”选项左侧的三角按钮，可以看到包含 5 个基础变换属性，分别是“锚点”“位置”“缩放”“旋转”和“不透明度”，如图 3-112 所示。

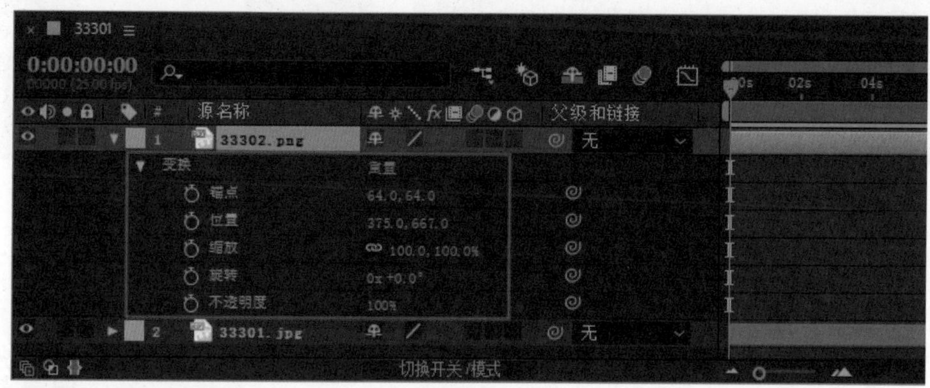

图 3-112

3.7.1 锚点

“锚点”属性主要用来设置素材的中心点位置。素材的中心点位置不同，则当对素材进行缩放、旋转等操作时，所产生的效果也会不同。

默认情况下，素材的中心点位于素材图层的中心位置。选择某个图层，按快捷键 A，可以直接在该图层下方显示出“锚点”属性，如果需要修改锚点，只需要修改“锚点”属性后的坐标参数即可，如图 3-113 所示。或者在“合成”窗口中双击需要设置的素材，进入“素材”窗口，使用“选择工具”直接移动锚点，即可调整素材的中心点位置，如图 3-114 所示。

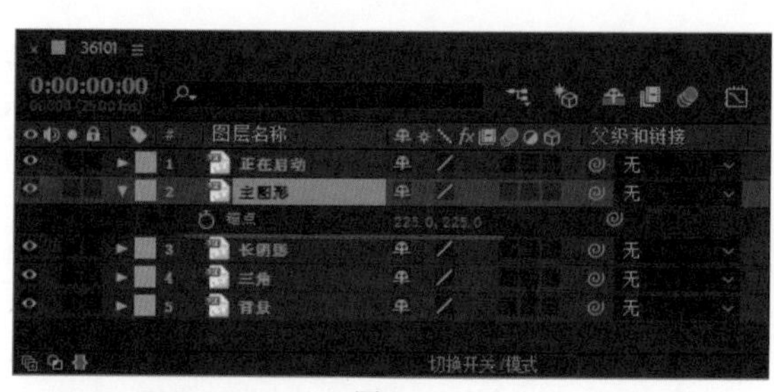

图 3-113

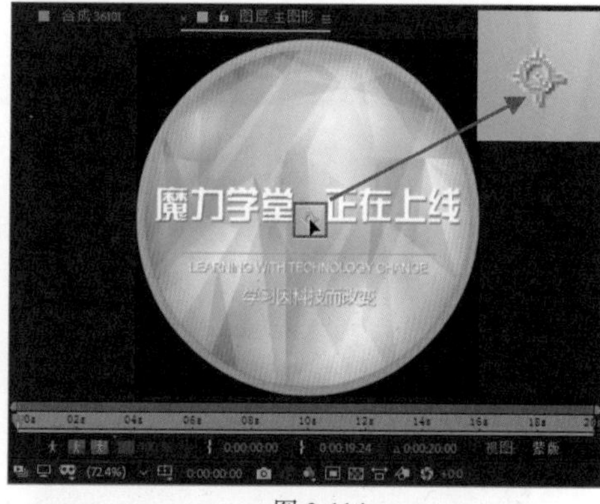

图 3-114

3.7.2 位置

“位置”属性用来控制素材在“合成”窗口中的相对位置，也可以通过该属性结合关键帧制作出素材移动的动画效果。

选择相应的图层，按快捷键 P，可以直接在所选择图层下方显示出“位置”属性，如图 3-115 所示。当修改“位置”属性后的坐标参数或者在“合成”窗口中直接使用“选择工具”移动位置时，都是以素材锚点为基准进行移动，如图 3-116 所示。

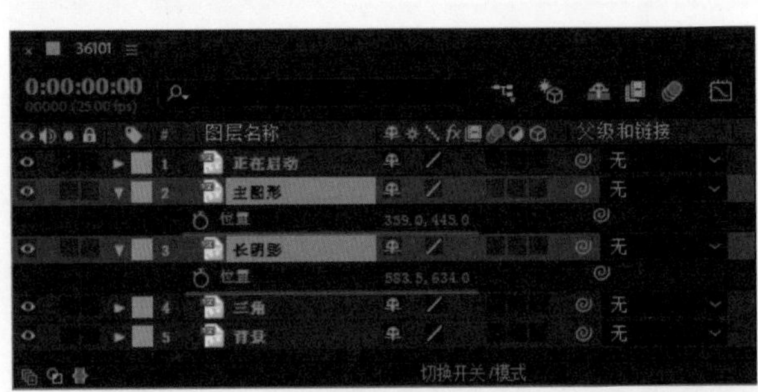

图 3-115

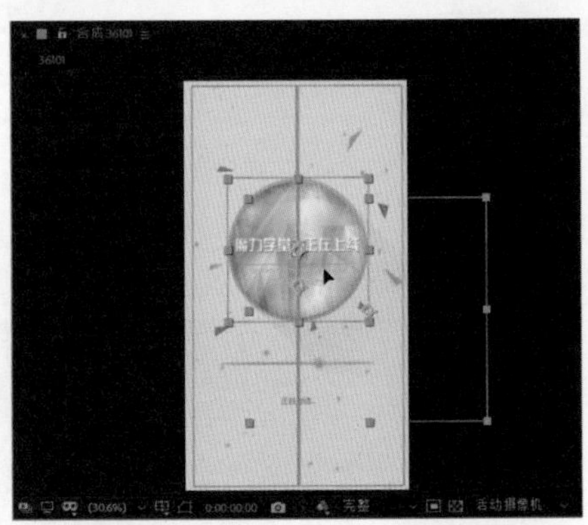

图 3-116

实例 04——制作背景图片切换动效

源文件：源文件 \ 第 3 章 \3-7-2.aep　　视频：视频 \ 第 3 章 \3-7-2.mp4

01 在 After Effects 中新建一个空白的项目，执行“文件”>“导入”>“文件”命令，在弹出的“导入文件”对话框中选择“源文件 \ 第 3 章 \ 素材 \37201.psd”，如图 3-117 所示。弹出设置对话框，设置如图 3-118 所示。

图 3-117

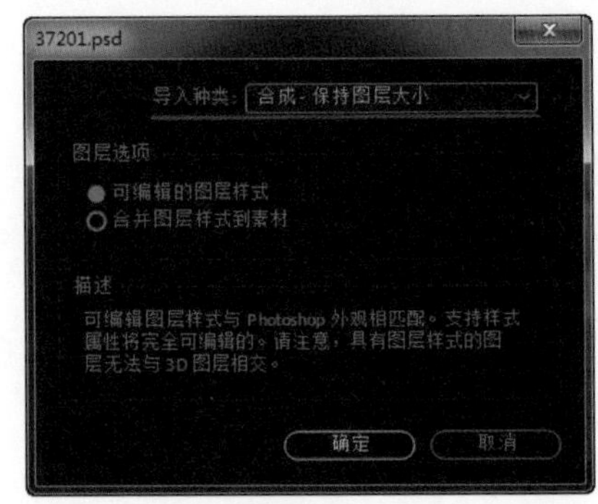

图 3-118

02 单击“确定”按钮，导入 PSD 素材自动生成合成，如图 3-119 所示。执行“文件”>“导入”>“文件”命令，在弹出的“导入文件”对话框中选择多个需要导入的素材图像，如图 3-120 所示。

图 3-119

图 3-120

03 单击“导入”按钮，将选中的多个素材同时导入“项目”面板中，如图 3-121 所示。双击“项目”面板中自动生成的合成，在“合成”窗口中打开该合成，如图 3-122 所示。

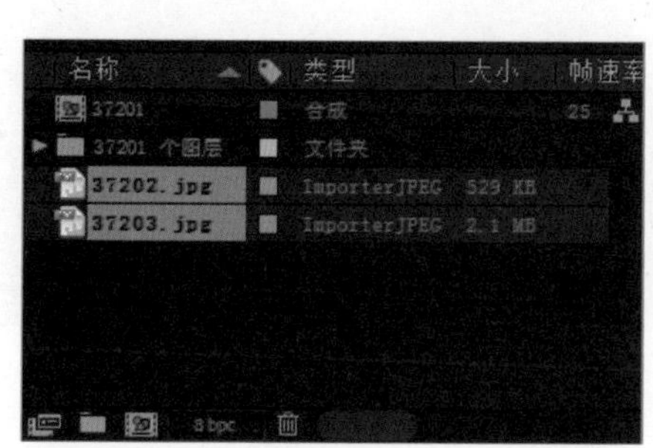

图 3-121

图 3-122

04 在“时间轴”面板中可以看到该合成中相应的图层，如图 3–123 所示。将除“背景”图层以外的其他图层锁定，选择“背景”图层，按快捷键 P，显示该图层的“位置”属性，如图 3–124 所示。

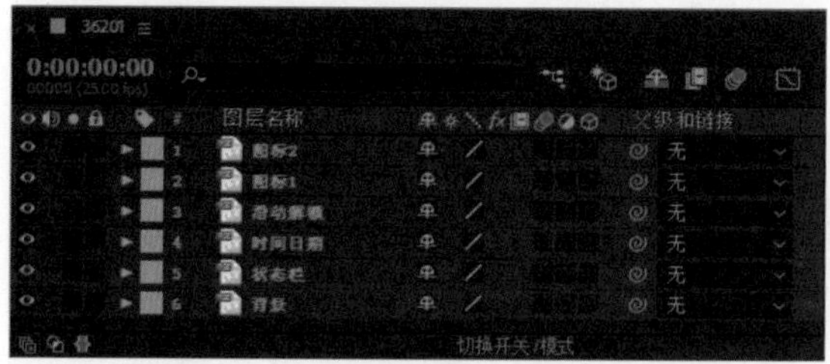

图 3-123

图 3-124

05 将“时间指示器”移至 2 秒位置，单击“位置”属性前的“秒表”图标，插入该属性关键帧，如图 3–125 所示。将“时间指示器”移至 3 秒位置，在“合成”窗口中将该图层中的图像向左移至合适的位置，如图 3–126 所示。

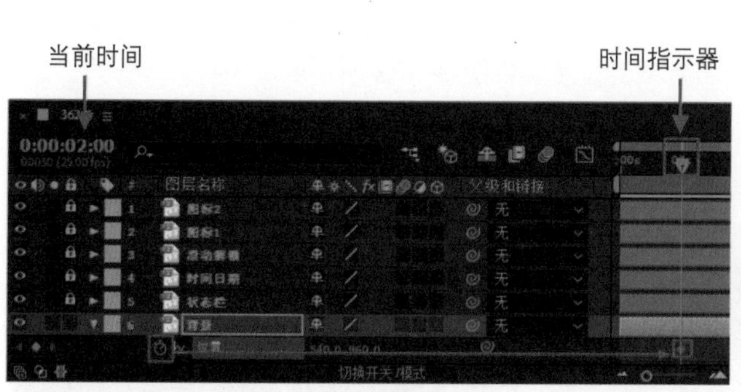

图 3-125

图 3-126

提示

在“时间轴”面板中可以直接拖动“时间指示器”，从而调整时间的位置，但这种方法很难精确调整时间位置。如果需要精确调整时间位置，可以通过“时间轴”面板上的“当前时间”选项或者“合成”窗口中的“预览时间”选项，输入精确的时间，即可在“时间轴”面板中跳转到所输入的时间位置。

06 在“时间轴”面板上 3 秒位置自动插入“位置”属性关键帧，如图 3–127 所示。将“时间指示器”移至 2 秒位置，在“项目”面板中将 37202.jpg 素材拖入“时间轴”面板中“背景”图层上方，在“合成”窗口中将该素材调整至合适的位置，如图 3–128 所示。

图 3-127

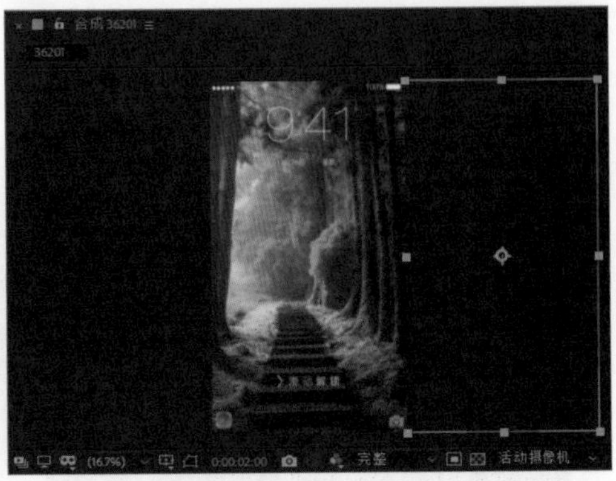

图 3-128

07 选择 37202.jpg 图层，按快捷键 P，显示该图层的“位置”属性，单击该属性前的“秒表”图标，插入该属性关键帧，如图 3-129 所示。将“时间指示器”移至 3 秒位置，在“合成”窗口中将该图层中的图像向左移至合适的位置，如图 3-130 所示。

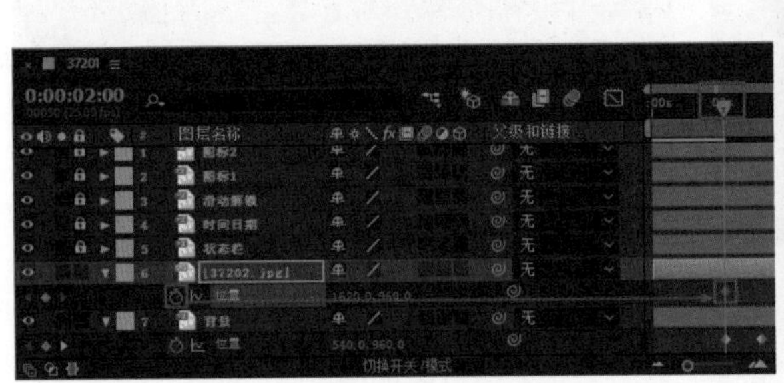

图 3-129

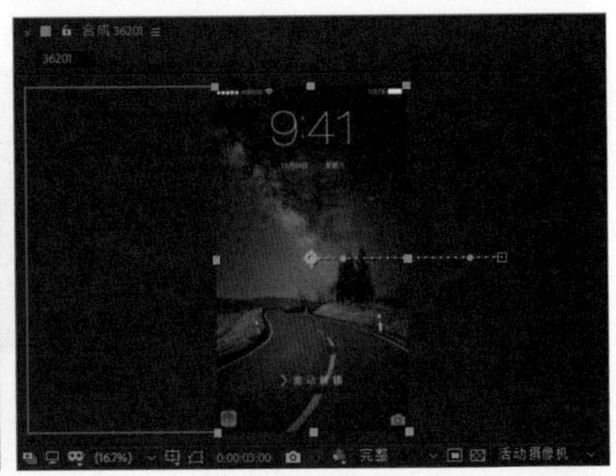

图 3-130

08 将“时间指示器”移至 5 秒位置，在“时间轴”面板上单击“位置”属性前的“添加关键帧”按钮，在该时间位置添加“位置”属性关键帧，如图 3-131 所示。将“时间指示器”移至 6 秒位置，在“合成”窗口中将该图层中的图像向左移至合适的位置，如图 3-132 所示。

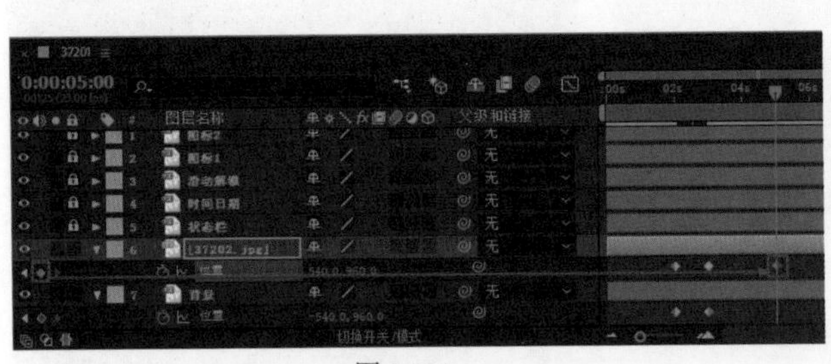

图 3-131

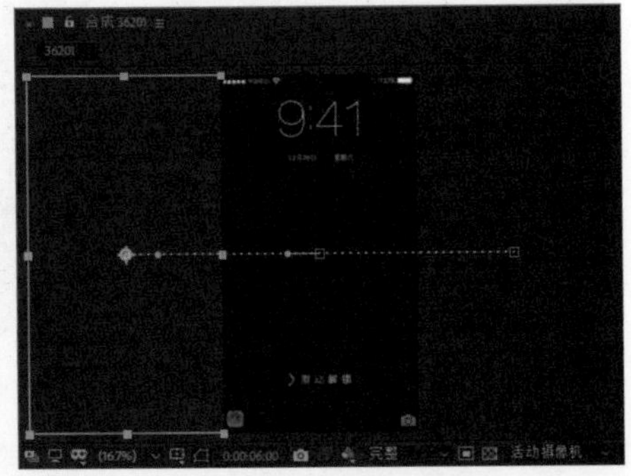

图 3-132

09 在 6 秒位置自动插入“位置”属性关键帧，如图 3-133 所示。将“时间指示器”移至 5 秒位置，在“项目”面板中将 37203.jpg 素材拖入“时间轴”面板中 36202.jpg 图层上方，在“合成”窗口中将该素材调整至合适的位置，如图 3-134 所示。

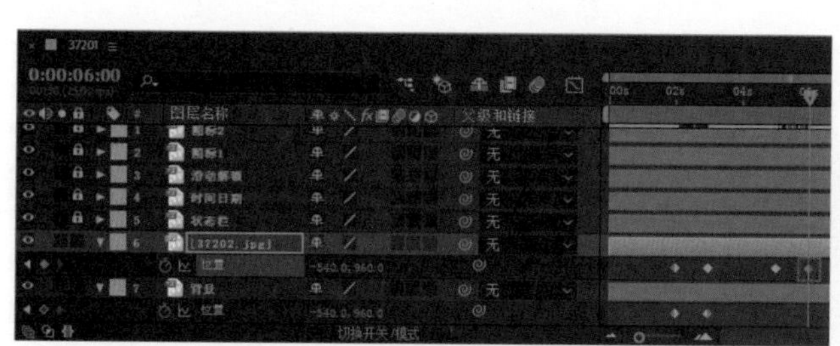
图 3-133

图 3-134

10 选择 37203.jpg 图层，按快捷键 P，显示该图层的“位置”属性，单击该属性前的“秒表”图标，插入该属性关键帧，如图 3-135 所示。将“时间指示器”移至 6 秒位置，在“合成”窗口中将该图层中的图像向左移至合适的位置，如图 3-136 所示。

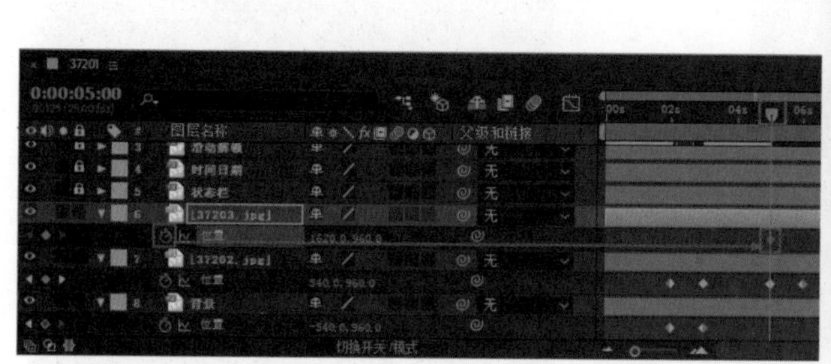
图 3-135

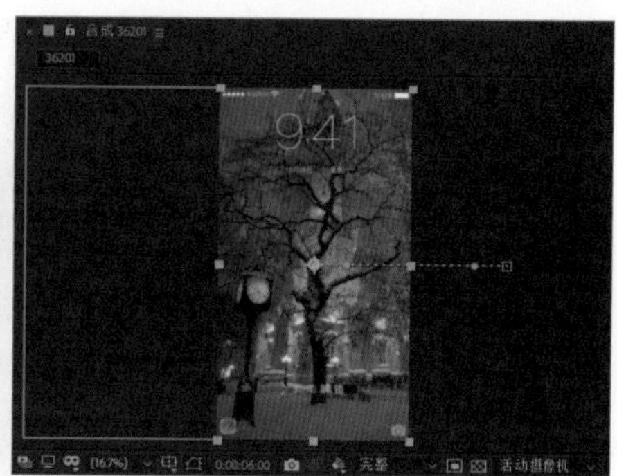
图 3-136

11 将“时间指示器”移至 8 秒位置，在“时间轴”面板上单击“位置”属性前的“添加关键帧”按钮◆，在该时间位置添加“位置”属性关键帧，如图 3-137 所示。将“时间指示器”移至 9 秒位置，在“合成”窗口中将该图层中的图像向左移至合适的位置，如图 3-138 所示。

图 3-137

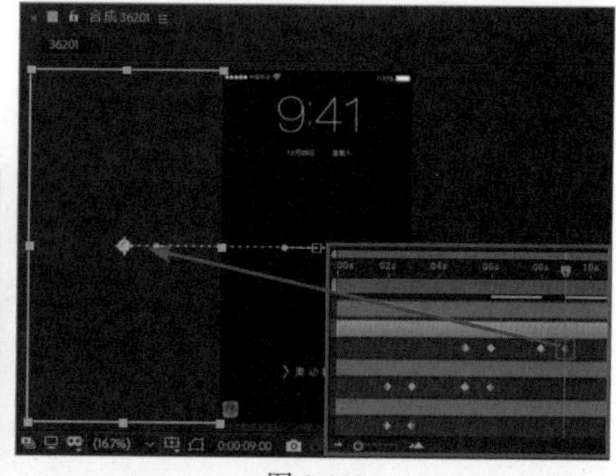
图 3-138

12 将“时间指示器”移至 8 秒位置，在“项目”面板中将“37201 个图层”文件夹中的“背景”素材拖入“时间轴”面板中 37203.jpg 图层上方，在“合成”窗口中将该素材调整至合适的位置，如图 3-139 所示。选择“背景 /37201.psd”图层，按快捷键 P，显示该图层的“位置”属性，单击“位置”属性前的“秒表”图标，插入该属性关键帧，如图 3-140 所示。

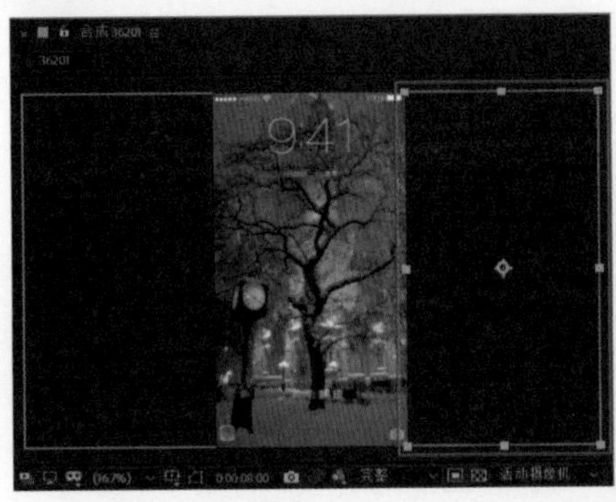
图 3-139

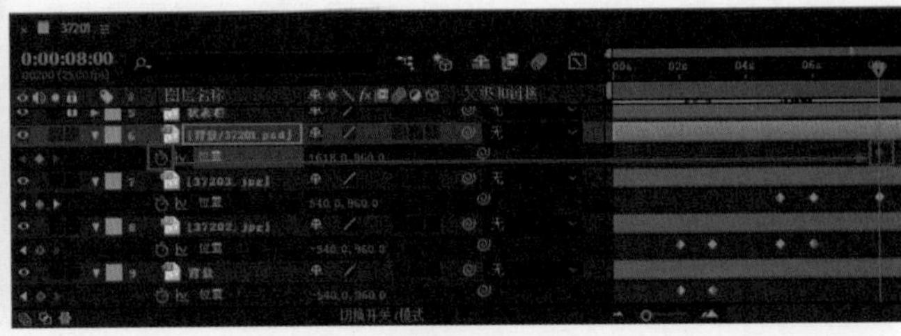
图 3-140

13 将“时间指示器”移至 9 秒位置，在“合成”窗口中将该图层中的图像向左移至合适的位置，如图 3–141 所示。在“项目”面板上的 37201 合成上右击，在弹出的菜单中选择“合成设置”命令，在弹出的对话框中设置“持续时间”为 9 秒，如图 3–142 所示。

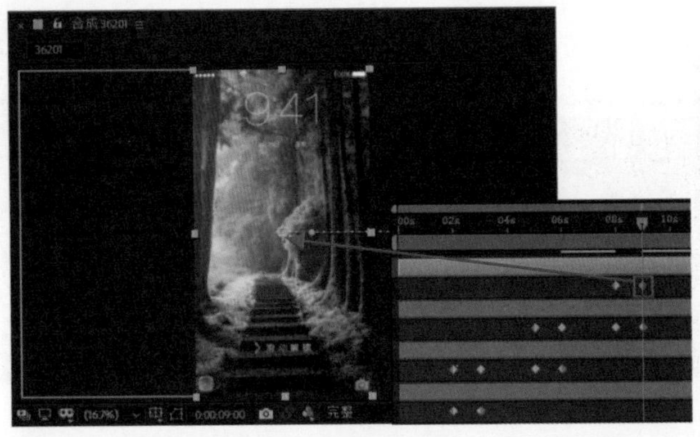
图 3-141

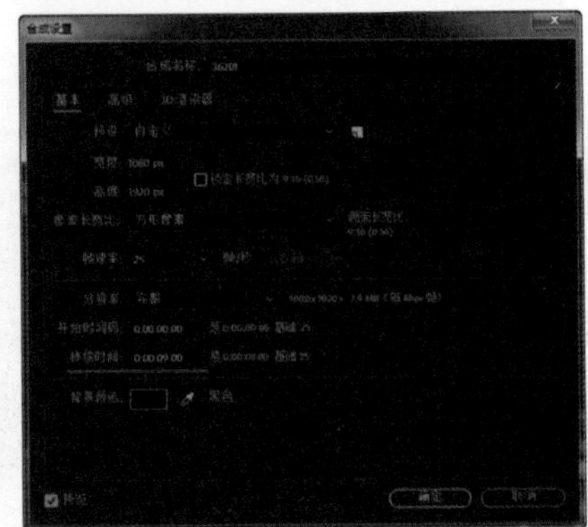
图 3-142

提示

在动画的最后制作第一张背景图片从右侧位移入场的动画效果，因为时间轴动画默认是循环播放的，这样当播放完 9 秒时就会跳转到 0 秒位置继续播放，从而使动画形成一个连贯的循环。

14 单击“确定”按钮，完成“合成设置”对话框的设置。在“时间轴”面板中可以看到为相应图层制作的位置移动动画的关键帧效果，如图 3–143 所示。

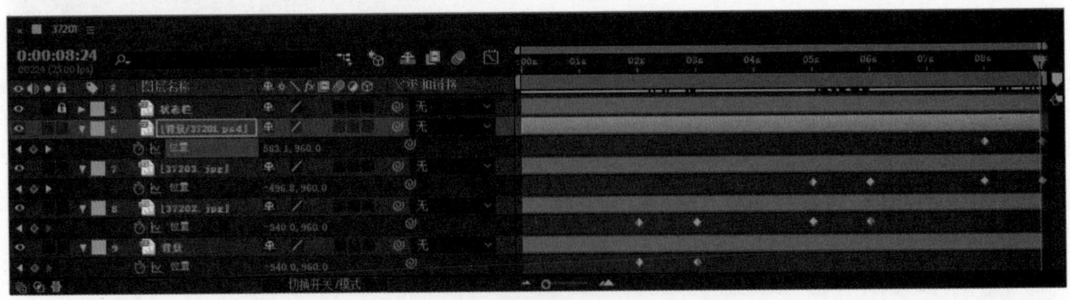
图 3-143

15 完成该背景图片切换动效的制作，执行“文件”>“保存”命令，将文件保存为“源文件\第 3 章\3–7–2.aep”。单击“预览”面板上的“播放 / 停止”按钮，可以在“合成”窗口中预览动画效果，如图 3–144 所示。

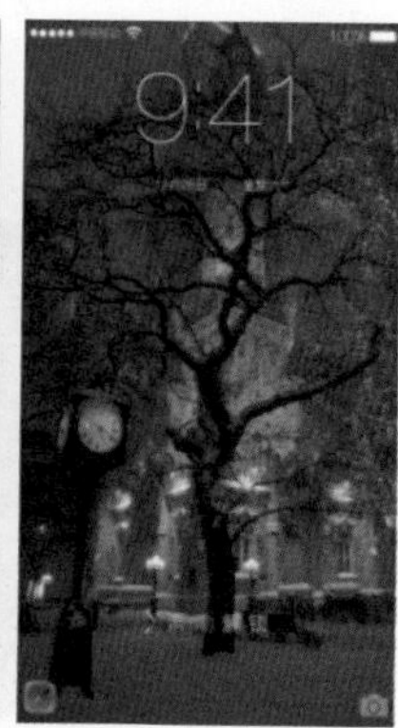

图 3-144

3.7.3 缩放

“缩放”属性可以设置素材的尺寸大小，通过该属性结合关键帧可以制作出素材缩放的动画效果。

选择相应的图层，按快捷键 S，可以在该图层下方显示出“缩放”属性，素材的缩放同样是以锚点的位置为基准，可以直接通过修改“缩放”属性中的参数修改素材的尺寸大小，如图 3-145 所示。也可以在“合成”窗口中直接使用“选择工具”拖动素材四周的控制点来调整素材的尺寸大小，如图 3-146 所示。

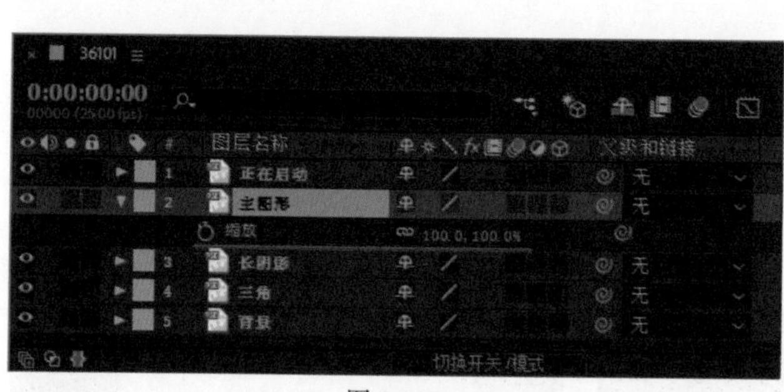

图 3-145

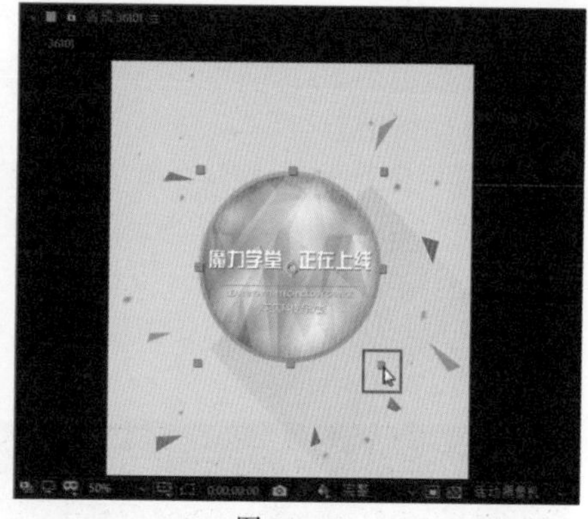

图 3-146

> **提示**
>
> 使用“选择工具”在“合成”窗口中通过拖动控制点的方法对素材进行缩放操作时，按住 Shift 键拖动素材 4 个角点位置，可以对素材进行等比例缩放操作。

3.7.4 旋转

“旋转”属性用来设置素材的旋转角度，通过该属性结合关键帧可以制作出素材旋转的动画效果。

选择相应的图层，按快捷键 R，可以直接在该图层下方显示出“旋转”属性，如图 3-147 所示。素材的旋转同样以锚点的位置为基准，可以直接修改“旋转”属性中的参数，也可以在“合成”窗口中选中需要旋转的素材，使用“旋转工具”在素材上拖动鼠标进行旋转操作，如图 3-148 所示。

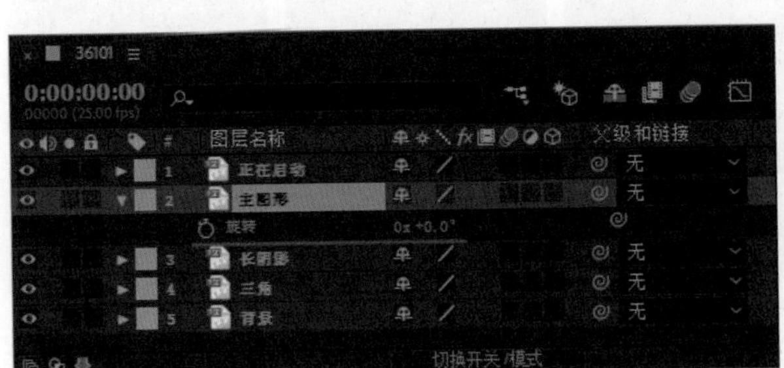
图 3-147

图 3-148

提示

“旋转”属性包含两个参数，第 1 个参数用于设置对象旋转的圈数，如果设置为正值，表示顺时针旋转指定的圈数，例如 1x 表示顺时针旋转 1 圈；如果设置为负值，则表示逆时针旋转指定的圈数；第 2 个参数用于设置旋转的角度，取值范围在 0° ~ 360° 或 –360° ~ 0° 之间。

3.7.5 不透明度

“不透明度”属性用来设置图层的不透明度，当不透明度值为 0% 时，图层中的对象完全透明；当不透明度值为 100% 时，图层中的对象完全不透明。通过该属性结合关键帧可以制作出素材淡入淡出的动画效果。

选择相应的图层，按快捷键 T，可以直接在该图层下方显示出“不透明度”属性，如图 3–149 所示。修改“不透明度”参数即可调整该图层的不透明度，效果如图 3–150 所示。

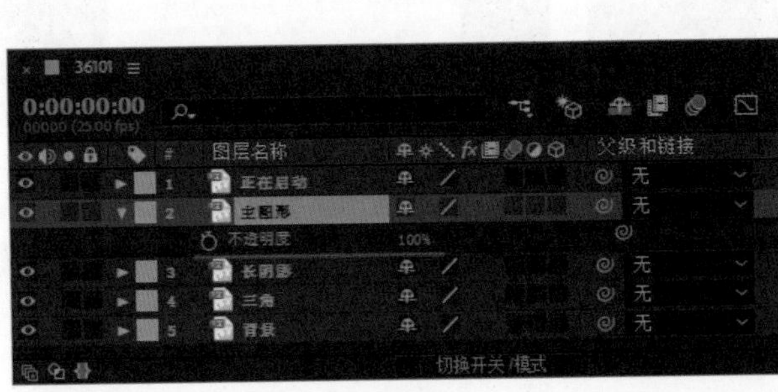
图 3-149

图 3-150

提示

如果只是选择“时间轴”面板，而没有选择具体的某个或某几个图层，按快捷键 A、P、S、R、T，可以在所有图层的下方显示出相应的属性。也可以在“时间轴”面板中同时选中多个图层，按快捷键 A、P、S、R、T，可以在所选择的多个图层下方显示出相应的属性。

实例 05——制作元素入场动效

源文件：源文件 \ 第 3 章 \3–7–5.aep　　视频：视频 \ 第 3 章 \3–7–5.mp4

01 在 After Effects 中新建一个空白的项目，执行“文件”>“导入”>“文件”命令，在弹出的“导入文件”对话框中选择“源文件 \ 第 3 章 \ 素材 \

37501.psd”，如图 3–151 所示。弹出设置对话框，如图 3–152 所示。

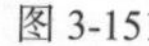
图 3-151

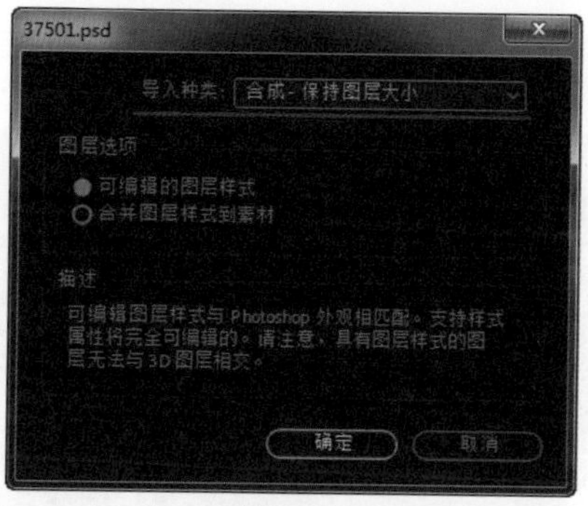

图 3-152

02 单击“确定”按钮，导入 PSD 素材自动生成合成，如图 3–153 所示。双击“项目”面板中自动生成的合成，在“合成”窗口中打开该合成，如图 3–154 所示。

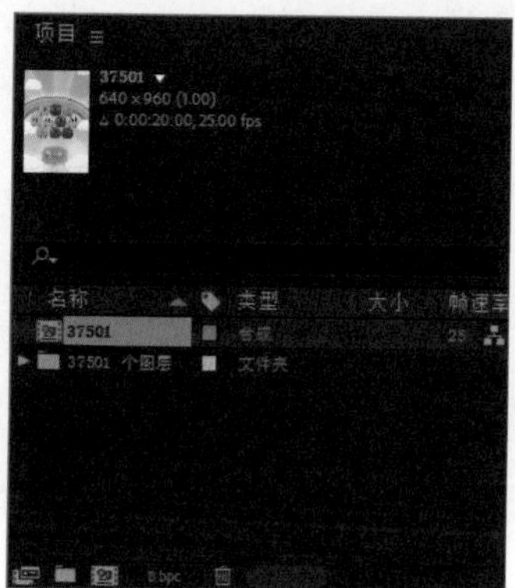
图 3-153

图 3-154

03 在“时间轴”面板中可以看到该合成中相应的图层，如图 3–155 所示。将“背景”图层锁定，选择“卡通形象”图层，展开该图层的“变换”属性，如图 3–156 所示。

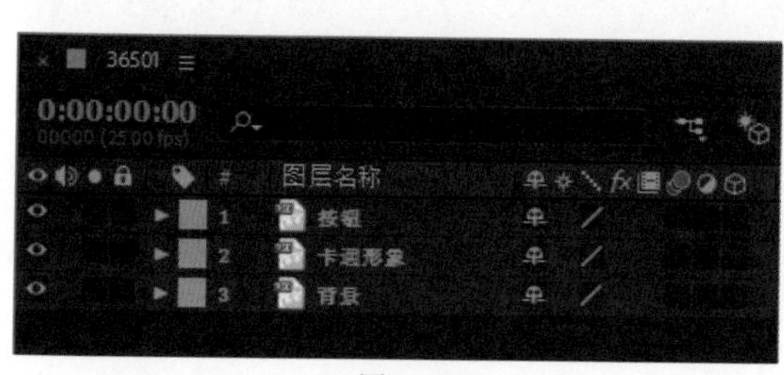

图 3-155

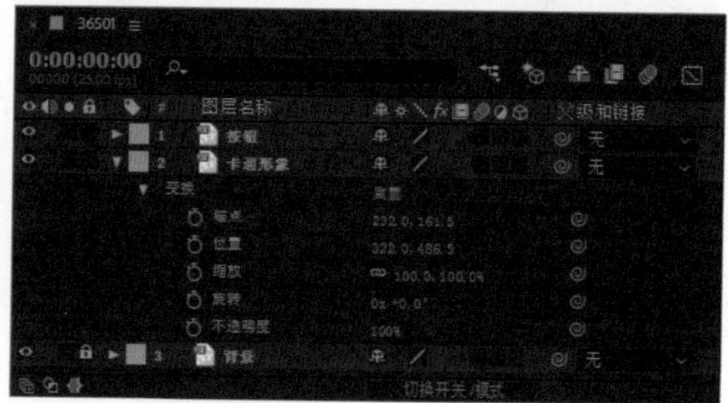
图 3-156

04 确认“时间指示器”位于 0 秒位置，在“时间轴”面板中分别单击“缩放”“旋转”和“不透明度”这 3 个属性前的“秒表”图标，为这 3 个属性插入关键帧，如图 3–157 所示。设置“缩放”属性为 0%，“不透明度”属性为 0%，在“合成”窗口中可以看到该图层中对象的效果，如图 3–158 所示。

05 将“时间指示器”移至 2 秒位置，在“时间轴”面板中设置“缩放”属性为 100%，“旋转”属性为顺时针 2 圈，“不透明度”属性为 100%，自动添加这 3 个属性关键帧，如图 3–159 所示。在“合成”窗口中可以看到该图层中对象的效果，如图 3–160 所示。

06 将“时间指示器”移至 0 秒位置，选择“按钮”图层，展开该图层的“变换”属性，如图

3–161 所示。单击“缩放”和“不透明度”属性前的“秒表”图标，为这两个属性插入关键帧，如图 3–162 所示。

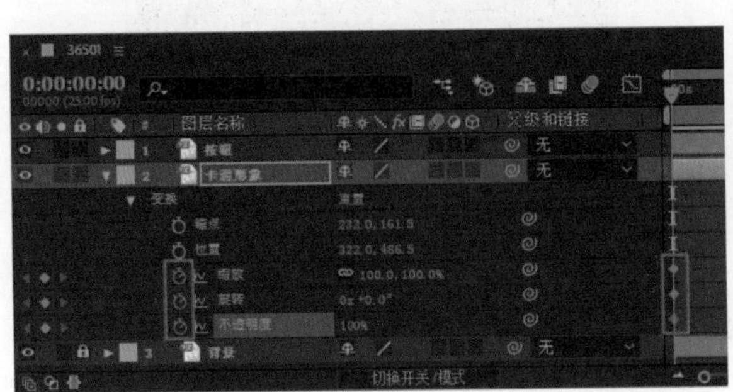
图 3-157

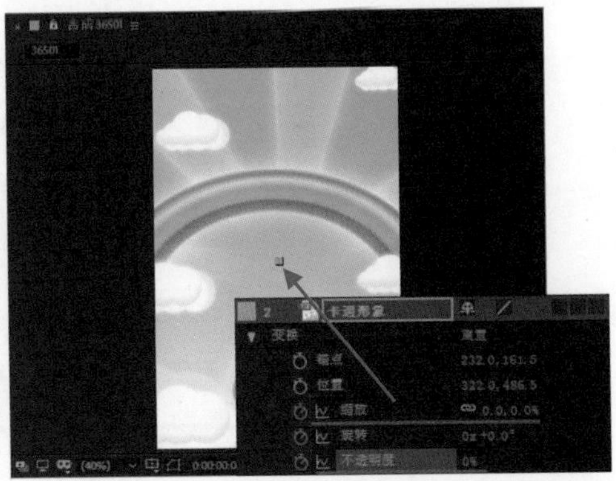
图 3-158

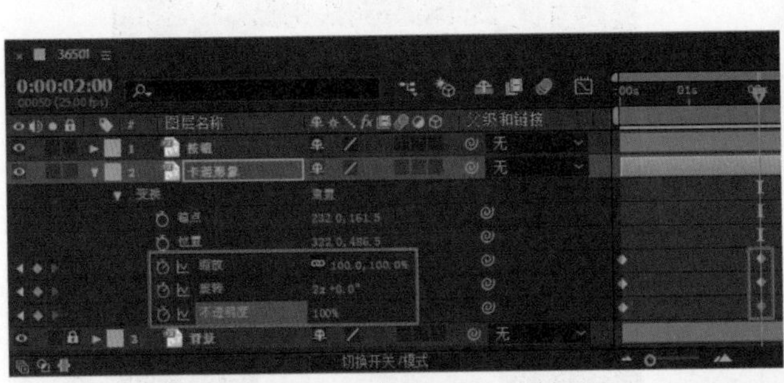
图 3-159

图 3-160

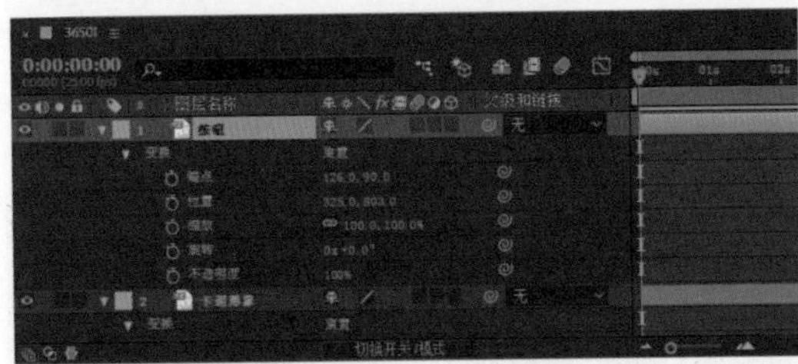
图 3-161

图 3-162

07 设置“缩放”和“不透明度”属性的值为 0%，在“合成”窗口中可以看到该图层中对象的效果，如图 3–163 所示。将“时间指示器”移至 2 秒位置，分别单击“位置”和“不透明度”属性前的“添加关键帧”按钮，在该时间位置为这两个属性添加关键帧，如图 3–164 所示。

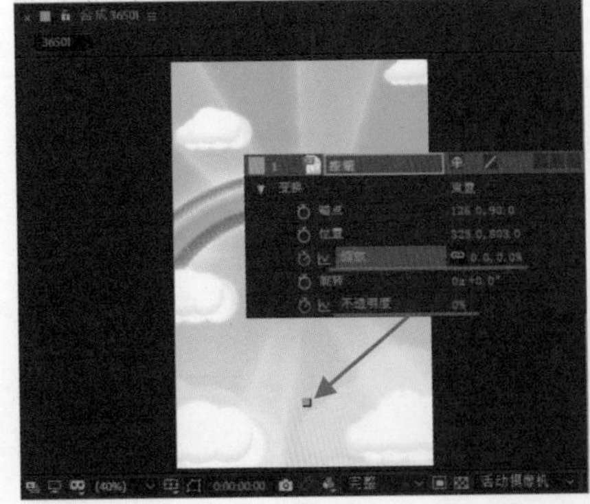
图 3-163

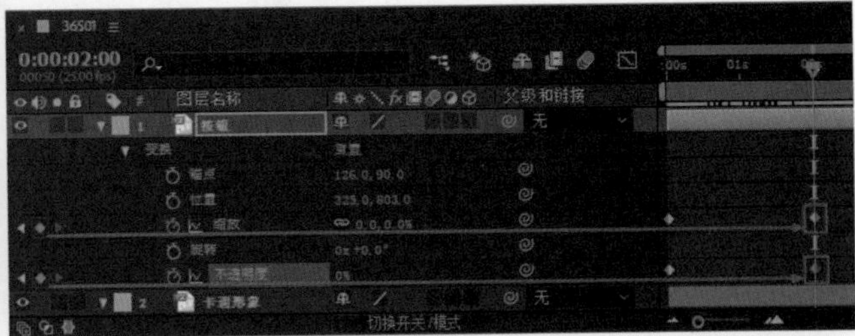
图 3-164

08 将“时间指示器”移至 3 秒位置，设置“缩放”属性值为 120%，“不透明度”属性值为 100%，如图 3–165 所示。在“合成”窗口中可以看到该图层中对象的效果，如图 3–166 所示。

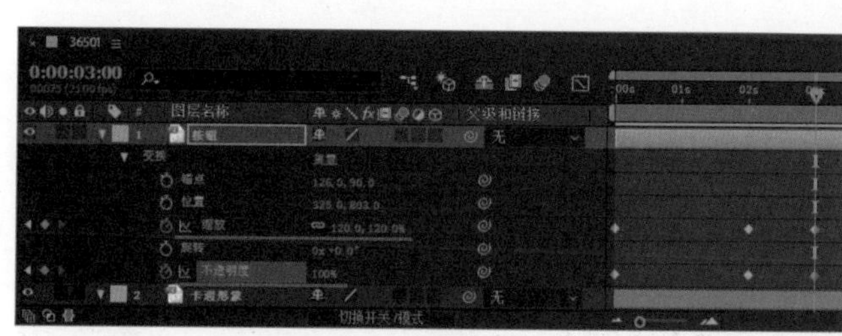
图 3-165

图 3-166

09 将“时间指示器”移至 3 秒 5 帧位置，设置“缩放”属性值为 90%，如图 3–167 所示。在“合成”窗口中可以看到该图层中对象的效果，如图 3–168 所示。

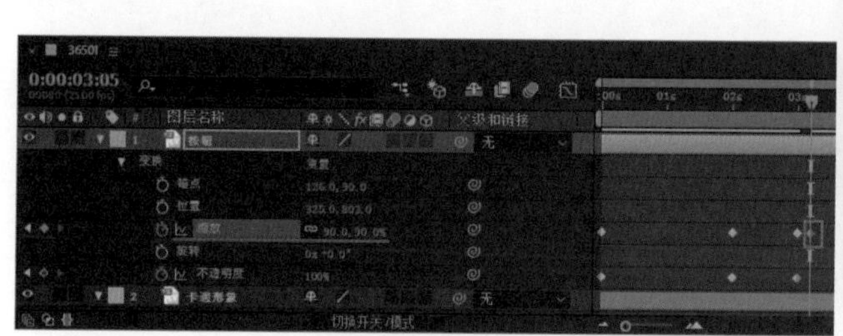
图 3-167

图 3-168

10 将“时间指示器”移至 3 秒 8 帧位置，设置“缩放”属性值为 110%，如图 3–169 所示。将“时间指示器”移至 3 秒 10 帧位置，设置“缩放”属性值为 100%，如图 3–170 所示。

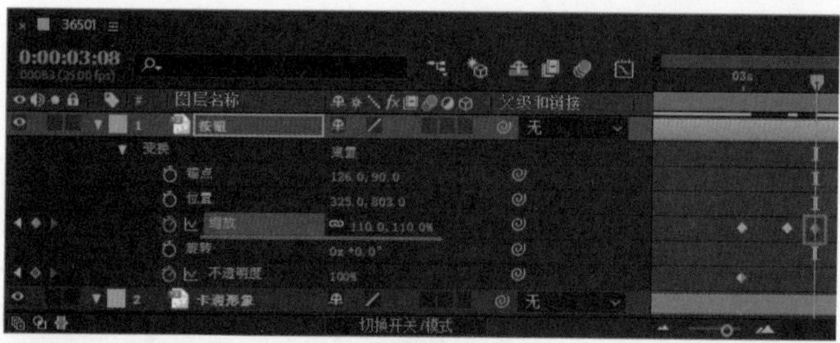
图 3-169

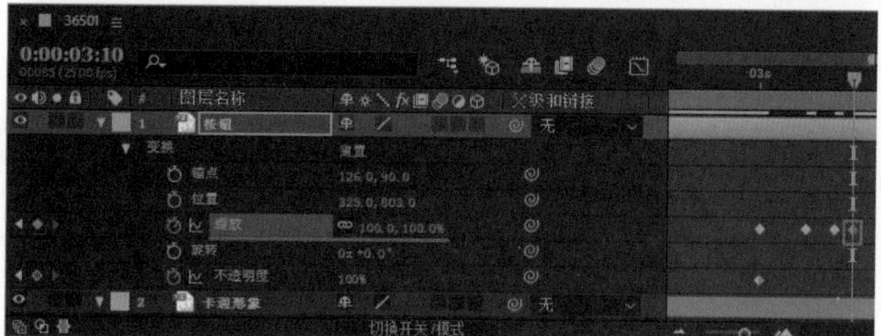
图 3-170

11 在“项目”面板上的 37501 合成上右击，在弹出的菜单中选择“合成设置”命令，在弹出的对话框中设置“持续时间”为 5 秒，如图 3–171 所示。单击“确定”按钮，完成“合成设置”对话框的设置。在“时间轴”面板中可以看到相应图层中的关键帧动画，如图 3–172 所示。

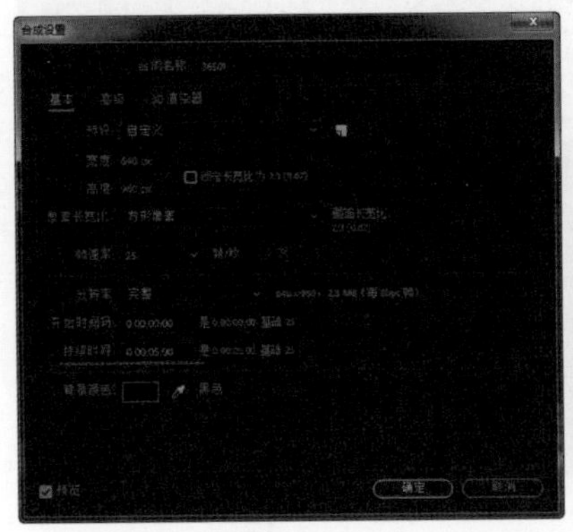

图 3-171

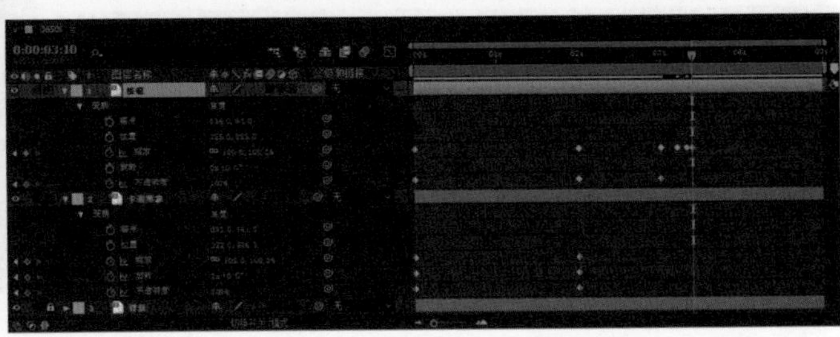

图 3-172

12 完成元素入场动效的制作，执行“文件”>“保存”命令，将文件保存为“源文件\第 3 章\3–7–5.aep”。单击“预览”面板上的“播放 / 停止”按钮，可以在“合成”窗口中预览动画效果，如图 3–173 所示。

图 3-173

第4章 在 After Effects 中制作动效并输出

创建动画是 After Effects 软件最主要的功能之一，通过在时间轴上为图层的各个属性添加属性值关键帧，可以制作出各种效果的动画。在本章中将向读者详细介绍 After Effects 中关键帧动画、形状路径及蒙版的详细制作方法和技巧，在 After Effects 中完成动画的制作后，还需要将动画输出，虽然 After Effects 最终输出的是视频格式动画文件，但若将其与 Photoshop 相结合，即可输出 GIF 格式的动画图片文件，从而满足交互设计师的需求。

4.1 关键帧与图表编辑器

使用 After Effects 制作交互动效的过程中，首先需要制作能够表现出主要意图的关键动作，这些关键动作所在的帧就叫作动画关键帧，理解和正确操作关键帧是使用 After Effects 制作交互动效的关键。

4.1.1 帧与关键帧

关键帧的概念来源于传统的动画片制作。人们看到的视频画面，其实是一幅幅图像快速播放而产生的视觉错觉，在早期的动画制作中，这些图像中的每一张都需要动画师绘制出来，如图 4-1 所示。

图 4-1

所谓关键帧动画，就是给需要动画效果的属性准备一组与时间相关的值，这些值都是在动画序列中比较关键的帧中提取出来的，而其他时间帧中的值，可以使用这些关键值，采用特定的插值方式计算得到，从而获得比较流畅的动画效果。

动画是基于时间的变化，如果图层的某个属性在不同时间产生不同的参数变化，并且被正确地记录下来，那么可以称这个动画为“关键帧动画”。

关键帧是组成动画的基本元素，关键帧的应用是制作动画的基础和关键。在 After Effects 的关键帧动画中，至少要通过两个关键帧才能产生作用，第 1 个关键帧表示动画的初始状态，第 2 个关键帧表示动画的结束状态，而中间的动态则由计算机通过插值计算得出。例如，可以在 0 秒的位置设置图层的“不透明度”属性为 0%，然后在 1 秒的位置设置该图层的“不透明度”属性为 100%，如果这个变化被正确地记录下来，那么图层就产生了“不透明度”属性在 0 ~ 1 秒从 0% ~ 100% 的变化。

一个关键帧会包括以下信息内容。

- 属性：指的是图层中的哪个属性发生变化。
- 时间：指的是在哪个时间点确定的关键帧。
- 参数值：指的是当前时间点参数的数值是多少。
- 关键帧类型：关键帧之间是线性还是曲线。
- 关键帧速率：关键帧之间是什么样的变化速率。

4.1.2 创建关键帧

在 After Effects 中，基本上每一个特效或属性都有一个对应的“时间变化秒表”按钮，可以通过单击属性名称左侧的“秒表”按钮，来激活关键帧功能。

在“时间轴”面板中选择需要添加关键帧的图层，展开该图层的属性列表，如图 4–2 所示。如果需要为某个属性添加关键帧，只需要单击该属性前的“秒表”按钮，即可激活关键帧功能，并在当前时间位置插入一个该属性关键帧，如图 4–3 所示。

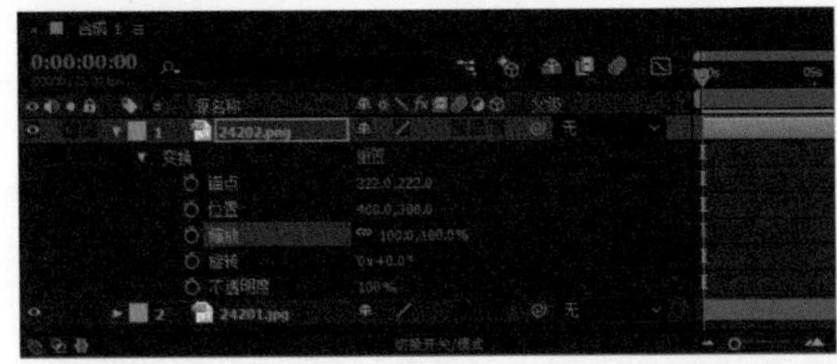

图 4-2

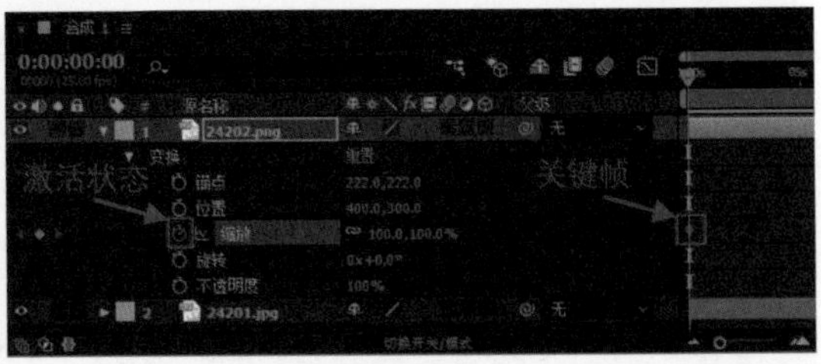

图 4-3

当激活该属性的关键帧后，在该属性的最左侧会出现 3 个按钮，分别是“转到上一个关键帧”、“添加或移除关键帧”和“转到下一个关键帧”。在“时间轴”面板中将“时间指示器”移至需要添加下一个关键帧的位置，单击“添加或移除关键帧”按钮，即可在当前时间位置插入该属性第 2 个关键帧，如图 4–4 所示。

如果再次单击该属性名称前的“秒表”按钮，可以取消该属性关键帧的激活状态，该属性所添加的所有关键帧也会被同时删除，如图 4–5 所示。

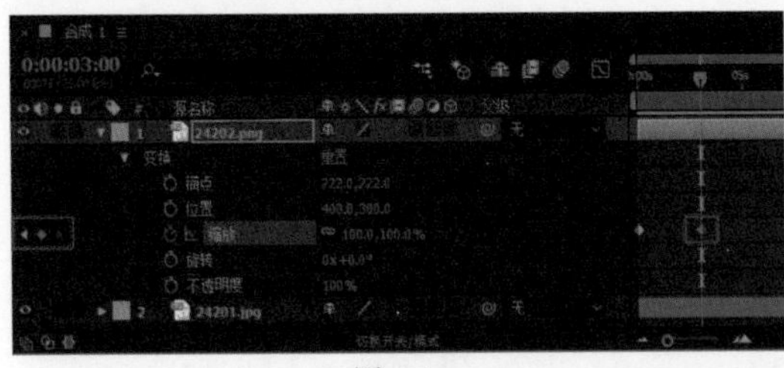

图 4-4

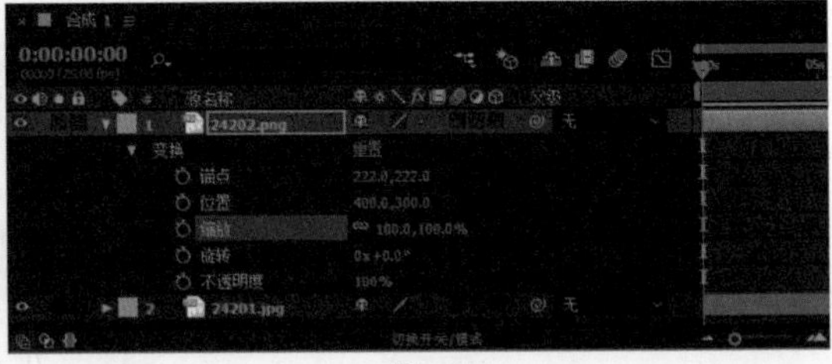

图 4-5

提示

为某个属性在不同的时间位置插入关键帧后，可以在属性名称的右侧修改所添加关键帧位置的属性参数值，不同的关键帧设置不同的属性参数值后，就能够形成关键帧之间的动画过渡效果。

4.1.3 关键帧的基本操作方法

在使用 After Effects 制作动效的过程中，通常需要对关键帧进行一系列的编辑操作，本小节将详细介绍关键帧的选择、移动、复制和删除操作的方法和技巧。

1. 选择关键帧

在创建关键帧后，有时还需要对关键帧进行修改和设置操作，这时就需要选中要编辑的关键帧。选择关键帧的方式有多种，下面分别进行介绍。

(1) 在“时间轴”面板中直接单击某个关键帧图标，被选中的关键帧显示为蓝色，表示已经选中关键帧，如图 4–6 所示。

(2) 在“时间轴”面板中的空白位置单击并拖动出一个矩形框，在矩形框内的多个关键帧都将被同时选中，如图 4–7 所示。

(3) 对于存在关键帧的某个属性，单击该属性名称，即可将该属性的所有关键帧全部选中，如图 4–8 所示。

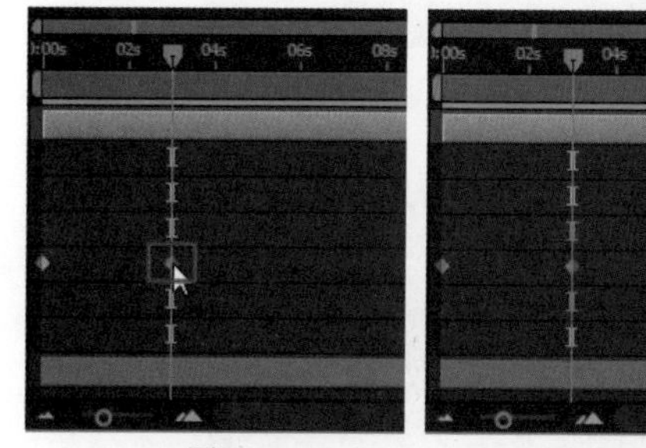

图 4-6

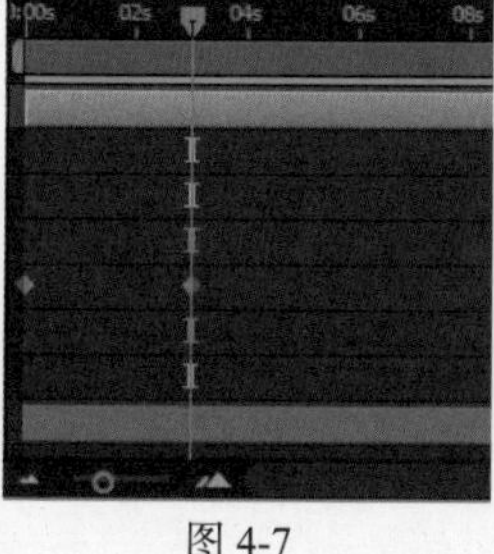

图 4-7

图 4-8

(4) 配合 Shift 键可以同时选择多个关键帧，即按住 Shift 键不放，在多个关键帧上单击，可以同时选择多个关键帧。而对于已选择的关键帧，按住 Shift 键不放再次单击，则可以取消选择。

2. 移动关键帧

在 After Effects 中，为了更好地控制动画效果，关键帧的位置是可以随意移动的，可以单独移动一个关键帧，也可以同时移动多个关键帧。

如果想要移动单个关键帧，可以选中需要移动的关键帧，按住鼠标左键拖动关键帧到需要的位置，这样就可以移动关键帧，如图 4–9 所示。

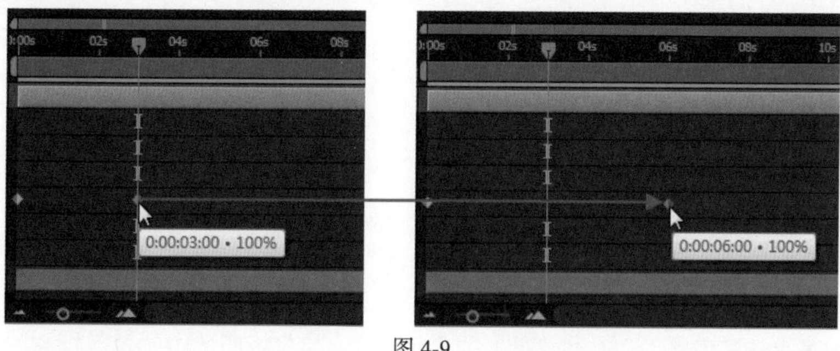

图 4-9

技巧

如果想要移动多个关键帧，可以按住 Shift 键，单击鼠标选中需要移动的多个关键帧，然后将其拖动至目标位置即可。

3. 复制关键帧

在 After Effects 中进行合成制作时，经常需要重复设置参数，因此需要对关键帧进行复制粘贴的操作，这样可以大大提高创作效率，避免一些重复性的操作。

如果想要进行关键帧的复制操作，首先需要在“时间轴”面板中选中 1 个或多个需要复制的关键帧，如图 4–10 所示。执行“编辑”>“复制”命令，即可复制所选中的关键帧，将“时间指示器”移至需要粘贴关键帧的位置，执行“编辑”>“粘贴”命令，即可将所复制的关键帧粘贴到当前时间为开始的位置，如图 4–11 所示。

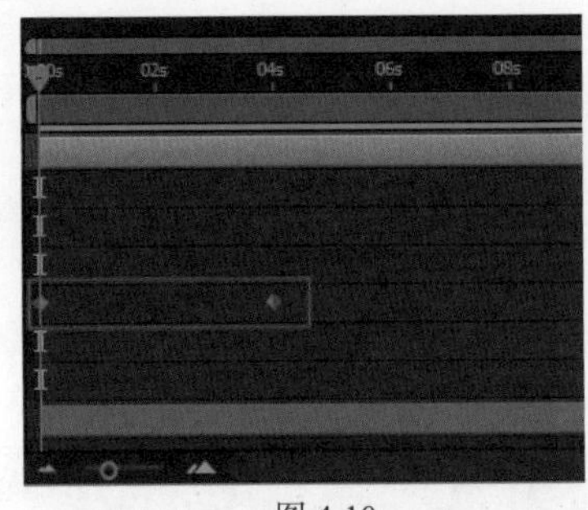
图 4-10

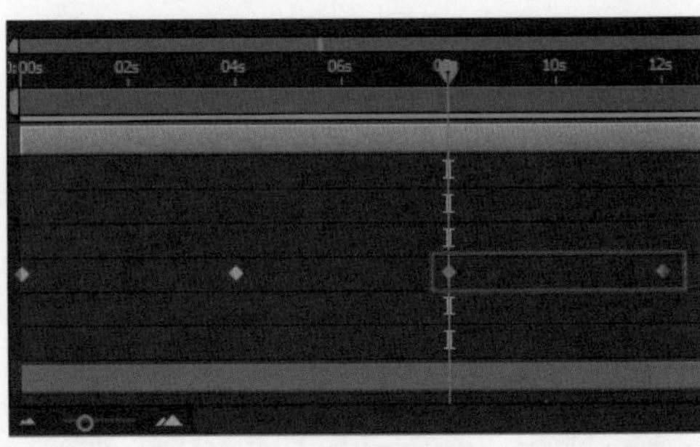
图 4-11

当然也可以将复制的关键帧粘贴到其他的图层中，例如选中“时间轴”面板中需要粘贴关键帧的图层，展开该图层属性，将“时间指示器”移至需要粘贴关键帧的位置，执行“编辑”>“粘贴”命令，即可将所复制的关键帧粘贴到当前所选择的图层中，如图 4–12 所示。

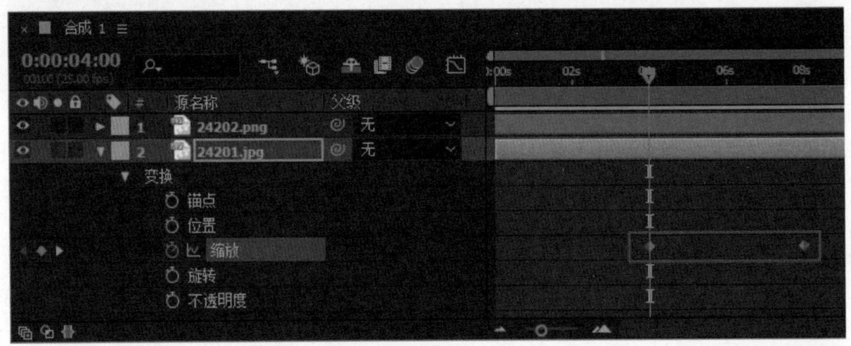

图 4-12

提示

如果复制相同属性的关键帧，只需要选择目标图层就可以粘贴关键帧；如果复制的是不同属性的关键帧，需要选择目标图层的目标属性才能够粘贴关键帧。需要特别注意的是，如果粘贴的关键帧与目标图层上的关键帧在同一时间位置，将会覆盖目标图层上的关键帧。

4. 删除关键帧

在制作动画的过程中，有时需要将多余的或不需要的关键帧进行删除，删除关键帧的方法很简单，选中需要删除的单个或多个关键帧，执行“编辑”>“清除”命令，即可将选中的关键帧删除。

也可以选中多余的关键帧，直接按键盘上的 Delete 键，即可将所选中的关键帧删除。还可以在“时间轴”面板中将“时间指示器”移至需要删除的关键帧位置，单击该属性左侧的“添加或移除关键帧”按钮，即可将当前时间的关键帧删除，这种方法一次只能删除一个关键帧。

实例 06——制作趣味矩形拼图动效钮

源文件：源文件 \ 第 4 章 \4–1–3.aep　　视频：视频 \ 第 4 章 \4–1–3.mp4

01 在 After Effects 中新建一个空白的项目，执行“合成”>“新建合成”命令，弹出“合成设置”对话框，对相关选项进行设置，如图 4–13 所示，单击“确定”按钮，新建合成。使用“矩形工具”，在工具栏中设置“填充”为 #FFFF00，“描边”为无，如图 4–14 所示。

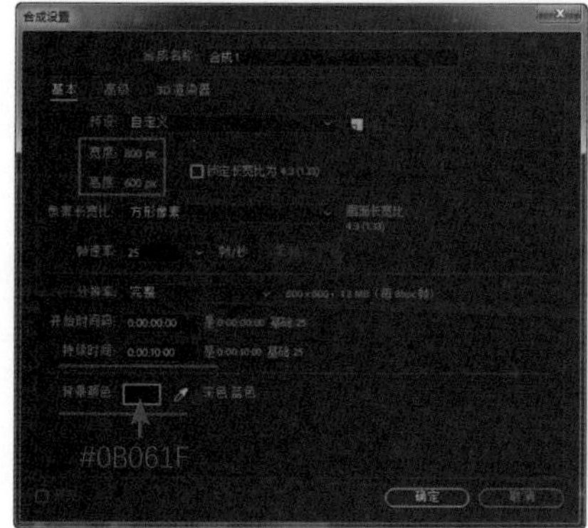

图 4-13

图 4-14

技巧

使用工具栏中的形状工具或者“钢笔工具”在“合成”窗口中绘制图形时，可以在工具栏中设置所需要绘制的形状图形的“填充颜色”“描边颜色”和“描边宽度”选项，单击“填充”或“描边”文字，可以弹出“填充选项”或“描边选项”对话框，在其中可以设置填充或描边的类型、混合模式和不透明度。

02 在“合成”窗口中按住 Shift 键拖动鼠标，绘制一个正方形，如图 4–15 所示。在“时间轴”面板中展开该形状图层下方的“矩形 1”选项下的“矩形路径”选项，设置“大小”属性为 50，如图 4–16 所示。

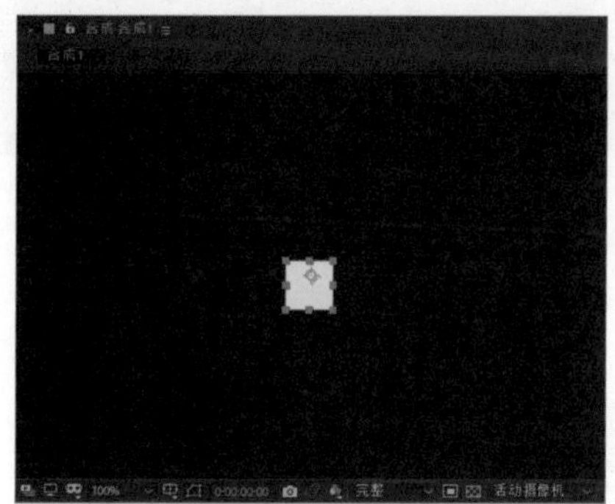

图 4-15

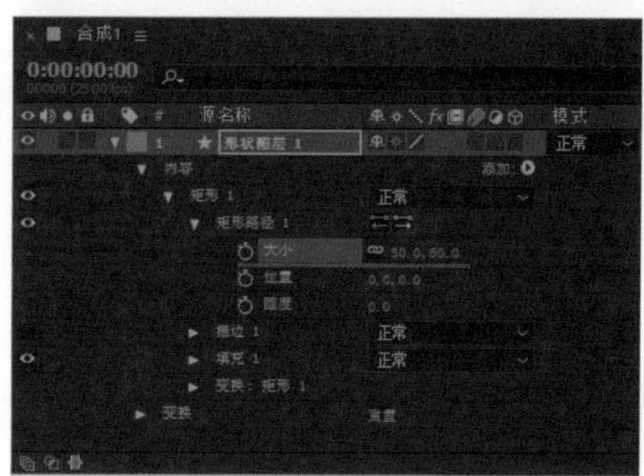

图 4-16

03 使用“向后平移(锚点)工具”，调整该矩形的锚点位于中心位置，如图 4–17 所示。打开“对齐”面板，分别单击“水平居中”和“垂直居中”按钮，如图 4–18 所示，使矩形与“合成”窗口的中心位置对齐。

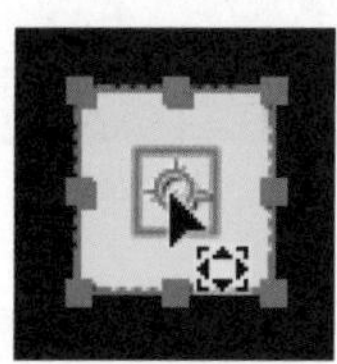

图 4-17

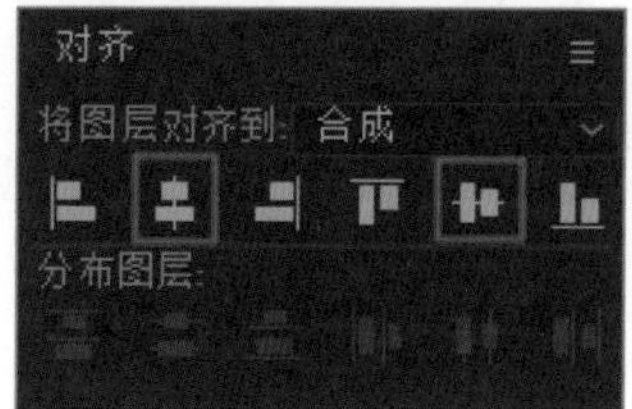

图 4-18

04 展开该形状图层下方的“矩形 1”选项下的“矩形路径”选项，设置“圆度”属性为 3，使该矩形的角变成圆角，效果如图 4–19 所示。选择“内容”选项下的“矩形 1”选项，执行“编辑” > “重复”命令，或按快捷键 Ctrl+D，将其原位复制得到“矩形 2”选项，如图 4–20 所示。

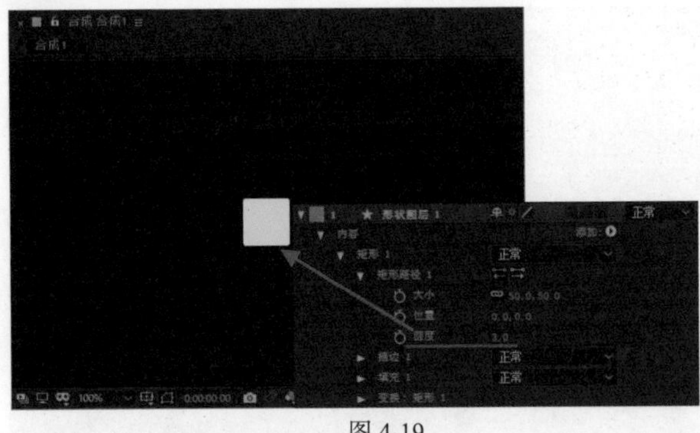

图 4-19

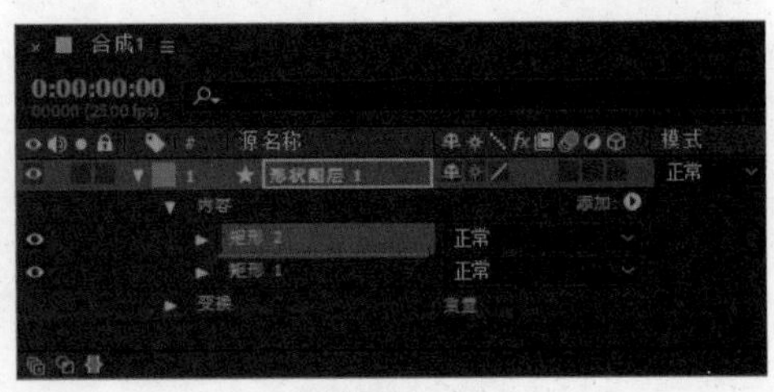

图 4-20

05 展开“矩形 2”选项下方的“变换：矩形 2”选项，设置“位置”属性为 (60.0,0.0)，效果如图 4–21 所示。选择“矩形 2”选项，按快捷键 Ctrl+D，将其原位复制得到“矩形 3”选项，展开“矩形 3”选项下方的“变换：矩形 3”选项，设置“位置”属性为 (–60.0,0.0)，效果如图 4–22 所示。

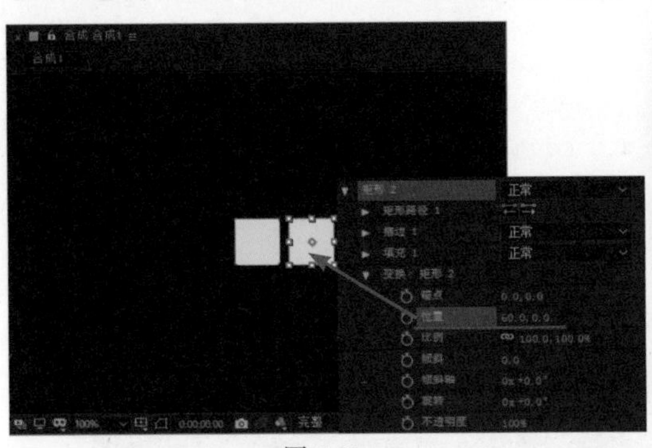

图 4-21

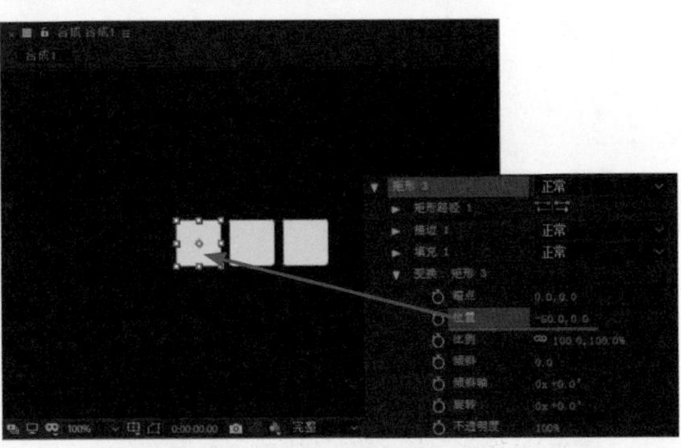

图 4-22

06 使用相同的制作方法，将矩形复制多次并分别设置复制得到的矩形的“位置”属性，从而制作出九宫格样的效果，如图 4–23 所示。在“合成”窗口中选择不需要的矩形，将其删除，如图 4–24 所示。

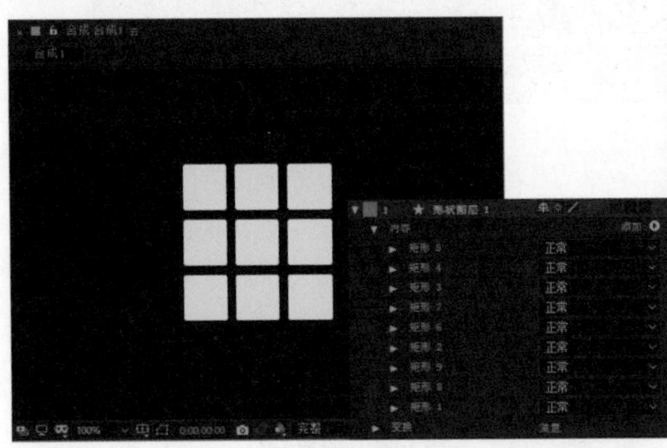

图 4-23

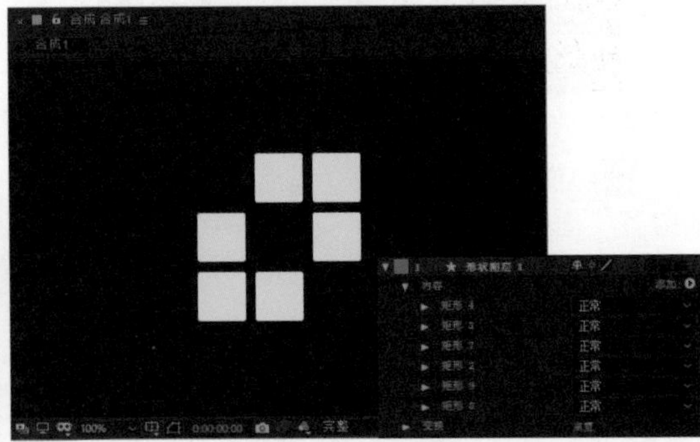

图 4-24

提示

9 个矩形都位于同一个形状图层中，所以当使用“选取工具”在“合成”窗口中单击只能够选中整个形状图层，如果需要选中某个矩形，可以在该矩形上双击，即可选中该形状图层中的某个矩形。或者在“时间轴”面板中的该形状图层下方的“内容”选项中单击选择需要删除的矩形选项，再按 Delete 键将其删除。

07 展开“形状图层 1”下方的“变换”选项，设置“旋转”属性为 45°，效果如图 4–25 所示。选择“形状图层 1”，执行“效果”>“生成”>“梯度渐变”命令，为其应用“梯度渐变”效果，在打开的“效果控件”面板中对相关选项进行设置，效果如图 4–26 所示。

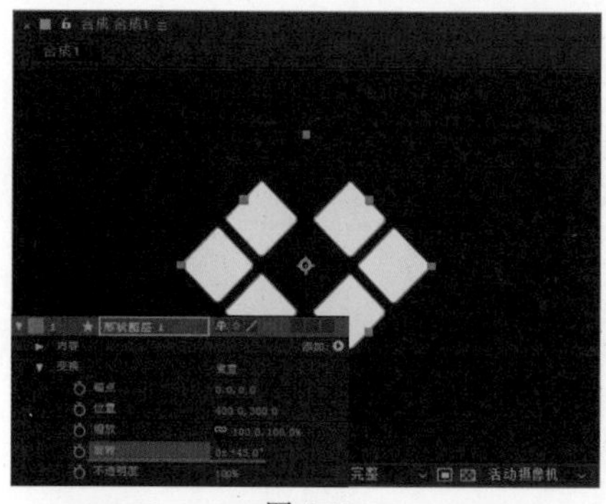
图 4-25

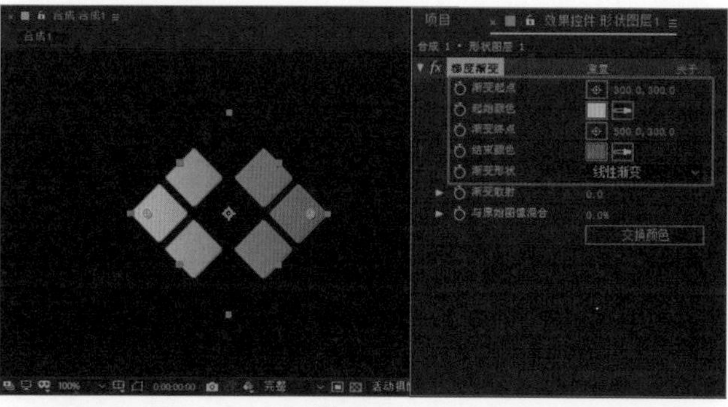
图 4-26

08 展开“形状图层 1”下方的“内容”选项，为每一个矩形选项下方的“变换”选项中的“位置”属性插入关键帧，如图 4–27 所示。选中该图层，按快捷键 U，在该图层下方只显示添加了关键帧的属性，如图 4–28 所示。

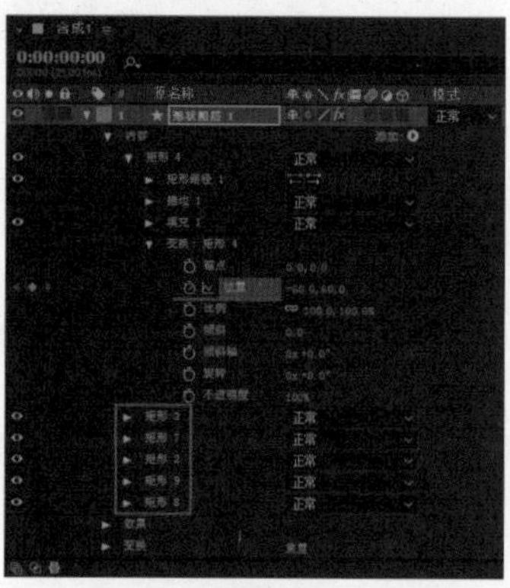
图 4-27

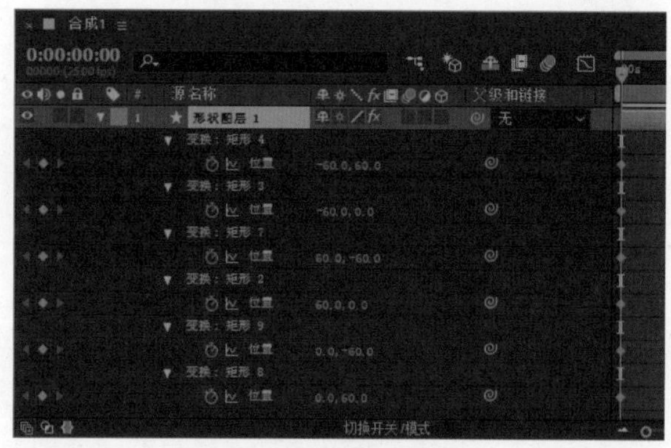
图 4-28

09 将“时间指示器”移至 0 秒 10 帧的位置，在“时间轴”面板中修改“变换：矩形 9”选项下方的“位置”属性为 (0.0,0.0)，在当前时间位置自动添加该属性关键帧，如图 4–29 所示。“合成”窗口效果如图 4–30 所示。

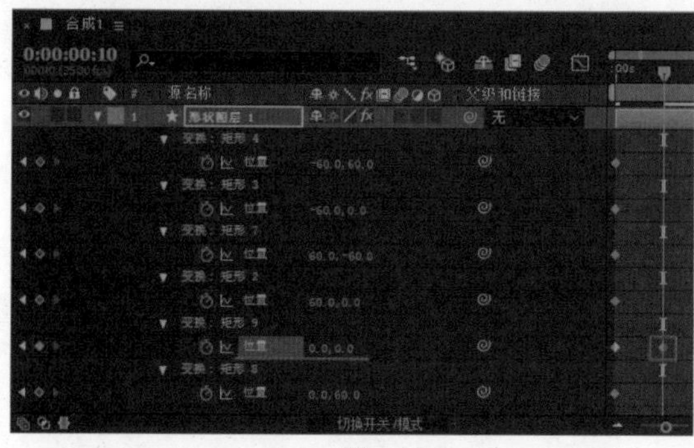
图 4-29

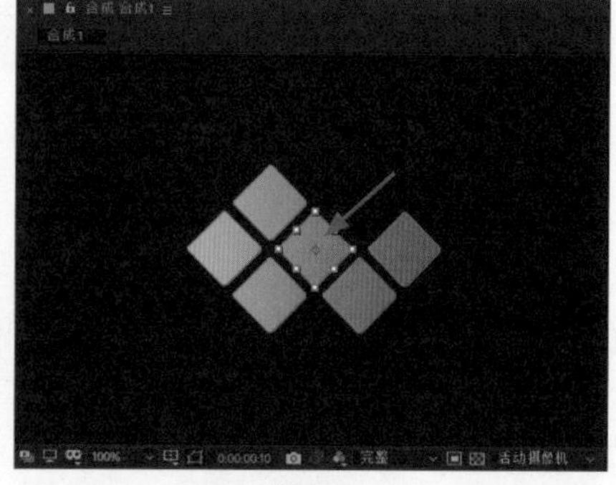
图 4-30

10 选择“变换：矩形 7”选项，修改该选项下方的“位置”属性为 (0.0,–60.0)，在当前时间位置自动添加该属性关键帧，如图 4–31 所示。“合成”窗口效果如图 4–32 所示。

11 选择“变换：矩形 2”选项，修改该选项下方的“位置”属性为 (60.0,–60.0)，在当前时间位置自动添加该属性关键帧，如图 4–33 所示。“合成”窗口效果如图 4–34 所示。

12 在“时间轴”面板中拖动鼠标同时选中“变换：矩形 7”选项中的两个关键帧，如图 4–35 所示。将其向右拖动，移至从第 9 帧开始，如图 4–36 所示。

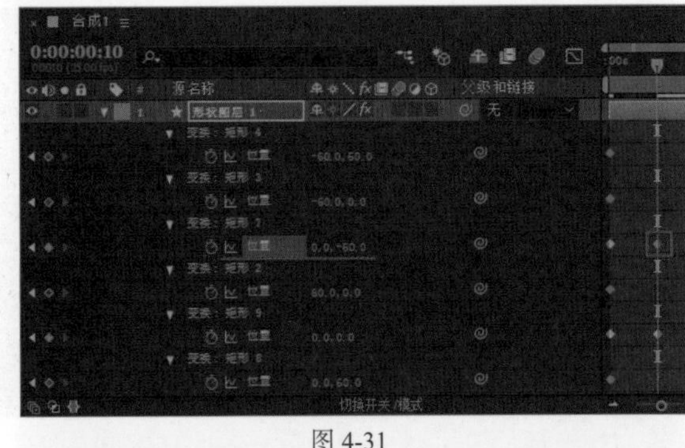
图 4-31

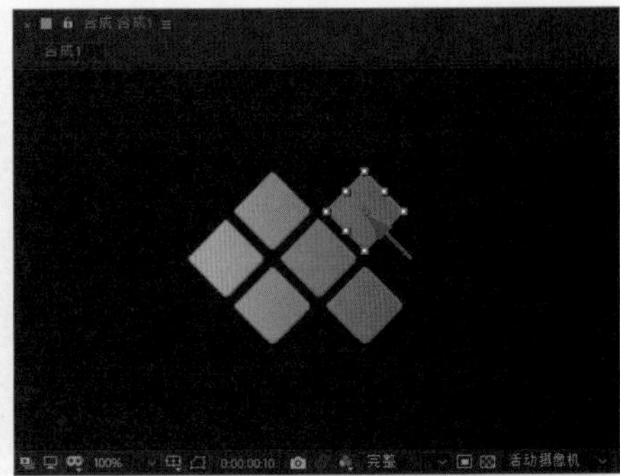
图 4-32

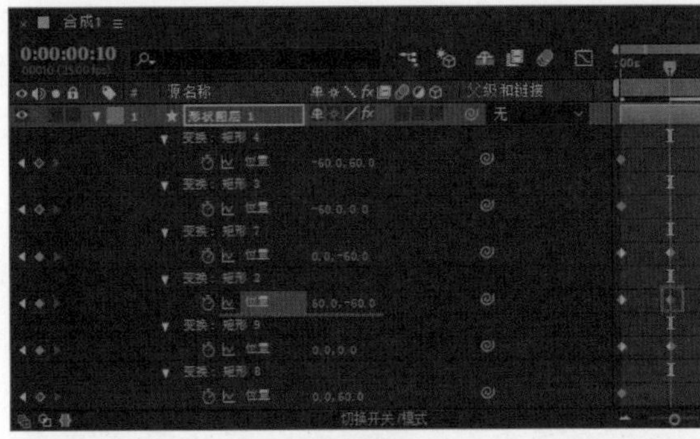
图 4-33

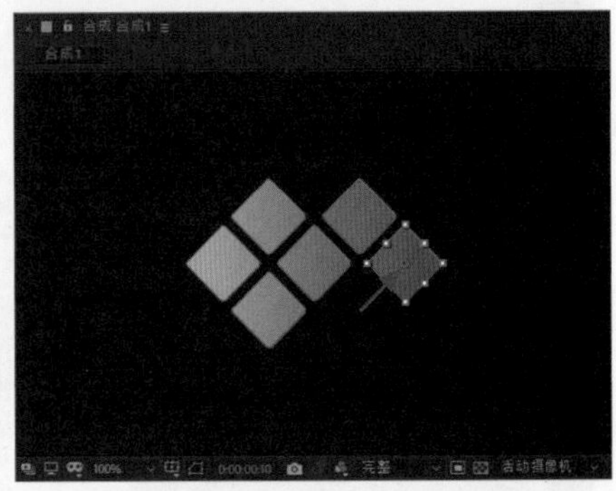
图 4-34

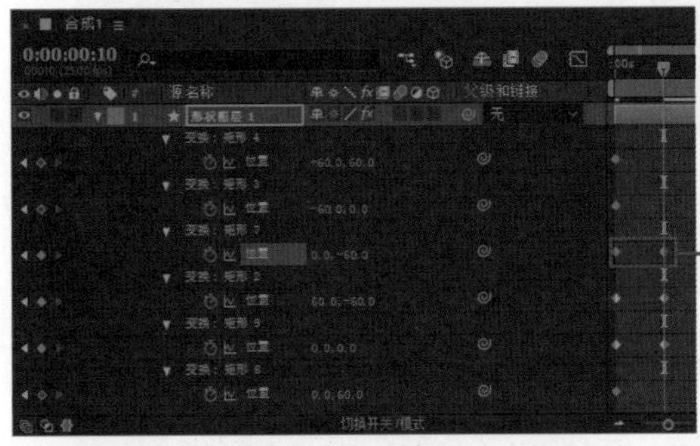
图 4-35

图 4-36

13 使用相同的制作方法，将“变换：矩形 2”选项中的两个关键帧拖动至从第 18 帧开始，如图 4-37 所示。将“时间指示器”移至 1 秒 02 帧的位置，选择“变换：矩形 9”选项，单击该选项下方“位置”属性左侧的“添加或移除关键帧”按钮，在当前位置添加该属性关键帧，如图 4-38 所示。

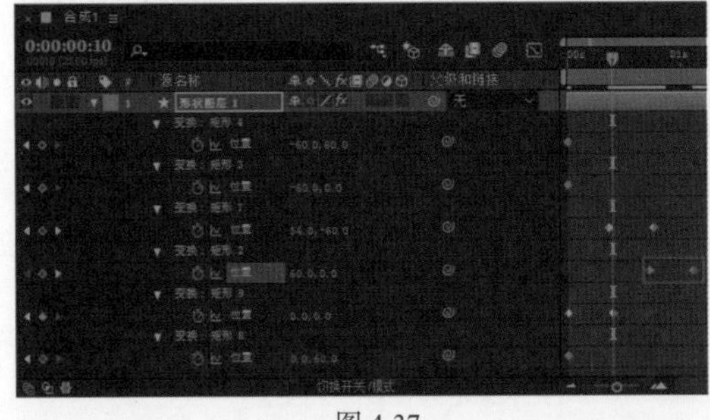
图 4-37

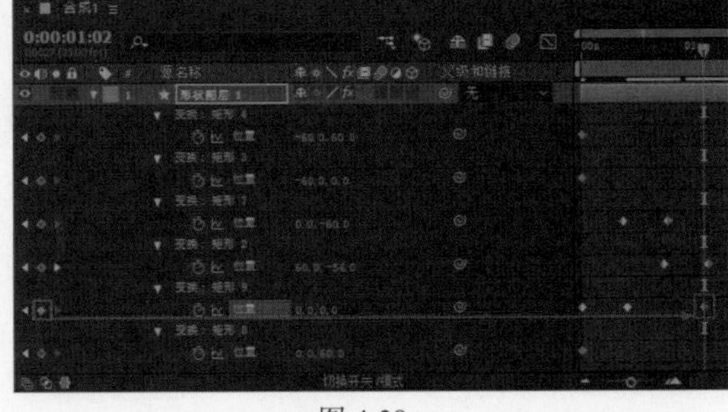
图 4-38

14 将“时间指示器”移至 1 秒 12 帧的位置，修改“变换：矩形 9”选项下方的“位置”属性为 (60.0,0.0)，在当前时间位置自动添加该属性关键帧，如图 4-39 所示。“合成”窗口效果如图 4-40 所示。

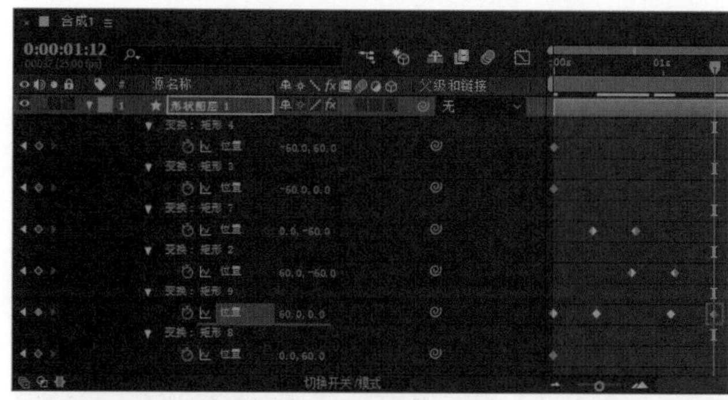
图 4-39

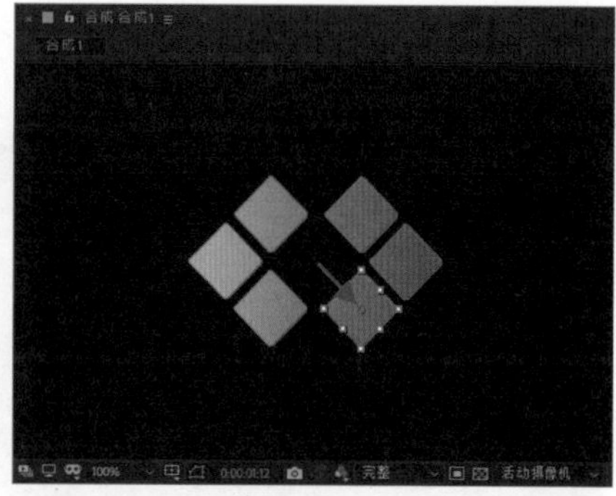
图 4-40

15 接下来制作左侧 3 个矩形的运动动画。在“时间轴”面板中选择“变换：矩形 3”选项，将该选项下方的“位置”属性关键帧向右移至 1 秒 11 帧的位置。将“时间指示器”移至 1 秒 21 帧的位置，修改“变换：矩形 3”选项下方的“位置”属性为 (0.0,0.0)，在当前时间位置自动添加该属性关键帧，如图 4–41 所示。“合成”窗口效果如图 4–42 所示。

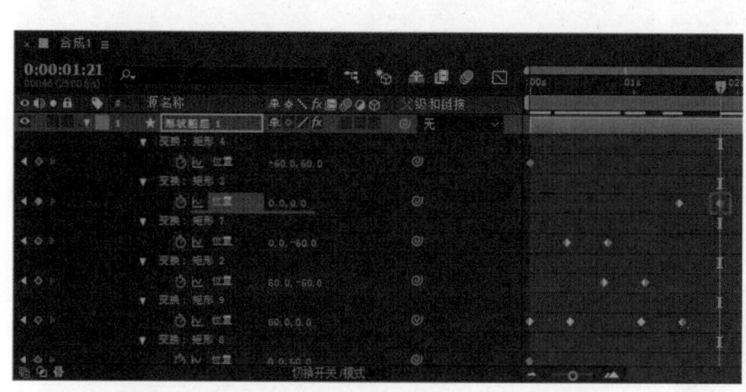
图 4-41

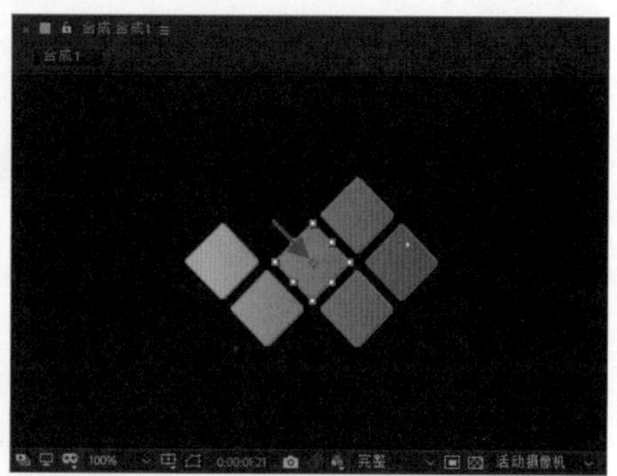
图 4-42

16 选择“变换：矩形 4”选项，将该选项下方的“位置”属性关键帧向右移至 1 秒 20 帧的位置。将“时间指示器”移至 2 秒 05 帧的位置，修改“变换：矩形 4”选项下方的“位置”属性为 (–60.0,0.0)，在当前时间位置自动添加该属性关键帧，如图 4–43 所示。“合成”窗口效果如图 4–44 所示。

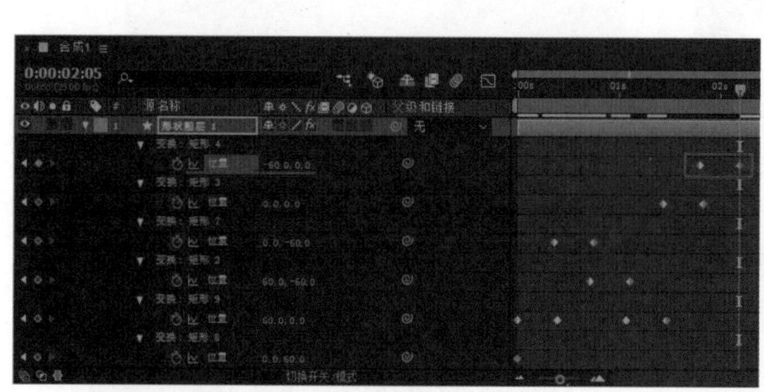
图 4-43

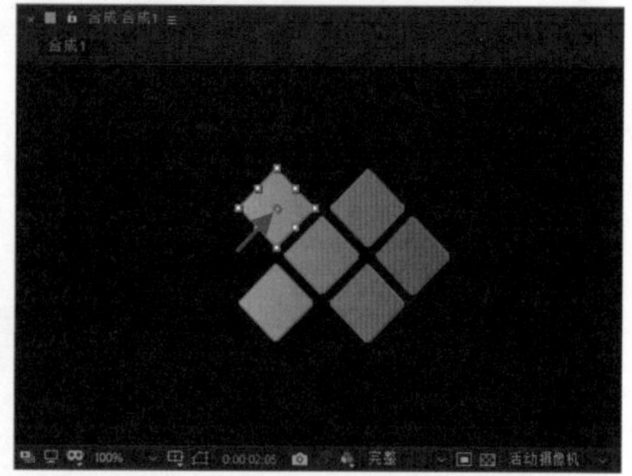
图 4-44

17 选择“变换：矩形 8”选项，将该选项下方的“位置”属性关键帧向右移至 2 秒 04 帧的位置。将“时间指示器”移至 2 秒 14 帧的位置，修改“变换：矩形 8”选项下方的“位置”属性为 (–60.0,60.0)，在当前时间位置自动添加该属性关键帧，如图 4–45 所示。“合成”窗口效果如图 4–46 所示。

18 将“时间指示器”移至 2 秒 13 帧的位置，选择“变换：矩形 3”选项，单击该选项下方“位置”属性左侧的“添加或移除关键帧”按钮，在当前位置添加该属性关键帧，如图 4–47 所示。将“时间指示器”移至 2 秒 23 帧的位置，修改“变换：矩形 3”选项下方的“位置”属性为 (0.0,60.0)，在当前时间位置自动添加该属性关键帧，如图 4–48 所示。

图 4-45

图 4-46

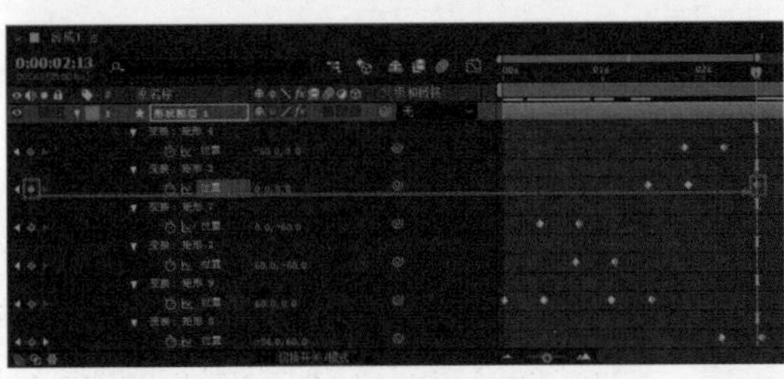

图 4-47

图 4-48

19 “合成”窗口效果如图 4–49 所示。在“时间轴”面板中拖动鼠标同时选中所有的属性关键帧，如图 4–50 所示。

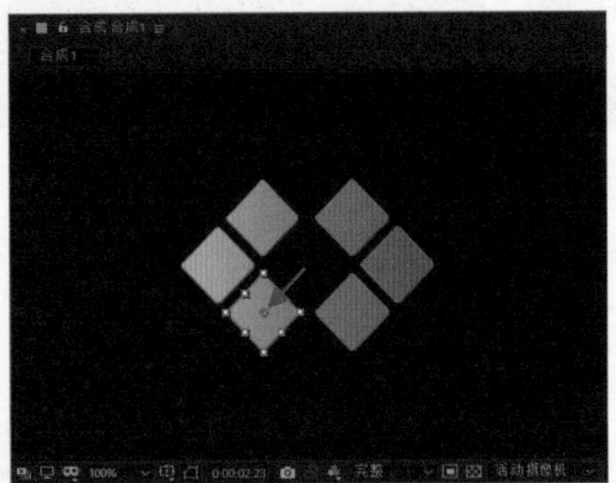

图 4-49

图 4-50

20 在任意一个关键帧上右击，在弹出的菜单中执行“关键帧辅助”>“缓动”命令，为所有选中的关键帧应用缓动效果，如图 4–51 所示。在“项目”面板的合成上右击，在弹出的菜单中选择“合成设置”命令，弹出“合成设置”对话框，修改“持续时间”为 2 秒 24 帧，如图 4–52 所示。

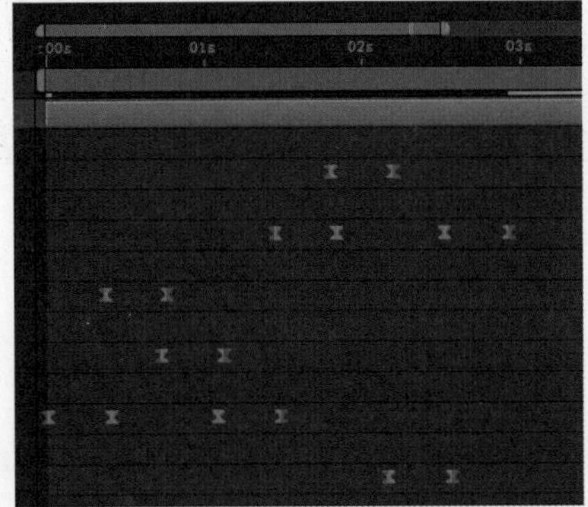

图 4-51

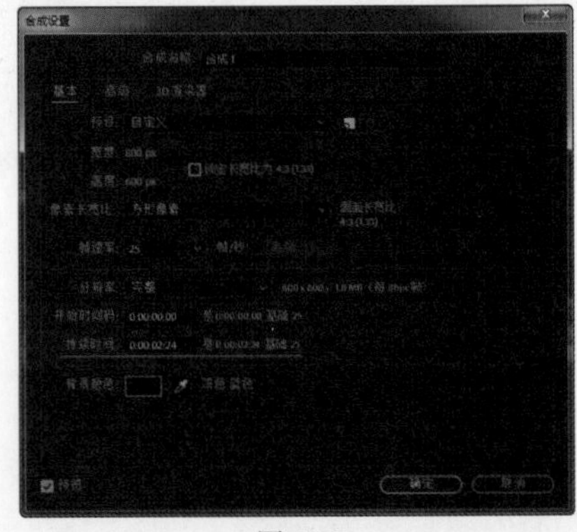

图 4-52

提示

普通的位置移动动画所表现出来的效果可能有些生硬，为相应的关键帧应用“缓动”效果后，可以使位置移动的动画表现得更加自然、真实。普通的关键帧在“时间轴”面板中显示为菱形图标效果，而添加了“缓动”效果的关键帧图标显示为两个对立的三角形。

21 单击“确定”按钮，完成“合成设置”对话框的设置，“时间轴”面板如图 4–53 所示。

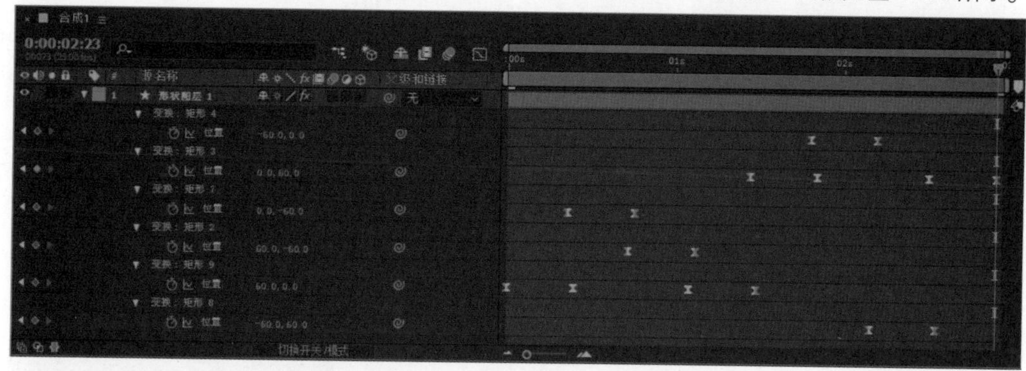

图 4-53

22 完成该趣味矩形拼图动效的制作，单击“预览”面板上的“播放 / 停止”按钮，可以在“合成”窗口中预览动画效果，如图 4–54 所示。

图 4-54

4.1.4 图表编辑器的操作方法

“图表编辑器”是 After Effects 在整合了以往版本的速率图表的基础上提供的更强大、更丰富的动画控制功能模块，使用该功能，可以更方便地查看和操作属性值、关键帧、关键帧插值和速率等。

单击“时间轴”面板上的“图表编辑器”按钮，即可将“时间轴”面板右侧的关键帧编辑区域切换为图表编辑器的显示状态，如图 4–55 所示。

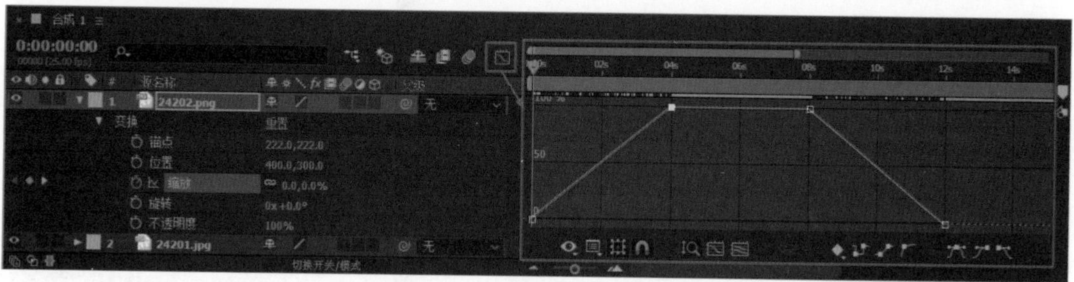

图 4-55

“图表编辑器”界面主要是以曲线图的形式显示所使用的效果和动画的改变情况。曲线的显示包括两方面的信息，一方面是数值图形，显示的是当前属性的数值；另一方面是速度图形，显示的是当前属性数值速度变化的情况。

- **“选择具体显示在图表编辑器中的属性”按钮**：单击该按钮，可以在弹出菜单中选择需要在图表编辑器中查看的属性选项，如图 4–56 所示。
- **“选择图表类型和选项”按钮**：单击该按钮，可以在弹出菜单中选择图表编辑器中所显示的图表类型以及需要在图表编辑器中显示的相关选项，如图 4–57 所示。
- **“选择多个关键帧时，显示‘变换’框”按钮**：该按钮默认为激活状态，在图表编辑器中同时选中多个关键帧，将会显示变换框，可以对所选中的多个关键帧进行变换操作，如图 4–58 所示。

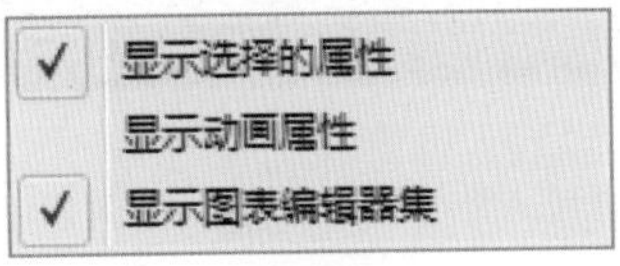

✓ 显示选择的属性
显示动画属性
✓ 显示图表编辑器集

图 4-56

图 4-57

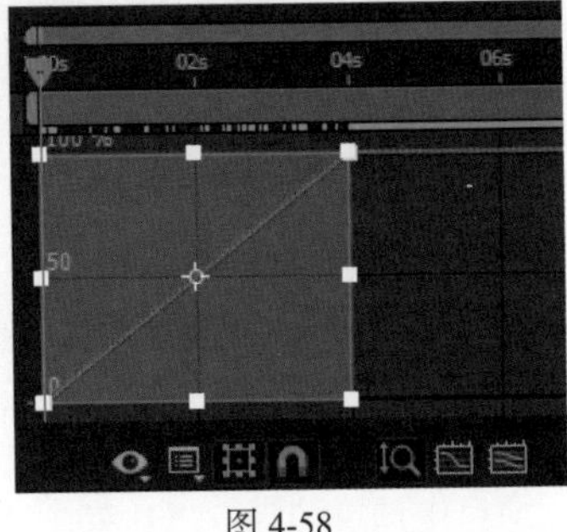

图 4-58

- **“对齐”按钮**：该按钮默认为激活状态，表示在图表编辑器中进行关键帧的相关操作时会进行自动吸附对齐操作。
- **“自动缩放图表高度”按钮**：该按钮默认为激活状态，表示将以曲线高度为基准自动缩放图表编辑器视图。
- **“使选择适于查看”按钮**：单击该按钮，可以将被选中的关键帧自动调整到适合的视图范围，便于查看和编辑。
- **“使所有图表适于查看”按钮**：单击该按钮，可以自动调整视图，将图表编辑器中所有图表都显示在视图范围内。
- **“单独尺寸”按钮**：单击该按钮，可以在图表编辑器中分别单独显示属性的不同控制选项。
- **“编辑选定的关键帧”按钮**：单击该按钮，显示出关键帧编辑选项，与在关键帧上右击所弹出的编辑选项相同，如图 4–59 所示。

100%
编辑值...
转到关键帧时间
选择相同关键帧
选择前面的关键帧
选择跟随关键帧
切换定格关键帧
关键帧插值...
漂浮穿梭时间
关键帧速度...
关键帧辅助 ▸

图 4-59

- **“将选定的关键帧转换为定格”按钮**：单击该按钮，可以将当前选择的关键帧保持现有的动画曲线。
- **“将选定的关键帧转换为线性”按钮**：单击该按钮，可以将当前选择的关键帧前后控制手柄变成直线。
- **“将选定的关键帧转换为自动贝赛尔曲线”按钮**：单击该按钮，可以将当前选择的关键帧前后控制手柄变成自动的贝塞尔曲线。
- **“缓动”按钮**：单击该按钮，可以为当前选择的关键帧添加默认的缓动效果。
- **“缓入”按钮**：单击该按钮，可以为当前选择的关键帧添加默认的缓入动画效果。
- **“缓出”按钮**：单击该按钮，可以为当前选择的关键帧添加默认的缓出动画效果。

实例 07——制作弹跳变形动效

源文件：源文件 \ 第 4 章 \4–1–4.aep　　视频：视频 \ 第 4 章 \4–1–4.mp4

01 在 After Effects 中新建一个空白的项目，执行“合成”>“新建合成”命令，弹出“合成设置”对话框，对相关选项进行设置，如图 4–60 所示。单击“确定”按钮，新建合成。执行“文件”>“导入”>“文件”命令，导入素材 41401.jpg 和 41402.png，“项目”面板如图 4–61 所示。

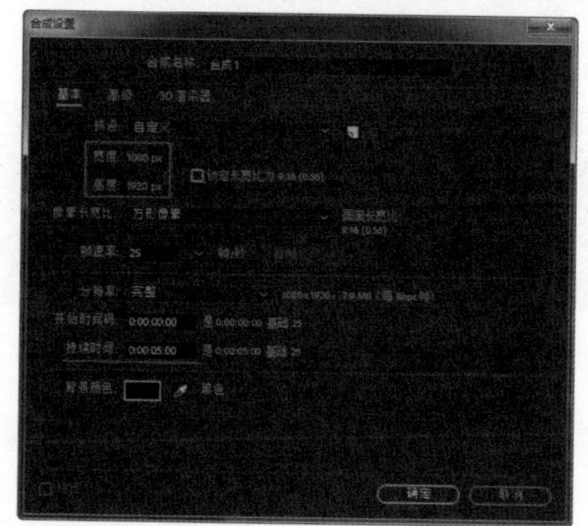

图 4-60

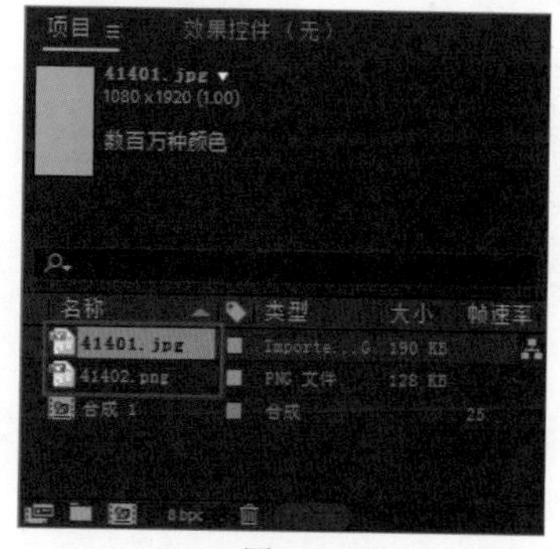

图 4-61

02 在“项目”面板中将 41401.jpg 素材拖入“时间轴”面板中，将该图层锁定，如图 4–62 所示。使用“矩形工具”，在工具栏中设置“填充”为白色，“描边”为无，在“合成”窗口中按住 Shift 键拖动鼠标，绘制一个正方形，如图 4–63 所示。

图 4-62

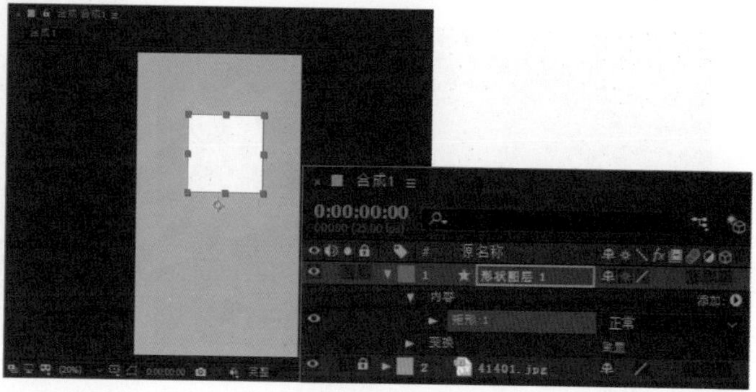

图 4-63

03 在“时间轴”面板中，展开该形状图层下方的“矩形 1”选项下的“矩形路径”选项，设置“大小”属性为 600，如图 4–64 所示。使用“向后平移(锚点)工具”，调整刚刚所绘制的正方形的中心点位置，如图 4–65 所示。

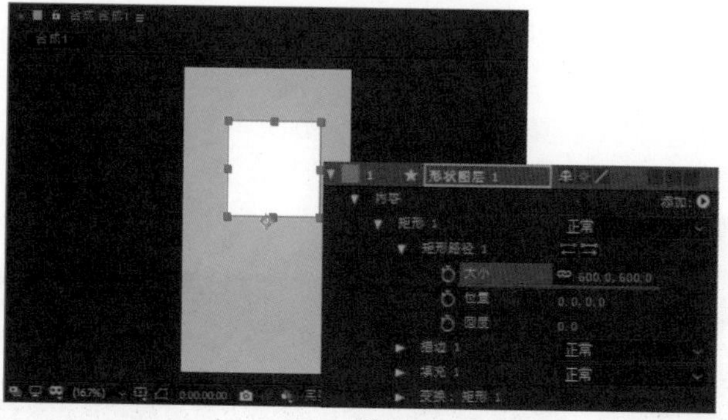

图 4-64

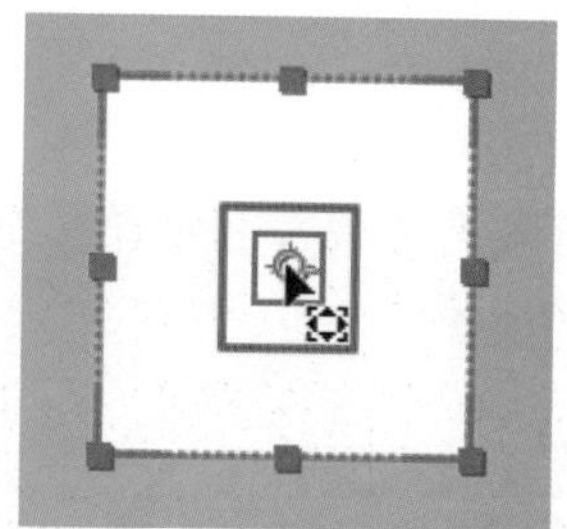

图 4-65

04 按快捷键 Ctrl+R，在“合成”窗口中显示出标尺，从标尺中拖出参数线，定位图形降落的位置，并调整该正方形至合适的位置，如图 4–66 所示。在“时间轴”面板中展开“形状图层 1”的属性选项，单击“内容”选项右侧的“添加”按钮，在弹出的菜单中选择“圆角”选项，如图 4–67 所示。

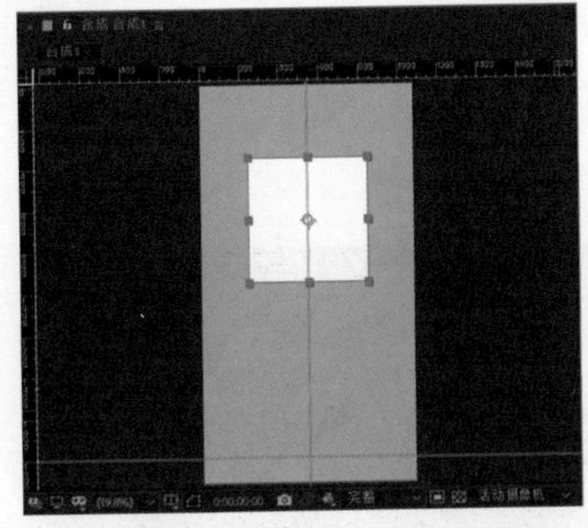
图 4-66

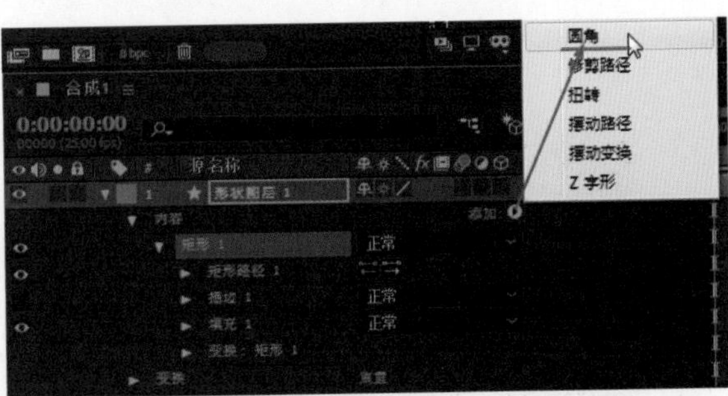
图 4-67

提示

调整所绘制图形的中心点位置为图形的中心，因为后面需要对图形进行缩放等操作，图形的缩放、旋转等变换操作都是以中心点为中心进行的。拖入参考线主要是为了后面在制作动画的过程中方便确定图形下落的位置。

05 为该图形添加“圆角”属性，展开“圆角 1”选项，设置“半径”为 300，如图 4–68 所示。在“合成”窗口中可以看到正方形变成了正圆形，如图 4–69 所示。

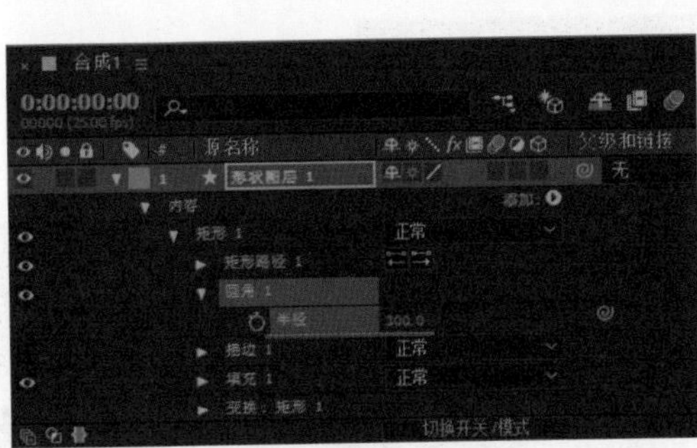
图 4-68

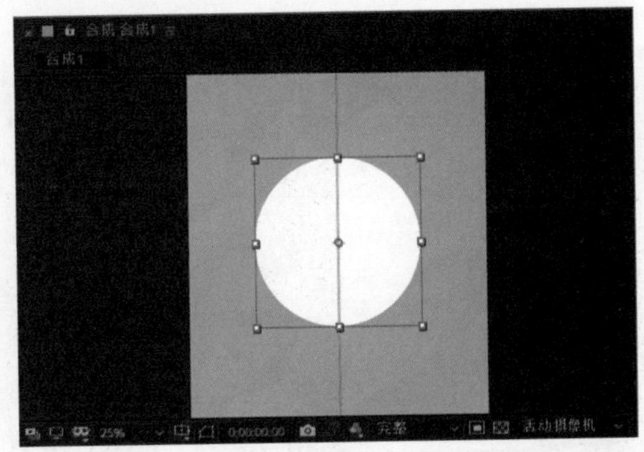
图 4-69

提示

此处为该形状图层添加“圆角”属性，是后面在动画过程中从圆形转变为圆角矩形的关键所在。在调整圆角的半径值时，根据所绘制的正方形大小不同，所需要设置的“半径”值也会有所不同，也可以直接在“半径”属性值上拖动鼠标调整一个较大的值，因为变成圆以后即使再大的半径值也还是正圆形。

06 确认“时间指示器”位于 0 秒位置，为“半径”属性插入关键帧，展开“内容”选项中“矩形 1”选项中的“矩形路径 1”选项，为“大小”属性插入关键帧，如图 4–70 所示。展开“形状图层 1”图层的“变换”选项，为“位置”属性插入关键帧，如图 4–71 所示。

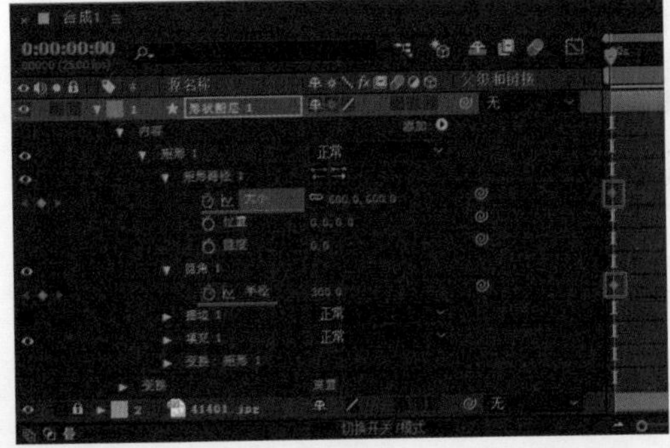
图 4-70

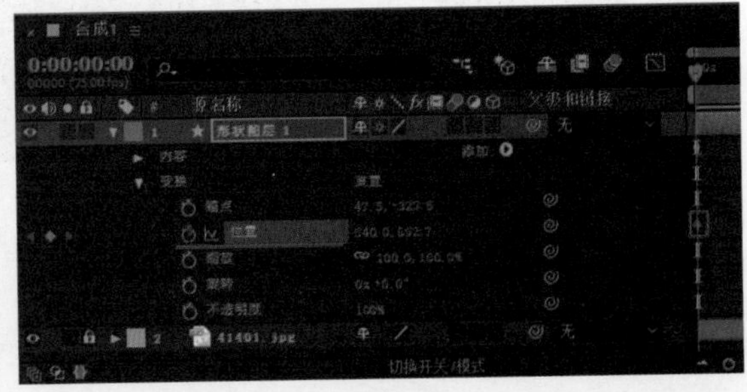
图 4-71

提示

在该图层的动画中，主要制作的是该图层中所绘制的“矩形 1”这个形状图形的“大小”和“半径”属性动画效果，以及该形状图层整体的“位置”属性动画。注意，“大小”和“半径”属性是针对该图层中指定的形状图形的，而“位置”属性是针对整个图层的。

07 选择“形状图层 1”，按快捷键 U，在该图层下方只显示出添加了关键帧的属性，如图 4–72 所示。首先制作圆球下落的动画效果。将图形垂直向上移出场景中，如图 4–73 所示。

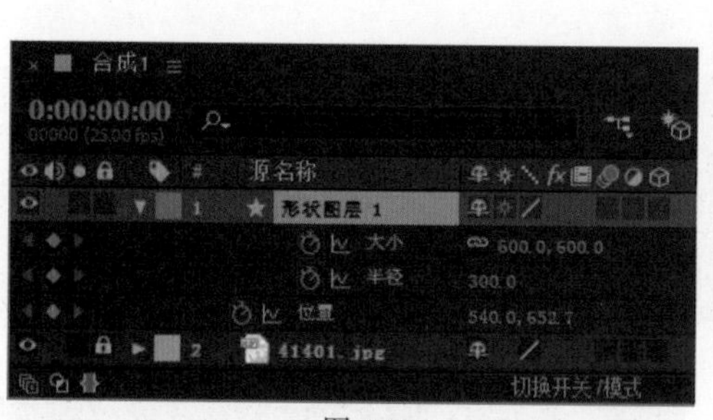

图 4-72

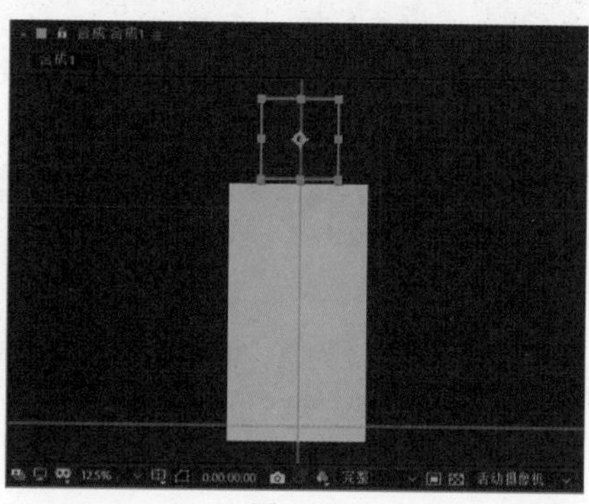
图 4-73

技巧

图层下方默认的属性以及可添加的属性非常多，如果只是为其中的某几个属性插入了关键帧，并需要制作这几个属性的关键帧动画，那么把图层中的属性全部展开，非常麻烦。按快捷键 U，可以在所选择图层下方只显示添加了关键帧的属性，非常方便。

08 将“时间指示器”移至 0 秒 13 帧的位置，在“合成”窗口中将图形向下移至合适的位置，如图 4–74 所示。将“时间指示器”移至 1 秒的位置，在“合成”窗口中将图形向上移至合适的位置，如图 4–75 所示。

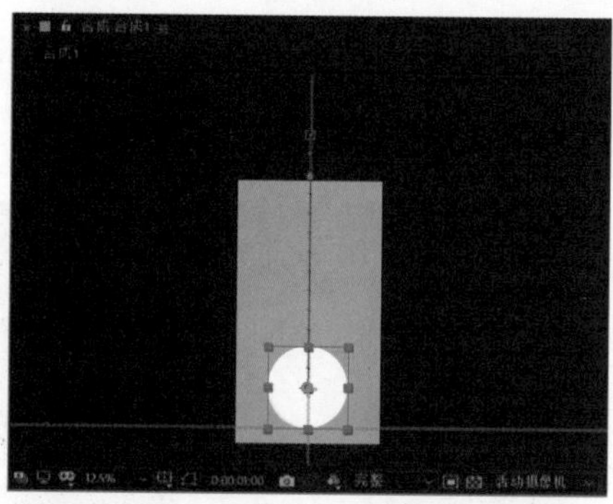
图 4-74

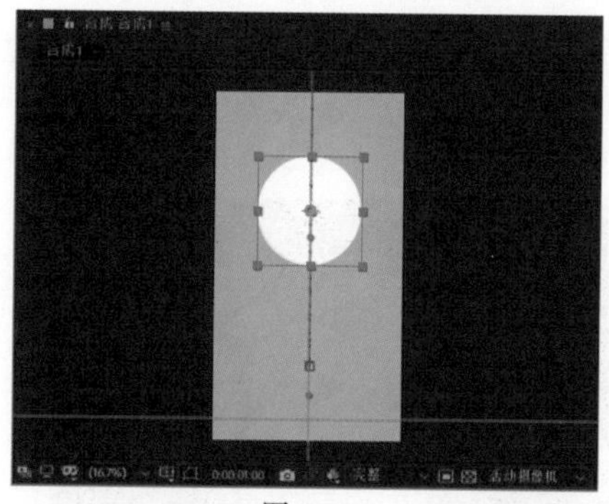
图 4-75

09 完成该图形下落弹起的动画，在“时间轴”面板中同时选中“位置”属性的 3 个关键帧，如图 4–76 所示。在关键帧上右击，在弹出的菜单中执行“关键帧辅助”>“缓动”命令，或者按快捷键 F9，为选中的关键帧应用“缓动”效果，如图 4–77 所示。

10 接下来需要在图表编辑器中调整图形落下的缓动效果。单击“时间轴”面板上的“图表编辑器”按钮，切换到图表编辑器的显示状态，如图 4–78 所示。单击“选择图表类型和选项”按钮，在弹出的菜单中选择“编辑速度图表”选项，再单击“使所有图表适于查看”按钮，使该部分图表充满整个面板，如图 4–79 所示。

11 根据运动规律，对速度曲线进行调整，选中曲线锚点，显示黄色的方向线，拖动即可调整速度曲线，如图 4–80 所示。再次单击“图表编辑器”按钮，返回到“时间轴”面板，接下来制作该图形下落过程中变形的动画效果。将“时间指示器”移至 0 秒 11 帧的位置，修改“大小”属性为 (500.0,600.0)，改变图形的形状，如图 4–81 所示。

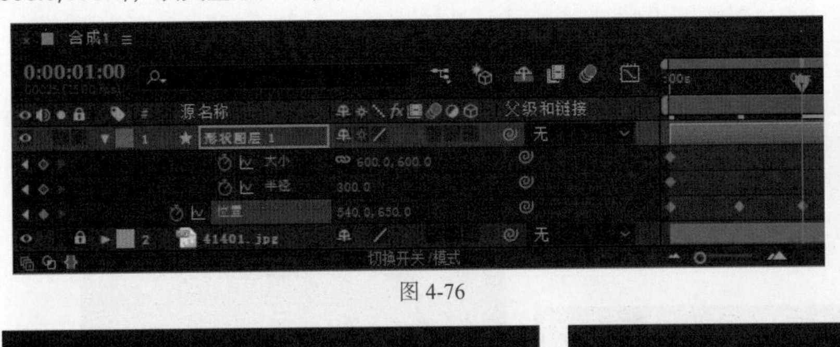

图 4-76

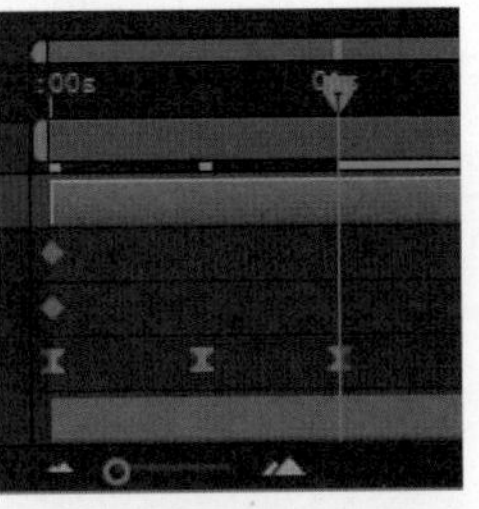

图 4-77

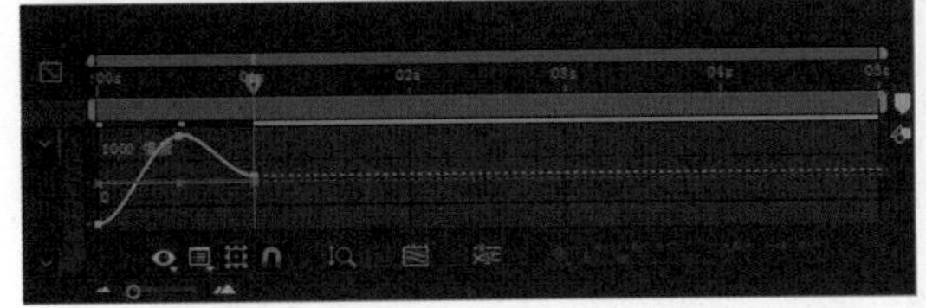

图 4-78

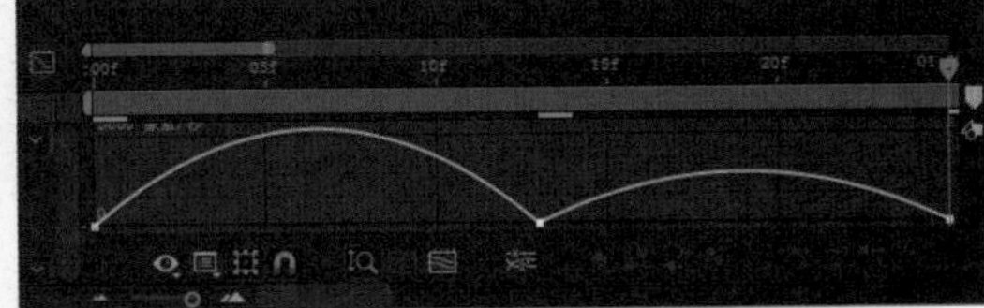

图 4-79

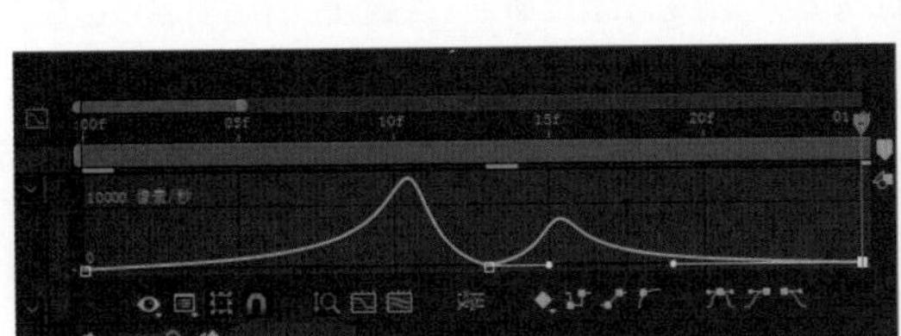

图 4-80

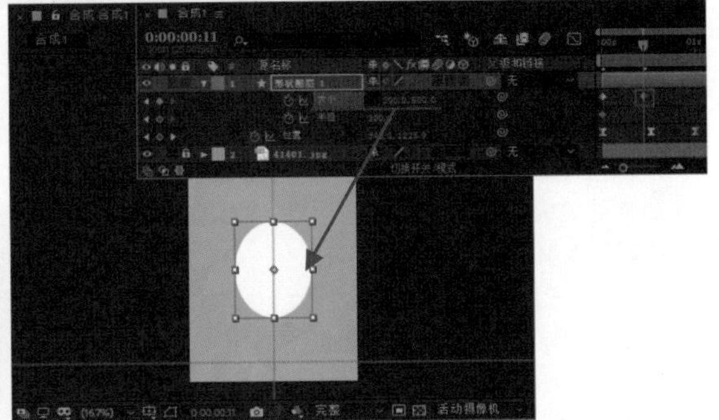

图 4-81

12 将“时间指示器”移至 0 秒 13 帧的位置，修改“大小”属性为 (600.0,500.0)，并将其调整至合适的位置，如图 4–82 所示。选择“大小”属性起始位置的关键帧，按快捷键 Ctrl+C 进行复制，将“时间指示器”移至 1 秒位置，按快捷键 Ctrl+V，粘贴关键帧，效果如图 4–83 所示。

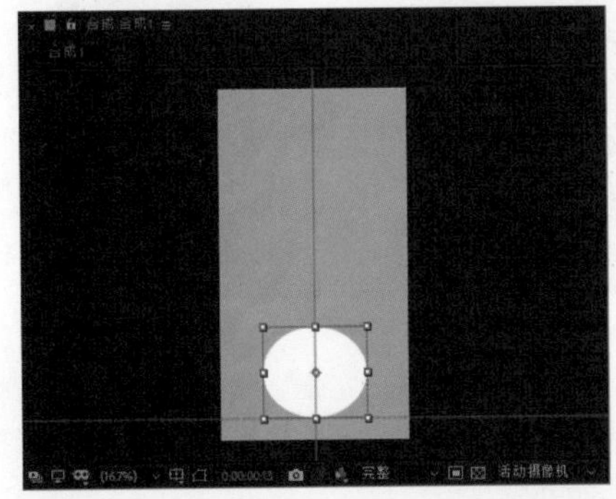

图 4-82

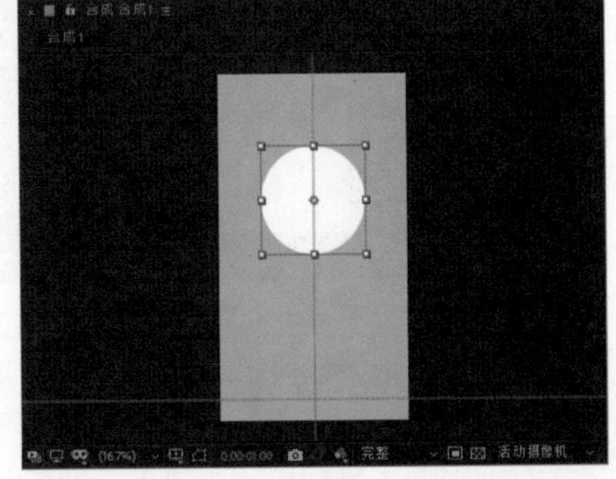

图 4-83

13 在“时间轴”面板中同时选中“大小”属性的 4 个关键帧，如图 4–84 所示。按快捷键 F9，为这 4 个关键帧应用“缓动”效果，关键帧如图 4–85 所示。

14 将“时间指示器”移至 1 秒的位置，在“项目”面板中将 41402.png 素材拖入“时间轴”面板中，并将其调整到与下方的圆形差不多的大小和位置，如图 4–86 所示。选中 41402.png 图层，按快捷键 T，显示该图层的“不透明度”属性，降低该图层的不透明度，如图 4–87 所示。

图 4-84

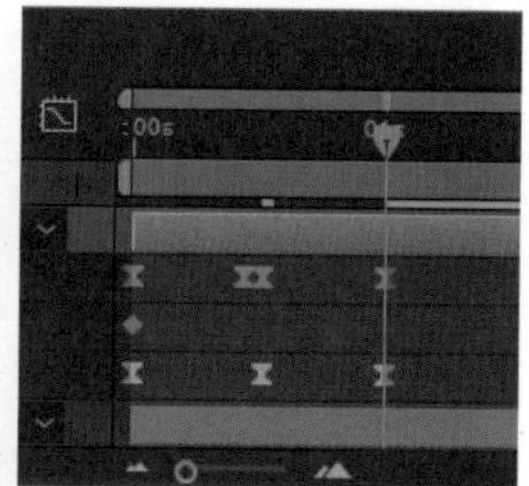

图 4-85

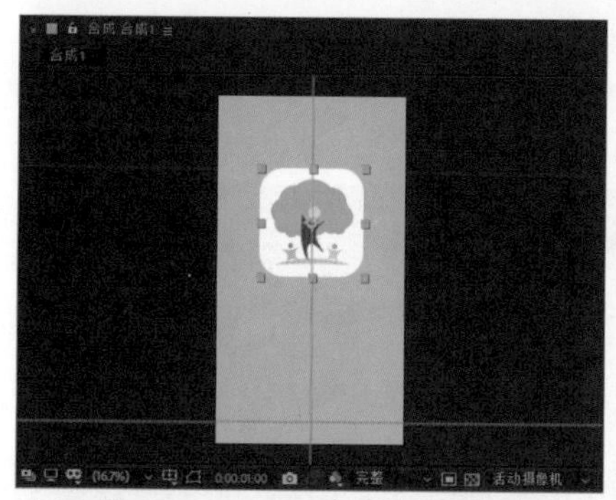

图 4-86

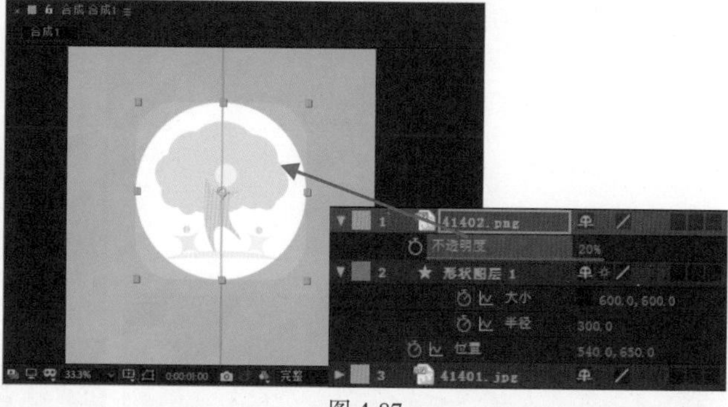

图 4-87

15 将“时间指示器”移至 0 秒 19 帧的位置，选择“形状图层 1”下方的“半径”属性，单击该属性左侧的“添加和删除关键帧”按钮，在当前位置插入该属性关键帧，如图 4–88 所示。将“时间指示器”移至 1 秒位置，修改“半径”属性值，使图形的圆角效果与 41402.png 这个图标的圆角效果差不多，如图 4–89 所示。

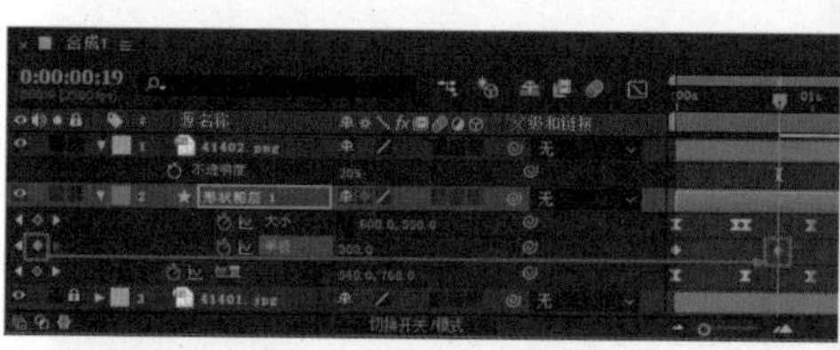

图 4-88

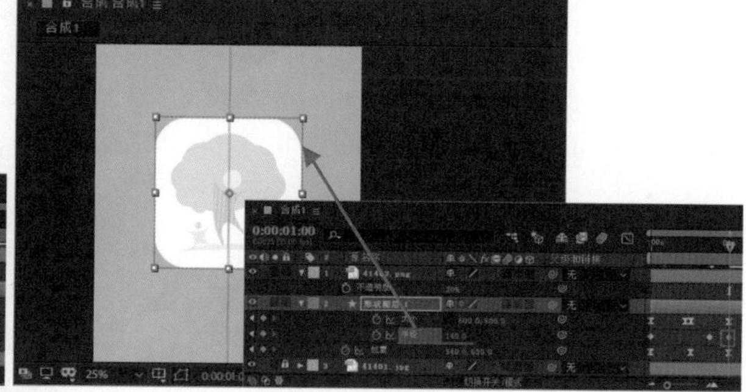

图 4-89

16 选择“形状图层 1”图层，按快捷键 R，在该图层下方显示“旋转”属性，将“时间指示器”移至 0 秒 19 帧的位置，为“旋转”属性插入关键帧，如图 4–90 所示。将“时间指示器”移至 1 秒的位置，设置“旋转”属性值为 180°，如图 4–91 所示。

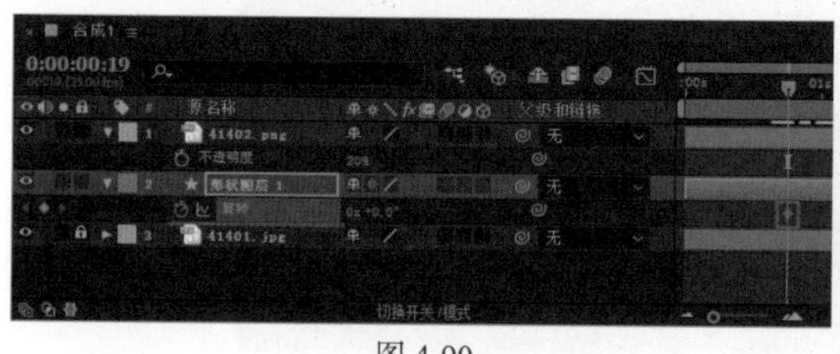

图 4-90

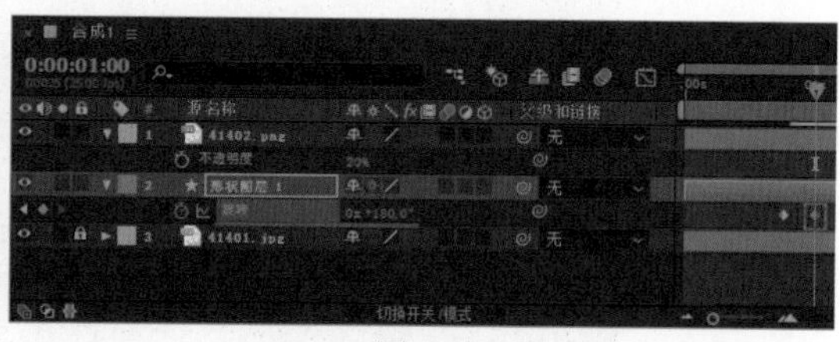

图 4-91

17 在“时间轴”面板中同时选中“旋转”属性的 2 个关键帧，如图 4–92 所示。按快捷键 F9，为这 2 个关键帧应用“缓动”效果，关键帧如图 4–93 所示。

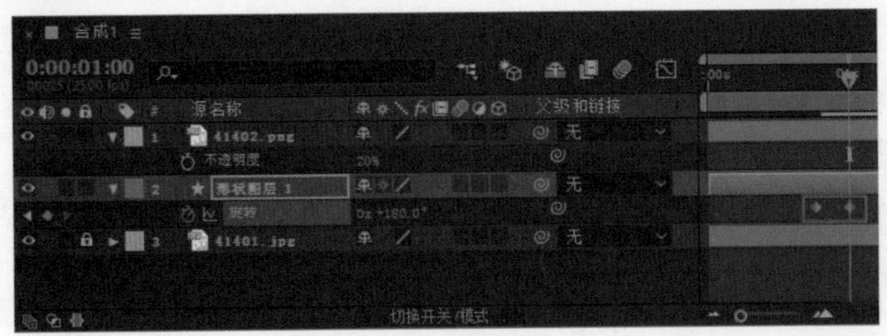
图 4-92

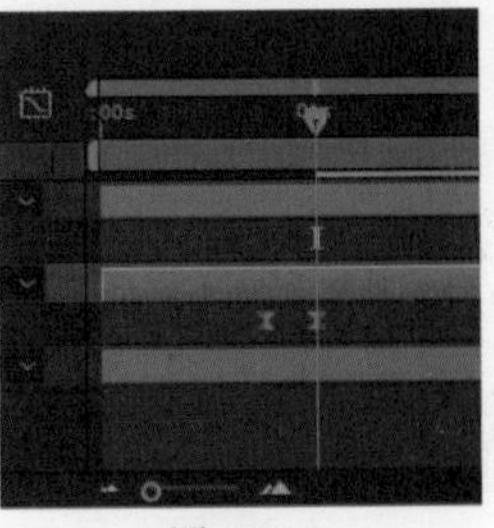
图 4-93

18 选择 41402.png 图层，将“时间指示器”移至 1 秒的位置，设置其“不透明度”属性为 0%，并为该属性插入关键帧，如图 4-94 所示。将“时间指示器”移至 1 秒 14 帧的位置，设置其“不透明度”属性为 100%，如图 4-95 所示。

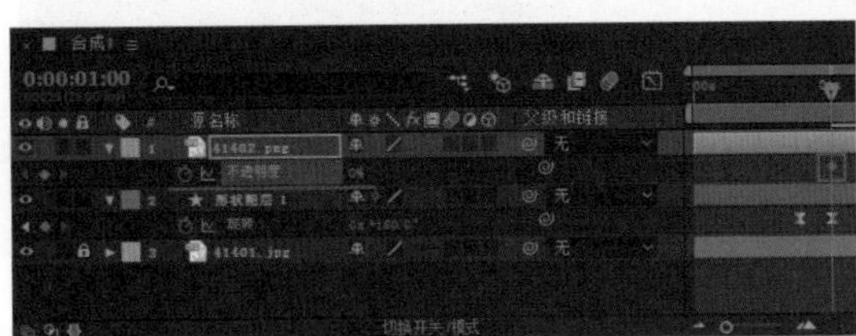
图 4-94

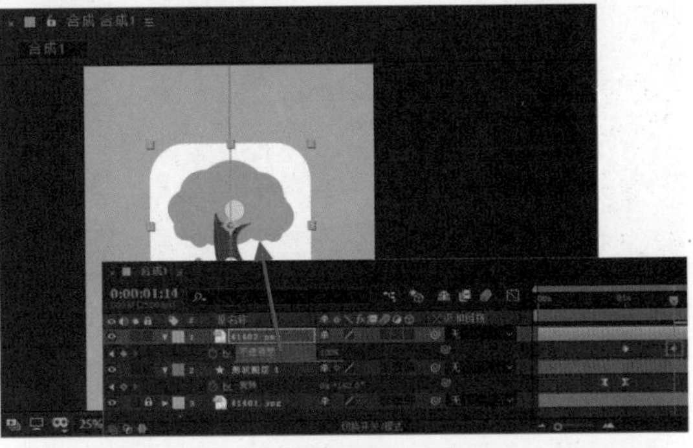
图 4-95

19 在“项目”面板的合成上右击，在弹出的菜单中选择“合成设置”命令，弹出“合成设置”对话框，修改“持续时间”为 3 秒，如图 4-96 所示。单击“确定”按钮，完成“合成设置”对话框的设置，“时间轴”面板如图 4-97 所示。

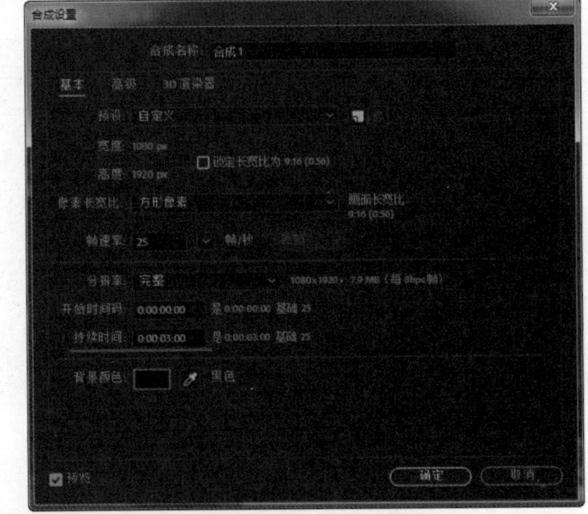
图 4-96

图 4-97

20 完成弹跳变形动效的制作，单击“预览”面板上的“播放 / 停止”按钮，可以在“合成”窗口中预览动画效果，如图 4-98 所示。

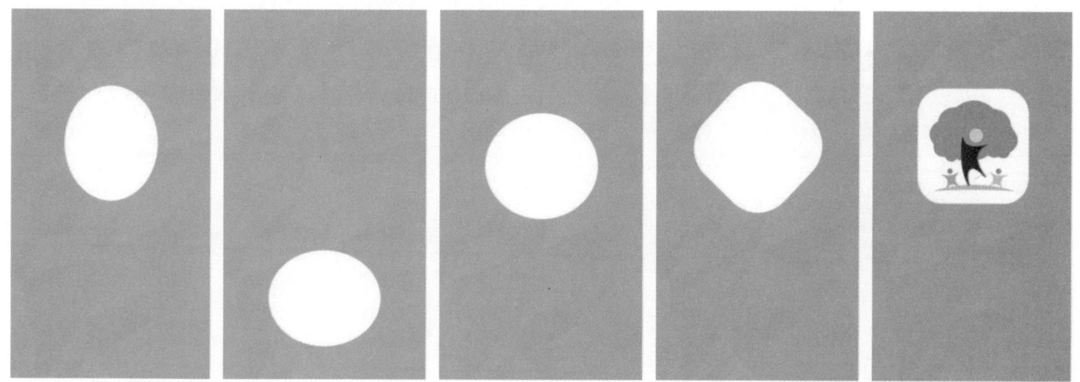

图 4-98

4.2 形状的应用

在 After Effects 中，使用形状工具可以很容易地绘制出矢量形状图形，并且可以为这些形状图形制作动画效果。形状工具为动画制作提供了无限的可能，尤其是形状组中的颜料属性和路径变形属性，在本节中将向读者介绍形状的创建与属性设置。

4.2.1 关于形状

形状工具可以处理矢量图形、位图和路径等，如果绘制的路径是封闭的，可以将封闭的路径作为蒙版使用，因此，在 After Effects 中形状工具常用于绘制蒙版和路径。

1. 矢量图形

构成矢量图形的直线或曲线都是由计算机中的数学算法来定义的，数学算法采用几何学的特征来描述这些形状。在 After Effects 中使用形状工具所绘制的形状和路径，以及使用文字工具输入的文字都是矢量图形，将这些图形放大 N 倍，仍然可以清楚地观察到图形的边缘是光滑平整的，如图 4–99 所示。

2. 位图

位图又称为栅格化图像，位图是由许多带有不同颜色信息的像素点构成的，其图像质量取决于图像的分辨率。图像的分辨率越高，图像看起来就越清晰，图像文件需要的存储空间也越大，所以当放大位图时，图像的边缘会出现锯齿现象，如图 4–100 所示。

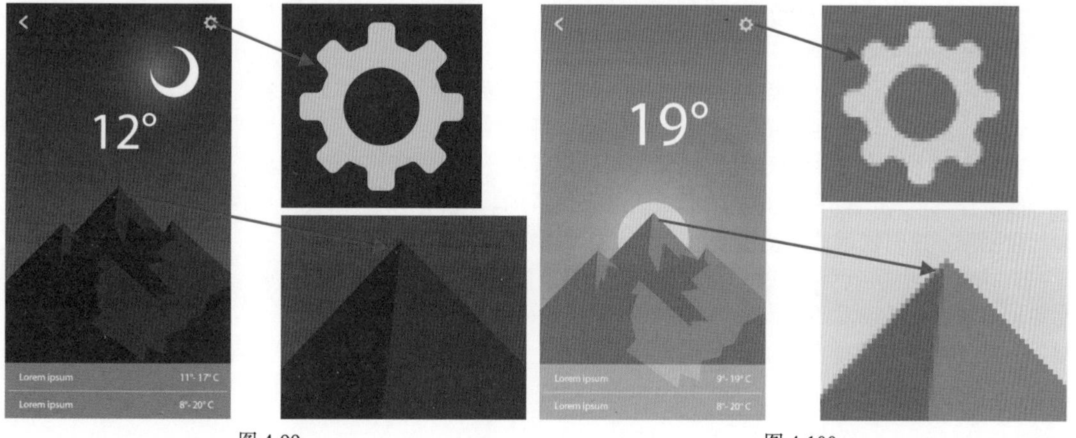

图 4-99　　图 4-100

提示

在 After Effects 中可以导入其他软件制作的矢量图形文件（例如 AI 格式文件），在导入这些矢量图形文件之后，After Effects 会自动将这些矢量图形文件栅格化。

3. 路径

After Effects 中的遮罩和形状都是基于路径的概念。一条路径是由点和线构成的，线可以是直线也可以是曲线，曲线来连接点，而点则定义了线的起点和终点。

在 After Effects 中，可以使用形状工具来绘制标准的几何形状路径，也可以使用“钢笔工具”来绘制复杂的形状路径，通过调整路径上的点或调整点的控制手柄，可以改变路径的形状，如图 4-101 所示。

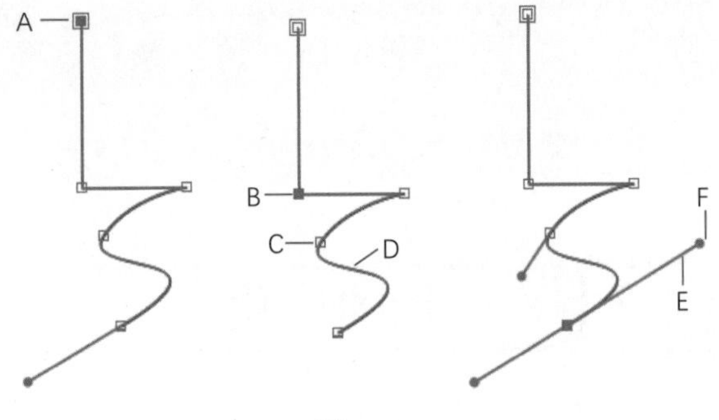

图 4-101

A 为选中的顶点，B 为选中的顶点，C 为未选中的顶点，D 为曲线路径，E 为方向线，F 为方向手柄。

路径有两种顶点：边角点和平滑点。在平滑点上，路径段被连接成一条光滑的曲线，平滑点两侧的方向线在同一直线上。在边角点上，路径突然更改方向，边角点两侧的方向线在不同的直线上。用户可以使用边角点和平滑点的任意组合绘制路径，如果绘制了错误种类的边角点或平滑点，还可以使用“转换‘顶点’工具”对其进行修改。

当移动平滑点的方向线时，点两侧的曲线会同时进行调整，如图 4-102 所示。相反，当移动边角点的方向线时，只会调整与方向线在该点的相同边的曲线，如图 4-103 所示。

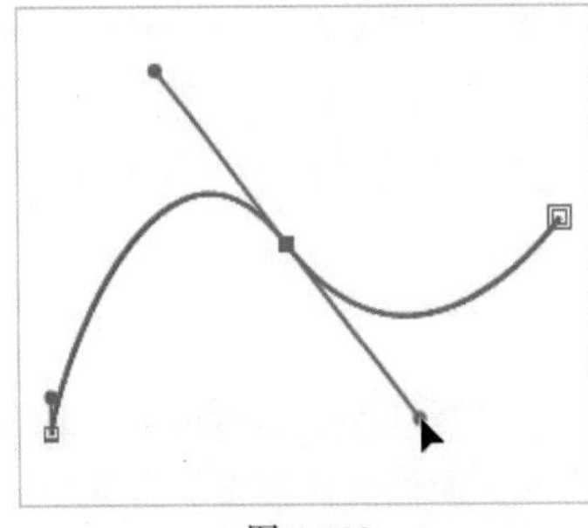

图 4-102

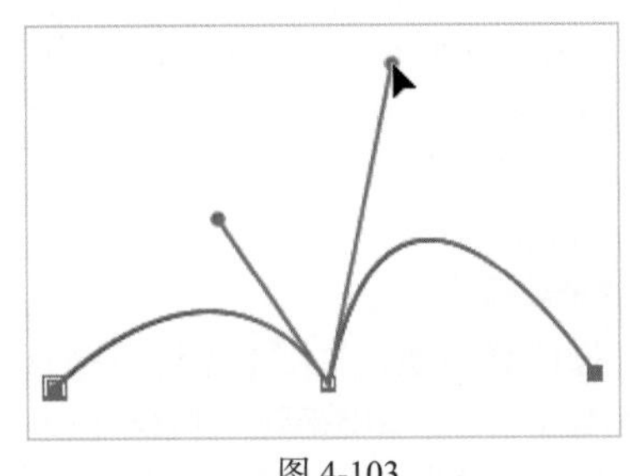

图 4-103

4.2.2 创建路径群组

在 After Effects 中，每条路径都是一个形状，而每个形状都包含“填充”和“描边”属性，这些属性都包含在形状图层的“内容”选项组中，如图 4-104 所示。

在实际工作中，有时需要绘制比较复杂的路径图形，至少需要绘制多条路径才能够完成操作，而一般制作形状动画都是针对整个形状图形来进行的。因此，如果需要为单独的路径制作动画，就会比较困难，这时候就需要使用到路径形状的“群组”功能。

如果需要为路径创建群组，可以同时选择多条需要创建群组的路径，执行“图层”>“组合形状”命令，或者按快捷键 Ctrl+G，即可将选中的多条路径进行群组操作。

完成路径的群组操作后，群组的路径就会被归入相应的组中。另外，还会增加一个“变换：组 1”属性，如图 4-105 所示。

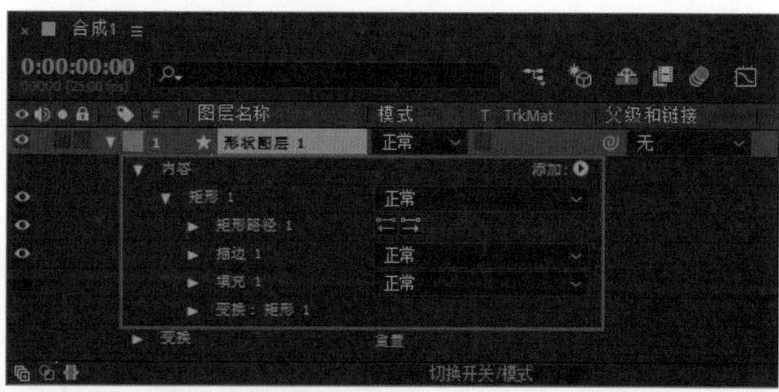

图 4-104

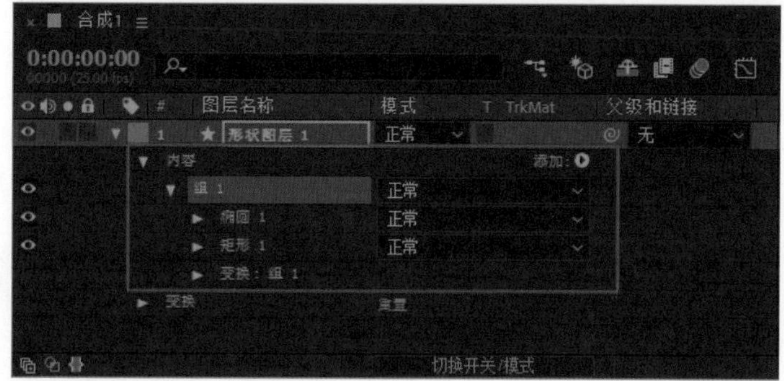

图 4-105

如果需要解散路径群组，可以选中群组的路径，执行“图层” > “取消组合形状”命令，或按快捷键 Ctrl+Shift+G，即可解散路径群组。

4.2.3 路径形状属性设置

在“合成”窗口中绘制一个路径形状之后，可以在该形状图层下方的“内容”选项右侧的“添加”选项位置单击“添加”按钮，在弹出的菜单中可以选择为该形状或形状组添加属性设置，如图 4-106 所示。

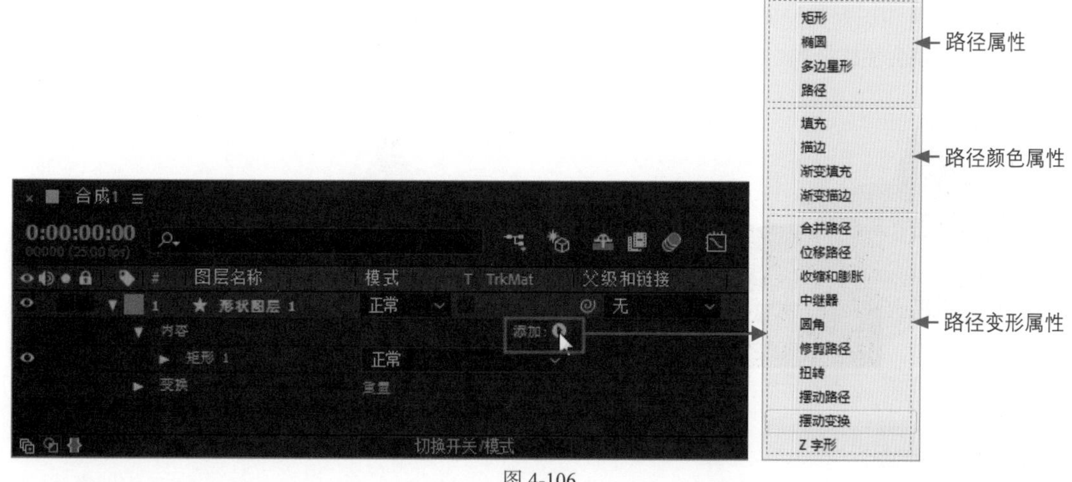

图 4-106

- **路径属性：** 选择“矩形”“椭圆”和“多边星形”选项，即可在当前路径形状中添加一个相应的子路径；如果选择“路径”选项，可以切换到“钢笔工具”状态，然后在当前路径形状中绘制一个不规则的子路径。

- **路径颜色属性：** 包含“填充”“描边”“渐变填充”和“渐变描边”4 种，其中“填充”属性用来设置形状图形内部的填充颜色；“描边”属性用来设置路径描边颜色；“渐变填充”属性用来设置形状图形内部的渐变填充颜色；“渐变描边”属性用来为路径设置渐变描边颜色。效果如图 4–107 所示。

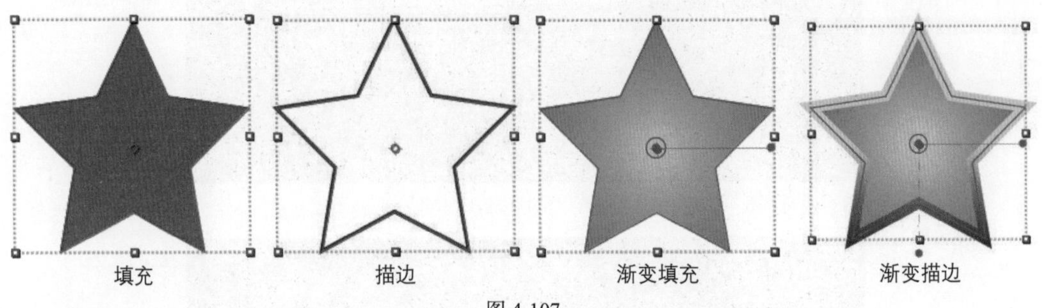

图 4-107

- **路径变形属性：** 路径变形属性可以对当前所选择的路径或者路径组中的所有路径起作用。另外，可以对路径变形属性进行复制、剪切、粘贴等操作。

(1) 合并路径

该属性主要针对群组路径，为一个群组路径添加该属性后，可以运用特定的运算方法将群组中的路径合并起来。为群组路径添加“合并路径”属性后，可以为群组路径设置 4 种不同的模式，效果如图 4–108 所示。

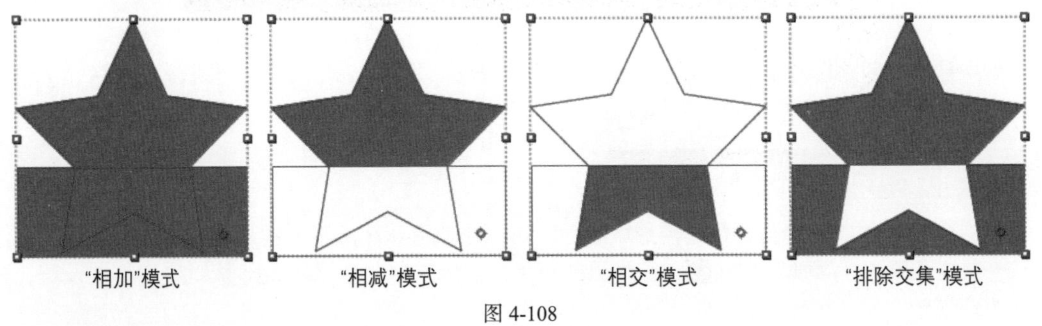

图 4-108

(2) 位移路径

使用该属性可以对原始路径进行位移操作，当位移值为正值时，将会使路径向外扩展；当位移值为负值时，将会使路径向内收缩，如图 4–109 所示。

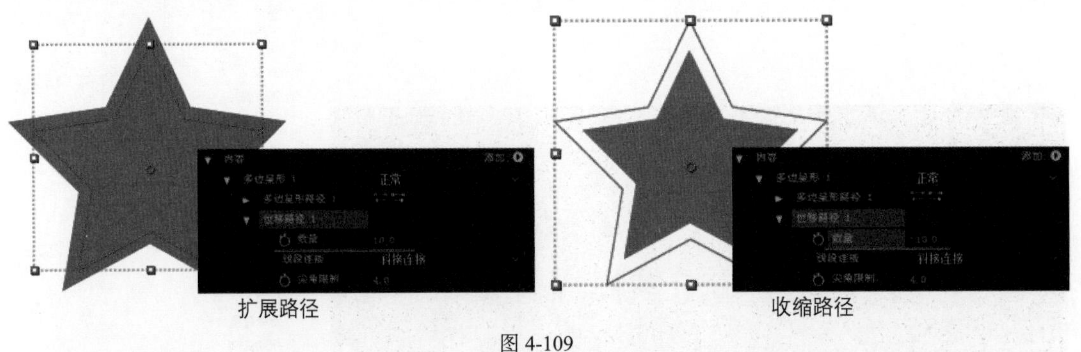

图 4-109

(3) 收缩和膨胀

使用该属性可以使源曲线中向外凸起的部分向内塌陷，向内凹陷的部分往外凸起，如图 4–110 所示。

(4) 中继器

使用该属性可以复制一个路径形状，然后为每个复制得到的对象应用指定的变换属性，如图

4–111 所示。

(5) 圆角

使用该属性可以对路径形状中尖锐的拐角点进行圆滑处理，如图 4–112 所示。

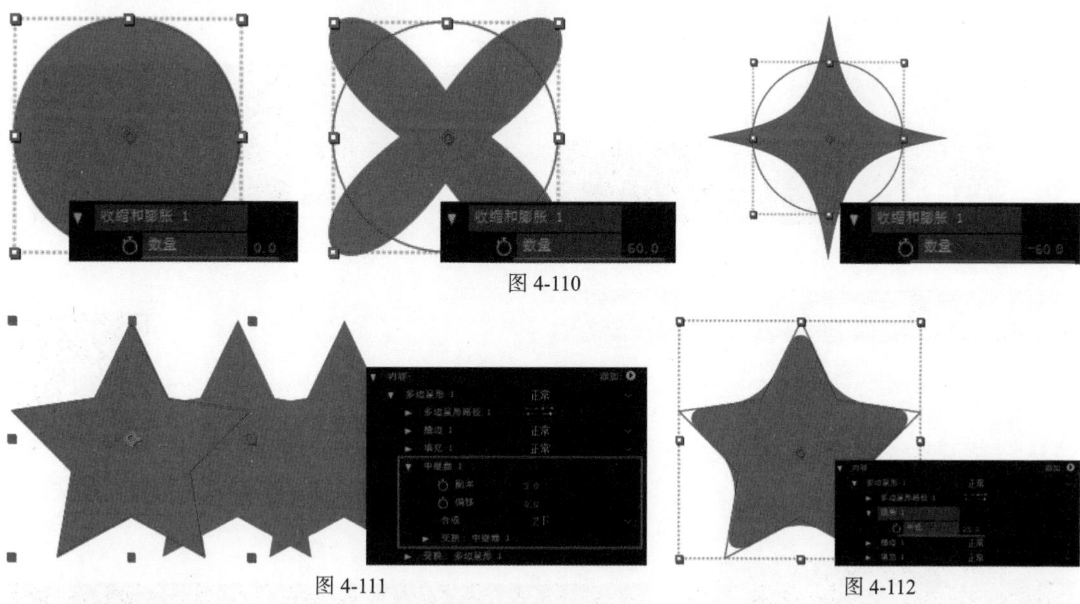

图 4-110

图 4-111

图 4-112

(6) 修剪路径

为路径形状添加该属性，并配合该属性值的设置可以制作出路径形状的修剪动画效果，如图 4–113 所示。

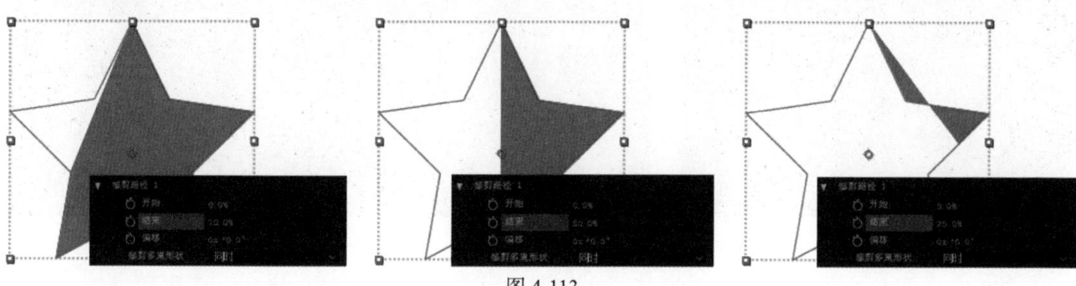

图 4-113

(7) 扭转

使用该属性可以以路径形状的中心为圆心对路径形状进行扭曲操作，当设置“角度”属性值为正值时，可以使路径形状按照顺时针方向进行扭曲，如图 4–114 所示。当设置“角度”属性值为负值时，可以使路径形状按逆时针方向进行扭曲，如图 4–115 所示。

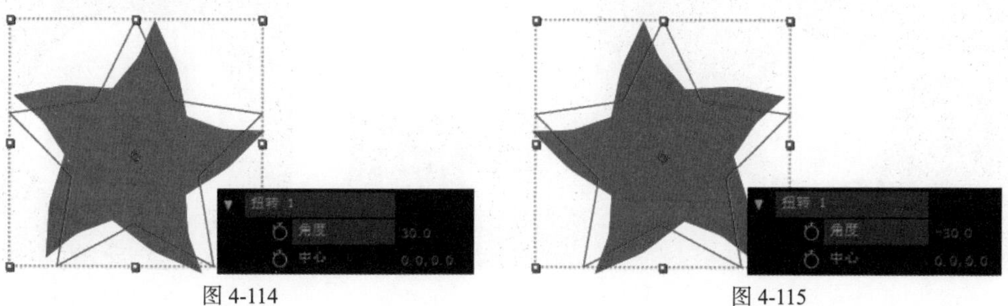

图 4-114

图 4-115

(8) 摆动路径

该属性可以将路径形状变成各种效果的锯齿形状路径，并且会自动记录下动画，如图 4–116 所示。

(9) Z 字形

该属性可以将路径形状变成具有统一规律的锯齿状形状图形，如图 4-117 所示。

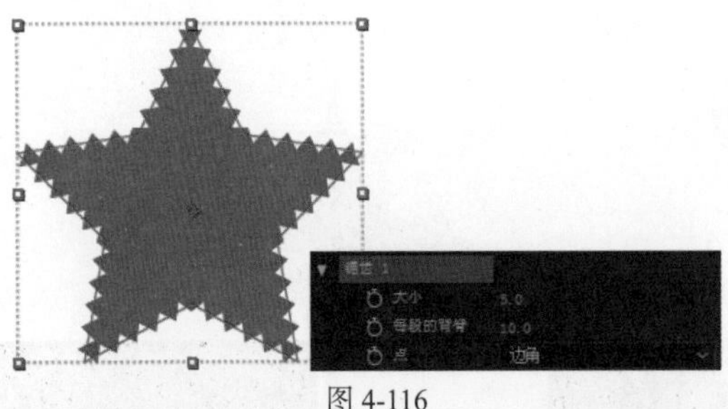

图 4-116

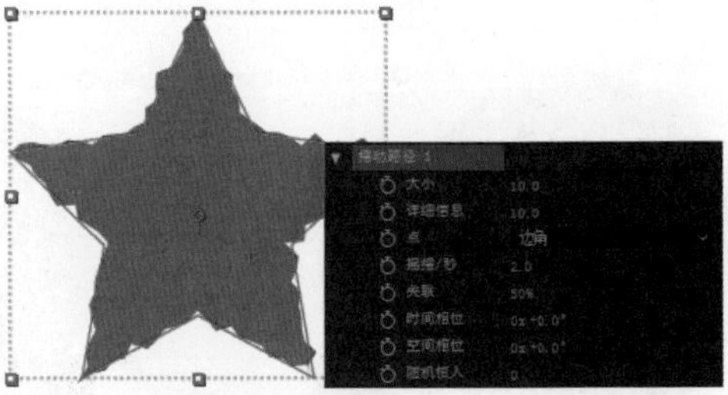

图 4-117

 实例 08——制作简单的 Loading 动效

源文件：源文件 \ 第 4 章 \4-2-3.aep　　视频：视频 \ 第 4 章 \4-2-3.mp4

01 在 After Effects 中新建一个空白的项目，执行“合成”>“新建合成”命令，弹出“合成设置”对话框，对相关选项进行设置，如图 4-118 所示，单击“确定”按钮，新建合成。使用“椭圆工具”，设置“填充”为无，“描边”为 # FFDC2D，“描边粗细”为 155 像素，如图 4-119 所示。

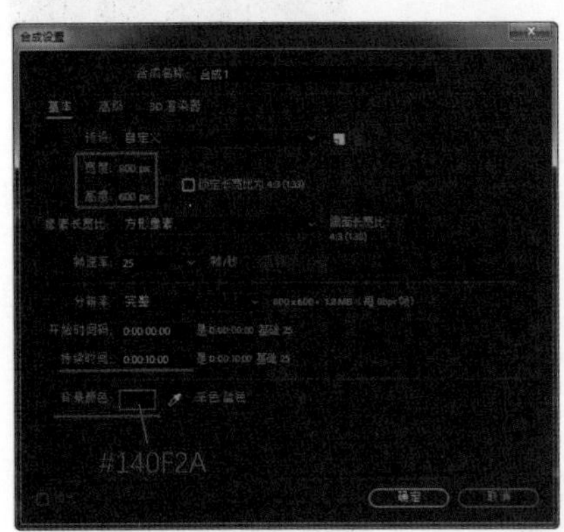

图 4-118

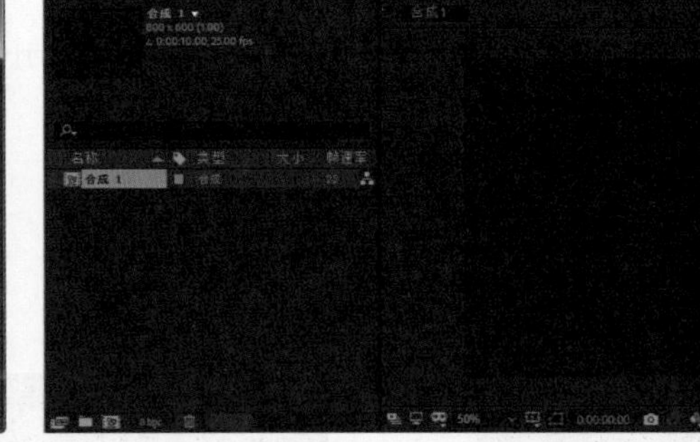

图 4-119

02 在“合成”窗口中按住 Shift 键拖动鼠标，绘制一个正圆形，自动创建形状图层，如图 4-120 所示。使用“向后平移 (锚点) 工具”，调整刚绘制的正圆形的中心点位于图形的中心位置，如图 4-121 所示。

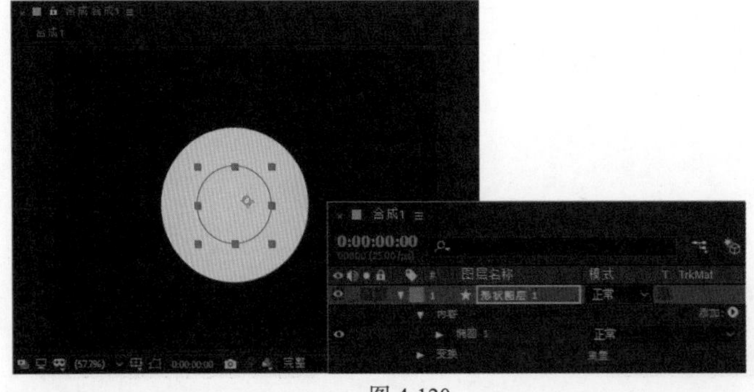

图 4-120

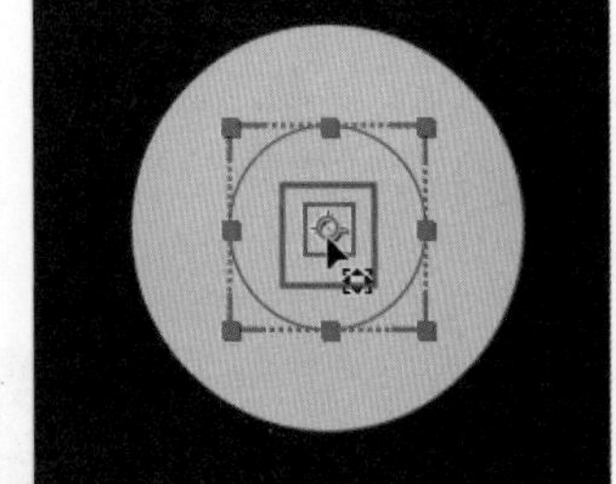

图 4-121

03 打开“对齐”面板，单击“水平对齐”和“垂直对齐”按钮，将所绘制的正圆形与舞台进行对齐操作，如图 4-122 所示。选项“形状图层 1”下方“内容”选项中的“椭圆 1”选项，单击“内容”选项右侧的“添加”按钮，在弹出的菜单中选择“修剪路径”选项，为“形状图层 1”添加“修

剪路径”属性，如图 4–123 所示。

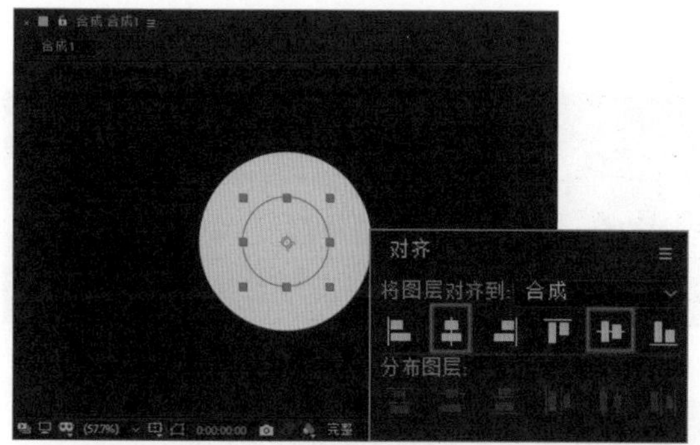

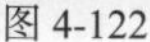

图 4-122

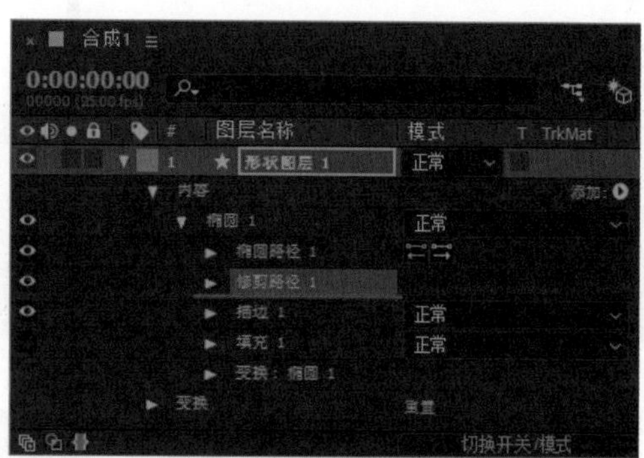

图 4-123

04 确认“时间指示器”位于 0 秒位置，展开“修剪路径 1”选项，对“开始”和“结束”属性进行设置，并为这两个属性插入关键帧，如图 4–124 所示。在“合成”窗口中可以看到正圆形完全消失，如图 4–125 所示。

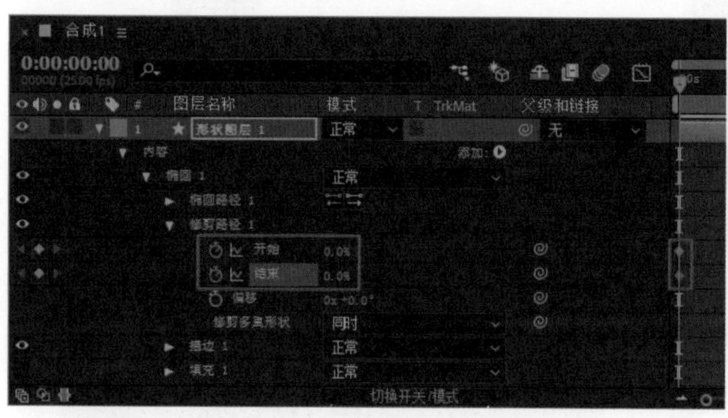

图 4-124

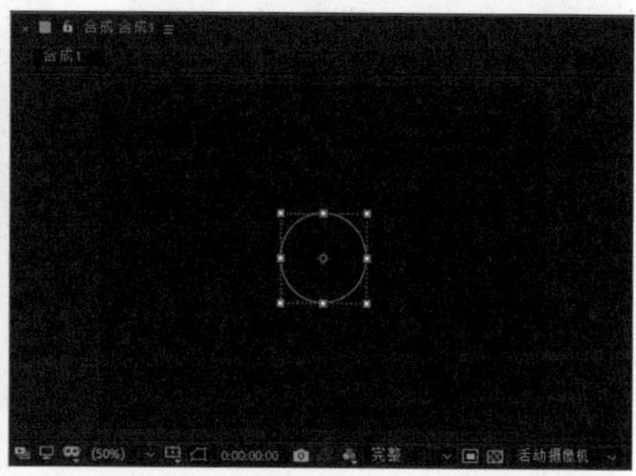

图 4-125

05 将“时间指示器”移至 4 秒位置，对“修剪路径 1”选项中的“开始”和“结束”属性进行设置，自动添加属性关键帧，如图 4–126 所示。在“合成”窗口中可以看到正圆形完全显示的效果，如图 4–127 所示。

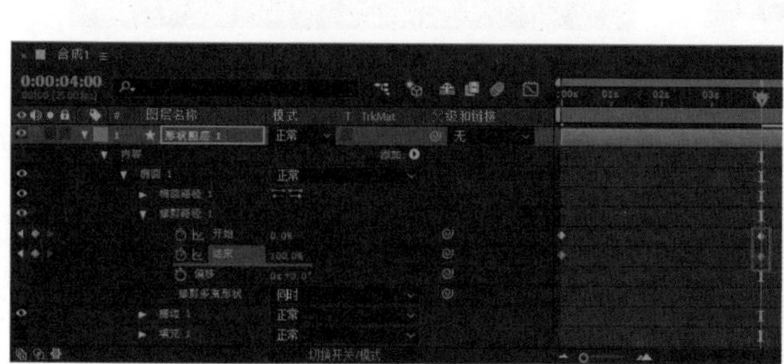

图 4-126

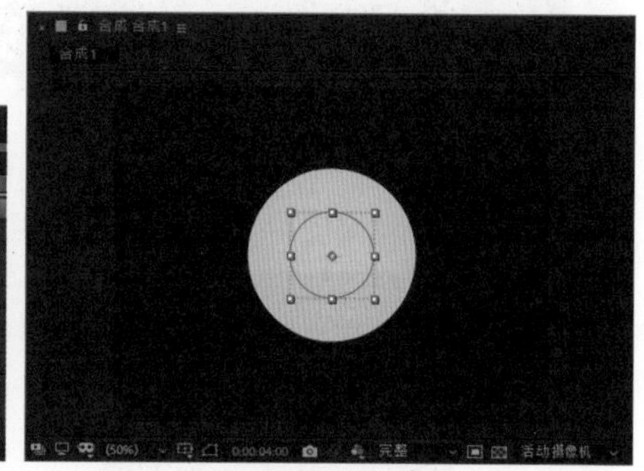

图 4-127

06 同时选中“形状图层 1”中的所有属性关键帧，在关键帧上右击，在弹出的菜单中执行“关键帧辅助”>“缓动”命令，如图 4–128 所示。为选中的多个关键帧添加“缓动”效果，完成“缓动”效果的添加后，可以看到关键帧图标发生了变化，如图 4–129 所示。

07 执行“图层”>“新建”>“纯色”命令，弹出“纯色设置”对话框，设置如图 4–130 所示。单击“确定”按钮，新建纯色图层，如图 4–131 所示。

08 选择刚新建的纯色图层，执行“效果”>“文本”>“编号”命令，弹出“编号”对话框，设置如图 4–132 所示。单击“确定”按钮，为其应用“编号”效果，在“合成”窗口中可以看到自动生成的编号文字，如图 4–133 所示。

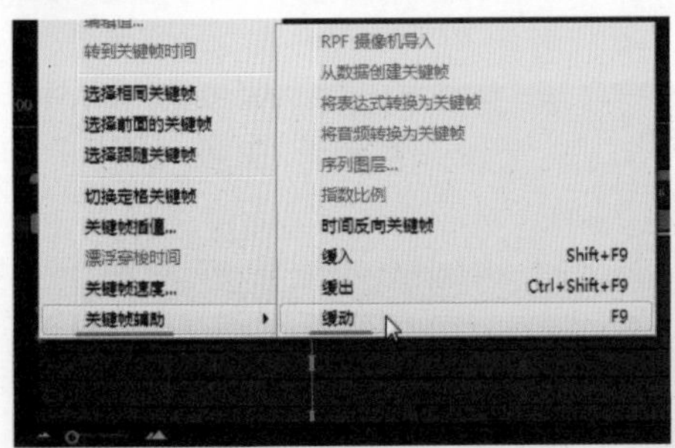
图 4-128

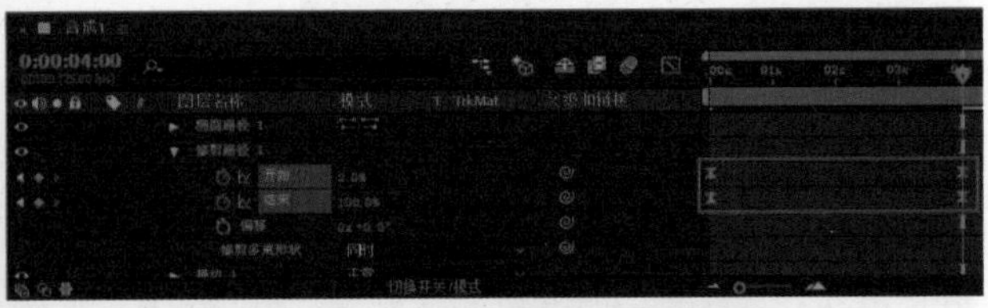

图 4-129

图 4-130

图 4-131

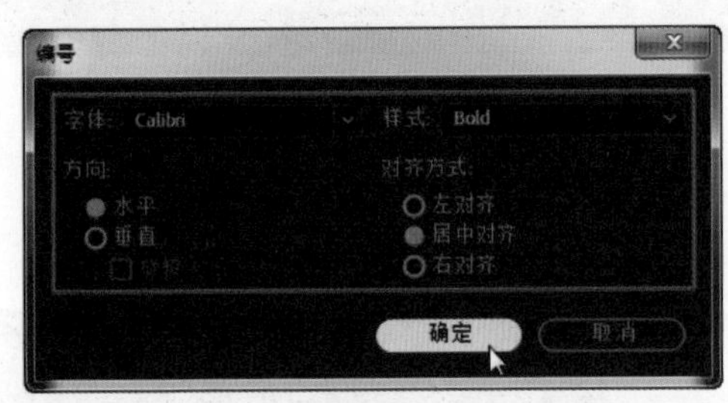
图 4-132

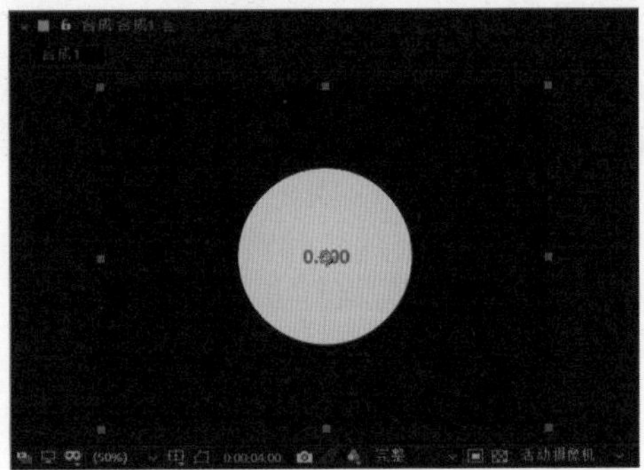
图 4-133

09 在打开的“效果控件”面板中对相关选项进行设置，如图 4–134 所示。在“合成”窗口中可以看到为纯色图层应用“编号”效果得到的编号文字效果，如图 4–135 所示。

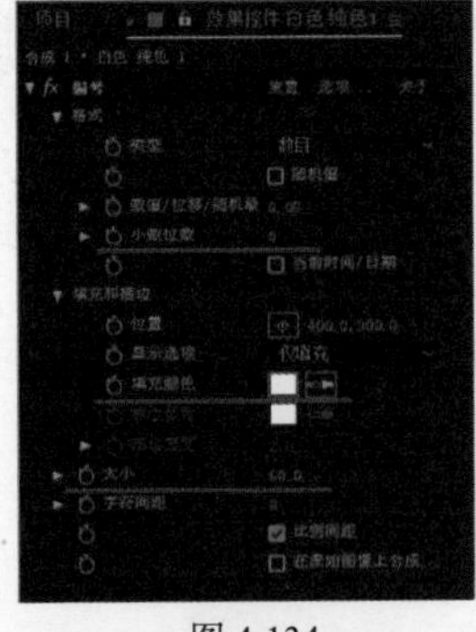
图 4-134

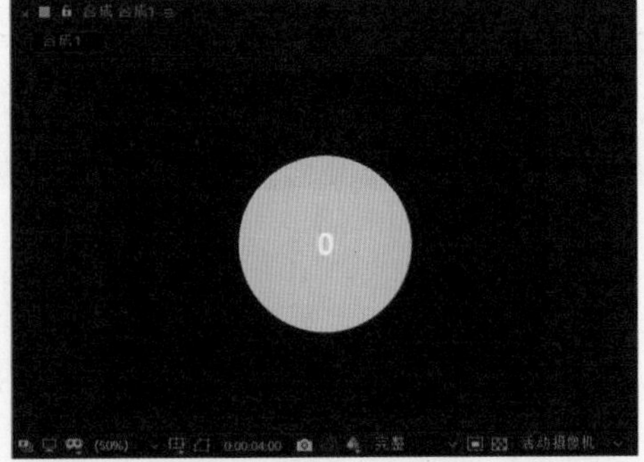
图 4-135

10 将“时间指示器”移至 0 秒位置，展开纯色图层下方“效果”选项中“编号”选项中的“格式”选项，为“数值 / 位移 / 随机最大”属性插入关键帧，如图 4–136 所示。展开“编号”选项中的“填充和描边”选项，为“填充颜色”选项插入关键帧，如图 4-137 所示。

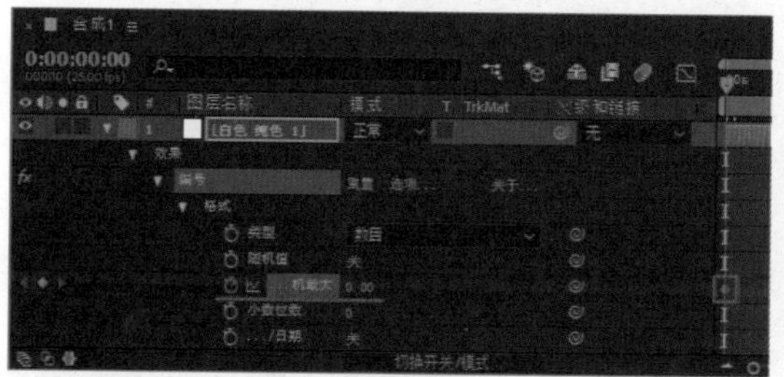

图 4-136

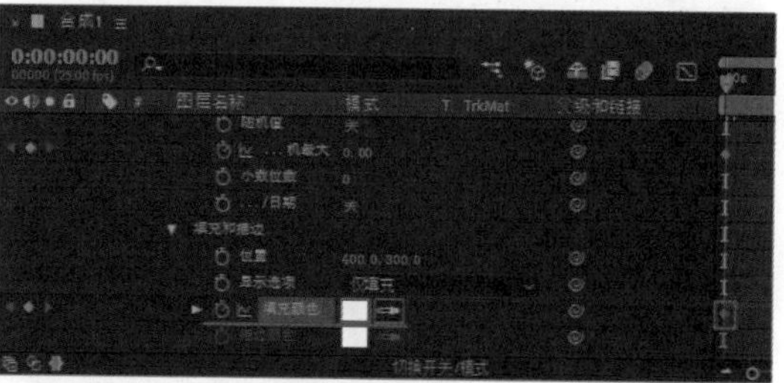

图 4-137

11 将“时间指示器”移至 4 秒位置，设置“数值 / 位移 / 随机最大”属性值为 100，设置“填充颜色”为 #805800，自动在当前位置为这两个属性插入关键帧，“合成”窗口如图 4-138 所示，“时间轴”面板如图 4-139 所示。

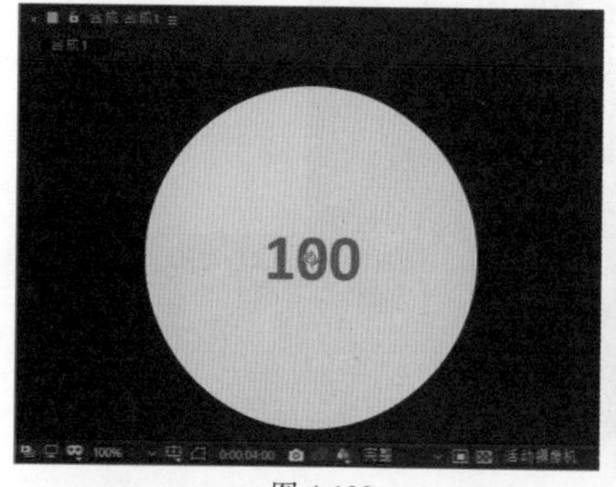

图 4-138

图 4-139

12 使用“横排文字工具”，在“合成”窗口中合适的位置单击并输入文字，在“字符”面板中对文字的相关属性进行设置，效果如图 4-140 所示。单击文字图层下方的“文本”选项右侧的“动画”选项后的“添加”按钮，在弹出的菜单中选择“填充颜色”> RGB 命令，为该文字图层添加“填充颜色”属性，如图 4-141 所示。

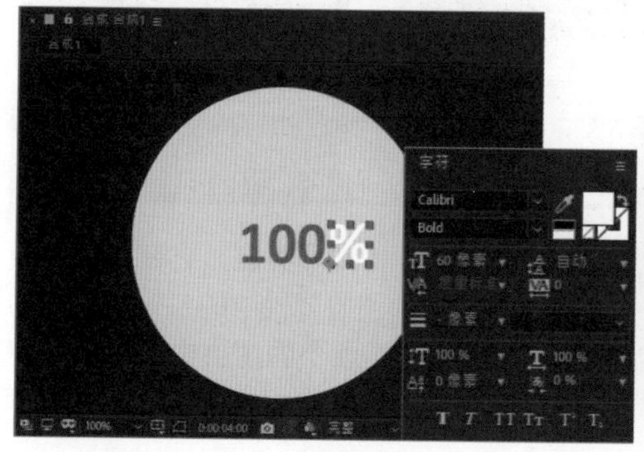

图 4-140

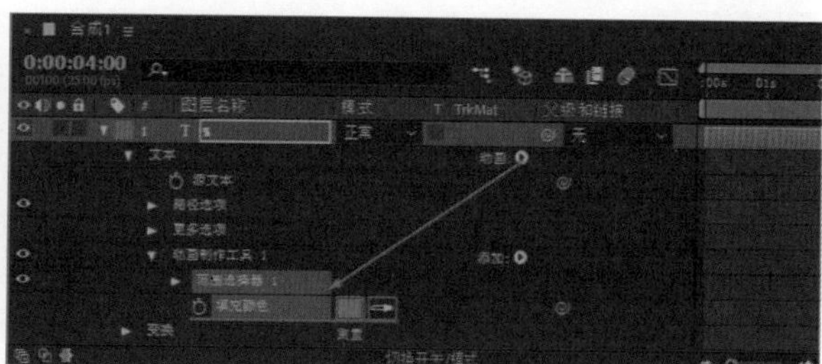

图 4-141

13 将“时间指示器”移至 0 秒位置，为“填充颜色”属性插入关键帧，并设置该“填充颜色”为白色，如图 4-142 所示。将“时间指示器”移至 4 秒位置，设置“填充颜色”为 #805800，自动在当前位置为该属性插入关键帧，如图 4-143 所示。

14 同时选中纯色图层和文字图层，执行“图层”>“预合成”命令，弹出“预合成”对话框，设置如图 4-144 所示。单击“确定”按钮，创建预合成，在“合成”窗口中将百分比数字调整至合适的位置，如图 4-145 所示。

15 完成该简单 Loading 动效的制作，执行“文件”>“保存”命令，弹出“另存为”对话框，将该文件进行保存。单击“预览”面板上的“播放 / 停止”按钮，可以在“合成”窗口中预览动画效果，如图 4-146 所示。

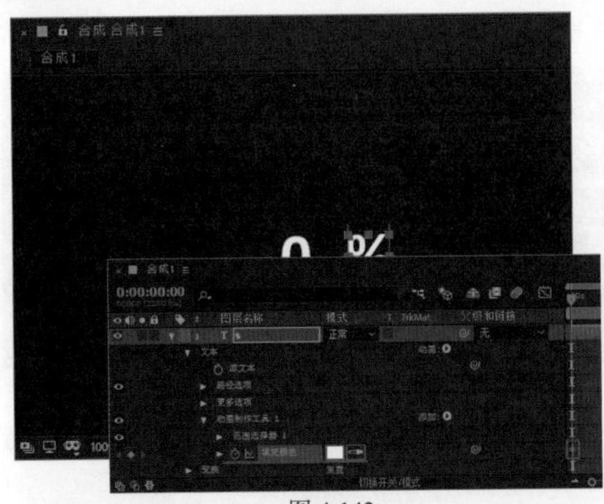

图 4-142

图 4-143

图 4-144

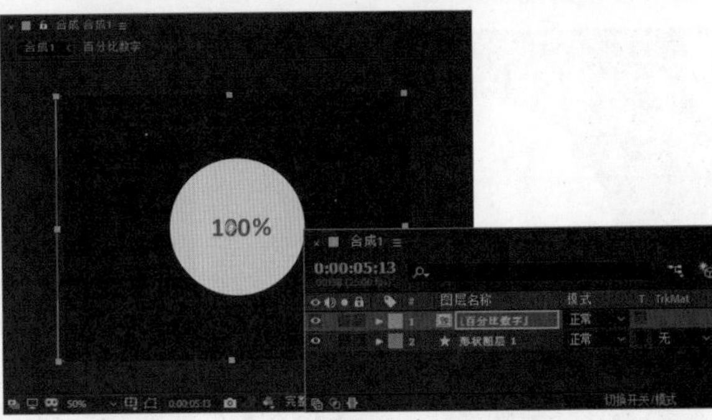

图 4-145

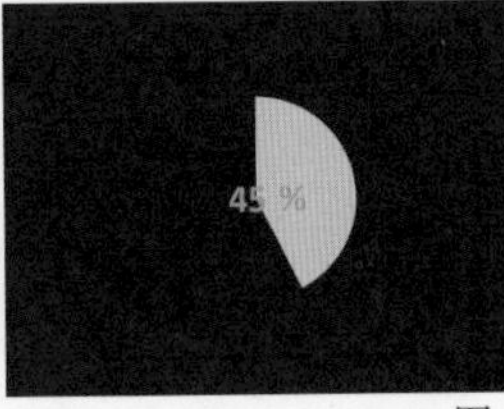

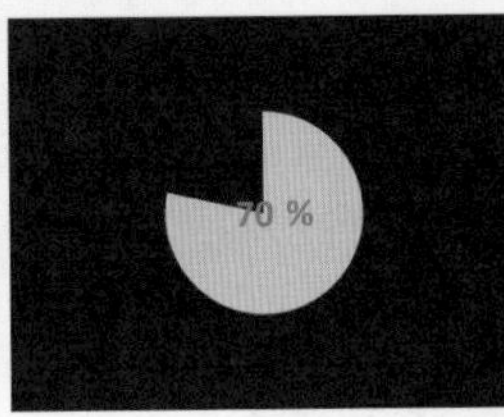

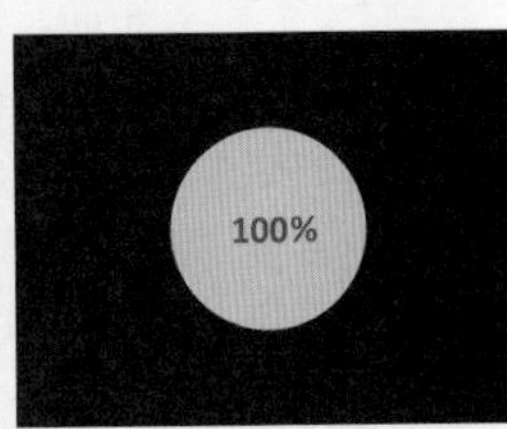

图 4-146

4.3 调整动画运动路径

运动路径通常是指对象位置变化的轨迹，路径动画是我们常见的一种动画类型，它在其他动画制作软件中使用曲线来控制动画的路径，而在 After Effects 中也是如此。图层属性中的各种关键帧动画，除了不透明度属性的动画外，其他属性动画都可以通过父级关系，实现不同图层中的对象来执行相同的动画播放。

4.3.1 将直线运动路径调整为曲线运动路径

在 After Effects 中制作的元素位置变化的关键帧动画，默认情况下位置变化的运动轨迹为直线，如图 4–147 所示。

如果需要将默认的直线运动路径调整为曲线运动路径，只需要使用“选取工具”，在“合成”窗口中拖动调整位置属性锚点的方向线，如图 4–148 所示。即可将直线运动路径修改为曲线运动路径，如图 4–149 所示。

如果希望获到更为复杂的曲线运动路径，还可以使用“添加‘顶点’工具”在运动路径上合适的位置单击，添加锚点，如图 4–150 所示。再使用“选取工具”，对运动路径上的锚点和方向线进行调整，从而获得更为复杂的曲线运动路径，如图 4–151 所示。

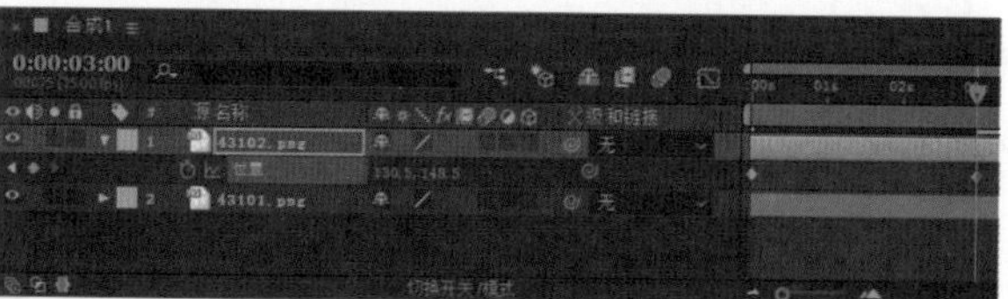

图 4-147

图 4-148

图 4-149

图 4-150

图 4-151

完成运动路径的调整后，单击“预览”面板上的“播放 / 停止”按钮▶，查看元素的运动轨迹，可以发现元素沿着设置好的曲线运动路径进行位移，如图 4–152 所示。

图 4-152

4.3.2 运动自定向

在进行曲线运动时发现，虽然小蜜蜂随着调整好的曲线路径开始位移，但是小蜜蜂的方向并没有随着曲线运动路径而改变，这是因为在“自动方向”对话框中的“自动方向”选项默认为关闭状态。

执行“图层”>“变换”>“自动方向”命令，弹出“自动方向”对话框，设置“自动方向”选项为“沿路径定向”，如图 4-153 所示。单击“确定”按钮，完成“自动方向”对话框的设置，再次播放动画，可以看到小蜜蜂在沿着曲线路径运动的过程中，其自身的方向也会随着路径的方向发生改变，如图 4-154 所示。

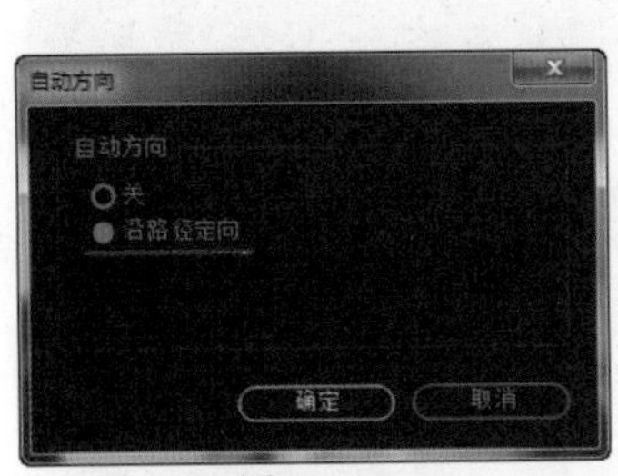

图 4-153

图 4-154

实例 09——制作魔法飞行动效

源文件：源文件 \ 第 4 章 \4-3-2.aep　　视频：视频 \ 第 4 章 \4-3-2.mp4

01 在 After Effects 中新建一个空白的项目，执行“合成”>“新建合成”命令，弹出“合成设置”对话框，对相关选项进行设置，如图 4-155 所示，单击“确定”按钮，新建合成。执行“文件”>“导入”>“文件”命令，导入素材 43201.jpg 和 43202.png，“项目”面板如图 4-156 所示。

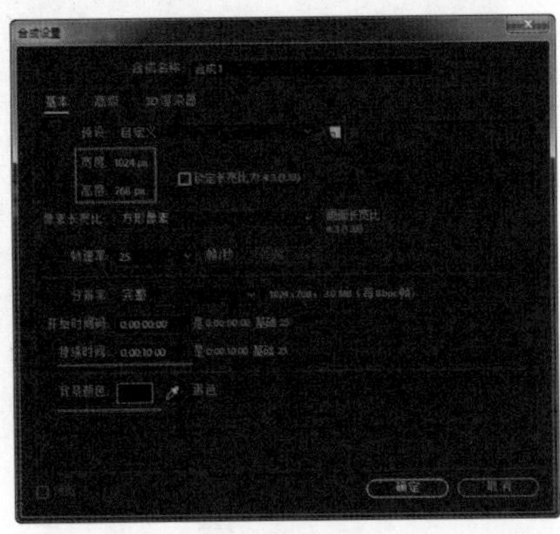

图 4-155

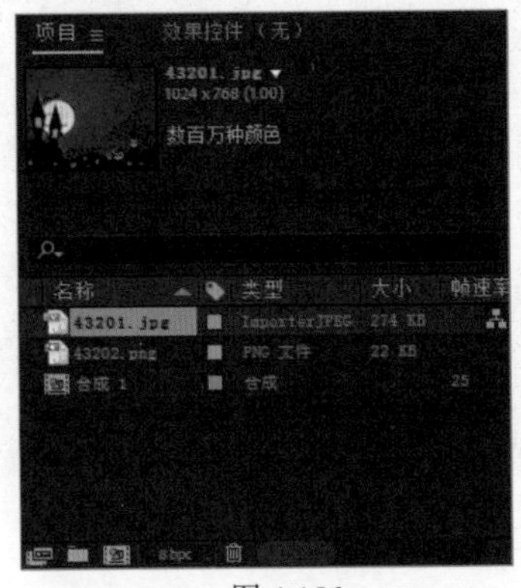

图 4-156

02 在“项目”面板中将 43201.jpg 素材拖入“时间轴”面板中，效果如图 4-157 所示。选择该素材图层，按快捷键 T，显示出该图层的“不透明度”属性，确认“时间指示器”位于 0 秒位置，为“不透明度”属性插入关键帧，并设置该属性值为 0%，效果如图 4-158 所示。

03 将“时间指示器”移至 0 秒 10 帧位置，设置该图层的“不透明度”属性值为 50%，效果如图 4-159 所示。将“时间指示器”移至 0 秒 20 帧位置，设置该图层的“不透明度”属性值为 10%，效果如图 4-160 所示。

04 将“时间指示器”移至 1 秒 15 帧的位置，设置该图层的“不透明度”属性值为 100%，效果如图 4-161 所示。完成背景逐渐显示动画的制作，“时间轴”面板如图 4-162 所示。

05 在“项目”面板中将 43202.png 素材拖入“时间轴”面板中，在“合成”窗口中将其调整到合适的位置，如图 4-163 所示。选择 43202.png 图层，按快捷键 P，显示出该图层的“位置”属性，确认“时间指示器”位于1秒15帧的位置，为“位置”属性插入关键帧，如图4-164所示。

图 4-157

图 4-158

图 4-159

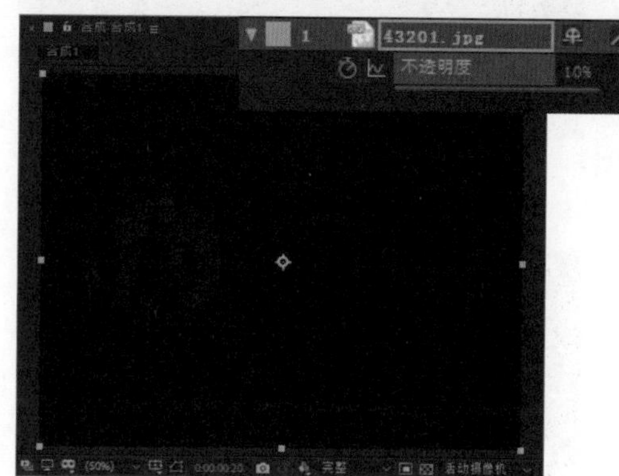
图 4-160

图 4-161

图 4-162

图 4-163

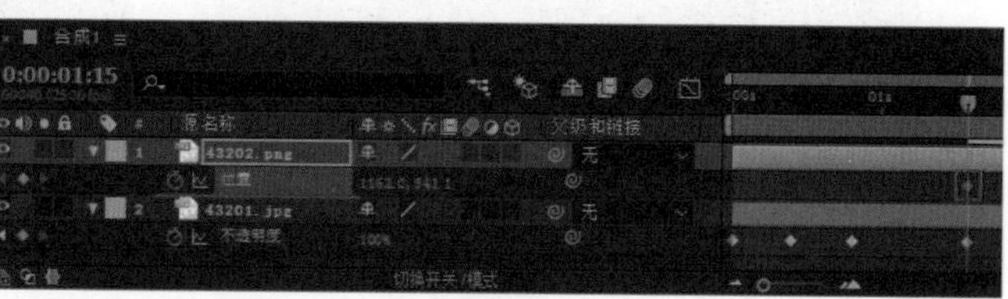
图 4-164

06 将“时间指示器”移至 2 秒 15 帧的位置，在“合成”窗口中将该图层元素移至合适的位置，自动生成直线运动路径，如图 4–165 所示。将“时间指示器”移至 3 秒 05 帧的位置，在“合成”窗口中将该图层元素移至合适的位置，如图 4–166 所示。

图 4-165

图 4-166

07 将“时间指示器”移至 3 秒 20 帧的位置，在“合成”窗口中将该图层元素移至合适的位置，如图 4–167 所示。将“时间指示器”移至 4 秒 20 帧的位置，在“合成”窗口中将该图层元素移至合适的位置，如图 4–168 所示。

图 4-167

图 4-168

08 将“时间指示器”移至 5 秒 10 帧的位置，在“合成”窗口中将该图层元素移至合适的位置，如图 4–169 所示。将“时间指示器”移至 6 秒 15 帧的位置，在“合成”窗口中将该图层元素移至合适的位置，如图 4–170 所示。

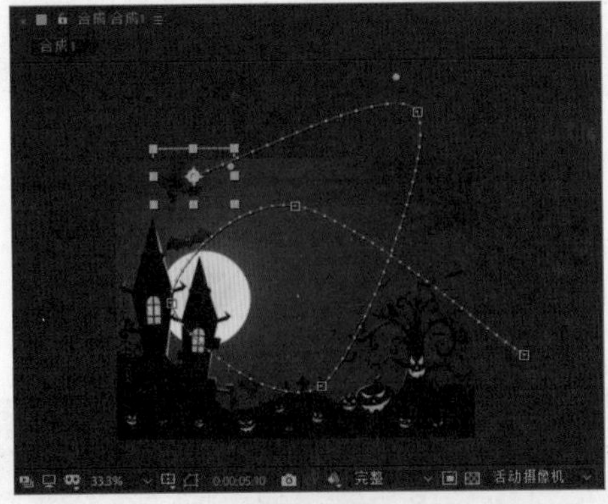

图 4-169

图 4-170

09 这样就已经完成了该元素位置移动动画的制作，“时间轴”面板如图 4–171 所示。

图 4-171

10 使用“转换‘顶点’工具”，在元素运动路径的锚点上单击并拖动，可以显示出锚点的方向线，如图 4–172 所示。拖动方向线，调整运动路径为合适的曲线运动路径效果，如图 4–173 所示。

图 4-172

图 4-173

技巧

在运动路径的调整过程中，除了可以使用“转换‘顶点’工具”拖出锚点的方向线，还可以结合使用“选取工具”拖动调整锚点的位置，从而使运动路径曲线更加平滑。

11 在“时间轴”面板中拖动鼠标同时选中“位置”属性中间的所有关键帧，如图 4–174 所示。右击，在弹出的菜单中选择“漂浮穿梭时间”命令，如图 4–175 所示。

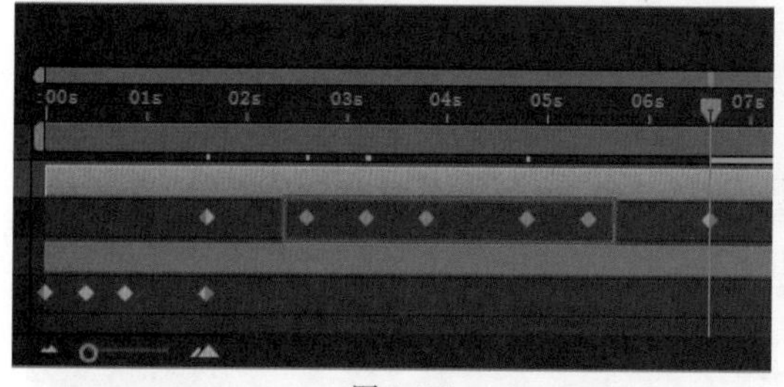

图 4-174

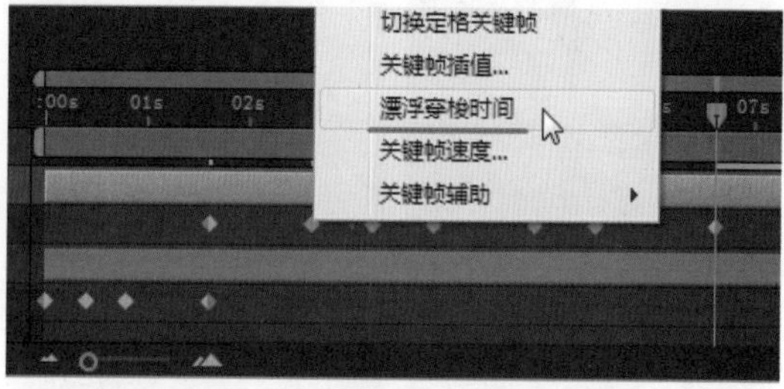

图 4-175

提示

“漂浮穿梭时间”的作用是根据所选择的关键帧最近的前后两个关键帧的位置，自动调整所选择关键帧在时间上的位置，从而使所选中的关键帧之间获得非常平滑的位置变化速率。简单地理解，就是我们在制作位置移动动画的过程中，只需要确定起始关键帧和结束关键帧，而起始关键帧与结束关键帧之间的关键帧时间位置并不需要太在意，只需要为其应用“漂浮穿梭时间”，即可获得平滑的位置变化速率。

12 应用“漂浮穿梭时间”命令后，可以看到相应的关键帧变成了实心圆形的效果，如图 4–176 所示。选择 43202.png 图层，执行“图层”>“变换”>“自动方向”命令，弹出“自动方向”对话框，设置“自动方向”选项为“沿路径定向”，如图 4–177 所示。

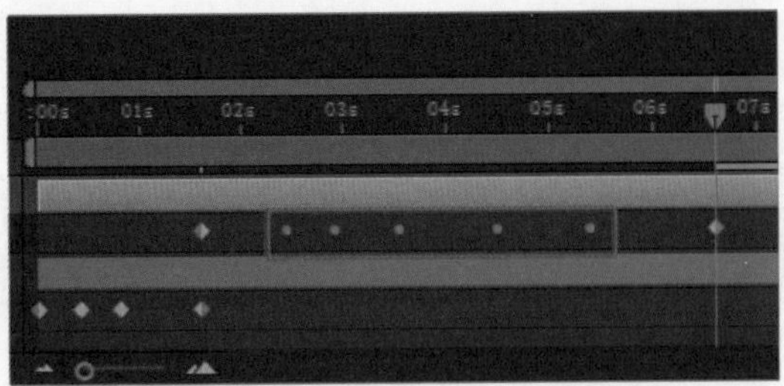

图 4-176

图 4-177

13 单击“确定”按钮，完成“自动方向”对话框的设置。此时，拖动“时间指示器”可以看到元素沿曲线路径运动的效果，如图 4–178 所示。如果元素的方向不合适，可以使用“旋转工具”对元素进行旋转，调整元素的角度适合曲线运动的方向，如图 4–179 所示。

图 4-178

图 4-179

14 完成该魔法飞行动效的制作，执行“文件”>“保存”命令，弹出“另存为”对话框，将该文件进行保存。单击“预览”面板上的“播放 / 停止”按钮▶，可以在“合成”窗口中预览动画效果，如图 4–180 所示。

图 4-180

4.4 创建和使用蒙版图层

蒙版主要用来制作背景的镂空透明和图像之间的平滑过渡等。蒙版有多种形状，在 After Effects 的工具栏中，可以利用相关的蒙版工具来创建，如矩形、椭圆形和自由形状的蒙版工具。本节将详细介绍蒙版动画的相关知识和操作方法。

4.4.1 蒙版动画原理

蒙版就是通过蒙版层中的图形或轮廓对象，透出下面图层中的内容。通俗一点说，蒙版就像是上面挖了一个洞的一张纸，而蒙版图像就是透过蒙版层上面的洞所观察到的事物。就像一个人拿着一个望远镜向远处眺望，在这里，望远镜就可以看成蒙版层，而看到的事物就是蒙版层下方的图像。

一般来说，蒙版需要两个层，而在 After Effects 软件中，可以在一个素材图层上绘制形状轮廓从而制作蒙版，看上去像是一个层，但读者可以将其理解为两个图层：一个为形状轮廓层，即蒙版层；另一个是被蒙版层，即蒙版下面的素材层。

蒙版层的轮廓形状决定着看到的图像形状，而被蒙版层决定着看到的内容。当为某个对象创建蒙版后，位于蒙版范围内的区域是可以被显示的，而位于蒙版范围以外的区域将不被显示，因此，蒙版的轮廓形状和范围也就决定了所看到的图像的形状和范围，如图 4–181 所示。

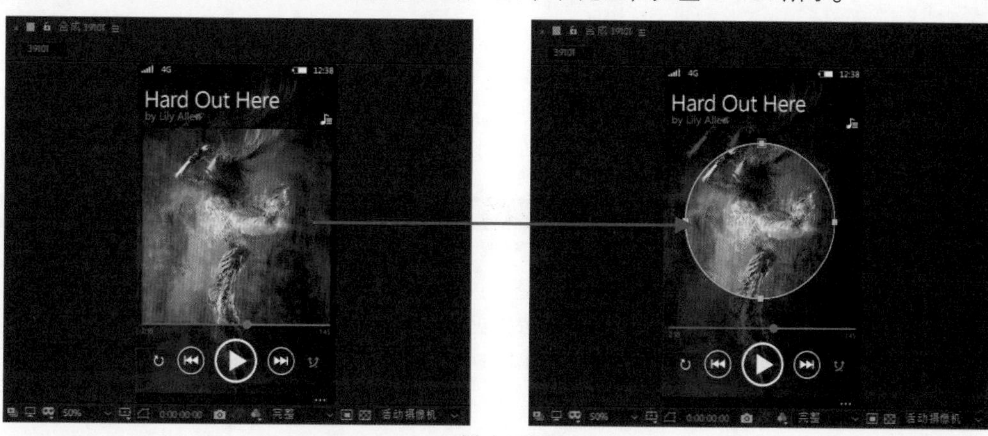

图 4-181

> **提示**
>
> After Effects 中的蒙版是由线段和控制点构成的，线段是连接两个控制点的直线或曲线，控制点定义了每条线段的开始点和结束点。路径可以是开放的，也可以是闭合的，开放路径有着不同的开始点和结束点，如直线或曲线；而闭合路径是连续的，没有开始点和结束点。

蒙版动画可以理解为一个人拿着望远镜眺望远方，在眺望时不停地移动望远镜，看到的内容就会有不同的变化，这样就形成了蒙版动画效果。当然也可以理解为望远镜静止不动，而看到的画面在不停地移动，即被蒙版层不停地运动，以此来产生蒙版动画效果。

4.4.2 形状工具

在 After Effects 软件中，使用形状工具既可以创建形状图层，也可以创建形状遮罩。形状工具包括“矩形工具”“圆角矩形工具”“椭圆工具”“多边形工具”和“星形工具”，如图 4–182 所示。

如果当前选择的是形状图层，则在工具栏中单击选择一个形状工具之后，在工具栏的右侧会出现创建形状或遮罩的选择按钮，分别是“工具创建形状”按钮和“工具创建蒙版”按钮，如图 4–183 所示。

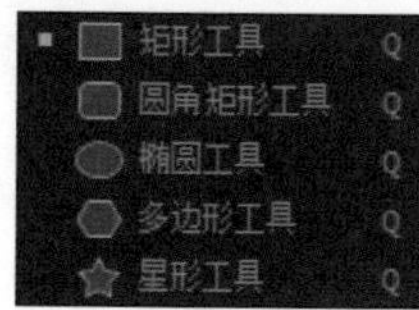

图 4-182

图 4-183

注意，在没有选择任何图层的情况下，使用形状工具在“合成”窗口中进行绘制，可以绘制出形状图形并得到相应的形状图层，而不是遮罩；如果选择的图层是形状图层，那么可以使用形状工具创建图形或者是为当前所选择的形状图层创建遮罩；如果选择的图层是素材图层或者是纯色图层，那么使用形状工具时只能为当前所选择的图层创建遮罩。

4.4.3 钢笔工具

使用“钢笔工具”可以在“合成”窗口中绘制出各种不规则的路径，它包含 4 个辅助工具，分别是“添加‘顶点’工具”“删除‘顶点’工具”“转换‘顶点’工具”和“蒙版羽化工具”，如图 4–184 所示。

在工具栏中选择“钢笔工具”之后，在工具栏的右侧会出现一个 RotoBezier 复选框，如图 4–185 所示。

图 4-184

图 4-185

在默认情况下，没有勾选 RotoBezier 复选框，这时使用“钢笔工具”绘制的贝塞尔曲线的顶点包含有控制手柄，可以通过调整控制手柄的位置来调整贝塞尔曲线的形状。如果勾选 RotoBezier 复选框，那么绘制出来的贝塞尔曲线将不包含控制手柄，曲线的顶点曲率是 After Effects 软件自动计算得出的。

提示

After Effects 软件中的形状工具和钢笔工具，与 Photoshop 和 Illustrator 软件中的形状工具和钢笔工具的使用方法基本是相同的，在这里就不再过多介绍。下面重点介绍如何使用形状工具和钢笔工具创建蒙版，以及蒙版动画的制作方法。

4.4.4 创建蒙版

在前面几节内容中，已经向读者介绍了 After Effects 中的形状工具和钢笔工具，通过使用这些工具都可以在 After Effects 中创建蒙版，除此之外，还可以使用“新建蒙版”菜单命令来创建蒙版。

实例 10——为素材图层创建蒙版

源文件：源文件 \ 第 4 章 \4–4–4.aep　　视频：视频 \ 第 4 章 \4–4–4.mp4

01 在 After Effects 中新建一个空白的项目，执行“合成” > “新建合成”命令，弹出“合成设置”对话框，对相关选项进行设置，如图 4–186 所示。单击“确定”按钮，新建合成，在“合成”窗口中可以看到合成背景的效果，如图 4–187 所示。

02 执行“文件” > “导入” > “文件”命令，弹出“导入文件”对话框，选择需要导入的素材文件，如图 4–188 所示。单击“导入”按钮，将所选中的素材导入“项目”面板中，如图 4–189 所示。

03 在“项目”面板中将素材 44401.jpg 拖入“时间轴”面板中，如图 4–190 所示。在“时间轴”面板中选中需要添加蒙版的图层，如图 4–191 所示。

04 使用“椭圆工具”，在“合成”窗口中合适的位置绘制一个正圆形，即为该图层创建圆形蒙版，如图 4–192 所示。在“时间轴”面板上可以看到所选择图层下方自动出现蒙版选项，如图 4–193 所示。

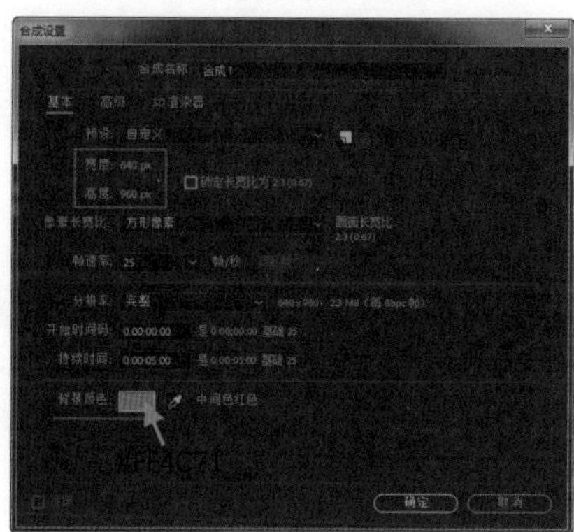

图 4-186

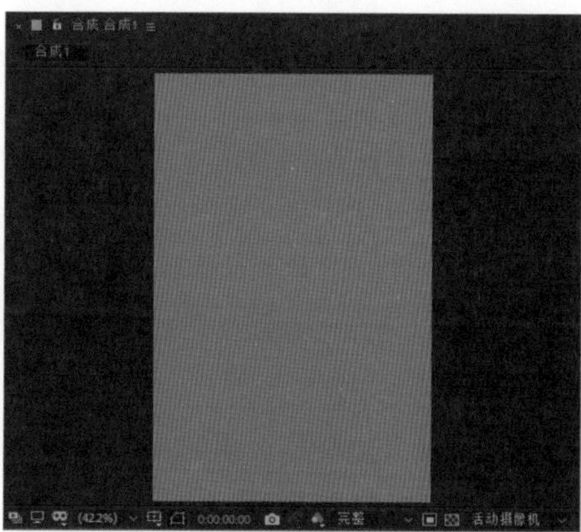

图 4-187

图 4-188

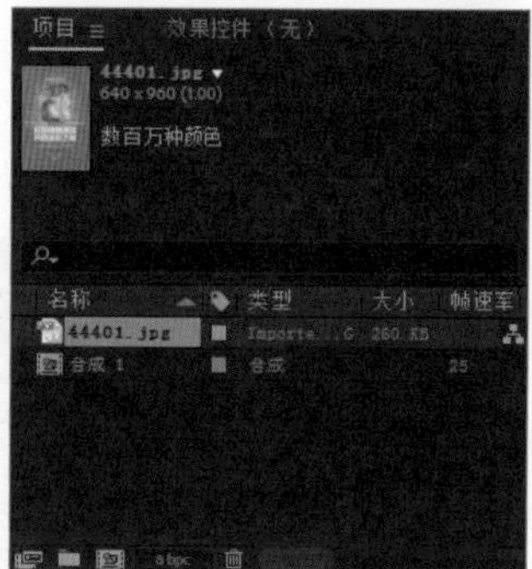

图 4-189

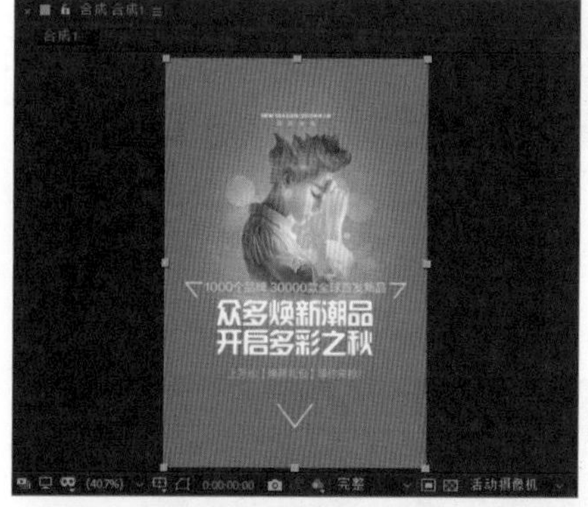

图 4-190

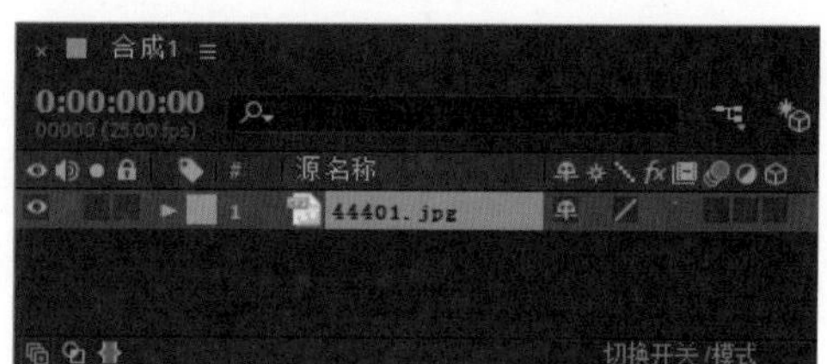

图 4-191

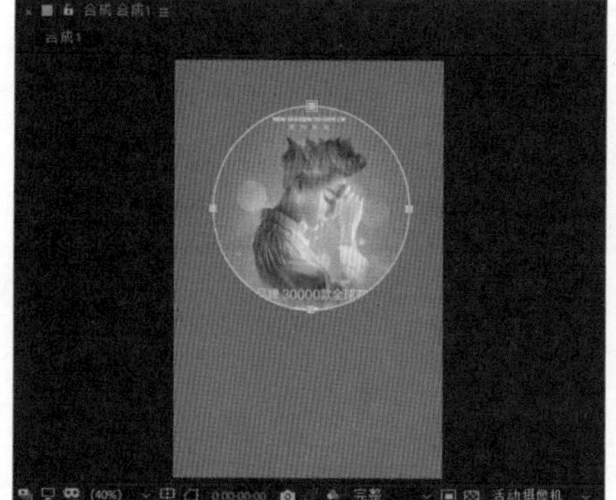

图 4-192

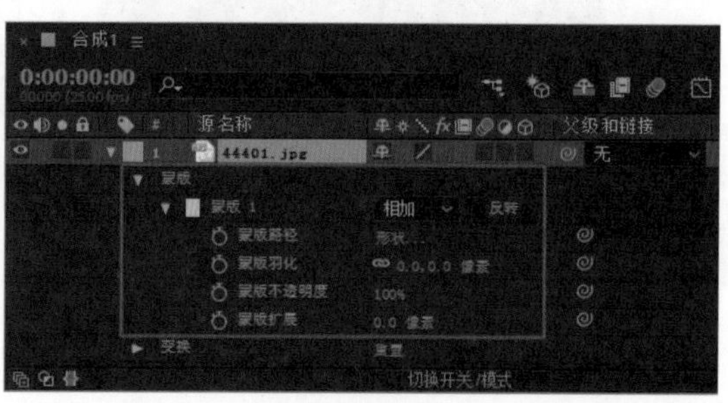

图 4-193

提示

在 After Effect 中创建蒙版时，首先需要选中要创建蒙版的图层，然后再使用绘图工具在“合成”窗口中绘制蒙版形状，即可为选中的图层创建蒙版。如果在创建蒙版时没有选中任何图层，则在“合成”窗口中将直接绘制出形状图形，在“时间轴”面板中也会新增该图形的形状图层，而不会创建任何蒙版。

技巧

选择需要创建蒙版的图层后，双击工具栏中的“矩形工具”按钮，可以快速创建一个与所选择图层像素大小相同的矩形蒙版；在使用“椭圆工具”绘制椭圆形蒙版时，如果按住 Shift 键，可以创建一个正圆形蒙版；如果按住 Ctrl 键，则可以以单击点为中心向外绘制蒙版。

4.4.5 设置蒙版属性

完成图层蒙版的添加后，在“时间轴”面板中展开该图层下方的蒙版选项，可以看到用于对蒙版进行设置的各种属性，如图 4–194 所示。通过这些属性可以对该图层蒙版效果进行设置，并且还可以通过为蒙版属性添加关键帧，从而制作出相应的蒙版动画效果。

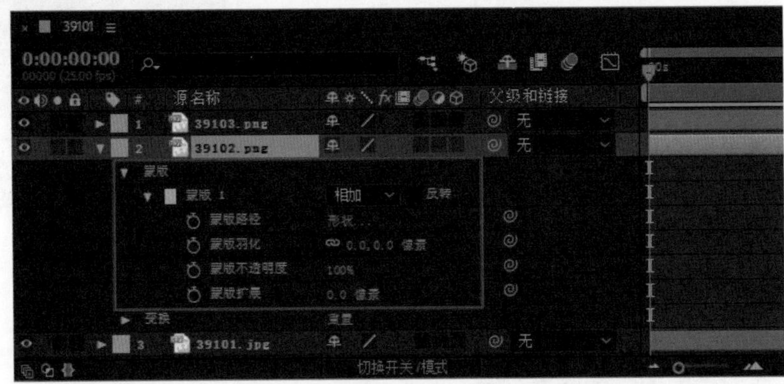

图 4-194

1. 反转

勾选“反转”复选框，可以反转当前蒙版的路径范围和形状，如图 4–195 所示。

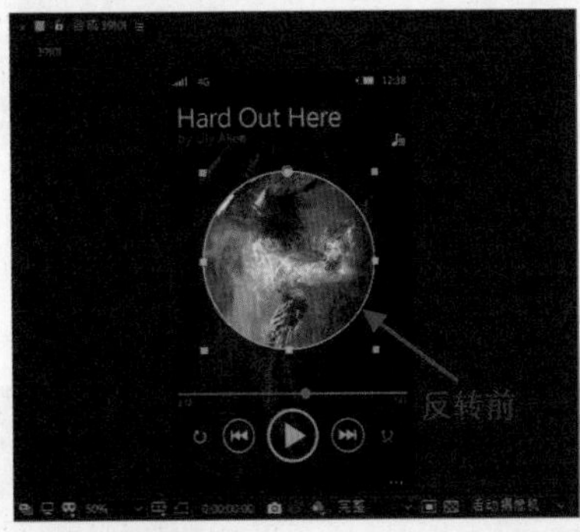

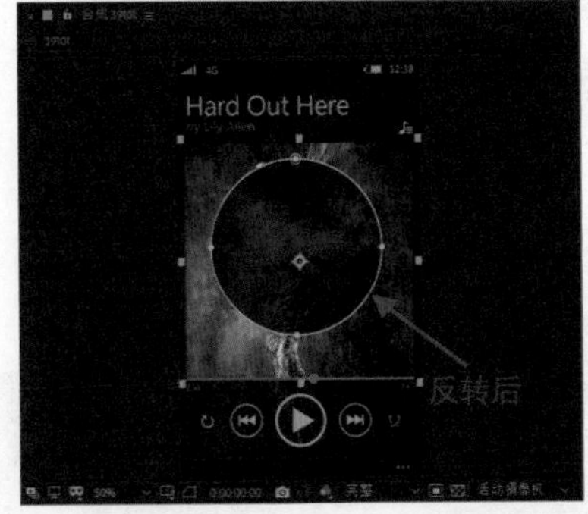

图 4-195

2. 蒙版路径

该选项用于设置蒙版的路径范围，也可以为蒙版节点制作关键帧动画。单击该属性右侧的“形状…”文字，弹出“蒙版形状”对话框，在该对话框中可以对蒙版的定界框和形状进行设置，如图 4–196 所示。

在“定界框”选项组中，通过修改顶部、左侧、右侧和底部选项的参数，可以修改当前蒙版的大小；在“形状”选项组中，可以将当前的蒙版形状快速修改为矩形或椭圆形，如图 4-197 所示。

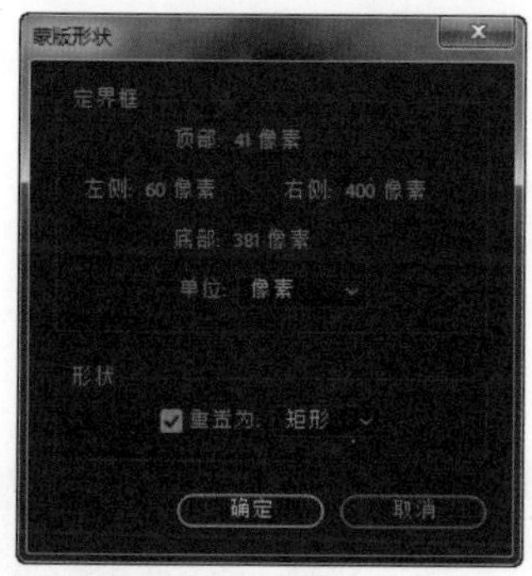

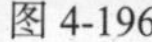

图 4-196

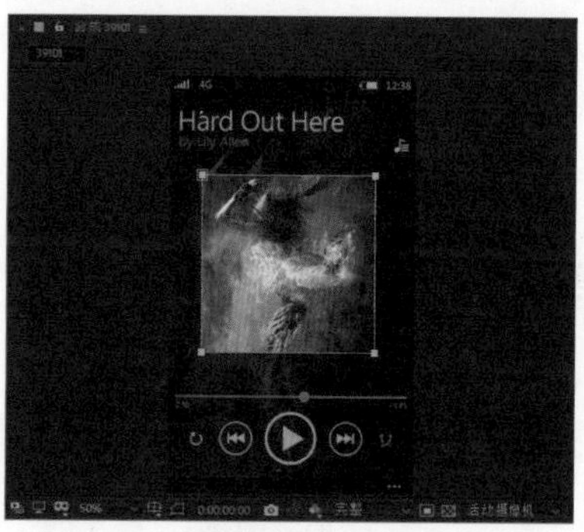

图 4-197

3. 蒙版羽化

该选项用于设置蒙版羽化的效果，可以通过羽化蒙版得到更自然的融合效果，并且水平和垂直方向可以设置不同的羽化值，单击该选项后的“约束比例”按钮，可以锁定或解除水平和垂直方向的约束比例。如图 4-198 所示为设置“蒙版羽化”的效果。

4. 蒙版不透明度

该选项用于设置蒙版的不透明度，如图 4-199 所示设置“蒙版不透明度”为 50% 的效果。

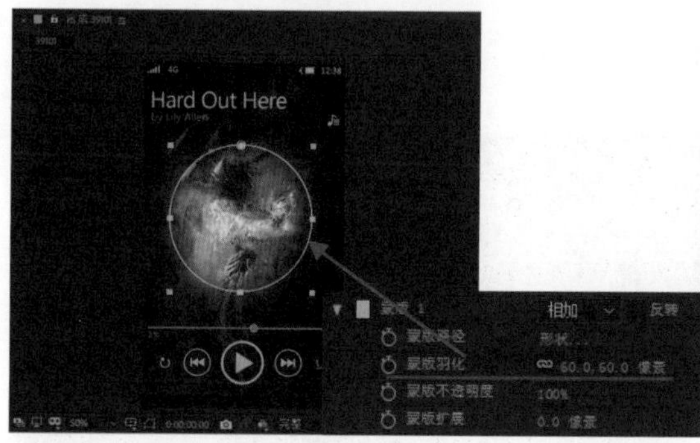

图 4-198

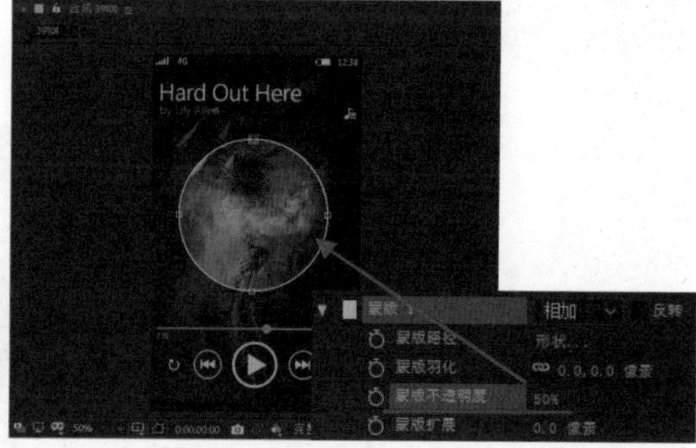

图 4-199

5. 蒙版扩展

该选项可以设置蒙版图形的扩展程度，如果设置“蒙版扩展”属性值为正值，则扩展蒙版区域，如图 4-200 所示；如果设置“蒙版扩展”属性值为负值，则收缩蒙版区域，如图 4-201 所示。

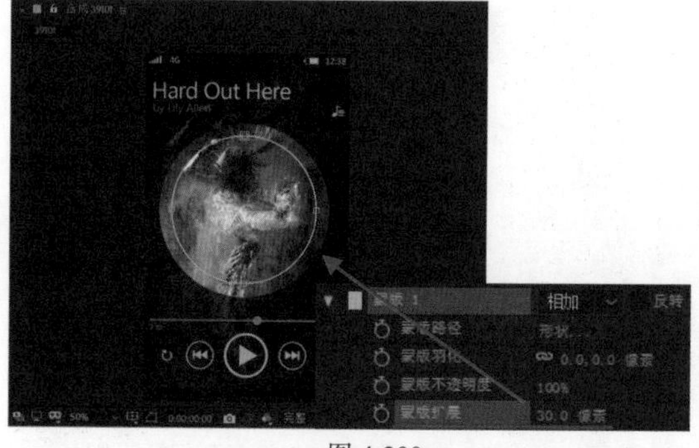

图 4-200

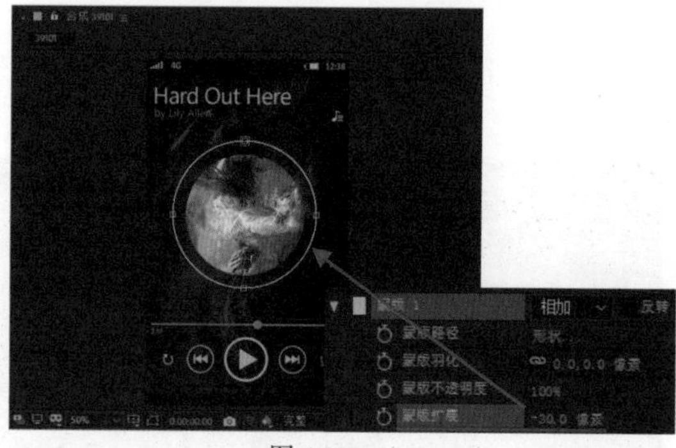

图 4-201

实例 11——制作蒙版属性动效

源文件：源文件\第 4 章\4-4-5.aep　　视频：视频\第 4 章\4-4-5.mp4

01 在 After Effects 中新建一个空白的项目，接着上一节中的实例继续制作蒙版实现的动画效果。“合成”窗口效果如图 4–202 所示，“时间轴”面板效果如图 4–203 所示。

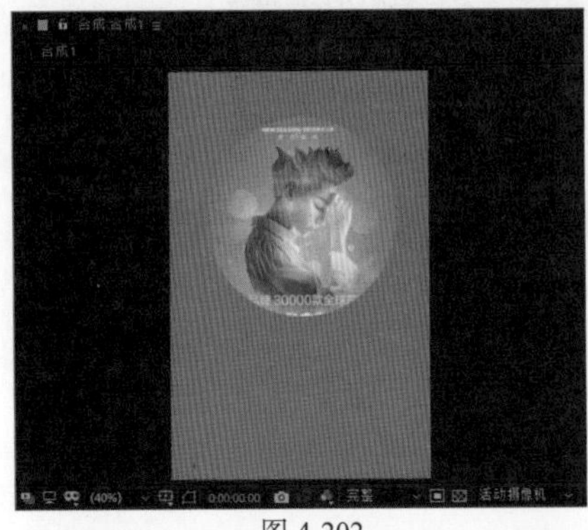

图 4-202

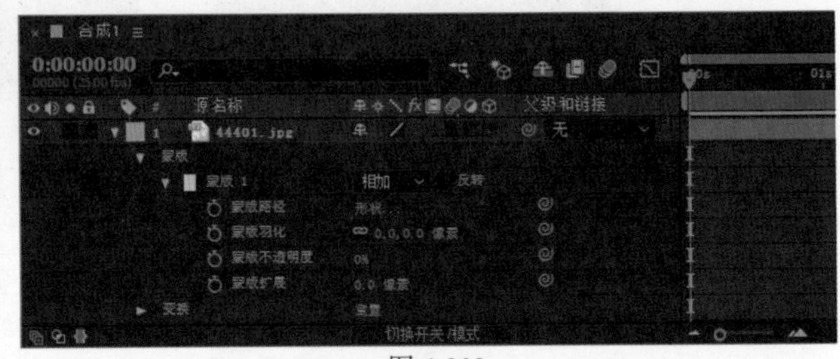

图 4-203

02 在“时间轴”面板中设置“蒙版羽化”属性为 60 像素，颜色果如图 4–204 所示。确认“时间指示器”位于 0 秒位置，为“蒙版路径”属性和“蒙版不透明度”属性分别插入关键帧，如图 4–205 所示。

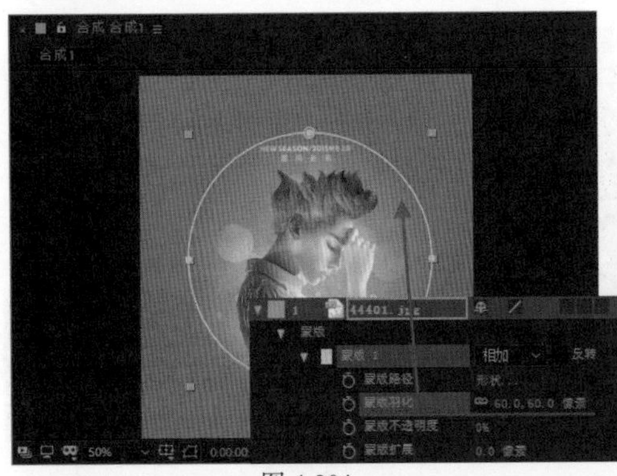

图 4-204

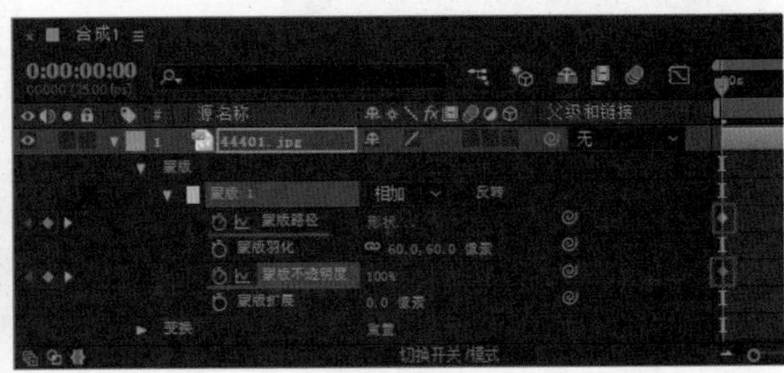

图 4-205

03 将“时间指示器”移至 0 秒 12 帧的位置，分别单击“蒙版路径”和“蒙版不透明度”属性前的“添加或移除关键帧”按钮◆，在当前位置插入这两个属性关键帧，如图 4–206 所示。将“时间指示器”移至 0 秒位置，在“合成”窗口中，在蒙版的形状路径上双击，则会显示一个形状路径调节框，如图 4–207 所示。

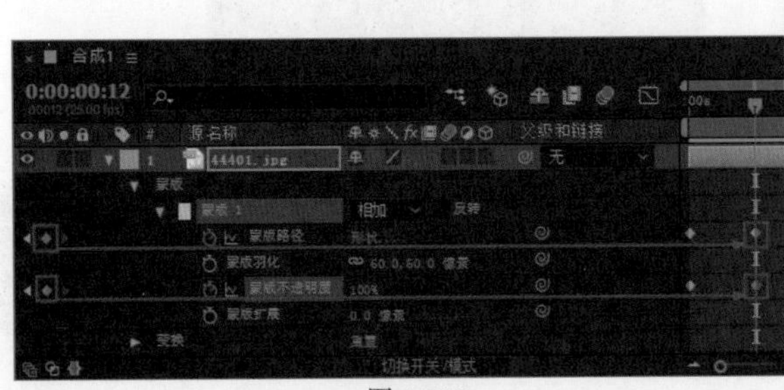

图 4-206

图 4-207

04 将光标放置在形状路径调节框的其中任意一个节点上时，光标变成双向箭头效果，按住 Shift 键拖动鼠标，将其等比例缩小，如图 4–208 所示。并在“合成”窗口中拖动该形状路径，将其调整到合适的位置，双击确认对形状路径的变换操作，如图 4–209 所示。在“时间轴”面板中将“蒙版不透明度”属性值设置为 0%。

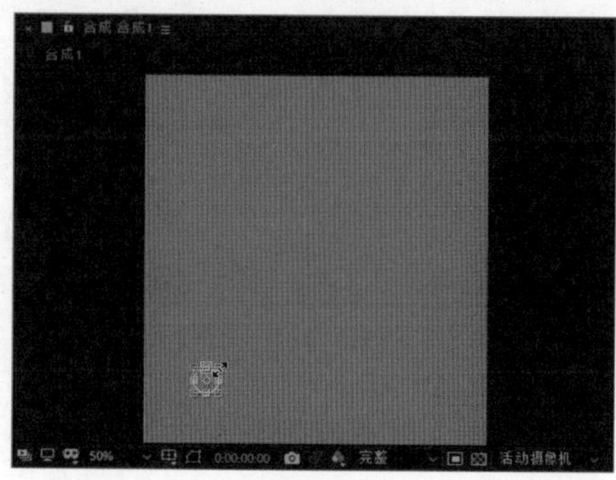
图 4-208

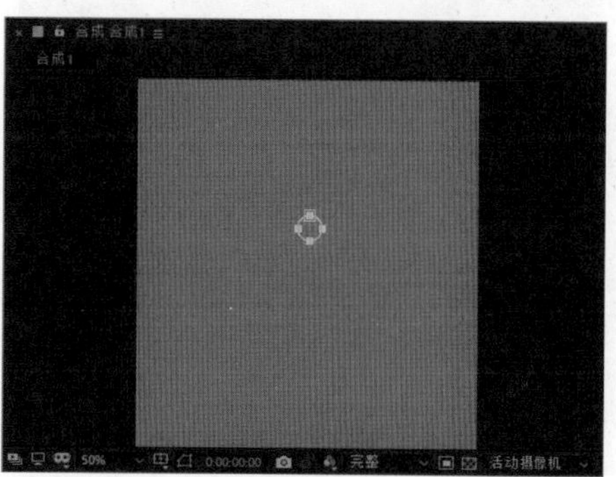
图 4-209

技巧

使用“选取工具”在蒙版的形状路径上双击，显示出形状路径的调节框，将光标移动至调节框周围的任意位置，将出现旋转光标，拖动鼠标即可对整个蒙版的形状路径进行旋转操作。

05 将“时间指示器”移至 0 秒 22 帧的位置，在“合成”窗口中使用“选取工具”单击并拖动蒙版路径至合适的位置，如图 4–210 所示。自动在当前位置为“蒙版路径”属性添加关键帧，如图 4–211 所示。

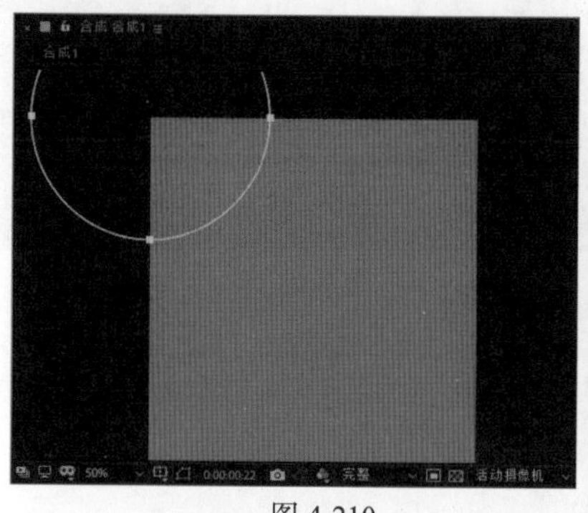
图 4-210

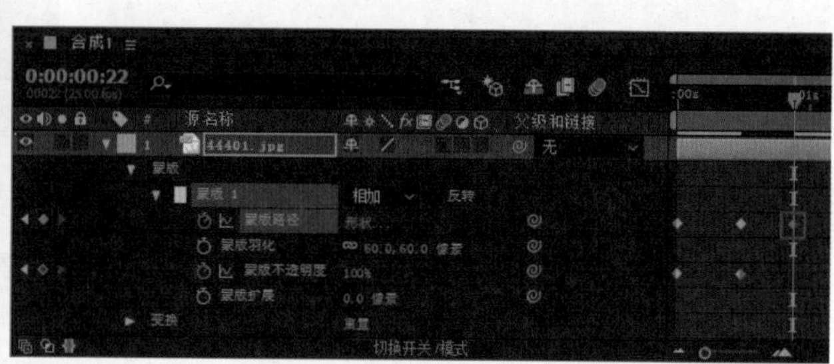

图 4-211

06 将“时间指示器”移至 1 秒 07 帧的位置，在“合成”窗口中移动蒙版路径至合适的位置，如图 4–212 所示。将“时间指示器”移至 2 秒 02 帧的位置，在“合成”窗口中移动蒙版路径至合适的位置，如图 4–213 所示。

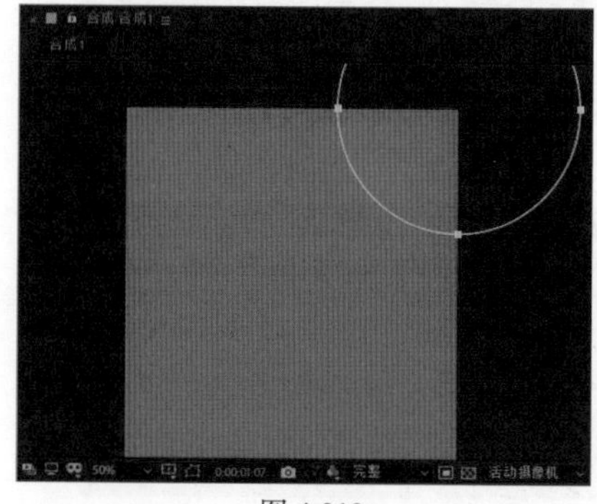
图 4-212

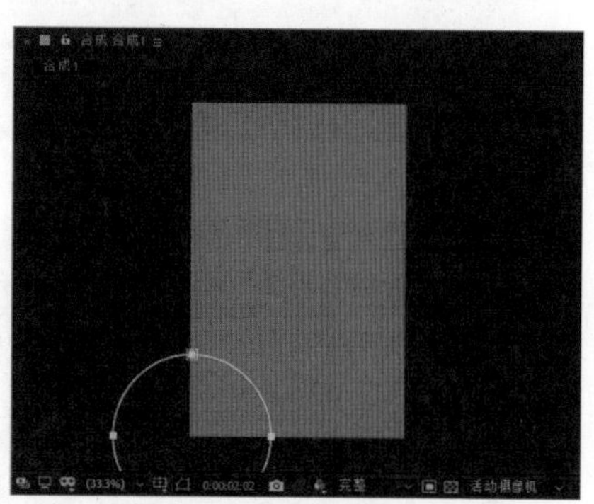
图 4-213

07 将“时间指示器”移至 2 秒 12 帧的位置，在“合成”窗口中移动蒙版路径至合适的位置，如图 4–214 所示。将“时间指示器”移至 2 秒 22 帧的位置，在“合成”窗口中移动蒙版路径至合适的位置，如图 4–215 所示。

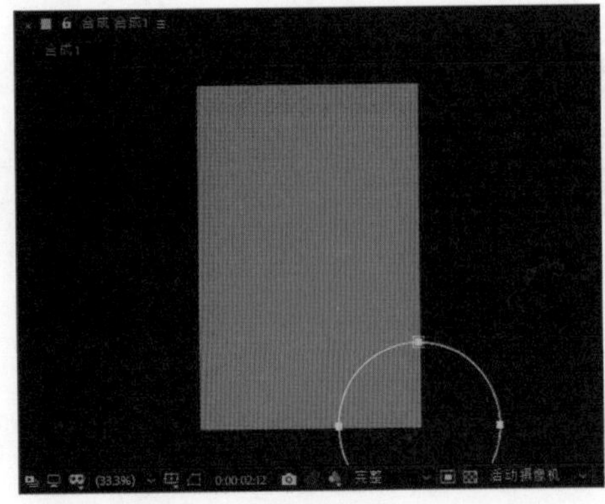

图 4-214

图 4-215

08 “时间轴”面板如图 4–216 所示。将“时间指示器”移至 3 秒 10 帧的位置，在“合成”窗口中将蒙版路径等比例放大，如图 4–217 所示。

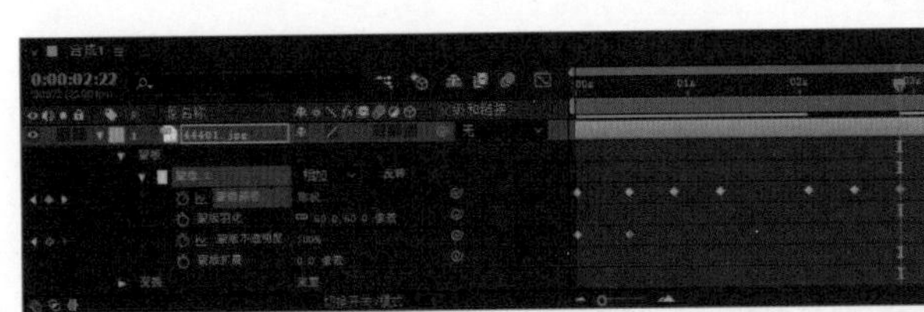

图 4-216

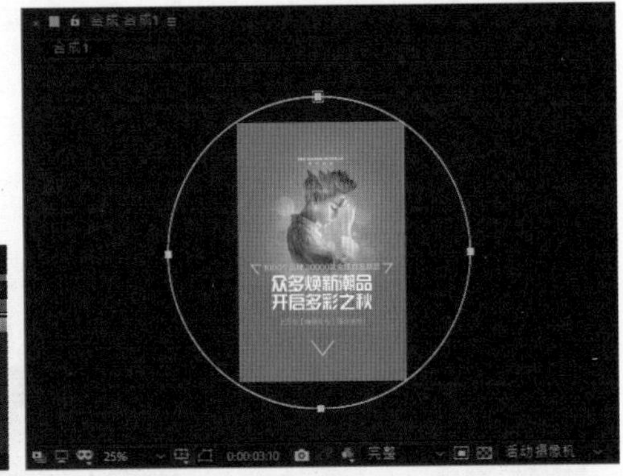

图 4-217

09 在“时间轴”面板中拖动鼠标同时选中“蒙版路径”属性的所有关键帧，如图 4–218 所示。在关键帧上右击，在弹出的菜单中执行“关键帧辅助”>“缓动”命令，为选中的关键帧应用“缓动”效果，在“时间轴”面板中可以看到相应蒙版属性中的关键帧动画，如图 4–219 所示。

图 4-218

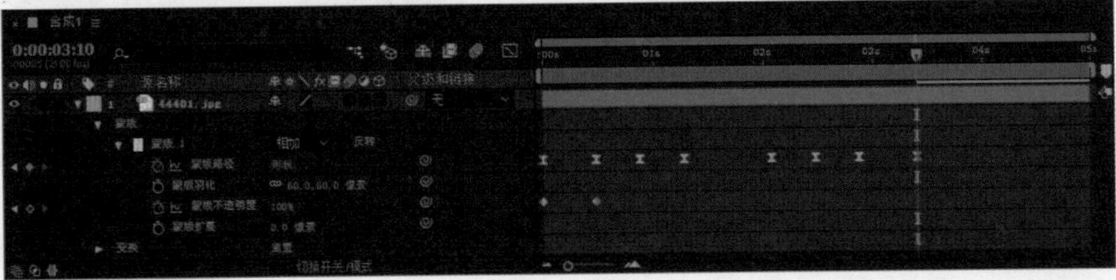

图 4-219

10 完成蒙版属性动效的制作，执行“文件”>“保存”命令，将文件保存为“源文件\第 4 章\4-4-5.aep”。单击“预览”面板上的“播放/停止”按钮▶，可以在“合成”窗口中预览动画效果，如图 4-220 所示。

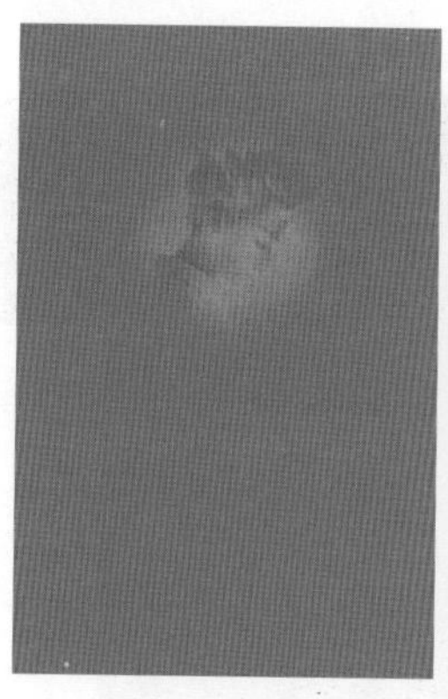

图 4-220

4.4.6 蒙版的叠加处理 

当一个图层中同时包含多个蒙版时，这时就可以通过设置蒙版的“混合模式”选项，来使蒙版与蒙版之间产生叠加的效果，如图 4-221 所示。

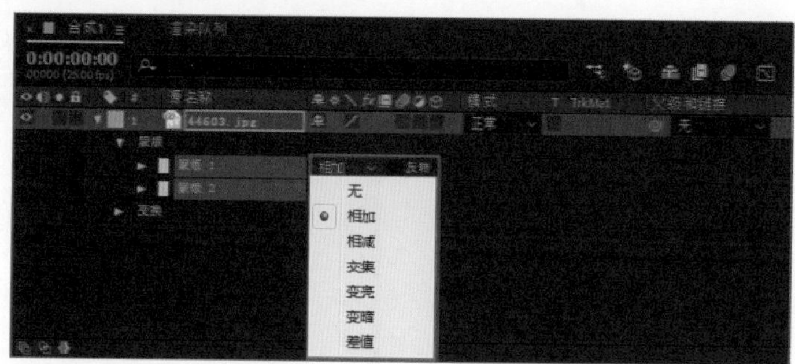

图 4-221

- **无：**选择该选项，当前路径不会起到蒙版作用，只作为路径存在，可以为路径制作描边、光线动画和路径动画等辅助动画效果。
- **相加：**默认情况下，蒙版使用的是“相加”模式，如果绘制的蒙版中有两个或两个以上的路径图形，可以清楚地看到两个蒙版以相加的形式显示的效果，如图 4-222 所示。
- **相减：**如果选择“相减”模式，蒙版的显示将变成镂空的效果，这与选择该蒙版名称右侧的“反转”选项所实现的效果相同，如图 4-223 所示。

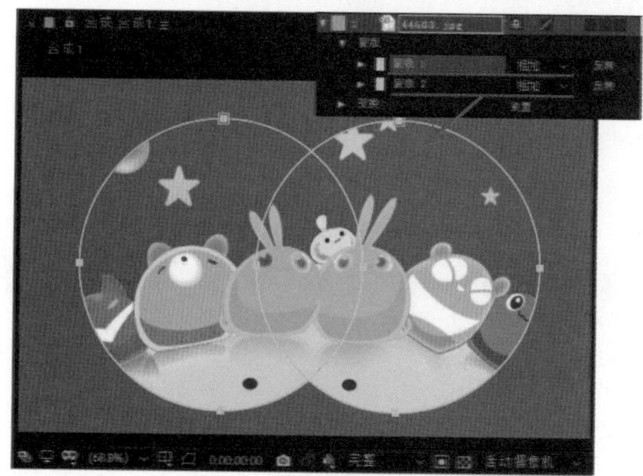

图 4-222

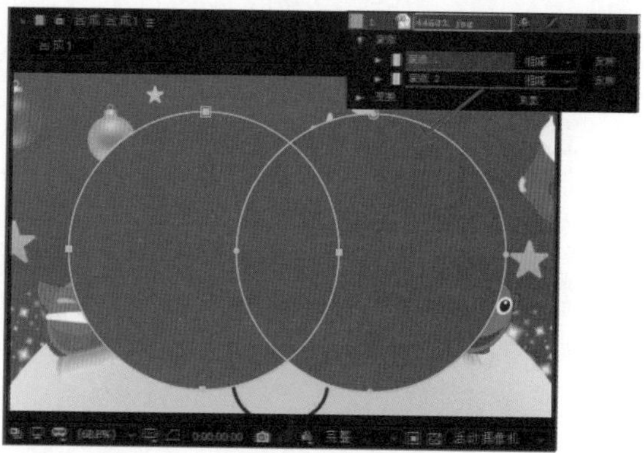

图 4-223

- **交集：**如果选择“交集”模式，则只显示当前蒙版路径与上面所有蒙版的组合结果相交的部分，如图 4–224 所示。
- **变亮：**“变亮”模式与“相加”模式相同，对于蒙版重叠部分的不透明度采用不透明度较高的值，如图 4–225 所示。

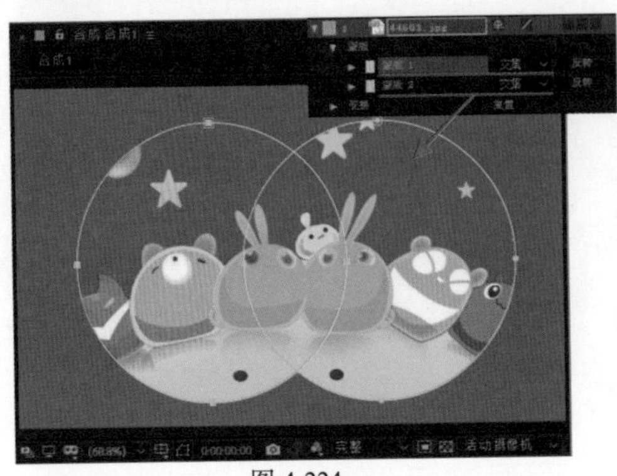
图 4-224

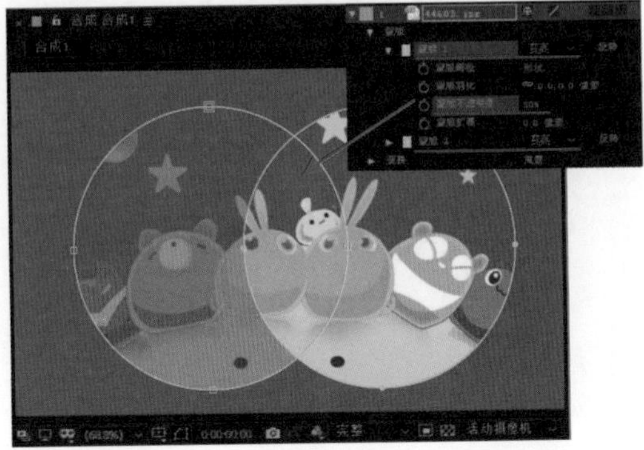
图 4-225

- **变暗：**“变暗”模式对于可视范围区域来说，与“交集”模式相同，但是对于蒙版重叠部分的不透明度，则采用不透明度较低的值，如图 4–226 所示。
- **差值：**“差值”模式是采取并集减去交集的方式，也就是说，先将所有蒙版的组合进行并集运算，然后再将所有蒙版组合的相交部分进行相减运算，如图 4–227 所示。

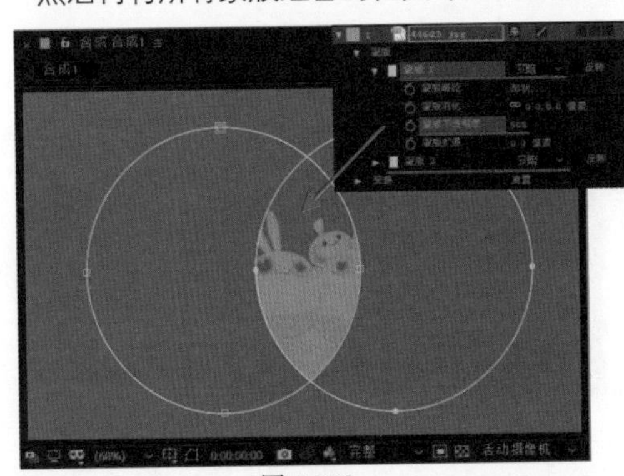
图 4-226

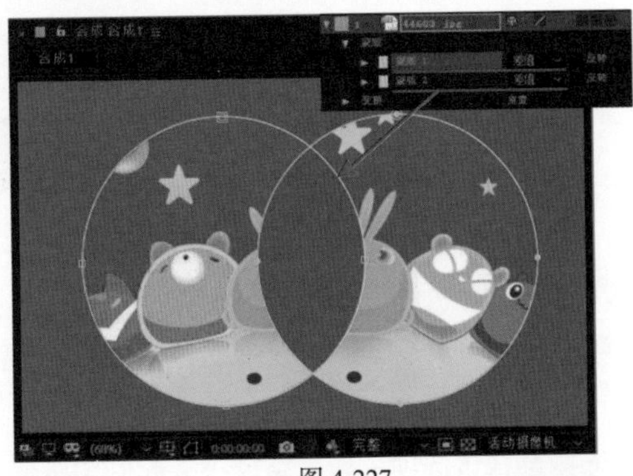
图 4-227

实例 12——制作扫描二维码动效

源文件：源文件 \ 第 4 章 \4–4–6.aep　　视频：视频 \ 第 4 章 \4–4–6.mp4

01 在 After Effects 中新建一个空白的项目，执行“合成”>“新建合成”命令，弹出“合成设置”对话框，对相关选项进行设置，如图 4–228 所示。单击“确定”按钮，新建合成。执行“文件”>“导入”>“文件”命令，在弹出的“导入文件”对话框中同时选中多个需要导入的素材文件，如图 4–229 所示。

02 单击“导入”按钮，将所选中的素材导入“项目”面板中，如图 4–230 所示。在“项目”面板中将素材 44601.jpg 和 44602.png 分别拖入“时间轴”面板中，在“合成”窗口中调整二维码图像到合适的位置，如图 4–231 所示。

03 不要选中任何对象，使用“矩形工具”，在工具栏中设置“填充”为无，“描边”为黑色，“描边粗细”为 4px，在“合成”窗口中按住 Shift 键绘制一个正方形，如图 4–232 所示。在“形状图层 1”的“内容”选项后单击“添加”按钮，在弹出的菜单中选择“修剪路径”选项，如图 4–233 所示。

04 展开“修剪路径 1”选项，对相关选项进行设置，效果如图 4–234 所示。选择“形状图层 1”，按快捷键 Ctrl+C 复制该图层，按快捷键 Ctrl+V 粘贴图层得到“形状图层 2”，展开“变换”选项，设置“旋转”属性为 90°，效果如图 4–235 所示。

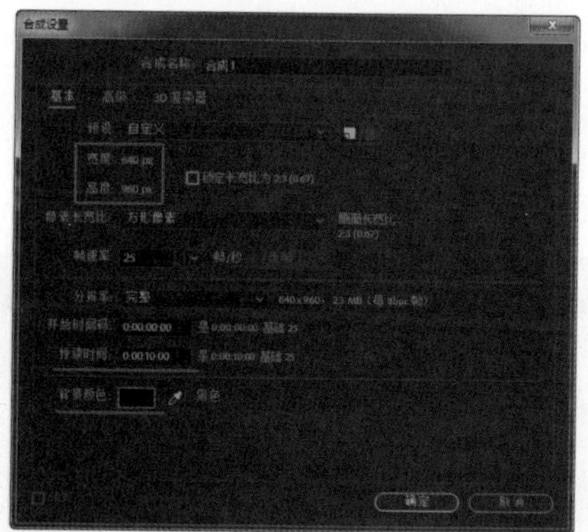

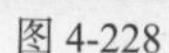

图 4-228

图 4-229

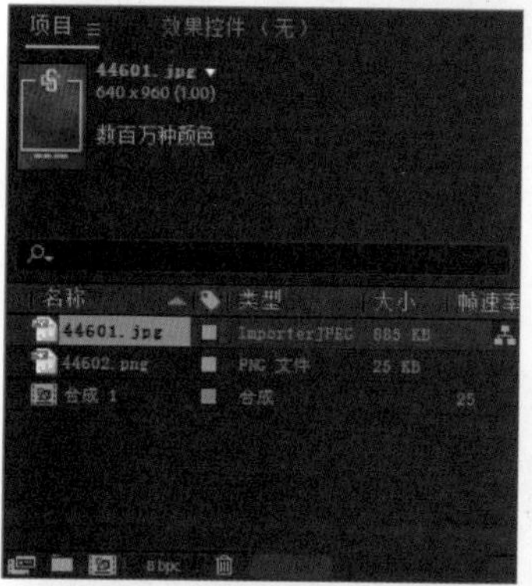

图 4-230

图 4-231

图 4-232

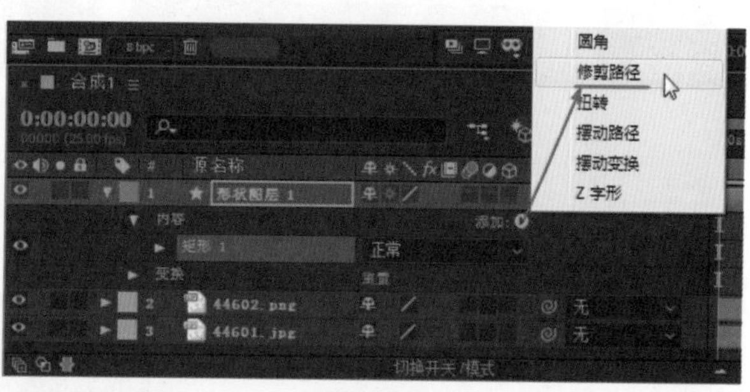

图 4-233

图 4-234

图 4-235

05 使用相同的制作方法，可以将该形状图层再复制两次并分别设置“旋转”属性，效果如图 4–236 所示。在“时间轴”面板中将不需要制作动画的图层锁定，如图 4–237 所示。

图 4-236

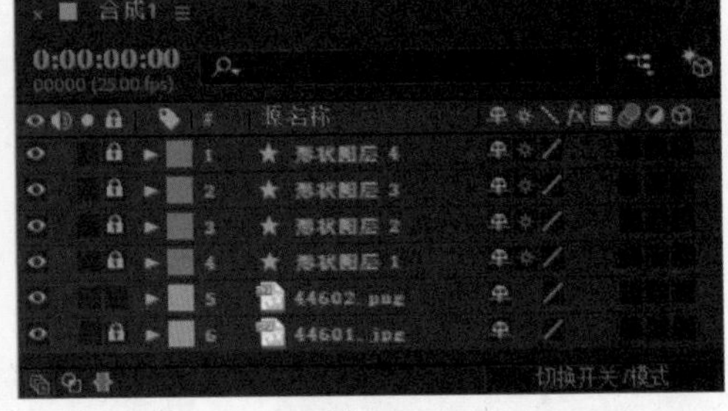

图 4-237

06 使用“矩形工具”，在工具栏中设置“填充”为任意颜色，“描边”为无，在“合成”窗口中绘制一个矩形，如图 4–238 所示。复制“形状图层 5”图层，按快捷键 Ctrl+V，粘贴图层得到“形状图层 6”图层，如图 4–239 所示。

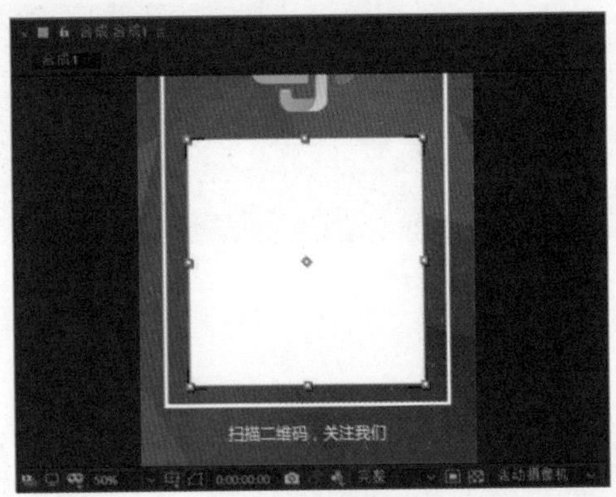

图 4-238

图 4-239

07 将“形状图层 6”图层隐藏，选择“形状图层 5”图层，使用“矩形工具”，在工具栏中单击“填充”文字，在弹出的“填充选项”对话框中选择“线性渐变”选项，如图 4–240 所示。单击“确定”按钮，展示“形状图层 5”的“内容”选项中的“渐变填充 1”选项，如图 4–241 所示。

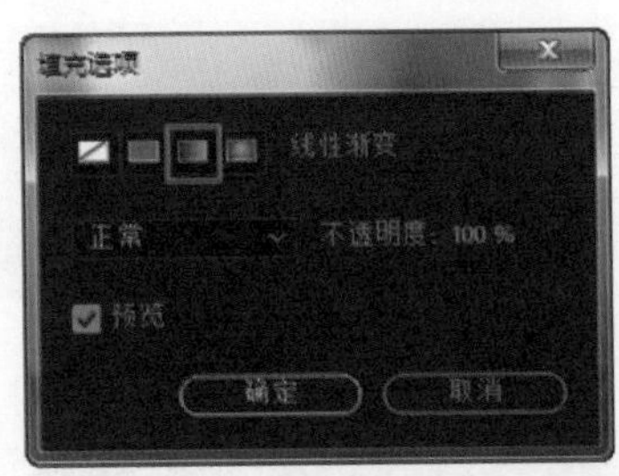

图 4-240

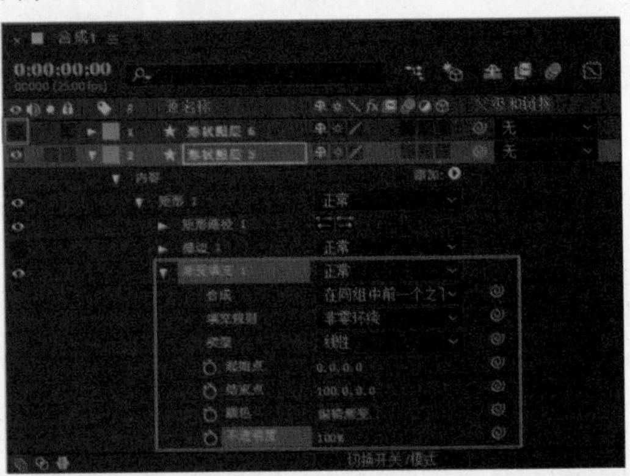

图 4-241

08 在“渐变填充 1”选项中设置“结束点”选项，在“合成”窗口中使用“旋转工具”对该矩形进行旋转操作，效果如图 4–242 所示。单击“颜色”选项后的“编辑渐变”链接，弹出“渐变编辑器”对话框，设置渐变颜色，如图 4–243 所示。

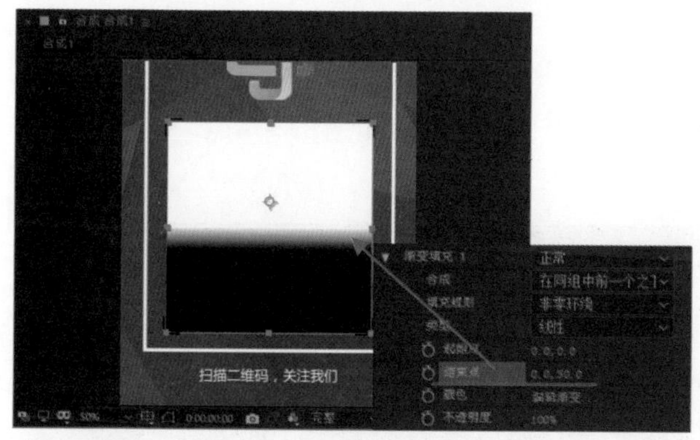

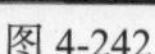
图 4-242

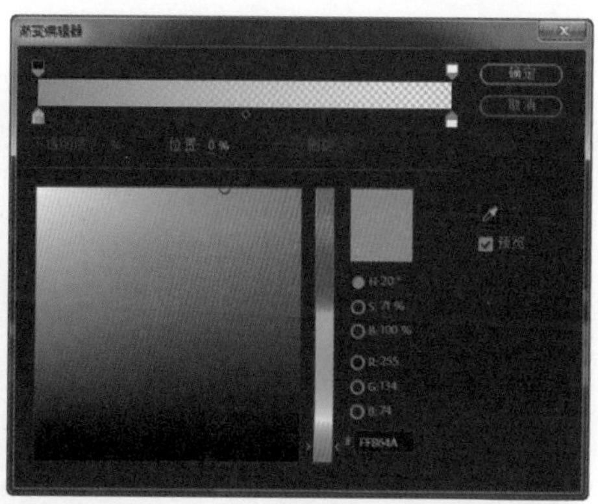
图 4-243

09 单击“确定”按钮，完成渐变颜色的设置，设置“渐变填充 1”选项中“起始点”和“结束点”选项，如图 4-244 所示。在“合成”窗口中可以看到渐变填充的效果，如图 4-245 所示。

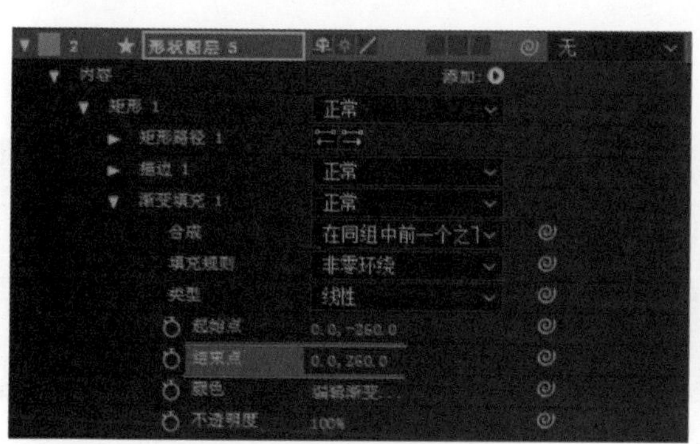

图 4-244

图 4-245

10 选择“形状图层 5”，使用“选择工具”在“合成”窗口中将矩形缩小，如图 4-246 所示。在“时间轴”面板中设置“形状图层 5”的“轨道遮罩”属性为“Alpha 遮罩”，按快捷键 P，显示出该图导的“位置”属性，如图 4-247 所示。

图 4-246

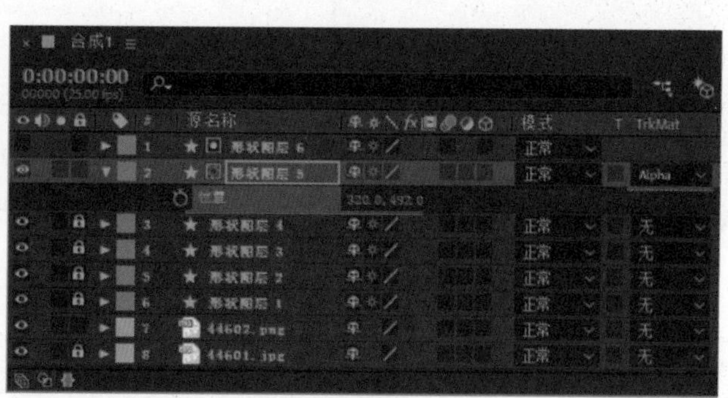

图 4-247

11 在“合成”窗口中将渐变矩形向上移至合适的位置，为“位置”属性插入关键帧，如图 4-248 所示。将“时间指示器”移至 2 秒位置，在“合成”窗口中将渐变矩形向下移至合适的位置，如图 4-249 所示。

12 同时选中刚创建的两个位置关键帧，在关键帧上右击，在弹出的菜单中执行“关键帧辅助”>“缓动”命令，为选中的两个关键帧应用“缓动”效果，如图 4-250 所示。在“项目”面板上的合成上右击，在弹出的菜单中选择“合成设置”命令，弹出“合成设置”对话框，修改“持续时间”为 4 秒，如图 4–251 所示。

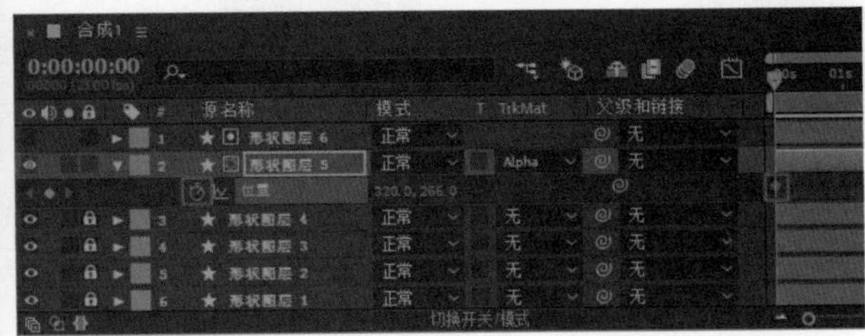

图 4-248

图 4-249

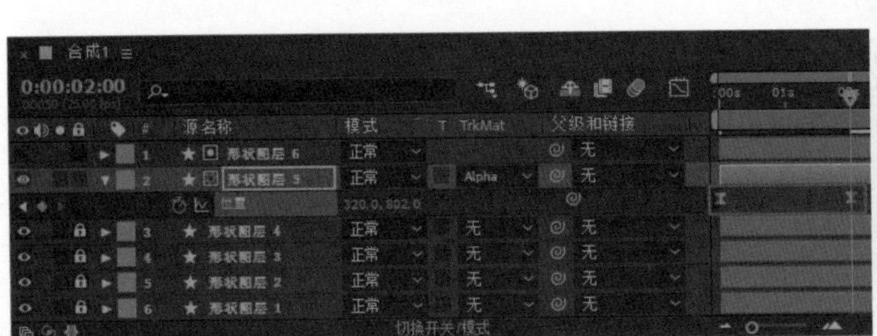

图 4-250

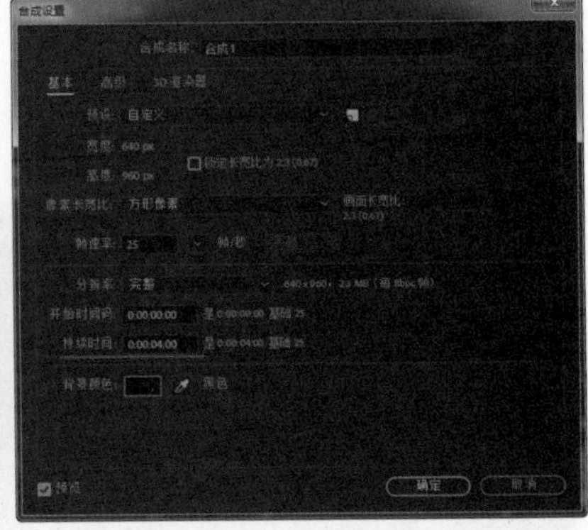

图 4-251

13 单击“确定”按钮，完成“合成设置”对话框的设置，“时间轴”面板如图 4–252 所示。

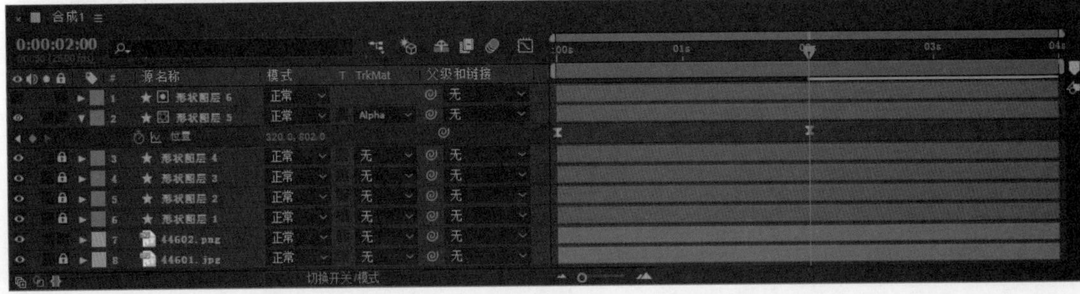

图 4-252

14 完成该扫描二维码动效的制作，单击“预览”面板上的“播放 / 停止”按钮，可以在“合成”窗口中预览动画效果，如图 4-253 所示。

图 4-253

4.5 在 After Effects 中渲染输出动画

在交互动效的制作过程中，渲染是制作完成的最后一个步骤，也是非常关键的一步。在 After Effects 中，可以将合成项目渲染输出成视频文件或序列图片等，由于渲染的格式影响着影片最终呈现出来的效果，因此即使前面制作得再精妙，不成功的渲染也会直接导致操作的失败。如果需要将交互动效输出为 GIF 格式的动画图片，则还需要与 Photoshop 软件相结合。

4.5.1 认识渲染工作区

当在 After Effects 中完成一个项目文件的制作时，最终都需要将其渲染输出，有时候只需要将影片中的一部分渲染输出，而不是整个工作区的影片，此时就需要调整渲染工作区，从而将部分动画渲染输出。

渲染工作区位于“时间轴”面板中，由“工作区域开头”和“工作区域结尾”两个点来控制渲染区域，如图 4-254 所示。

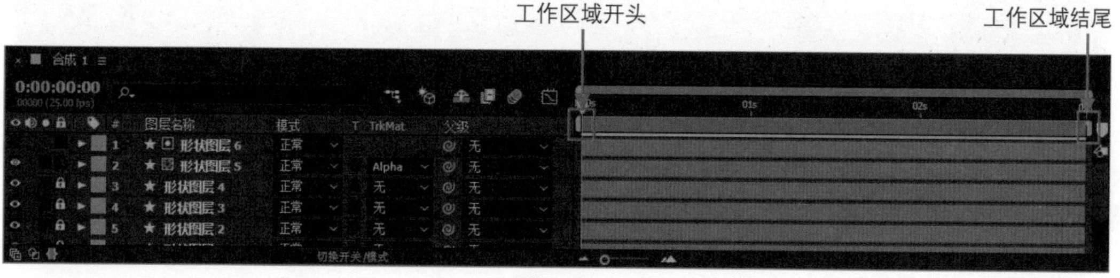

图 4-254

调整渲染工作区的方法有两种，一种是通过手动调整渲染工作区，还有一种是使用快捷键调整渲染工作区，两种方法都可以完成渲染工作区的调整设置，从而渲染输出部分影片。

1. 手动调整渲染工作区

手动调整渲染工作区的方法很简单，只需要分别拖动“工作区域开头”图标和“工作区域结尾”图标至合适的位置，即可完成渲染工作区的调整，如图 4-255 所示。

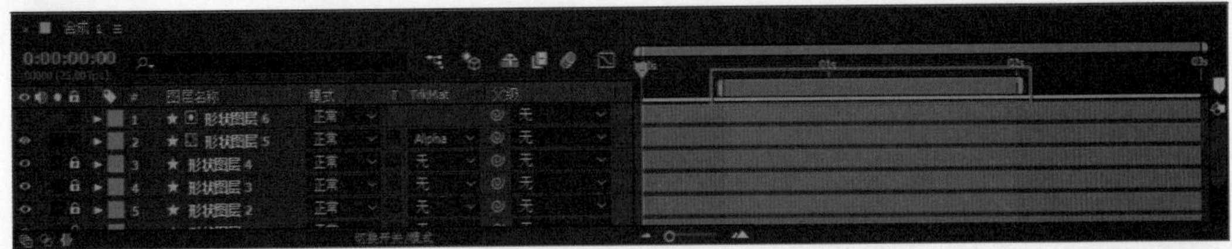

图 4-255

技巧

如果想要精确地控制开始或结束工作区的时间帧位置，首先将“时间指示器”调整到相应的位置，然后按住 Shift 键的同时拖动开始或结束工作区，可以吸附到“时间指示器”的位置。

2. 使用快捷键调整渲染工作区

除了手动调整渲染工作区外，还可以使用快捷键进行调整，操作起来更加方便快捷。

在“时间轴”面板中，将“时间指示器”拖动至需要的时间帧位置，按快捷键 B，即可调整“工作区域开头”到当前的位置。

在“时间轴”面板中，将“时间指示器”拖动至需要的时间帧位置，按快捷键 N，即可调整“工作区域结尾”到当前的位置。

4.5.2 理解渲染设置选项

在 After Effects 中，主要是通过“渲染队列”面板来设置渲染输出动画，在该面板中可以控制整个渲染进度，整理各个合成项目的渲染顺序，设置每个合成项目的渲染质量、输出格式和路径等。

执行“合成”>“添加到渲染队列”命令，或者按快捷键 Ctrl+M，即可打开“渲染队列”面板，如图 4-256 所示。

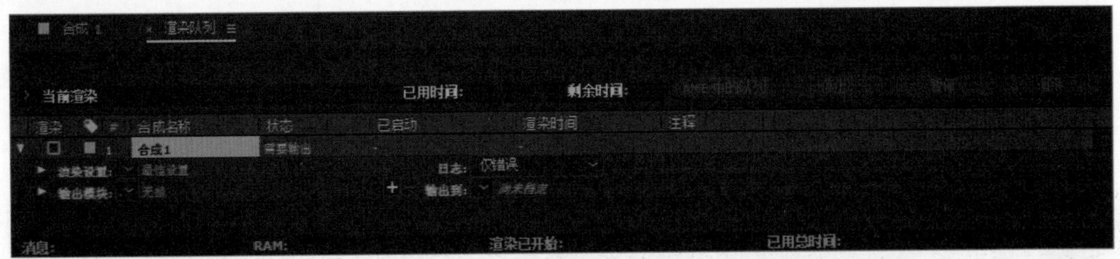

图 4-256

1. 渲染设置

在“渲染队列”面板中某个需要渲染输出的合成下方，单击“渲染设置”选项右侧的下三角按钮，即可在弹出的菜单中选择系统自带的渲染预设，如图 4-257 所示。

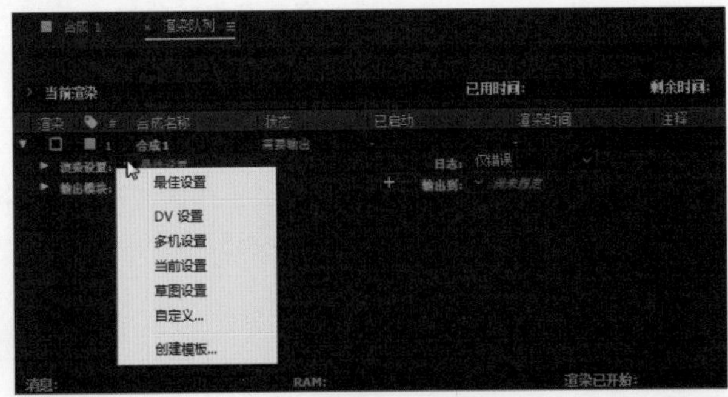

图 4-257

- **最佳设置：**选择该选项，系统会以最好的质量渲染当前动画，该选项为默认选项。
- **DV 设置：**选择该选项，系统会使用 DV 模式设置进行项目渲染。
- **多机设置：**选择该选项，系统将使用多机器渲染设置进行项目渲染。
- **当前设置：**选择该选项，系统会使用在“合成”窗口中的参数设置。
- **草图设置：**选择该选项，系统将使用草稿质量输出影片，一般情况下，会在测试观察时使用。
- **自定义：**选择该选项，可以弹出“渲染设置”对话框，在该对话框中用户可以自定义渲染设置选项，如图 4–258 所示。
- **创建模板：**选择该选项，可以弹出“渲染设置模板”对话框，如图 4–259 所示。用户可以自行进行渲染模板的设置创建，创建的自定义模板也会出现在该弹出菜单中。

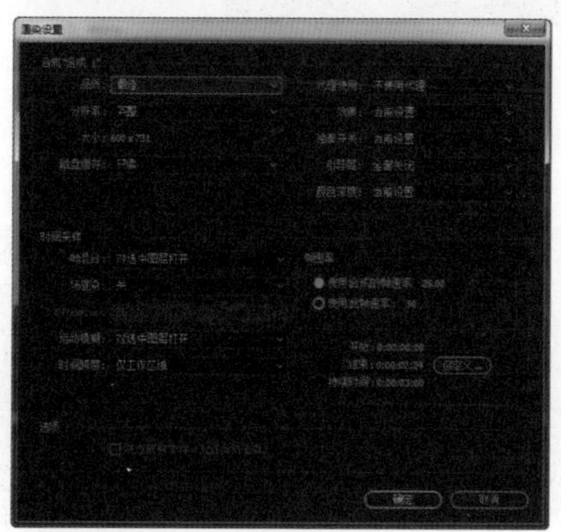

图 4-258

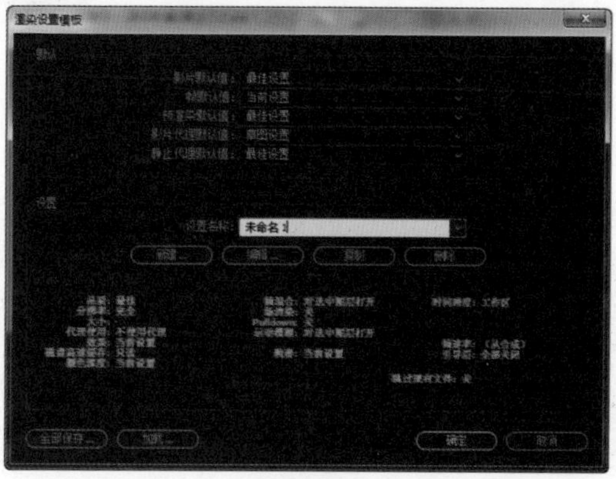

图 4-259

2. 日志

在“渲染设置”选项右侧的“日志”选项主要用于设置渲染动画的日志显示信息，在该下拉列表中可以选择日志中需要记录的信息类型，如图 4–260 所示，默认选择“仅错误”选项。

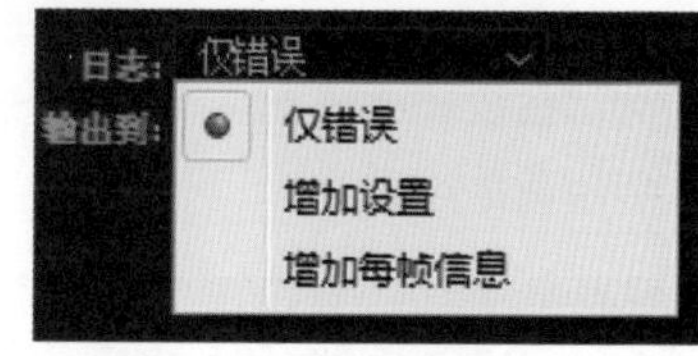

图 4-260

3. 输出模块

在“渲染队列”面板中某个需要渲染输出的合成下方，单击“输出模块”选项右侧的下三角按钮，即可在弹出菜单中选择不同的输出模块，如图 4–261 所示。默认选择“无损”选项，表示所渲染输出的文件为无损压缩的视频文件。

单击“输出模块”右侧的加号按钮，可以为该合成添加一个输出模块，如图 4–262 所示，即可添加一种输出的文件格式。

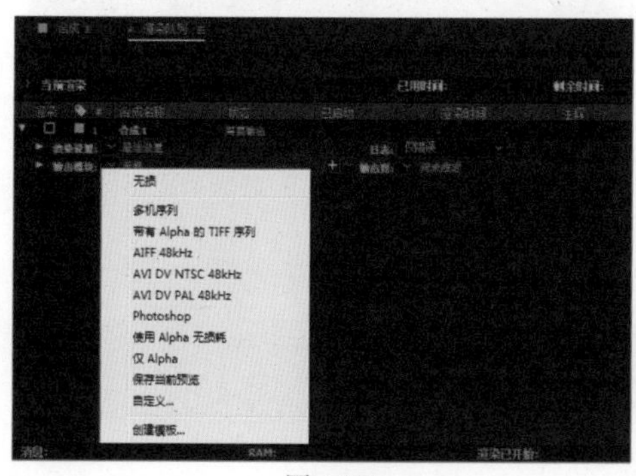

图 4-261

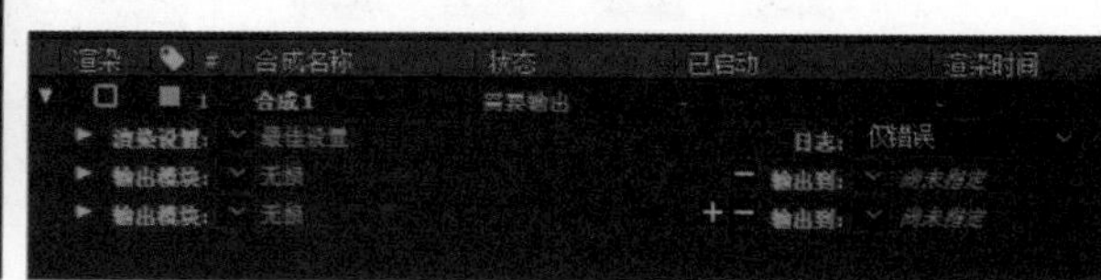

图 4-262

如果需要删除某种输出格式，可以单击该“输出模块”右侧的减号按钮，需要注意的是，必须保留至少一个输出模块。

4. 输出到

在“渲染队列”面板中某个需要渲染输出的合成下方，“输出到”选项主要用于设置该合成渲染输出的文件位置和名称。单击“输出到”选项右侧的下三角按钮，即可在弹出菜单中选择预设的输出名称格式，如图 4–263 所示。

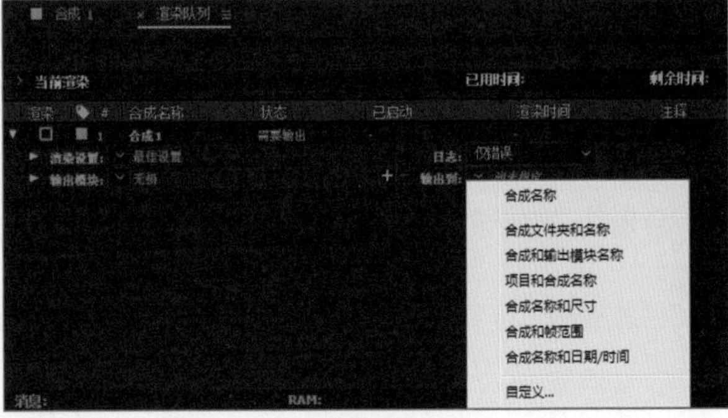

图 4-263

4.5.3 渲染输出

在“渲染队列”面板中完成渲染队列中合成下方相关渲染选项的设置后，单击“渲染队列”面板右侧的“渲染”按钮，即可按照设置对渲染队列中合成进行渲染输出，并显示渲染进度，如图 4–264 所示。

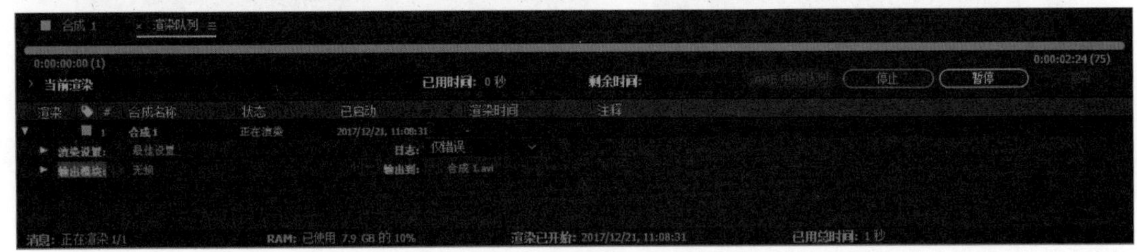

图 4-264

在 After Effects 中，当一个动画文件制作完成后，就需要将最终的结果输出，以供开发人员更好地理解交互设计作品效果。After Effects 中提供了多种输出的方式，但是相对于交互动画来说最适宜的一种格式就是 QuickTime 格式的视频文件。其原因是便于之后导入 Photoshop 中再输出 GIF 格式的动画文件。

实例 13——将动效渲染输出为视频文件

源文件：源文件 \ 第 4 章 \4–5–3.mov　　视频：视频 \ 第 4 章 \4–5–3.mp4

01 打开 After Effects，执行“文件” > “打开项目”命令，弹出“打开”对话框，选择之前制作好的 4–4–5.aep 文件，如图 4–265 所示。单击“打开”按钮，在 After Effects 中打开该项目文件，如图 4–266 所示。

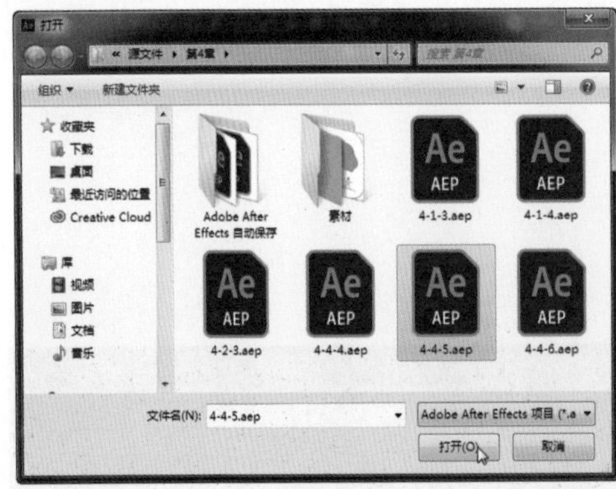

图 4-265

图 4-266

02 执行“合成” > “添加到渲染队列”命令，将该动画中的合成添加到“渲染队列”面板中，如图 4–267 所示。单击“输出模块”选项后的“无损”文字，弹出“输出模块设置”对话框，设置“格式”选项为 QuickTime，其他选项采用默认设置，如图 4–268 所示。

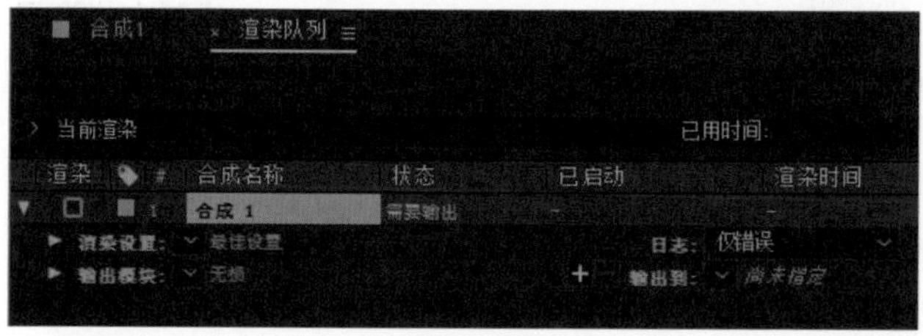

图 4-267

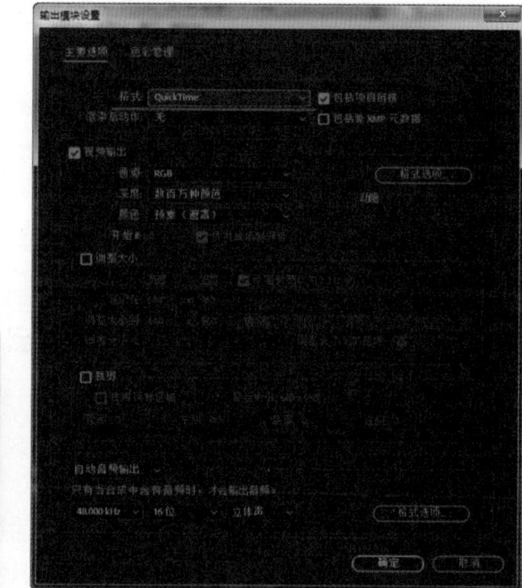

图 4-268

03 单击“确定”按钮，完成“输出模块设置”对话框的设置，单击“输出到”选项后的文字，弹出“将影片输出到”对话框，设置输出文件的名称和位置，如图 4–269 所示。单击“保存”按钮，完成该合成相关输出选项的设置，如图 4–270 所示。

图 4-269

图 4-270

04 单击“渲染队列”面板右上角的“渲染”按钮，即可按照当前的渲染输出设置对合成进行输出操作，输出完成后在选择的输出位置可以看到所输出的 4–5–3.mov 文件，如图 4–271 所示。双击所输出的视频文件，即可在视频播放器中看到所制作的动画效果，如图 4–272 所示。

图 4-271

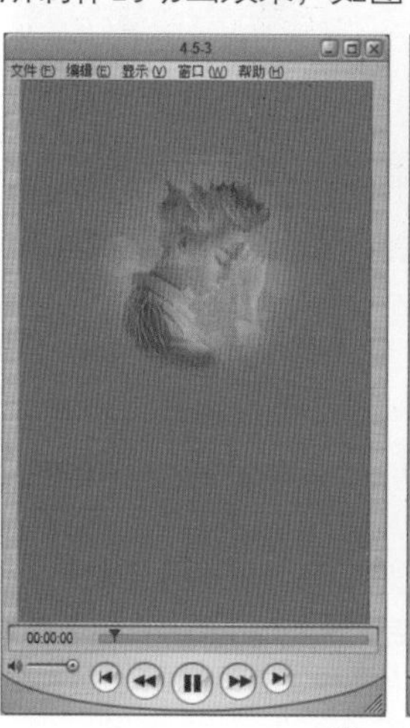

图 4-272

4.5.4 配合 Photoshop 输出 GIF 文件

渲染与输出往往是制作影视作品的最后一步，但是在交互动效中往往还需要将动效输出为 GIF 格式的动画文件，但是在 After Effects 中无法直接输出 GIF 格式的动画文件，这时就需要配合 Photoshop 来输出相应的 GIF 格式动画文件。可以先在 After Effects 中输出 MOV 格式的视频文件，再将所输出的 MOV 格式视频导入 Photoshop 中，利用 Photoshop 来输出 GIF 格式动画文件。

实例 14——将动效输出为 GIF 动画图片

源文件：源文件\第 4 章\4-5-4.gif　　视频：视频\第 4 章\4-5-4.mp4

01 打开 Photoshop，执行“文件”>“导入”>“视频帧到图层”命令，弹出“打开”对话框，选择上一节导出的视频文件 4-5-3.mov，如图 4-273 所示。单击“打开”按钮，弹出“将视频导入图层”对话框，如图 4-274 所示。

图 4-273

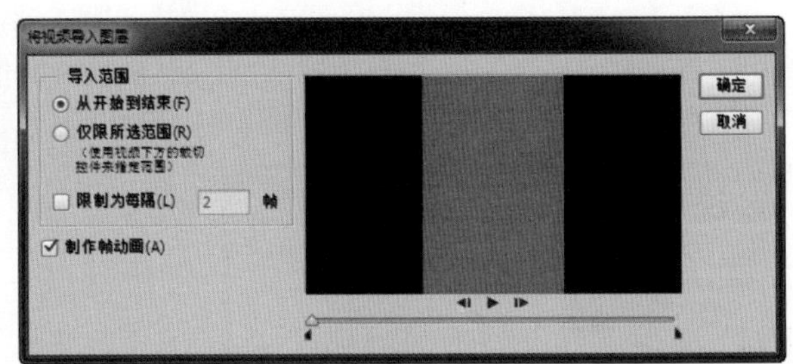

图 4-274

02 默认设置，单击“确定”按钮，完成视频文件的导入，自动将视频中的每一帧画面放入“时间轴”面板中，如图 4-275 所示。执行“文件”>“导出”>“存储为 Web 所用格式”命令，弹出“存储为 Web 所用格式”对话框，如图 4-276 所示。

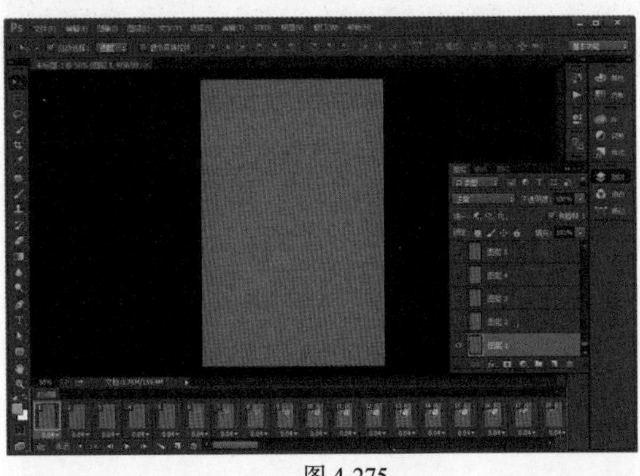

图 4-275

图 4-276

03 在“存储为 Web 所用格式”对话框中的右上角选择格式为 GIF，在右下角的“动画”选项区中设置“循环选项”为“永远”，还可以单击播放按钮，预览动画播放效果，如图 4-277 所示。单击“存储”按钮，弹出“将优化结果存储为”对话框，选择保存位置和保存文件名称，如图 4-278 所示。

04 单击“保存”按钮，即可完成 GIF 格式动画文件的输出，在输出位置，可以看到输出的 GIF 文件，如图 4-279 所示。在浏览器中预览该 GIF 动画文件，可以预览该动画效果，如图 4-280 所示。

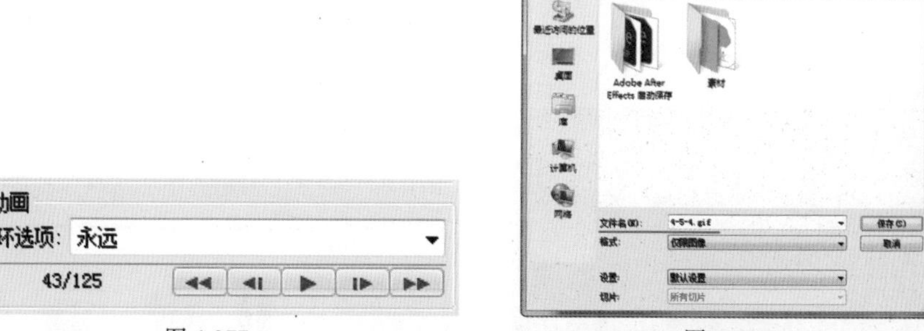

图 4-277

图 4-278

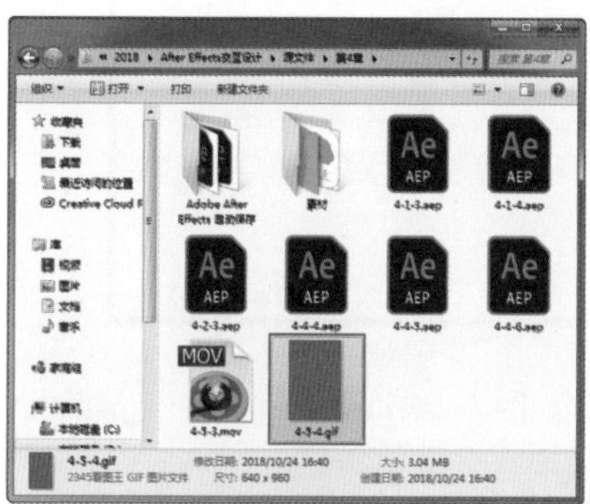

图 4-279

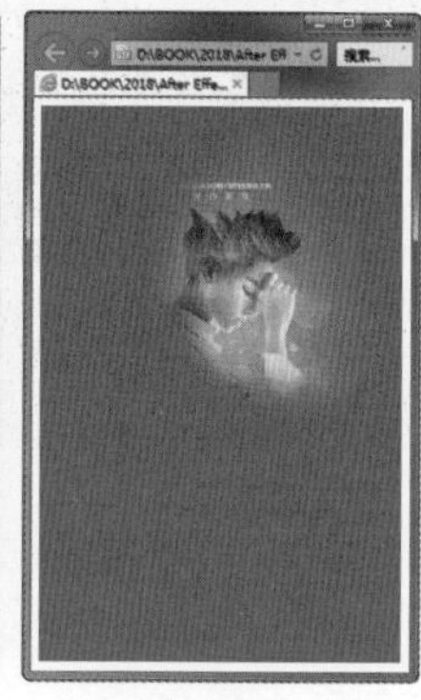

图 4-280

4.5.5 将动画嵌入手机模板

在网络中，我们常常看到将动效嵌入手机模板的不规则动画效果，这样的效果是如何实现的呢？其实这样的效果在 After Effects 和 Photoshop 中都可以实现，如果是在 After Effects 中，则可以通过为合成添加“边角固定”效果，从而对该合成进行调整，得到需要的效果；如果是在 Photoshop 中，则可以将动画先输出为 GIF 动画文件，再通过 Photoshop 将该 GIF 动画创建为智能对象，将该智能对象嵌入手机模板中就可以了。

实例 15——将动画效果嵌入手机模板中

源文件：源文件 \ 第 4 章 \4-5-5.gif　　视频：视频 \ 第 4 章 \4-5-5.mp4

01 打开 After Effects，执行“文件” > “打开项目”命令，打开项目文件“源文件 \ 第 4 章 \4-4-6.aep”，效果如图 4-281 所示。执行“合成” > “添加到渲染队列”命令，将该动画中的合成添加到“渲染队列”面板中，如图 4-282 所示。

图 4-281

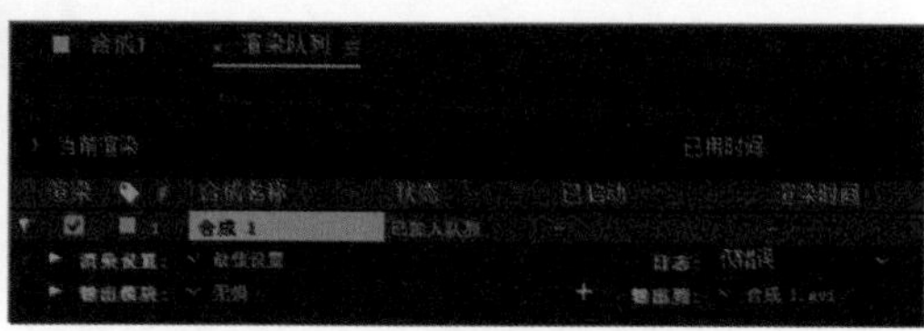

图 4-282

02 单击“输出模块”选项后的“无损”文字，弹出“输出模块设置”对话框，设置“格式”选项为 QuickTime，其他选项采用默认设置，如图 4–283 所示，单击“确定”按钮。单击“输出到”选项后的文字，弹出“将影片输出到”对话框，设置输出文件的名称和位置，如图 4–284 所示。

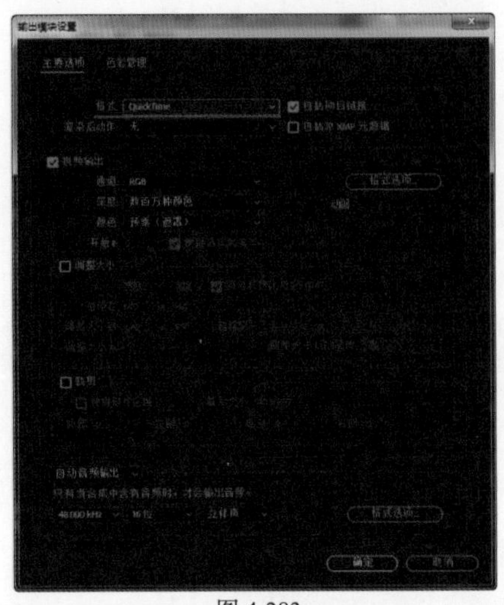

图 4-283

图 4-284

03 单击“保存”按钮，完成该合成相关输出选项的设置，如图 4–285 所示。单击“渲染队列”面板右上角的“渲染”按钮，渲染输出视频文件 4–5–5.mov，如图 4–286 所示。

04 打开 Photoshop，执行“文件” > “导入” > “视频帧到图层”命令，弹出“打开”对话框，选择上一节导出的视频文件 4–5–5.mov，如图 4–287 所示。单击“打开”按钮，弹出“将视频导入图层”对话框，如图 4–288 所示。

图 4-285

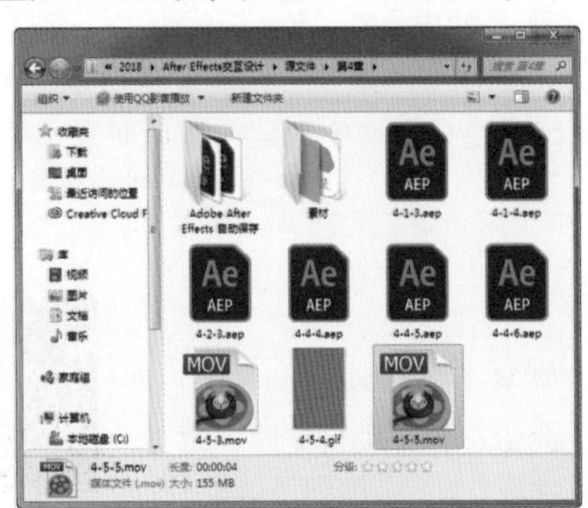

图 4-286

图 4-287

05 默认设置，单击“确定”按钮，完成视频文件的导入，自动将视频中每一帧画面放入“时间轴”面板中，如图 4–289 所示。执行“文件” > “导出” > “存储为 Web 所用格式”命令，弹出“存储为 Web 所用格式”对话框，如图 4–290 所示。

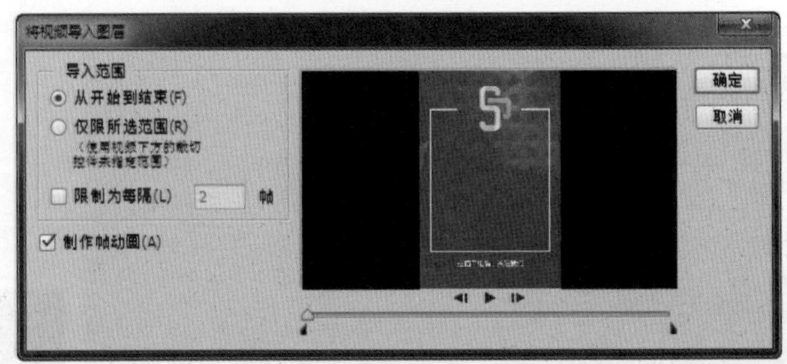

图 4-288

06 单击“存储”按钮，弹出“将优化结果存储为”对话框，选择保存位置和保存文件名称，如图 4–291 所示。单击“保存”按钮，即可完成 GIF 格式动画文件的输出，在输出位置，可以看到输出的 GIF 文件，如图 4–292 所示。

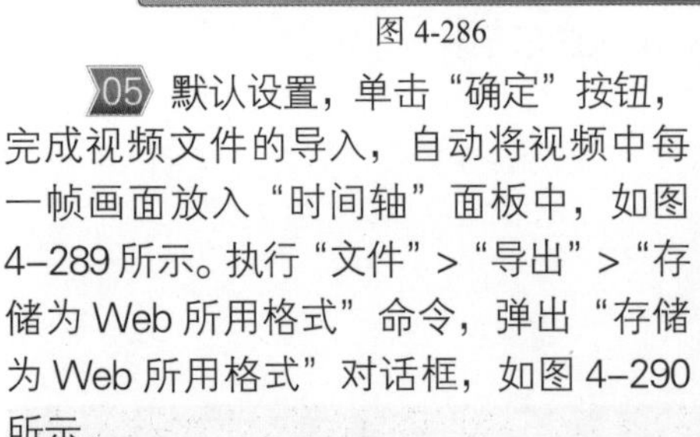

图 4-289

图 4-290

图 4-291

图 4-292

07 将 Photoshop 中的当前文件关闭，不需要保存。在 Photoshop 中打开刚输出的 GIF 格式动画文件 4–5–5.gif，如图 4–293 所示。在“时间轴”面板菜单中执行“将帧拼合到图层”命令，如图 4–294 所示，这样就可以将动画中的第一帧都转换为一个图层。

图 4-293

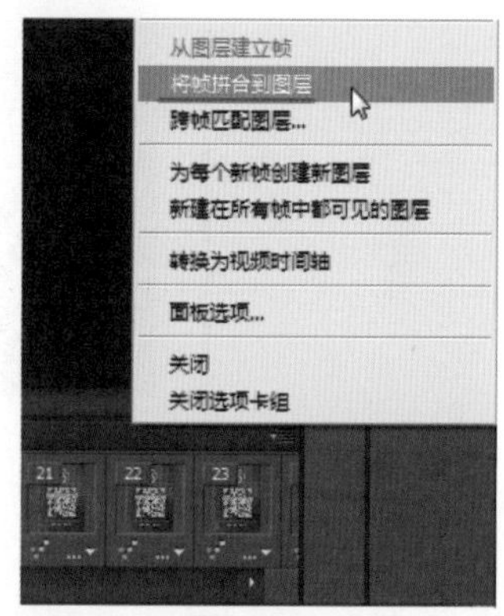

图 4-294

08 单击“时间轴”面板左下角的“转换为视频时间轴”按钮，转换为视频时间轴面板，如图 4–295 所示。在“图层”面板中同时选中所有图层，执行“图层” > “智能对象” > “转换为智能对象”命令，得到智能对象图层，如图 4–296 所示。

图 4-295

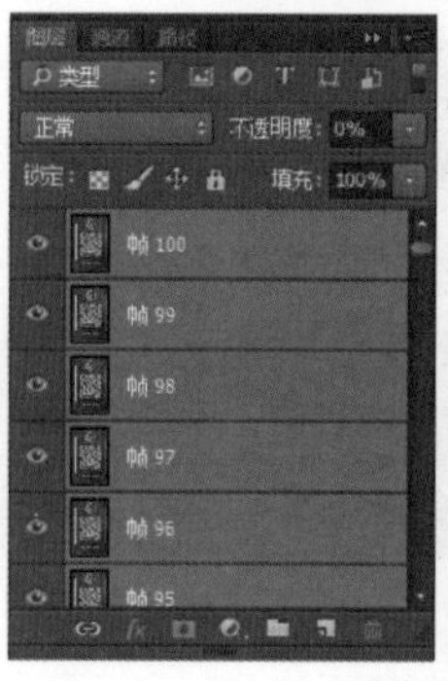

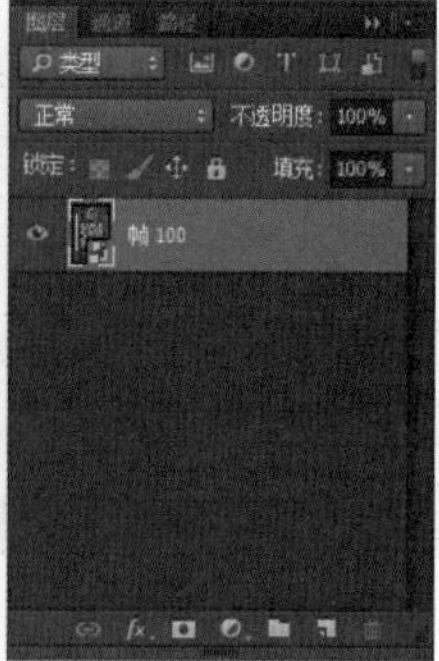
图 4-296

09 在 Photoshop 中打开准备好的素材手机图片，如图 4–297 所示。将得到的智能对象图层拖至该手机素材图片中，按快捷键 Ctrl+T，显示自由变换框，将该智能对象等比例缩小，并进行扭曲操作，使其适合该手机素材，如图 4–298 所示。

图 4-297

图 4-298

10 完成智能对象的变换调整后，单击“时间轴”面板上的“创建视频时间轴”按钮，即可创建出视频时间轴，可以预览动画的效果，如图 4–299 所示。执行“文件”>“导出”>“存储为 Web 所用格式”命令，弹出“存储为 Web 所用格式”对话框，如图 4–300 所示。

图 4-299

图 4-300

11 单击“存储”按钮，即可将其输出为 GIF 格式的动画文件，在浏览器中预览该 GIF 动画文件，可以预览该动画效果，如图 4–301 所示。

图 4-301

第5章 制作 UI 元素交互动效

近几年交互动效在 UI 界面中的应用越来越多，甚至某些设计方案中，动效已经作为重要的组成部分融入其中。在我们所常见的各种数字产品当中，各种 UI 组件和元素很多都采用了动态效果的表现方法，在本章中将介绍 UI 元素的交互动效的设计与制作方法。

5.1 按钮与图标动效设计

按钮和图标都是 UI 界面中最基础的交互元素，在移动端 UI 界面中使用的频率非常高。用户在使用移动端应用时都是通过点击相应的按钮图标顺着设计师的想法走下去的，如果能够在界面中合理地为按钮和图标设计相应的动效，用户会得到很好的用户体验。

5.1.1 开关按钮

开关顾名思义就是开启和关闭，开关按钮是移动端界面中常见的元素，一般用于打开或关闭某项功能。在移动端操作系统中，开关按钮的应用非常常见，通过开关按钮来打开或关闭应用中的某种功能，这样的设计符合现实生活的经验，是一种习惯用法。

移动端 UI 界面中的开关按钮用于展示当前功能的激活状态，用户通过单击或“滑动”可以切换该选项或功能的状态，其表现形式常见的有矩形和圆形两种，如图 5–1 所示。

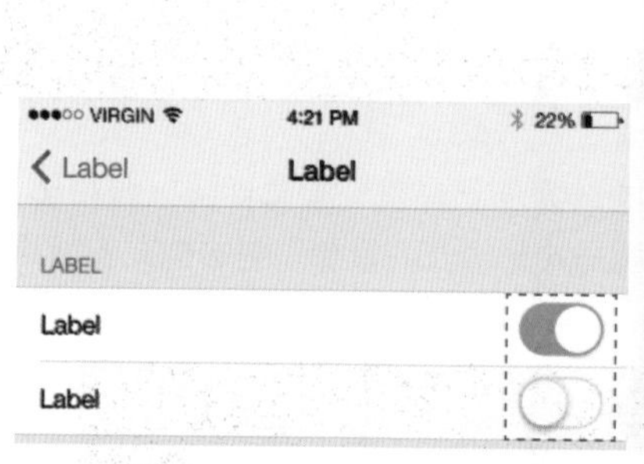

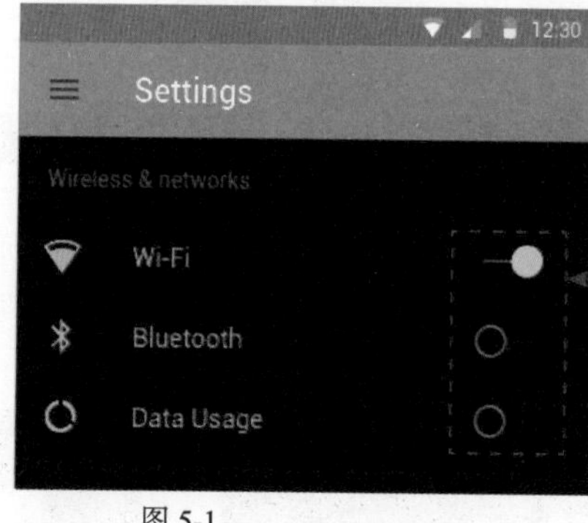

App 界面中开关元素的设计非常简约，通常使用基本图形配合不同的颜色来表现该功能的打开或关闭

图 5-1

5.1.2 制作开关按钮动效

在移动端 UI 界面设计中，常常可以为开关按钮控件添加交互动态效果设计，从而当用户进行操作时，可以通过交互动效的方式向用户展示功能切换过程，给人一种动态、流畅的感觉。

实例 16——制作开关按钮动效

源文件：源文件\第 5 章\5-1-2.aep　　视频：视频\第 5 章\5-1-2.mp4

01 在 After Effects 中新建一个空白的项目，执行“合成”>“新建合成”命令，弹出“合成设置”对话框，对相关选项进行设置，如图 5-2 所示。执行“图层”>“新建”>“纯色”命令，弹出“纯色设置”对话框，设置如图 5-3 所示。

图 5-2

图 5-3

02 单击“确定”按钮，创建纯色图层，先将该图层锁定。使用“圆角矩形工具”，在工具栏中设置“填充”为 #04CF5D，“描边”为无，在“合成”窗口中绘制圆角矩形，如图 5-4 所示。在“时间轴”面板中将该图层重命名为“开关背景”，展开该图层下方“矩形 1”选项中的“矩形路径 1”选项，设置“圆度”属性值为 50，效果如图 5-5 所示。

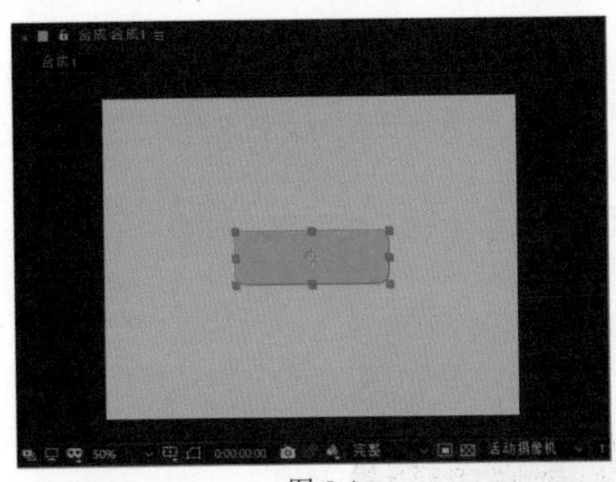

图 5-4

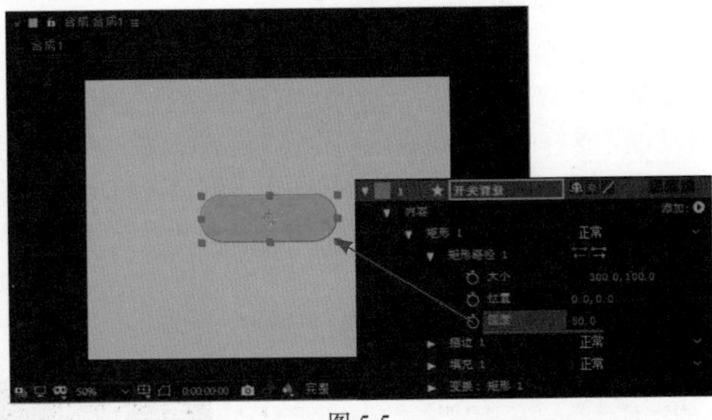

图 5-5

03 执行“图层”>“图层样式”>“投影”命令，为该图层添加“投影”图层样式，对相关选项进行设置，如图 5-6 所示。在“合成”窗口中可以看到为该圆角矩形添加“投影”图层样式的效果，如图 5-7 所示。

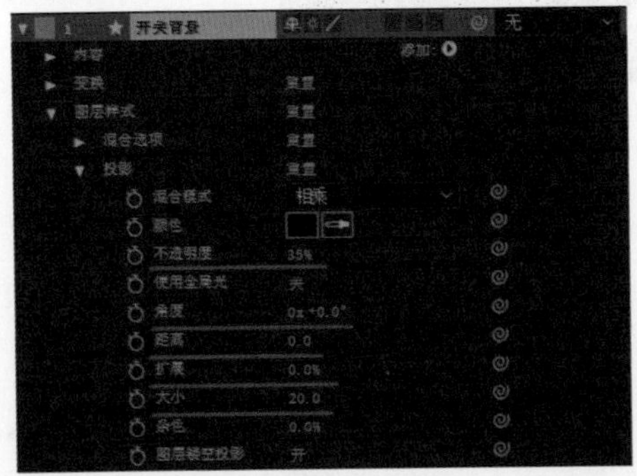

图 5-6

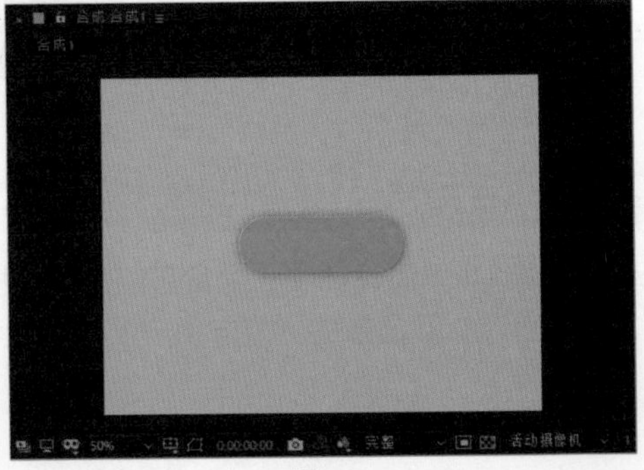

图 5-7

04 先将该图层锁定，使用“椭圆工具”，在工具栏中设置“填充”为白色，“描边”为无，在“合成”窗口中按住 Shift 键拖动鼠标绘制正圆形，调整该正圆形到合适的大小和位置，如图 5–8 所示。在“时间轴”面板中将该图层重命名为“圆”，展开该图层的“变换”选项，设置“不透明度”为 70%，效果如图 5–9 所示。

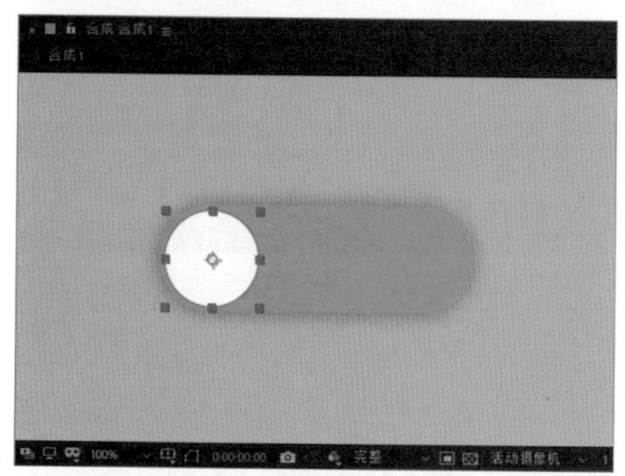

图 5-8

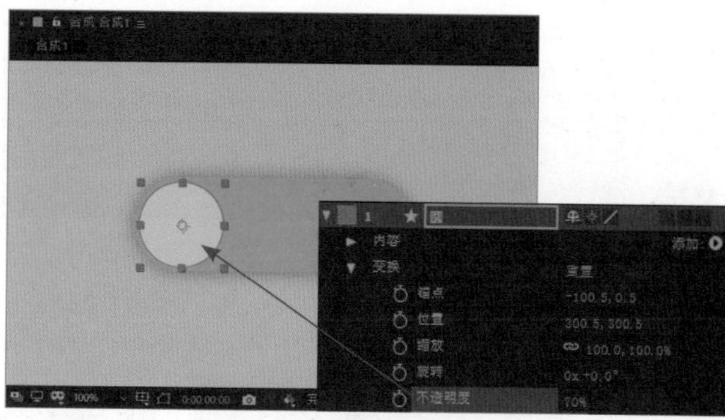

图 5-9

05 使用“横排文字工具”，在“合成”窗口中单击并输入相应的文字，在“字符”面板中对文字的相关属性进行设置，如图 5–10 所示。使用相同的制作方法，在“合成”窗口中输入其他文字，如图 5–11 所示。

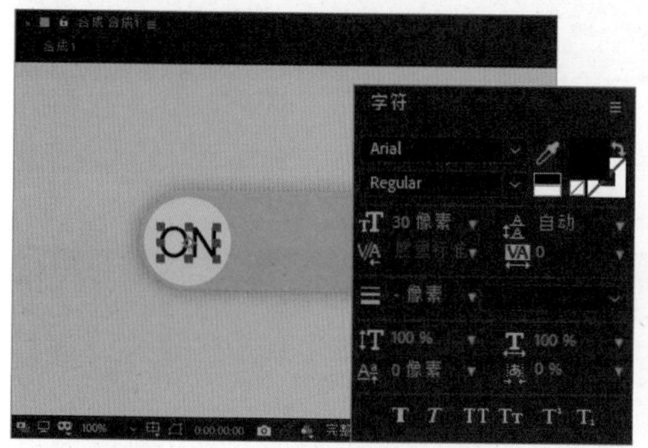

图 5-10

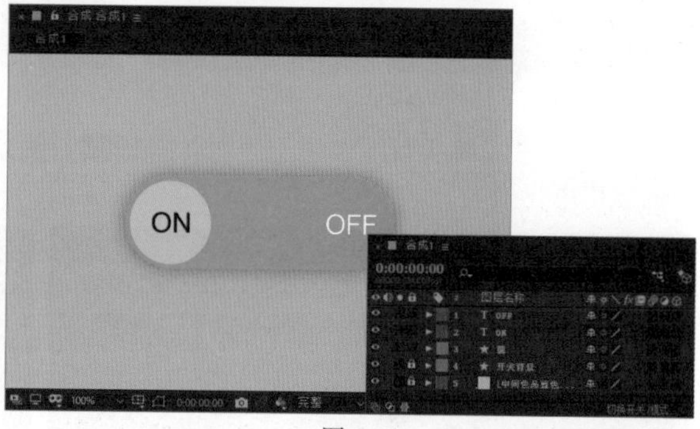

图 5-11

06 选择“圆”图层，将“时间指示器”移至 0 秒 12 帧的位置，按快捷键 P，显示该图层的“位置”属性，为该属性插入关键帧，如图 5–12 所示。将“时间指示器”移至 1 秒的位置，在“合成”窗口中将该正圆形向右移至合适的位置，如图 5–13 所示。

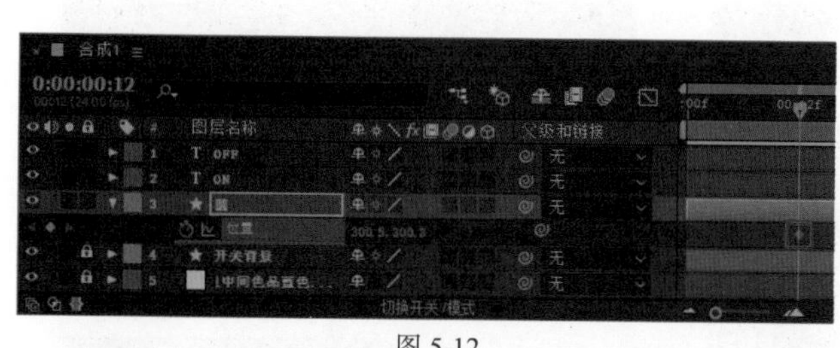

图 5-12

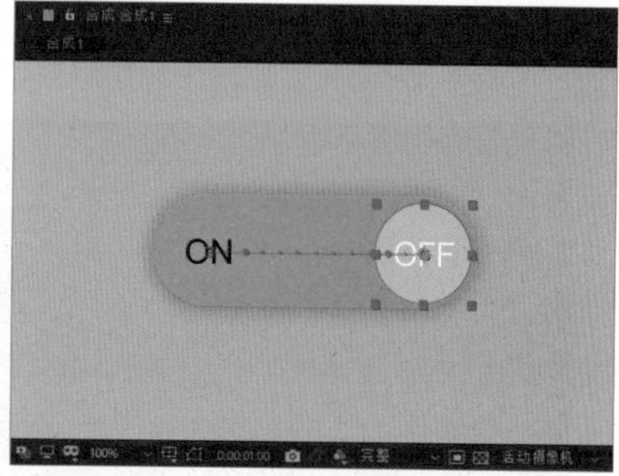

图 5-13

07 将“时间指示器”移至 1 秒 12 帧的位置，单击“圆”图层下方“位置”属性前的“添加或移除关键帧”按钮，插入该属性关键帧，如图 5–14 所示。将“时间指示器”移至 2 秒的位置，选择 0 秒 12 帧位置上的关键帧，按快捷键 Ctrl+C 进行复制，按快捷键 Ctrl+V，将其粘贴到 2 秒的位置，如图 5–15 所示。

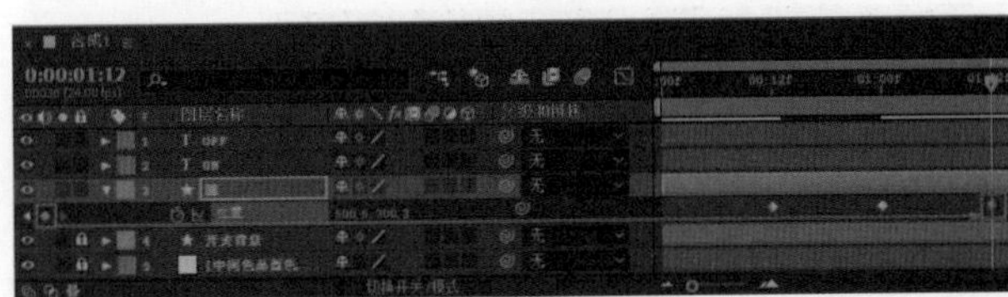
图 5-14

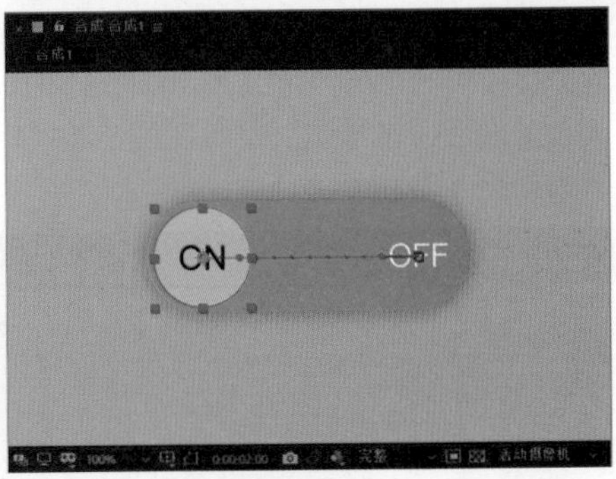

图 5-15

08 同时选中此处的 4 个关键帧，按快捷键 F9，为其应用“缓动”效果，如图 5-16 所示。单击“时间轴”面板上的“图表编辑器”按钮，进入图表编辑器状态，如图 5-17 所示。

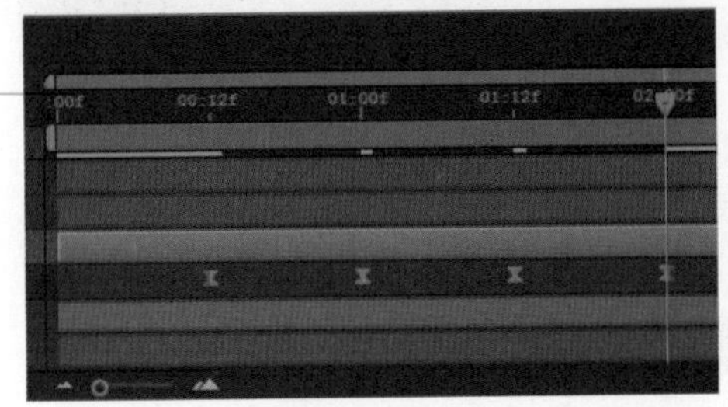
图 5-16

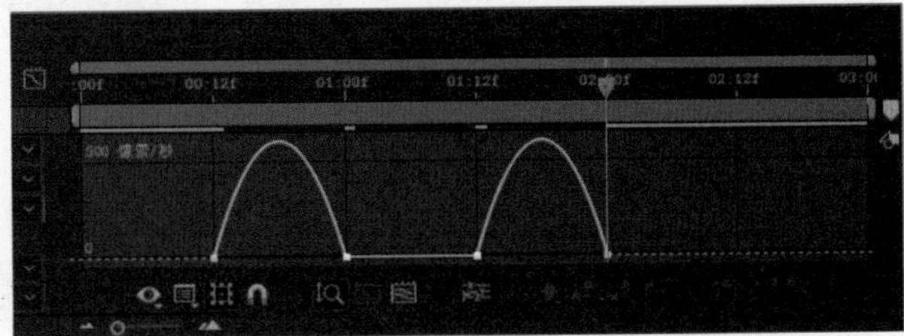
图 5-17

09 单击“使所有图表适于查看”按钮，使该部分图表充满整个面板，如图 5-18 所示。单击曲线锚点，拖动方向线调整运动速度曲线，如图 5-19 所示。

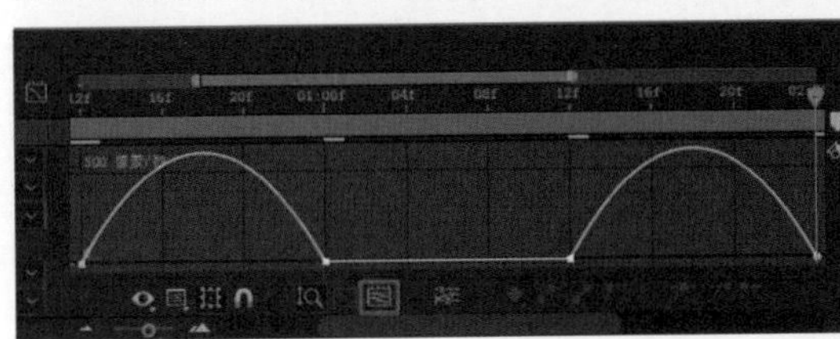
图 5-18

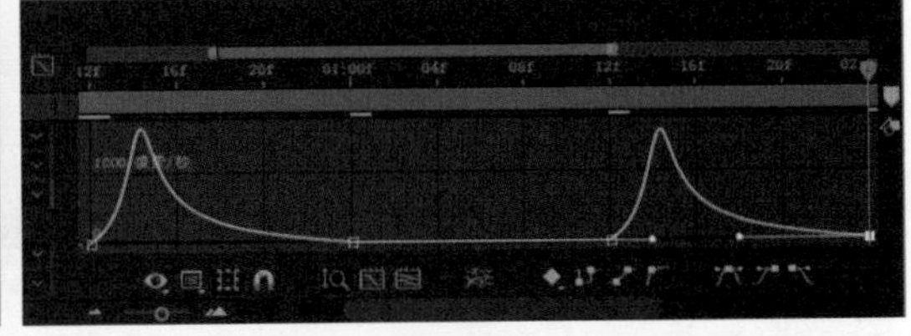
图 5-19

10 再次单击“图表编辑器”按钮，返回到默认状态。将“时间指示器”移至 0 秒 12 帧的位置，选择“开关背景”图层，将该图层解锁，展开该图层下方的“内容”选项中“矩形 1”选项中的“填充 1”选项，为“颜色”属性插入关键帧，如图 5-20 所示。将“时间指示器”移至 1 秒的位置，修改“颜色”为 #F44336，效果如图 5-21 所示。

图 5-20

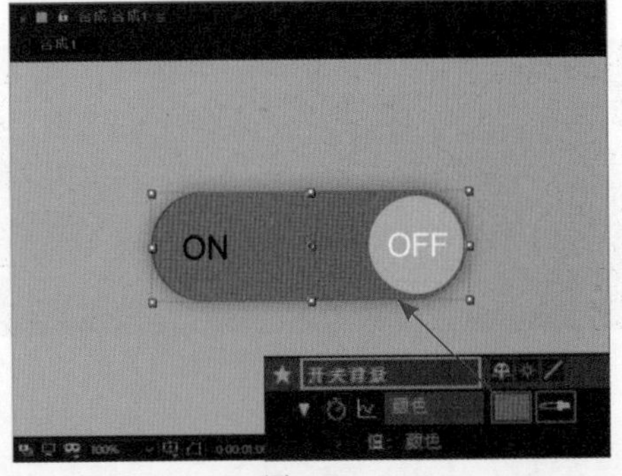

图 5-21

11 将“时间指示器”移至 1 秒 12 帧的位置，单击“开关背景”图层下方“颜色”属性前的“添加或移除关键帧”按钮，插入该属性关键帧，如图 5-22 所示。将“时间指示器”移至 2 秒的位置，修改“颜色”为 #04CF5D，效果如图 5–23 所示。

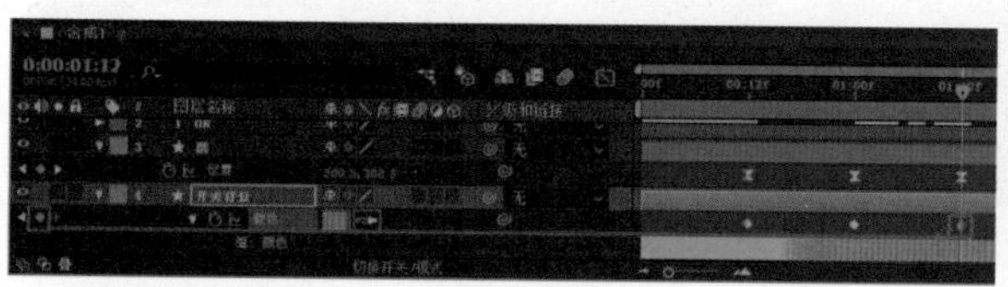

图 5-22

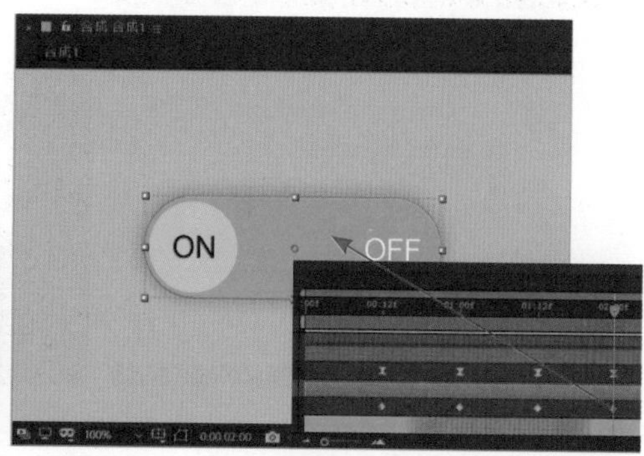

图 5-23

12 选择 ON 文字图层，单击该图层下方“文本”选项“动画”选项后的三角形按钮，在弹出的菜单中执行“填充颜色”> RGB 命令，为该文本图层添加“填充颜色”属性，如图 5–24 所示。将“时间指示器”移至 0 秒 12 帧的位置，为“填充颜色”属性插入关键帧，并设置“填充颜色”为黑色，如图 5–25 所示。

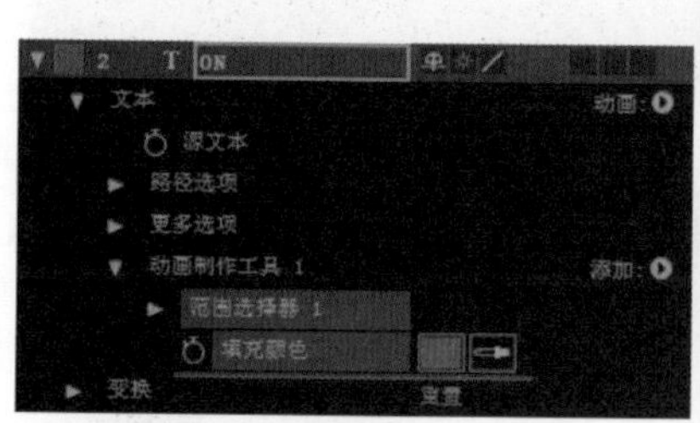

图 5-24

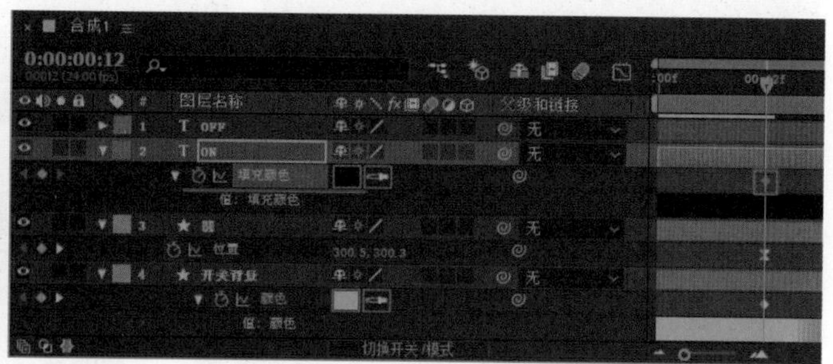

图 5-25

13 将“时间指示器”移至 1 秒的位置，修改“填充颜色”为白色，效果如图 5–26 所示。将“时间指示器”移至 1 秒 12 帧的位置，为该属性添加关键帧。将“时间指示器”移至 2 秒的位置，修改“填充颜色”为黑色，如图 5–27 所示。

图 5-26

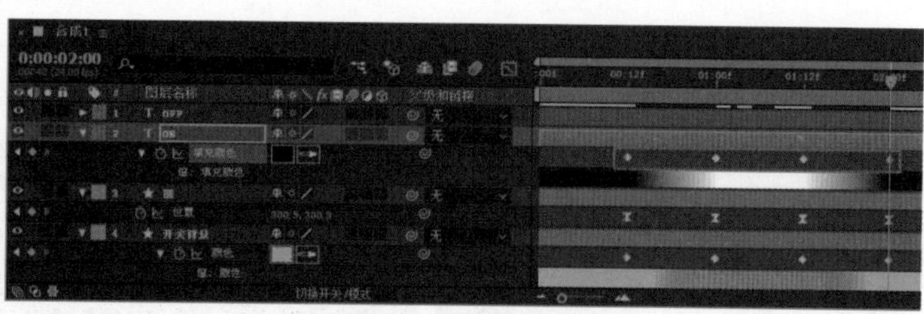

图 5-27

14 根据 ON 文字图层相同的制作方法，可以完成 OFF 文字图层中动画的制作，效果如图 5–28 所示，“时间轴”面板如图 5–29 所示。

15 将最下方的纯色图层解锁，选择该图层，执行“效果”>“颜色校正”>“曝光度”命令，为该图层应用“曝光度”效果，如图 5–30 所示。将“时间指示器”移至 0 秒 12 帧的位置，展开该图层下方“效果”选项中“曝光度”选项中的“主”选项，为“曝光度”属性插入关键帧，如图 5–31 所示。

16 将“时间指示器”移至 1 秒的位置，修改“曝光度”为 –3，效果如图 5–32 所示。将“时间指示器”移至 1 秒 12 帧的位置，为该属性添加关键帧，将“时间指示器”移至 2 秒的位置，修改“曝光度”为 0，如图 5–33 所示。

图 5-28

图 5-29

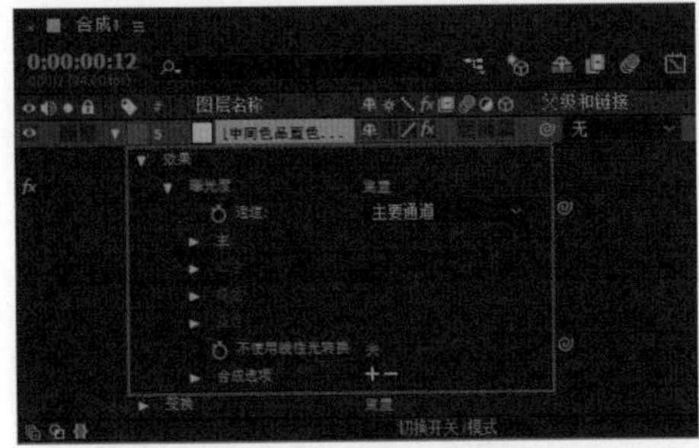
图 5-30

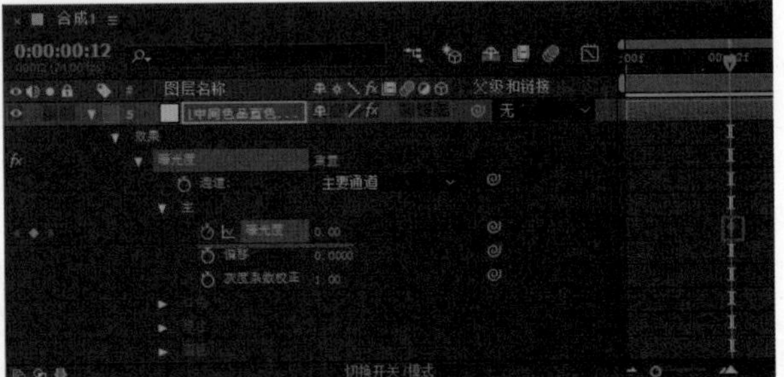
图 5-31

图 5-32

图 5-33

17 选择“圆”图层，为该图层开启“运动模糊”功能，如图 5–34 所示。完成该开关按钮动效的制作，在“时间轴”面板中可以看到各图层中的属性关键帧效果，如图 5–35 所示。

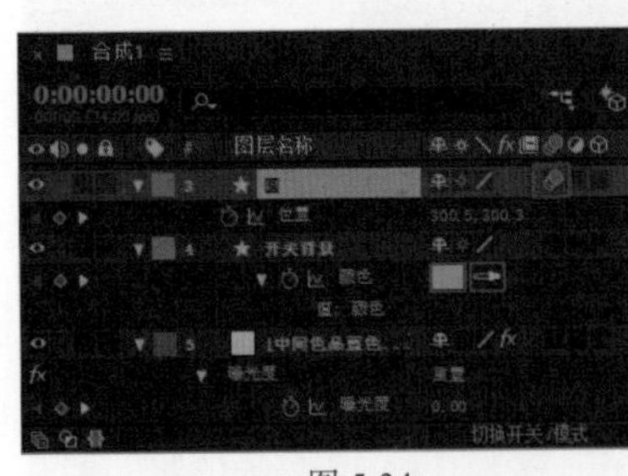
图 5-34

图 5-35

18 单击“预览”面板上的“播放 / 停止”按钮▶，可以在“合成”窗口中预览动画效果。也可以根据前面介绍的渲染输出方法，将该动画渲染输出为视频文件，再使用 Photoshop 将其输出为 GIF 格式的动画，动画效果如图 5–36 所示。

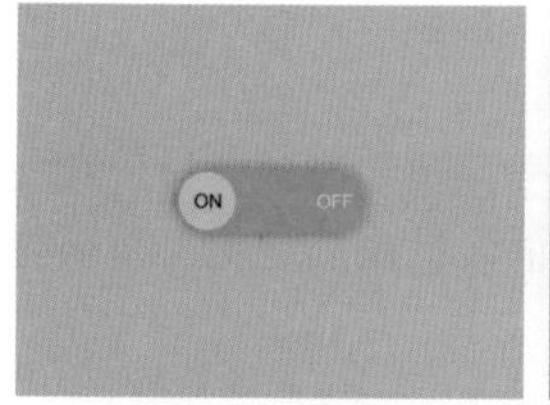

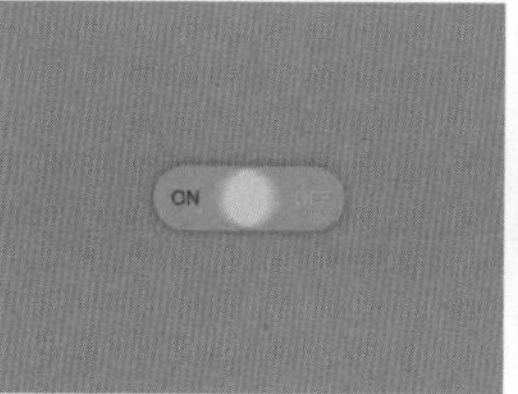

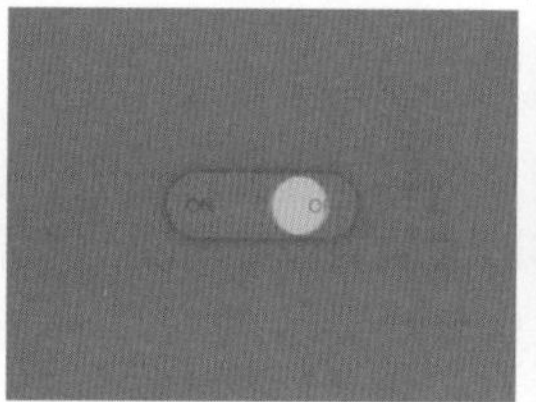
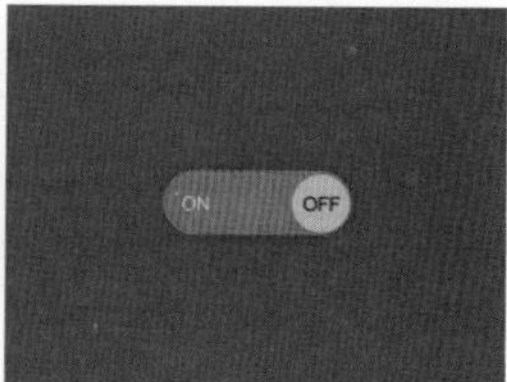

图 5-36

5.1.3 图标在 UI 界面中的作用

在移动端界面设计中，图标设计占有很大的比例，想要设计出良好的图标，首先需要了解图标设计的应用价值。

1. 明确传达信息

图标在设计中一般是提供单击功能或者与文字相结合描述功能选项的，了解其功能后要在其易辨认性上下功夫，不要将图标设计得太花哨，否则用户不容易看出它的功能。好的图标设计是只要用户看一眼外形就知道其功能，并且移动界面中所有图标的风格需要统一，如图 5–37 所示。

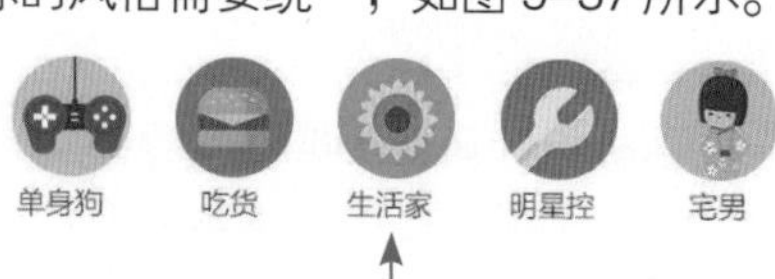

使用简约的图标在移动 App 界面中表现功能，具有很好的识别性，可以起到突出功能和选项的作用

图 5-37

2. 功能具象化

图标设计要使移动端界面的功能具象化，更容易理解。常见的图标元素本身在生活中就经常见到，这样做的目的是使用户可以通过一个常见的事物理解抽象的移动界面功能，如图 5–38 所示。

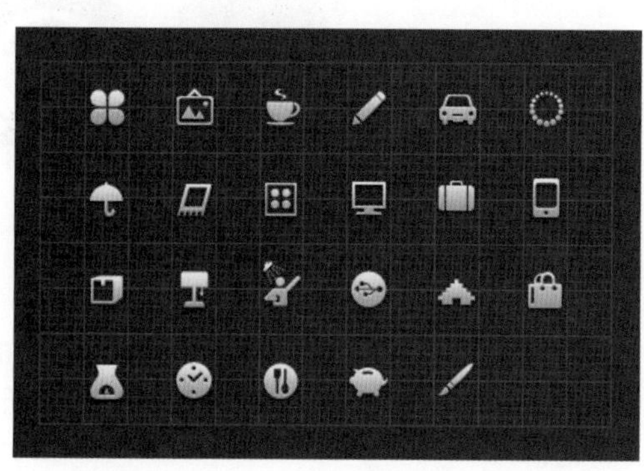

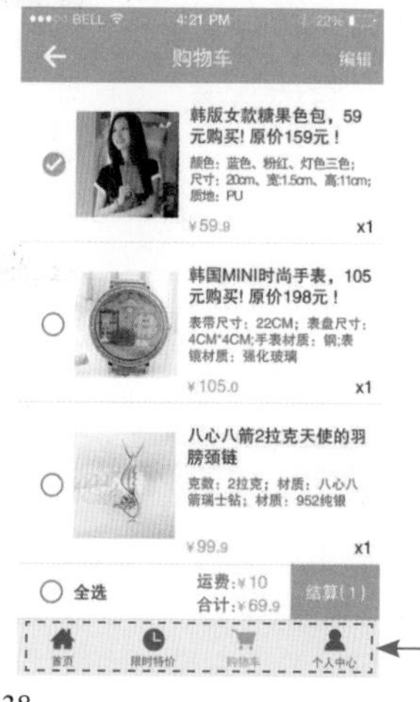

简约象形图标与文字相结合，表现重要的选项和功能，通常都采用纯色来设计简约图标

图 5-38

3. 娱乐性

优秀的图标设计，可以为移动端界面增添动感。现在，界面设计趋向于精美和细致。设计精良的图标可以让所设计的移动端界面在众多设计作品中脱颖而出，这样的界面设计更加连贯、富于整体感、交互性更强，如图 5–39 所示。

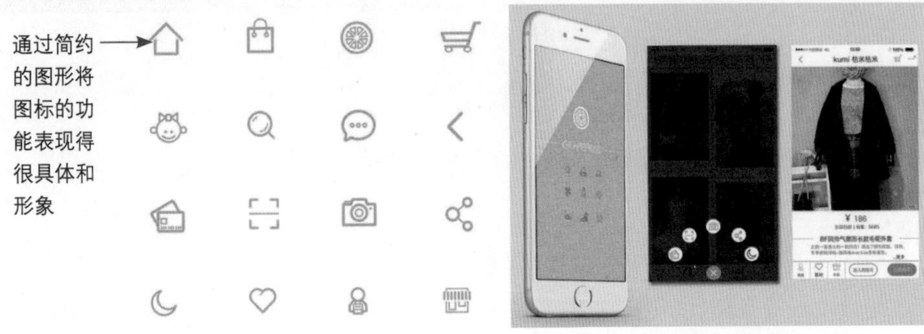

图 5-39

4. 统一形象

统一的图标设计风格形成移动界面的统一性，代表了移动应用的基本功能特征，凸显了移动应用的整体性和整合程度，给人以信赖感，同时便于记忆，如图 5–40 所示。

图 5-40

5. 美观大方

图标设计也是一种艺术创作，极具艺术美感的图标能够提高产品的品位，图标不但要强调其示意性，还要强调产品的主题文化和品牌意识，目前图标设计被提高到了前所未有的高度，如图 5–41 所示。

图 5-41

5.1.4 图标动效的常见表现方法

现在越来越多的手机应用和 Web 应用都开始注重图标的交互动态效果设计，例如手机在充电过程中电池图标的动画效果，如图 5–42 所示，以及音乐播放软件中播放模式的改变等，如图 5–43 所示。恰到好处的交互动态效果可以给用户带来愉悦的交互体验。

图 5-42

图 5-43

过去，图标的转换都十分死板，而近年来开始流行在切换图标的时候加入过渡动画，这种交互动态效果能够有效提高产品的用户体验，为应用软件增色不少。下面介绍图标动态效果的一些表现方法，以便于在动态图标的设计过程中合理应用。

1. 属性转换法

绝大多数的图标动画都离不开属性的变化，这也是应用最普遍、最简单的一种图标动画表现方法。属性包含位置、大小、旋转、透明度、颜色等，通过这些属性来制作图标的动画效果，如果能够恰当地应用，同样可以表现出令人眼前一亮的图标动画效果，如图 5–44 所示。

这是一个下载图标的动画效果，通过对图形的位置和颜色属性的变化从而表现出简单的动画效果，在动画中同时加入缓动，使动画的表现更加真实。

这是一个 Wi–Fi 网络图标的动画效果，通过图形的旋转属性使组成图形的形状围绕中心进行左右晃动，晃动的幅度也是从大至小，直到最终停止。在动画中同时加入缓动，使动画的表现更加真实。

图 5-44

2. 路径重组法

路径重组法是指将组成图标的笔画路径在动画过程中进行重组，从而构成一个新的图标。采用路径重组法的图标动画，需要设计师能够仔细观察两个图标之间笔画的关系，这种图标动画的表现方法也是目前比较流行的图标动画效果，如图 5–45 所示。

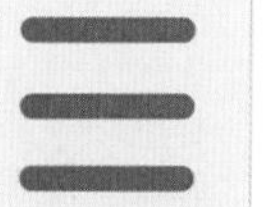
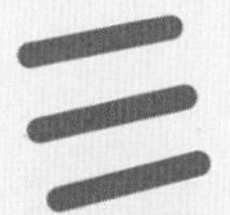

这是一个“菜单”图标与“返回”图标之间的交互切换动画，组成“菜单”图标的 3 条路径进行旋转、缩放变化，形成箭头形状的“返回”图标，与此同时进行整体旋转，最终过渡到新的图标。

这是一个音量图标的正常状态与静音状态之间的交互切换动画，对正常状态下的两条路径进行变形处理，将这两条路径变形为交叉的两条直线并放置在图标的右上角，从而切换到静音状态。

图 5-45

3. 点线面降级法

点线面降级法是指应用设计理念中的点、线、面理论，在动画表现过程中，将面降级为线、将线降级为点表现图标的切换过渡动画效果。

面与面进行转换的时候，可以使用线作为介质，一个面先转换为一根线，再通过这根线转换成另一个面。同样的道理，线和线转换时，可以使用点作为介质，一根线先转换成一个点，再通过这个点转换成另外一根线，如图 5–46 所示。

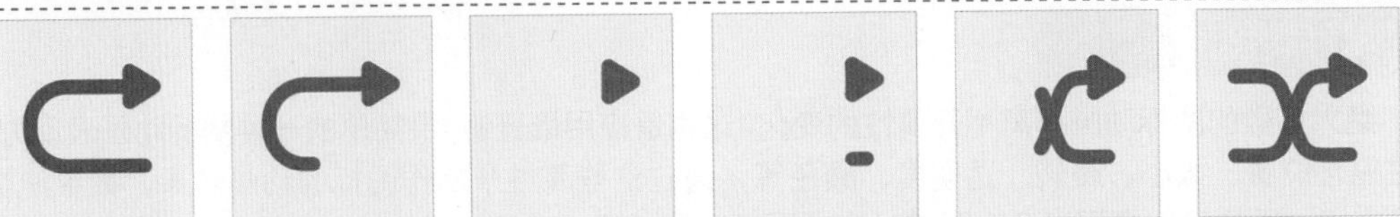

这是一个“顺序播放”图标与“随机播放”图标之间的交互切换动画，“顺序播放”图标的路径由线收缩为一个点，然后在下方再添加一个点，两个点同时向外展示为线，从而切换到“随机播放”图标。

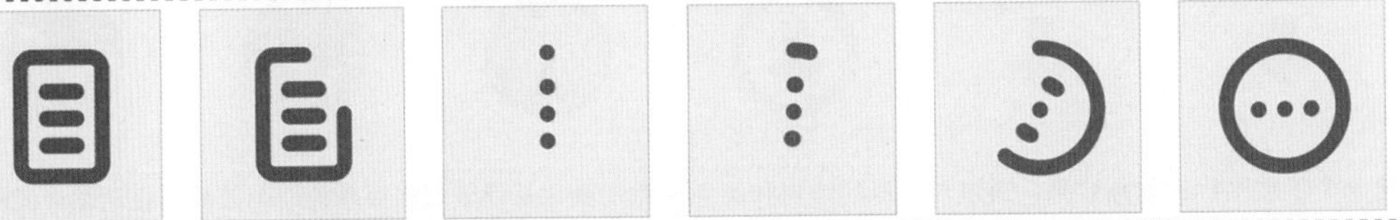

这是一个“记事本”图标与“更多”图标之间的交互切换动画，“记事本”图标的路径由线收缩为点，然后由点再展开为线，直到变成圆环形，并进行旋转，从而实现从圆角矩形到圆形的切换动画效果。

图 5-46

4. 遮罩法

遮罩法也是图标动画中常用的一种表现方法，两个图形之间相互转换时，可以使用其中一个图形作为另一个图形的遮罩，也就是边界，当这个图形放大的时候，因为另一个图形作为边界的缘故，转换变成另一个图形的形状，如图 5–47 所示。

这是一个“时间”图标与“字符”图标之间的交互切换动画，“时间”图标中指针图形越转越快，同时正圆形背景也逐渐放大，使用不可见的圆角矩形作为遮罩，当正圆形放大到一定程度时，被圆角矩形遮罩从而表现出圆角矩形背景，而时间指针图形也通过位置和旋转属性的变化构成新的图形。

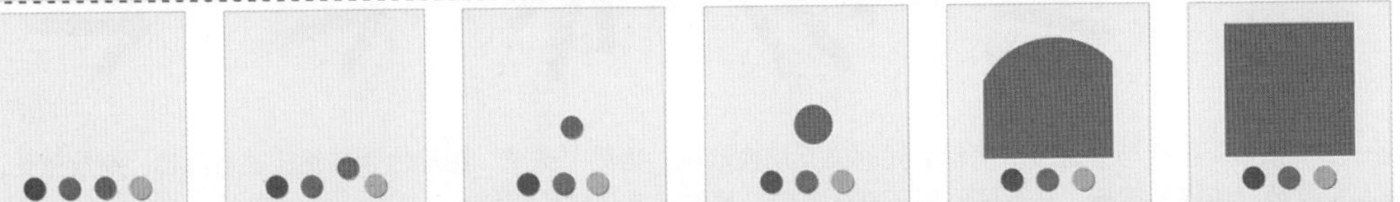

这是一个“信息点”图标与“详情页”图标之间的交互切换动画，底部的小点通过位置属性变化移动至合适的位置，再通过大小属性变化逐渐变大，通过一个不可见的矩形作为遮罩，当圆形无限放大时，遮罩矩形成为它的边界，从而过渡到矩形的效果。

图 5-47

5. 分裂融合法

分裂融合法是指构成图标的图形笔画相互融合变形从而切换为另外一个图标。分裂融合法尤其适用于其中一个图标是一个整体，另一个图标由多个分离的部分组成的情况，如图 5–48 所示。

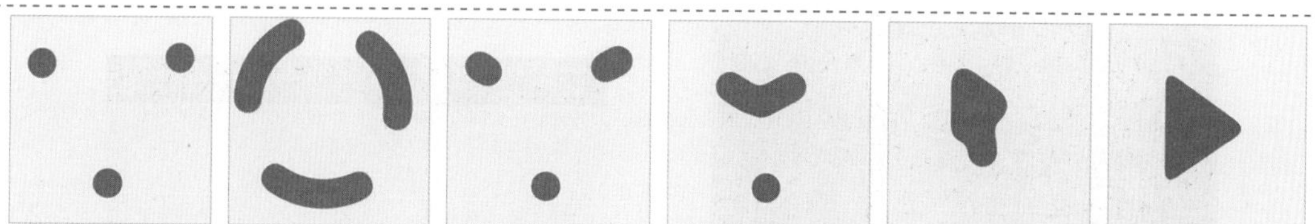

这是一个“加载”图标与“播放”图标之间的交互切换动画，“加载”图标的 3 个小点变形为弧线段并围绕中心旋转再变形为 3 个小点，由 3 个小点相互融合变形过渡到一个三角形“播放”图标。

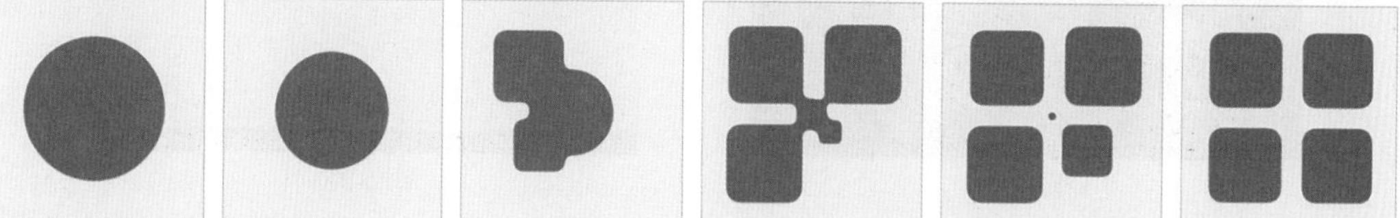

这是一个正圆形与“网格”图标之间的交互切换动画，一个正圆形缩小并逐渐按顺序分裂出 4 个圆角矩形，分裂完成形成正圆形效果，过渡到由 4 个圆角矩形构成的“网格”图标。

图 5-48

6. 图标特性法

图标特性法是指根据所设计的图标在日常生活中的特征或者根据图标需要表达的实际意义，来设计图标的交互动画效果，这就要求设计师具有较强的观察能力和思维发散性，如图 5-49 所示。

这是一个“删除”图标的动画效果，通过垃圾桶图形来表现该图标，在图标动画的设计中，通过垃圾桶的压缩及反弹以及模拟重力反弹的盖子，使该“删除”图标的表现非常生动。

图 5-49

5.1.5 制作图标变换动效

随着扁平化设计风格的流行，在移动端应用界面中通常使用非常简约的线框功能图标，并且为线框功能图标加入相应的交互动效。例如，当用户单击某个功能图标，触发某种功能后，该图标会变形成另一种图标，从而可以起到另一种功能。在本节中将带领读者完成一个菜单按钮图标的变换动效制作，通过该动效的制作使读者掌握图标变形动效的表现方法和制作技巧。

实例 17——制作图标变换动效

源文件：源文件 \ 第 5 章 \5-1-5.aep　　视频：视频 \ 第 5 章 \5-1-5.mp4

01 在 After Effects 中新建一个空白的项目，执行“合成” > “新建合成”命令，弹出“合成设置”对话框，对相关选项进行设置，如图 5-50 所示。使用“圆角矩形工具”，在工具栏中设置“填充”为白色，“描边”为无，在“合成”窗口中绘制圆角矩形，如图 5-51 所示。

02 在“时间轴”面板中展开该形状图层下方“矩形 1”选项中的“矩形路径 1”选项，设置其“大小”和“圆度”属性，效果如图 5-52 所示。使用“向后平移（锚点）工具”，调整该圆角矩形的锚点位于图形的中心位置，如图 5-53 所示。

03 选择该形状图层，按快捷键 P，显示该图层的“位置”属性，通过该属性设置图形的位置，如图 5-54 所示。选择“形状图层 1”，按快捷键 Ctrl+D，原位复制该图层得到“形状图层 2”，展开该图层的“位置”属性，通过该属性设置图形的位置，如图 5-55 所示。

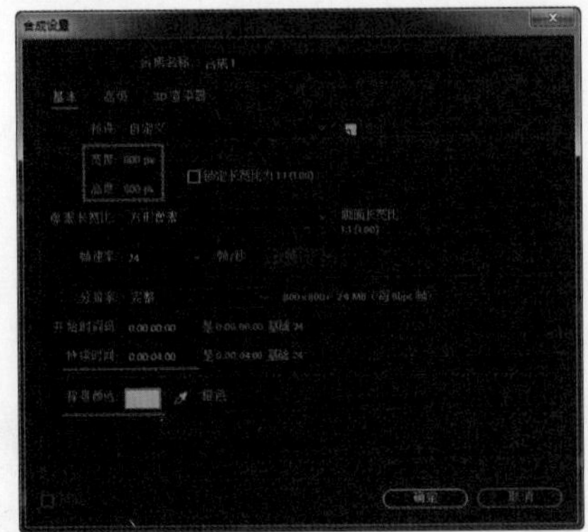

图 5-50

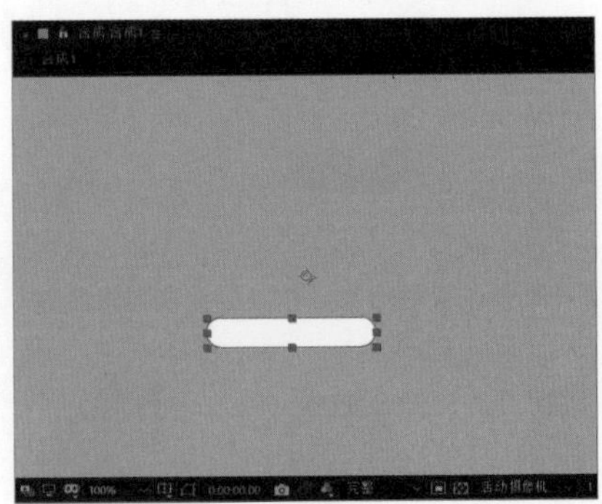

图 5-51

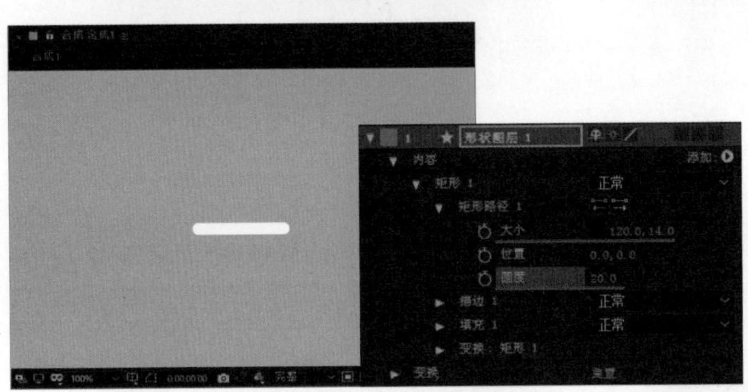

图 5-52

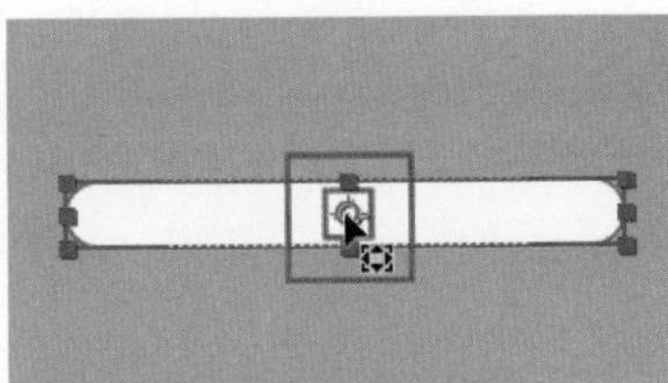

图 5-53

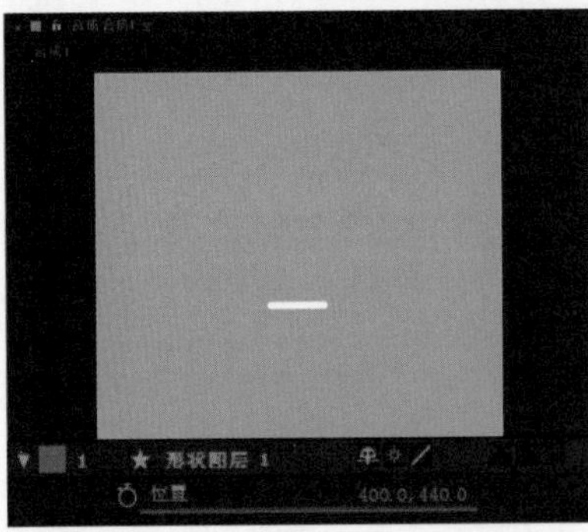

图 5-54

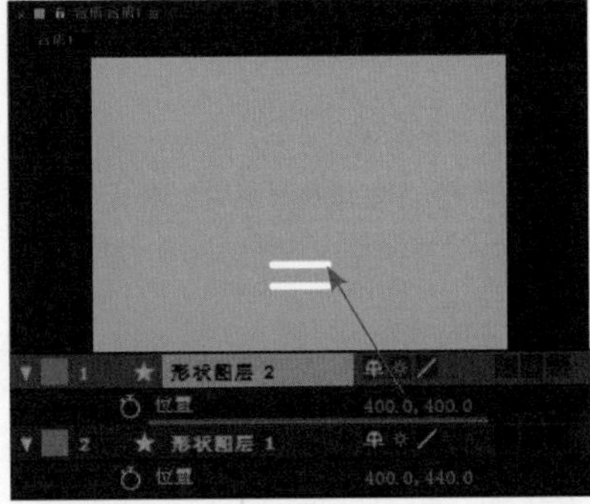

图 5-55

04 选择“形状图层 2”，按快捷键 Ctrl+D，原位复制该图层得到“形状图层 3”，展开该图层的“位置”属性，通过该属性设置图形的位置，如图 5-56 所示。不要选中任何元素和图层，使用“椭圆工具”，在工具栏中设置“填充”为无，“描边”为白色，“描边宽度”为 12 像素，在“合成”窗口中按住 Shift 键拖动鼠标绘制正圆形，如图 5-57 所示。

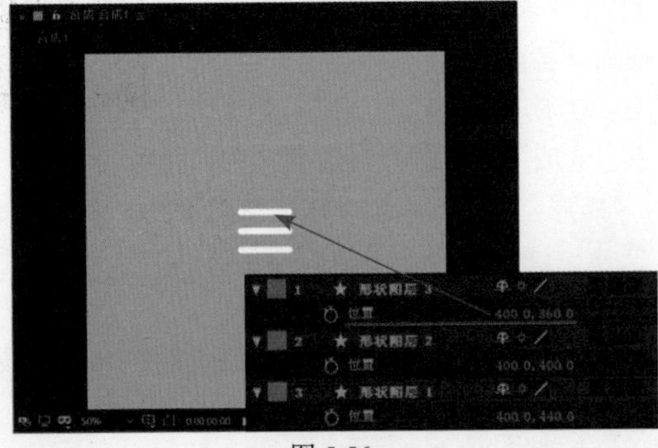

图 5-56

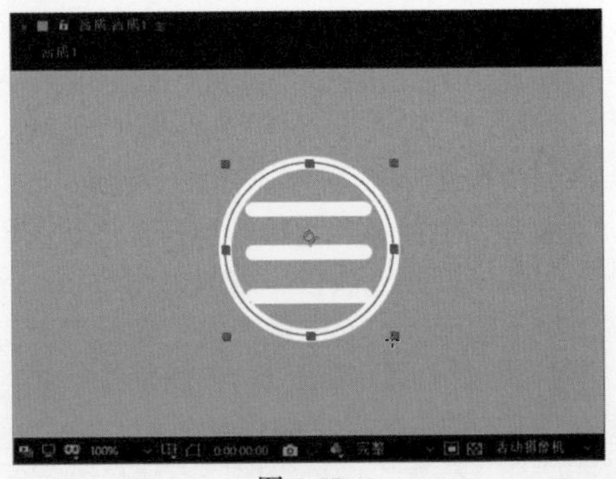

图 5-57

05 使用“向后平移（锚点）工具”，调整该正圆形的锚点位于图形的中心位置，并将其调整到合适的大小和位置，如图 5–58 所示。选择“形状图层 4”，单击该图层下方的“内容”选项右侧的三角形按钮，在弹出的菜单中选择“修剪路径”选项，为图形添加“修剪路径”属性，如图 5–59 所示。

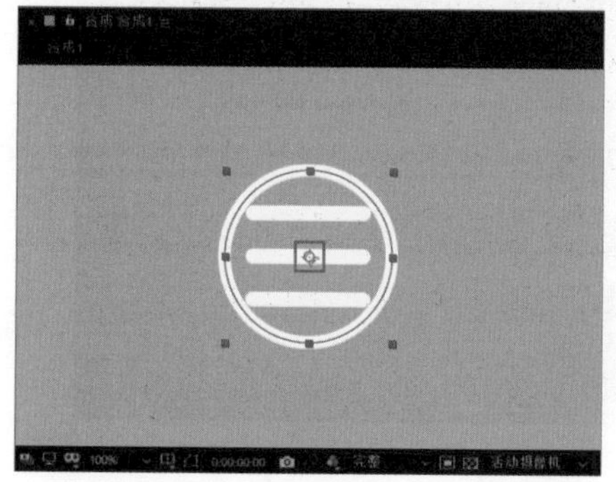

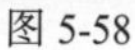

图 5-58

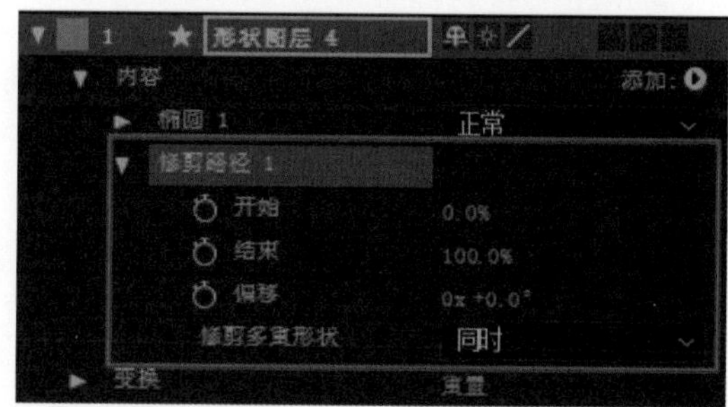

图 5-59

06 将“时间指示器”移至 0 秒 9 帧的位置，为“修剪路径 1”选项中的“结束”属性插入关键帧，并设置其值为 0%，如图 5–60 所示。在“合成”窗口中可以看到正圆形描边完全不可见，如图 5–61 所示。

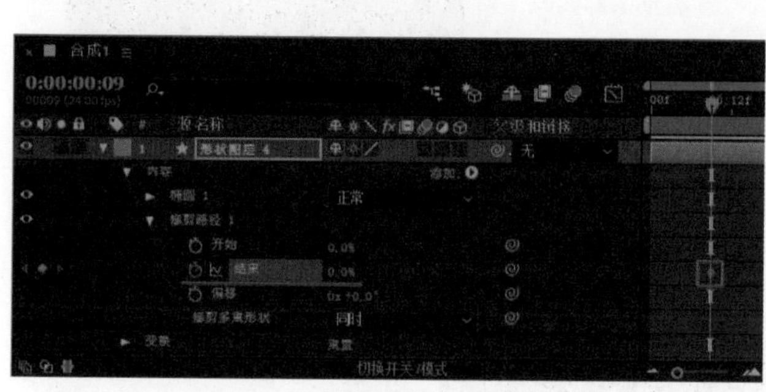

图 5-60

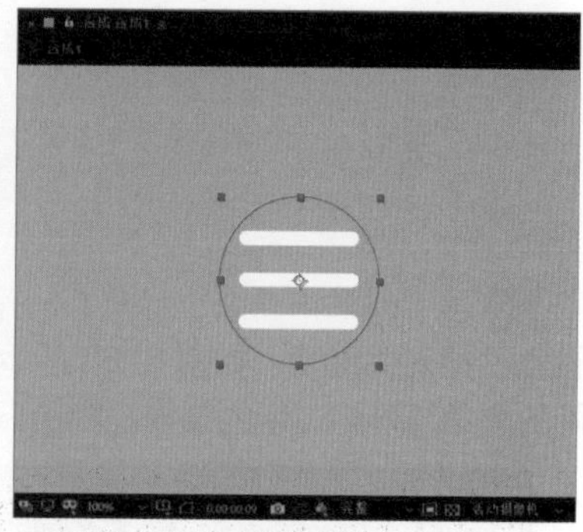

图 5-61

07 将“时间指示器”移至 0 秒 17 帧的位置，修改“修剪路径 1”选项中的“结束”属性值为 100%，如图 5–62 所示。将“时间指示器”移至 1 秒 10 帧的位置，单击“结束”属性左侧的“添加和移除关键帧”按钮，在当前时间为“结束”属性添加关键帧，如图 5–63 所示。

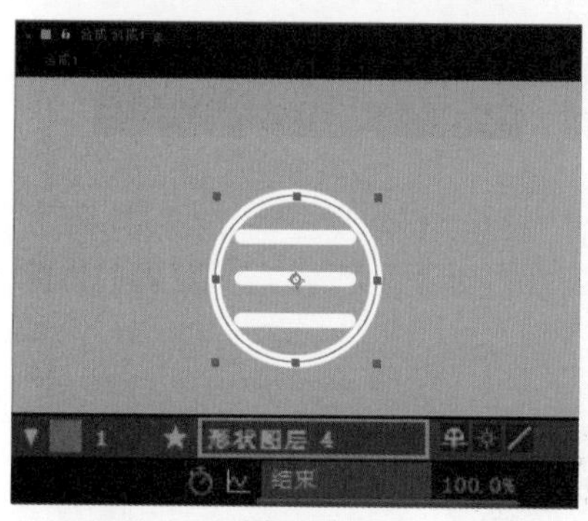

图 5-62

图 5-63

08 将“时间指示器”移至 1 秒 18 帧的位置，修改“修剪路径 1”选项中的“结束”属性值为 0%，如图 5–64 所示。同时选中该图层中的 4 个关键帧，按快捷键 F9，为选中的关键帧应用“缓动”效果，如图 5–65 所示。

09 此时拖动“时间指示器”，在“合成”窗口中可以看到圆形修剪路径的动画效果，但是其路径端点是平角的，如图 5–66 所示。我们希望路径的端点显示为圆角效果，可以展开“形状图层 4”

下方的“椭圆 1”选项中的“描边 1”选项，设置其“线段端点”选项为“圆头端点”，效果如图 5-67 所示。

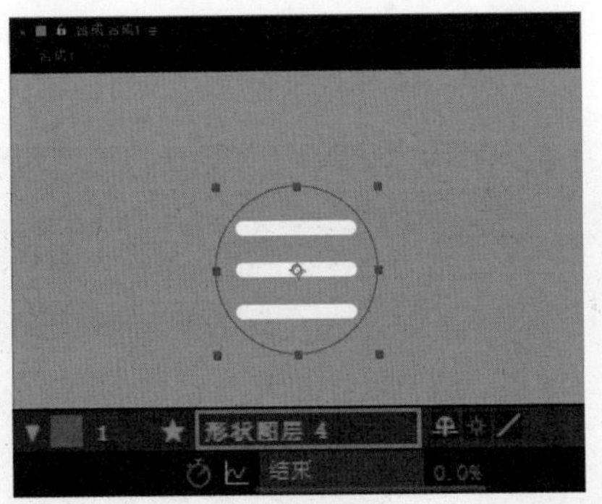

图 5-64

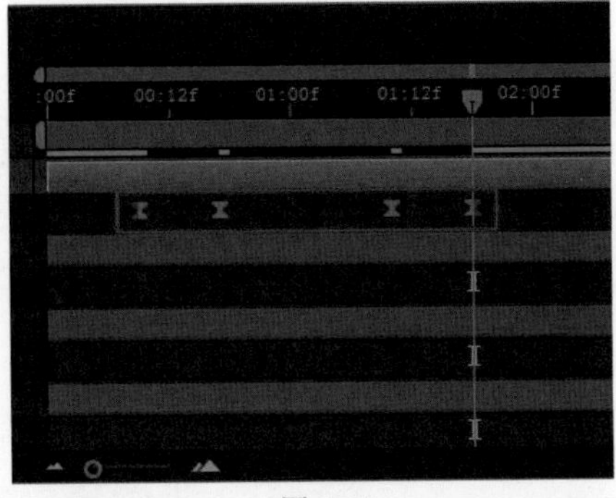

图 5-65

图 5-66

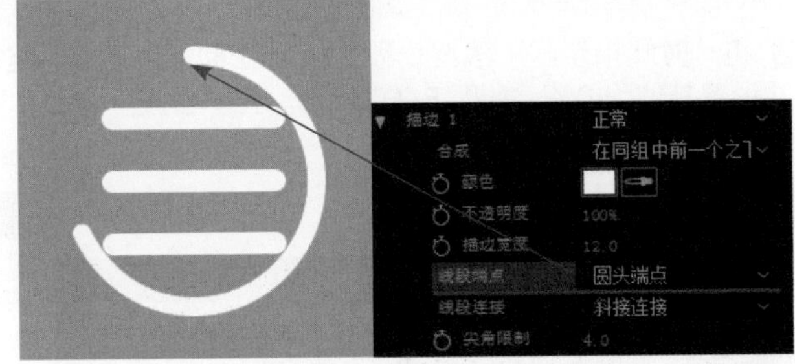

图 5-67

10 将“时间指示器”移至 0 秒位置，选择“形状图层 1”，按快捷键 P，显示“位置”属性，为该属性插入关键帧，如图 5-68 所示。将“时间指示器”移至 0 秒 09 帧的位置，将其向上移至与中间的圆角矩形相重合的位置，如图 5-69 所示。

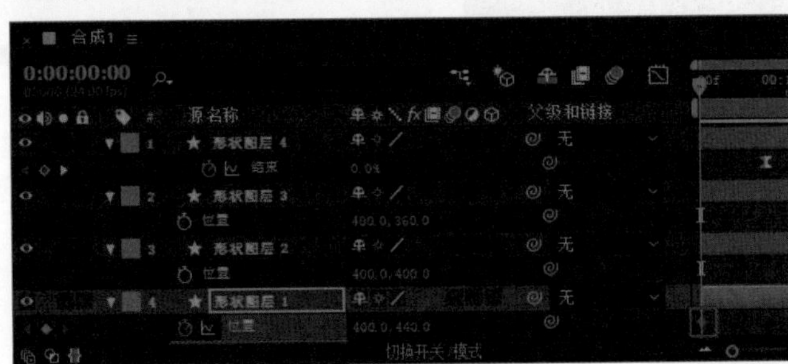

图 5-68

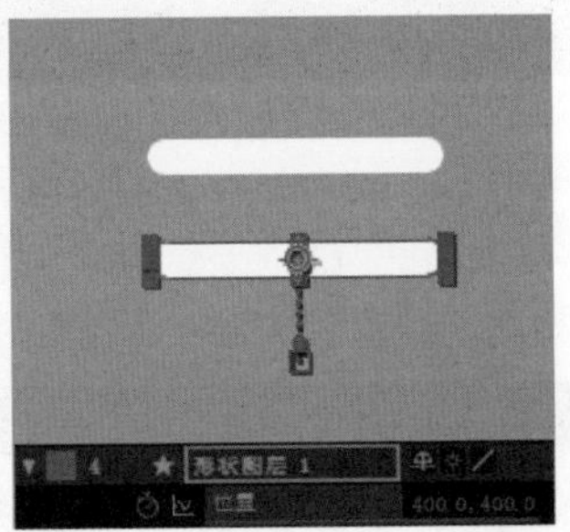

图 5-69

11 将“时间指示器”移至 1 秒 18 帧的位置，单击“位置”属性左侧的“添加和移除关键帧”按钮，在当前时间为该属性添加关键帧，如图 5-70 所示。将“时间指示器”移至 2 秒 02 帧的位置，将其向下移至合适的位置，如图 5-71 所示。

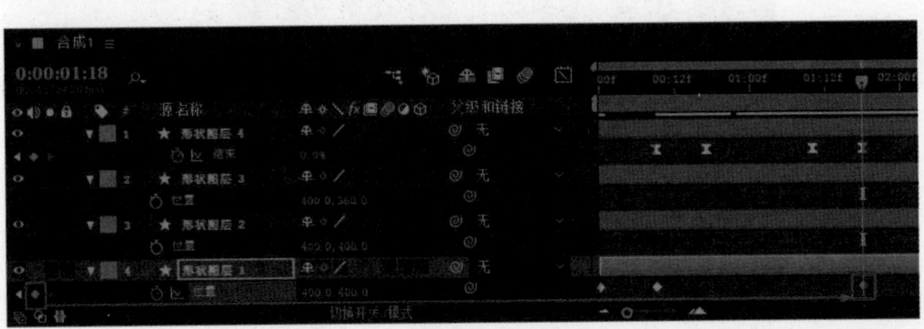

图 5-70

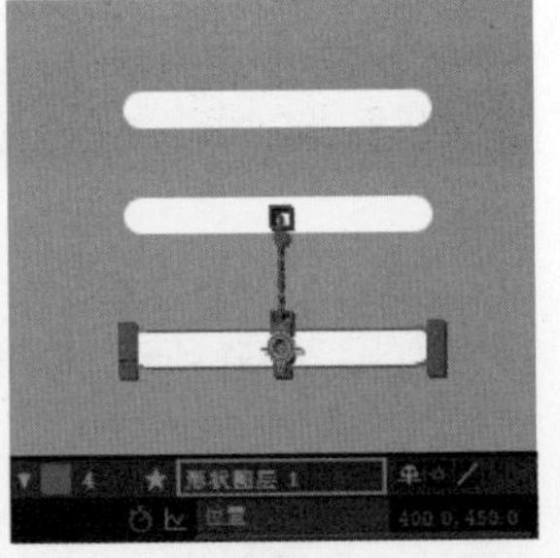

图 5-71

12 将“时间指示器”移至 2 秒 04 帧的位置，将其向上移至与 0 秒相同的初始位置，如图 5–72 所示。将“时间指示器”移至 0 秒 09 帧的位置，按快捷键 R，显示该图层的“旋转”属性，为该属性插入关键帧，如图 5–73 所示。

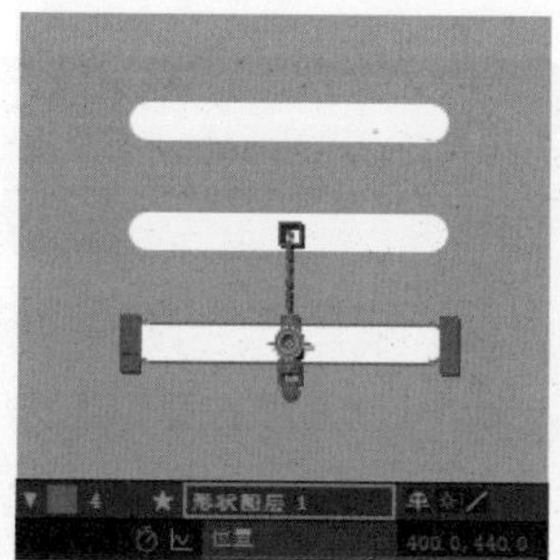

图 5-72

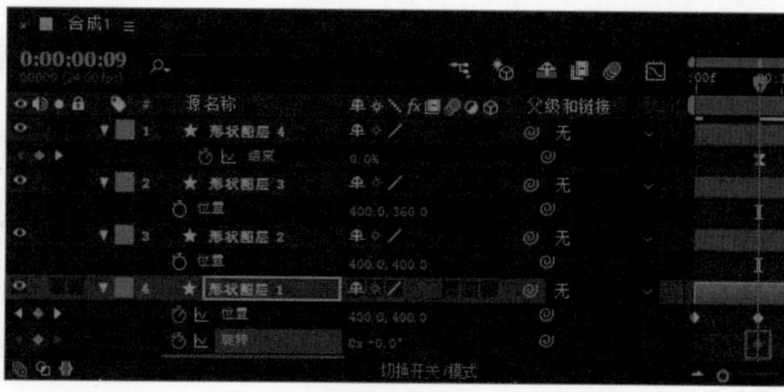

图 5-73

13 将“时间指示器”移至 0 秒 17 帧的位置，设置元素的旋转角度为 325°，效果如图 5–74 所示。将“时间指示器”移至 0 秒 19 帧的位置，设置元素的旋转角度为 315°，效果如图 5–75 所示。

图 5-74

图 5-75

14 将“时间指示器”移至 1 秒 10 帧的位置，单击“旋转”属性左侧的“添加和移除关键帧”按钮，在当前时间为该属性添加关键帧，如图 5–76 所示。将“时间指示器”移至 1 秒 18 帧的位置，设置元素的旋转角度为 0°，效果如图 5–77 所示。

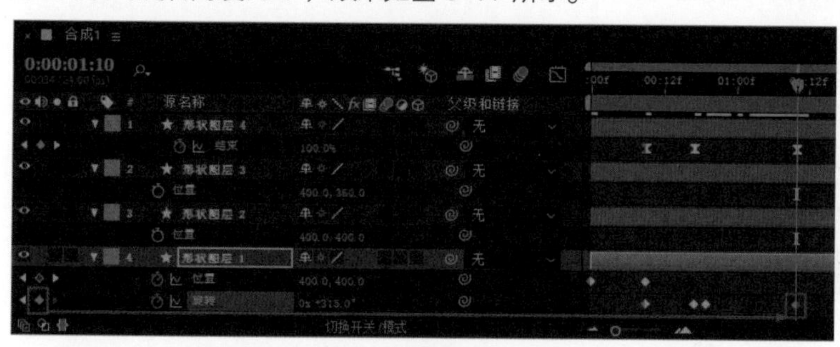

图 5-76

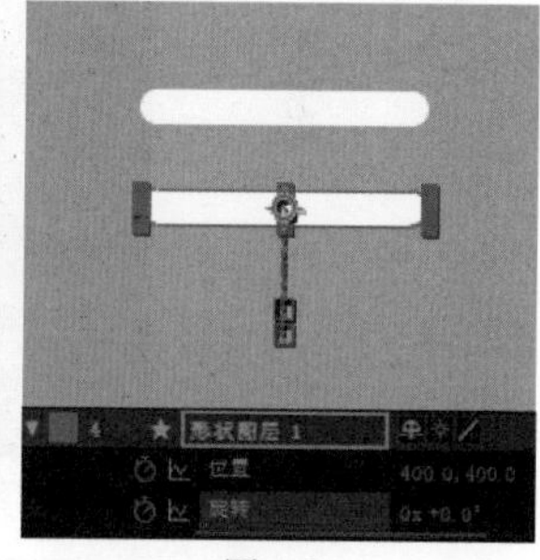

图 5-77

15 在“时间轴”面板中拖动鼠标，同时选中“形状图层 1”中的所有关键帧，如图 5–78 所示。按快捷键 F9，为选中的关键帧应用“缓动”效果，如图 5–79 所示。

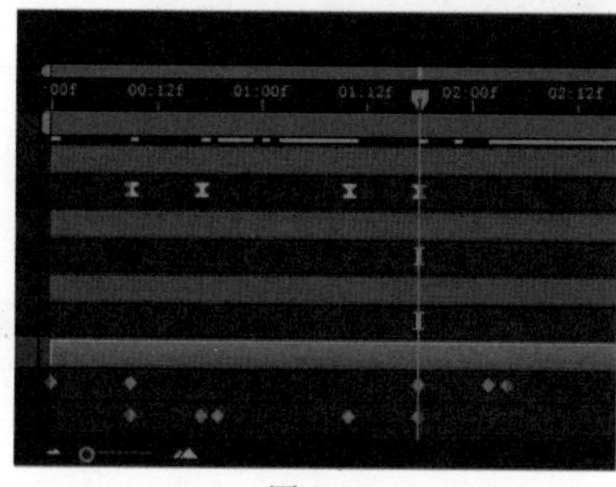
图 5-78

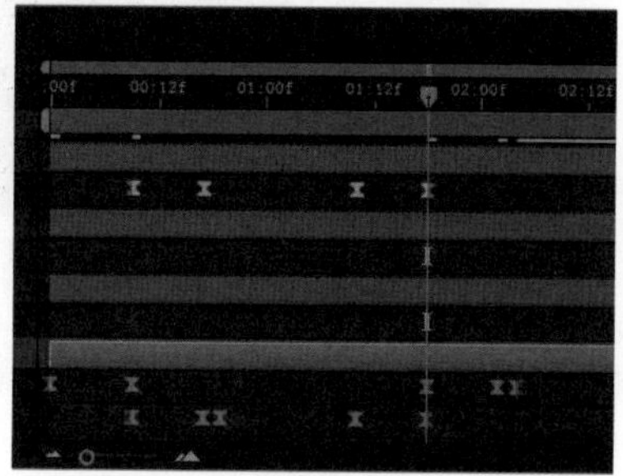
图 5-79

16 根据制作“形状图层 1”的方法，可以完成“形状图层 3”中动画效果的制作，唯一不同的是“形状图层 3”中的图形是向下移到位置，并且其旋转是逆时针旋转，效果如图 5–80 所示，“时间轴”面板如图 5–81 所示。

图 5-80

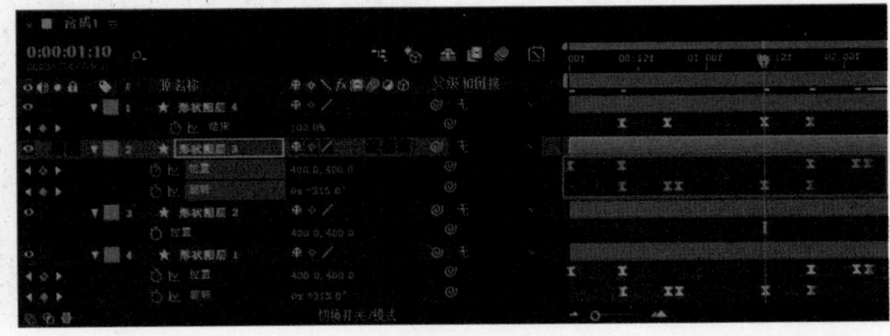
图 5-81

17 将“时间指示器”移至 0 秒 08 帧的位置，选择“形状图层 2”，按快捷键 T，显示该图层的“不透明度”属性，为该属性插入关键帧，如图 5–82 所示。将“时间指示器”移至 0 秒 09 帧的位置，设置“不透明度”属性值为 0%，如图 5–83 所示。

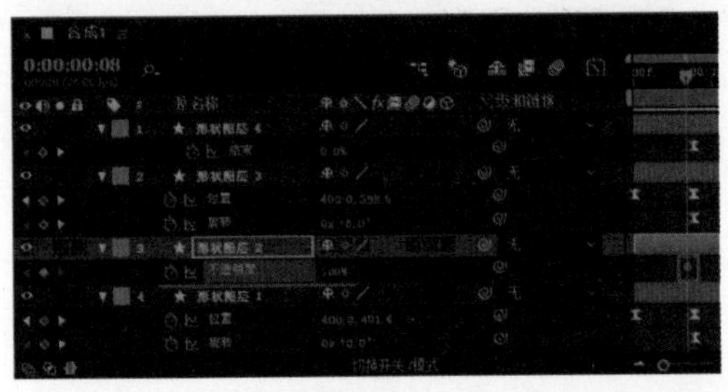
图 5-82

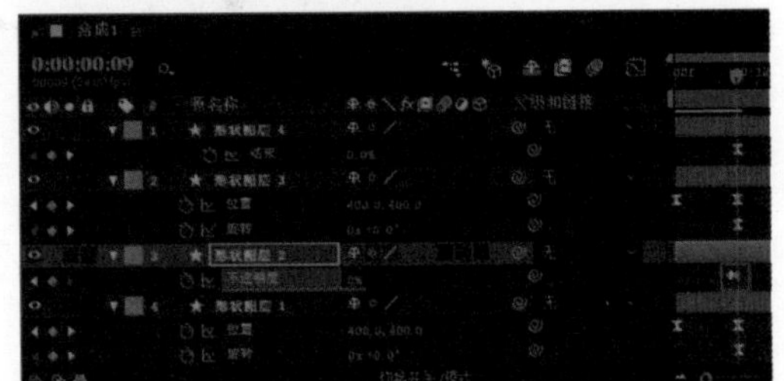
图 5-83

18 将“时间指示器”移至 1 秒 18 帧的位置，单击“不透明度”属性左侧的“添加和移除关键帧”按钮，在当前时间为该属性添加关键帧，如图 5–84 所示。将“时间指示器”移至 1 秒 19 帧的位置，设置“不透明度”属性值为 100%，如图 5–85 所示。

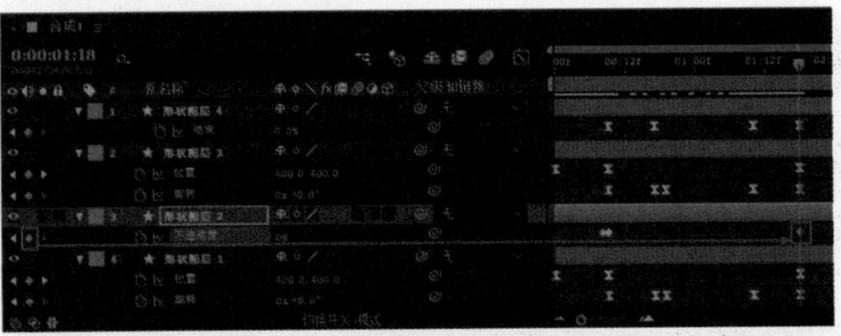
图 5-84

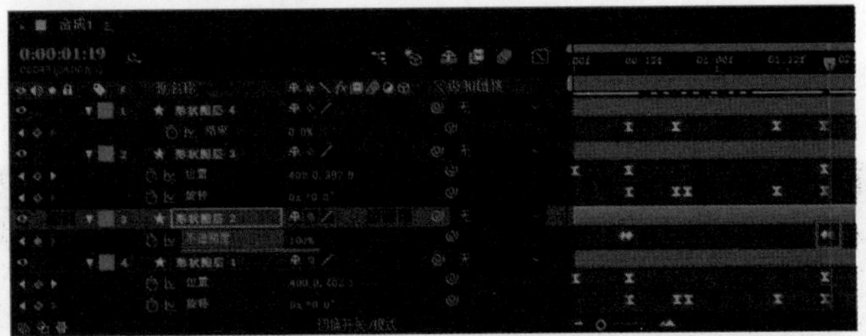
图 5-85

19 完成该菜单按钮图标变换动效的制作，单击“预览”面板上的“播放/停止”按钮，可以在“合成”窗口中预览动画效果。也可以根据前面介绍的渲染输出方法，将该动画渲染输出为视频文件，再使用 Photoshop 将其输出为 GIF 格式的动画，动画效果如图 5–86 所示。

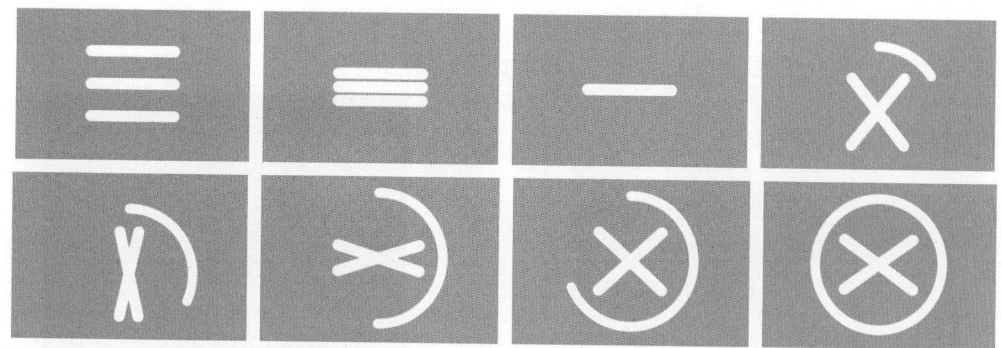

图 5-86

5.1.6 制作日历图标动效 

设计动态的图标效果，可以使该图标的表现更加直观，具有更强烈的视觉表现力。在本节中将带领读者完成一个日历图标动效的制作，在日常生活中，日历最常见的就是翻页的效果，本实例所制作的日历图标动效同样实现的就是日历的翻页效果，使该日历图标的表现更加生动。具体操作步骤可扫描二维码看电子书。

实例 18——制作日历图标动效

源文件：源文件 \ 第 5 章 \5-1-6.aep

视频：视频 \ 第 5 章 \5-1-6.mp4

扫码看电子书

5.1.7 制作相机图标动效 

本节将带领读者完成一个相机图标的动效制作，在该相机图标的动效中，将通过各种基础动画类型来表现组成相机的各部分元素的动效表现，重点在于各部分动效的合理衔接和细节的处理，从而使该图标的动效表现更加流畅、自然。

实例 19——制作相机图标动效

源文件：源文件 \ 第 5 章 \5-1-7.aep　　视频：视频 \ 第 5 章 \5-1-7.mp4

01 在 Photoshop 中设计出该相同图标的效果，注意各元素的分层，需要便于在 After Effects 中制作动效，如图 5-87 所示。执行“文件” > “导入” > “文件”命令，在弹出的“导入文件”对话框中选择需要导入的素材文件“源文件 \ 第 5 章 \ 素材 \51701.psd”，如图 5-88 所示。

图 5-87

图 5-88

02 单击“导入”按钮，在弹出的设置对话框中对相关选项进行设置，如图 5-89 所示。单击“确定”按钮，导入 PSD 素材文件并自动创建合成，如图 5-90 所示。

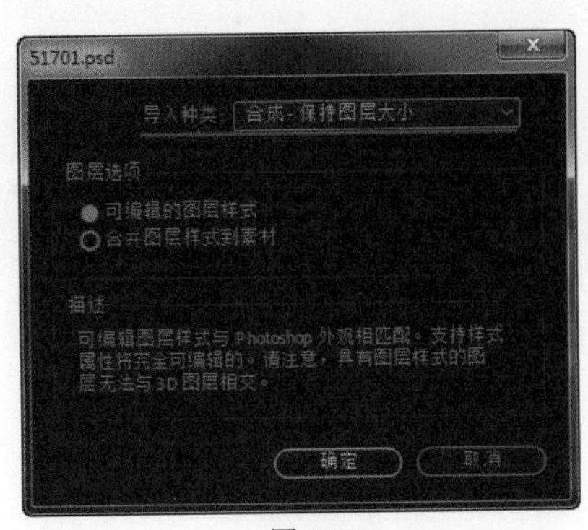

图 5-89

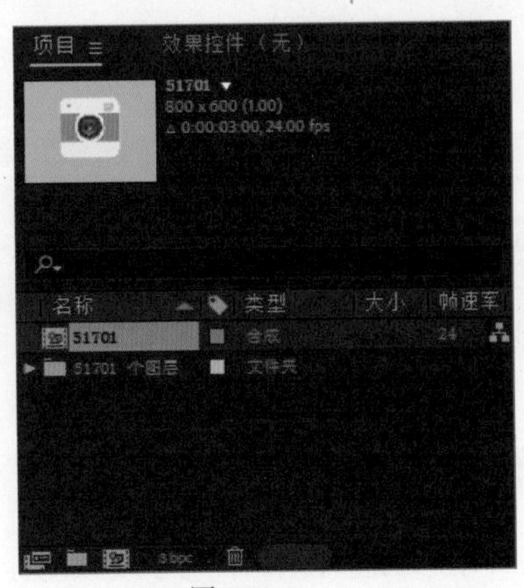

图 5-90

03 在“项目”面板中双击 51701 合成，在“合成”窗口中可以看到该合成的效果，如图 5-91 所示。在“时间轴”面板中可以看到该合成中的相关图层，将“背景”图层锁定，如图 5-92 所示。

图 5-91

图 5-92

04 选择“图标背景”图层，将其他图层暂时隐藏，将“时间指示器”移至 0 秒 10 帧的位置，显示出该图层的“缩放”和“旋转”属性，并为这两个属性分别插入关键帧，如图 5-93 所示。设置“缩放”属性值为 0%，效果如图 5-94 所示。

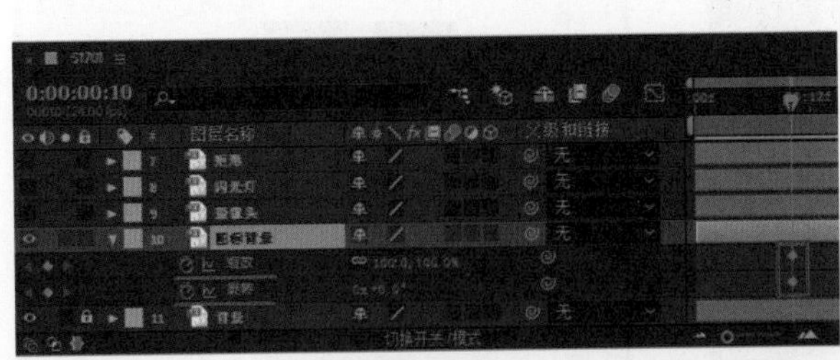

图 5-93

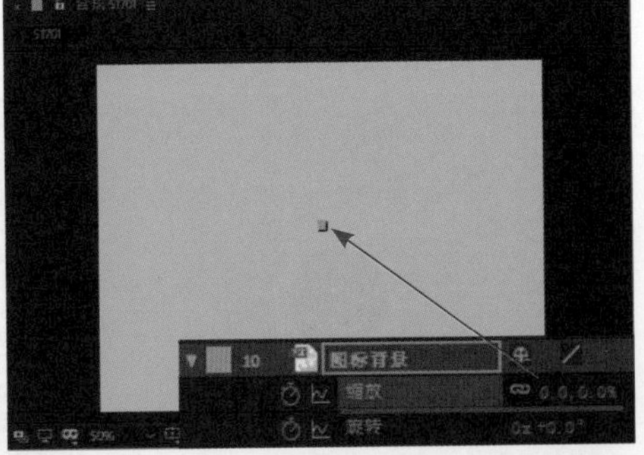

图 5-94

05 将“时间指示器”移至 1 秒的位置，设置其“缩放”属性值为 100%，“旋转”属性值为 -2x，如图 5-95 所示。将“时间指示器”移至 1 秒 03 帧的位置，在“合成”窗口中对图形进行适当的旋转操作，如图 5–96 所示。

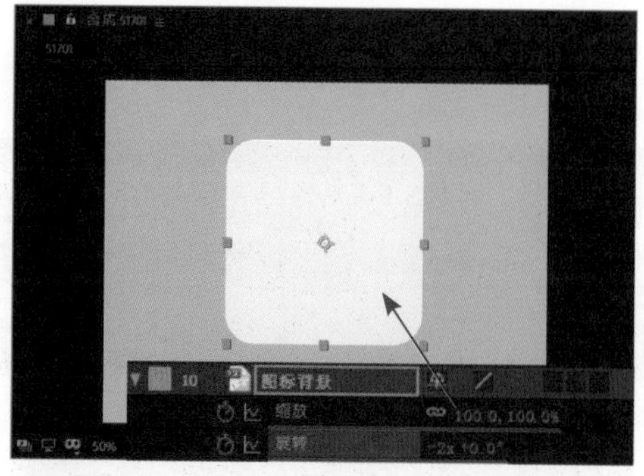

图 5-95

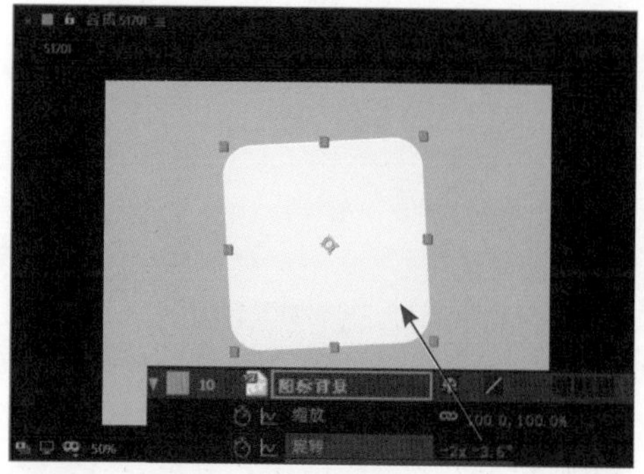

图 5-96

06 将“时间指示器”移至 1 秒 08 帧的位置，在“合成”窗口中对图形进行适当的旋转操作，如图 5–97 所示。将“时间指示器”移至 1 秒 10 帧的位置，设置其“旋转”属性值为 –2x，如图 5–98 所示。

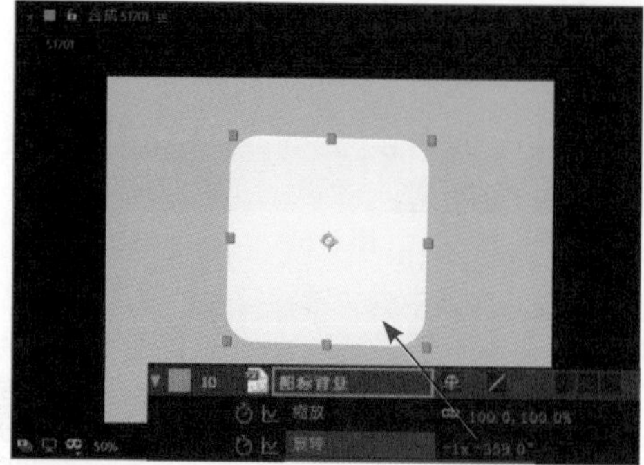

图 5-97

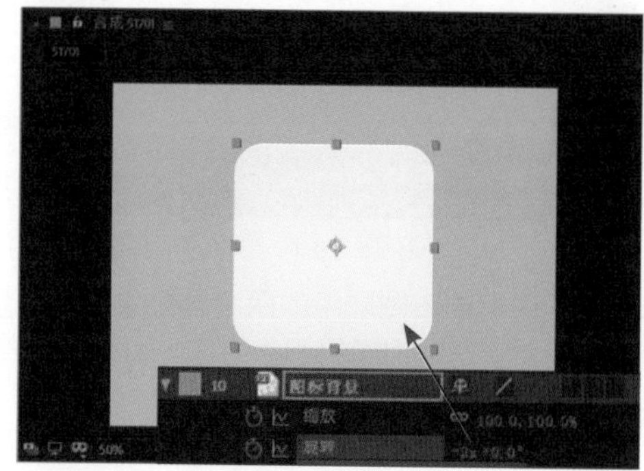

图 5-98

07 同时选中该图层中的所有属性关键帧，按快捷键 F9，为选中的关键帧应用“缓动”效果，如图 5–99 所示。将“时间指示器”移至 1 秒 08 帧的位置，选择“矩形”图层，显示该图层，按快捷键 S，显示该图层的“缩放”属性，为该属性插入关键帧，并设置水平缩放为 0%，效果如图 5–100 所示。

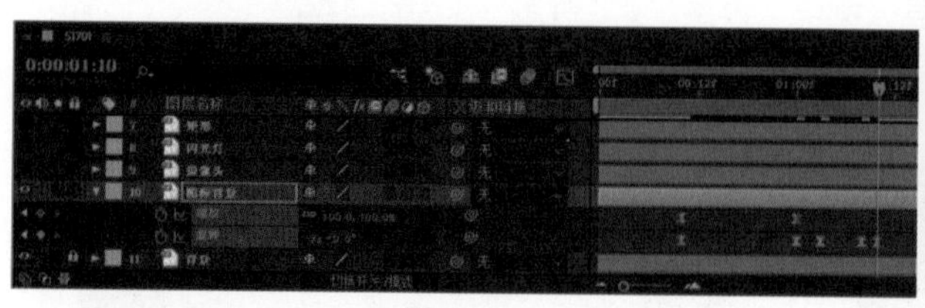

图 5-99

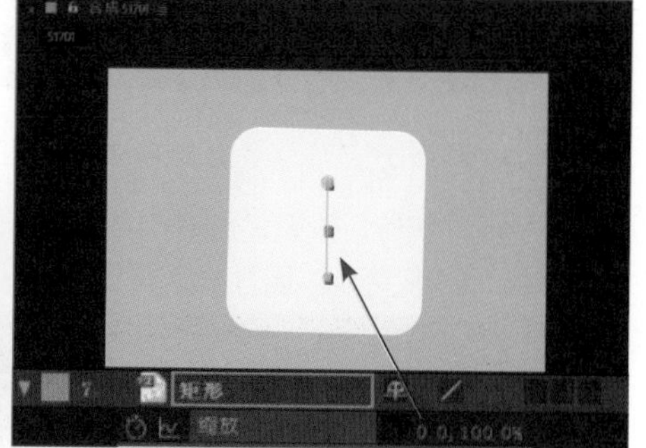

图 5-100

08 将“时间指示器”移至 1 秒 18 帧的位置，设置该图层的水平缩放为 100%，效果如图 5–101 所示。同时选中该图层中的两个属性关键帧，按快捷键 F9，为选中的关键帧应用“缓动”效果，如图 5–102 所示。

09 将“时间指示器”移至 1 秒 20 帧的位置，选择“摄像头”图层，显示该图层，按快捷键 S，显示该图层的“缩放”属性，为该属性插入关键帧，并设置属性值为 0%，效果如图 5–103 所示。将“时间指示器”移至 2 秒的位置，设置“缩放”属性值为 100%，效果如图 5–104 所示。

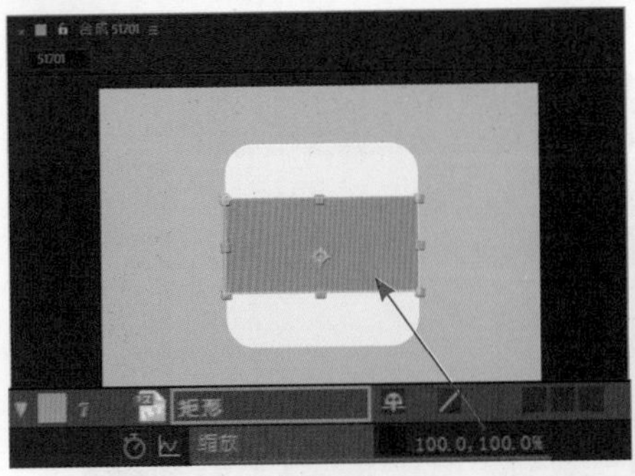
图 5-101

图 5-102

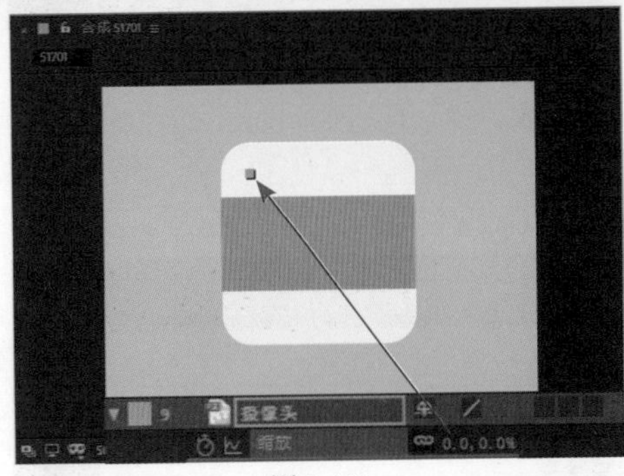
图 5-103

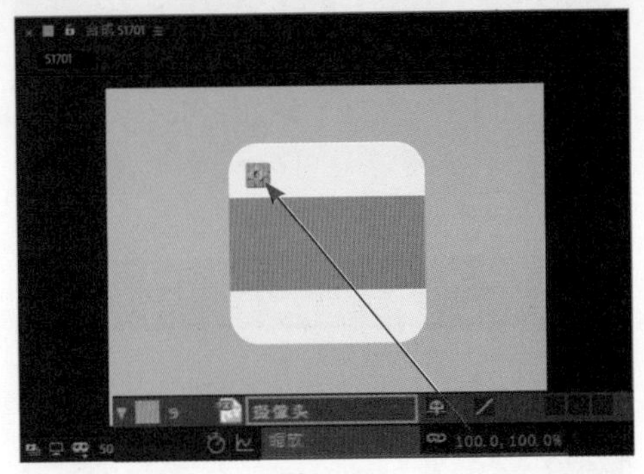
图 5-104

10 同时选中该图层中的两个属性关键帧，按快捷键 F9，为选中的关键帧应用“缓动”效果，如图 5–105 所示。使用相同的制作方法，可以完成“闪光灯”图层中动画效果的制作，如图 5–106 所示。

图 5-105

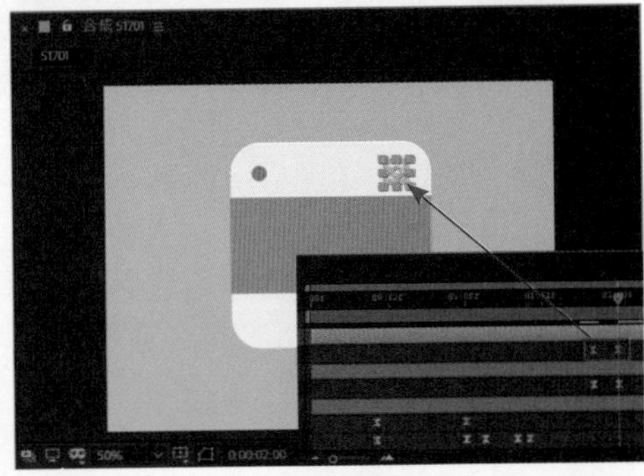
图 5-106

11 选择“镜头 1”图层，显示该图层，执行“效果” > “过渡” > “径向擦除”命令，为该图层应用“径向擦除”效果，如图 5–107 所示。将“时间指示器”移至 1 秒 22 帧的位置，为“径向擦除”效果中的“过渡完成”属性插入关键帧，设置该属性值为 100%，效果如图 5–108 所示。

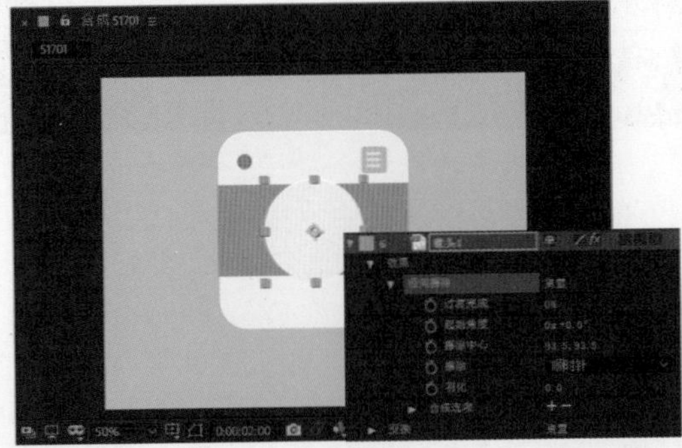
图 5-107

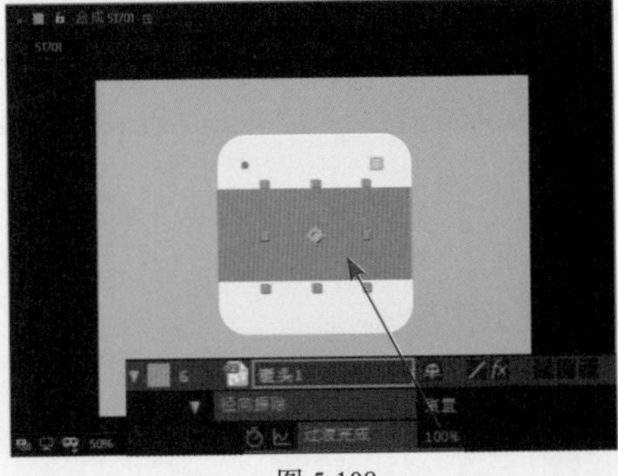
图 5-108

12 将“时间指示器”移至 2 秒 18 帧的位置，设置“过渡完成”属性值为 0%，效果如图 5-109 所示。执行“图层” > “图层样式” > “投影”命令，为该图层应用“投影”图层样式，对“投影”图层样式的相关选项进行设置，效果如图 5-110 所示。

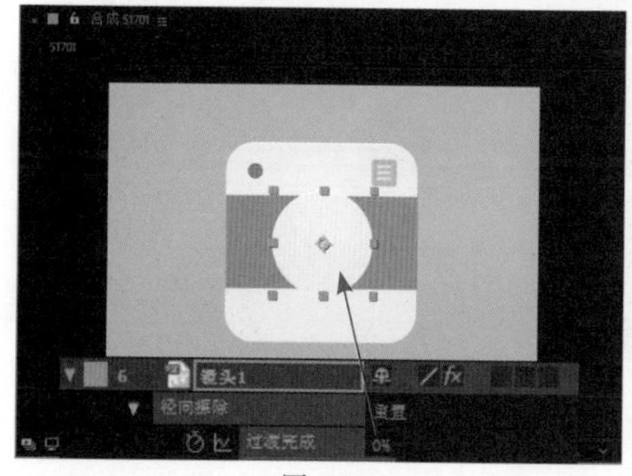

图 5-109

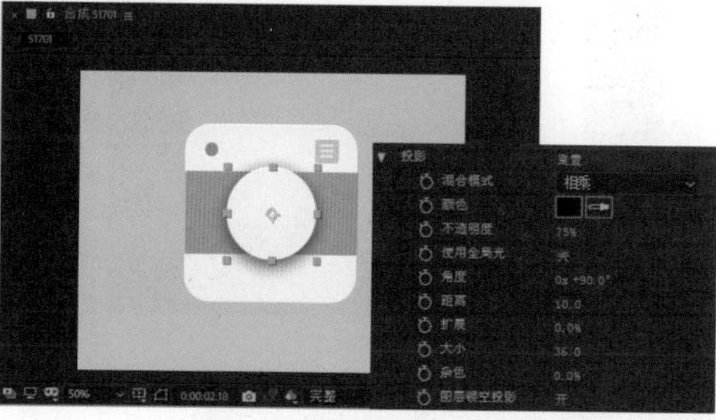

图 5-110

13 将“时间指示器”移至 2 秒 08 帧的位置，为“投影”样式中的“不透明度”属性插入关键帧，并设置其值为 0%，如图 5-111 所示。将“时间指示器”移至 2 秒 18 帧的位置，设置“投影”样式的“不透明度”属性值为 20%，效果如图 5-112 所示。

图 5-111

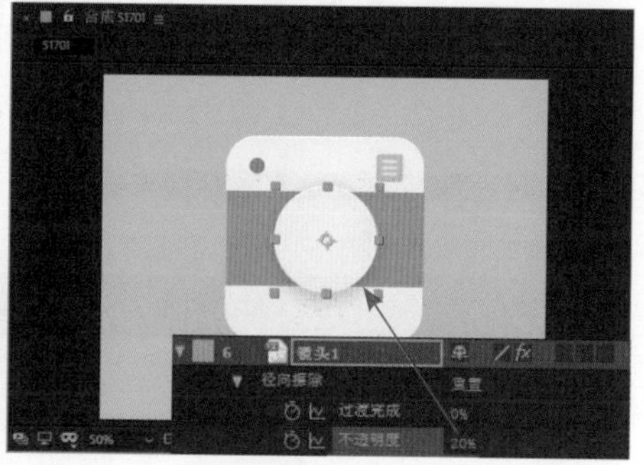

图 5-112

14 同时选中该图层中的 4 个属性关键帧，按快捷键 F9，为选中的关键帧应用“缓动”效果，如图 5-113 所示。选择“镜头 2”图层，显示该图层，执行“效果” > “过渡” > “径向擦除”命令，为该图层应用“径向擦除”效果，如图 5-114 所示。

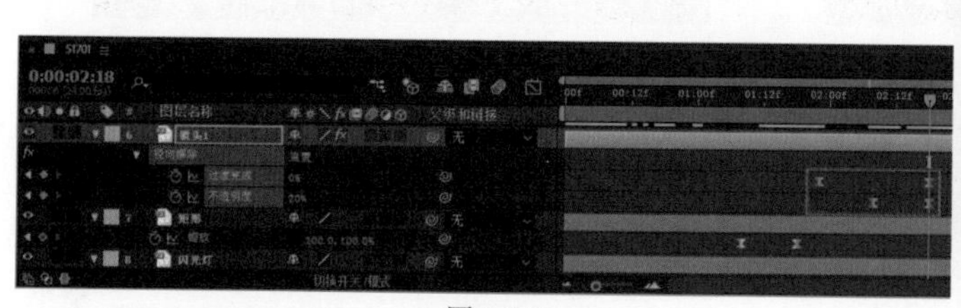

图 5-113

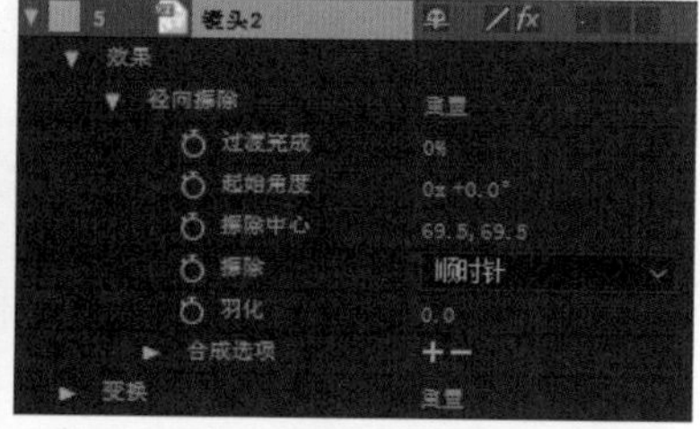

图 5-114

15 将“时间指示器”移至 2 秒 04 帧的位置，为“径向擦除”效果中的“过渡完成”属性插入关键帧，设置该属性值为 100%，效果如图 5-115 所示。将“时间指示器”移至 3 秒的位置，设置“过渡完成”属性值为 0%，效果如图 5-116 所示。

16 同时选中该图层中的两个属性关键帧，按快捷键 F9，为选中的关键帧应用“缓动”效果。使用相同的制作方法，可以完成“镜头 3”和“镜头 4”图层中动画的制作，效果如图 5-117 所示，“时间轴”面板如图 5-118 所示。

17 选择“反光 1”图层，显示该图层，将“时间指示器”移至 3 秒 10 帧的位置，按快捷键 S，显示该图层的“缩放”属性，为该属性插入关键帧，并设置其值为 0%，效果如图 5-119 所示。将“时间指示器”移至 3 秒 15 帧的位置，设置“缩放”属性值为 100%，效果如图 5–120 所示。

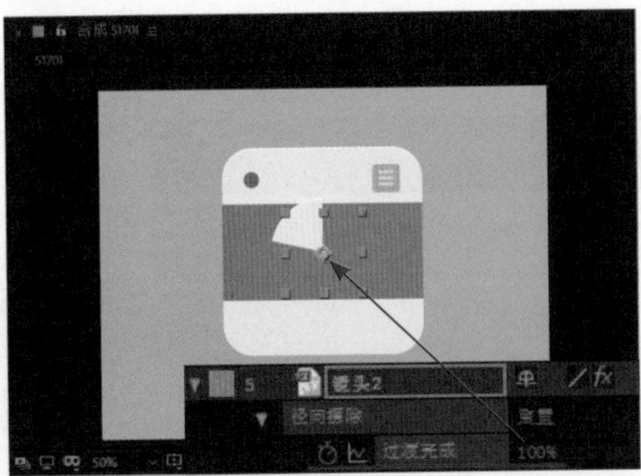

图 5-115

图 5-116

图 5-117

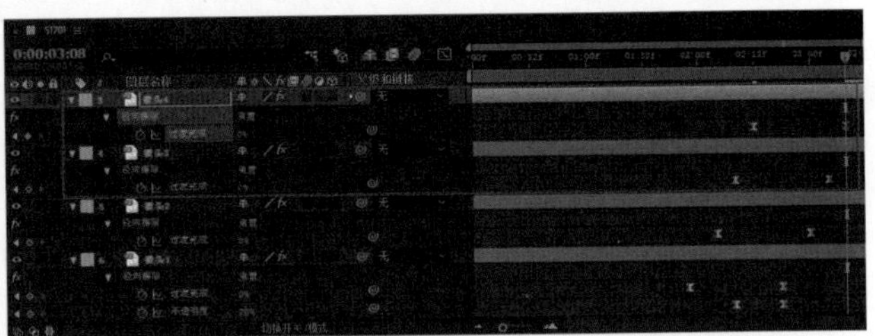
图 5-118

图 5-119

图 5-120

18 同时选中该图层中的两个属性关键帧，按快捷键 F9，为选中的关键帧应用“缓动”效果。同时选中该图层中的两个属性关键帧，按快捷键 Ctrl+C，复制关键帧，选择“反光 2”图层，显示该图层，将“时间指示器”移至 3 秒 10 帧的位置，按快捷键 Ctrl+V，粘贴关键帧，效果如图 5–121 所示，“时间轴”面板如图 5–122 所示。

图 5-121

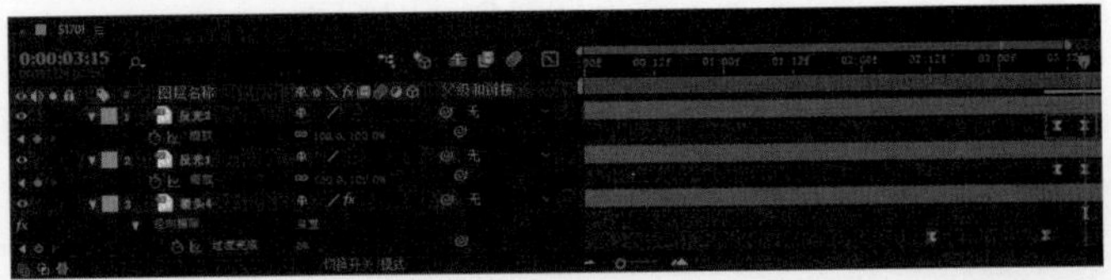
图 5-122

19 选择“图标背景”图层，单击“运动模糊”按钮，为该图层打开“运动模糊”功能，如图 5–123 所示。完成该相机图标动效的制作，“时间轴”面板如图 5–124 所示。

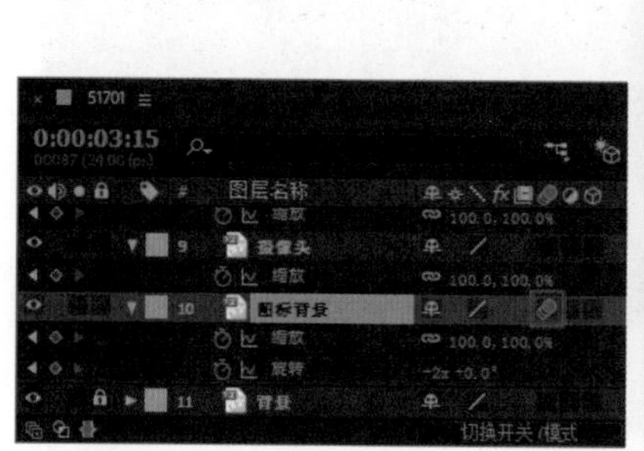

图 5-123

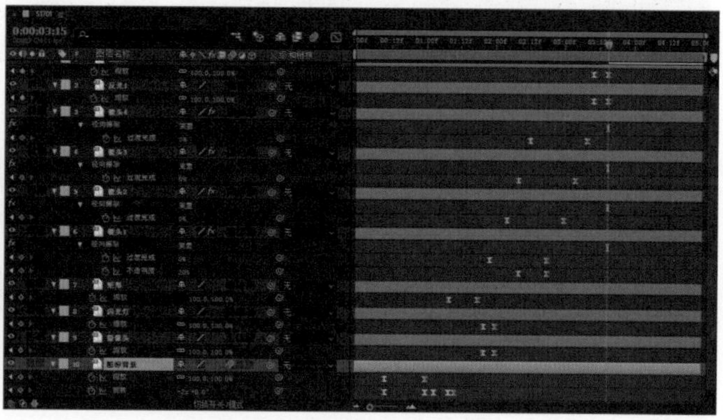

图 5-124

20 单击“预览”面板上的“播放 / 停止”按钮，可以在“合成”窗口中预览动画效果。也可以根据前面介绍的渲染输出方法，将该动画渲染输出为视频文件，再使用 Photoshop 将其输出为 GIF 格式的动画，效果如图 5–125 所示。

图 5-125

5.2 进度条动效设计 

在浏览移动应用等场景，因为网速慢或是硬件差的关系，难免会遇上等待加载的情况，没人喜欢等待，耐心差的用户可能因为操作得不到及时反馈，直接选择放弃。所以在移动端应用程序中还有一种常见的交互动效就是进度条的动画，通过进度条动画，可以使用户了解当前的操作进度，给用户以心理暗示，使用户能够耐心等待，从而提升用户体验感。

5.2.1 常见的进度条表现形式

进度条与滚动条非常相似，进度条在外观上只是比滚动条缺少了可拖动的滑块。进度条元素是移动端应用程序在处理任务时，实时地以图形方式显示的处理当前任务的完成度，剩余未完成任务量的大小和可能需要完成的时间，例如下载进度、视频播放进度等。大多数移动端界面中的进度条是以长条矩形的方式显示的，进度条的设计方法相对比较简单，重点是色彩的应用和质感的体现，如图 5–126 所示。

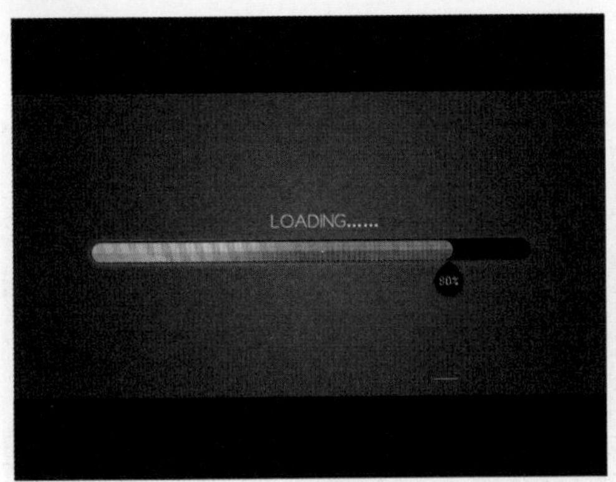

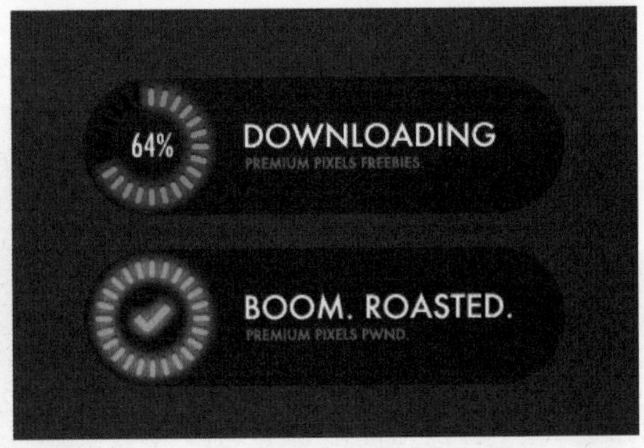

图 5-126

进度条动画一般用于较长时间的加载，通常配合百分比指数，让用户对当前加载进度和剩余等待时间有个明确的心理预期，如图 5-127 所示。

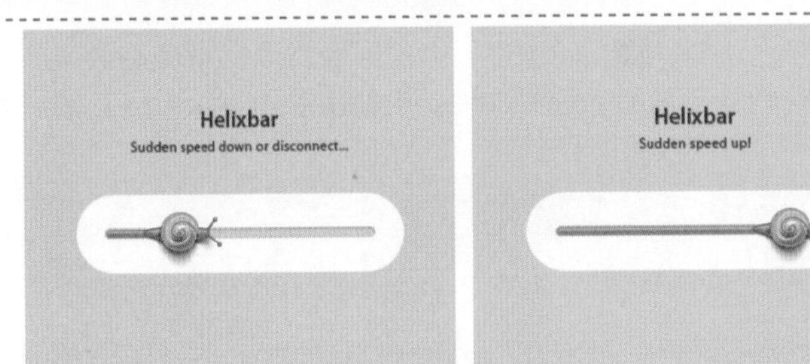

直线形式的进度条是我们在移动端应用中最常见的进度条表现方式。在该进度条动效中设计了一只爬行的蜗牛形象，进度条跟随着蜗牛的爬行而增长，非常直观地表现出当前的进度，给用户很好的提示。

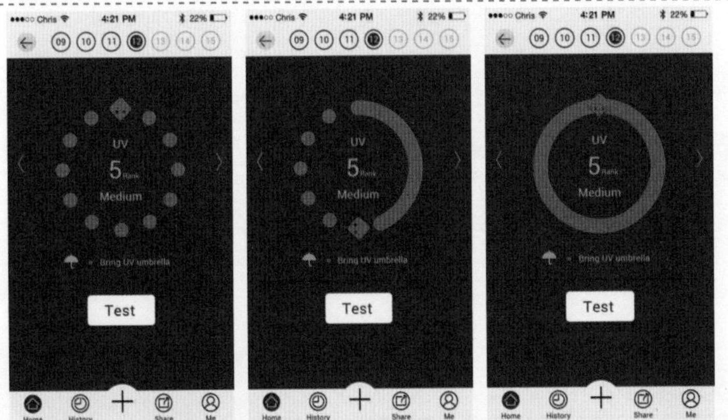

圆形的进度条也是目前比较常见的一种进度条动画表现形式。该进度条将圆形与贪吃蛇形象很好地结合在一起，贪吃蛇围绕圆点进行旋转吃掉所有圆点，则加载完成，形象而富有趣味性。

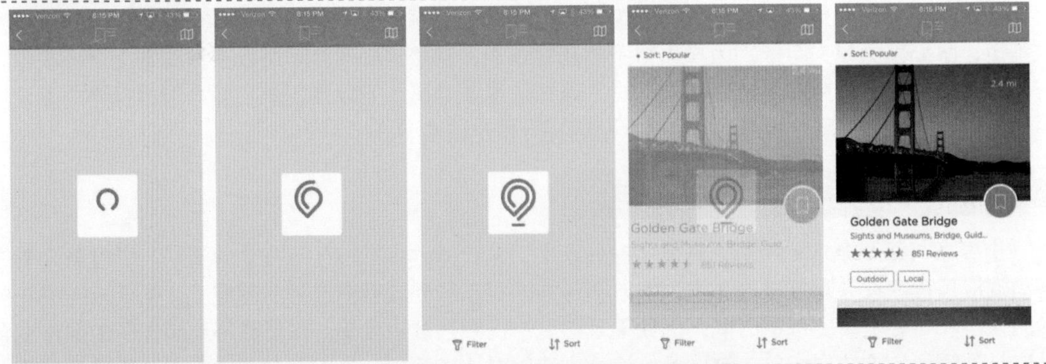

该移动端界面使用 Logo 线描的动画效果来表现界面的载入进度，并且将加载进度动画与界面转场完美地结合在一起，当 Logo 线描完成后逐渐淡出，而所载入的界面逐渐淡入，很好地实现了界面的转场。

图 5-127

5.2.2 制作矩形进度条动效

进度条能够表现出当前的加载进度，为用户带来最直观的体验，避免用户的盲目等待，加载进度条能够有效提升 App 应用的用户体验。在本节中将带领读者完成一个矩形进度条动效的制作，在该矩形进度条动效的制作过程中，主要通过蒙版路径的变形，从而实现进度条的显示动效，并且通过添加“色相 / 饱和度”效果，制作出进度条变化过程中进度条色彩也一起变化的效果。

实例 20——制作矩形进度条动效

源文件：源文件 \ 第 5 章 \5-2-2.aep　　视频：视频 \ 第 5 章 \5-2-2.mp4

01 执行“文件” > “导入” > “文件”命令，在弹出的“导入文件”对话框中选择需要导入的素材文件“源文件 \ 第 5 章 \ 素材 \52201.psd”，如图 5-128 所示。单击“导入”按钮，在弹出的设置对话框中对相关选项进行设置，如图 5-129 所示。

图 5-128

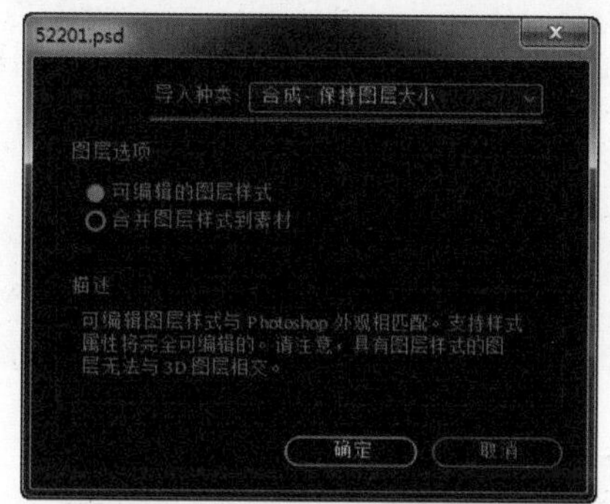

图 5-129

02 单击“确定”按钮，导入 PSD 素材文件并自动创建合成，如图 5-130 所示。在“项目”面板中双击 52201 合成，在“合成”窗口中可以看到该合成的效果，如图 5-131 所示。

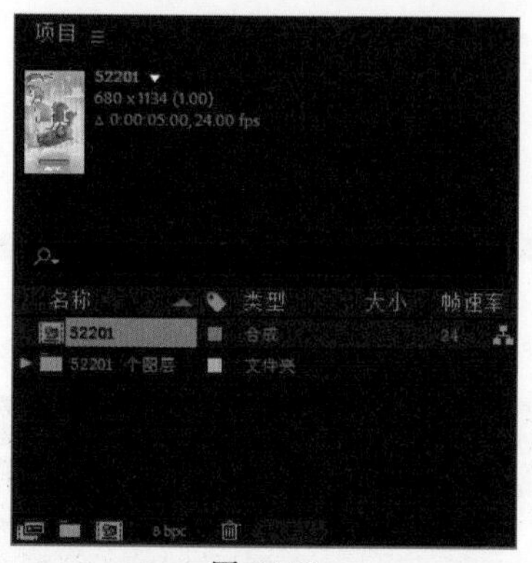

图 5-130

图 5-131

03 在“时间轴”面板中可以看到该合成中的相关图层，将“背景”和“进度条背景”图层锁定，如图 5-132 所示。选择“进度条”图层，使用“矩形工具”，在“合成”窗口中合适的位置拖动鼠标绘制矩形蒙版，如图 5-133 所示。

04 将“时间指示器”移至 0 秒位置，为“蒙版 1”选项下方的“蒙版路径”属性插入关键帧，如图 5-134 所示。将“时间指示器”移至 1 秒的位置，使用“选取工具”，选择蒙版矩形路径右侧的两个锚点，向右拖动调整蒙版图形，效果如图 5-135 所示。

05 将“时间指示器”移至 3 秒的位置，使用“选取工具”，选择蒙版矩形路径右侧的两个锚点，向右拖动调整蒙版图形，效果如图 5-136 所示。将“时间指示器”移至 4 秒的位置，使用“选取工具”，调整蒙版图形，完成整个进度条的显示，效果如图 5-137 所示。

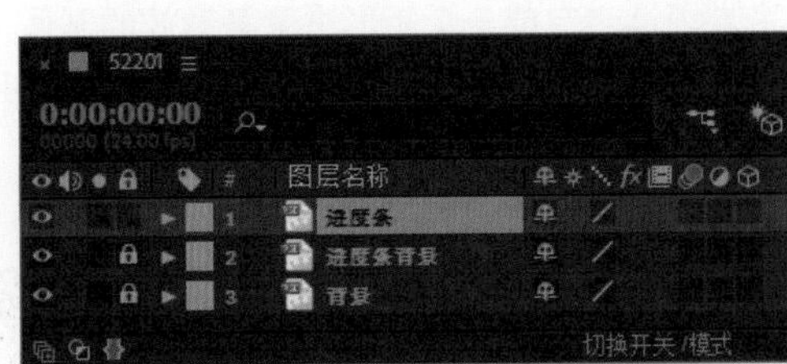

图 5-132

图 5-133

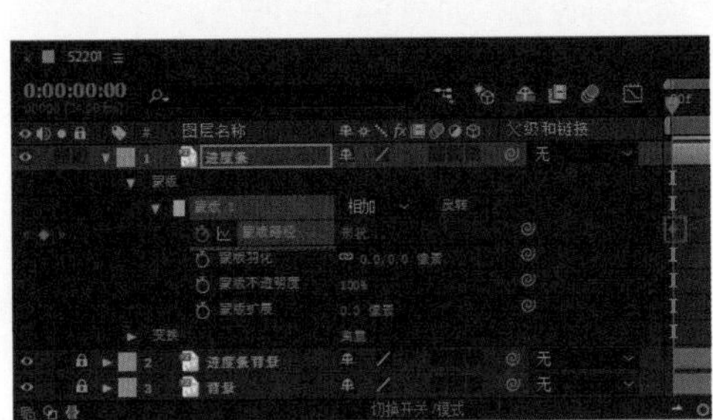

图 5-134

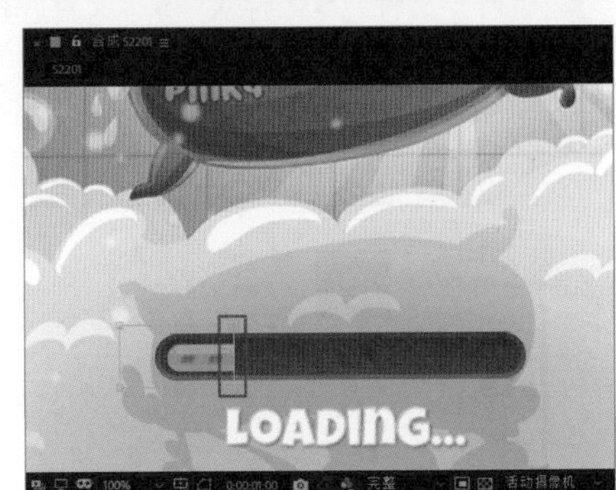

图 5-135

图 5-136

图 5-137

06 同时选中该属性的 4 个关键帧，按快捷键 F9，为其应用“缓动”效果，如图 5–138 所示。

图 5-138

07 选择“进度条”图层，执行“效果”>“颜色校正”>“色相 / 饱和度”命令，自动打开“效果控件”面板，并显示“色相 / 饱和度”效果的相关设置选项，如图 5–139 所示。将“时间指示器”移至 0 秒的位置，为“色相 / 饱和度”选项中的“通道范围”属性插入关键帧，如图 5–140 所示。

08 将“时间指示器”移至 4 秒的位置，在“效果控件”面板中对“主色相”选项进行设置，如图 5–141 所示，在“合成”窗口中可以看到进度条图形的颜色效果，如图 5–142 所示。

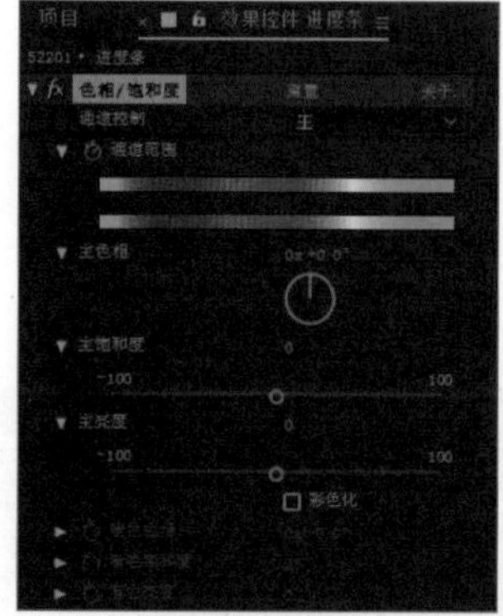
图 5-139

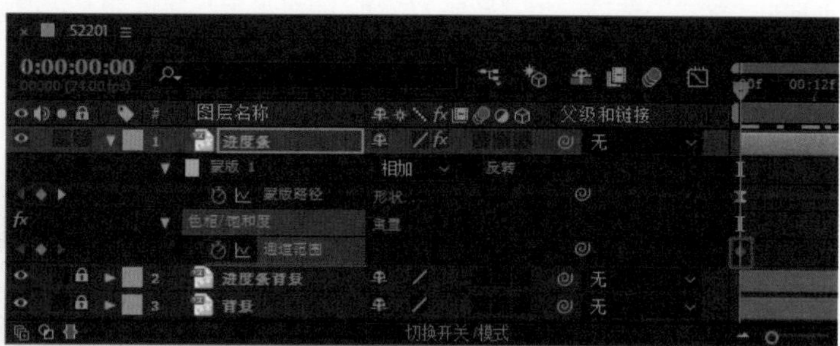
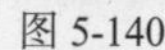
图 5-140

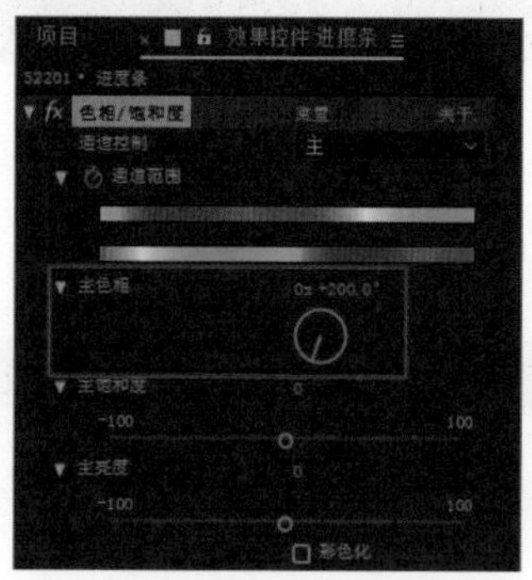
图 5-141

图 5-142

09 将“时间指示器”移至起始位置，执行“图层”>“新建”>“文本”命令，添加一个空文本图层，如图 5–143 所示。选中该图层，执行“效果”>“文本”>“编号”命令，弹出“编号”对话框，设置如图 5–144 所示。

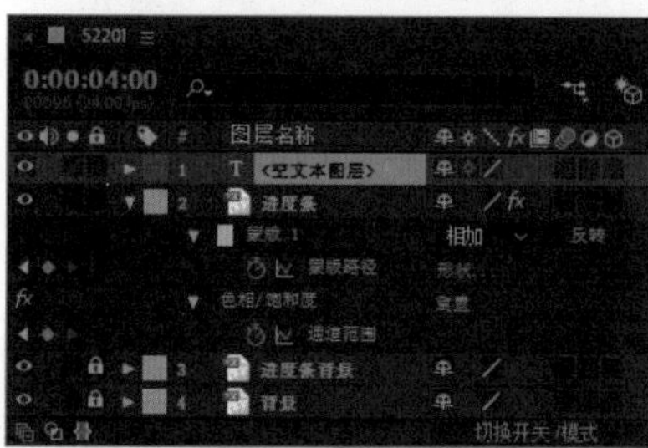
图 5-143

图 5-144

10 单击“确定”按钮，为该图层应用“编号”效果，在“效果控件”面板中对相关选项进行设置，如图 5–145 所示。在“合成”窗口中将编号数字调整至合适的位置，如图 5–146 所示。

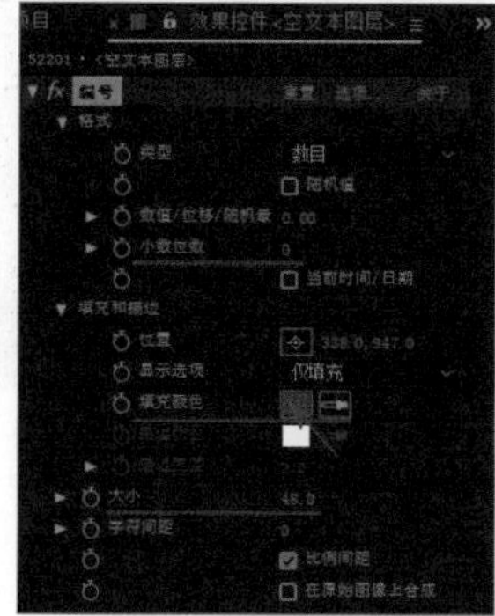
图 5-145

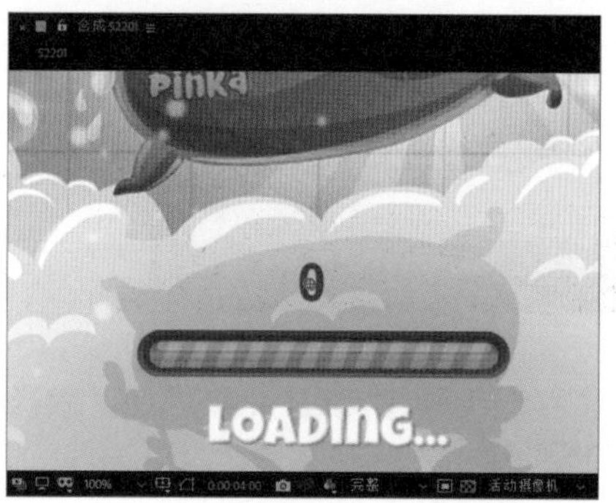

图 5-146

11 不要选择任何对象，使用“横排文字工具”，在“合成”窗口中单击并输入文字，如图 5–147 所示。将“时间指示器”移至 0 秒的位置，选择“空文本图层”，展开“效果”选项下“编号”选项下的“格式”选项，为“数值 / 位移 / 随机最大”属性插入关键帧，如图 5–148 所示。

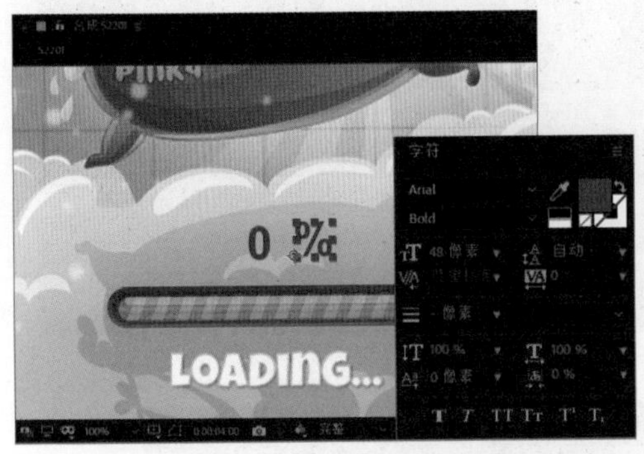

图 5-147

图 5-148

12 将“时间指示器”移至 1 秒的位置，设置“数值 / 位移 / 随机最大”属性值为 15，如图 5–149 所示。将“时间指示器”移至 3 秒位置，设置“数值 / 位移 / 随机最大”属性值为 80，如图 5–150 所示。

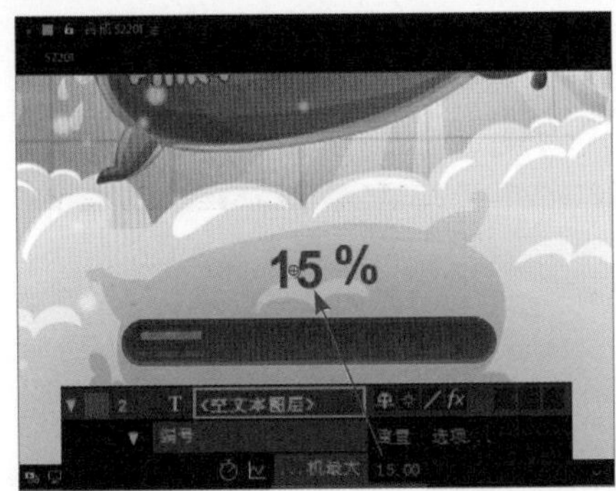

图 5-149

图 5-150

13 将“时间指示器”移至 4 秒位置，设置“数值 / 位移 / 随机最大”属性值为 100，如图 5–151 所示。在“项目”面板的合成上右击，在弹出的菜单中选择“合成设置”命令，弹出“合成设置”对话框，修改“持续时间”为 5 秒，如图 5–152 所示。

图 5-151

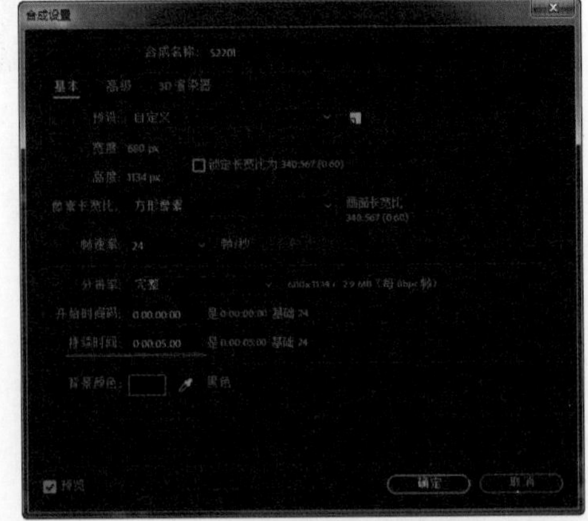
图 5-152

14 单击“确定”按钮，完成“合成设置”对话框的设置，展开各图层所设置的关键帧，“时间轴”面板如图 5–153 所示。

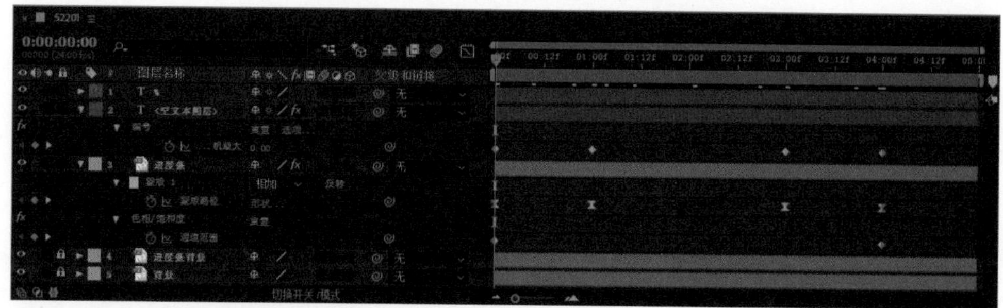

图 5-153

15 完成该矩形进度条动效的制作，单击“预览”面板上的“播放 / 停止”按钮，可以在“合成”窗口中预览动画效果。也可以根据前面介绍的渲染输出方法，将该动画渲染输出为视频文件，再使用 Photoshop 将其输出为 GIF 格式的动画，动画效果如图 5-154 所示。

图 5-154

5.2.3 制作圆形进度条动效

在上一节中通过蒙版的功能制作了矩形进度条动效，在本节将带领读者完成一个圆形进度条动效的制作，在该动效中主要是通过“修剪路径”属性来实现圆形进度条动效的表现，并且通过“编号”效果来实现百分比数值的变化。具体操作步骤可扫描二维码看电子书。

实例 21——制作圆形进度条动效

源文件：源文件 \ 第 5 章 \5-2-3.aep

视频：视频 \ 第 5 章 \5-2-3.mp4

扫码看电子书

5.3 工具栏动效设计

移动端应用中的工具栏是显示图形式按钮的选项控制条，每个图形按钮称为一个工具项，用于执行移动端应用中的一个功能，或在不同的移动端界面中进行跳转。通常情况下，出现在工具栏上的按钮所执行的都是一些比较常用的功能，主要是为了更加方便用户的使用。

5.3.1 关于工具栏动效设计

工具栏一般应用于移动端应用程序中频繁使用的功能，而专门在应用界面中开辟出一块地方来设置这些常用的操作。这样的设计直观突出，且经常使用这类操作的用户会觉得方便且更有效率。工具栏需要根据应用界面整体的风格来进行设计，只有这样才能够使整个应用界面和谐统一。如图 5-155 所示为设计精美的应用工具栏。

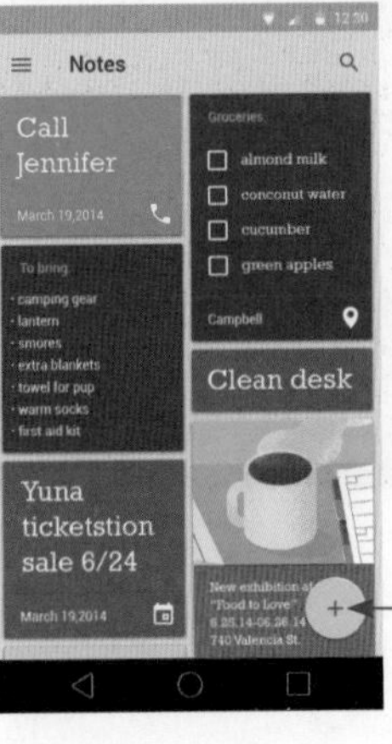

图 5-155

目前在许多移动端界面设计中都会为界面中的工具栏加入交互动效设计，特别是当一组工具图标的显示与隐藏时，使用交互动画的方式呈现，会给用户带来很好的交互体验，如图 5-156 所示。

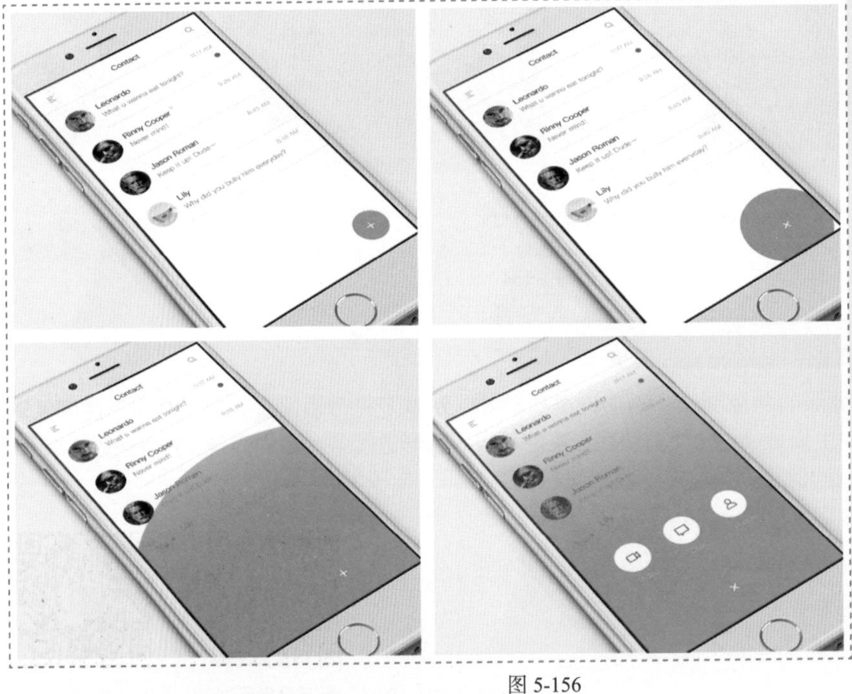

该移动应用界面中的一组工具图标默认隐藏在界面底部的“加号”按钮图标中，当用户在界面中点击该图标时，隐藏的工具图标会以交互动画的方式呈现在界面中，非常便于用户的操作，再次单击底部的“叉号”按钮图标，会以交互动画的方工将相应的图标收缩隐藏，动态的表现效果给用户带来很好的体验。

图 5-156

5.3.2 制作展开工具栏动效 

移动设备由于屏幕较小，所以在移动 App 应用中常常将一些功能操作选项隐藏，当用户点击界面中相应的图标时才会展开相应的功能操作选项，而在这些功能操作选项展开的过程中同样可以加入动效，从而使界面的动态表现效果更加突出。

实例 22——制作展开工具栏动效

源文件：源文件\第 5 章\5-3-2.aep　　视频：视频\第 5 章\5-3-2.mp4

01 打开 After Effects，执行“文件” > “导入” > “文件”命令，弹出“导入文件”对话框，选择“源文件\第 5 章\素材\53201.psd”文件，如图 5-157 所示。单击“导入”按钮，弹出设置对话框，设置如图 5-158 所示。

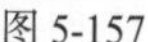

图 5-157

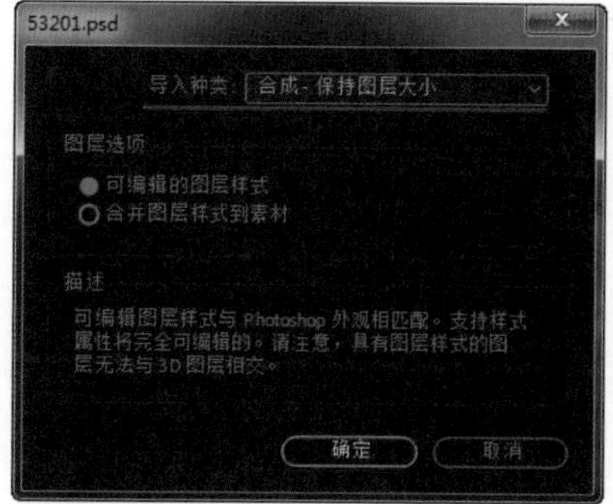

图 5-158

02 单击“确定”按钮，导入 PSD 素材文件，并自动生成合成，如图 5-159 所示。在“项目”面板中的 53201 合成上右击，在弹出的菜单中选择“合成设置”命令，弹出“合成设置”对话框，设置“持续时间”为 5 秒，如图 5-160 所示。

图 5-159

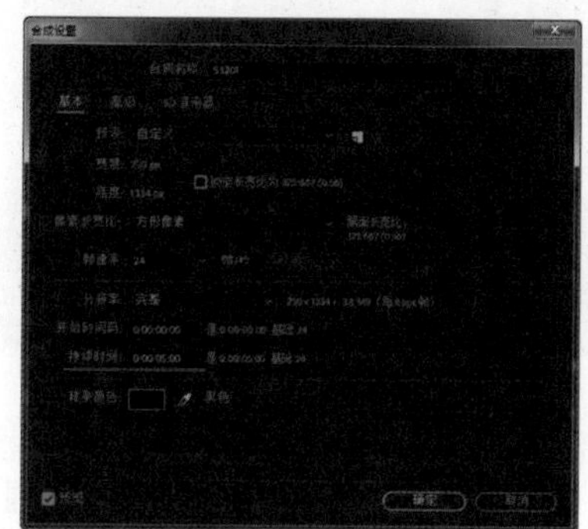

图 5-160

03 单击“确定”按钮，完成“合成设置”对话框的设置，双击 53201 合成，在“合成”窗口中打开该合成，效果如图 5-161 所示。在“时间轴”面板中可以看到该合成中相应的图层，将“背景”图层锁定，如图 5-162 所示。

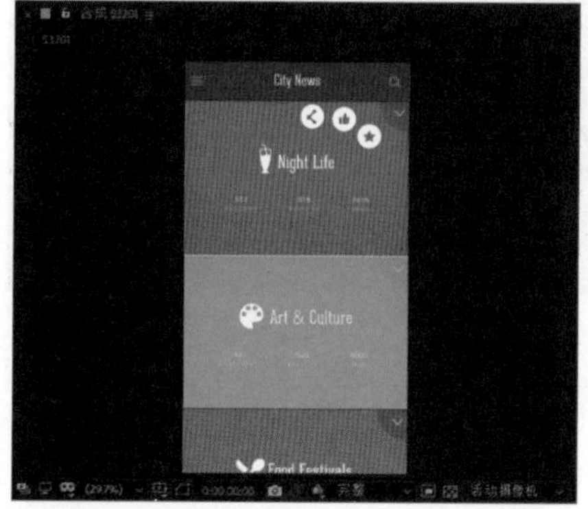

图 5-161

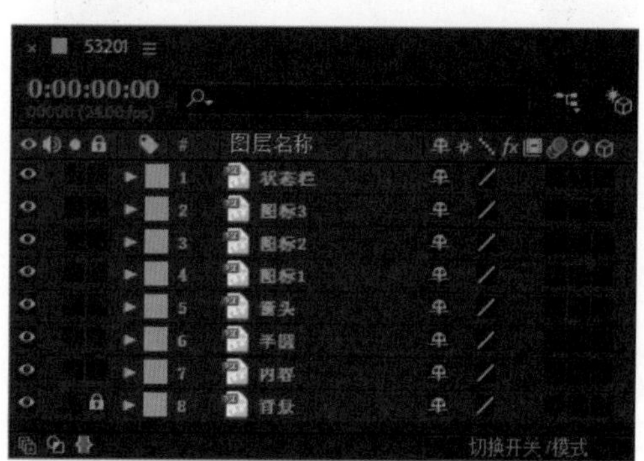

图 5-162

04 使用“椭圆工具”，设置“填充”为白色，“描边”为无，在“合成”窗口中按住 Shift 键拖动鼠标，绘制正圆形，将得到的图层重命名为“光标”，如图 5-163 所示。不要选择任何对象，使用“矩形工具”，设置“填充”为 #E01850，“描边”为无，在“合成”窗口中绘制矩形，将得到的图层重命名为“下拉形状”，如图 5-164 所示。

05 在“时间轴”面板中将“光标”和“下拉形状”图层移至“图标 1”的下方，并暂时将“状态栏”图层隐藏，如图 5-165 所示。在“合成”窗口中，分别将“图标 1”“图层 2”和“图标 3”这 3 个图层中的图标移至合适的位置，如图 5-166 所示。

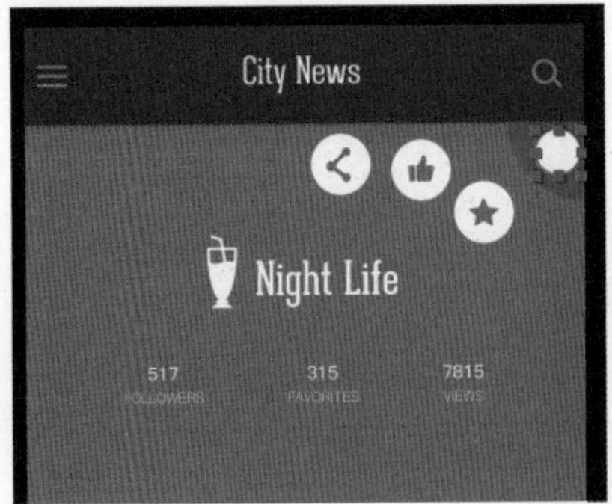

图 5-163

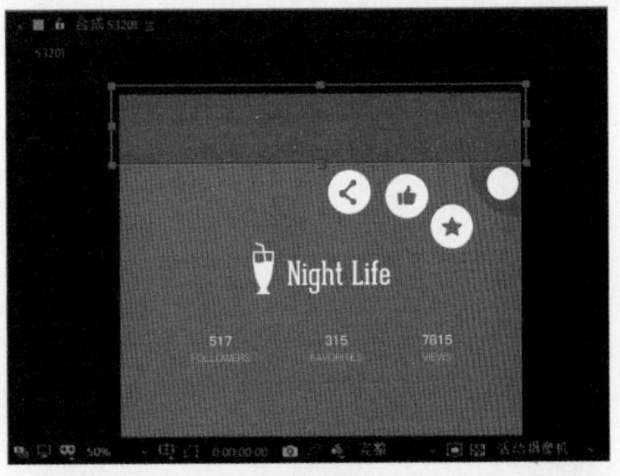

图 5-164

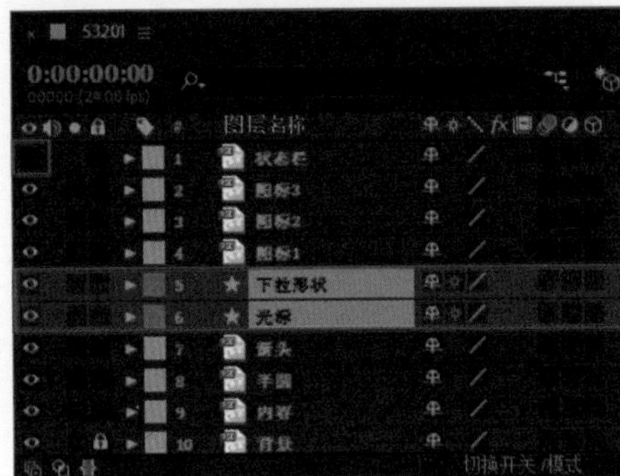

图 5-165

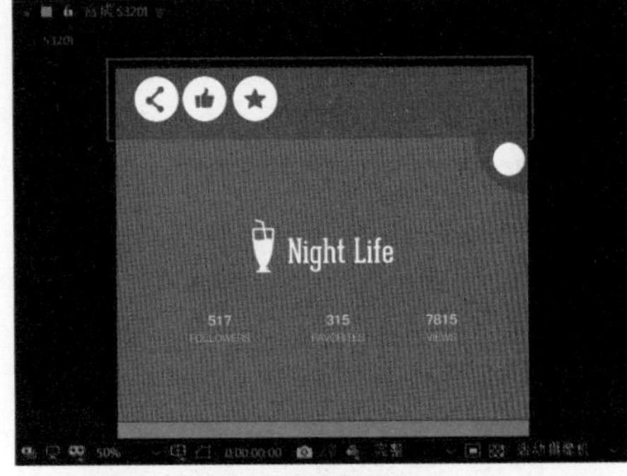

图 5-166

06 选择“光标”图层，将“时间指示器”移至 0 秒 08 帧的位置，按快捷键 T，显示该图层的“不透明度”属性，设置该属性值为 0%，并插入该属性关键帧，如图 5-167 所示。将“时间指示器”移至 0 秒 12 帧的位置，设置“不透明度”属性值为 50%，效果如图 5-168 所示。

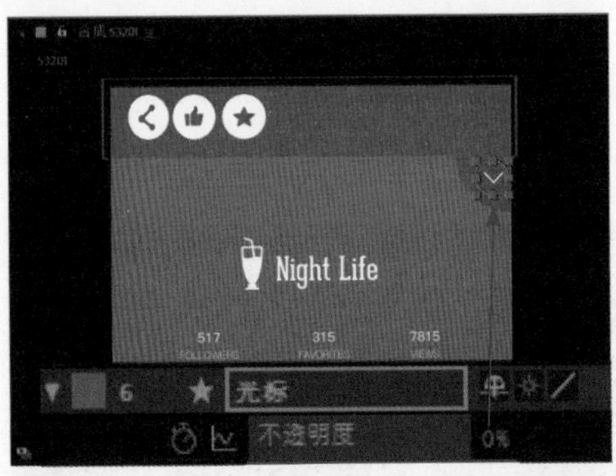

图 5-167

图 5-168

07 将“时间指示器”移至 0 秒 16 帧的位置，添加“不透明度”属性关键帧，将“时间指示器”移至 0 秒 20 帧的位置，设置“不透明度”属性值为 0%，“时间轴”面板如图 5-169 所示。选择“箭头”图层，使用“向后平移（锚点）工具”，调整该图层的锚点位于图形的中心位置，如图 5-170 所示。

08 将“时间指示器”移至 0 秒 22 帧的位置，按快捷键 R，显示该图层的“旋转”属性，插入该属性关键帧，如图 5-171 所示。将“时间指示器”移至 1 秒 03 帧的位置，设置“旋转”属性值为 180°，效果如图 5-172 所示。

09 将“时间指示器”移至 0 秒 22 帧的位置，选择“半圆”图层，按快捷键 T，显示该图层的“不透明度”属性，插入该属性关键帧，如图 5-173 所示。将“时间指示器”移至 1 秒 03 帧的位置，设置“不透明度”属性值为 0%，如图 5-174 所示。

10 选择“下拉形状”图层，使用“向后平移（锚点）工具”，调整该图层的锚点位于图形的中心位置，如图 5-175 所示。执行“效果” > “扭曲” > CC Smear 命令，应用 CC Smear 效果，在“合成”窗口中调整该效果的起始点和结束点位置，如图 5-176 所示。

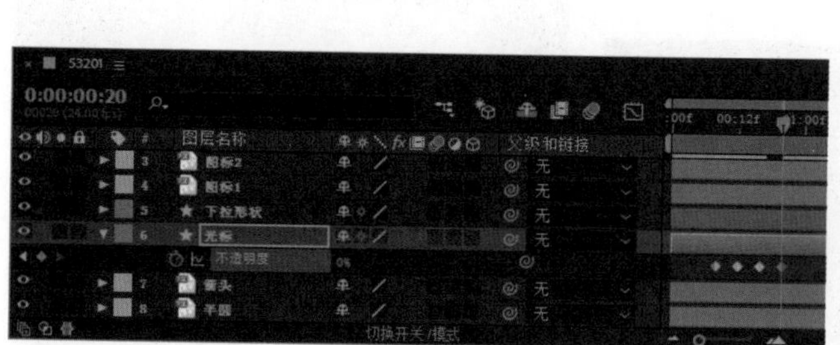

图 5-169

图 5-170

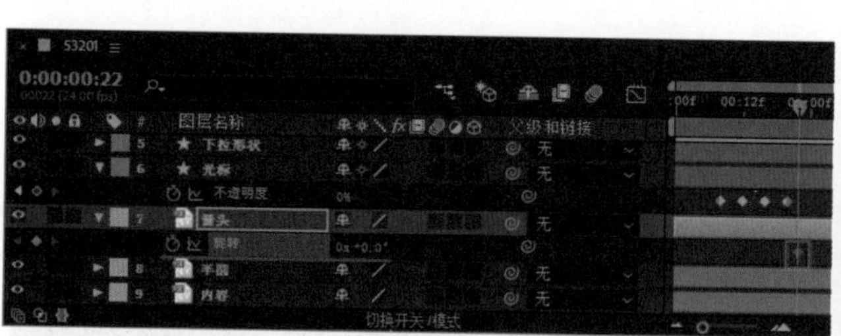

图 5-171

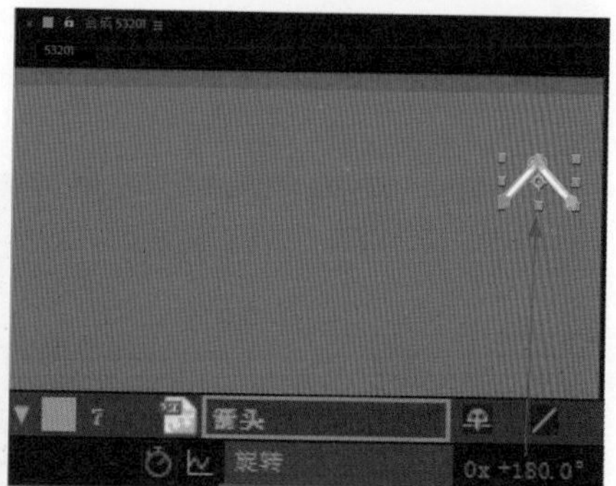

图 5-172

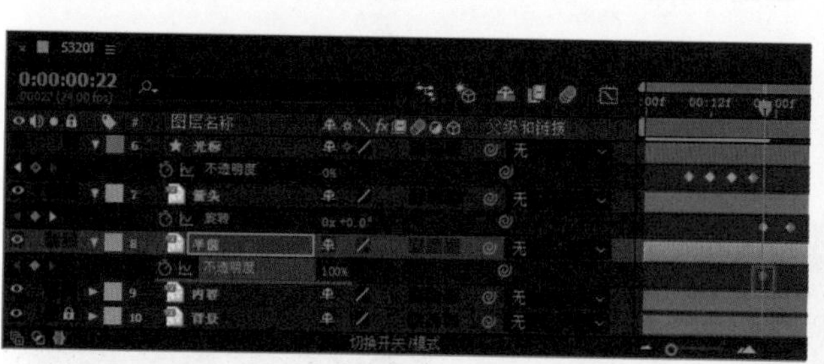

图 5-173

图 5-174

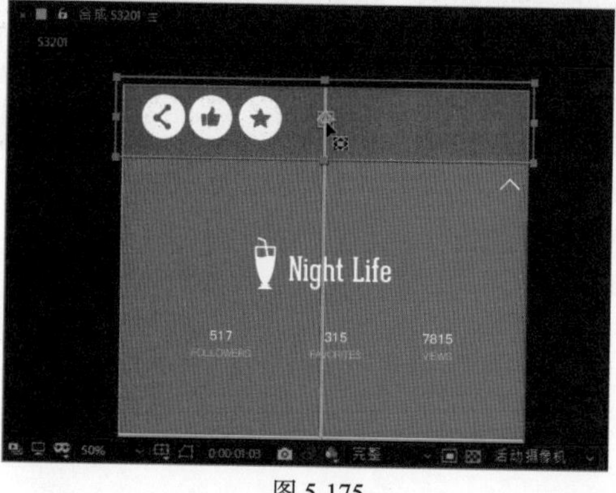

图 5-175

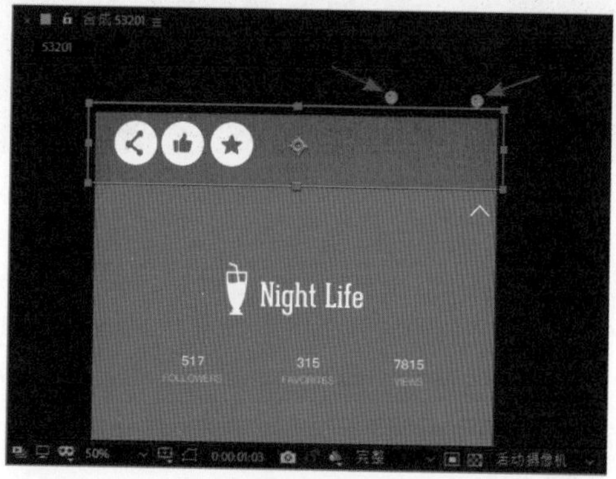

图 5-176

11 将“时间指示器”移至 0 秒 22 帧的位置，为 CC Smear 效果中的 To 属性插入关键帧，如图 5–177 所示。将“时间指示器”移至 1 秒 19 帧的位置，在“合成”窗口中移动 CC Smear 效果的结束点位置，如图 5–178 所示。

图 5-177

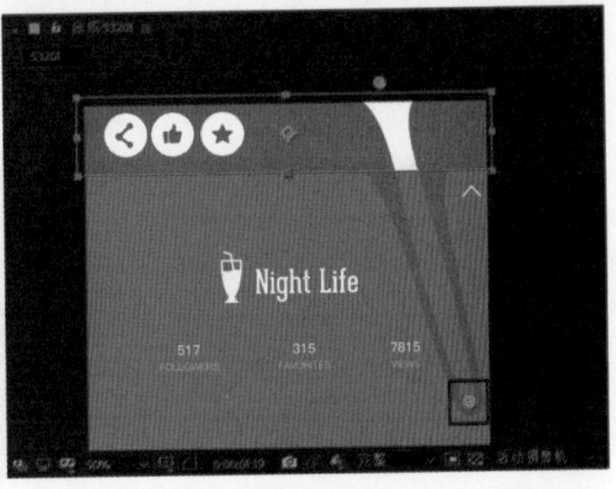

图 5-178

12 选择该图层中所绘制的矩形，将其放大，保证变形后的图形不漏白，如图 5–179 所示。在“效果控件”面板中对 CC Smear 效果的相关属性进行设置，从而得到满意的下拉形状效果，如图 5–180 所示。

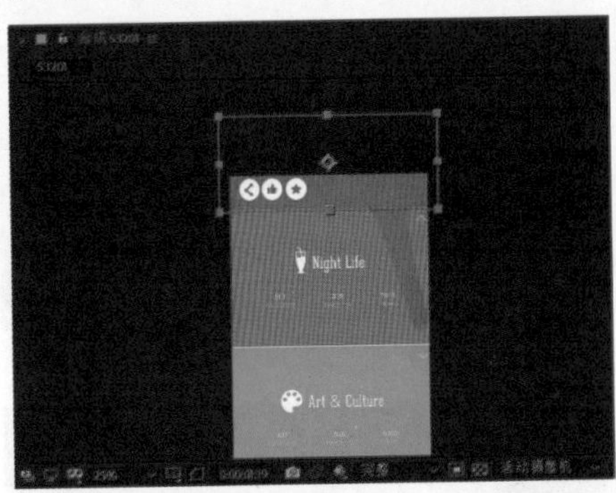

图 5-179

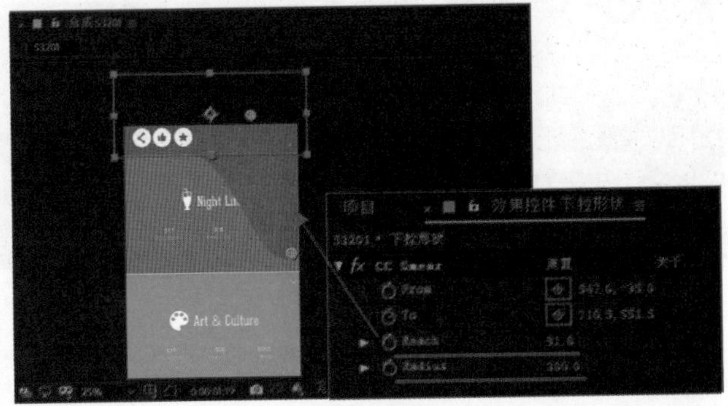

图 5-180

13 同时选中该图层中的两个属性关键帧，按快捷键 F9，为其应用“缓动”效果，如图 5–181 所示。单击“时间轴”面板上的“图表编辑器”按钮，切换到图表编辑器状态，对该图层中的运动曲线进行调整，如图 5–182 所示。

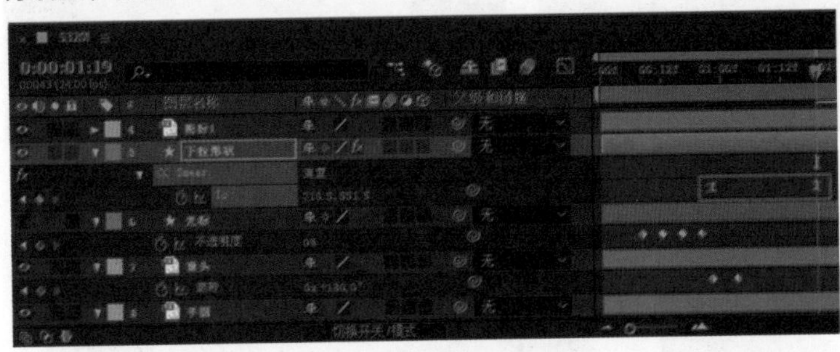

图 5-181

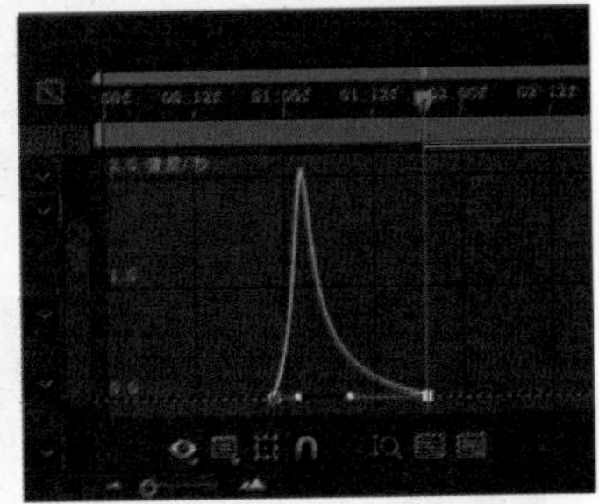

图 5-182

14 返回时间轴状态，将“时间指示器”移至 1 秒 03 帧的位置，选择“内容”图层，按快捷键 P，显示该图层的“位置”属性，插入该属性关键帧，如图 5–183 所示。将“时间指示器”移至 1 秒 19 帧的位置，将该图层中的内容向左水平移动，如图 5–184 所示。

15 同时选中该图层中的两个属性关键帧，按快捷键 F9，为其应用“缓动”效果，如图 5–185 所示。单击“时间轴”面板上的“图表编辑器”按钮，切换到图表编辑器状态，对该图层中的运动曲线进行调整，如图 5–186 所示。

16 返回时间轴状态，将“时间指示器”移至 0 秒 22 帧的位置，选择“图标 1”图层，按快捷键 P，显示该图层的“位置”属性，插入该属性关键帧，如图 5–187 所示。将“时间指示器”移至 1 秒 21 帧的位置，在“合成”窗口中调整该图标至合适的位置，如图 5–188 所示。

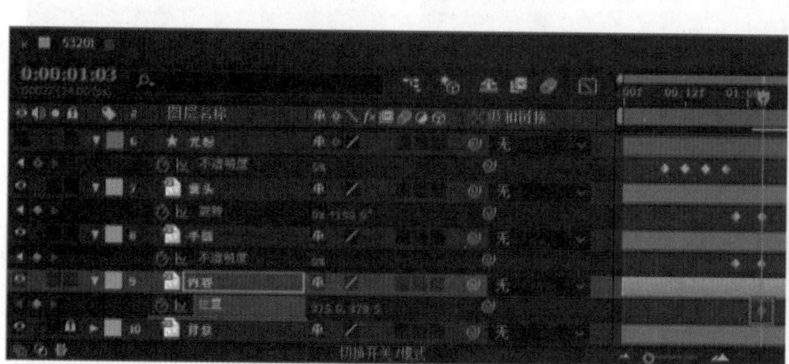

图 5-183

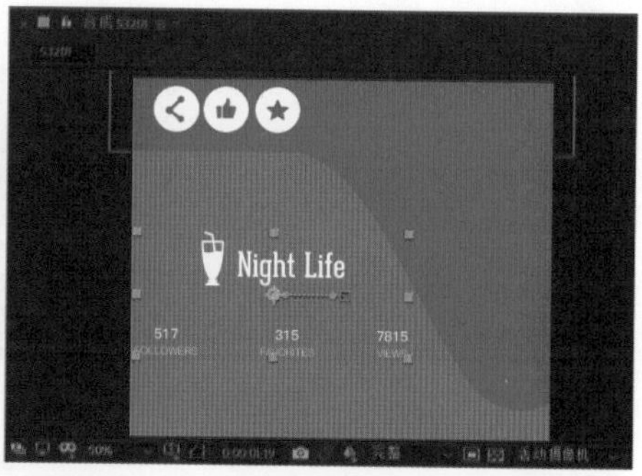

图 5-184

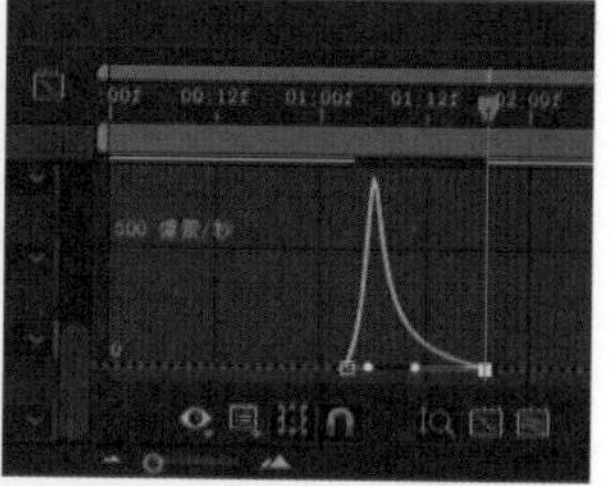

图 5-185

图 5-186

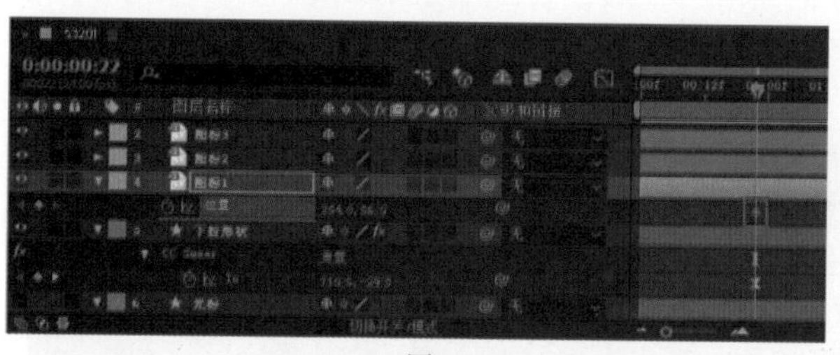

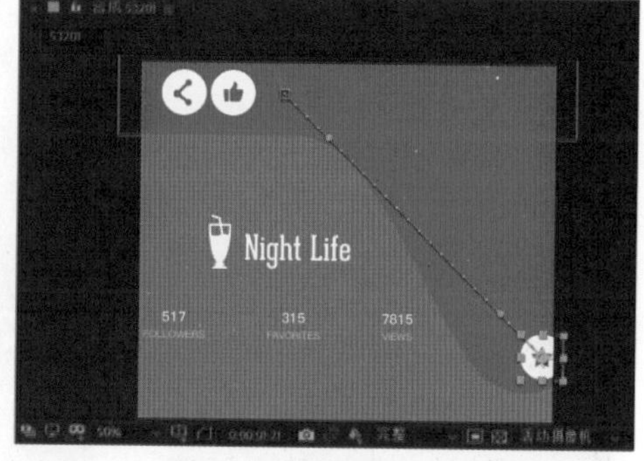

图 5-187

图 5-188

17 将“时间指示器”移至 2 秒的位置，在“合成”窗口中调整该图标至合适的位置，如图 5-189 所示。在“合成”窗口中对生成的运动路径进行适当的调整，如图 5-190 所示。

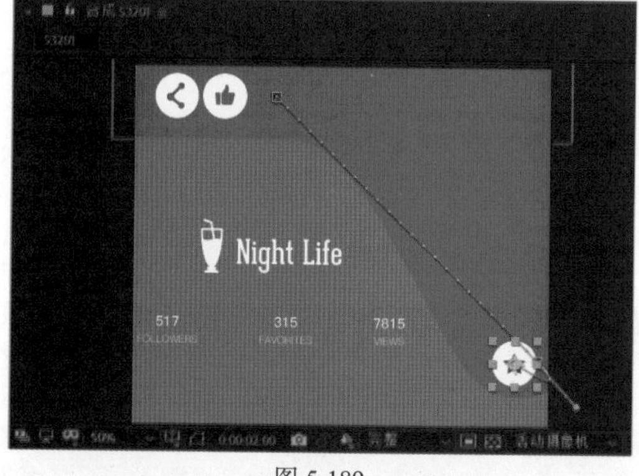

图 5-189

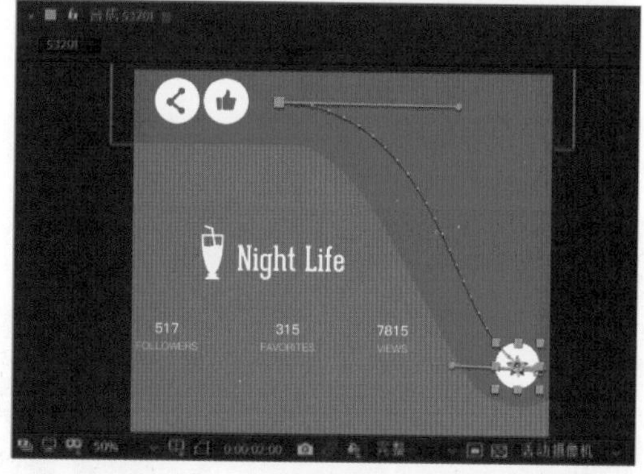

图 5-190

18 同时选中该图层中的 3 个属性关键帧，按快捷键 F9，为其应用“缓动”效果，如图 5-191 所示。单击“时间轴”面板上的“图表编辑器”按钮，切换到图表编辑器状态，对该图层中的运动曲线进行调整，如图 5-192 所示。

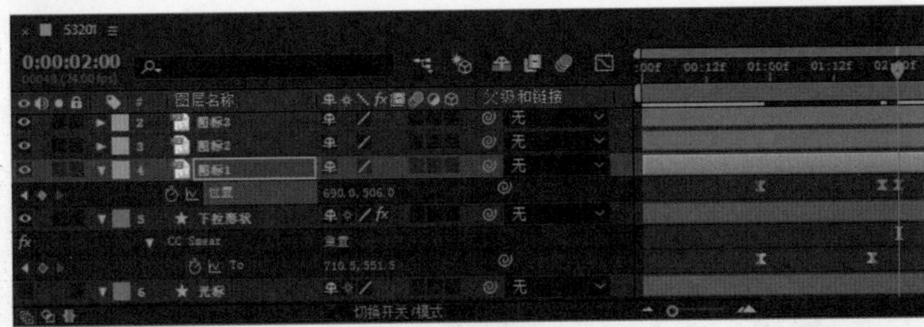
图 5-191

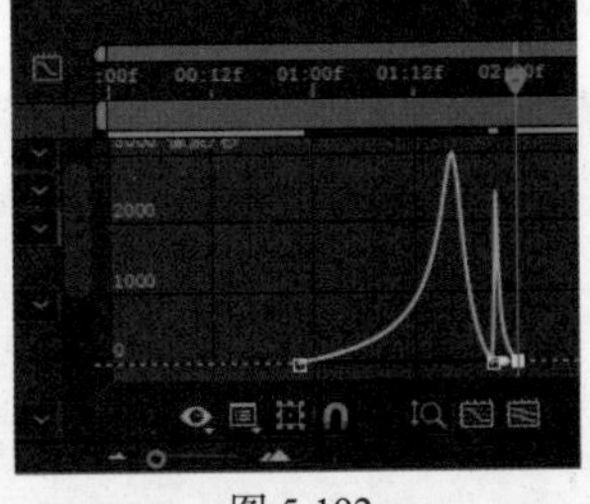
图 5-192

19 根据“图标 1”图层相同的制作方法，可以完成“图标 2”和“图标 3”图层中动画效果的制作，“合成”窗口效果如图 5–193 所示，“时间轴”面板如图 5–194 所示。

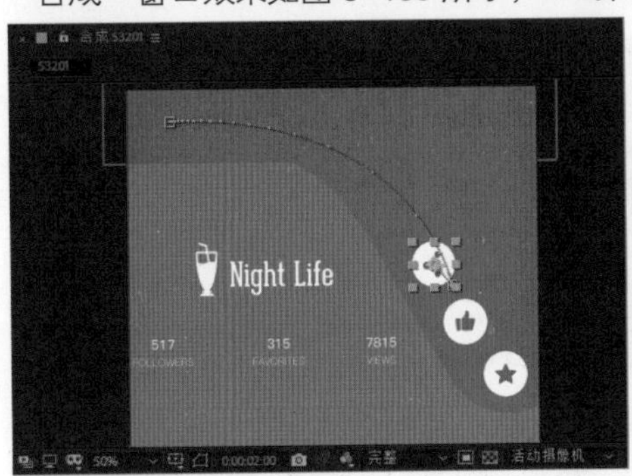

图 5-193

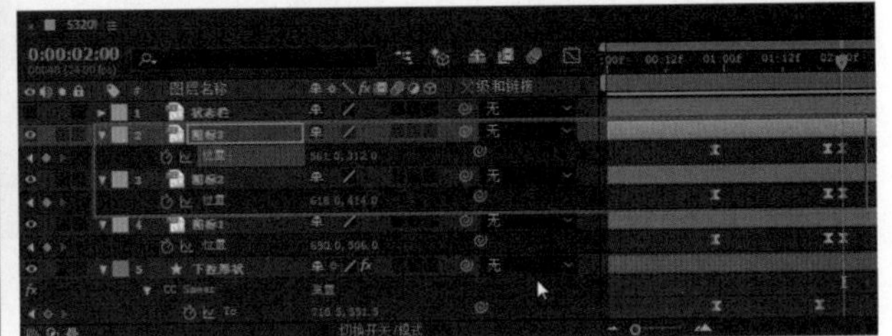
图 5-194

20 完成工具栏下拉展开动画的制作，接下来制作工具栏收回的动画效果。将“下拉形状”图层移至“箭头”图层的下方，如图 5–195 所示。选择“光标”图层，将“时间指示器”移至 2 秒 03 帧的位置，为“不透明度”属性添加关键帧，如图 5–196 所示。

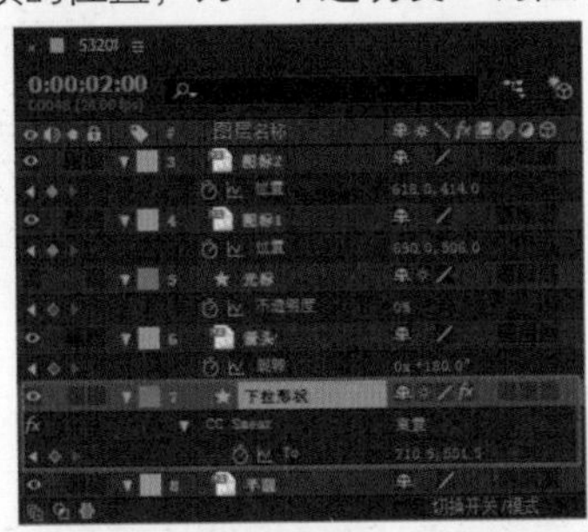
图 5-195

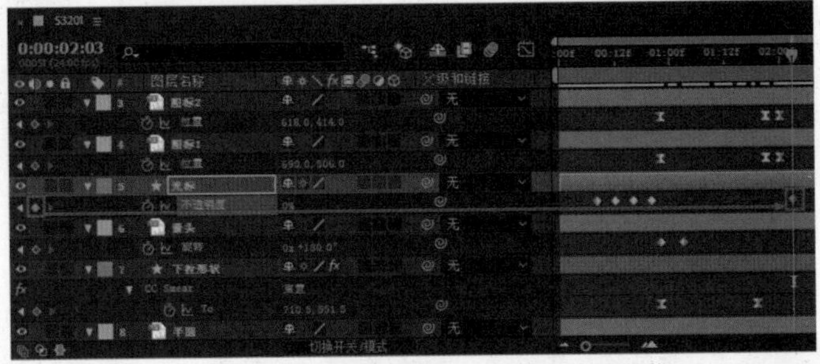
图 5-196

21 将“时间指示器”移至 2 秒 07 帧的位置，设置“不透明度”属性值为 50%，效果如图 5–197 所示。将“时间指示器”移至 2 秒 15 帧的位置，设置“不透明度”属性值为 0%，如图 5–198 所示。

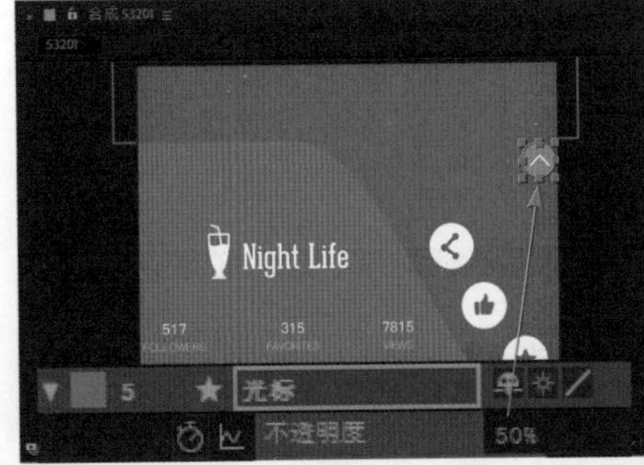

图 5-197

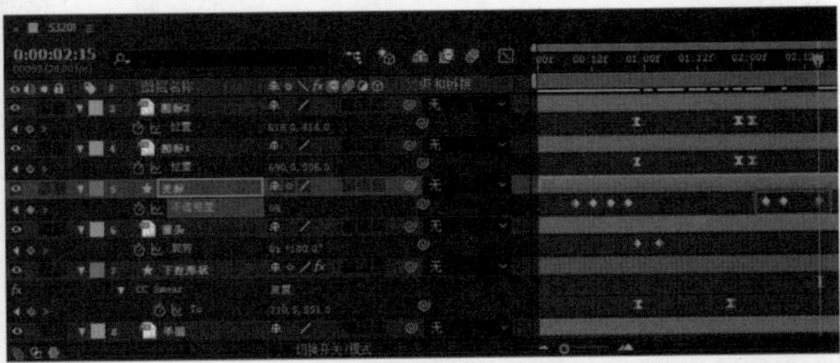
图 5-198

22 将“时间指示器”移至 2 秒 21 帧的位置，选择“箭头”图层，在当前位置添加“旋转”属性关键帧，如图 5-199 所示。将“时间指示器”移至 3 秒 02 帧的位置，设置“旋转”属性值为 0°，效果如图 5-200 所示。

图 5-199

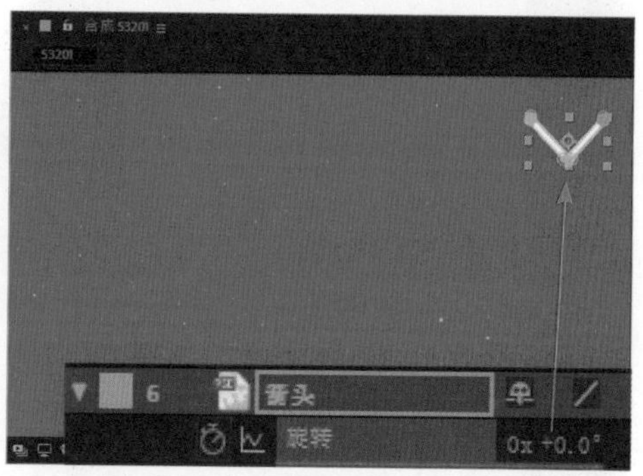
图 5-200

23 将“时间指示器”移至 2 秒 21 帧的位置，选择“下拉形状”图层，在当前位置添加 To 属性关键帧，如图 5-201 所示。选择该图层 0 秒 22 帧的关键帧，按快捷键 Ctrl+C 复制，将“时间指示器”移至 3 秒 23 帧的位置，按快捷键 Ctrl+V 粘贴，效果如图 5-202 所示。

图 5-201

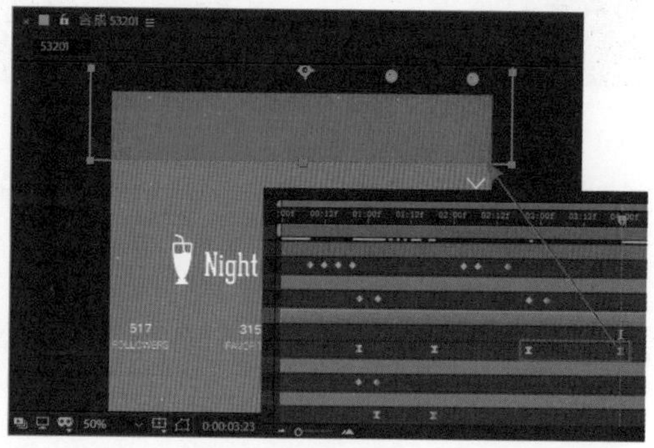
图 5-202

24 单击“时间轴”面板上的“图表编辑器”按钮，切换到图表编辑器状态，对该图层中的运动曲线进行调整，如图 5-203 所示。返回时间轴状态，将“时间指示器”移至 3 秒 18 帧的位置，选择“半圆”图层，为“不透明度”属性添加关键帧，如图 5-204 所示。

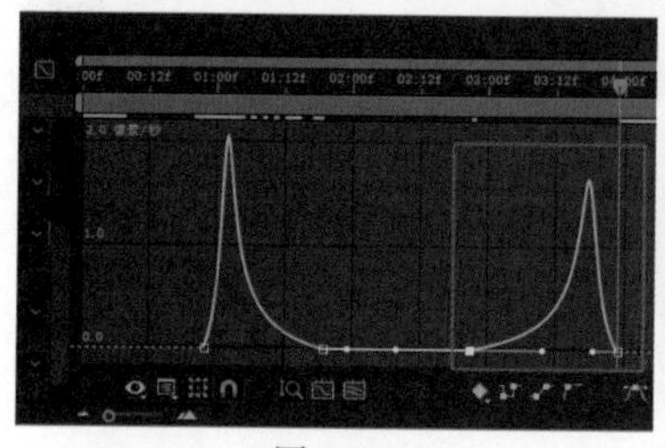
图 5-203

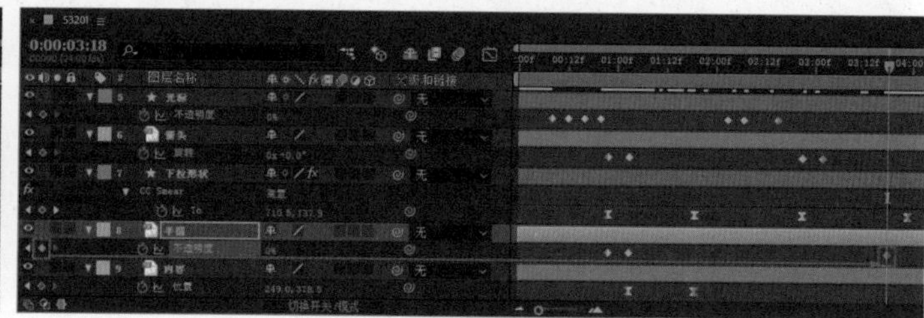
图 5-204

25 将“时间指示器”移至 3 秒 23 帧的位置，设置“不透明度”属性值为 100%，效果如图 5-205 所示。将“时间指示器”移至 2 秒 21 帧的位置，选择“内容”图层，为“位置”属性添加关键帧，如图 5-206 所示。

26 选择该图层 1 秒 03 帧的关键帧，按快捷键 Ctrl+C 复制，将“时间指示器”移至 3 秒 07 帧的位置，按快捷键 Ctrl+V 粘贴，效果如图 5-207 所示。单击“时间轴”面板上的“图表编辑器”按钮，切换到图表编辑器状态，对该图层中的运动曲线进行调整，如图 5-208 所示。

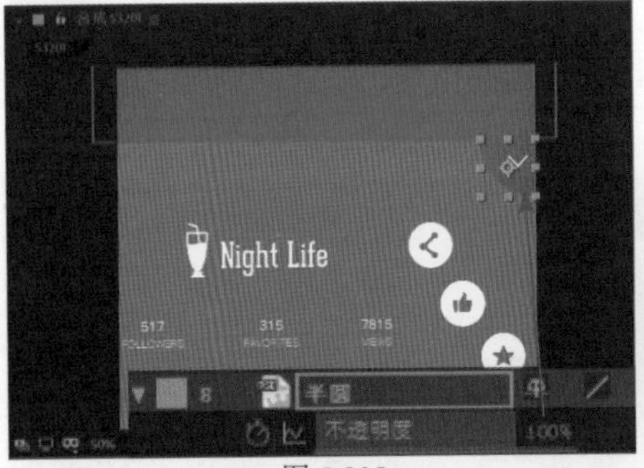
图 5-205

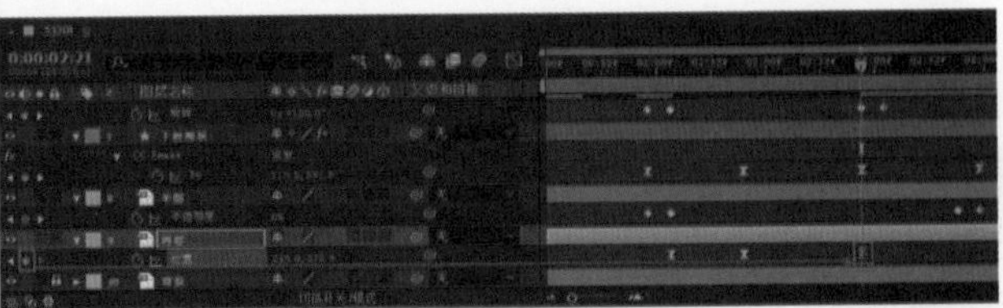
图 5-206

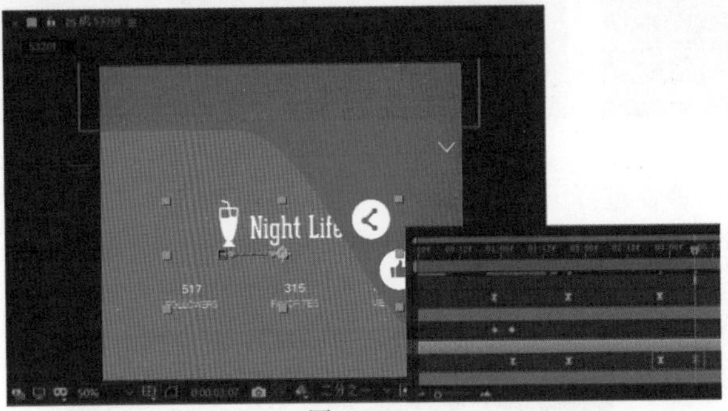
图 5-207

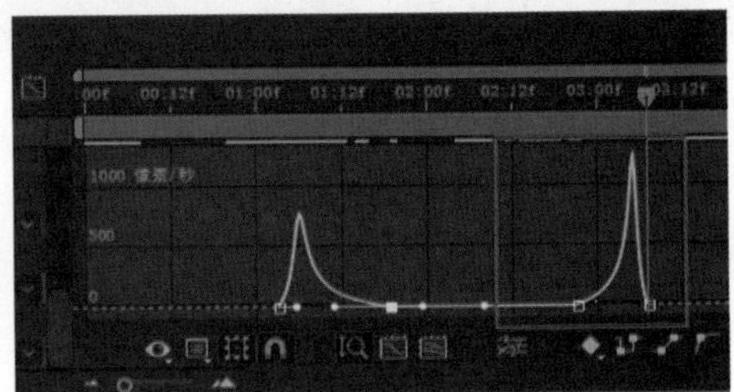
图 5-208

27 返回时间轴状态，将“时间指示器”移至 2 秒 21 帧的位置，选择“图标 3”图层，为“位置”属性添加关键帧，如图 5–209 所示。选择该图层 0 秒 22 的关键帧，按快捷键 Ctrl+C 复制，将“时间指示器”移至 3 秒 14 帧的位置，按快捷键 Ctrl+V 粘贴，效果如图 5–210 所示。

图 5-209

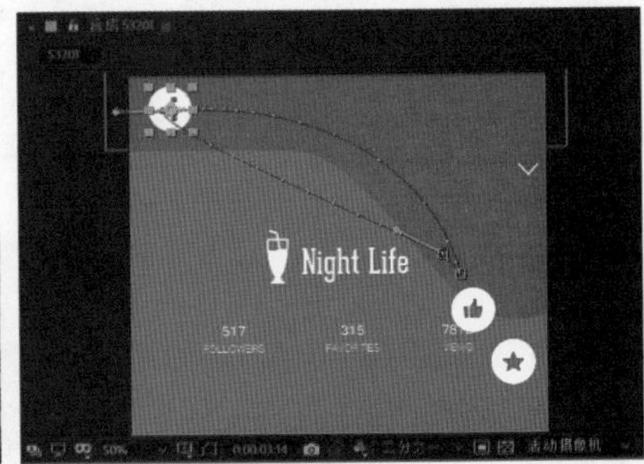
图 5-210

28 在“合成”窗口中对图标返回的运动路径进行调整，如图 5–211 所示。单击“时间轴”面板上的“图表编辑器”按钮，切换到图表编辑器状态，对该图层中的运动曲线进行调整，如图 5–212 所示。

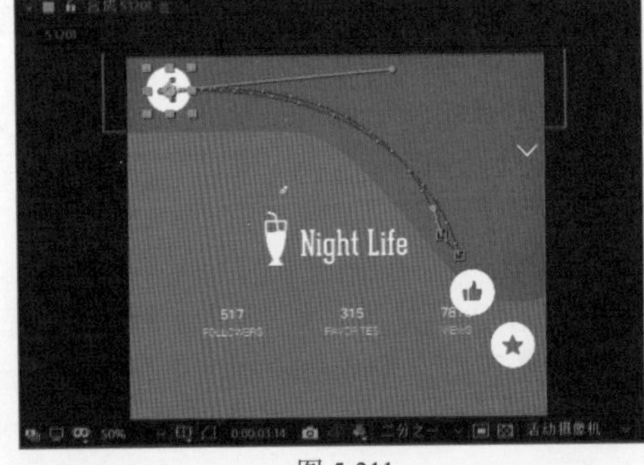
图 5-211

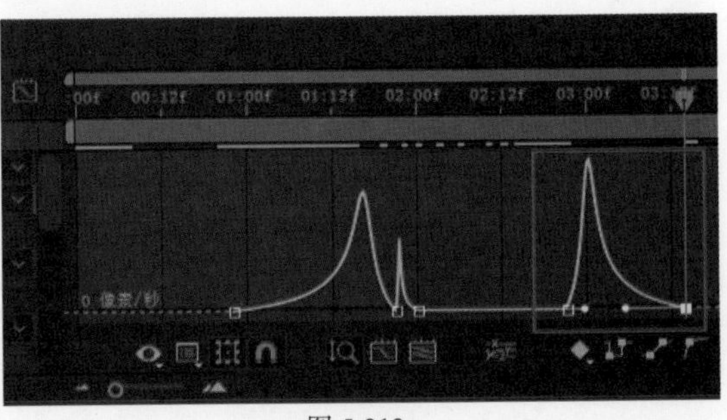
图 5-212

29 使用相同的制作方法，可以完成“图标 2”和“图标 3”这两个图层中动画的制作，效果如图 5–213 所示，“时间轴”面板如图 5–214 所示。

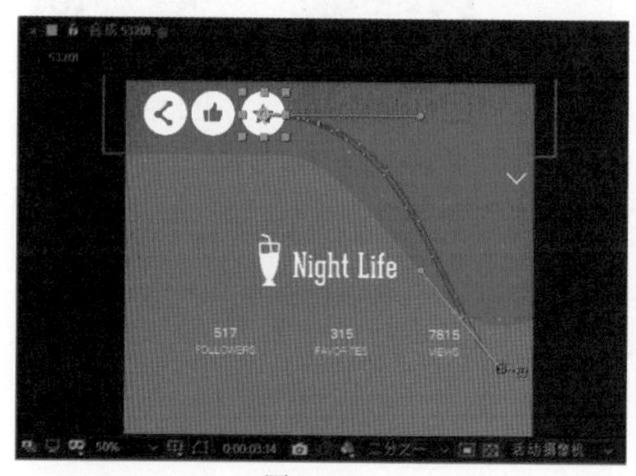

图 5-213

图 5-214

30 在“时间轴”面板中为“图标 1”“图标 2”和“图标 3”这 3 个图层开启“运动模糊”功能，并且显示“状态栏”图层，如图 5–215 所示。展开各图层所设置的关键帧，“时间轴”面板如图 5–216 所示。

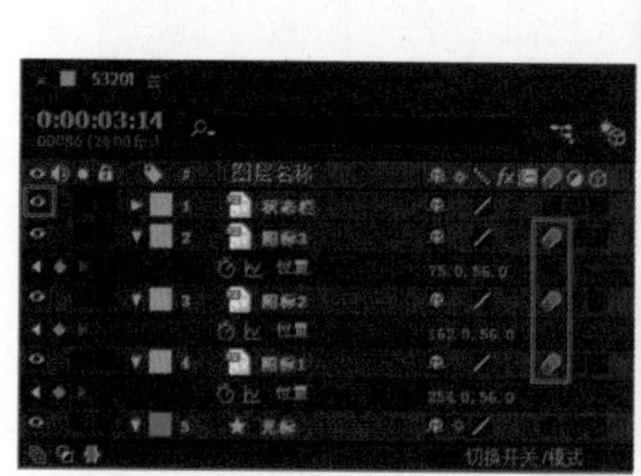

图 5-215

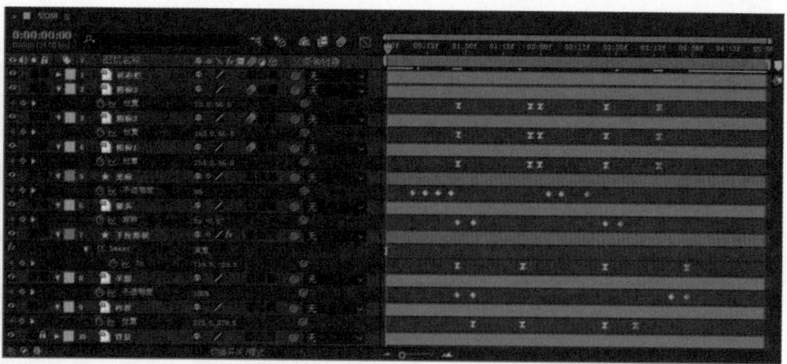

图 5-216

31 完成该下拉展开工具栏动效的制作，单击“预览”面板上的“播放/停止”按钮▶，可以在“合成”窗口中预览动画效果。也可以根据前面介绍的渲染输出方法，将该动画渲染输出为视频文件，再使用 Photoshop 将其输出为 GIF 格式的动画，动画效果如图 5–217 所示。

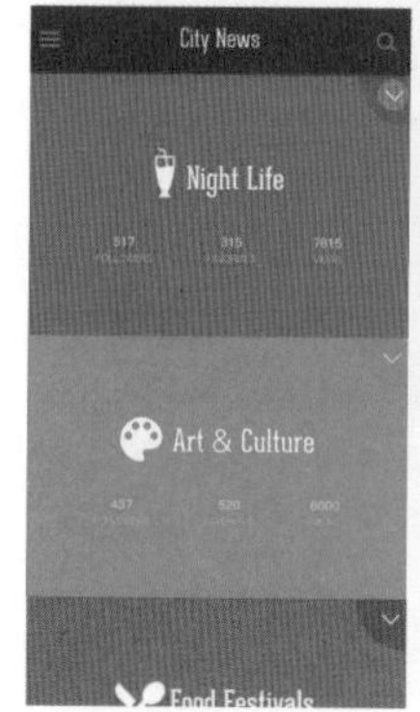

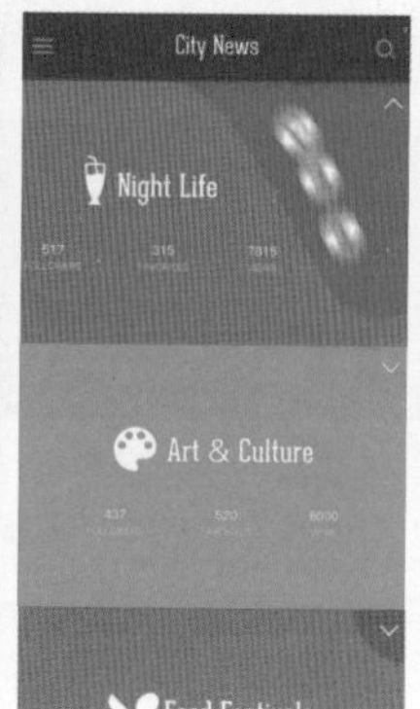

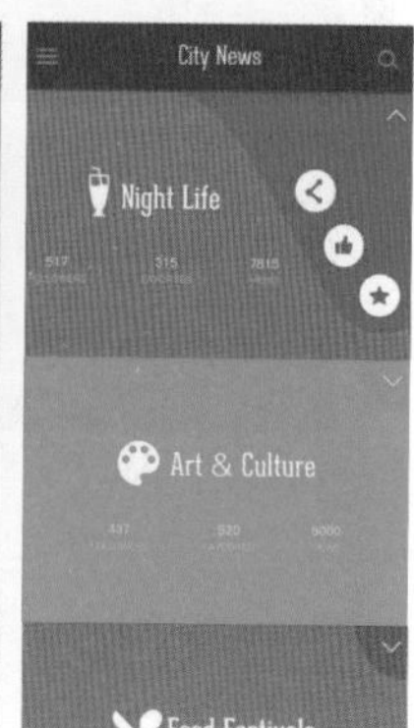

图 5-217

5.3.3 制作工具图标动感展开动效

本实例制作一个工具图标动感展开动效，默认情况下，相关的功能图标被隐藏在特定的图标下方，当用户在界面中单击该图标后，隐藏的工具图标将以动画的形式展开显示，展开过程中伴随着图标的旋转和运动模糊效果，使界面的交互动效表现更加突出。具体操作步骤可扫描二维码看电子书。

实例 23——制作工具图标动感展开动效

源文件：源文件 \ 第 5 章 \5-3-3.aep
视频：视频 \ 第 5 章 \5-3-3.mp4

扫码看电子书

5.4 文字动效设计

文字是移动端界面设计中重要的元素之一，随着如今设计的共融，设计的边界也越来越模糊，过去移动端静态的主题文字设计遇上今天的时尚交互设计，使原本静止的文字设计动了起来。

5.4.1 文字动效的表现优势

文字设计在以往 UI 设计中经常提及的是字体范式，重在其形。文字动效很少被人提及，一来是技术限制，二来是设计理念，不过随着简约设计的流行趋势，如果能够让文字在界面中"动"起来，即使是简单的图文界面也会立即"活"起来，带给用户一种别样的视觉体验感，如图 5-218 所示。

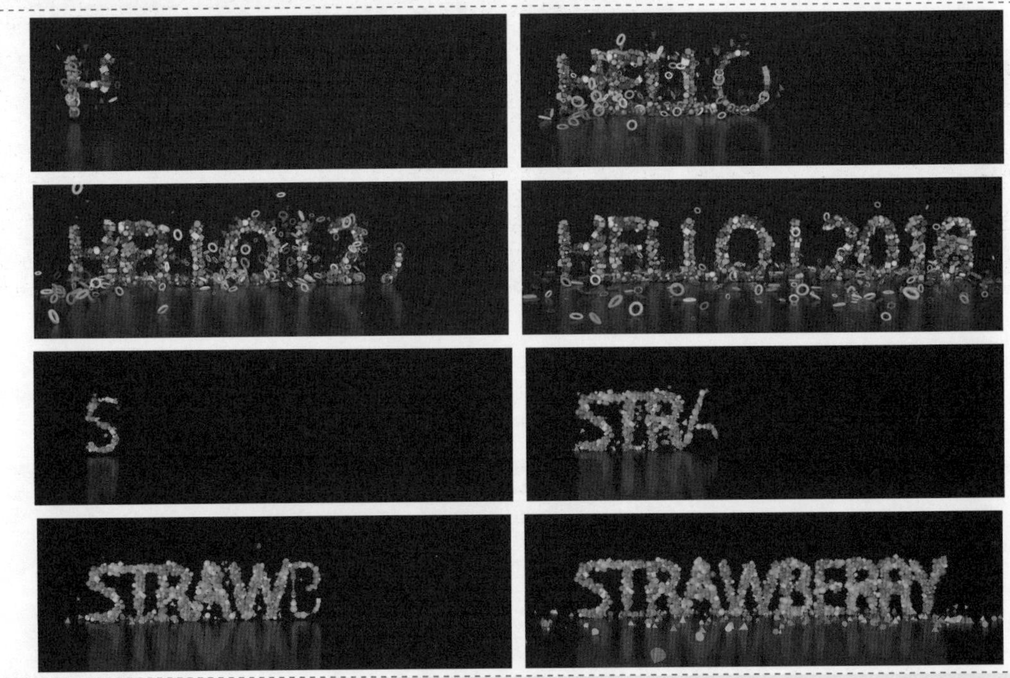

使用多种不同颜色的几何形状图形进行组合，结合对文字笔画的遮罩，使文字内容沿文字的正确书写笔画逐渐显示出来，并且显示的过程中这些多种色彩的几何形状在画面中的跳跃，使文字整体非常欢快，具有非常强烈的表现效果。

图 5-218

文字动效在移动端界面设计中的表现优势主要体现在以下几个方面。

(1) 采用动画效果的文字除了看起来漂亮和易取悦用户以外，也解决了很多界面上的实际性问题。动画文字起到"传播者"的作用，比起静态文字描述，动画文字能使内容表达得简洁且具有冲击力。

(2) 运动的物体可吸引人的注意力。让界面中的主题文字动起来，是一个很好的突出表现主题的方式，且不会让用户感觉突兀。

(3) 文字动画能够在一定程度上丰富界面的表现力，提升界面的设计感，使界面充满活力。如图 5-219 所示为一组文字动效图片。

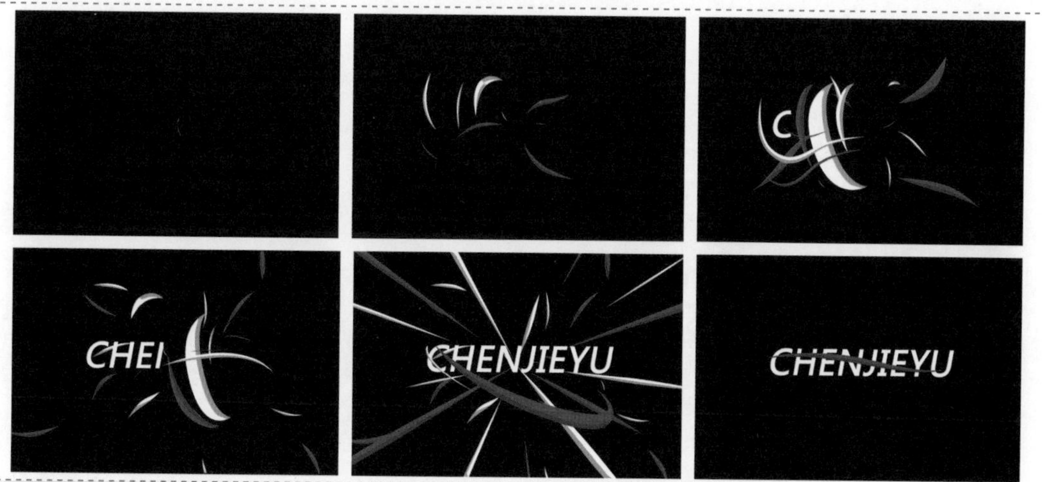

该文字动效的表现效果动感十足，其中主要是通过遮罩的方式使主题文字内容逐渐显示出来，在文字遮罩显示的过程中加入了白色与红色的曲线状图形动画效果，这些曲线状图形围绕着遮罩文字进行快速地转动消散，直到所有主题文字都显示出来后，曲线状图形向四周呈放射状发散并逐渐消失，使该文字动效的表现动感十足。

图 5-219

5.4.2 常见的文字动效表现方法

文字动画的制作和表现方法与其他元素动画的表现方法类似，大多数都是通过对文字的基础属性来实现的，还有通过对文字添加蒙版或添加效果来实现各种特殊的文字动画效果，下面向读者介绍几种常见的文字动画表现效果。

1. 基础文字动画

最简单的就是基础的文字动画效果，基于“文字”的位置、旋转、缩放、透明度、填充和描边等基础属性来制作关键帧动画，可以逐字逐词制作动画，也可以对完整的一句文本内容来制作动画，灵活运用基础属性也可以表现出丰富的动画效果，如图 5–220 所示。

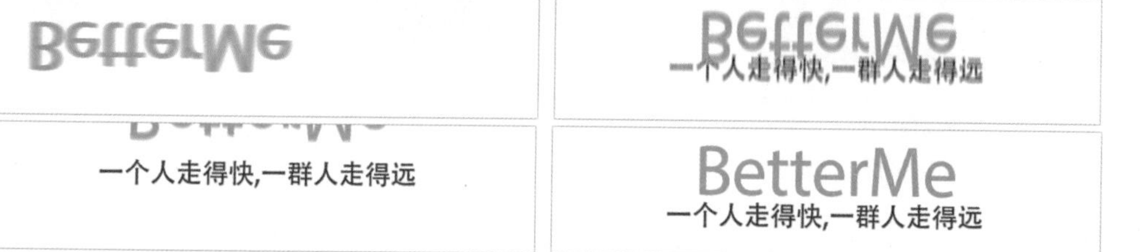

这是一个基础的文字动画效果，两部分文字分别从左侧和底部模糊入场，通过文字的“撞击”，使上面颠倒的文字翻转为正常的表现效果，从而构成完整的文字表现内容。

图 5-220

2. 文字遮罩动画

遮罩是动画中非常常见的一种表现形式，在文字动画中也不例外。从视觉感官上来说，通过简单的元素、丰富得体的运动设计，营造的冲击力清新而美好。文字遮罩动画的表现形式也非常多，但需要注意的是，在设计文字动画时，形式勿大于内容，如图 5–221 所示为文字遮罩动画效果。

这是一个文字运动遮罩动画效果，通过一个矩形图形在界面中左右移动，每移动一次都会通过遮罩的形式表现出新的主题文字内容，最后使用遮罩的形式使主题文字内容消失，从而实现动画的循环。在动画的处理过程中适当地为元素加入缓动和模糊效果，使动画的表现效果更加自然。

图 5-221

3. 与手势结合的文字动画

随着智能设备的兴起，“手势动画”也随之大热。这里所说的与手势相结合的文字动画指的是真正的手势，即让手势参与到文字动画的表现中来，简单地理解，也就是在文本动画的基础上加上“手”这个元素，如图 5–222 所示。

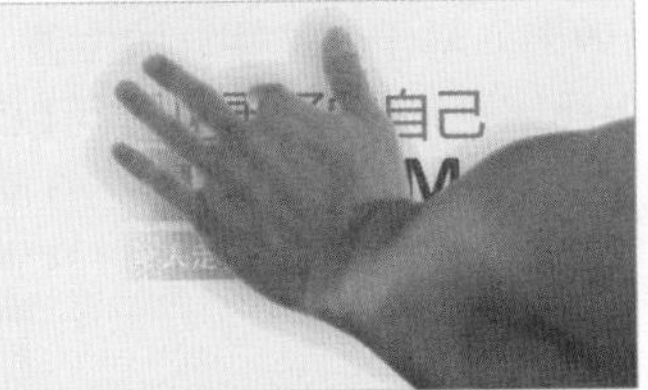

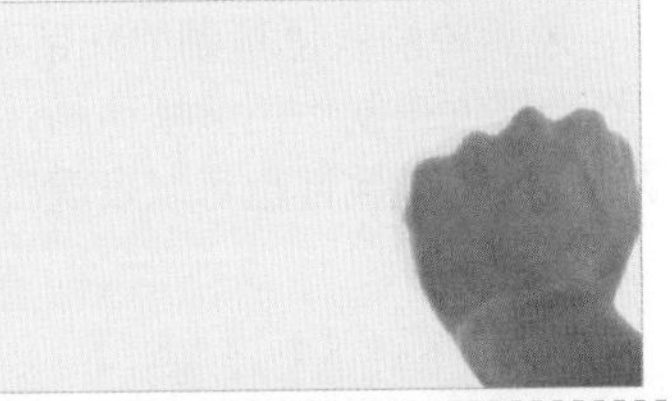

这是一个与手势相结合的文字动画效果，通过人物的手势将主题文字放置在场景中，并且通过手指的滑动遮罩显示相应的文字内容，最后通过人物的抓取手势，制作出主题文字整体遮罩消失的效果。将文字动画与人物操作手势相结合，给人一种非常新奇的表现效果。

图 5-222

4. 粒子消散动画

将文字内容与粒子动画相结合可以制作出文字的粒子消散动画效果，能够给人很强的视觉冲击力。尤其是在 After Effects 中，利用各种粒子插件，如 Trapcode Particular 、Trapcode Form 等，可以表现出多种酷炫的粒子动画效果，如图 5–223 所示。

5. 光效文字动画

在文字动画的表现过程中加入光晕或光线的效果，通过光晕或光线的变换从而表现出主题文字，使文字效果的表现更加富有视觉冲击力，如图 5–224 所示。

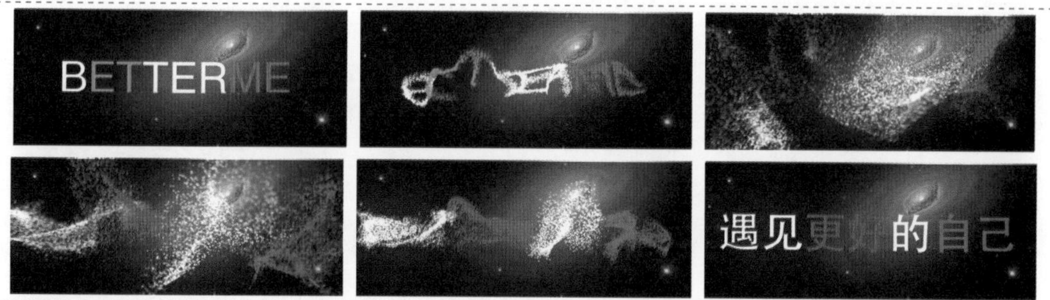

这是一个文字粒子消散动画效果，主题文字转变为细小的粒子并逐渐扩散，从而实现转场，转场后的大量粒子逐渐聚集形成新的主题文字内容。使用粒子动画的方式来表现文字效果，给人一种酷炫的视觉效果。

图 5-223

这是一个光效文字动画效果，通过光晕动画与文字的 3D 翻转相结合来表现主题文字，视觉效果表现强烈，能够给人带来较强的视觉冲击力。

图 5-224

6. 路径生成动画

这里要说的路径不是给文字制作路径动画，而是用其他元素例如线条或者粒子做路径动画，最后以“生成”的形式表现出主题文字内容。这种基于路径来表现的文字动画效果，可以使文字动画的表现效果更加绚丽，如图 5–225 所示。

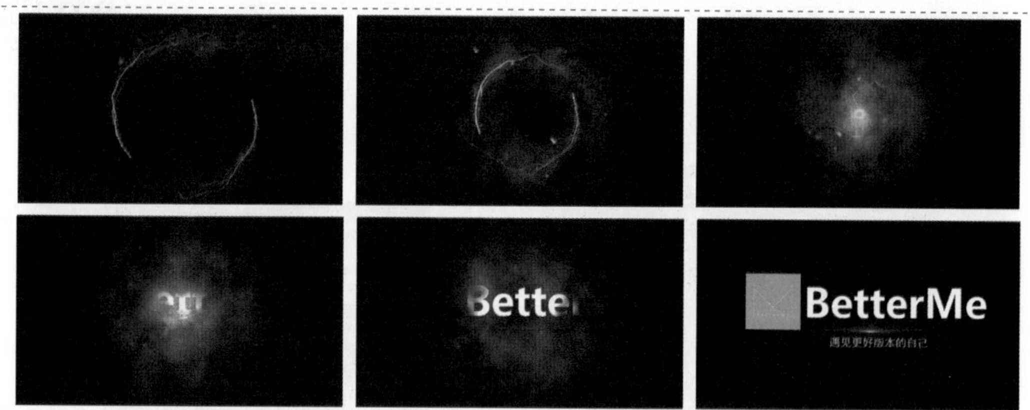

这是一个路径生成动画效果，通过两条对比色彩的线条围绕圆形路径进行运动，并逐渐缩小圆形路径范围，最终形成强光点，然后采用遮罩的形式从中心位置向四周逐渐扩散表现出主题文字内容，在整个动画过程中还加入了粒子效果，使文字动画的表现更加绚丽多彩。

图 5-225

7. 动态文字云

在文字排版中，“文字云”的形式越来越受到大家的喜欢，那么，同样可以使用文字云的形式来表现文字的动画效果，既能表现文字内容，也能通过文字所组合而成的形状表现其主题，如图 5-226 所示。

这是一个文字云动画效果，主题文字与其相关的各种关键词内容从各个方向飞入组成汽车形状图形，非常生动并富有个性。

图 5-226

提示

除了以上所介绍的这几种常见的文字动画表现形式外，还有许多其他的文字动画表现效果，但是当我们仔细进行分析可以发现，这些文字动画效果基本上都是通过基本动画结合遮罩或一些特效表现出来的，这就要求我们在文字动画的制作过程中能够灵活地运用各种基础动画表现形式。

5.4.3 制作手写文字动效

手写文字动效是一种非常常见的文字动效表现形式，搭配手写字体，能够表现出很强的视觉表现效果，适用于表现产品的主题。本节将带领读者完成一个手写文字动效的制作，在该动效的制作过程中主要是通过遮罩与“描边”效果相结合来实现文字的手写效果。

实例 24——制作手写文字动效

源文件：源文件 \ 第 5 章 \5-4-3.aep　　视频：视频 \ 第 5 章 \5-4-3.mp4

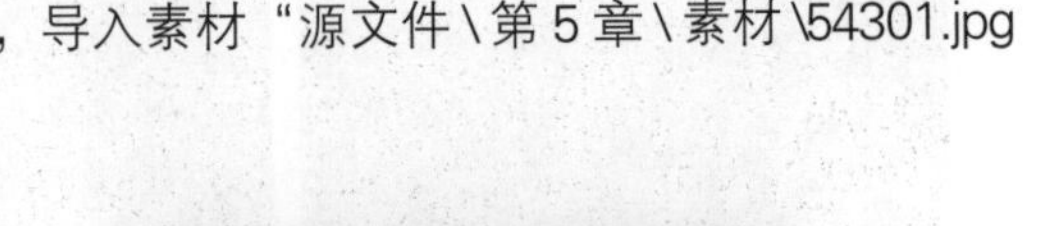

01 在 After Effects 中新建一个空白的项目，执行“合成” > “新建合成”命令，弹出“合成设置”对话框，对相关选项进行设置，如图 5-227 所示。单击“确定”按钮，新建合成。执行“文件” > “导入” > “文件”命令，导入素材“源文件 \ 第 5 章 \ 素材 \54301.jpg 和 54302.png”，“项目”面板如图 5-228 所示。

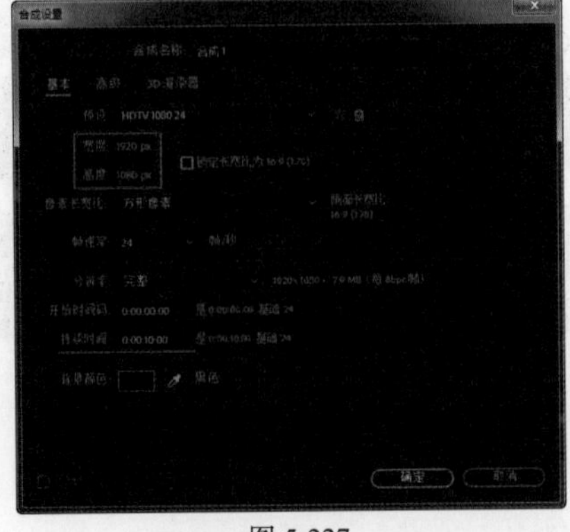

图 5-227

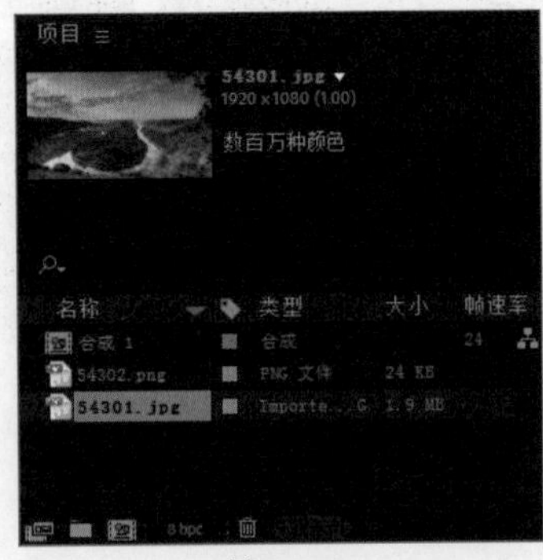

图 5-228

02 在“项目”面板中将 54301.jpg 素材拖入“时间轴”面板中，将该图层锁定，如图 5–229 所示。使用“横排文字工具”，在“合成”窗口中单击并输入相应的文字，在“字符”面板中对文字的相关属性进行设置，如图 5–230 所示。

图 5-229

图 5-230

03 在“合成”窗口中选择文字，打开“对齐”面板，单击“水平对齐”和“垂直对齐”按钮，对齐文字，如图 5–231 所示。选择文字图层，使用“钢笔工具”，在“合成”窗口中沿着文字笔画绘制路径，如图 5–232 所示。

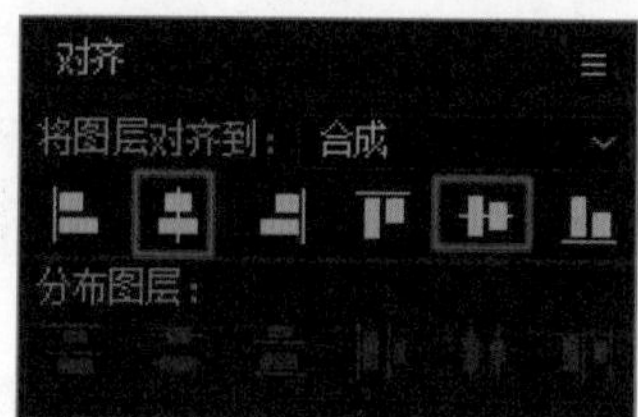

图 5-231

图 5-232

提示

使用“钢笔工具”沿文字笔画绘制路径时，需要注意尽可能按照文字的正确书写笔画来绘制路径，并且尽量将路径绘制在文字笔画的中间位置，而且要保持所绘制的路径为一条完整的路径。

04 执行“效果” > “生成” > “描边”命令，为文字图层应用“描边”效果，在“效果控件”面板中设置“画笔大小”选项，设置“绘画样式”选项为“显示原始图像”，如图 5–233 所示。在“合成”窗口中可以看到当前文字的效果，如图 5–234 所示。

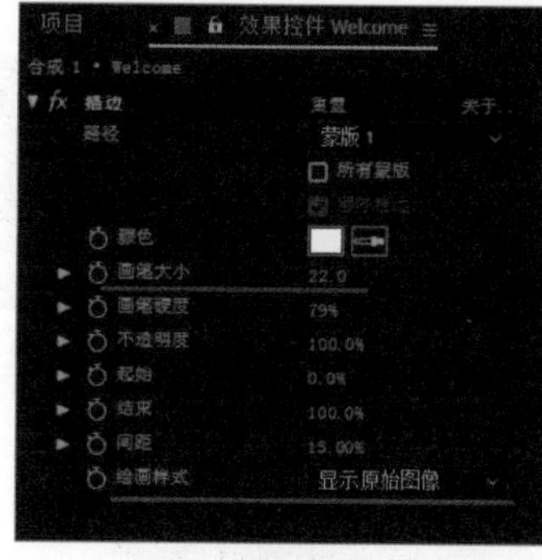

图 5-233

图 5-234

提示

在此处的“效果控件”面板中设置“画笔大小”选项时，注意观察“合成”窗口中的描边效果，要求描边能够完全覆盖文字的笔画粗细即可。而将“绘画样式”选项设置为“显示原始图像”，是因为我们需要通过该效果来制作原始文字的手写动画效果，而这里所设置的描边只相当于文字笔画的遮罩。

05 将“时间指示器”移至起始位置，展开文字图层中“效果”选项中的“描边”选项，设置“结束”属性为 0%，并为该属性插入关键帧，如图 5-235 所示。在“合成”窗口中可以看到文字被完全隐藏，只显示刚绘制的笔画路径，如图 5-236 所示。

06 选择文字图层，按快捷键 U，在其下方只显示添加了关键帧的属性。将“时间指示器”移至 3 秒的位置，设置“结束”属性值为 100%，如图 5-237 所示。在“合成”窗口中可以看到文字完全显示，如图 5-238 所示。

07 同时选中该图层的两个关键帧，按快捷键 F9，为选中的关键帧应用“缓动”效果，如图 5-239 所示。在“项目”面板中将 54302.png 拖入“时间轴”面板中，在“合成”窗口中将该素材图像调整到合适的大小和位置，如图 5-240 所示。

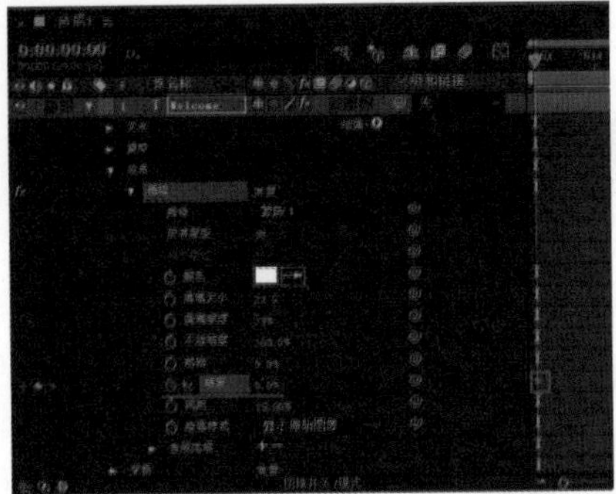

图 5-235

图 5-236

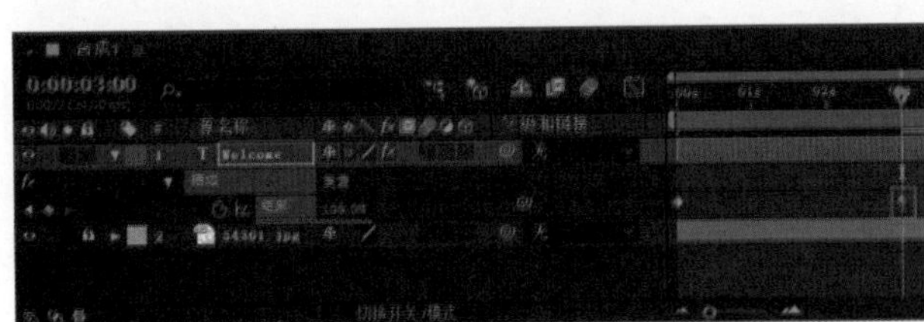

图 5-237

图 5-238

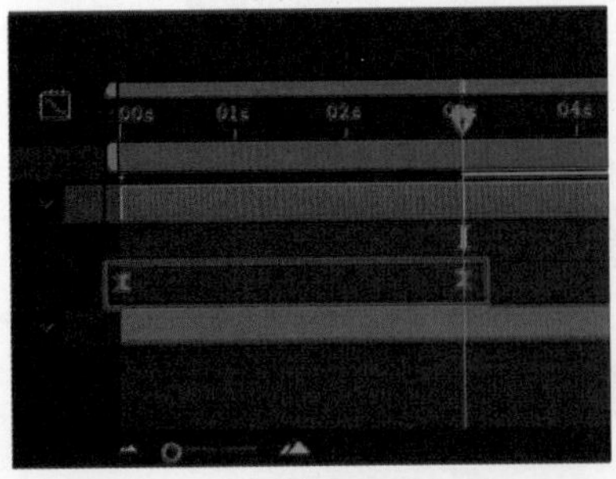

图 5-239

图 5-240

08 选中该素材图像，使用“钢笔工具”，在“合成”窗口中沿着素材笔画绘制路径，如图 5–241 所示。执行“效果”>“生成”>“描边”命令，为该素材图层应用“描边”效果，在“效果控件”面板中设置“画笔大小”选项，设置“绘画样式”选项为“显示原始图像”，如图 5–242 所示。

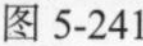

图 5-241

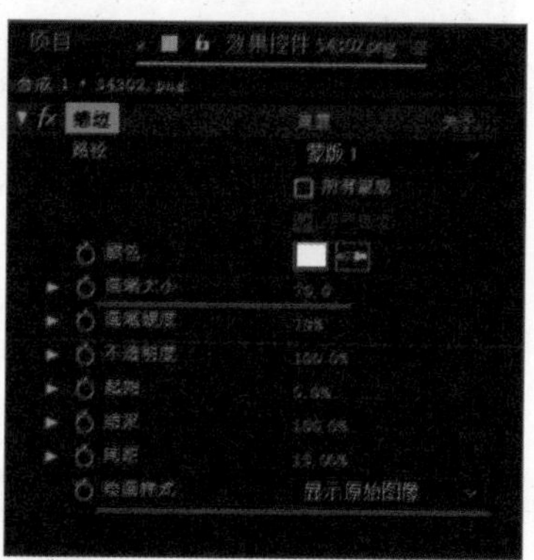

图 5-242

09 将“时间指示器”移至 3 秒的位置，展开该素材图层中“效果”选项中的“描边”选项，设置“结束”属性为 0%，并为该属性插入关键帧，按快捷键 U，在其下方只显示添加了关键帧的属性，如图 5–243 所示。在“合成”窗口中可以看到素材图像被完全隐藏，只显示刚绘制的路径，如图 5–244 所示。

图 5-243

图 5-244

10 将“时间指示器”移至 3 秒 18 帧的位置，设置“结束”属性值为 100%，如图 5–245 所示。同时选中该图层的两个关键帧，按快捷键 F9，为选中的关键帧应用“缓动”效果，如图 5–246 所示。

图 5-245

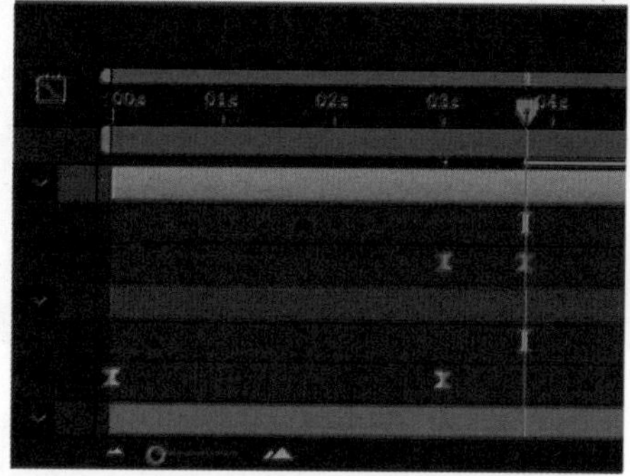

图 5-246

11 在“时间轴”面板中同时选中文字图层和素材图像图层，如图 5–247 所示。执行“图层”>“预合成”命令，弹出“预合成”对话框，设置如图 5–248 所示。

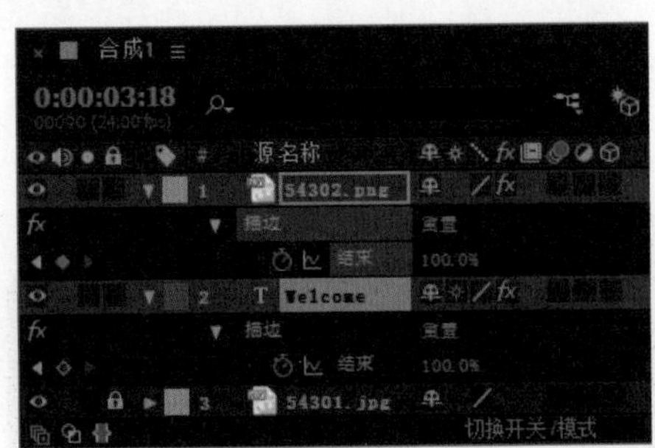
图 5-247

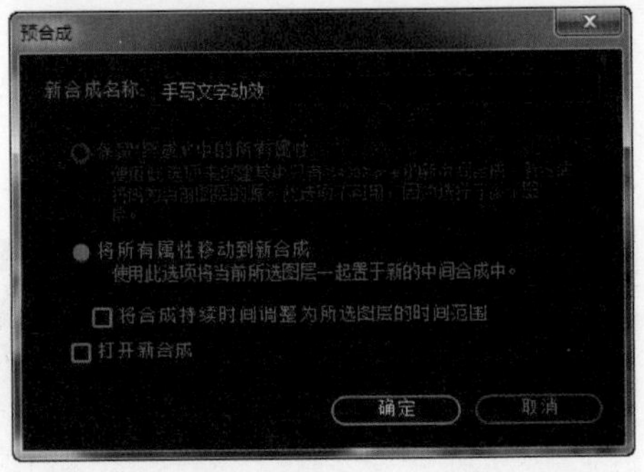
图 5-248

12 单击“确定”按钮，将同时选中的图层创建为一个名称为“手写文字动效”的预合成，开启该图导的 3D 功能，如图 5-249 所示。按快捷键 P，显示该图层的“位置”属性，按住 Alt 键不放单击“位置”属性前的“秒表”按钮，显示表达式输入工作区，输入表达式，如图 5-250 所示。

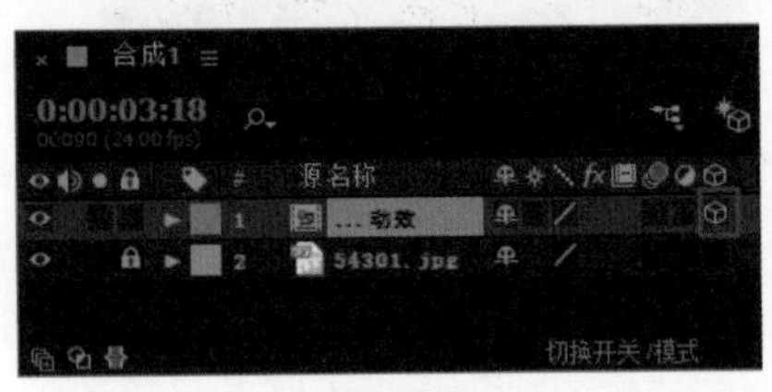
图 5-249

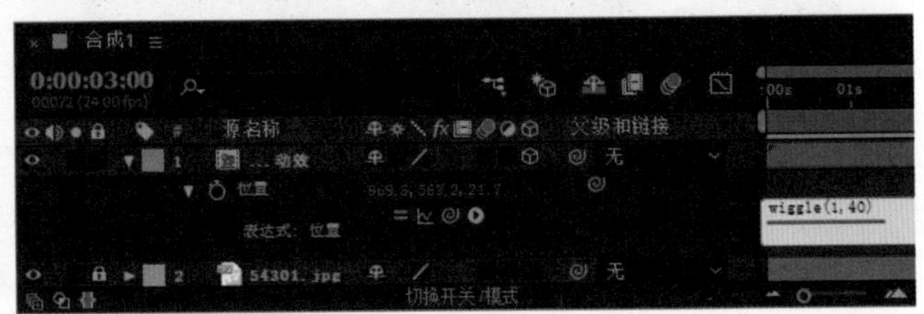
图 5-250

提示

此处为“位置”属性添加的是一个抖动表达式，使文字产生抖动的效果。抖动表达式的语法格式为 wiggle(x,y)，抖动频率为每秒摇摆 x 次，每次 y 像素。

13 执行“文件” > “导入” > “文件”命令，导入视频素材“源文件\第 5 章\素材\54303.mov”，如图 5-251 所示。在“项目”面板中将刚导入的视频素材拖入“时间轴”面板中，在“合成”窗口中将该视频素材调整至合适的大小和位置，效果如图 5-252 所示。

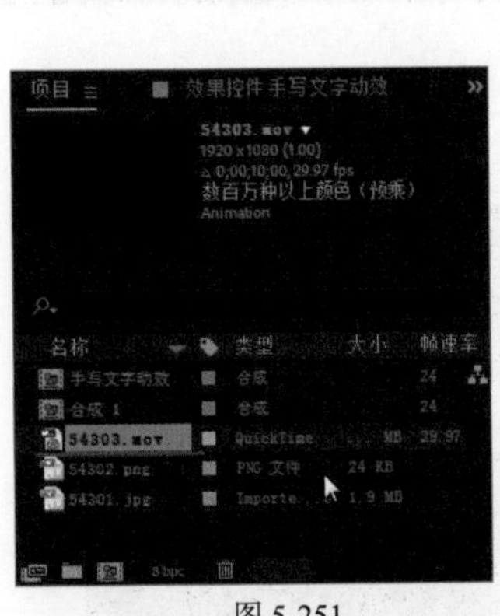
图 5-251

图 5-252

14 完成手写文字动效的制作，单击“预览”面板上的“播放 / 停止”按钮，可以在“合成”窗口中预览动画效果。也可以根据前面介绍的渲染输出方法，将该动画渲染输出为视频文件，再使用 Photoshop 将其输出为 GIF 格式的动画，动画效果如图 5-253 所示。

图 5-253

5.4.4 制作闪光描边文字动效

文字动效除了上一节中介绍的手写文字动效外，还可以通过为文字添加各种效果，对这些效果的相关属性进行动画的制作，从而实现各种出色的文字动效。在本节中将带领读者完成一个闪光描边文字动效的制作，在该动效的制作过程中通过对文字创建蒙版，得到文字的轮廓，为文字轮廓应用多种不同的效果，并且通过对各种效果属性的设置从而实现闪光描边文字动效。具体操作步骤可扫描二维码看电子书。

实例 25——制作闪光描边文字动效

源文件：源文件 \ 第 5 章 \5-4-4.aep

视频：视频 \ 第 5 章 \5-4-4.mp4

扫码看电子书

5.5 Logo 动效设计

随着动态效果在 UI 界面中的应用越来越广泛，许多产品 Logo 也开始使用动态的方式进行表现，让传统的静态 Logo 动起来，转化成为一种全新的、新颖的设计元素，能够以新颖的方式传递品牌形象，给用户留下深刻的印象。

5.5.1 动态 Logo 概述

Logo 是品牌识别的核心，这一点是毋庸置疑的。一个公司或者团队的气质，很多时候是通过 Logo 呈现出来的。在品牌战略当中，Logo 始终是绕不开的关键。一个设计足够优秀突出的 Logo，能够和用户、受众产生联系，甚至能够蕴含品牌故事在里面。好的 Logo 设计，能够帮助企业建立起足够有效的品牌形象，成为成功营销的基础。

传统的 Logo 都是静态的表现方式，而动态效果的出现，使 Logo 拥有了更多的可能性。

当使用动态效果来表现 Logo 时，程度不同，所呈现出的样子自然也不尽相同，它可以是短而微妙的变化，也可以是一段完整的短视频展示。一个企业和一个创意团队会根据业务目标和他们想要为用户展示的内容类型，来选择在 Logo 上附加哪种动效，以及展示多长时间。如图 5–254 所示为 Logo 动效。

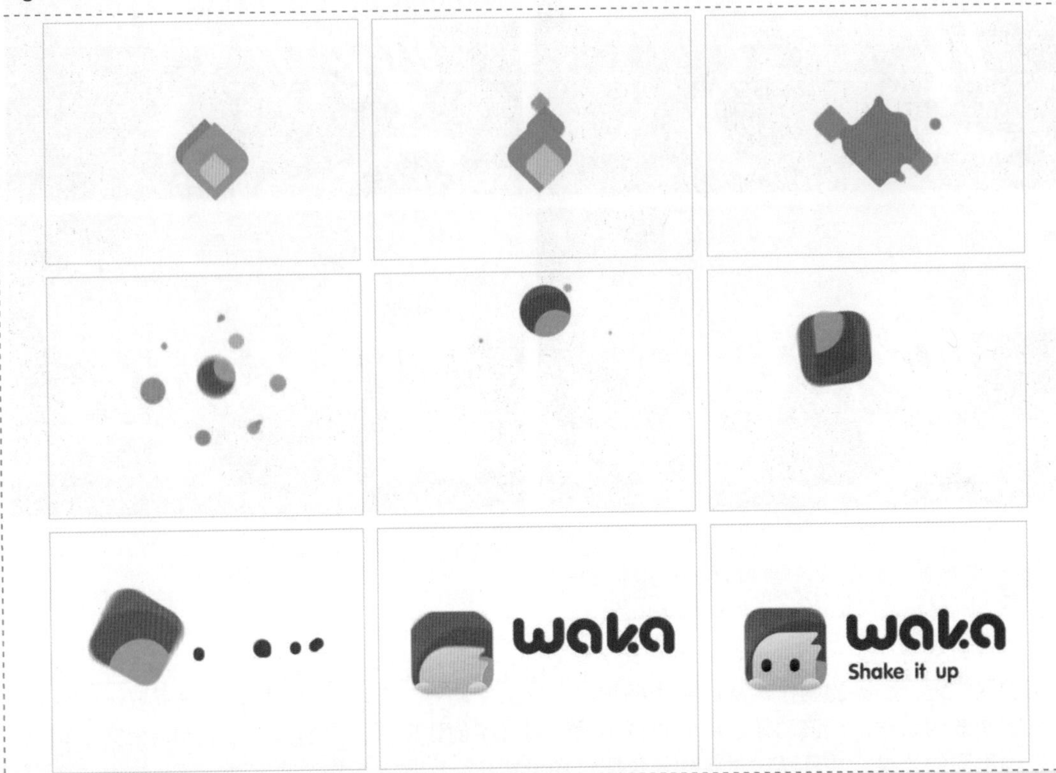

该 Logo 动效的表现非常丰富，开始是火苗的缩放滚动，接着火苗变形并散开形成一个圆球，圆球弹跳并逐渐变形为一个圆角矩形，在该圆角矩形内容色彩来回变化，并逐渐形成该 Logo 图标，而 Logo 文字则采用了遮罩的方式，在形成 Logo 图标的过程中逐渐显示 Logo 文字，整体表现效果现代、动感，给人带来强烈的愉悦感。

图 5-254

现如今的动画设计工具让动态效果的设计过程更加便捷和开放，更重要的是，这些工具让设计过程更为清晰、直观，即使是平面设计师都可以轻松设计动画效果。如果一个品牌需要呈现出比较复杂的动画效果，那么还是需要掌握动画设计的专业知识和熟练地运用动画设计软件。如图 5–255 所示为复杂动效。

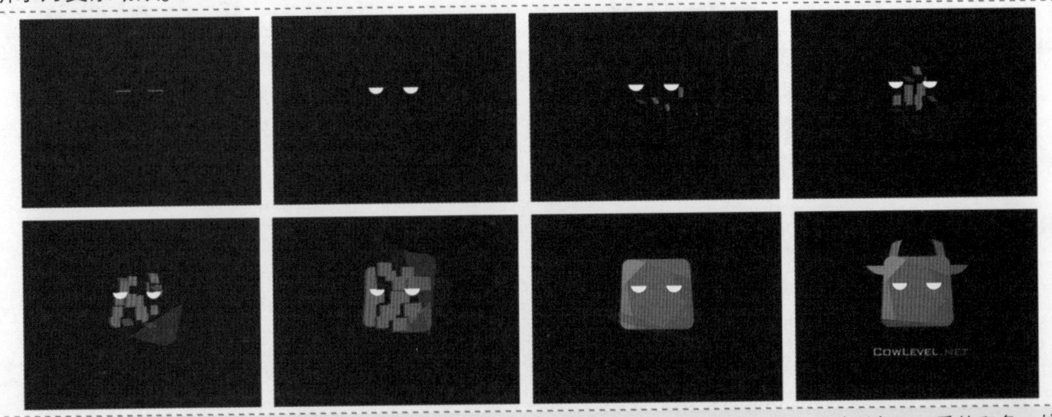

该 Logo 的主体图形是一个卡通的牛头，在其动效设计中，首先出现牛的眼睛眨动，给人一种形象而可爱的印象，接着各种几何形状的碎片飞入并逐渐组合成为该 Logo 的主体图形，通过动效的设计使该 Logo 的表现更加形象、可爱。

图 5-255

5.5.2 动态 Logo 表现的优势

动态 Logo 是一种更为现代、更为动态的品牌呈现方式，它和传统静态 Logo 一样可以勾勒企业和公司的形象，吸引用户和客户的注意力。相比之下，动态 Logo 对于设计师的原创性要求更高，而这无疑是让品牌在当前竞争中脱颖而出的好办法。动态 Logo 的优势还表现在以下几个方面。

1. 原创的形象

许多同行业的品牌，在 Logo 的设计上有很多相似之处，这种现象很常见，因为在设计品牌 Logo 的过程中总是需要在 Logo 中加入一些该行业的所特有的元素，这些元素和他们的行业、特质有着密切的关系，这就不可避免地导致同行业中不同品牌的 Logo 会出现相似的地方。

为了让 Logo 具有一定的独特性，设计师可以让它动起来。当 Logo 变为动态，设计师就可以充分运用自己的想象力，当原创的视觉形象和动态效果相遇的时候，能让用户以一种全新的方式来感知它们，如图 5-256 所示。

这是知名的体育运动品牌 Nike 的一款动态 Logo，在该 Logo 的设计和表现过程中，动效的表现并不是其重点，重点是通过图形与色彩的设计，使 Logo 的表现富有很强的运动感和现代感，而在 Logo 中加入闪电围绕标志图形运动的动效，起到了画龙点睛的作用，使 Logo 的表现更加动感。

图 5-256

2. 更高的品牌识别度

许多品牌专家认为，动态图形比静态的图像更容易被用户所理解，也更容易被记住。一个强大的动态 Logo 能够更好地吸引潜在用户的注意力。一些动态 Logo 的动画效果会持续 10 秒左右，和短时间内看到一个静态 Logo 相比，被用户记住的概率大了很多，如图 5-257 所示。

3. 为用户留下深刻的印象

产品留给用户的第一印象如何，其实有着很深的影响。通常我们只需要几秒钟就决定了是否喜欢某个事物。由于 Logo 是品牌最重要的代表，而潜在用户对品牌产生第一印象与 Logo 有着颇为密切的关系。原创的 Logo 设计通常能够让用户有更多的惊喜和更为深刻的印象，积极向上的第一印象会更吸引用户持续关注下去。

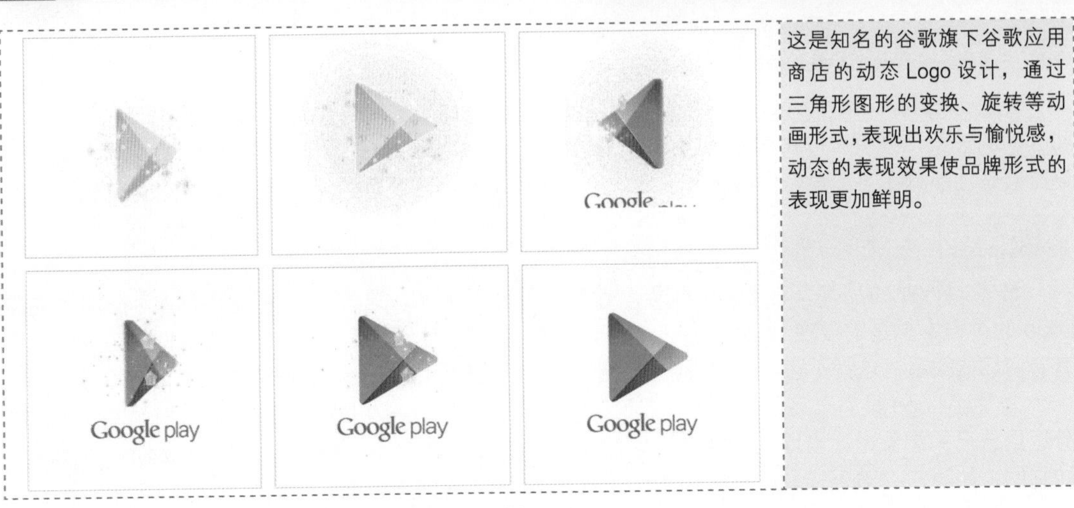

这是知名的谷歌旗下谷歌应用商店的动态 Logo 设计，通过三角形图形的变换、旋转等动画形式，表现出欢乐与愉悦感，动态的表现效果使品牌形式的表现更加鲜明。

图 5-257

用户喜欢新鲜有趣和不同寻常的想法，所以这样的 Logo 更容易带来惊喜。一个有趣的动态 Logo 能够让人喜悦、兴奋，触发用户不同的情感。当一个 Logo 能够给用户带来积极情绪的时候，就能够给用户留下深刻的印象，并且将它和快乐的事情联系起来，如图 5–258 和图 5–259 所示。

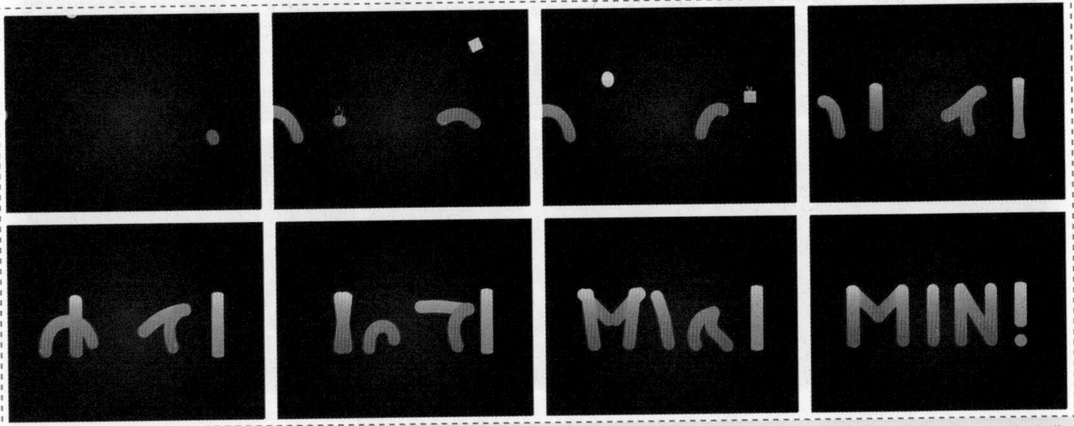

该 Logo 是一个纯文字设计的 Logo，在该 Logo 的动效设计中，通过点、线等基本图形在场景中的弹跳、拉伸等非常形象的动效表现，甚至表现出一丝拟人化的形式，并且在运动的过程中通过点、线的变形，最终形成该纯文字 Logo，给人一种新鲜、有趣的印象，这样富有创意的动态 Logo 设计总是给人留下深刻的印象。

图 5-258

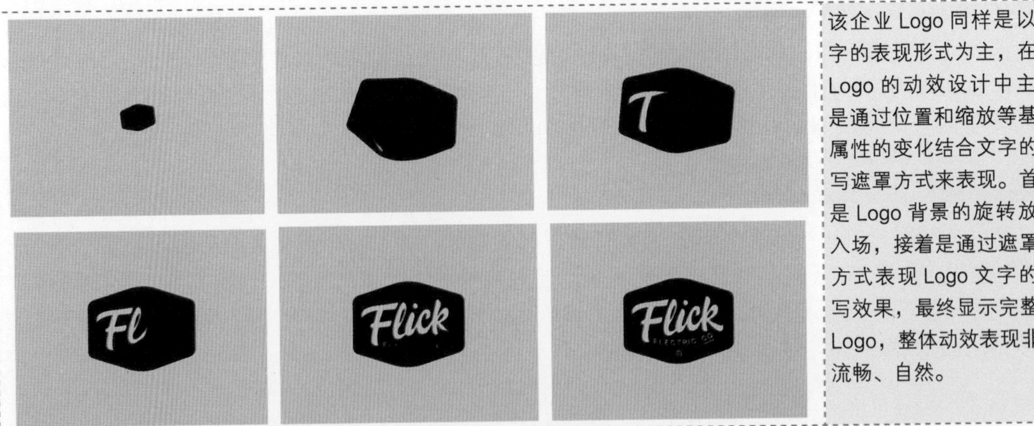

该企业 Logo 同样是以文字的表现形式为主，在该 Logo 的动效设计中主要是通过位置和缩放等基本属性的变化结合文字的手写遮罩方式来表现。首先是 Logo 背景的旋转放大入场，接着是通过遮罩的方式表现 Logo 文字的手写效果，最终显示完整的 Logo，整体动效表现非常流畅、自然。

图 5-259

4. 呈现故事

和静态的 Logo 不同，动态 Logo 能够呈现的不仅仅是特效，甚至可以呈现出这个企业的业务特质，甚至一个简短的故事。它可以成为产品或公司独有故事的载体，在这个基础上，也能够与用户更好地建立情感联系。

5.5.3 Logo 动效需要注意的问题

动态 Logo 常常被用来宣传，它有助于给用户留下更为深刻的印象，提升品牌知名度，改善品牌故事的呈现，创造更为有效的企业形象。不过，在设计创作动态 Logo 的过程中还要注意以下几个方面的问题。

⑴ 在设计动态 Logo 之前，注意分析企业的业务目标，并且有针对性地呈现出品牌的个性。

⑵ 通过用户调研，尽量使所设计的动态 Logo 更加贴合用户的喜好。

⑶ 动态 Logo 要让用户感到惊讶或者兴奋，如果动态效果在下一秒就被用户预知到了，对用户而言就失去了惊喜。

⑷ 保持简约，尽量不要制作过于复杂的动态效果，并且让动态 Logo 的动画时长控制在 10 秒以内。

5.5.4 制作动感模糊 Logo 动效

Logo 是一个品牌形象的象征，动态 Logo 的视觉表现效果更加强烈、突出。本节将带领读者完成一个动感模糊 Logo 动效的制作，在该动效的制作过程中，主要通过为 Logo 图形添加 CC Radial Fast Blur 效果，并对该效果的相关属性进行设置，从而实现动感模糊的 Logo 动效表现。具体操作步骤可扫描二维码看电子书。

实例 26——制作动感模糊 Logo 动效

源文件：源文件 \ 第 5 章 \5-5-4.aep

视频：视频 \ 第 5 章 \5-5-4.mp4

扫码看电子书

5.5.5 制作动感切片 Logo 动效

在 After Effects 中通过为元素添加不同的效果，并对效果属性进行设置，能够实现各种不同的动画效果。本节将带领读者完成一个动感切片 Logo 动效的制作，在该动效的制作过程中，通过“时间置换”效果实现 Logo 图形被切割成多个矩形，结合 Logo 图形位置移动，实现被切割后的多个矩形产生不同时间的位移动画，表现效果突出。

实例 27——制作动感切片 Logo 动效

源文件：源文件 \ 第 5 章 \5-5-5.aep　　视频：视频 \ 第 5 章 \5-5-5.mp4

01 在 After Effects 中新建一个空白的项目，执行“文件” > “导入” > “文件”命令，在弹出的“导入文件”对话框中选择“源文件 \ 第 5 章 \ 素材 \55501.psd”，如图 5-260 所示。弹出设置对话框，设置如图 5-261 所示。

02 单击“确定”按钮，导入 PSD 素材自动生成合成，如图 5-262 所示。在“项目”面板的合成上右击，在弹出的菜单中选择“合成设置”命令，设置“持续时间”为 5 秒，如图 5-263 所示，单击“确定”按钮，完成“合成设置”对话框的设置。

图 5-260

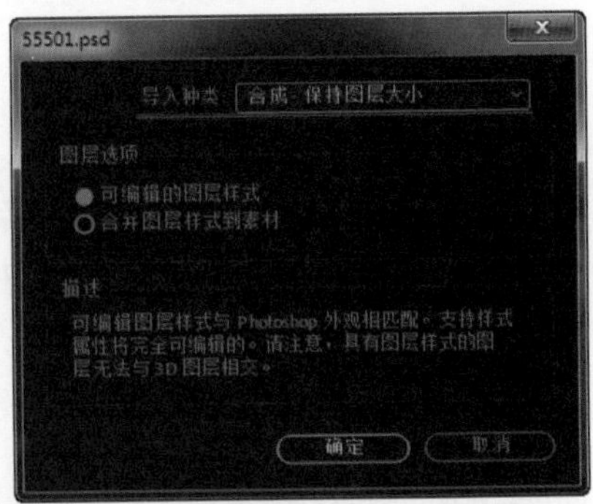
图 5-261

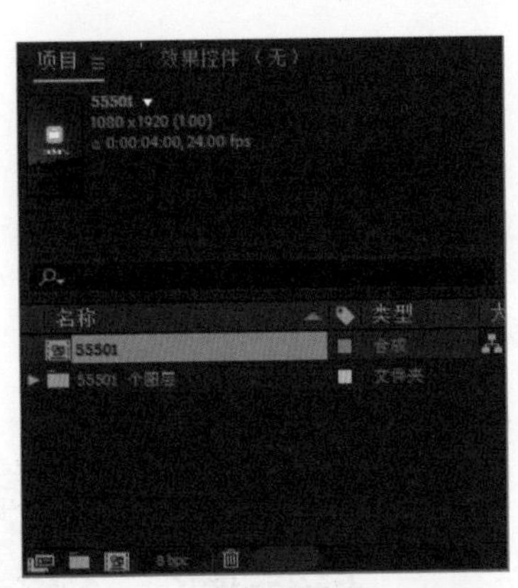
图 5-262

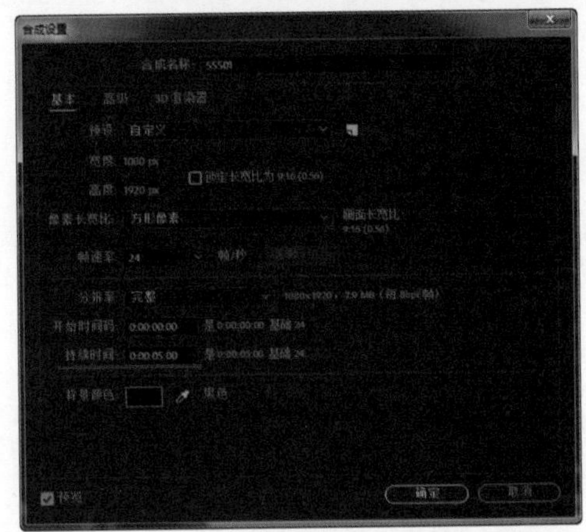
图 5-263

03 双击“项目”面板中自动生成的合成，在“合成”窗口中打开该合成，在“时间轴”面板中可以看到该合成中相应的图层，如图 5–264 所示。将“背景”图层锁定，同时选择“Logo 图标”和“Logo 文字”图层，按快捷键 P，在这两个图层下方显示“位置”属性，如图 5–265 所示。

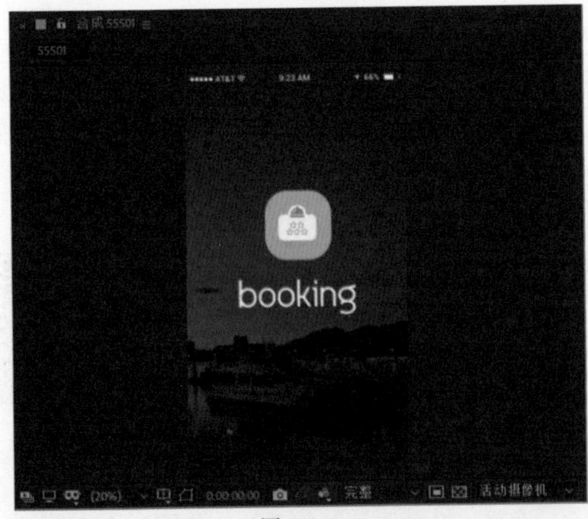

图 5-264

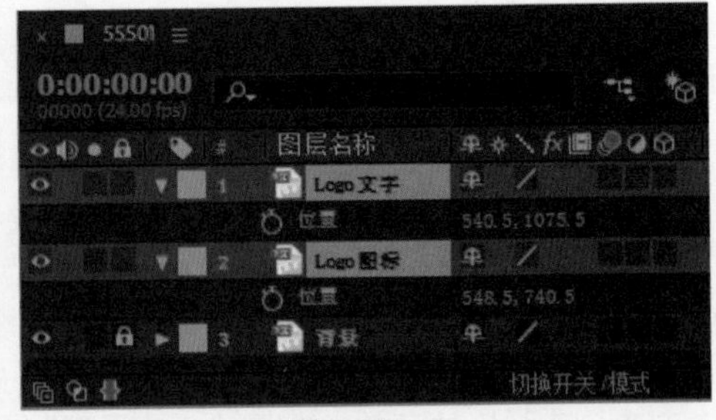
图 5-265

04 将“时间指示器”移至 2 秒的位置，分别为这两个图层插入“位置”属性关键帧，如图 5–266 所示。将“时间指示器”移至 1 秒 04 帧的位置，在“合成”窗口中将这两个图层中的元素向上移至合适的位置，如图 5–267 所示。

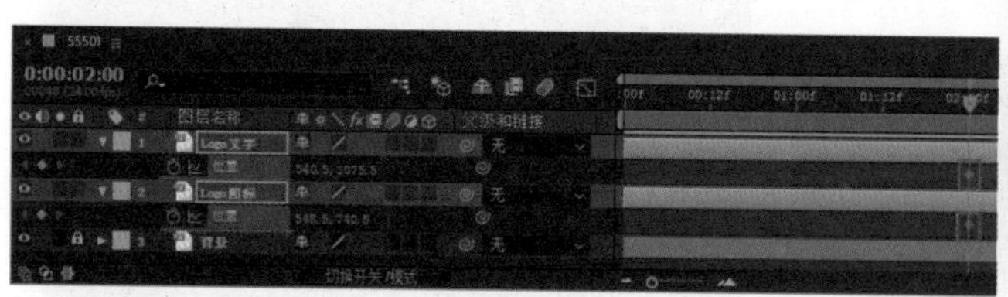

图 5-266

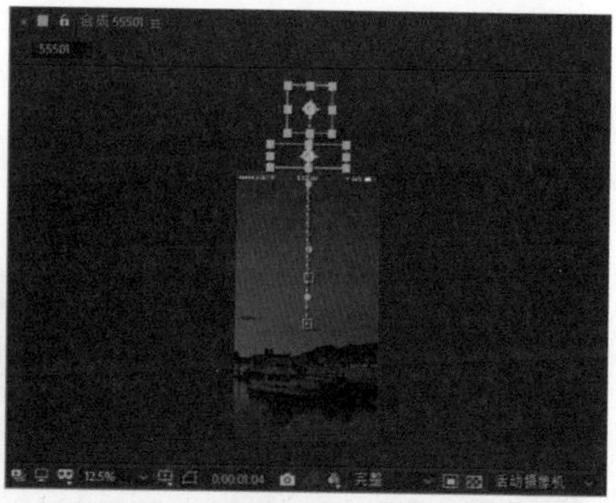

图 5-267

05 将“时间指示器”移至 3 秒的位置，单击这两个图层前的“添加或删除关键帧”图标，在当前位置添加关键帧，如图 5-268 所示。将“时间指示器”移至 3 秒 20 帧的位置，在“合成”窗口中将这两个图层中的元素向下移至合适的位置，如图 5-269 所示。

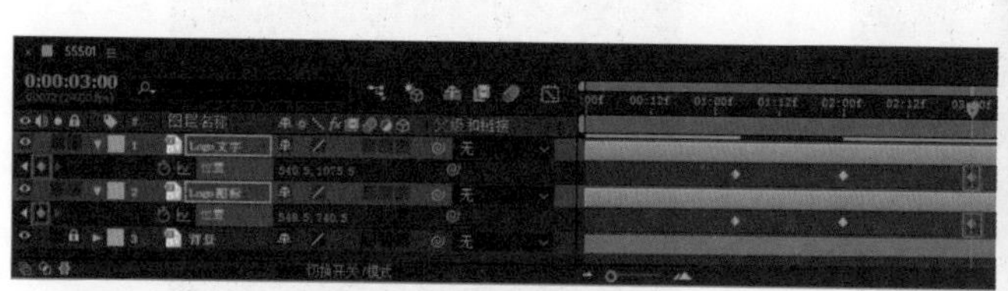

图 5-268

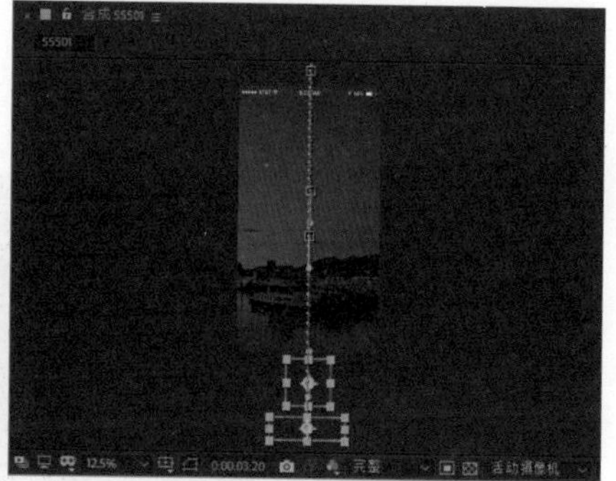

图 5-269

06 同时选中这两个图层中的所有属性关键帧，按快捷键 F9，为选中的关键帧应用“缓动”效果，如图 5-270 所示。选择“Logo 图标”图层，单击“时间轴”面板上的“图表编辑器”按钮，切换到图表编辑器模式，如图 5-271 所示。

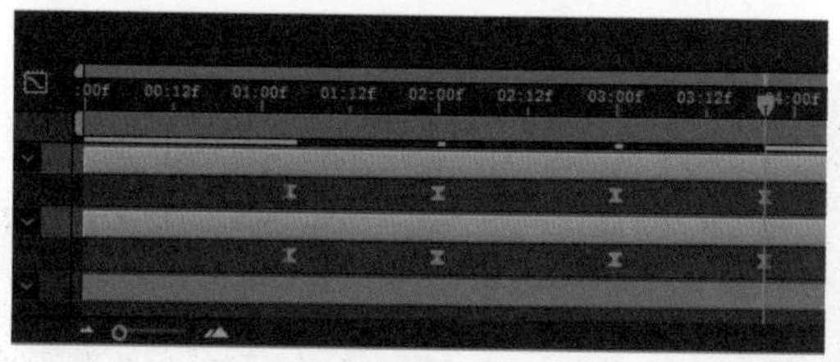

图 5-270

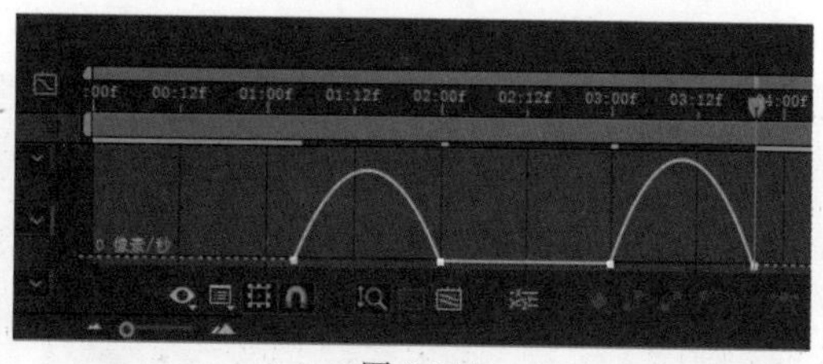

图 5-271

07 对该图层中元素的运动速率曲线进行调整，使其进入时先快后慢，移出时先慢后快，如图 5-272 所示。选择“Logo 文字”图层，使用相同的方法，对该图层中元素的运动速率曲线进行相同的调整，如图 5-273 所示。

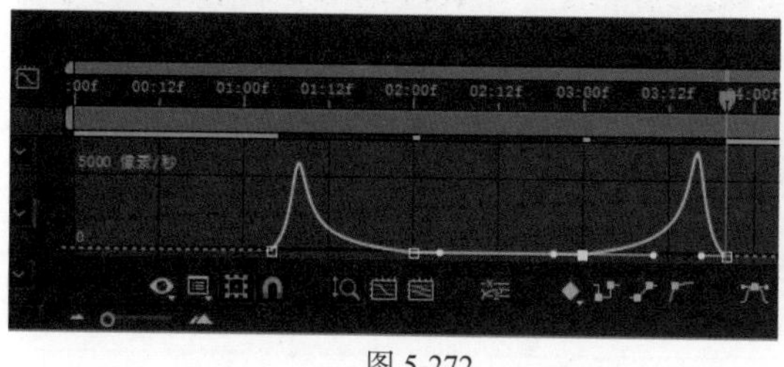

图 5-272

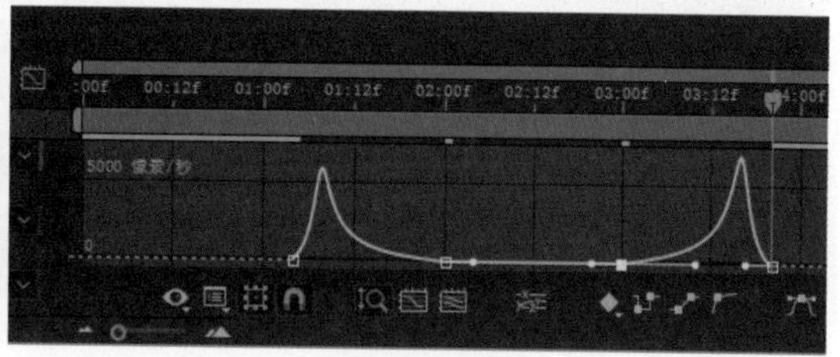

图 5-273

08 返回时间轴编辑状态，同时选中“Logo 图标”图层中的 4 个属性关键帧，将其向后移动 4

帧位置，从而实现 Logo 图标与 Logo 文字之间的时间差，如图 5-274 所示。同时选中“Logo 图标”和“Logo 文字”图层，执行“图层”>“预合成”命令，弹出“预合成”对话框，设置如图 5-275 所示。

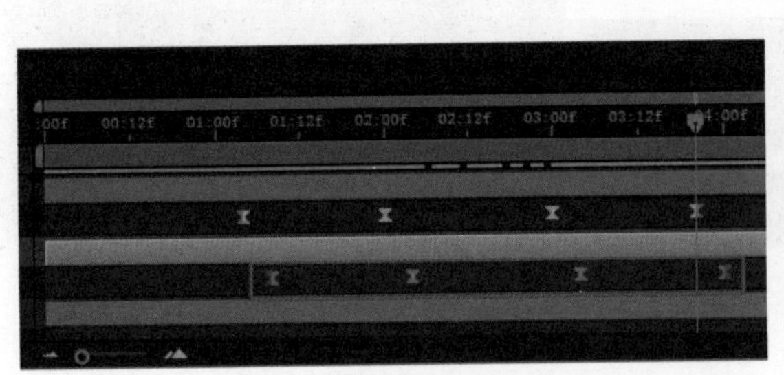

图 5-274

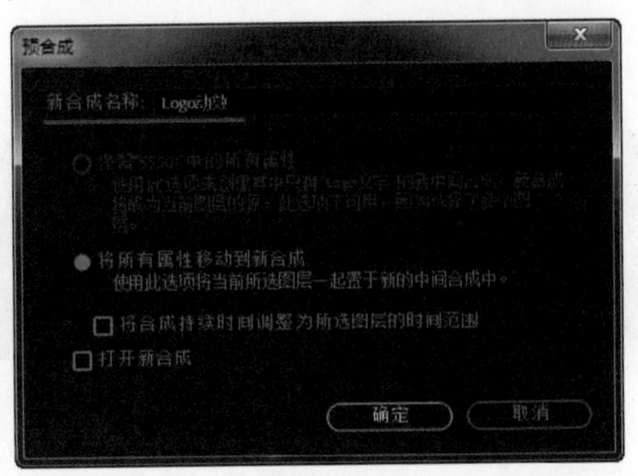

图 5-275

09 单击“确定”按钮，将选中的图层创建为预合成，如图 5-276 所示。选择“Logo 动效”图层，执行“效果”>“时间”>“时间置换”命令，为其添加“时间置换”效果，在“效果控件”面板中可以看到该效果的相关属性选项，如图 5-277 所示。

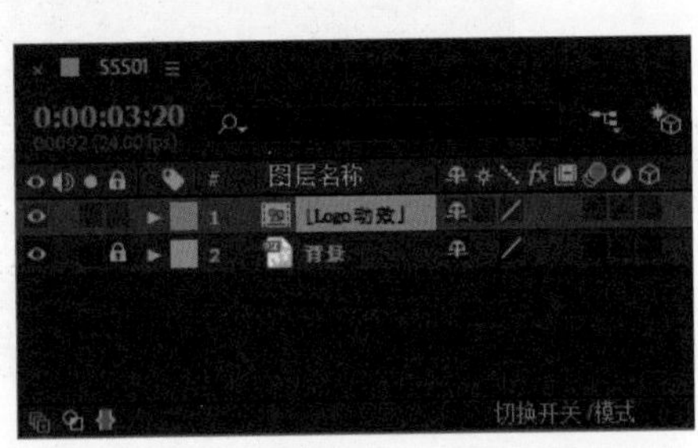

图 5-276

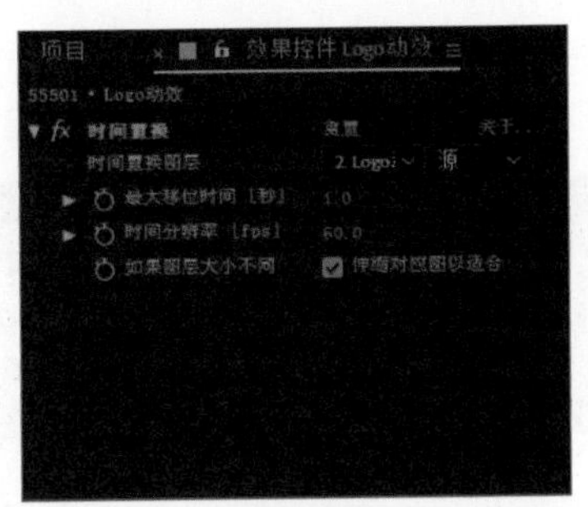

图 5-277

10 不要选择任何对象，使用“矩形工具”，设置“填充”为白色，“描边”为无，在“合成”窗口中绘制一个矩形，如图 5-278 所示。使用相同的制作方法，在当前的形状图层中绘制多个不同宽度、不同灰度的矩形，效果如图 5-279 所示。

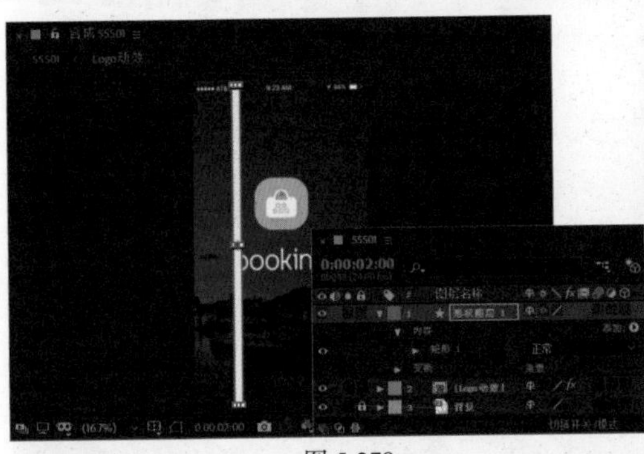

图 5-278

图 5-279

提示

此处所绘制的矩形，主要用来对 Logo 图形进行切割，每一个矩形都可以通过“时间置换”效果将 Logo 图形切割成相应的矩形块，而矩形的色彩只能够选择不同灰度的色彩，不同的灰度在“时间置换”效果中可以映射为不同的时间位置。

11 选择“形状图层 1”，执行“图层”>“预合成”命令，弹出“预合成”对话框，设置如图 5-280 所示。单击“确定”按钮，将该图层创建为预合成，将“切片形状”图层移至“Logo 动效”

图层下方，并且将该图层隐藏，如图 5-281 所示。

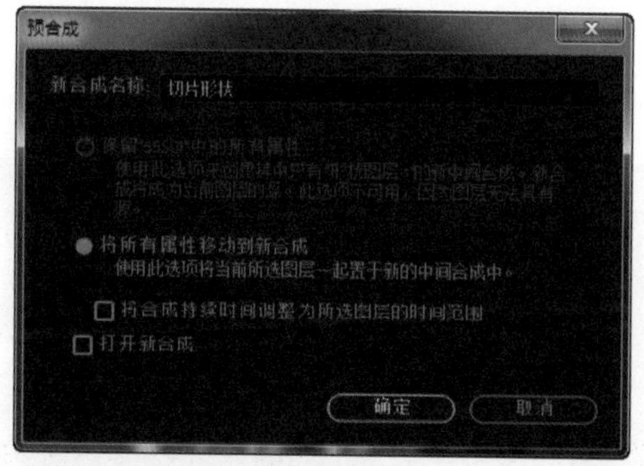
图 5-280

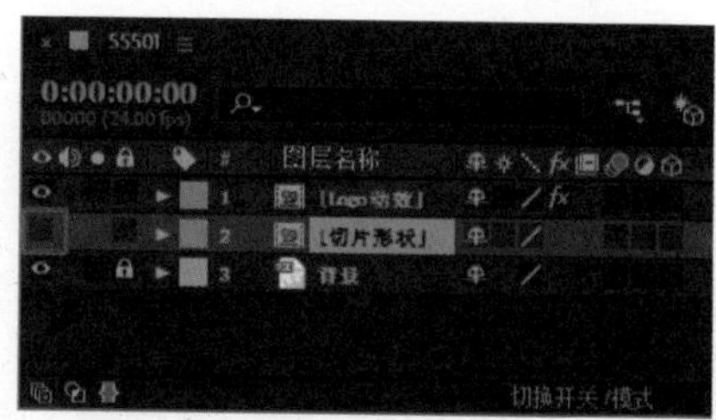
图 5-281

12 选择“Logo 动效”图层，打开“效果控件”面板，对该图层中所添加的“时间置换”效果的相关属性进行设置，如图 5-282 所示。在“时间轴”面板中拖动“时间指示器”即可预览到该 Logo 切片动效的效果，如图 5-283 所示。

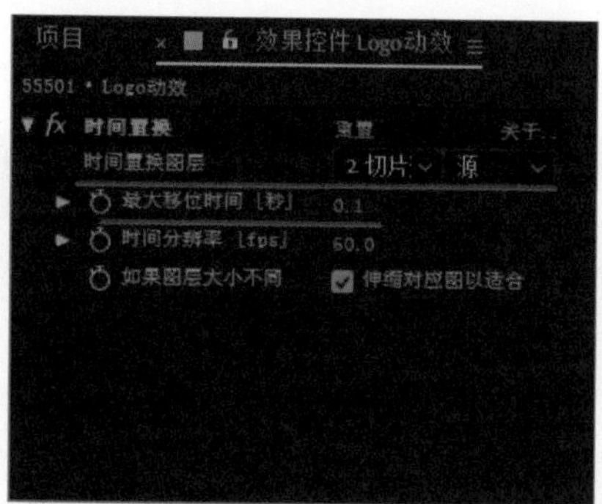
图 5-282

图 5-283

提示

在“效果控件”面板中将“时间置换图层”选项设置为刚刚绘制了多个灰度矩形的“切片形状”图层，所以所实现的切片效果完全与所绘制的灰度矩形有关。如果读者感觉切片宽度不合适，可以修改“切片形状”图层中灰度矩形的宽度，从而实现想要的效果。

13 按快捷键 Ctrl+D，原位复制“Logo 动效”图层，选择下方的“Logo 动效”图层，执行“效果”>“生成”>“填充”命令，为其应用“填充”效果，在“效果控件”面板中设置“填充”效果中的“颜色”为 #FFC000，如图 5-284 所示。在“时间轴”面板中将该图层中的内容向后移动 1 帧的位置，如图 5-285 所示。

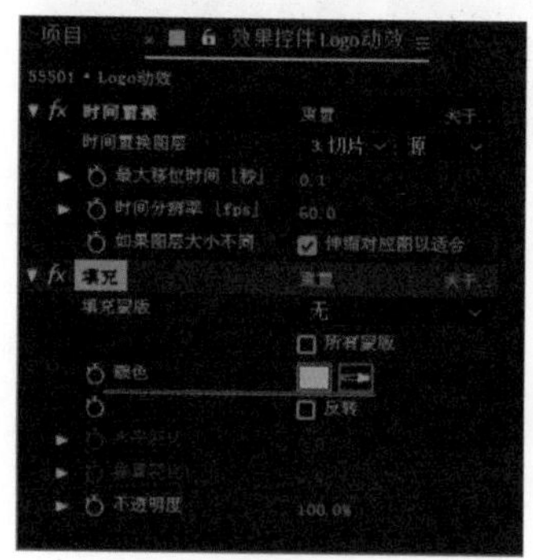
图 5-284

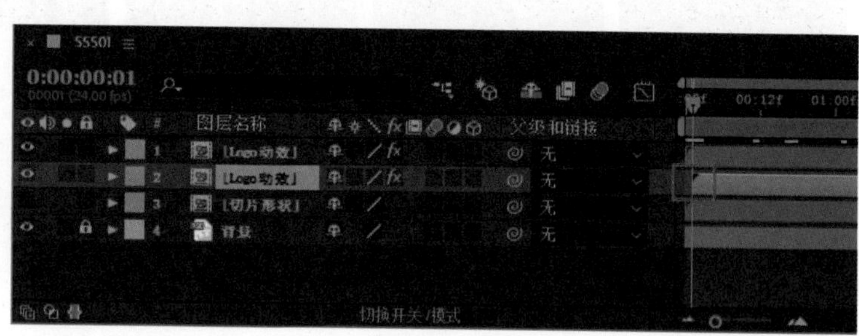
图 5-285

14 在“时间轴”面板中拖动“时间指示器”即可预览到为该 Logo 图形添加黄色的拖影装饰的效果，如图 5–286 所示。选择最上层的“Logo 动效”图层，执行“效果”>“透视”>“投影”命令，为该图层添加“投影”效果，在“效果控件”面板中对“投影”效果的相关属性进行设置，效果如图 5–287 所示。

图 5-286

图 5-287

15 完成动感切片 Logo 动效的制作，单击“预览”面板上的“播放 / 停止”按钮▶，可以在“合成”窗口中预览动画效果。也可以根据前面介绍的渲染输出方法，将该动画渲染输出为视频文件，再使用 Photoshop 将其输出为 GIF 格式的动画，动画效果如图 5–288 所示。

图 5-288

第 6 章 UI 界面动效设计

UI 界面中交互动效的设计并不是为了娱乐用户，而是为了让用户理解现在所发生的事情，更有效地说明产品的使用方法。真正的情感化设计是需要设计师设计出精美的 UI 界面，整理出清晰的交互逻辑，通过动画效果引导用户，把漂亮的 UI 界面衔接起来。本章将向读者介绍移动 UI 界面交互动效设计的相关知识，并通过实例的制作使读者掌握 UI 交互动效的制作方法。

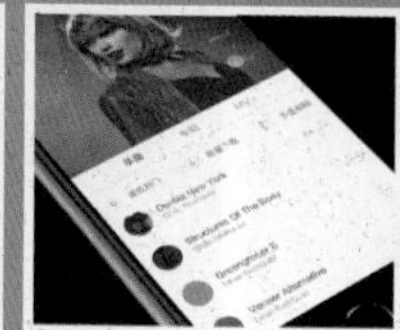

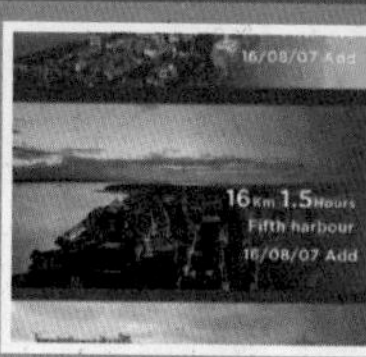

6.1 动效设计的作用与常见效果

好的设计是显而易见的，而优秀的设计是无形的。一个优秀的 UI 界面动效可以使该 App 应用更易使用，并且能够有效吸引用户的眼球，同时在用户使用 App 应用时完全不会被动画效果分心。

6.1.1 动效设计的作用

为了能够充分地理解 UI 界面中的交互动效设计，首先必须要了解交互动效在 App 应用中的定位和职责。

1. 视觉反馈

对于任何用户界面来讲，视觉反馈都是至关重要的。在物理世界中，我们与物体的交互是伴随着视觉反馈的，同样地，人们期待从 UI 界面中得到一个类似的效果。UI 界面需要为用户的操作提供视觉、听觉和触觉反馈，使用户感到自己在操控该界面，同时视觉反馈有个更简单的用途：它暗示着当前的应用程序运行正常。当一个按钮在放大或者一个被滑动图片在朝着正确方向移动，那么很明显，当前的应用程在运行着，在回应着用户的操作，如图 6–1 所示。

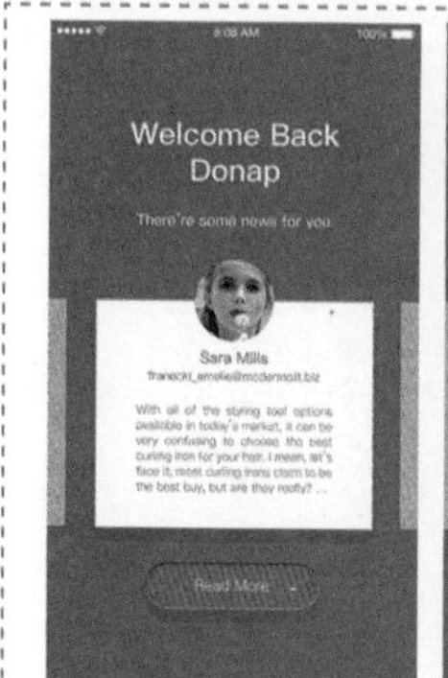

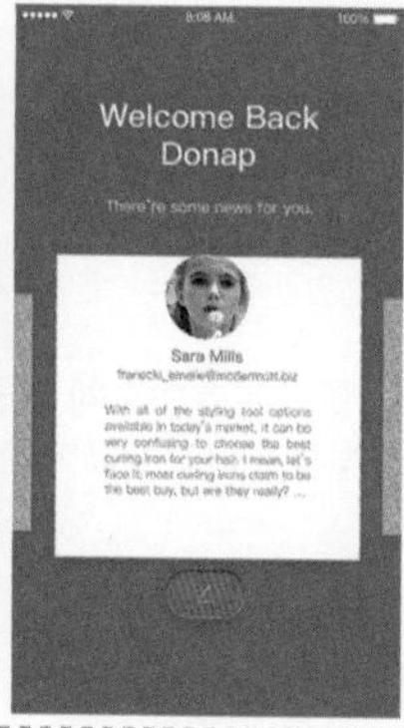

在该信息界面中，当用户单击某条信息的“阅读详细信息”按钮时，该条信息内容的背景颜色将逐渐放大从而覆盖整个界面，而按钮也会缩小变形为评论图标，在视觉上给用户很好的反馈，使用户专注于当前的操作。

图 6-1

2. 功能改变

这种交互动效展示出当用户在 UI 界面中与某个元素交互时，这个元素是变化的，如果需要在 UI 界面中表现一个元素功能如何变化时，这种动画效果是最好的选择。它经常与按钮、图标和其他小设计元素一起使用，如果 6–2 所示。

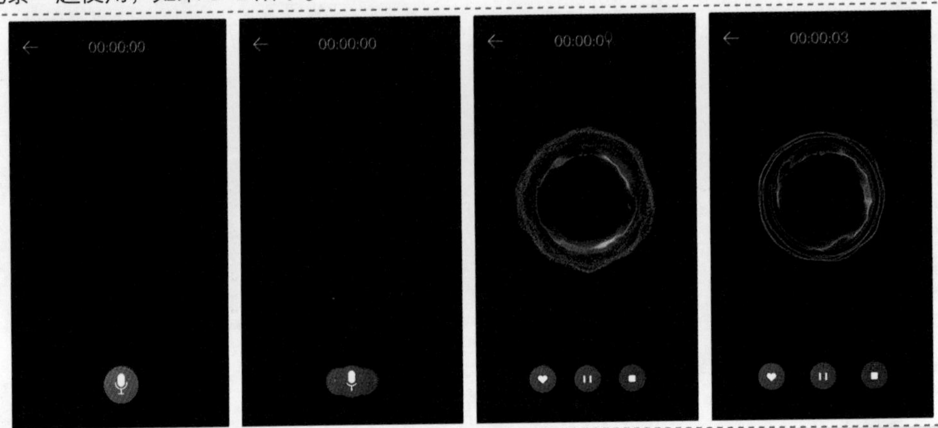

在该录音界面中，当用户单击界面下方的“录音”按钮时，该按钮会分离出 3 个功能操作按钮，并且改变按钮的颜色，同时在界面中出现声纹的波形动画效果，界面顶部的数字开始计时，这一系列的动效设计很好地表现出界面功能的变化，流畅地切换到新的操作功能。

图 6-2

3. 扩展界面空间

大部分的移动应用程序都有非常复杂的结构，所以设计师需要尽可能地简化移动应用程序的导航。对于这项任务来讲，交互动效的应用是非常有帮助的。如果所设计的交互动效展示出了元素被藏在哪里，那么用户下次找起来就会很容易了，如图 6–3 所示。

在该 App 应用中可以同时显示所绑定的多张银行卡信息，默认情况下，为了节省界面空间，只能够显示其中一张银行卡信息，当用户在界面中滑动切换银行卡时，其界面中相关的银行卡信息同样会以交互动效的形式进行切换。

图 6-3

4. 元素的层次结构及其交互

交互动效完美地表现了界面的某些部分和阐明了是怎样与它们进行交互的。交互动效中每个元素都有其目的和定位，例如，一个按钮可以激活弹出菜单，那么该菜单最好从按钮弹出而不是从屏幕侧面滑出来，这样就会展示用户点击该按钮的回应，有助于帮助用户理解这两个元素（按钮和弹出菜单）是有联系的，如图 6–4 所示。

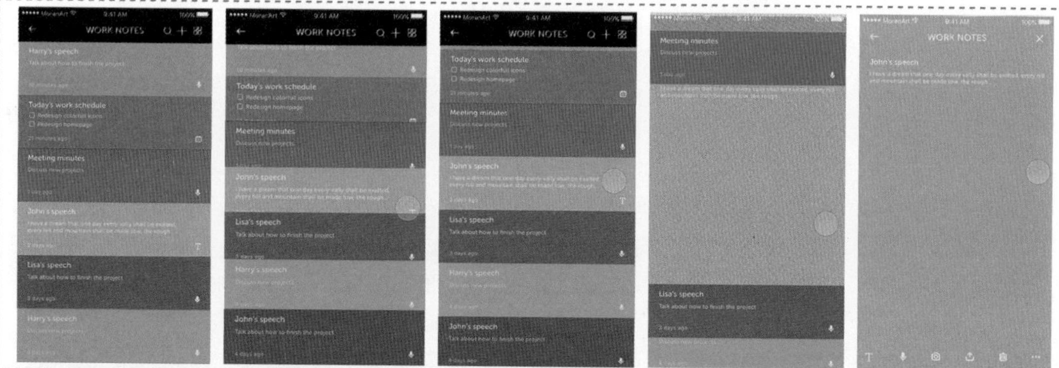

在该事件备忘录的界面中，使用不同的背景颜色来区别表现每一条备忘日志，当在该界面中进行上下滑动时，列表将会表现出弹性滚动的动效，当单击某一条日志时，该条日志的背景颜色将会以扩展的方式填充整个界面，显示该日志的详细信息，这种切换方式表现出清晰的信息层级结构。

图 6-4

UI 界面中所添加的动画效果都应该能够表现出元素之间是如何联系的，这种层次结构和元素的交互对于一个直观的界面来说是非常重要的。

5. 视觉提示

如果某一款移动应用程序中的元素间有不可预估的交互模式时，通过加入合适的动画效果为用户提供视觉线索就显得非常必要了，在 UI 界面中加入动画效果可以有效起到暗示用户如何与界面元素进行交互的作用，如图 6–5 所示。

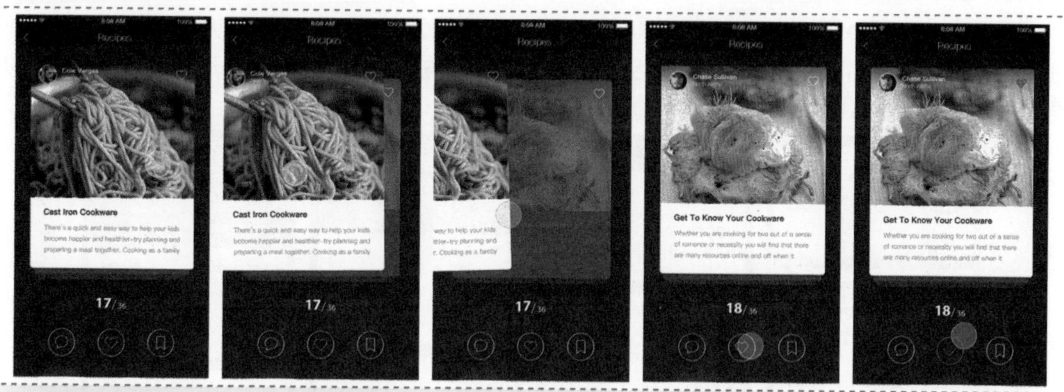

在该美食类的 App 应用界面中，使用叠加的卡片和排序数字，能够明确地给用户一种在屏幕中进行滑动切换的暗示，用户可以使用手指在屏幕上左右滑动，以切换当前所显示的内容，并且可以单击界面下方的功能操作按钮，从而实现相应的快捷操作。

图 6-5

6. 系统状态

在应用程序的运行过程中，总会有几个进程在后台运行，例如从服务器下载、进行后台计算等，在 UI 界面的设计中需要让用户知道应用程序并没有停止运行或者崩溃，要告诉用户应用程序正在良好地运行。这个时候，通常会在 UI 界面中通过动画的形式来表现当前的应用程序运行状态，通过视觉符号的进度给用户一种控制感，如图 6–6 所示。

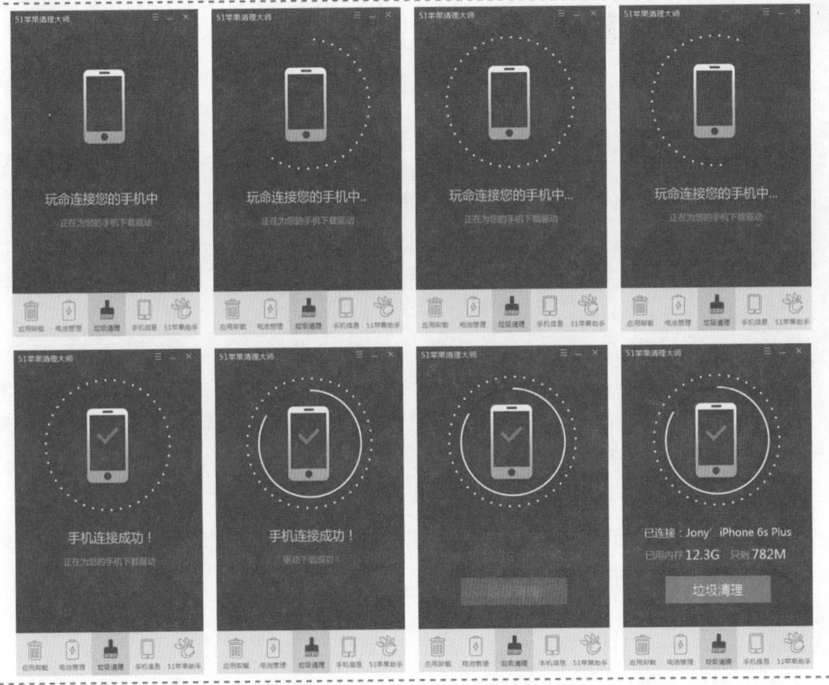

当该应用软件与手机进行连接时，通过围绕手机图形的圆点动效表现连接过程，圆点围绕着手机图标来回转动，当成功与手机连接后，在手机图形中显示相应的打勾符号，并且会显示相应的文字提示，接着文字提示会逐渐变换为该手机的相关信息。通过动效的形式表现出当前的系统状态，给用户一种直观的视觉感受。

图 6-6

7. 富有趣味性的动效

富有趣味性的动效设计可以对 UI 界面起到画龙点睛的作用，独特的动效能够有效吸引用户的关注，与其他同类型的应用程序相区别，从而使该应用程序脱颖而出。独特而富有趣味性的动效可以有效提高应用程序的识别度，如图 6–7 所示。

这是一个界面下拉刷新的动效，当用户向下拖动界面时，在界面上方会逐渐出现鞭炮图形，在下方则会出现蜡烛图形，随着界面的下拉，蜡烛会点燃鞭炮，从而完成界面中内容的刷新，在界面最上方出现新的内容，该刷新动效的添加，为整个应用界面带来趣味性，能够给人留下深刻的印象。

图 6-7

6.1.2 常见的 UI 界面交互动效

UI 界面动效设计是指能够有效地表达页面或者内容之间的逻辑关系，通过视觉效果直接、清晰地展示用户 UI 界面中操作的状态。通过动效的应用能够为用户提供更加清晰的操作指引，表现出界面和内容的位置或者层级关系。

在本节中将向读者介绍 UI 界面中常见的多种交互动效以及各自适用的场景，供读者进行参考。

1. 滚动效果

滚动效果是指根据用户的操作手势、界面内容进行滚动操作，该动画效果非常适用于 UI 界面中列表信息的查看。滚动交互动效是 UI 界面中使用最频繁的交互动画效果，也可以在滚动效果的基础上加入一些其他的动画效果，使界面的交互更加有趣和丰富。如图 6–8 所示为滚动动画效果在 UI 界面中的应用。

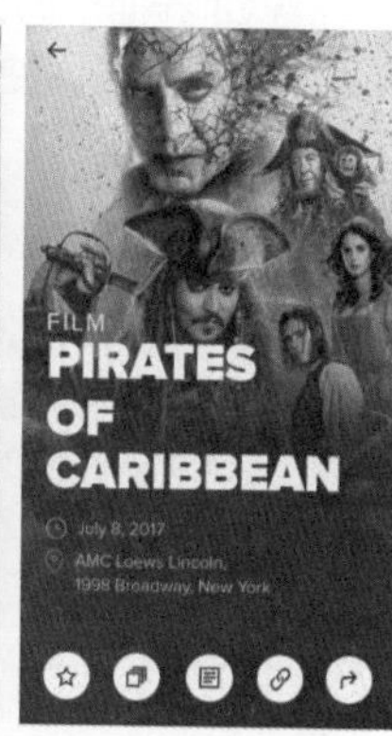

图 6-8

当用户在 UI 界面中需要进行垂直或水平滑动操作时，都可以使用滚动动画效果，例如界面中的列表、图片等，很多场景下都可以使用。

2. 平移效果

当一张图片在有限的屏幕中没有办法被完整查看的时候，就可以在界面中加入平移的交互动效，与此同时，还可以在平移的基础上配合放大等动画效果一起使用，从而使界面动画的表现更加实用。如图 6–9 所示为平移动画效果在 UI 界面中的应用。

图 6-9

通常在一些界面内容大于屏幕的界面中可以使用平移动画效果，最常见的就是地图应用。

3. 扩大弹出效果

界面中的内容会从缩略图转换为全屏视图(一般这个内容的中心点也会跟随移动到屏幕的中央)，反向动画效果就是内容从全屏视图转换为缩略图。扩大弹出动画效果的优点是能清楚地告诉用户点击的地方被放大了。如图 6–10 所示为扩大弹出效果在 UI 界面中的应用。

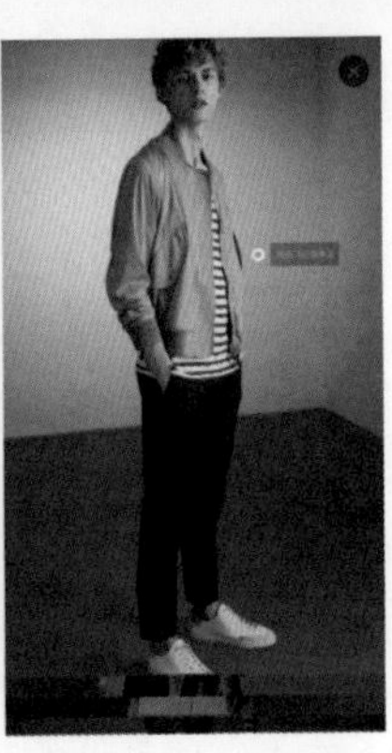

图 6-10

当 UI 界面中的元素需要与用户进行单一交互的时候，例如点击图片查看详情，就可以使用扩大弹出的动画效果，使转场过渡更加自然。

4. 最小化效果

界面元素在点击之后缩小，然后移动到屏幕上相应的位置，相反的动效就是扩大，从某个图标或缩略图重新切换为全屏。这样做的好处是能够清楚地告诉用户，最小化的元素可以在哪里被找到，如果没有动效的引导，可能用户需要花时间去寻找。如图 6–11 所示为最小化效果在 UI 界面中的应用。

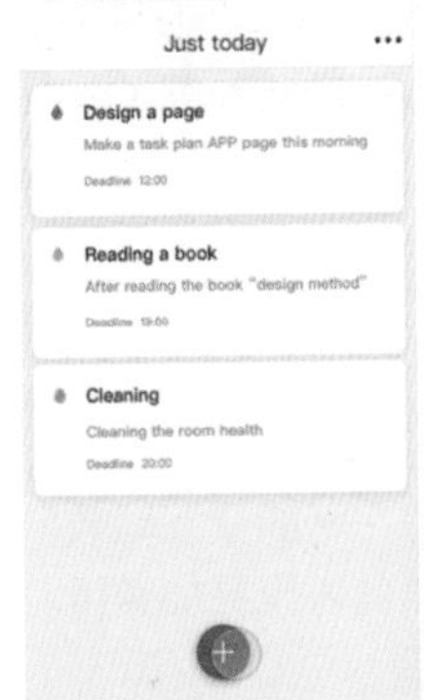

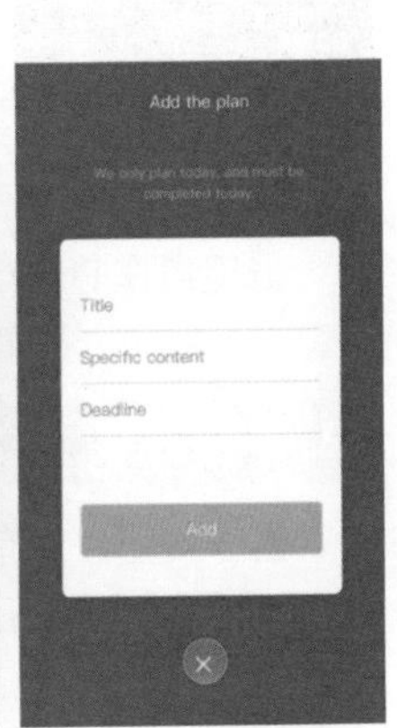

图 6-11

如果界面中用户想要最小化某个元素的时候，例如搜索、快捷按钮图标等，这些地方都可以使用最小化的动画效果，符合从哪来到哪去的原理。

5. 标签转换效果

标签转换动画效果是指根据界面中内容的切换，标签按钮相应地在视觉上做出改变，而标题是随着内容移动而改变的，这样能够清晰地展示标签和内容之间的从属关系，让用户能够清晰理解界面之间的架构。如图 6–12 为标签转换动画效果在 UI 界面中的应用。

标签转换动效适用于同一层级界面之间的切换，例如切换导航或者操作进度流程。在 UI 界面中使用标签切换动画效果可以让用户更了解架构，是标签而不是按钮的感觉。

图 6-12

6. 滑动效果

信息列表跟随用户的交互手势而动，然后再回到相应的位置上，保持页面整齐，这种交互动画属于指向型动画，内容的滑动取决于用户是使用哪种手势滑动的。它的作用就是通过指向型转场，有效帮助用户厘清页面内容的层级排列情况。如图 6–13 所示为滑动效果在 UI 界面中的应用。

图 6-13

当 UI 界面中的元素需要以列表的方式呈现时就可以使用滑动的交互动效，例如一些人物的选择、款式的选择等，都适合使用滑动的交互动效方式呈现。

7. 对象切换效果

对象切换动画效果是指当前界面移动到后面，新的界面移动到前面，这样能够清楚解释界面之间是进行切换的，不会显得转换太突兀和莫名其妙。如图 6–14 所示为对象切换效果在 UI 界面中的应用。

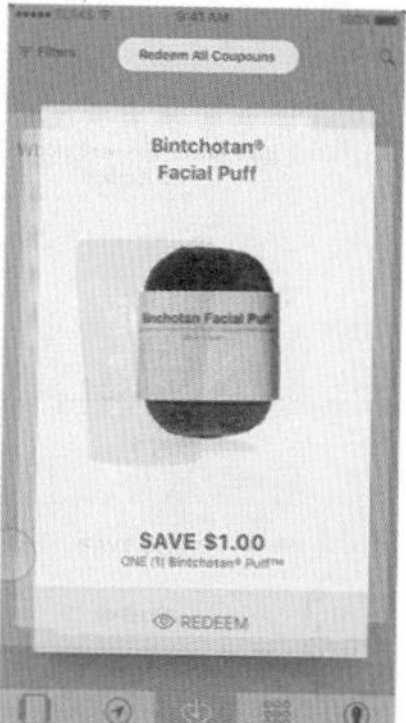

图 6-14

滑动动画效果相对来说比较单一和常见，使用对象切换动画效果可以让用户产生眼前一亮的感觉，常被应用于一些商品图片的切换等。

8. 展开堆叠效果

界面中堆叠在一起的元素被展开，能够清楚地告诉用户每个元素的排列情况，从哪里来到哪里去，也显得更加有趣。如图 6–15 所示为展开堆叠动画效果在 UI 界面中的应用。

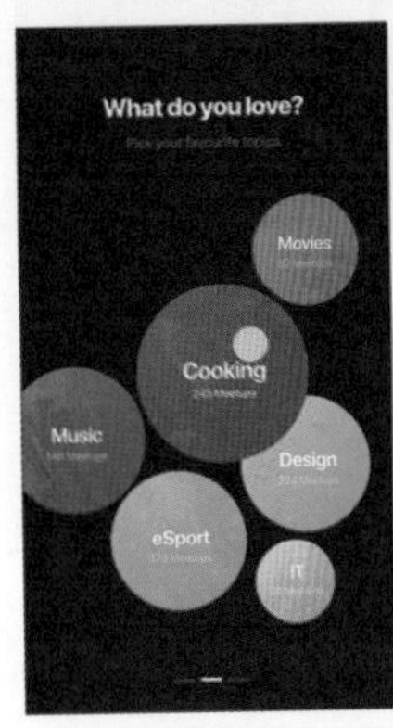

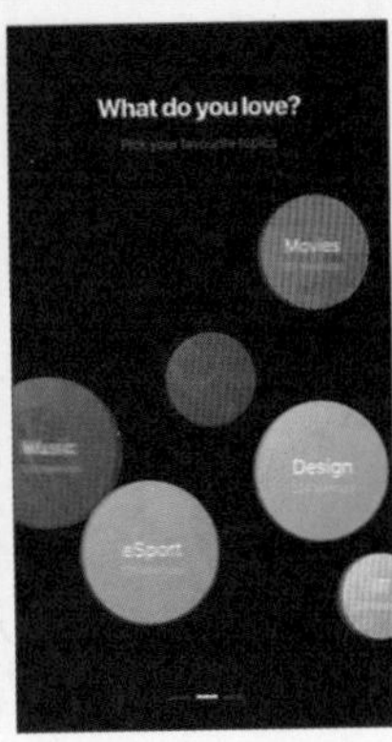

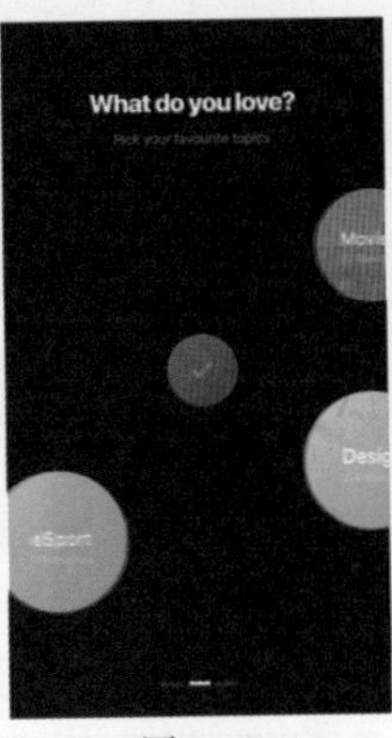

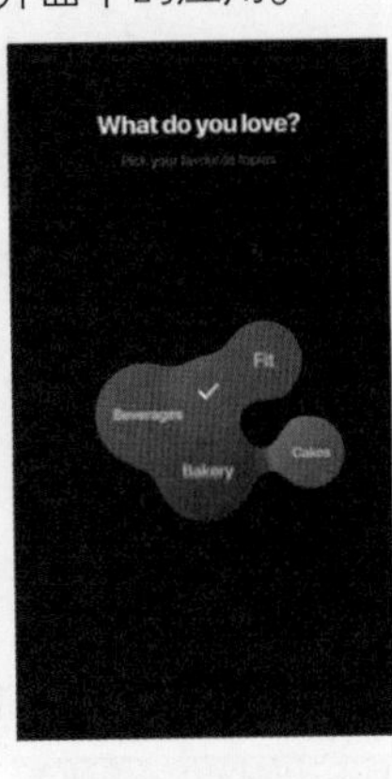

图 6-15

如果某个 UI 界面中需要展示较多的功能选项时，可以使用展开堆叠的动画效果。例如一个功能中隐藏了好几个二级功能时，就可以使用展开堆叠的效果，这样有利于引导用户。

9. 翻页效果

翻页效果是指当用户在 UI 界面中实施滑动手势的时候，出现类似现实生活中翻页一样的动画效果。翻页的动画效果也能够清晰地展现列表层级的信息架构，并且模仿现实生活中的动画效果，更加富有情感。如图 6–16 所示为翻页动画效果在 UI 界面中的应用。

图 6-16

翻页动画效果主要应用于当用户进行一些翻页操作时，例如看小说、读长篇文章等，使用翻页动画效果会更贴近现实生活，引起用户共鸣。

10. 融合效果

融合效果是指 UI 界面中的元素会根据用户的点击交互而分离或者是结合，用户可以感受到元素与元素之间的关联，比起直接切换，显然用融合动画更加有趣。如图 6–17 所示为融合动画效果在 UI 界面中的应用。

融合动画效果适用于当用户在界面中操作某一个功能图标时可能会触发其他的功能，例如运动 App 应用开始健身或跑步的时候，点击开始功能图标会同时出现暂停和结束功能操作图标。

图 6-17

6.1.3 制作手机充电动效

在手机充电的过程中，我们可以通过动效的形式为充电过程加入动态的表现效果，表现出系统状态，从而给用户带来非常直观的印象。本节将带领读者完成一个手机充电动效的制作，主要是通过“无线电波”“快速方框模糊”和“置换图”效果制作出波形的动效，接着通过遮罩来限制该波形动效的显示范围，从而最终制作出该手机充电动效。

实例 28——制作手机充电动效

源文件：源文件 \ 第 6 章 \6-1-3.aep　　视频：视频 \ 第 6 章 \6-1-3.mp4

01 在 After Effects 中新建一个空白的项目，执行“文件”>“导入”>“文件”命令，导入素材图像“源文件 \ 第 6 章 \ 素材 \61301.psd”，弹出设置对话框，设置如图 6-18 所示。单击“确定”按钮，导入该 PSD 格式素材，自动创建相应的合成，如图 6-19 所示。

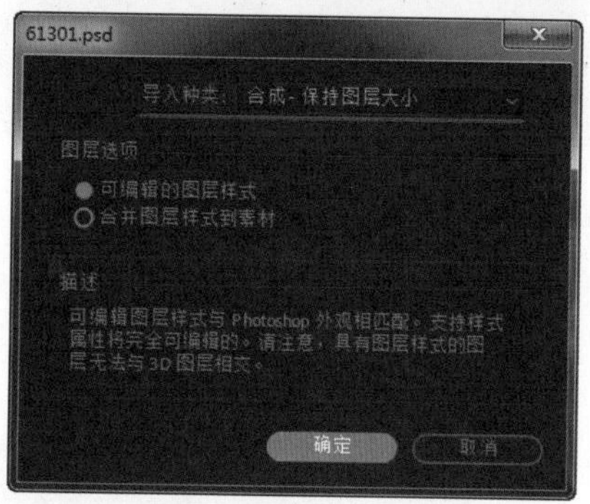

图 6-18

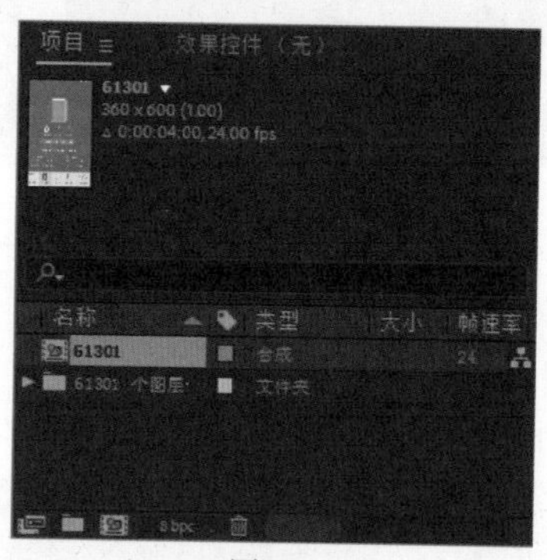

图 6-19

02 在自动创建的合成上右击，在弹出的菜单中选择“合成设置”命令，并在弹出的对话框中对相关选项进行设置，单击“确定”按钮，如图 6-20 所示。双击该合成，在“合成”窗口中可以看到该合成的效果，在“时间轴”面板中将“背景”和“电池图标”这两个图层锁定，如图 6-21 所示。

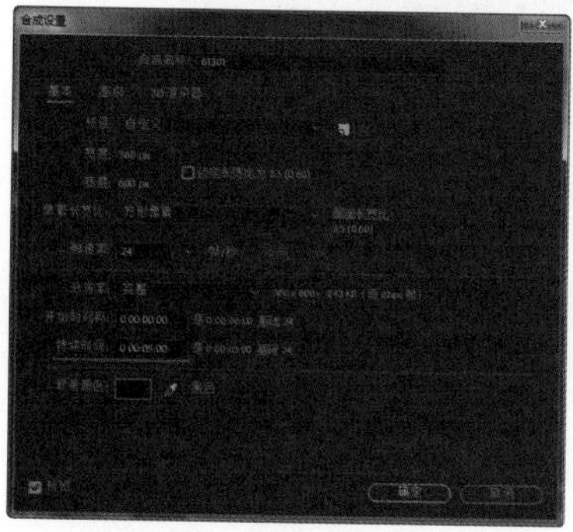

图 6-20

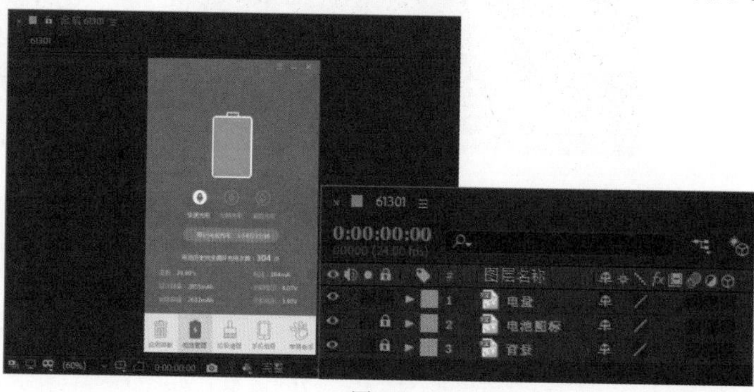

图 6-21

03 执行“合成”>“新建合成”命令，弹出“合成设置”对话框，设置如图 6–22 所示。单击“确定”按钮，创建并自动进入该合成的编辑状态，执行“图层”>“新建”>“纯色”命令，弹出“纯色设置”对话框，设置如图 6–23 所示。

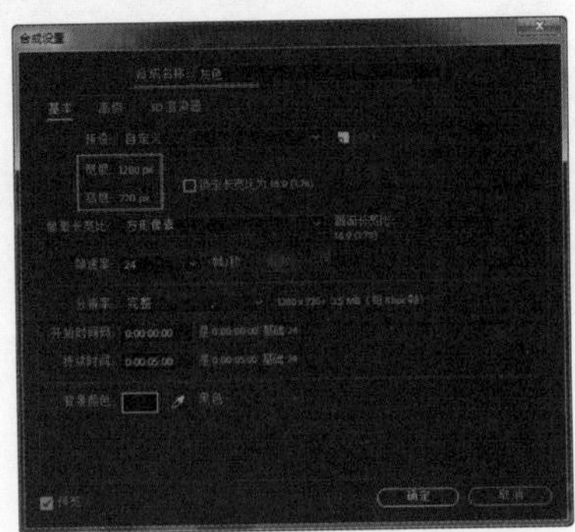

图 6-22

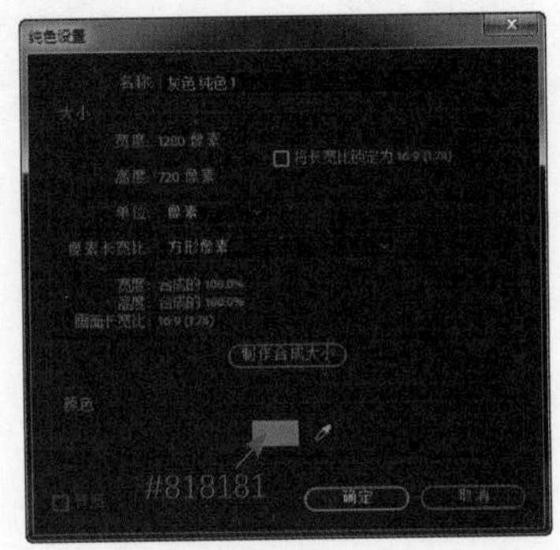

图 6-23

04 单击“确定”按钮，新建纯色图层，如图 6–24 所示。执行“效果”>“生成”>“无线电波”命令，为该纯色图层应用“无线电波”效果，对该效果的相关选项进行设置，如图 6–25 所示。

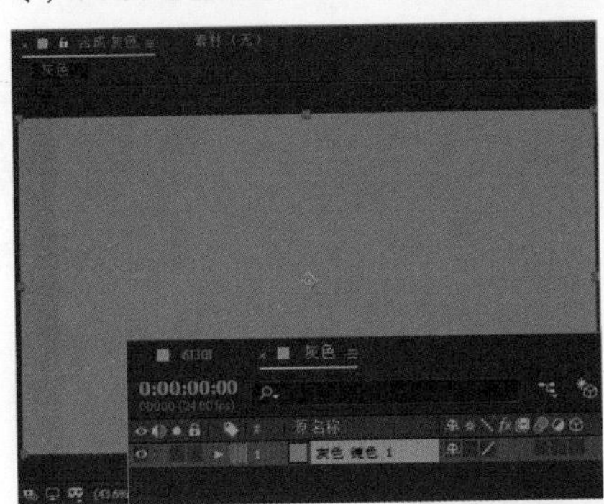

图 6-24

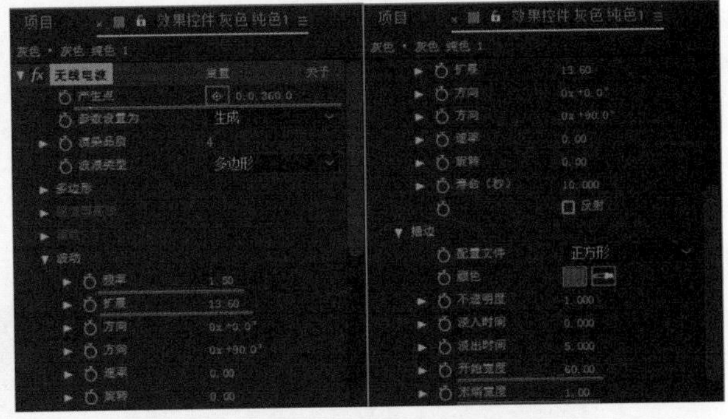

图 6-25

05 完成“无线电波”效果的设置，在“时间轴”面板中拖动“时间指示器”，在“合成”窗口中可以看到“无线电波”所实现的效果，如图 6–26 所示。执行“效果”>“模糊和锐化”>“快速方框模糊”命令，为该图层应用“快速方框模糊”效果，对该效果的相关选项进行设置，如图 6–27 所示。

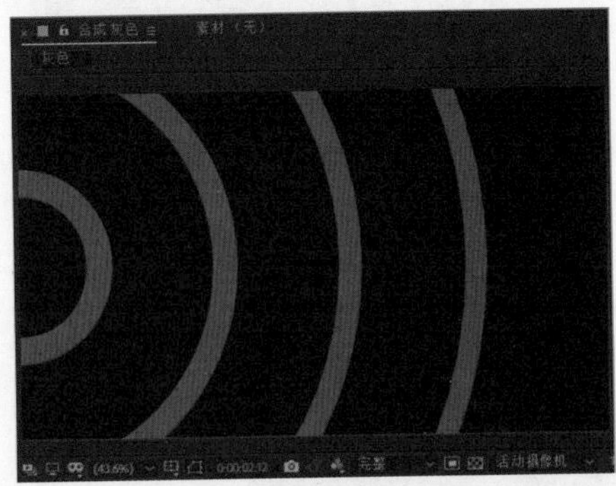

图 6-26

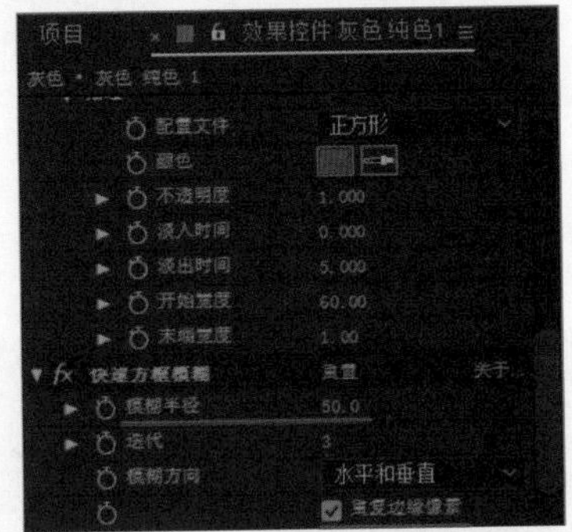

图 6-27

06 完成“无线电波”效果的设置，在“合成”窗口中可以看到相应的效果，如图 6–28 所示。执行“合成”>“新建合成”命令，弹出“合成设置”对话框，设置如图 6–29 所示。

07 单击“确定”按钮，创建并自动进入该合成的编辑状态，执行“图层”>“新建”>“纯色”命令，弹出“纯色设置”对话框，设置如图 6–30 所示。单击“确定”按钮，新建纯色图层，在“合成”窗口中将该纯色图层向下移至合适的位置，如图 6–31 所示。

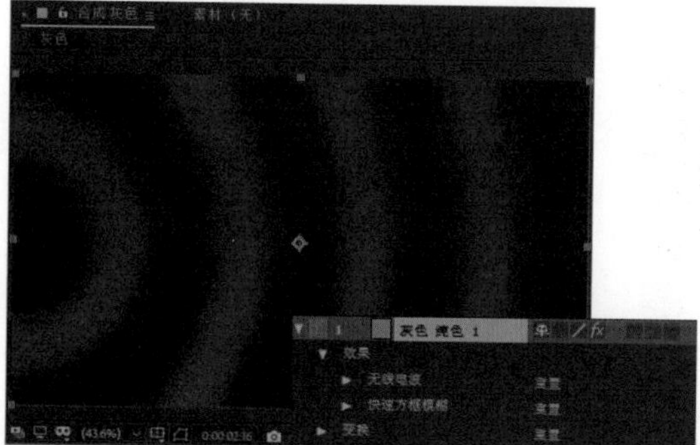

图 6-28

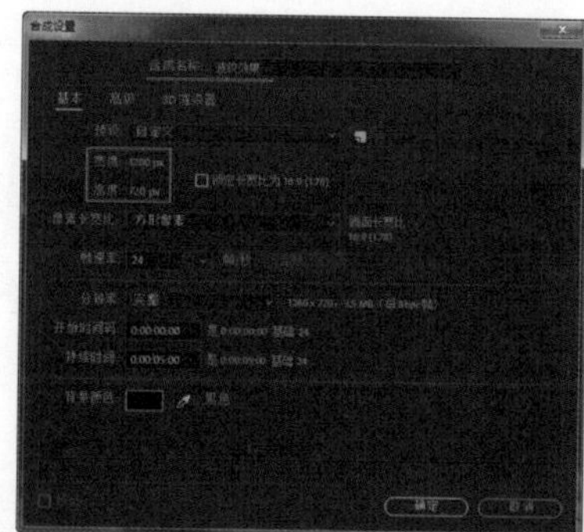

图 6-29

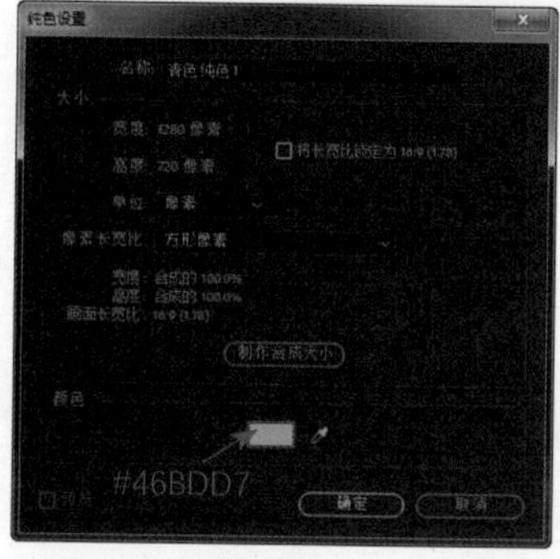

图 6-30

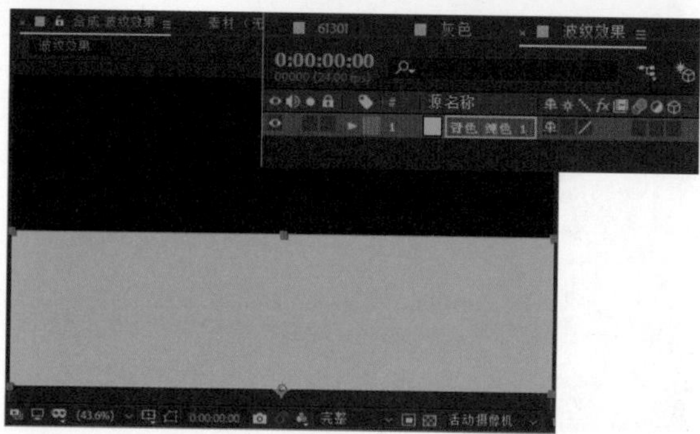

图 6-31

08 在“项目”面板中将“灰色”合成拖入“时间轴”面板中，并将该图层隐藏，如图 6–32 所示。选择“青色 纯色 1”图层，执行“效果”>“扭曲”>“置换图”命令，为其应用“置换图”效果，对该效果的相关选项进行设置，如图 6–33 所示。

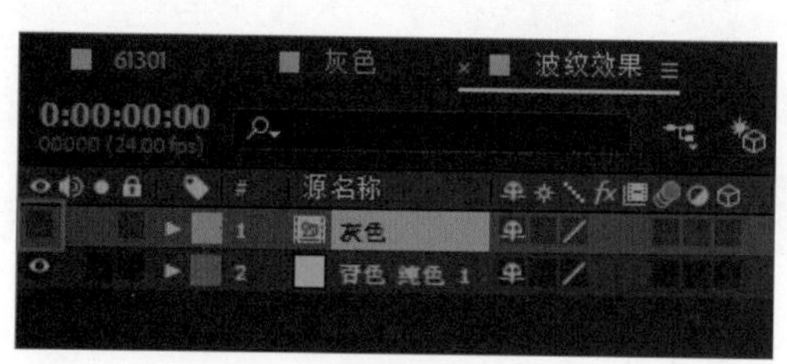

图 6-32

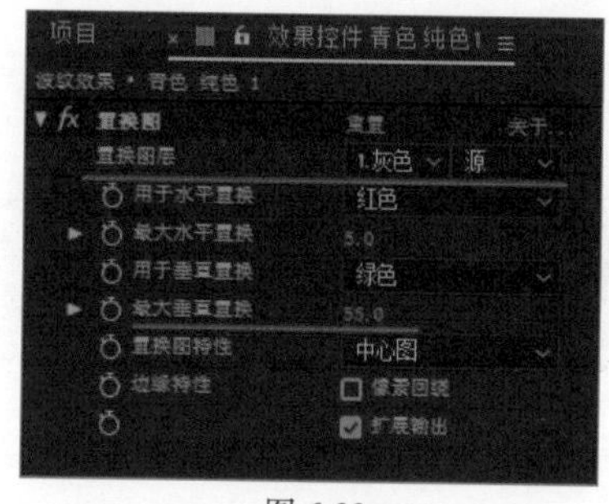

图 6-33

提示

此处需要将制作好的“灰色”合成作为纯色图层的置换图，所以并不需要其显示，将其隐藏即可。为纯色图层添加“置换图”效果后，对“置换图”效果的设置中最重要的就是“置换图层”的设置，需要设置效果所在的图层。

09 完成“置换图”效果的设置，在“时间轴”面板中拖动“时间指示器”，在“合成”窗口中可以看到“置换图”所实现的效果，如图 6–34 所示。执行“效果”>“遮罩”>“简单阻塞工具”命令，为该图层应用“简单阻塞工具”效果，对该效果的相关选项进行设置，如图 6–35 所示。

10 返回到 61301 合成的编辑状态中，将“波纹效果”合成拖入“时间轴”面板中，如图 6–36 所示。在“合成”窗口中将该图层中的内容调整至合适的大小和位置，如图 6–37 所示。

11 将“时间指示器”移至 1 秒 05 帧的位置，选择“波纹效果”图层，按快捷键 P，显示该图层的“位置”属性，为该属性插入关键帧，如图 6–38 所示。将“时间指示器”移至 2 秒 10 帧的位置，在“合成”窗口中将图形向上移至合适的位置，如图 6–39 所示。

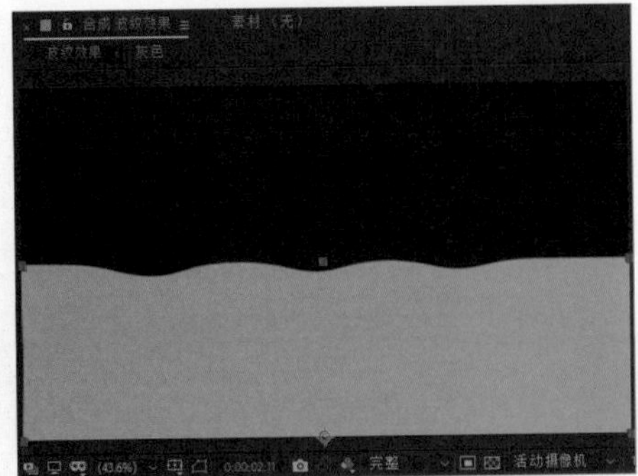

图 6-34

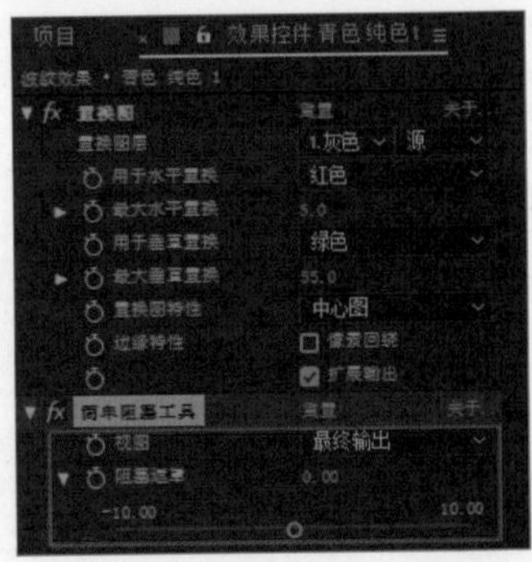

图 6-35

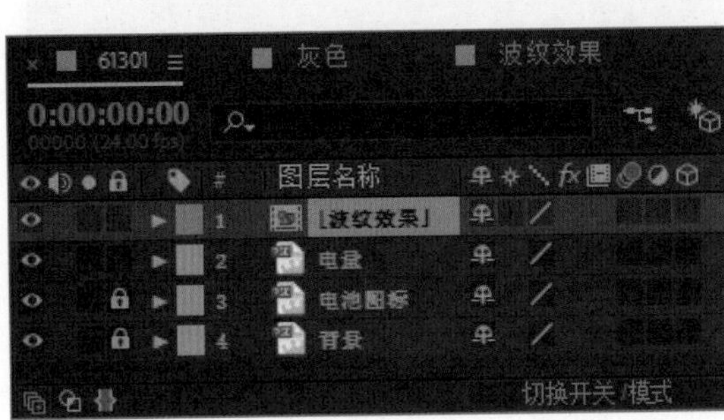

图 6-36

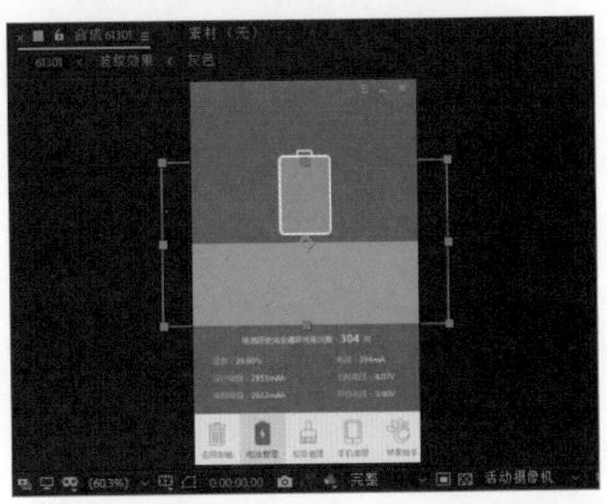

图 6-37

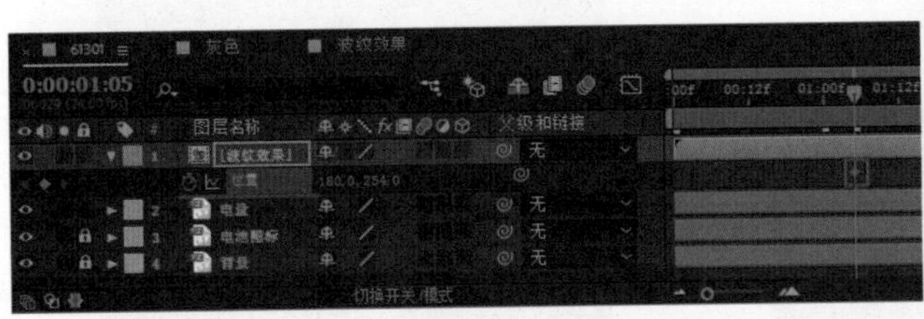

图 6-38

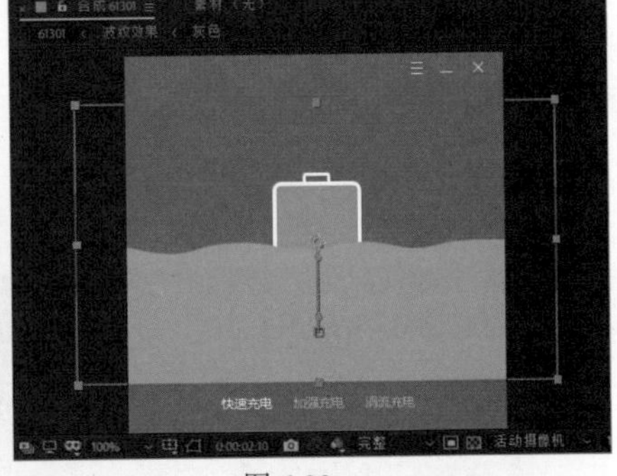

图 6-39

12 将“时间指示器”移至3秒的位置，单击该图层“位置”属性前的“添加或移除关键帧”按钮，添加“位置”属性关键帧，如图 6–40 所示。将“时间指示器”移至 3 秒 22 帧的位置，在“合成”窗口中将图形向上移至合适的位置，如图 6–41 所示。

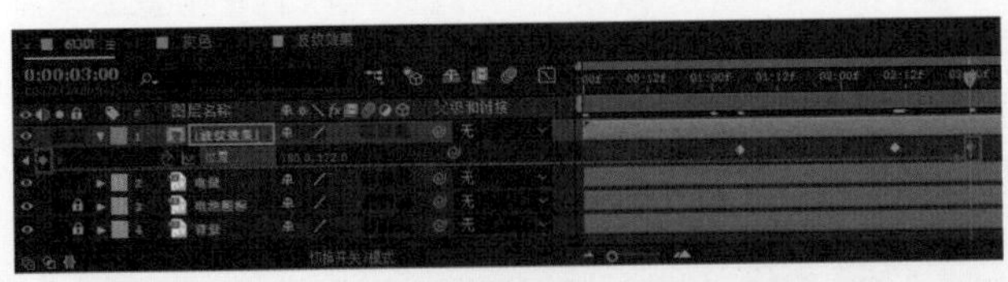

图 6-40

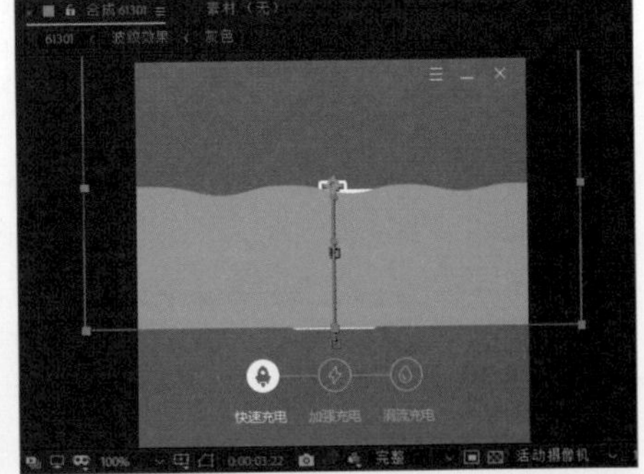

图 6-41

13 同时选中该图层中的 4 个关键帧，按快捷键 F9，为其应用“缓动”效果，如图 6–42 所示。

单击“时间轴”面板左下角的“展开或折叠‘转换控制’窗格”按钮，将“波纹效果”图层隐藏，选择“电量”图层，在该图层的 TrkMat 属性下拉列表中选择“Alpha 遮罩‘波纹效果’”选项，如图 6–43 所示。

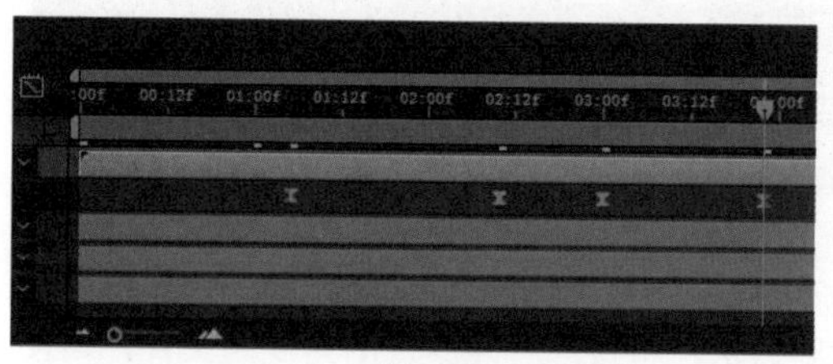
图 6-42

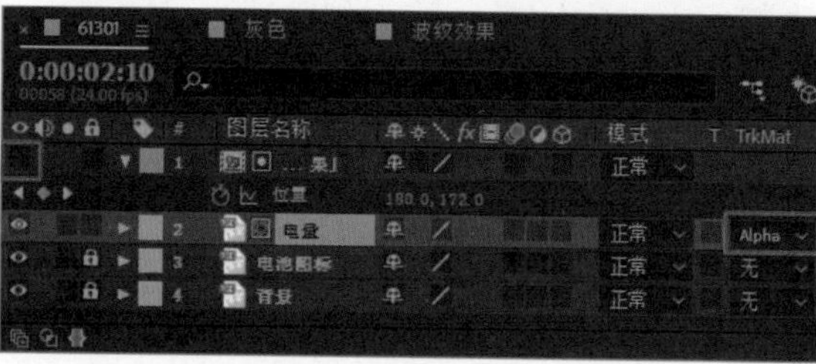
图 6-43

14 在“时间轴”面板中拖动“时间指示器”，在“合成”窗口中可以看到实现的动画效果，如图 6–44 所示。选择“电量”图层，按快捷键 Ctrl+D，原位复制该图层得到“电量 2”图层，如图 6–45 所示。

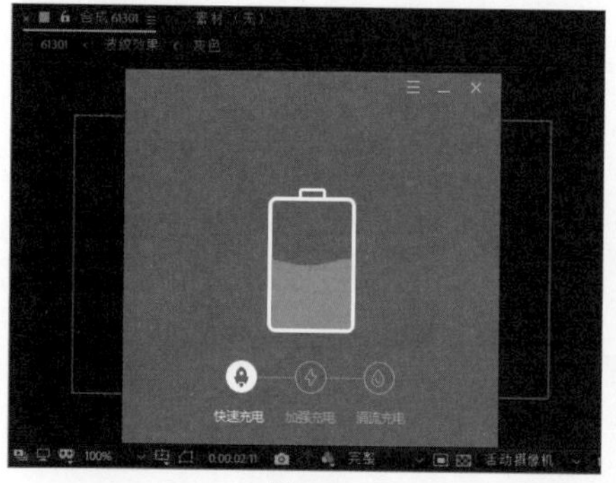
图 6-44

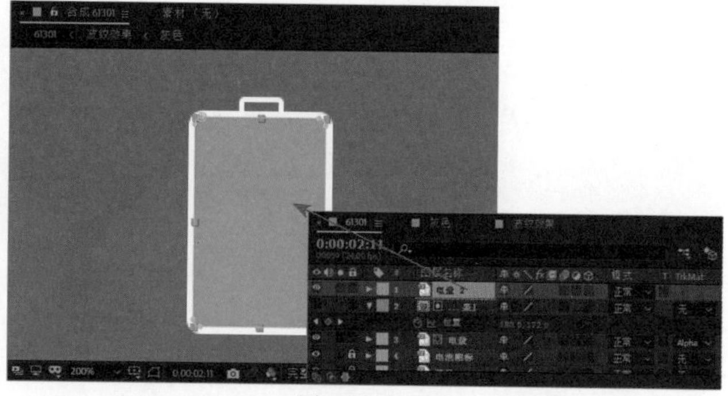
图 6-45

15 选择“电量 2”图层，按快捷键 T，显示该图层的“不透明度”属性，设置其值为 40%，效果如图 6–46 所示。在“项目”面板中将“波纹效果”合成拖入“时间轴”面板，将其重命名为“波纹效果 2”，在“合成”窗口中将其调整到合适的大小和位置，如图 6–47 所示。

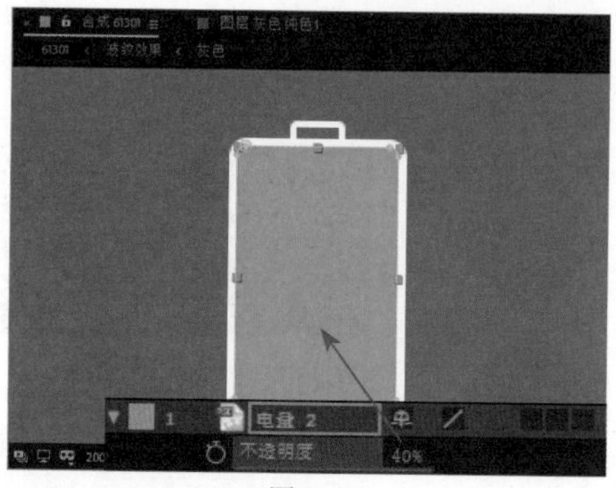
图 6-46

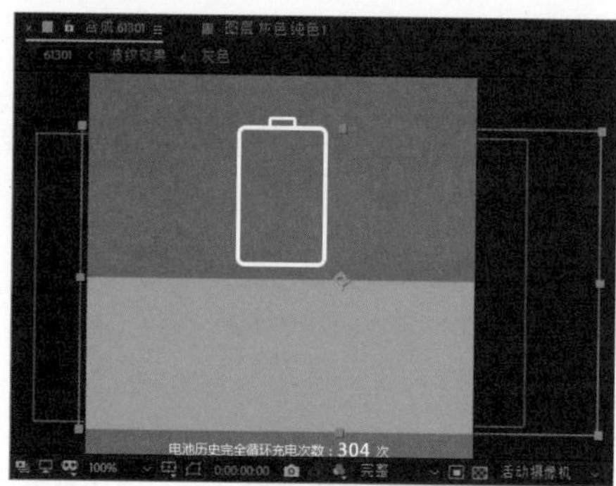
图 6-47

16 选择“波纹效果 2”图层，因为其需要实现与“波纹效果”图层相同的向上移动的动画效果，这里可以设置该图层为“波纹效果”图层的子图层，如图 6–48 所示。将“波纹效果 2”图层隐藏，选择“电量 2”图层，在该图层的 TrkMat 属性下拉列表中选择“Alpha 遮罩‘波纹效果 2’”选项，如图 6–49 所示。

提示

“电量 2”和“波纹效果 2”图层的操作处理方法与“电量”和“波纹效果”图层的操作方法完全相同，主要是实现另一层波纹的动画效果，所以在调整“波纹效果 2”图层中的图形大小和位置的时候，需要与“波纹效果”图层中的图形能够错开，不能重叠在一起，否则无法看到两层波纹的效果。

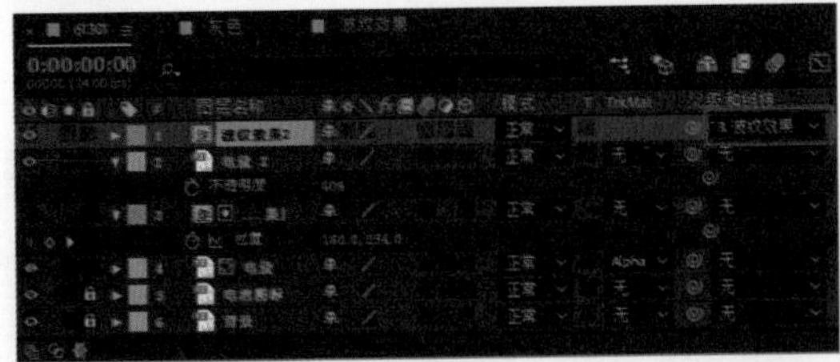

图 6-48

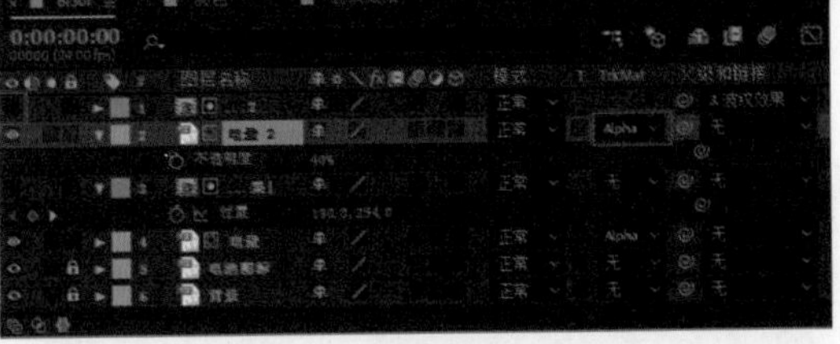

图 6-49

17 完成手机充电动效的制作，单击“预览”面板上的“播放 / 停止”按钮，可以在“合成”窗口中预览动画效果。也可以根据前面介绍的渲染输出方法，将该动画渲染输出为视频文件，再使用 Photoshop 将其输出为 GIF 格式的动画，动画效果如图 6-50 所示。

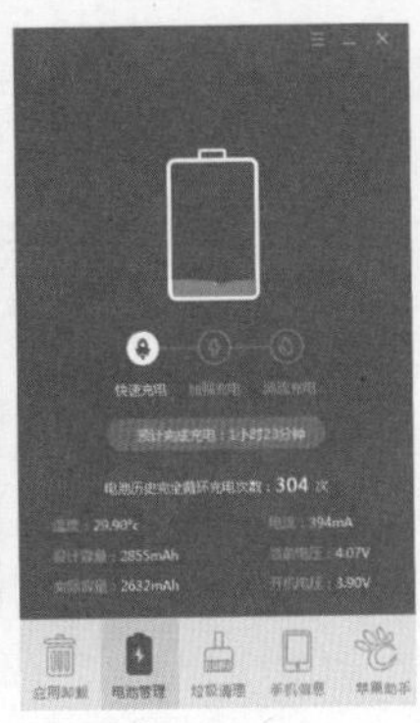

图 6-50

6.1.4 制作手机垃圾清理完成动效

垃圾清理是手机中非常常见的一种应用功能，在垃圾清理过程中加入动效的表现形式，可以非常形象地表现出垃圾清理的过程，在垃圾清理完成后同样可以加入相应的动效表现，从而使界面的表现更加富有趣味性。在本节中将带领读者一起来制作一个手机垃圾清理完成的动效，主要表现为小火箭升空消失的动画效果切换出相应的提示文字。具体操作步骤可扫描二维码看电子书。

实例 29——制作手机垃圾清理完成动效

源文件：源文件 \ 第 6 章 \6-1-4.aep

视频：视频 \ 第 6 章 \6-1-4.mp4

扫码看电子书

6.2 界面加载等待动效设计

在 UI 设计中越来越注重细节，而等待和加载动效几乎在应用程序中无处不在。内容加载等待动画效果几乎是目前网站和移动应用设计中都无法绕过且必需的组成部分，它们不仅是大势所趋，而且是打造优秀用户体验的必需组件。

6.2.1 了解加载等待动效

根据一些抽样调查，浏览者倾向于认为打开速度较快的移动应用质量更高，更可信，也更有趣。相应地，移动应用打开速度越慢，访问者的心理挫折感越强，就会对移动应用的可信性和质量产生

怀疑。在这种情况下，用户会觉得移动应用的后台可能出现了一种错误，因为在很长一段时间内，他没有得到任何提示。而且缓慢的打开速度会让用户忘了下一步要做什么，不得不重新回忆，这会进一步恶化用户的使用体验。

提示

移动应用的打开速度对于电子商务类应用来说尤其重要，页面载人的速度越快，就越容易使访问者变成你的客户，降低客户选择商品后，最后却放弃结账的比例。

如果在等待移动应用加载期间，能够向用户显示反馈信息，比如一个加载进度动画，那么用户的等待时间会相应延长。如图 6–51 所示为加载等待动效。

该加载等待动效设计了一个不断弹跳的蛋糕，界面表现非常有趣而富有动感，当用户在等待界面内容加载的过程中看到该加载等待动画效果，可以增强应用程序的趣味性，从而给用户带来好感。

图 6-51

虽然目前很多移动应用产品将加载动画作为强化用户第一印象的组件，但是它的实际使用范畴远不止于这一部分，在许多设计项目中，加载动画几乎无处不在。界面切换的时候可以使用，组件加载的时候可以使用，甚至幻灯片切换的时候也同样可以使用。不仅如此，它还可以用承载数据加载的过程，呈现状态改变的过程，填补崩溃或者出错的界面，它们承前启后，将错误和等待转化为令用户愉悦的细节，如图 6–52 所示。

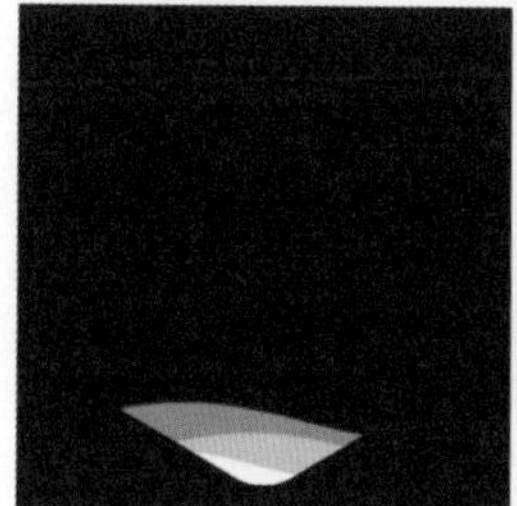
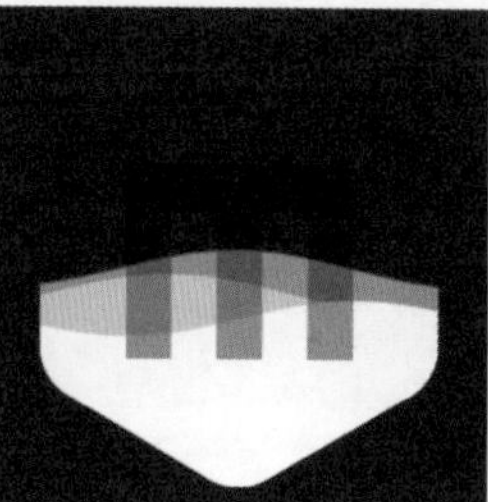

该加载动效的设计巧妙地将产品的 Logo 与加载动效相结合，使用流动的波浪遮罩逐渐显示出该产品的 Logo，不仅表现了界面加载的动效，而且有效增强了用户对产品形象的印象。加载动效的应用使用户在界面中的操作反馈更加明确。

图 6-52

6.2.2 加载动效的常见表现形式

动效设计是大势所趋，加载动效也是其中的重要组成部分，它在用户体验设计中的作用是不可估量的，它让折磨人的等待变成了愉悦的消遣。下面将向读者介绍移动端常见的几种加载动效表现形式。

1. 进度条

在移动端的加载动画效果中，最常见的表现形式是进度条，在第 3 章中已经介绍了基础的矩形和圆形进度条动效，但是当使用进度条来表现加载动效时，还可以采用更加有趣的表现手法，如图 6–53 所示。

该加载动画采用了传统的进度条表现方法，但是其在传统进度条的基础上还添加了图形的遮罩动画效果，随着加载进度的变化，进度条上方的卡通房子也会通过遮罩的方式逐渐显示出来，丰富了加载动画的表现效果。

图 6-53

2. 旋转

旋转代表时间的流逝，暗示着时钟一样顺时针旋转。不停循环转动的动画，能够有效吸引注意力，给用户时间加速的错觉，如图 6–54 所示。

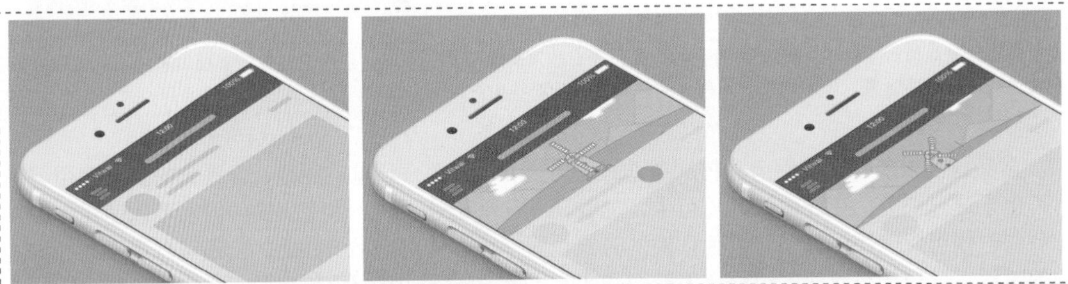

这是一个常见的界面内容下拉刷新的加载动效，当用户在界面中进行下拉刷新时，在界面上方显出设计的风车图形，风车不停地快速旋转，表现正在努力地加载新的内容，给用户一种很好的操作反馈。

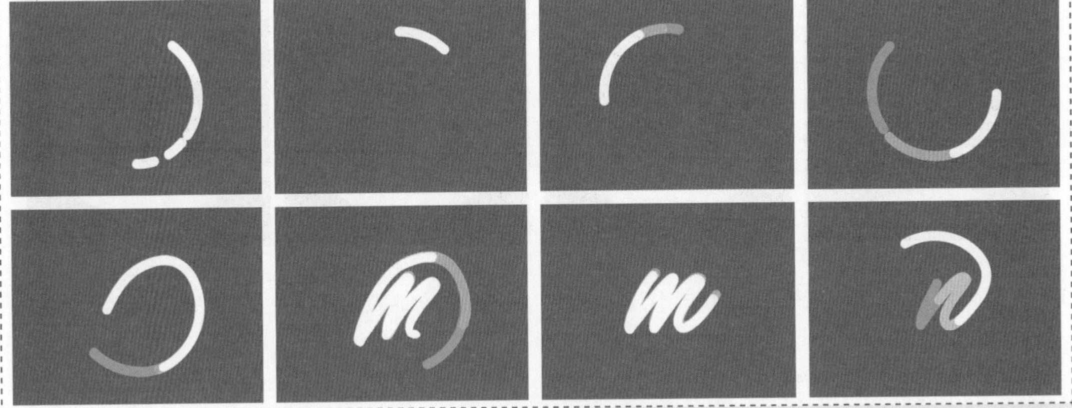

这是某移动端应用的加载动画效果，将圆形的加载动效很好地与 Logo 字母相结合，从圆形的旋转变形为 Logo 字母，再从 Logo 字母变形为圆形，从而形成循环的动画效果，既起到了反馈的作用，又能够使用户加深对该应用 Logo 的印象。

图 6-54

3. 形象动画

如果在界面加载过程中设计一个形象的加载动画，能够大大提高产品的亲和力和品牌识别度，用户大多会接受并喜欢这样的形式，一般品牌形象明确的产品会这么做，如图 6–55 所示。

这是一个餐饮美食类 App 应用的界面刷新加载动效，在该动效的设计中，根据该 App 应用的类型，将其加载动效设计成烹饪美食的过程，非常形象、直观，也能够与该 App 应用的类型相吻合，这样的加载动效设计非常有趣，又符合 App 应用的主题。

图 6-55

6.2.3 制作简单的圆环加载动效

矩形和圆环是最基础的两种加载动效的表现形式，表现效果简洁、实用。在本节中将带领读者一起来完成一个简单的圆环加载动效的制作，在圆环加载动效的制作过程中主要是使用“修剪路径”属性与“旋转”属性相结合，来实现圆环转动的动效表现。

实例 30——制作简单的圆环加载动效

源文件：源文件 \ 第 6 章 \6-2-3.aep　　视频：视频 \ 第 6 章 \6-2-3.mp4

01 在 After Effects 中新建一个空白的项目，执行“合成” > “新建合成”命令，弹出“合成设置”对话框，对相关选项进行设置，如图 6-56 所示。执行“文件” > “导入” > “文件”命令，导入素材图像“源文件 \ 第 6 章 \ 素材 \ 62301.jpg”，如图 6-57 所示。

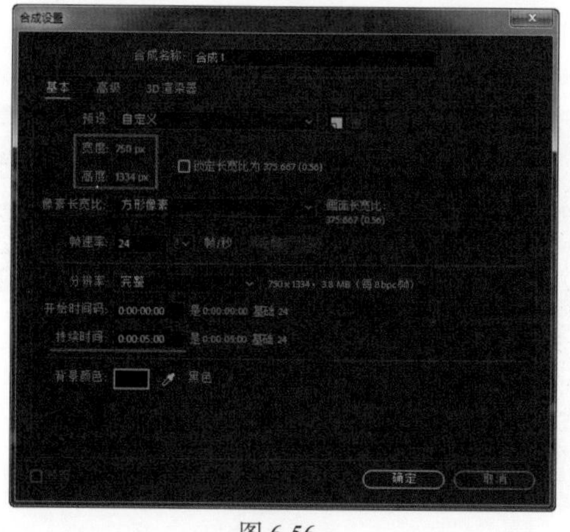

图 6-56

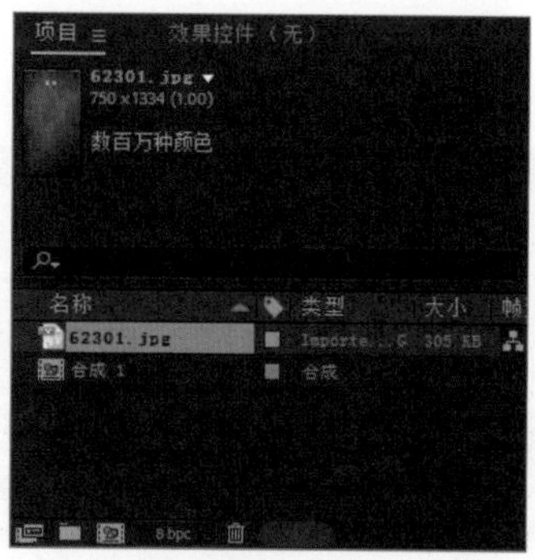

图 6-57

02 在“项目”面板中将 62301.jpg 素材拖入“时间轴”面板中，并将该图层锁定，如图 6-58 所示。使用“椭圆工具”，在工具栏中设置“填充”为无，“描边”为“线性渐变”，打开“渐变编辑器”对话框，设置描边的渐变颜色，如图 6-59 所示。

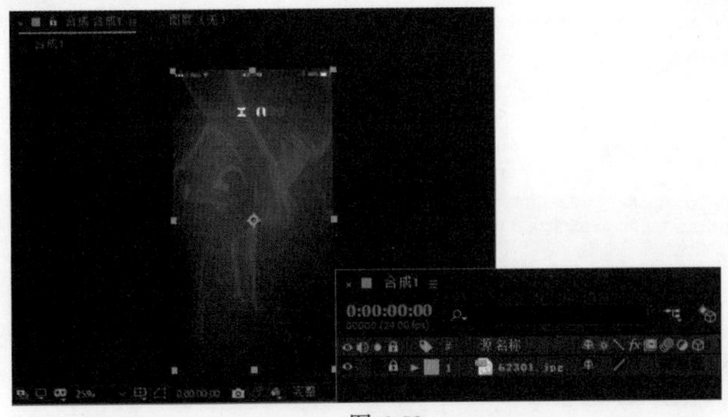
图 6-58

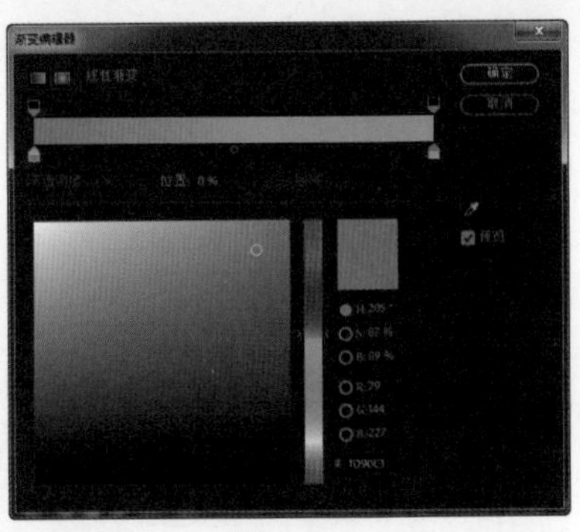
图 6-59

03 单击“确定”按钮，完成描边渐变颜色的设置，设置“描边宽度”为 40 像素，如图 6–60 所示。在“合成”窗口中，按住 Shift 键拖动鼠标绘制正圆环图形，将其调整到合适的大小和位置，如图 6–61 所示。

图 6-60

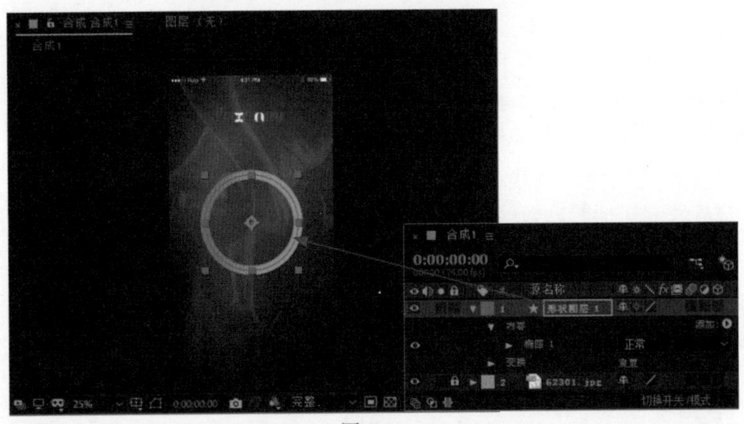
图 6-61

04 单击“形状图层 1”下方“内容”选项右侧的“添加”按钮，在弹出的菜单中选择“修剪路径”选项，添加“修剪路径”相关属性，将“时间指示器”移至 0 秒的位置，为“开始”“结束”和“偏移”属性插入关键帧，如图 6–62 所示。设置“开始”属性值为 60%，“结束”属性值为 50%，在“合成”窗口中可以看到圆环的效果，如图 6–63 所示。

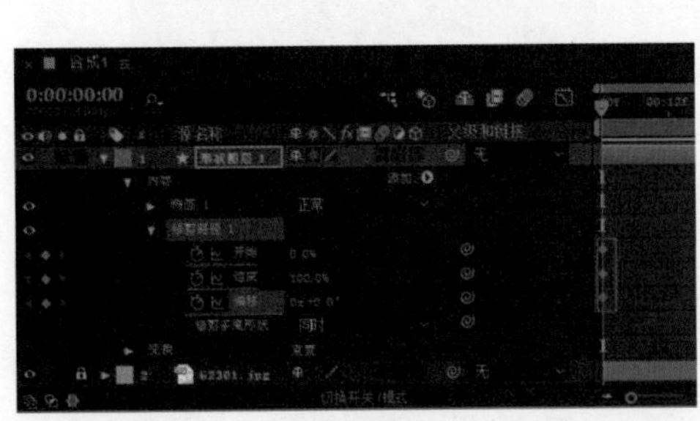
图 6-62

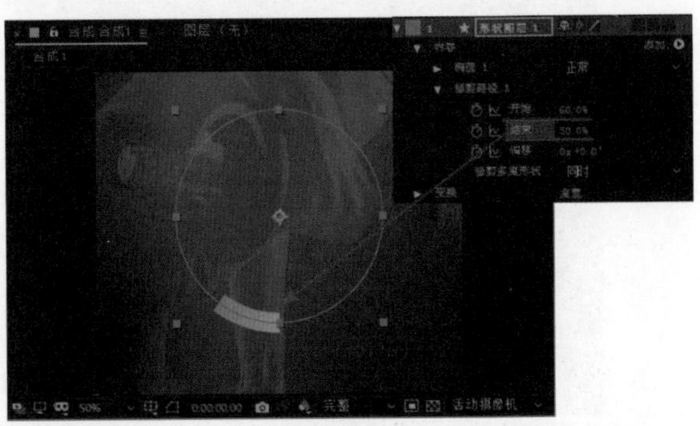
图 6-63

05 展开“形状图层 1”下方的“椭圆 1”选项中的“渐变描边 1”选项，设置“线段端点”属性为“圆头端点”，如图 6–64 所示。在“合成”窗口中可以看到圆头端点的效果，如图 6–65 所示。

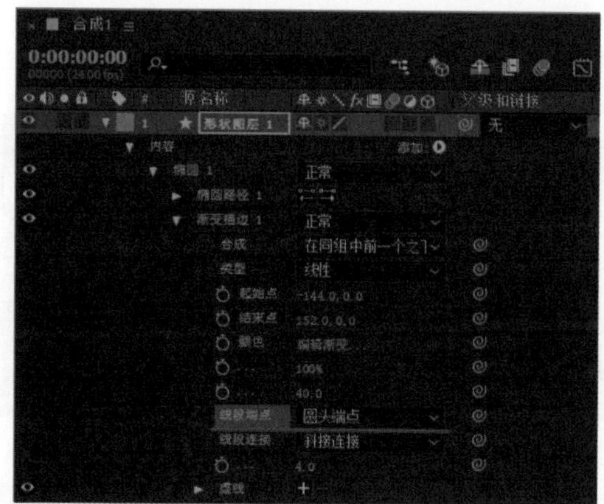
图 6-64

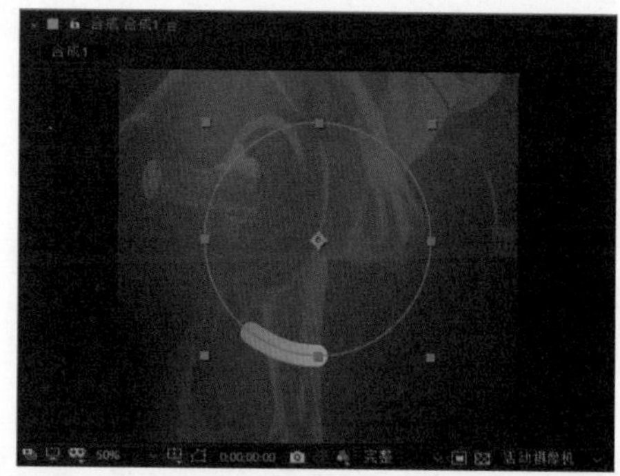
图 6-65

06 将“时间指示器”移至 1 秒的位置，对添加了关键帧的相关属性进行设置，在“合成”窗口中可以看到圆环图形的效果，如图 6-66 所示。将“时间指示器”移至 2 秒的位置，对添加了关键帧的相关属性进行设置，在“合成”窗口中可以看到圆环图形的效果，如图 6-67 所示。

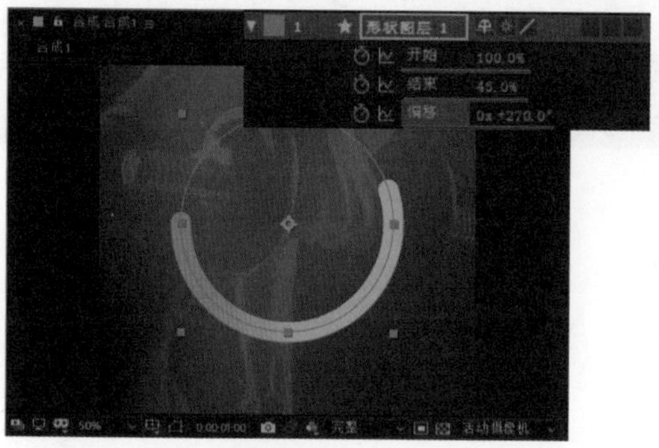
图 6-66

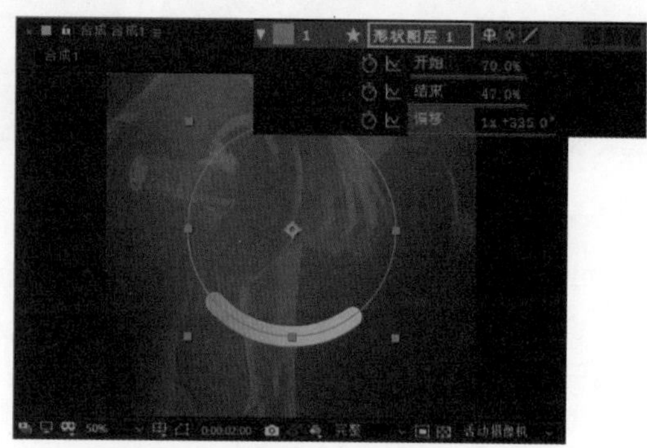
图 6-67

07 将“时间指示器”移至 3 秒的位置，对添加了关键帧的相关属性进行设置，在“合成”窗口中可以看到圆环图形的效果，如图 6-68 所示。将“时间指示器”移至 4 秒的位置，对添加了关键帧的相关属性进行设置，在“合成”窗口中可以看到圆环图形的效果，如图 6-69 所示。

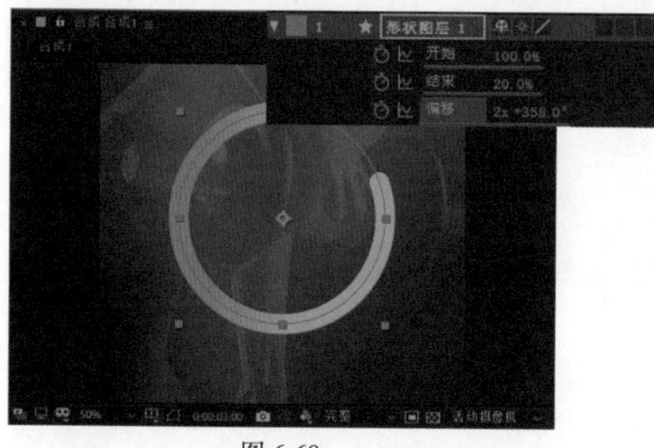
图 6-68

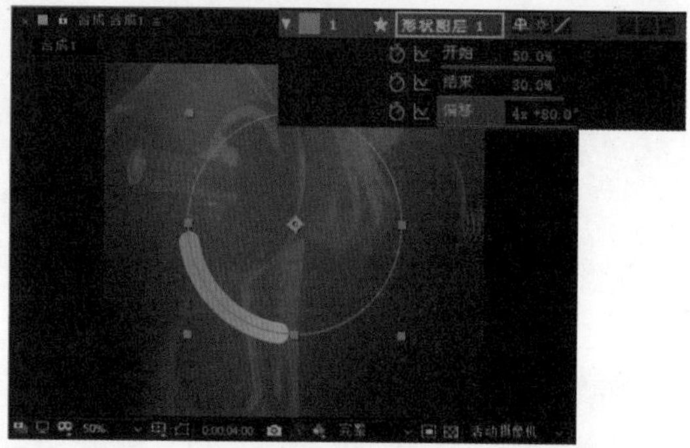
图 6-69

08 将“时间指示器”移至 4 秒 23 帧的位置，对添加了关键帧的相关属性进行设置，在“合成”窗口中可以看到圆环图形的效果，如图 6-70 所示。使用“横排文字工具”，在“合成”窗口中单击并输入相应的文字，如图 6-71 所示。

09 将该文字图层复制多次，并分别对文字图层中的内容进行修改，每个文字图层中只保留一个相应的字母，如图 6-72 所示。将“时间指示器”移至 0 秒的位置，选择 L 图层，按快捷键 P，显示该图层的“位置”属性，为该属性插入关键帧，如图 6-73 所示。

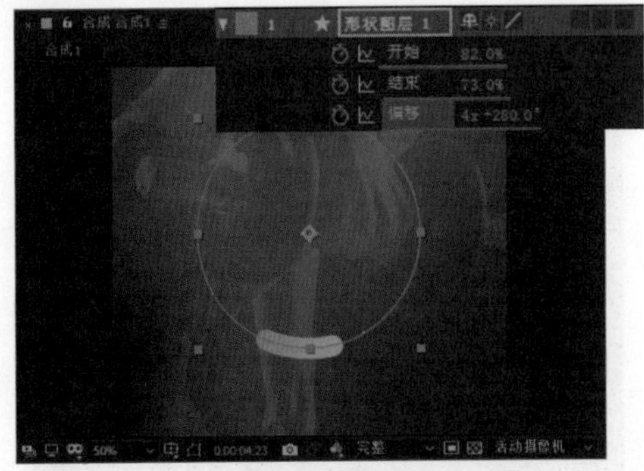
图 6-70

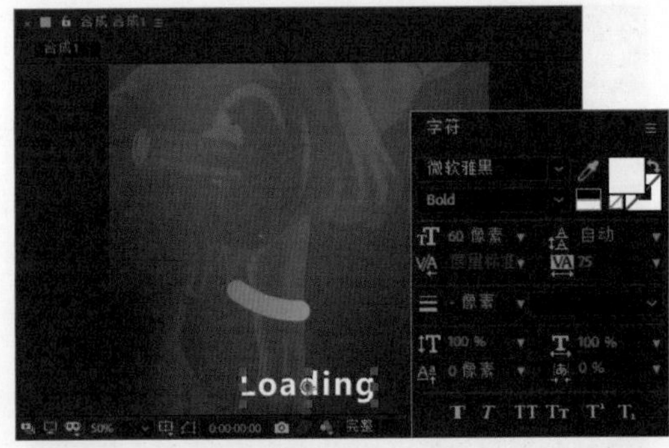
图 6-71

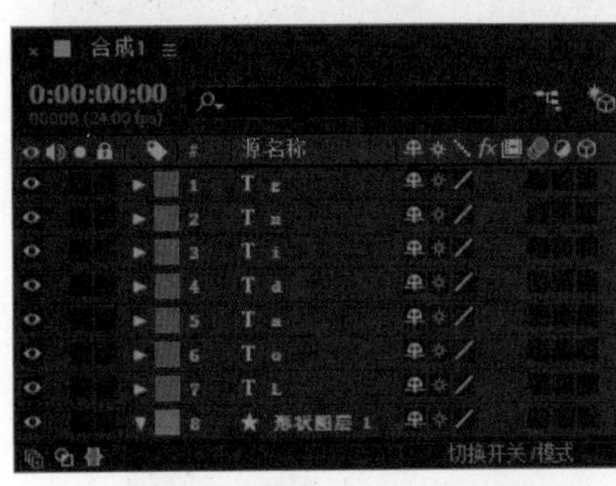
图 6-72

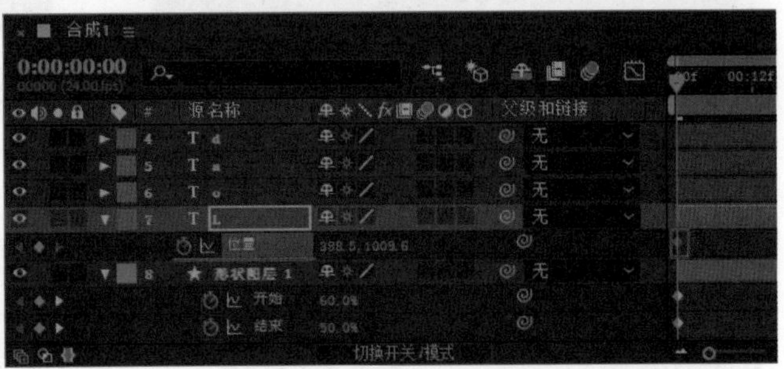
图 6-73

10 将“时间指示器”移至 0 秒 05 帧的位置，在“合成”窗口中将字母 L 向上移动，如图 6–74 所示。将“时间指示器”移至 0 秒 10 帧的位置，在“合成”窗口中将字母 L 向下移动，如图 6–75 所示。

11 同时选中该图层的 3 个属性关键帧，按快捷键 Ctrl+C，复制关键帧，将“时间指示器”移至 1 秒 20 帧的位置，按快捷键 Ctrl+V，粘贴关键帧，如图 6–76 所示。将“时间指示器”移至 4 秒 10 帧的位置，按快捷键 Ctrl+V，粘贴关键帧，如图 6–77 所示。

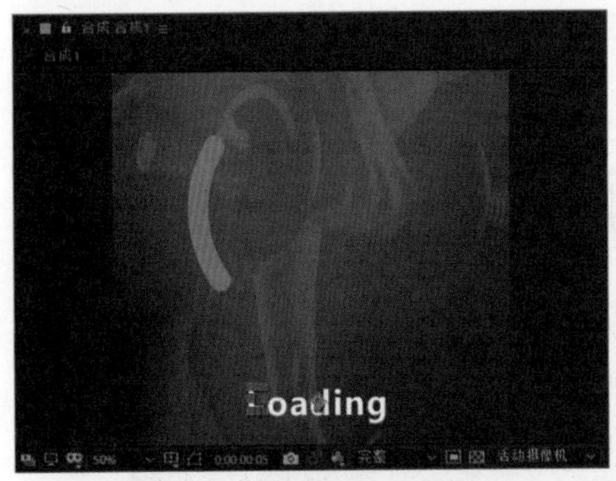
图 6-74

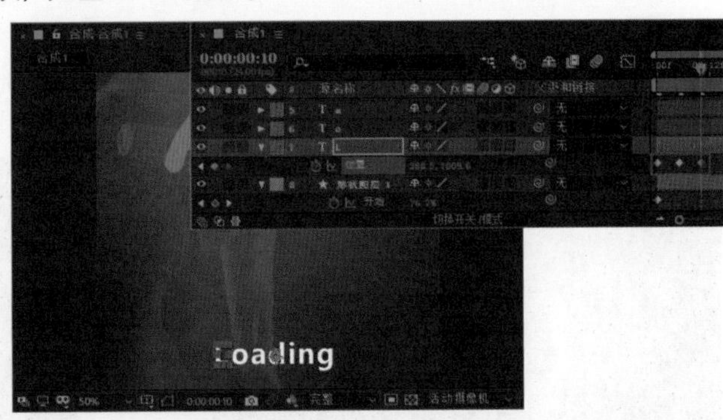
图 6-75

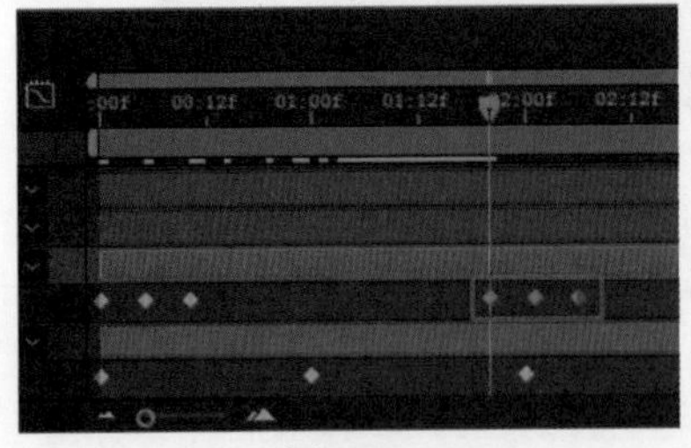
图 6-76

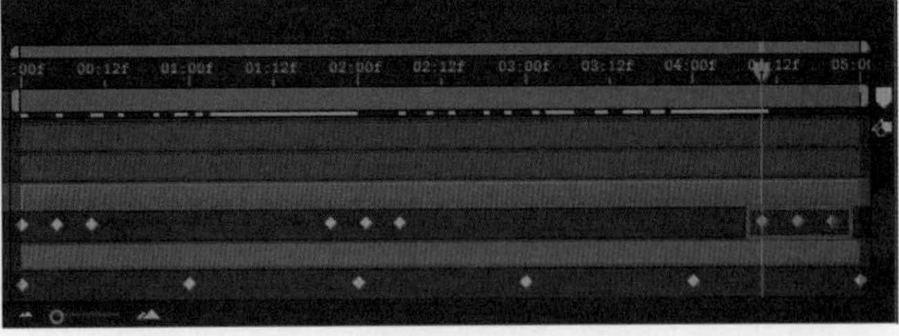
图 6-77

12 使用相同的制作方法，可以完成其他字母图层中动画效果的制作，注意每个字母向上移动都延迟 5 帧，从而得到最终字母逐个向上运动的动画效果，“时间轴”面板如图 6–78 所示。

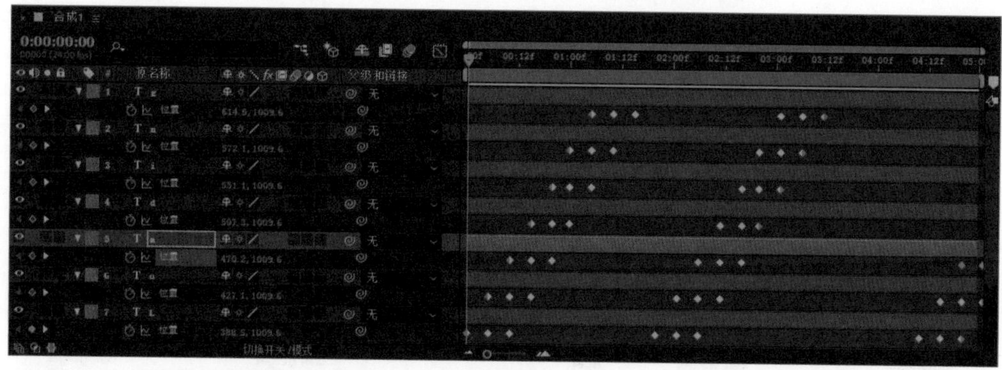

图 6-78

13 完成该圆环加载动效的制作，单击“预览”面板上的“播放 / 停止”按钮▶，可以在“合成”窗口中预览动画效果。也可以根据前面介绍的渲染输出方法，将该动画渲染输出为视频文件，再使用 Photoshop 将其输出为 GIF 格式的动画，动画效果如图 6-79 所示。

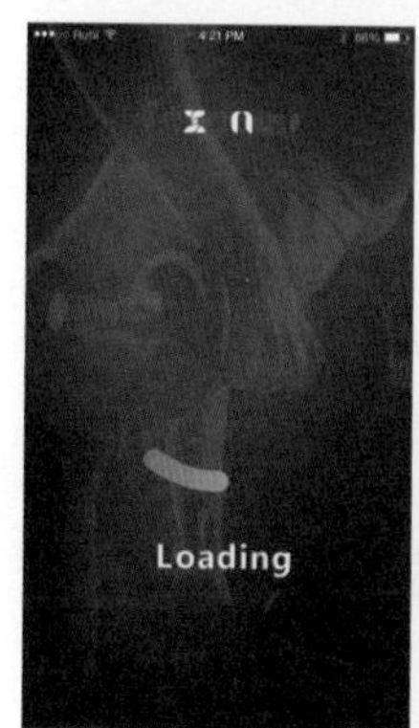

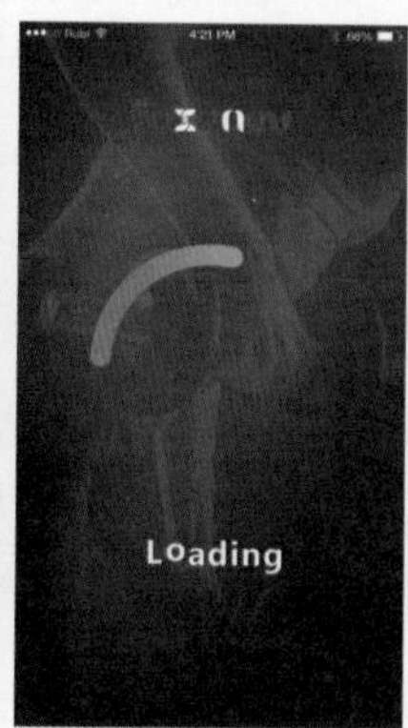

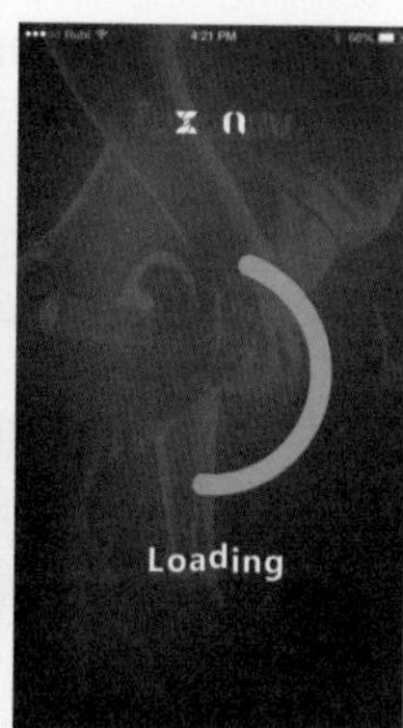

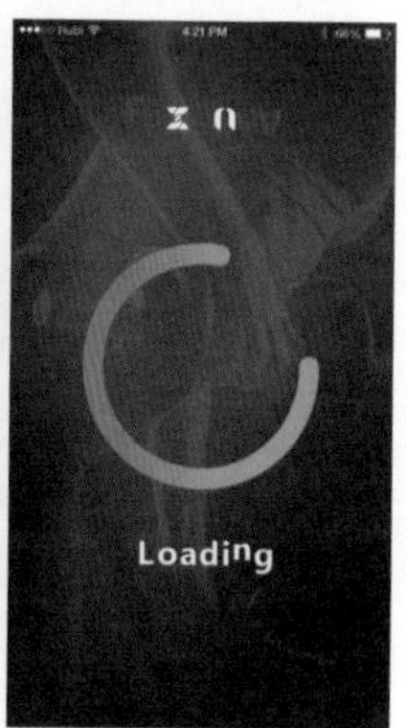

图 6-79

6.2.4　制作界面下拉刷新加载动效

当在 App 应用中对该界面中的内容进行下拉刷新操作时，多数 App 应用都会在下拉刷新操作时为用户提供一个加载小动效，从而为用户提供有效的提示，也为 App 应用带来乐趣。本节将带领读者一起完成一个界面下拉刷新加载动效的设计制作，在该动效中主要是通过“旋转”属性和形状路径的变形来实现加载动效的效果。具体操作步骤可扫描二维码看电子书。

实例 31——制作界面下拉刷新加载动效

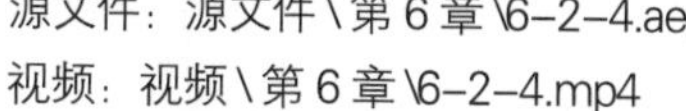

源文件：源文件 \ 第 6 章 \6-2-4.aep

视频：视频 \ 第 6 章 \6-2-4.mp4

扫码看电子书

6.3　引导界面动效设计

作为设计师，都希望自己设计的产品能够为用户提供良好的用户体验。对于移动端的应用程序来说，用户对该应用程序的第一印象往往来源于该应用的引导界面。第一印象产生的时间极短，但是它所带来的影响却要长远得多，所以移动端应用的引导界面对于用户和产品之间纽带的建立是十分重要的。

6.3.1　什么是引导界面

移动端应用软件启动时，在正式进入应用界面之前，首先会通过几个引导界面向用户介绍该款

移动端应用的主要功能与特色，第一印象的好坏会极大地影响到后续的产品使用体验。人们在尝试新事物的过程中会产生紧张与不安，引导界面的作用就是短时间内让用户对这款产品有大概的了解，缓解用户的焦虑与不安，让用户更快地进入使用环境，如图 6–80 所示。

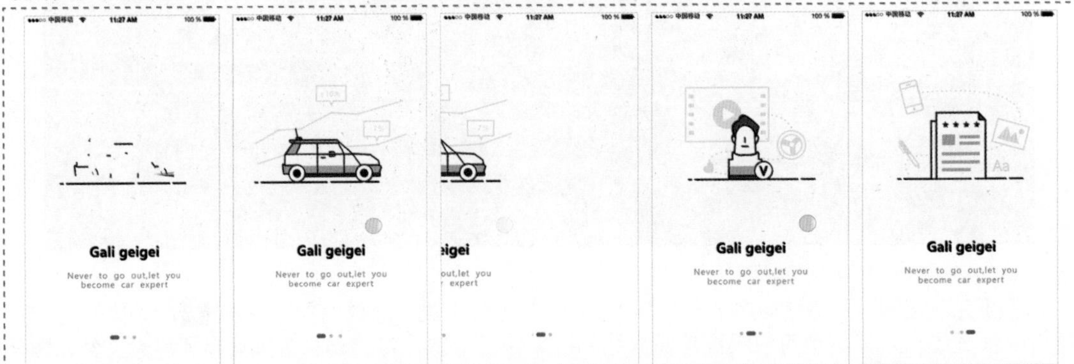

这是某移动端应用程序的引导界面设计，其设计效果非常简洁，纯白色的背景搭配简洁的黑白图案和简单的文字介绍内容。但是每个引导界面中的文字内容和图形都采用了动画的表现形式，使界面具有很好的表现效果，并且在界面中左右滑动时，会以动画的形式切换过渡到另一个引导界面中，动画表现效果流畅而自然，增强了该移动应用的趣味性。

图 6-80

6.3.2 引导界面的设计要素

不同的移动应用程序有着不同的核心功能和目标用户群体，其引导界面的框架与内容也是不一样的。但是每一款移动应用程序的用户体验立足点却是相同的，即用户需求、用户期望、产品性质、经营目标。引导界面作为用户使用应用程序的出发点，我们的目标是以一种动态的、易懂的和有吸引力的方式告诉用户这款应用程序的基本信息。

移动端应用程序的引导界面通常包含 3 ~ 5 个界面，每个界面中的设计元素主要包括图片、文字和动画。

1. 图片

无论是拍摄的照片还是手绘的插画都可以完成向用户传递信息的功能，并且人们对图片的感知速度要比文字快，所以在引导界面中合理使用图片能够帮助用户在短时间内快速获取信息。引导界面中对于插画的要求不是很高，简单的图标类插画也同样能够获得很好的效果，并且插画对于年轻用户群体有着巨大的吸引力。如图 6–81 所示为图片引导界面。

在该引导界面的设计中，使用简洁的浅灰色背景搭配统一的卡通插画风格图片来表现各引导界面中的内容主题，表现效果简洁、主题突出，很好地体现出活动给人带来的悠闲感，给人感觉活跃而富有趣味性。

图 6-81

2. 文字

引导界面中文字要足够简明扼要，降低用户的阅读时间，用户不会在引导界面上花费很多时间，他们不可能一字一句去读，所以文字要尽量短小精悍，如图 6–82 所示。

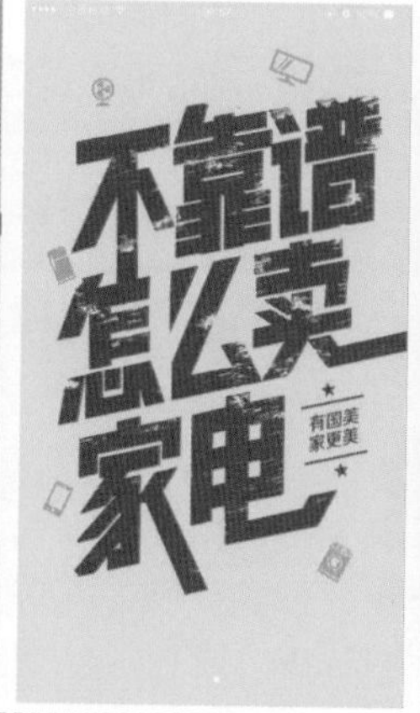

该引导界面主要是通过主题文字的设计，从而突出表现该 App 应用的特点。这一组引导界面使用不同的主题背景色进行区别，采用相同的设计风格，都使用了纯色搭配主题文字的形式来突出表现主题，每个界面中主题文字的设计非常突出，给人带来强烈的视觉冲击力。

图 6-82

3. 动画

虽然用户对引导界面不会给予过多的注意力，但是这并不意味着设计师可以降低对引导界面的视觉审美要求。动画的应用可以给引导界面注入生命力，增加界面活力，有趣的动画可以很好地娱乐用户，这会提升他们对这款移动应用程序的期望值。引导界面中有些信息是比较重要的，采用动画可以将用户的注意力吸引过来，但是动画另一方面意味着更多的加载负担和更长的等待时间。所以对于动画的应用，设计师应该和开发进行深入的沟通，务必达到最优的实现效果，如图 6–83 所示。

在该移动端应用的引导界面设计中，除了有主题文字和图片等元素之外，还在引导界面中加入了动画的表现形式，通过动画使界面能够更加吸引用户的关注，并且使该 App 应用给人一种独特感，有效提高了引导界面的吸引力。

图 6-83

6.3.3 制作引导界面切换动效

引导界面是用户与该移动应用第一次接触，它的作用相当于向用户进行自我介绍和问候，许多移动端应用 App 都会设置引导界面。本节将带领读者一起完成一个引导界面切换动效的制作，其主要是通过位置移动动画来实现的，但需要注意通过对运动速度曲线的调整，从而使位置移动的动画表现效果更加真实。

实例 32——制作引导界面切换动效

源文件：源文件\第 6 章\6-3-3.aep　　视频：视频\第 6 章\6-3-3.mp4

01 在 Photoshop 中打开一个设计好的引导界面 PSD 文件“源文件\第 6 章\素材\63301.psd”，可以看到相关的图层，如图 6-84 所示。打开 After Effects，执行“文件” > “导入” > “文件”命令，在弹出的“导入文件”对话框中选择该 PSD 素材文件，如图 6-85 所示。

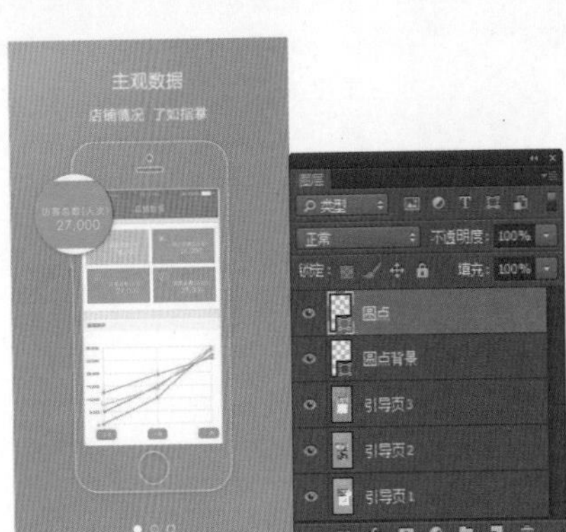

图 6-84

图 6-85

02 单击“导入”按钮，弹出设置对话框，设置如图 6-86 所示。单击“确定”按钮，导入 PSD 素材并自动生成合成，如图 6-87 所示。

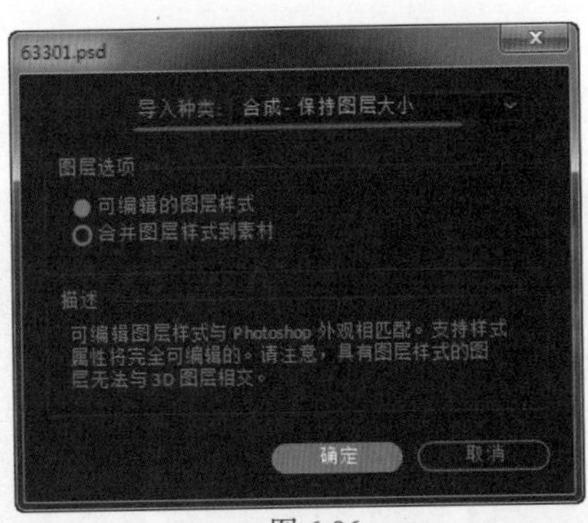

图 6-86

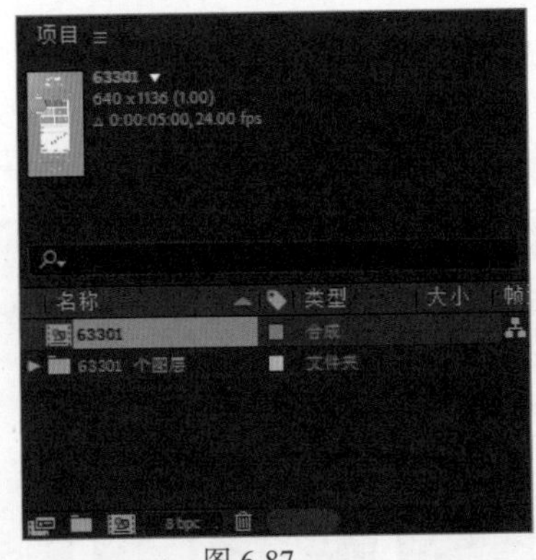

图 6-87

03 在“项目”面板中的 63301 合成上右击，在弹出的菜单中选择“合成设置”命令，弹出“合成设置”对话框，设置“持续时间”为 8 秒，如图 6-88 所示。单击“确定”按钮，完成对话框的设置，双击 63301 合成，在“合成”窗口中打开该合成，在“时间轴”面板中可以看到该合成中相应的图层，如图 6-89 所示。

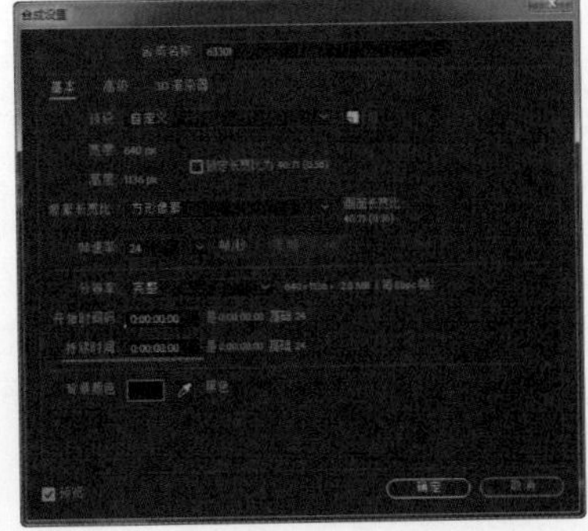

图 6-88

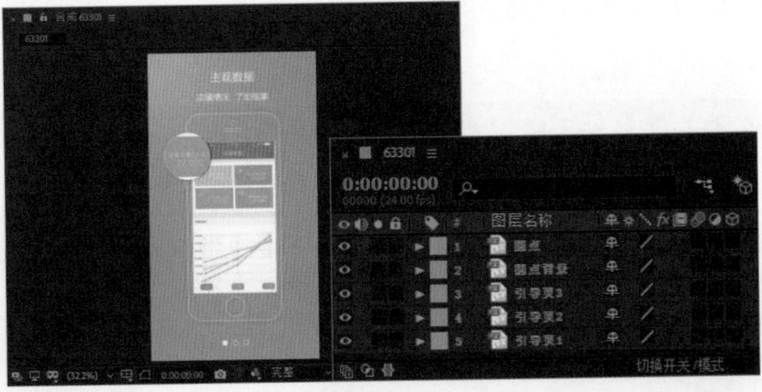

图 6-89

04 暂时将“引导页 2”和“引导页 3”图层隐藏，选择“引导页 1”图层，将“时间指示器”移至 0 秒的位置，按快捷键 P，显示该图层的“位置”属性，插入该属性关键帧，如图 6–90 所示。将“时间指示器”移至 1 秒的位置，在“合成”窗口中将该素材向左水平移至合适的位置，如图 6–91 所示。

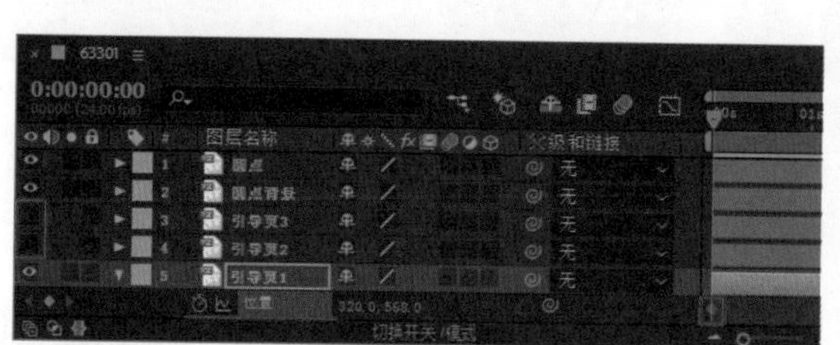

图 6-90

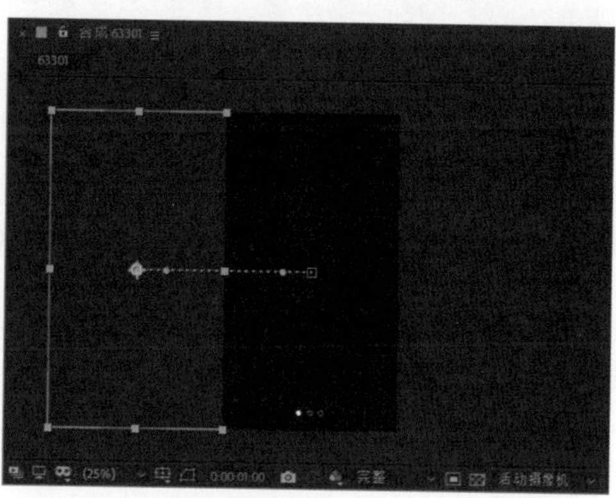

图 6-91

05 同时选中该图层的两个关键帧，按快捷键 F9，为所选中的关键帧应用“缓动”效果，如图 6–92 所示。单击“时间轴”面板上的“图表编辑器”按钮，进入图表编辑器状态，如图 6–93 所示。

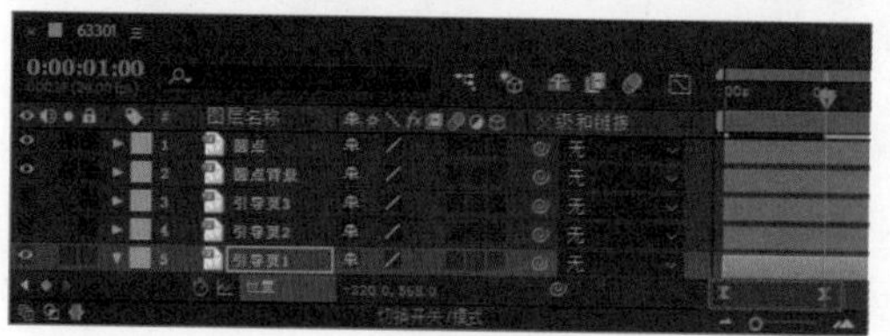

图 6-92

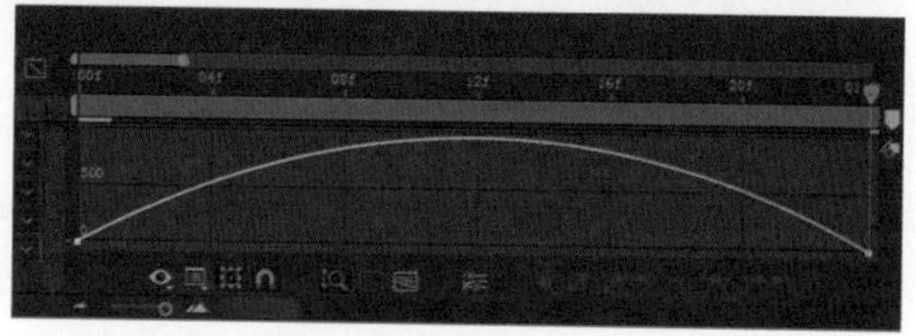

图 6-93

06 单击运动曲线左侧的锚点，拖动方向线调整运动速度曲线，如图 6–94 所示。再次单击“图表编辑器”按钮，返回到默认状态。将“时间指示器”移至 0 秒的位置，显示“引导页 2”图层，选择该图层，在“合成”窗口中将该素材调整到合适的位置，如图 6–95 所示。

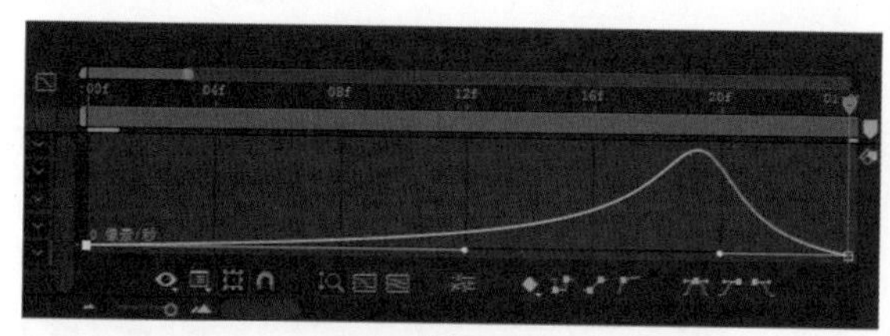

图 6-94

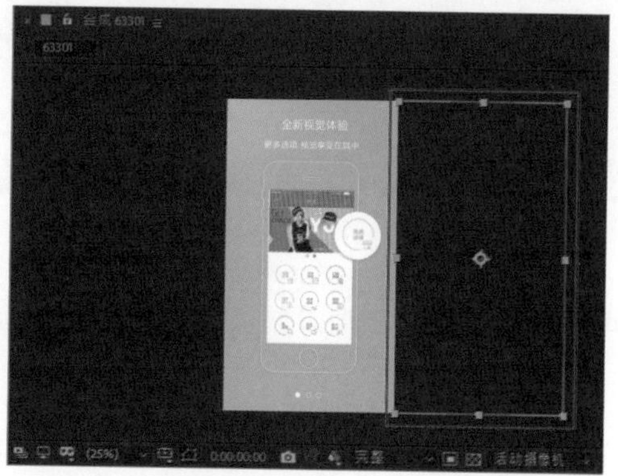

图 6-95

提示

此处对该图层中的素材位置移动动画的运动速度曲线进行调整，从而使该素材向左移动的动画能够实现先慢后快的效果。

07 按快捷键 P，显示该图层的“位置”属性，插入该属性关键帧，如图 6–96 所示。将“时间指示器”移至 1 秒的位置，在“合成”窗口中将该素材向左水平移至合适的位置，如图 6–97 所示。

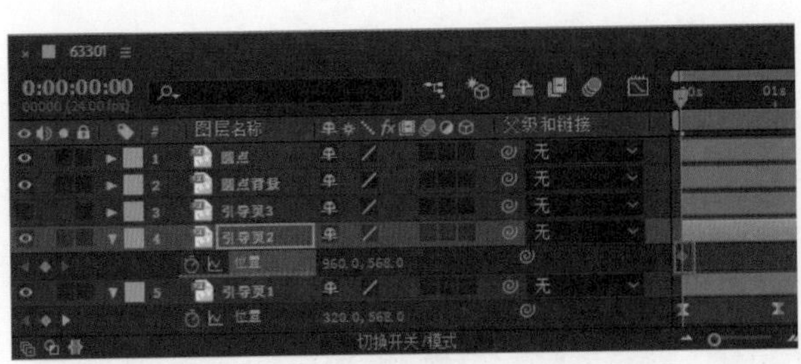
图 6-96

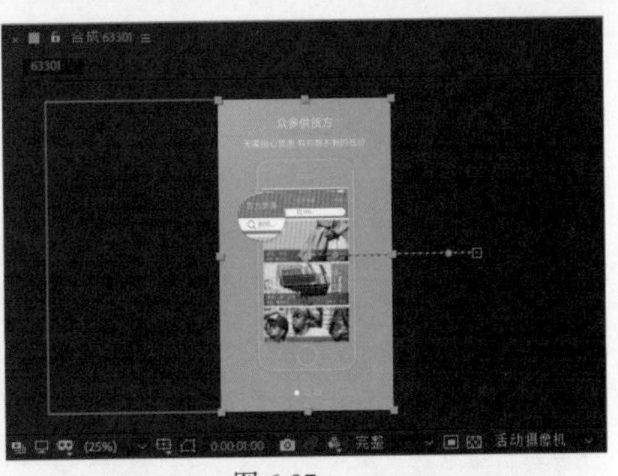
图 6-97

08 将“时间指示器”移至 2 秒的位置，单击“位置”属性左侧的“添加或移除关键帧”按钮，添加关键帧，如图 6–98 所示。将“时间指示器”移至 3 秒的位置，在“合成”窗口中将该素材向左水平移至合适的位置，如图 6–99 所示。

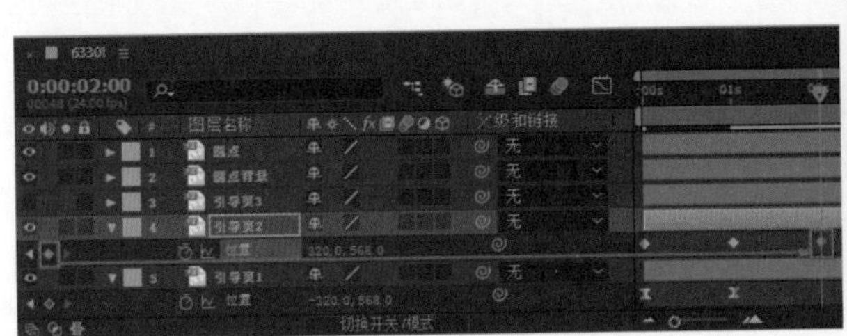
图 6-98

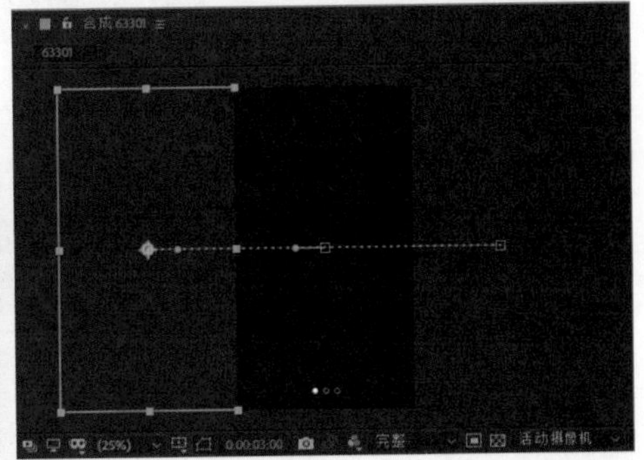
图 6-99

09 同时选中该图层的 4 个关键帧，按快捷键 F9，为所选中的关键帧应用“缓动”效果，如图 6–100 所示。单击“时间轴”面板上的“图表编辑器”按钮，进入图表编辑器状态，如图 6–101 所示。

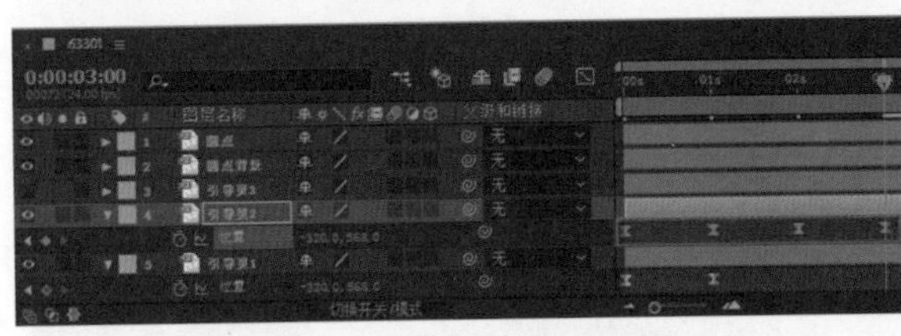
图 6-100

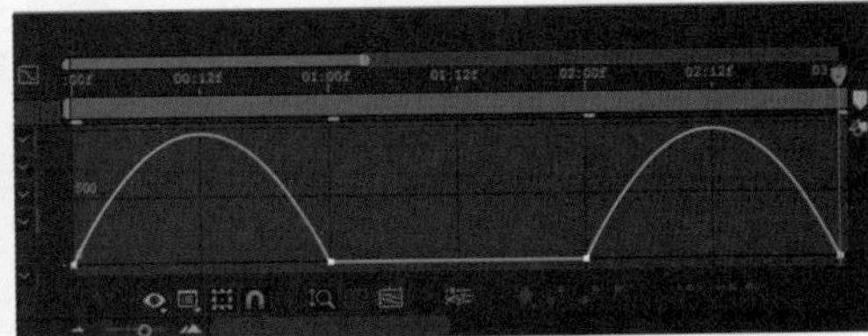
图 6-101

10 分别对两条运动曲线左侧的锚点进行调整，拖动方向线调整运动速度曲线，如图 6–102 所示。再次单击“图表编辑器”按钮，返回到默认状态。将“时间指示器”移至 2 秒的位置，选择并显示“引导页 3”图层，在“合成”窗口中将该图层中的素材调整到合适的位置，如图 6–103 所示。

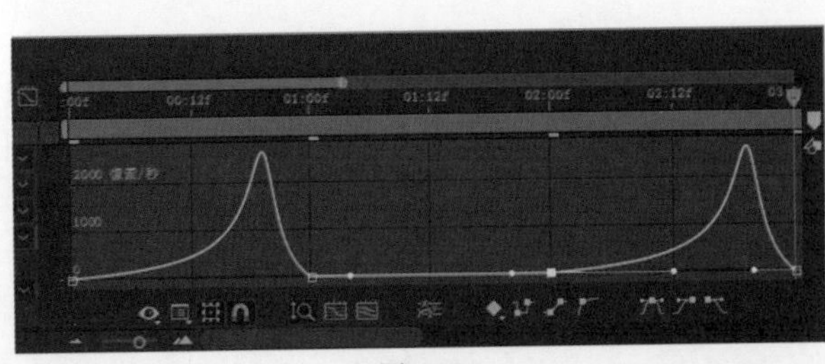
图 6-102

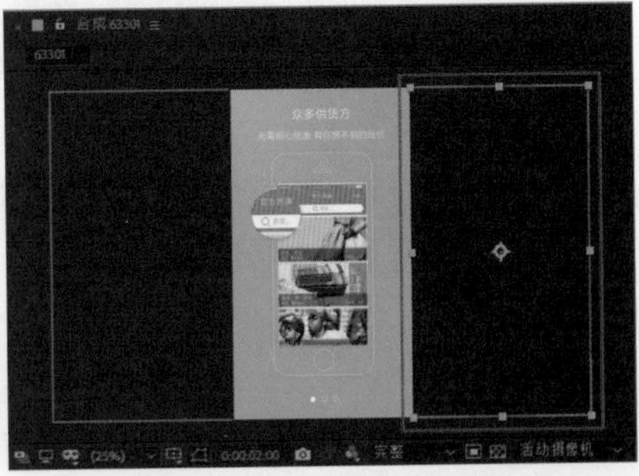
图 6-103

11 按快捷键 P，显示该图层的“位置”属性，插入该属性关键帧，如图 6–104 所示。将“时间指示器”移至 3 秒的位置，在“合成”窗口中将该素材向左水平移至合适的位置，如图 6–105 所示。

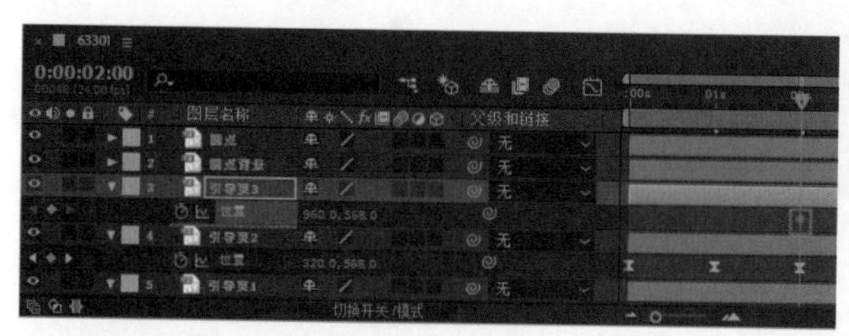
图 6-104

图 6-105

12 将“时间指示器”移至 4 秒的位置，单击“位置”属性左侧的“添加或移除关键帧”按钮，添加关键帧，如图 6–106 所示。选择 2 秒位置的“位置”属性关键帧，按快捷键 Ctrl+C 进行复制，将“时间指示器”移至 5 秒的位置，按快捷键 Ctrl+V 进行粘贴，如图 6–107 所示。

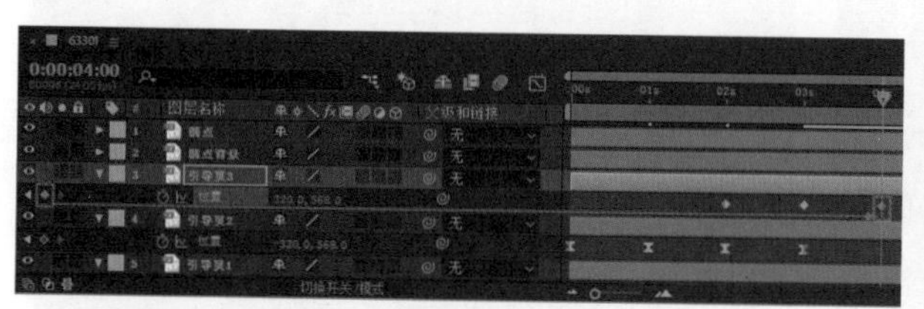
图 6-106

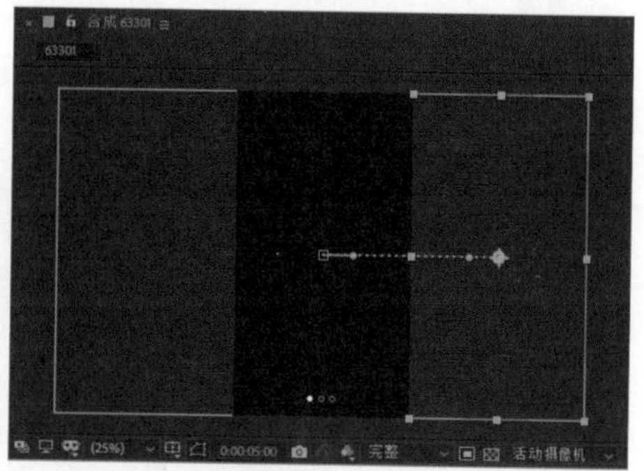
图 6-107

13 同时选中该图层的 4 个关键帧，按快捷键 F9，为所选中的关键帧应用“缓动”效果，如图 6–108 所示。单击“时间轴”面板上的“图表编辑器”按钮，进入图表编辑器状态，如图 6–109 所示。

图 6-108

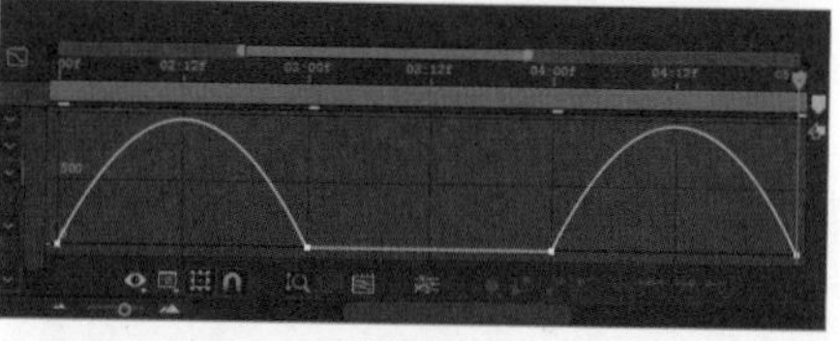
图 6-109

14 分别对两条运动曲线左侧锚点进行调整，拖动方向线调整运动速度曲线，如图 6–110 所示。再次单击“图表编辑器”按钮，返回到默认状态。选择“引导页 2”，同时选择该图层中的 4 个关键帧，按快捷键 Ctrl+C，复制选中的多个关键帧，如图 6–111 所示。

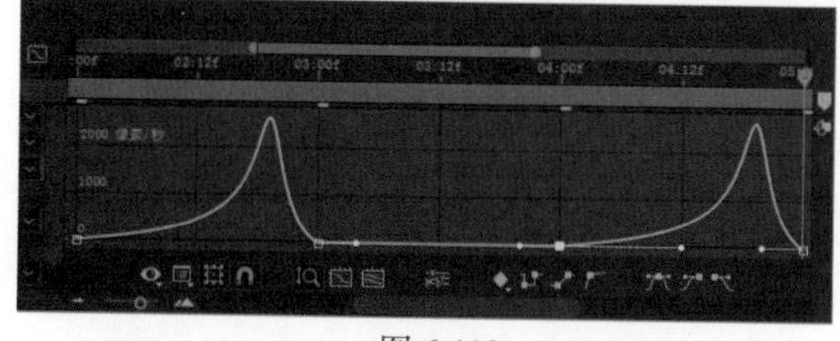
图 6-110

图 6-111

15 将“时间指示器”移至 4 秒的位置，按快捷键 Ctrl+V，粘贴所复制的多个关键帧，如图 6–112 所示。在复制得到的关键帧上右击，在弹出的菜单中执行“关键帧辅助” > “时间反向关键帧”

命令，将复制得到的 4 个关键帧进行时间反向。

图 6-112

提示

在该动画中，首先制作的是 3 张引导页从右至左进行位置移动切换的动画效果，当第 3 张引导页切换完成后，再从左至右进行位置移动切换，所以此处只需要复制该图层前面所制作的位置移动动画关键帧，然后再将这 4 个关键帧的时间反向，就能够快速制作出向另外一个方向移动画的动画效果。

16 单击“时间轴”面板上的“图表编辑器”按钮，进入图表编辑器状态，如图 6–113 所示。对右侧的两条运动曲线分别进行调整，从而使右侧的两条运动曲线与左侧两条运动曲线相同，如图 6–114 所示。

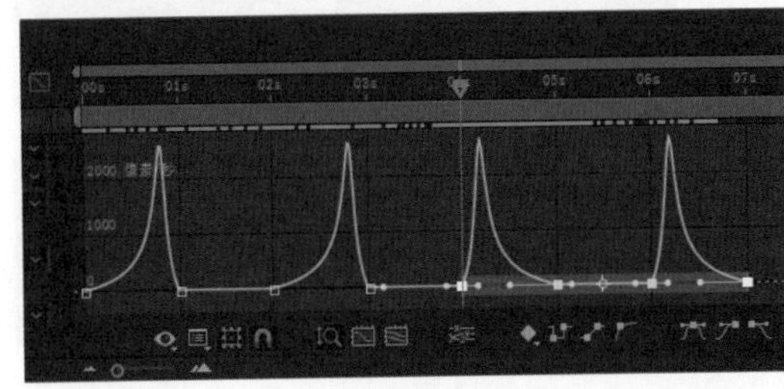

图 6-113

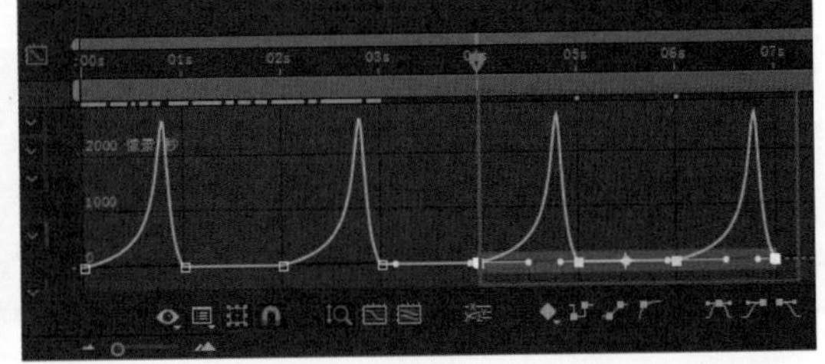

图 6-114

17 返回到默认的时间轴状态。选择“引导页 1”图层，同时选择该图层中的 2 个关键帧，按快捷键 Ctrl+C，复制关键帧，如图 6–115 所示。将“时间指示器”移至 6 秒的位置，按快捷键 Ctrl+V，粘贴所复制的关键帧，如图 6–116 所示。在复制得到的关键帧上右击，在弹出的菜单中执行“关键帧辅助” > “时间反向关键帧”命令，将复制得到的 2 个关键帧进行时间反向。

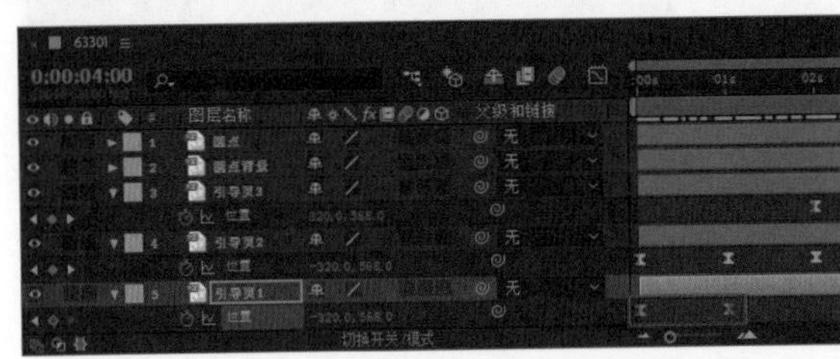

图 6-115

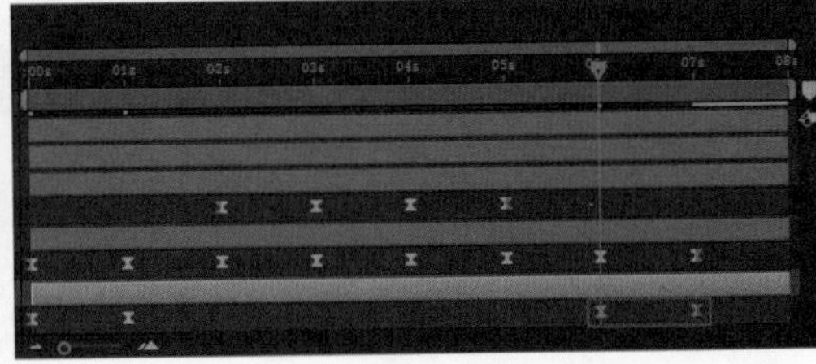

图 6-116

18 单击“时间轴”面板上的“图表编辑器”按钮，进入图表编辑器状态，如图 6–117 所示。对右侧的运动曲线进行调整，从而使右侧的运动曲线与左侧运动曲线相同，如图 6–118 所示。

19 返回到默认的时间轴状态，至此已经完成 3 张引导页图片移动切换的动画制作。选择“圆点”图层，可以根据前面的制作方法，完成该图层中白色小圆点左右移动动画的制作，“时间轴”面板如图 6–119 所示。

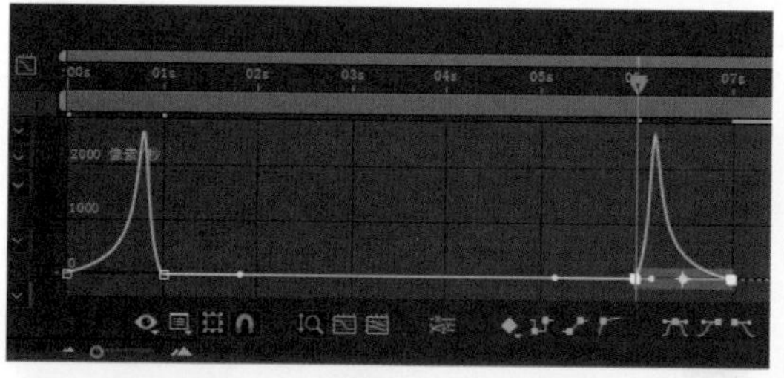

图 6-117

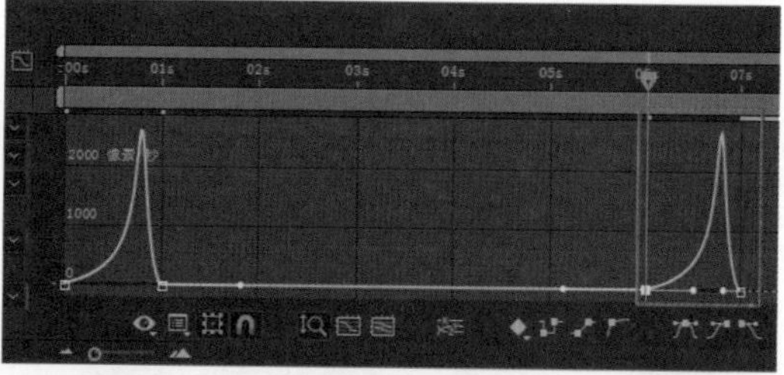

图 6-118

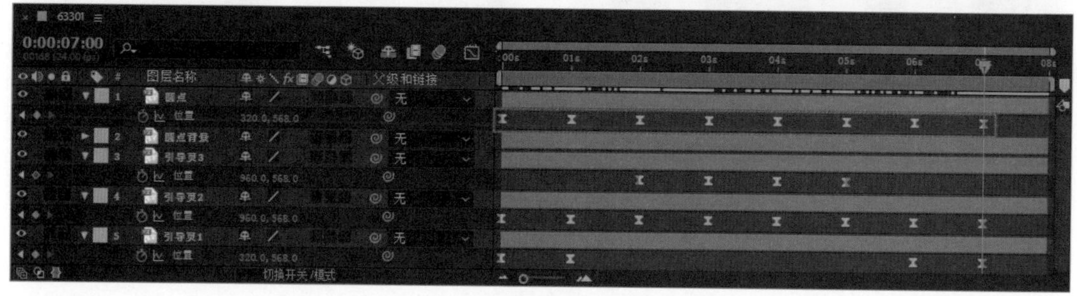

图 6-119

20 完成该引导界面切换动效的制作，单击“预览”面板上的“播放 / 停止”按钮，可以在“合成”窗口中预览动画效果。也可以根据前面介绍的渲染输出方法，将该动画渲染输出为视频文件，再使用 Photoshop 将其输出为 GIF 格式的动画，动画效果如图 6-120 所示。

图 6-120

6.4 导航菜单动效设计

移动端导航菜单的表现形式多种多样，除了目前广泛使用的交互式侧边导航菜单外，还有其他的一些表现形式，合理的移动端导航菜单动画设计，不仅可以提升用户体验，还可以增强移动端应用的设计感。

6.4.1 交互式动态导航菜单的优势

随着移动互联网的发展和普及，移动端的导航菜单与传统 PC 端的导航形式有着一定的区别，主要表现为移动端为了节省屏幕的显示空间，通常采用交互式动态导航菜单。默认情况下，在移动端界面中隐藏导航菜单，在有限的屏幕空间中充分展示界面内容，在需要使用导航菜单时，再通过单击相应的图标来动态滑出导航菜单，常见的有侧边滑出菜单、顶部滑出菜单等形式，如图 6-121 所示。

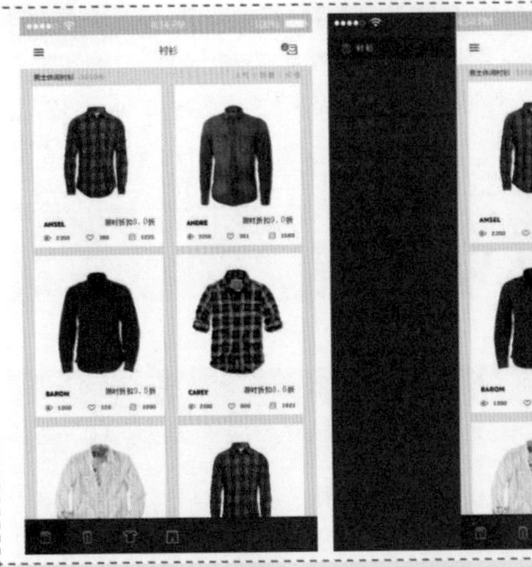

该移动端界面采用左侧滑入导航，当用户需要进行相应操作时，可以单击相应的按钮，滑出导航菜单，不需要时可以将其隐藏，节省界面空间。

该移动端页面采用顶端滑入导航，并且导航使用鲜艳的色块与页面其他元素相区别，不需要使用时，可以将导航菜单隐藏。

图 6-121

提示

侧边式导航又称为抽屉式导航，在移动端界面中常常与顶部或底部标签导航结合使用。侧边式导航将部分信息内容进行隐藏，突出了界面中的核心内容。

交互式动态导航菜单能够给用户带来新鲜感和愉悦感，并且能够有效地增强用户的交互体验，但是交互式动态导航菜单不能忽略其本身最主要的性质即使用性。在设计交互式导航菜单时，需要尽可能使用用户熟悉和了解的操作方法来表现导航菜单动画，从而使用户能够快速适应界面的操作。

6.4.2 导航菜单的设计要点

在设计移动端界面导航菜单时，最好能够按照移动操作系统所设定的规范进行，不仅能使所设计出的导航菜单界面更美观、丰富，而且能与操作系统协调一致，使用户能够根据平时对系统的操作经验，触类旁通地知晓该移动端应用的各功能和简捷的操作方法，增强移动端应用的灵活性和可操作性。如图 6–122 所示为常见的移动端导航菜单设计。

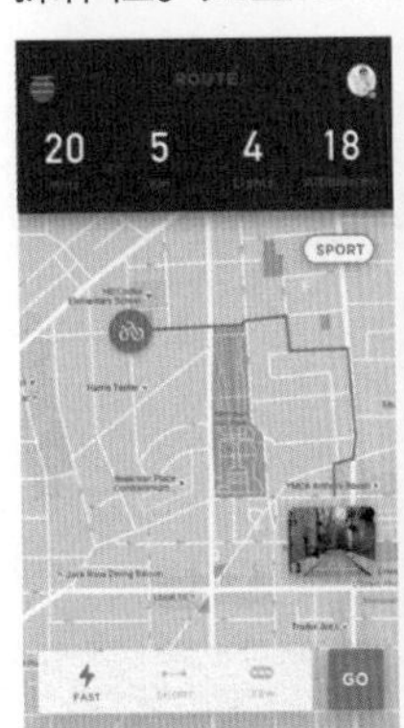

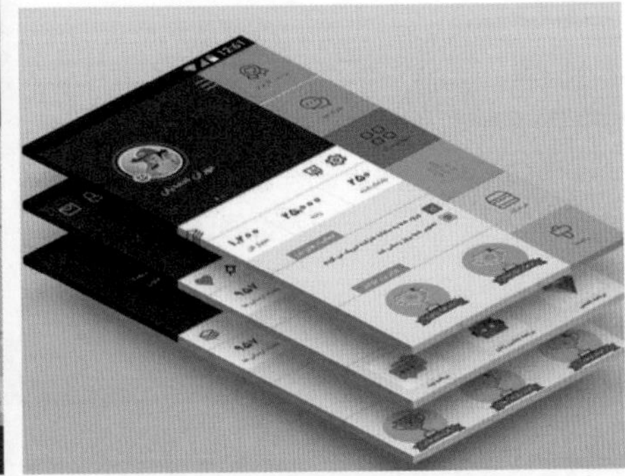

图 6-122

- **不可操作的菜单项一般需要屏蔽变灰。**导航菜单中有一些菜单项是以变灰的形式出现的，并使用虚线字符来显示，这一类的命令表示当前不可用，也就是说，执行此命令的条件当前还不具备。
- **当前使用的菜单命令进行标记。**对于当前正在使用的菜单命令，可以使用改变背景色或在菜单命令旁边添加勾号（√），区别显示当前选择和使用的命令，使菜单的应用更具有识别性。

- **对相关的命令使用分隔条进行分组**。为了使用户迅速地在菜单中找到需要执行的命令项，非常有必要对菜单中相关的一组命令用分隔条进行分组，这样可以使菜单界面更清晰、易于操作。
- **应用动态和弹出式菜单**。动态菜单即在移动端应用运行过程中会伸缩的菜单，弹出式菜单的设计则可以有效地节约界面空间，通过动态菜单和弹出式菜单的设计和应用，可以更好地提高应用界面的灵活性和可操作性，如图 6–123 所示。

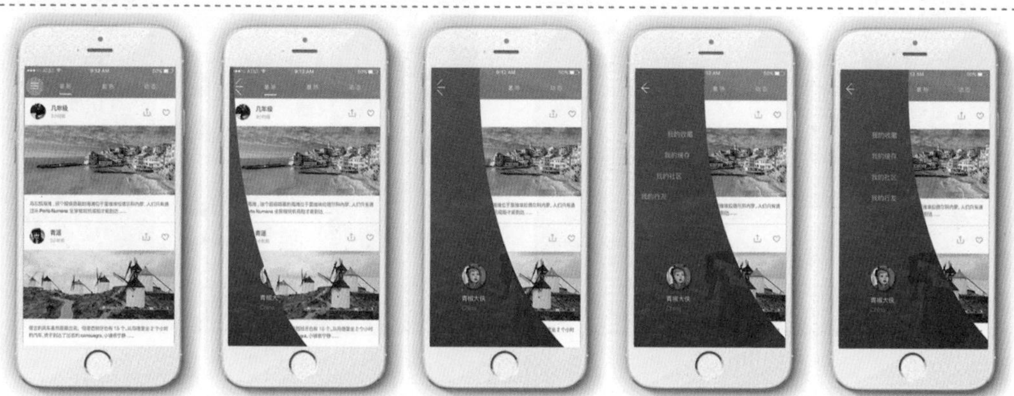

这是一个移动端应用的侧边导航菜单动画效果，当用户单击界面左上角的导航菜单图标时，隐藏的导航菜单会以交互动画的形式从左侧滑入界面中，并且该界面中的侧边导航菜单还采用了非常规的圆弧状设计，给人留下深刻的印象。动态的表现方式使 UI 界面的交互性更加突出，并增强了用户的交互体验。

图 6-123

6.4.3 制作侧边滑入导航菜单动效

侧滑导航菜单是移动端 App 应用最常见的导航菜单表现方式，这种方式能够有效节省界面的空间，当需要使用导航菜单时，可以单击界面中的某个图标，从而使隐藏的导航菜单从侧面滑出，不需要使用时可以将其隐藏，从而使界面具有一定的交互动效。在本节中将带领读者完成一个侧边滑入导航菜单动效的制作，在该动效的制作过程中重点是通过“位置”“缩放”和“不透明度”等基础属性来实现该动效的表现。

实例 33——制作侧边滑入导航菜单动效

源文件：源文件 \ 第 6 章 \6–4–3.aep　　视频：视频 \ 第 6 章 \6–4–3.mp4

01 在 After Effects 中新建一个空白的项目，执行“合成” > “新建合成”命令，弹出“合成设置”对话框，对相关选项进行设置，如图 6–124 所示。执行“文件” > “导入” > “文件”命令，导入素材图像“源文件 \ 第 6 章 \ 素材 \64301.jpg 和 64302.jpg”，如图 6–125 所示。

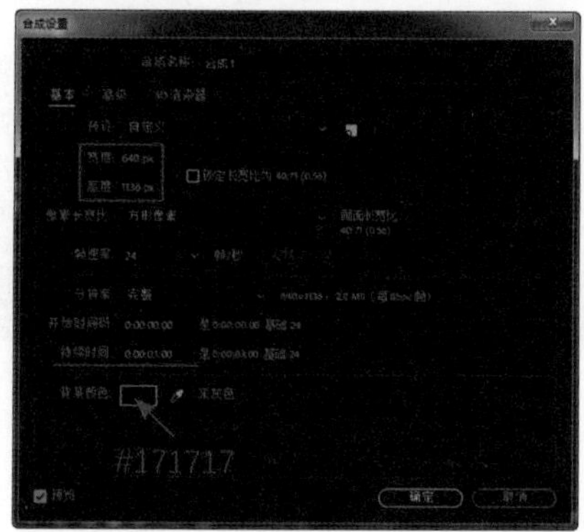

图 6-124

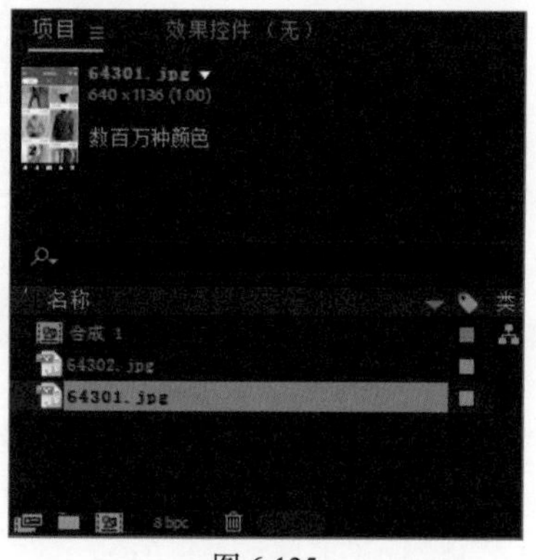

图 6-125

02 在“项目”面板中将64301.jpg素材拖入“时间轴”面板中，将该图层重命名为“界面”，在“合成”窗口中可以看到该素材的效果，如图6–126所示。在“项目”面板中将64302.jpg素材拖入“时间轴”面板中，将该图层重命名为“菜单”，在“合成”窗口中将其调整至合适的位置，如图6–127所示。

图 6-126

图 6-127

03 不要选择任何对象，使用“椭圆工具”，在工具栏中设置“填充”为白色，“描边”为无，勾选“贝塞尔曲线路径”复选框，在“合成”窗口中合适的位置绘制正圆形，效果如图6–128所示。将该图层重命名为“光标”，如图6–129所示。

图 6-128

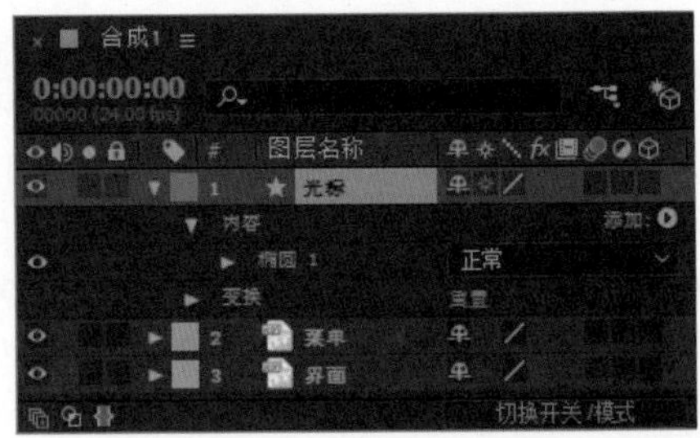

图 6-129

04 选择“光标”图层，使用“向后平移（锚点）工具”，将锚点调整至该正圆形的中心位置，如图6–130所示。将“时间指示器”移至0秒的位置，为“缩放”和“不透明度”属性插入关键帧，并设置“缩放”和“不透明度”属性值均为0%，效果如图6–131所示。

图 6-130

图 6-131

05 将“时间指示器”移至0秒07帧的位置，设置该图形的“缩放”和“不透明度”属性均为100%，效果如图6–132所示。选择“菜单”图层，按快捷键P，显示出该图层的“位置”属性，为该属性插入关键帧，如图6–133所示。

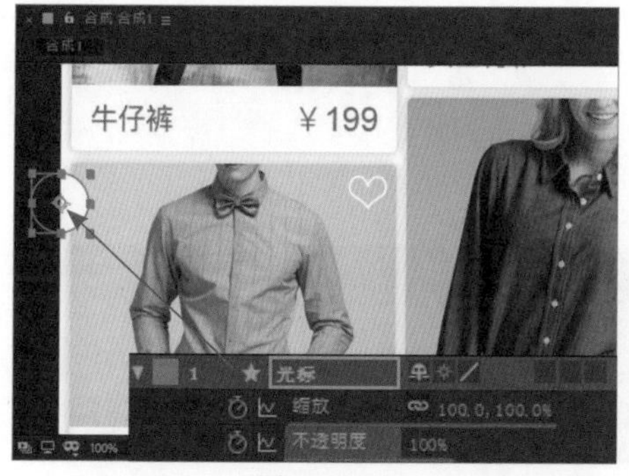

图 6-132

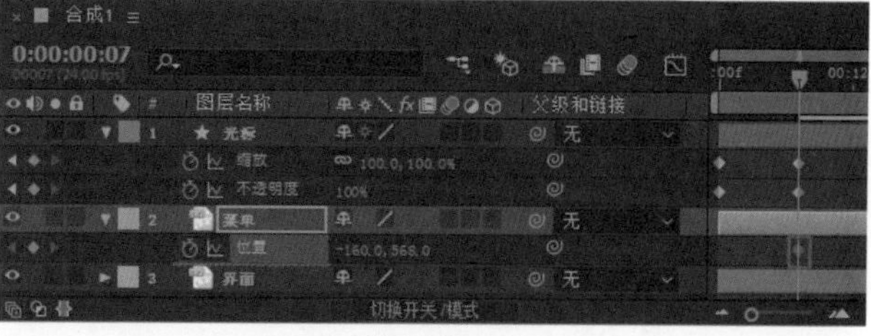
图 6-133

06 将“时间指示器”移至 0 秒 17 帧的位置，在“合成”窗口中将菜单水平向右移至合适的位置，如图 6–134 所示。将“时间指示器”移至 0 秒 21 帧的位置，单击“位置”属性左侧的“添加或移除关键帧”图标，添加“位置”属性关键帧，如图 6–135 所示。

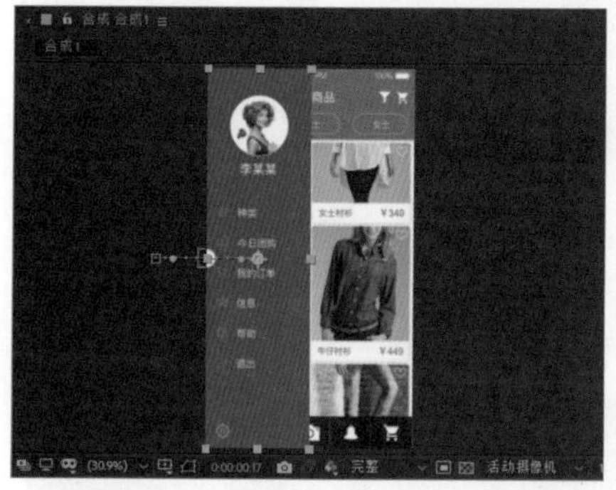
图 6-134

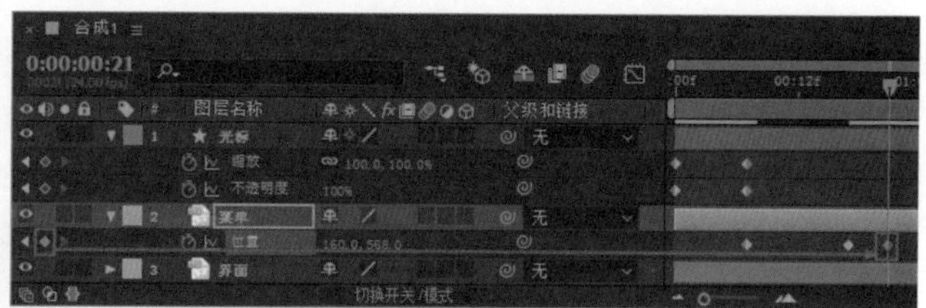
图 6-135

07 将“时间指示器”移至 1 秒 04 帧的位置，在“合成”窗口中将菜单水平向左移至合适的位置，如图 6–136 所示。将“时间指示器”移至 1 秒 13 帧的位置，在“合成”窗口中将菜单水平向右移至合适的位置，如图 6–137 所示。

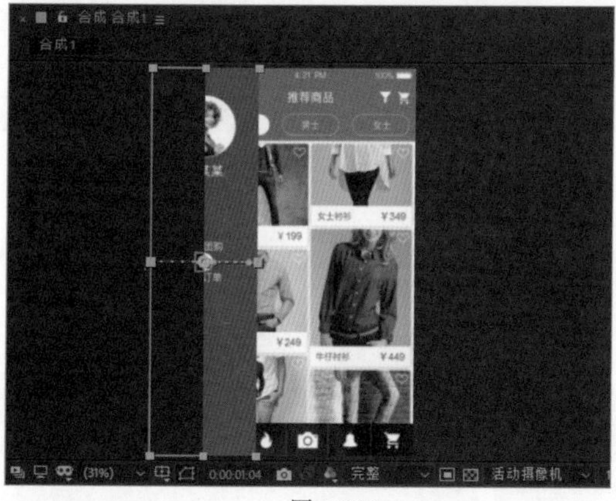
图 6-136

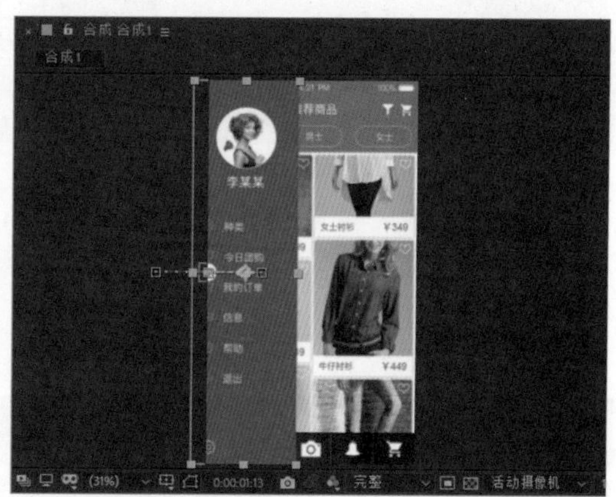
图 6-137

08 将“时间指示器”移至 1 秒 23 帧的位置，在“合成”窗口中将菜单水平向左移至合适的位置，如图 6–138 所示。拖动鼠标同时选中该图层中的所有属性关键帧，按快捷键 F9，应用“缓动”效果，如图 6–139 所示。

09 单击“时间轴”面板上的“图表编辑器”按钮，进入图表编辑器状态，如图 6–140 所示。对该元素的运动曲线进行调整，如图 6–141 所示。

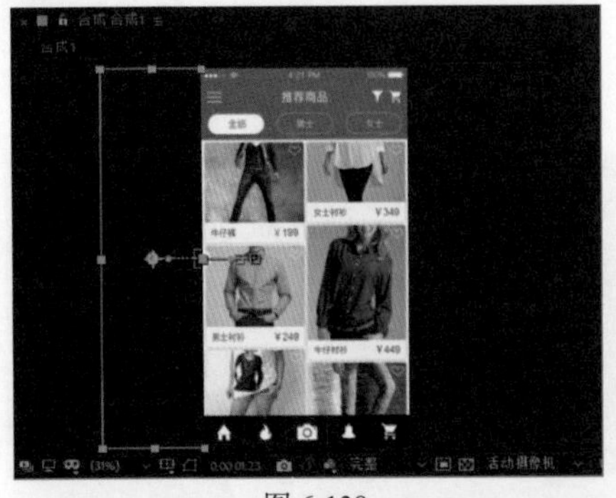
图 6-138

图 6-139

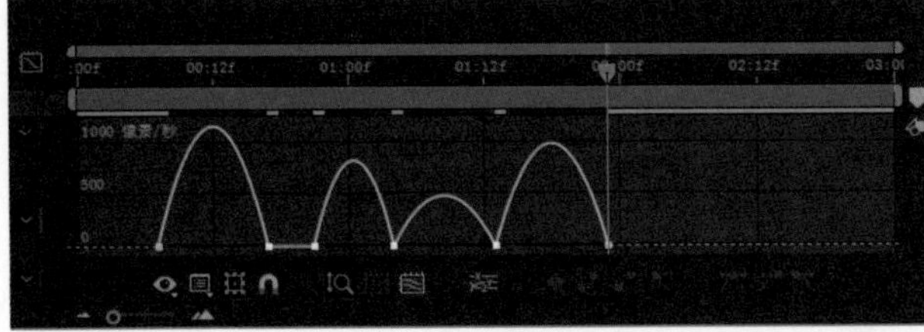
图 6-140

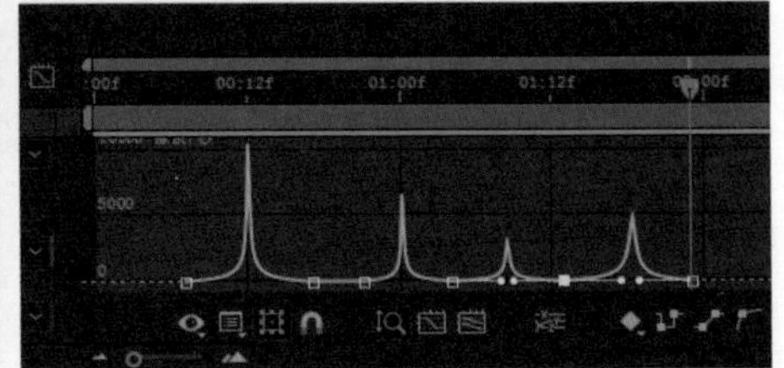
图 6-141

10 返回时间轴的默认编辑状态，将“时间指示器”移至 0 秒 07 帧的位置，选择“光标”图层，为该图层的“位置”属性插入关键帧，如图 6-142 所示。将“时间指示器”移至 0 秒 17 帧的位置，在“合成”窗口中将光标图形移至合适的位置，如图 6-143 所示。

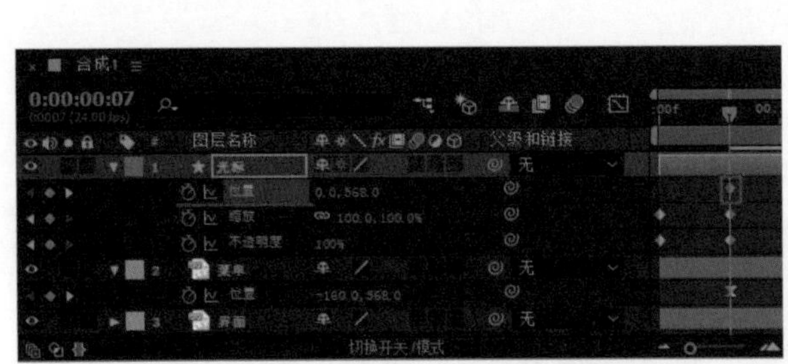
图 6-142

图 6-143

11 根据“菜单”图层相同的制作方法，可以完成该图层中动画效果的制作，“时间轴”面板如图 6-144 所示。选择该图层中所有“位置”属性关键帧，按快捷键 F9，应用“缓动”效果，如图 6-145 所示。

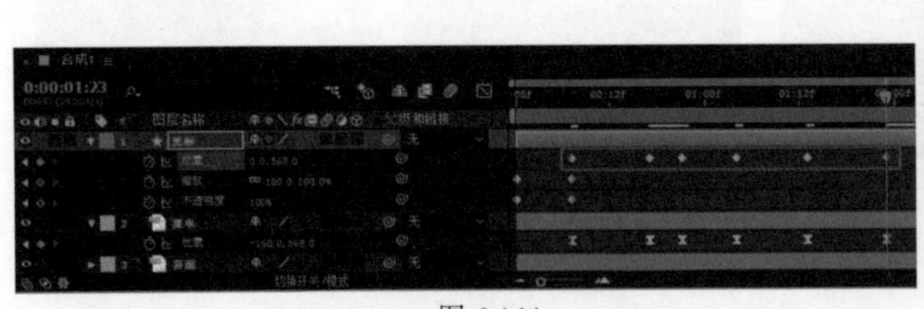
图 6-144

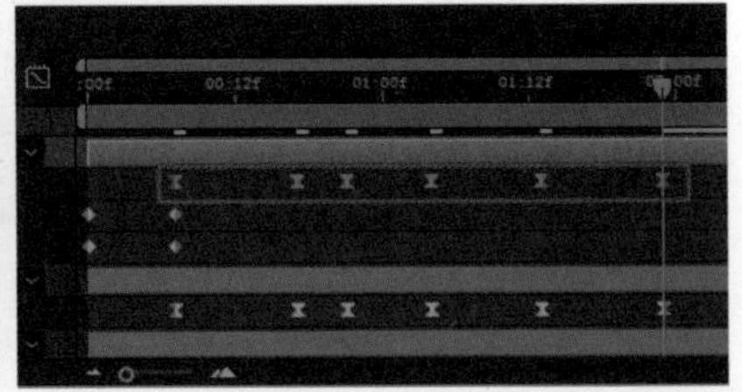
图 6-145

12 单击“时间轴”面板上的“图表编辑器”按钮，进入图表编辑器状态，对该元素的运动曲线进行调整，如图 6-146 所示。返回时间轴的默认编辑状态，将“时间指示器”移至 1 秒 23 帧的位置，分别为“光标”图层的“缩放”和“不透明度”属性添加关键帧，如图 6-147 所示。

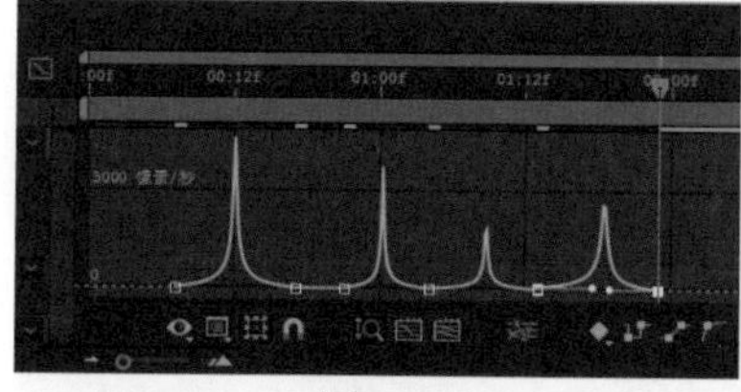
图 6-146

图 6-147

13 将“时间指示器”移至 2 秒 06 帧的位置，设置“缩放”和“不透明度”属性均为 0%，效果如图 6-148 所示。将“时间指示器”移至 0 秒 07 帧的位置，展开“光标”图层下方“内容”选项中的“椭圆 1”选项中的“路径 1”选项，为“路径”属性插入关键帧，如图 6-149 所示。

图 6-148

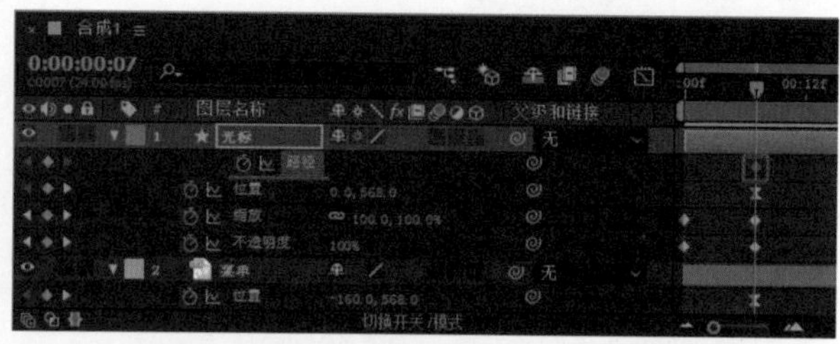

图 6-149

14 将“时间指示器”移至 0 秒 09 帧的位置，使用“选取工具”，修改图形的路径效果，如图 6-150 所示。将“时间指示器”移至 0 秒 15 帧的位置，单击“路径”属性前的“添加或移除关键帧”按钮，在当前位置添加“路径”属性关键帧，如图 6-151 所示。

图 6-150

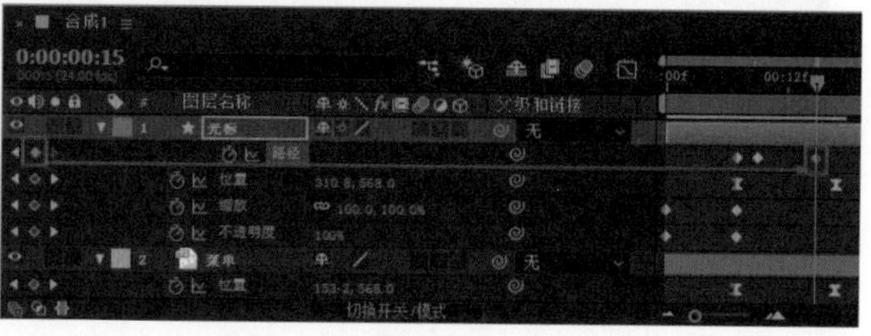

图 6-151

15 选择 0 秒 07 帧位置的“路径”属性关键帧，按快捷键 Ctrl+C 进行复制，将“时间指示器”移至 0 秒 17 帧的位置，按快捷键 Ctrl+V，粘贴关键帧，如图 6-152 所示。将“时间指示器”移至 0 秒 21 帧的位置，单击“路径”属性前的“添加或移除关键帧”按钮，在当前位置添加“路径”属性关键帧，如图 6-153 所示。

16 将“时间指示器”移至 0 秒 23 帧的位置，使用“选取工具”，修改图形的路径效果，如图 6-154 所示。选择 0 秒 07 帧位置的“路径”属性关键帧，按快捷键 Ctrl+C 进行复制，将“时间指示器”移至 1 秒 04 帧的位置，按快捷键 Ctrl+V，粘贴关键帧，如图 6-155 所示。

图 6-152

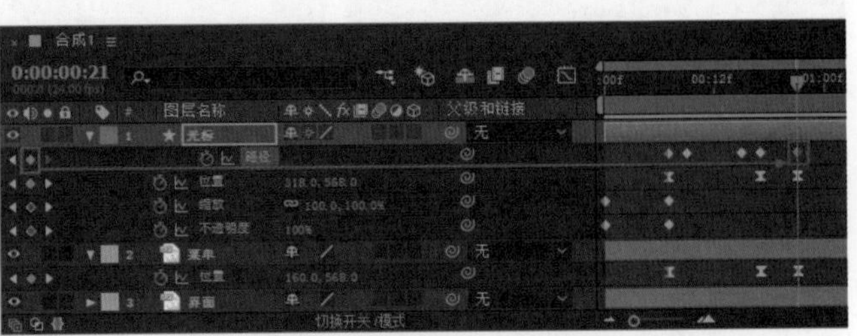
图 6-153

图 6-154

图 6-155

17 使用相同的制作方法，可以完成该图层中“路径”属性动画的制作，“时间轴”面板如图 6–156 所示。

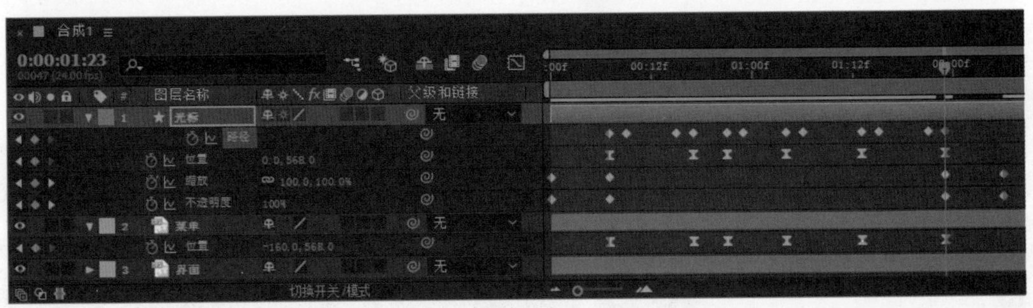
图 6-156

18 将“时间指示器”移至 0 秒 07 帧的位置，选择“界面”图层，为“缩放”和“不透明度”属性插入关键帧，如图 6–157 所示。将“时间指示器”移至 0 秒 17 帧的位置，设置该图层的“缩放”属性值为 85%，“不透明度”属性值为 80%，效果如图 6–158 所示。

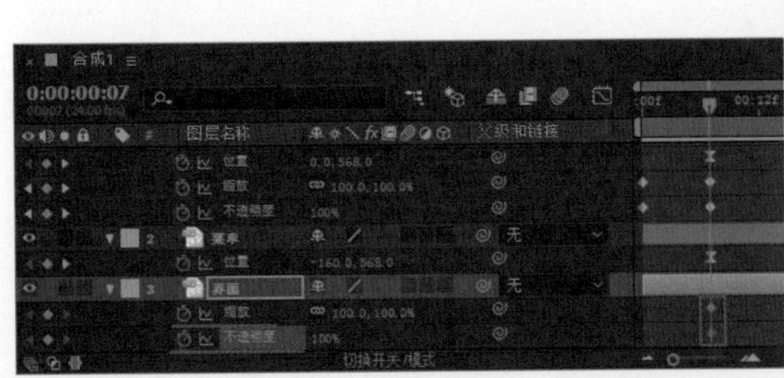
图 6-157

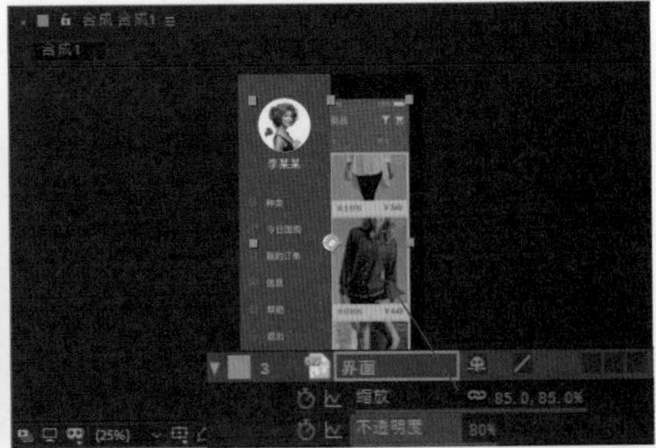
图 6-158

19 将“时间指示器”移至 0 秒 21 帧的位置，在当前位置分别为“缩放”和“不透明度”属性添加关键帧，如图 6–159 所示。将“时间指示器”移至 1 秒 04 帧的位置，设置该图层的“缩放”属性值为 91%，“不透明度”属性值为 88%，效果如图 6–160 所示。

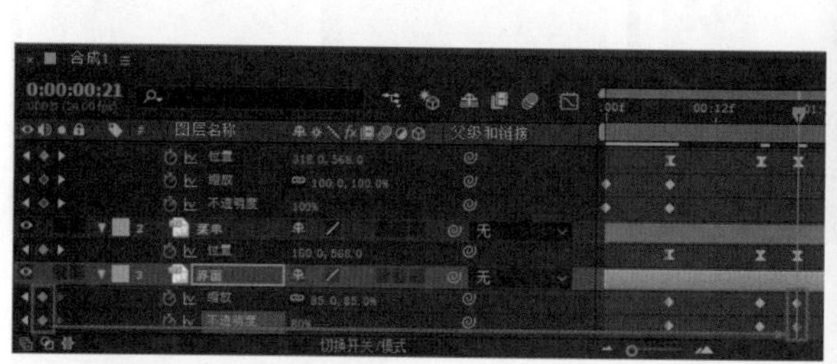

图 6-159

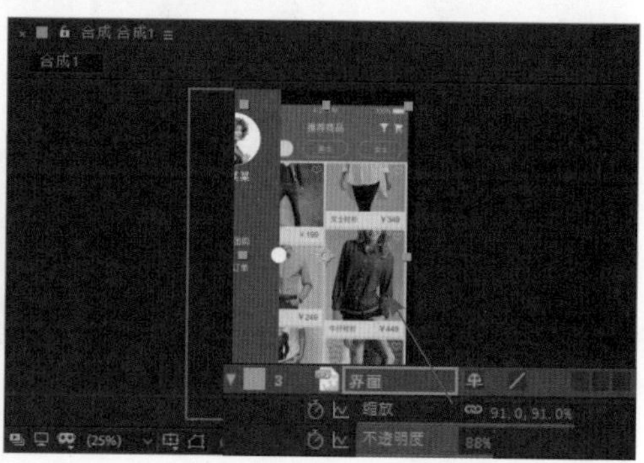

图 6-160

20 将“时间指示器”移至 1 秒 13 帧的位置，设置该图层的“缩放”属性值为 87%，“不透明度”属性值为 81%，效果如图 6–161 所示。将“时间指示器”移至 1 秒 23 帧的位置，设置该图层的“缩放”和“不透明度”属性值均为 100%，效果如图 6–162 所示。

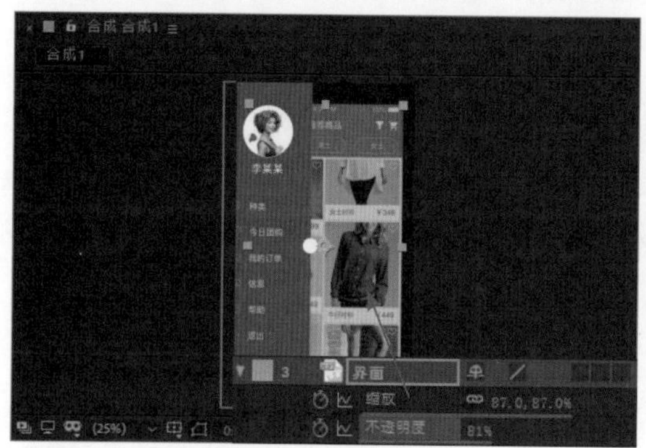

图 6-161

图 6-162

21 完成该侧边滑入导航菜单动效的制作，在“时间轴”面板中可以看到所有图层的关键帧，如图 6–163 所示。

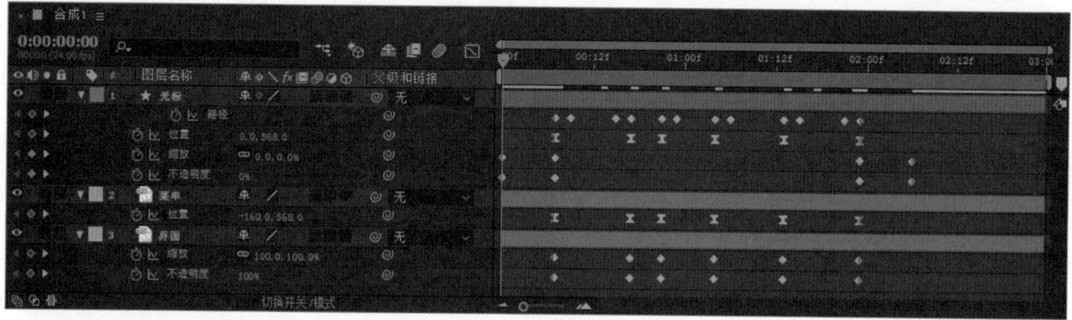

图 6-163

22 单击“预览”面板上的“播放 / 停止”按钮▶，可以在“合成”窗口中预览动画效果。也可以根据前面介绍的渲染输出方法，将该动画渲染输出为视频文件，再使用 Photoshop 将其输出为 GIF 格式的动画，动画效果如图 6–164 所示。

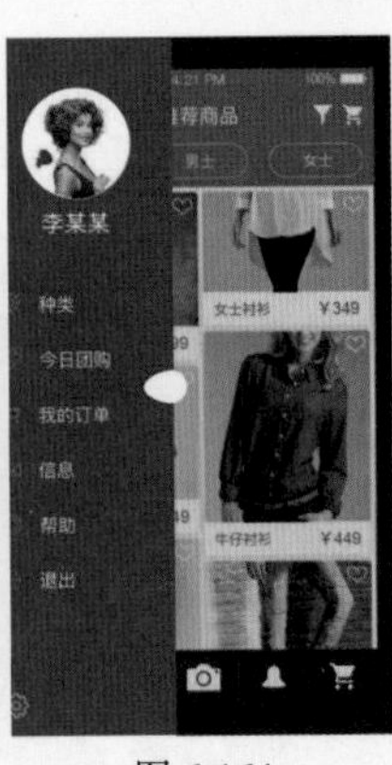

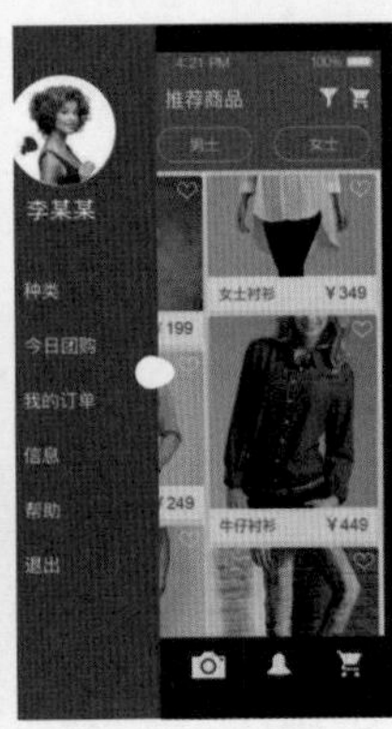

图 6-164

6.5 界面切换动效设计

界面切换动效是移动端应用最多的动态效果，连接两个界面，虽然界面切换动效通常只有极短的时间，但能够在一定程度上影响用户对界面间逻辑的认知。通过合理的动画效果让用户能更清楚我从哪里来、现在在哪、怎么回去等一系列问题。

6.5.1 4 种常见的界面切换转场动效

用户初次接触产品，恰当的动画效果使产品界面间的逻辑关系与用户自身建立起来的认知模型相吻合，操作后的反馈符合用户的心理预期。在移动端应用中常见的界面切换动效主要可以分为以下 4 种类型。

1. 弹出

弹出形式的动效多应用于移动端的信息内容界面，用户将绝大部分注意力集中在内容信息本身上。当信息不足或者展现形式上不符合自身要求时，临时调用工具对该界面内容进行添加、编辑等操作。在临时界面停留时间短暂，只想快速操作后重新回到信息内容本身上面。弹出形式的动效演示如图 6–165 所示。

还有一种情况类似于侧边导航菜单，这种动画效果并不完全属于页面间的转场切换，但是其使用场景很相似。

当界面中的功能比较多的时候，就需要在界面中设计多个功能操作选项或按钮，但是界面空间有限，不可能将这些选项和按钮全部显示在界面中，这时通常的做法就是通过界面中的某个按钮来触发一系列的功能或者一系列的次要内容导航，同时主要的信息内容页面并不离开用户视线，始终提醒用户来到该界面的初衷。侧边弹出形式的动效演示如图 6–166 所示。

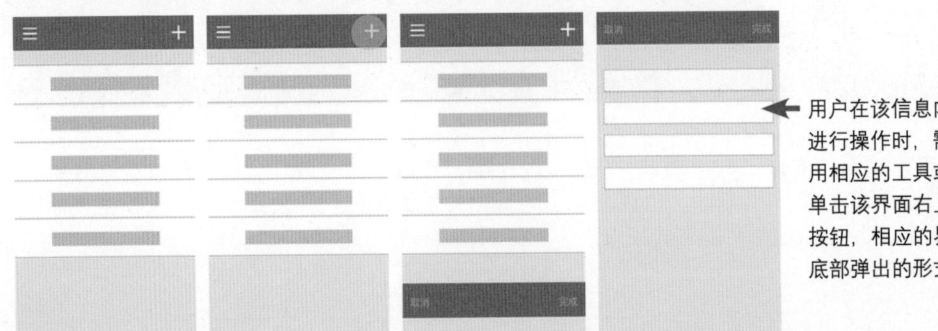

图 6-165

这是一个电影购票 App 应用界面，当用户单击界面底部的橙色购买按钮时，该按钮会变形为矩形块并以向上弹出的形式在界面的下半部分显示该电影的相关场次信息，用户可以单击选择相应的场次，同样应用界面会以弹出形式过渡到选择座位的界面中，整个界面的切换过渡流畅而自然。

图 6-165(续)

在电影类应用 App 界面设计中，常常通过大幅的电影海报和少量的文字来突出其视觉表现效果，通常会将相应的功能操作选项放置在侧边隐藏的导航菜单中，在需要使用的时候，才通过单击界面中相应的按钮，从侧边弹出导航菜单选项。

图 6-166

2. 侧滑

当界面之间存在父子关系或从属关系时，通常会在这两个界面之间使用侧滑转场动画效果。通常看到侧滑的界面切换效果，用户就会在头脑中形成不同层级间的关系。侧滑形式的界面切换动效演示如图 6–167 所示。

这是一个社交类应用 App 界面，在好友列表界面中，不仅可以上下滑动界面来查看好友，当我们单击某个好友时，界面会运用向左侧滑的转场方式切换到该好友的日志信息界面中，在该界面中单击左上角的返回图标时，同样会以界面向右侧滑的转场方式返回到好友列表界面中，使转场的动效表现更加真实。

图 6-167

3. 渐变放大

在界面中排列了很多同等级信息，就如同贴满了信息、照片的墙面，用户有时需要近距离看看上面都是什么内容，在快速浏览和具体查看之间轻松切换。渐变放大的界面切换动效与左右滑动切换的动效最大的区别是，前者大多用在张贴显示信息的界面中，后者主要用于罗列信息的列表界面中。在张贴信息的界面中左右切换进入详情，总会给人一种不符合心理预期的感觉，违背了人们在物理世界中形成的习惯认知。渐变放大的界面切换动效演示如图 6–168 所示。

图 6-168

在该移动端的电影列表界面中，当用户单击某个电影图片后，将通过渐变放大的转场动画切换到该信息的详情界面中。在详情界面中单击左上角的返回按钮，同样会以渐变放大的转场动画切换到电影列表界面。

图 6-168(续)

4. 其他

除了以上介绍的几种常见的界面切换动效之外，还有许多其他形式的界面切换动画效果，它们大多数都是高度模仿现实世界的样式，例如常见的电子书翻页动画效果就是模仿现实世界中的翻书效果。如图 6-169 所示为一种模拟图片卡切换的效果。

这是一个音乐类 App 应用的界面动效设计，将所有音乐专辑的封面图片模拟了现实生活中图片卡翻转切换的动效，在动画中通过图片在三维空间中的翻转来实现图片的切换，与实现生活中的表现方式相统一，更容易使用户理解。

图 6-169

6.5.2 界面切换动效的设计规则

界面切换动效在 UI 界面中所起到的作用无疑是显著的。相比于静态的界面，动态的界面切换更符合人们的自然认知体系，有效地降低了用户的认知负载，屏幕上元素的变化过程，前后界面的变化逻辑，以及层次结构之间的变化关系，都在动画效果的表现下，变得更加清晰自然。从这个角度上来说，交互动效不仅是界面的重要支持元素，也是用户交互的基础。

1. 界面切换要自然

在现实生活中，事物不会突然出现或者突然消失，通常它们都会有一个转变的过程。而在 UI 界面中，默认情况下，界面状态的改变是直接而且生硬的，这使用户有时候很难立刻理解。当界面有两个甚至更多状态的时候，状态之间的变化使用过渡动画效果来表现，让用户明白它们是怎么来的，而非一个瞬间的过程，如图 6-170 所示。

在信息列表界面中单击某个信息选项，从界面底部以弹出窗口的动画形式过渡切换到该信息的详细显示界面中，并且该界面是以弹出窗口的形式进行表现的。用户还可以在该弹出窗口上单击并拖动，实现该弹出窗口以翻页动画的形式切换到其他相应的内容。单击该弹出窗口顶部的关闭按钮，该弹出窗口以动画的形式向下过渡隐藏，返回到信息列表界面，这些过渡动画效果都是来源于真实的世界，所以用户在使用过程中能够很容易理解。

图 6-170

2. 层次要分明

一个层次分明的界面切换动效通常能够清晰地展示界面状态的变化，抓住用户的注意力。这一点和人们的意识有关系，用户对焦点的关注和持续性都与此相关。良好的过渡动画效果有助于在正确的时间点，将用户的注意力吸引到关键的内容上，而这取决于动画效果是否能够在正确的时间强调对的内容，如图 6–171 所示。

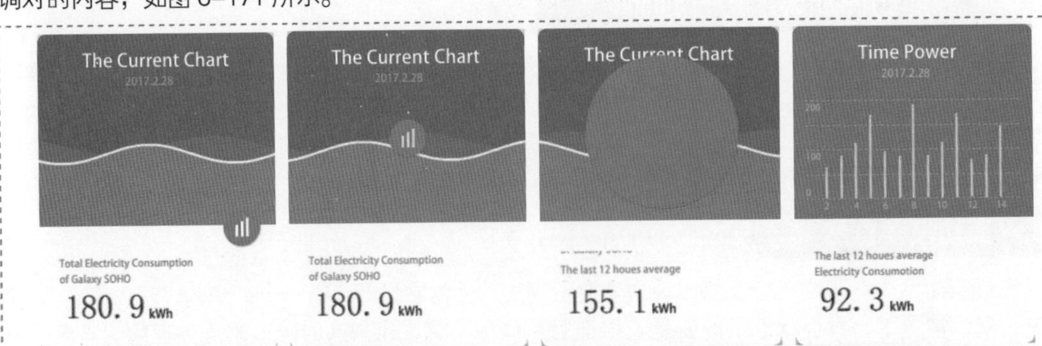

在该 App 应用界面中，通过单击界面中圆形的悬浮功能操作按钮，可以通过动画的形式自然地过渡到相应的信息显示界面中。用户在动画效果发生之前，并不清楚动画效果变化的结果，但是动画的运动趋势和变化趋势让用户对于后续的发展有了预期，其后产生的结果也不会距离预期太远。与此同时，橙色的功能操作按钮在视觉上也足够拥有吸引力，这个动画效果有助于引导用户进行下一步的交互操作。

图 6-171

3. 界面切换要相互关联

既然同一个应用中不同功能界面的切换过渡，自然就牵涉到变化前后界面之间的关联。良好的切换过渡动效连接着新出现的界面元素和之前的交互与触发元素，这种关联逻辑让用户清楚变化的过程，以及界面中所发生的前后变化，如图 6–172 所示。

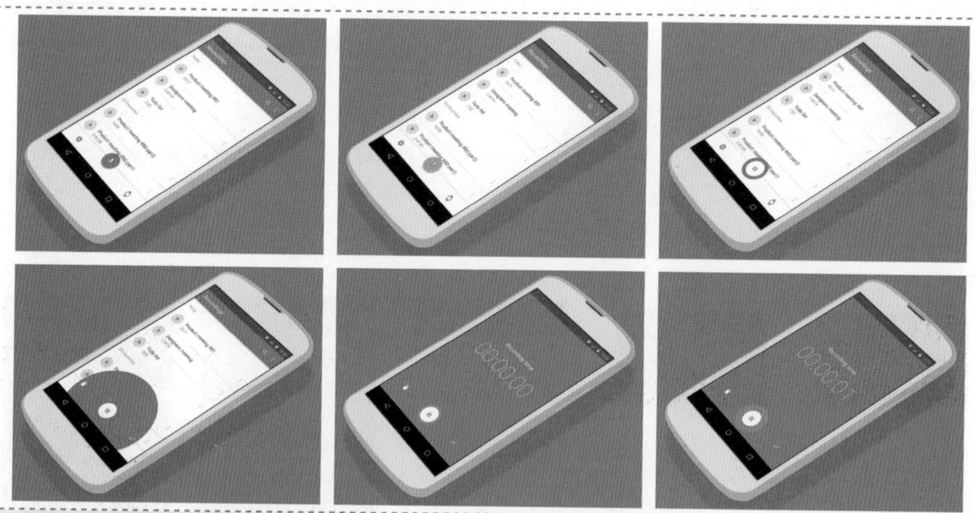

这是一个移动端录音软件界面的转场过渡动画效果，当用户单击录音列表底部的红色录音按钮图标时，该图标的红色逐渐放大覆盖整个界面，该按钮图标也变成白色的暂停按钮，从而自然、流畅地转场过渡到录音界面中，并且很好地体现了界面之间有关联性，无论是配色还是界面中功能图标的操作位置，都保持了一致性。

图 6-172

4. 快速的过渡

在设计界面切换动效的时候，时间和速度一定是最需要设计师把握好的因素。快速、准确，绝不拖沓，这样的动效不会浪费用户的时间，让人觉得移动应用程序产生了延迟，不会令用户觉得烦躁。

当元素在不同状态之间切换的时候，运动过程在让人看得清、容易理解的情况下尽量快，这样才是最佳的状态。为了兼顾动效的效率、理解的便捷以及用户体验，动效应该在用户触发之后的 0.1s 内开始，在 300ms 内结束，这样不会浪费用户的时间，还恰到好处。如图 6–173 所示为快速过渡动效。

这是一个电影信息的 App 应用界面的动效设计，用户在界面中不仅可以上下滑动界面，还可以左右滑动，当用户进行左右滑动时，界面将采用类似于三维空间翻转的形式切换到另一个界面中，并且切换速度较快，给人流畅感。在界面中单击某条信息图片，则该图片向界面上方移动并放大，界面中其他信息逐渐消失，该图片的相关信息从界面下方向上入场，各界面之间的关联性强烈，动效流畅自然。快速的动画表现，可以使用户感觉应用程序的运行非常迅速、便捷，从而提升用户的心理体验。

图 6-173

5. 清晰的动画效果

清晰几乎是所有好设计的共通点，对于界面切换动效来说也是如此。移动端的动画效果应该是以功能优先、视觉传达为核心的视觉元素，太过复杂的动画效果除了有炫技之嫌，还会让人难于理解，甚至在操作过程中失去方向感，这对于用户体验来说绝对是一个退步，而非优化。请务必记住，屏幕上的每一个变化都会让用户注意到，它们都会成为影响用户体验和用户决策的因素，不必要的动效会让用户感到混乱。

动效应该避免一次呈现过多效果，尤其当动态效果同时存在多重、复杂的变化的时候，会自然地呈现出混乱的态势，少即是多的原则对于动态效果同样是适用的。如果某个动效的简化能够让整个 UI 更加清晰直观，那么这个修改方案一定是个好主意。当动效中同时包含形状、大小和位移变化的时候，请务必保持路径的清晰以及变化的直观性，如图 6–174 所示。

在该界面的转场动画效果设计中并没有过多复杂的动画设计，当单击界面中相应的功能按钮后，界面中的内容通过位置移动的动效在界面中消失，过程中还应用了运动模糊功能，使动效看上去更有动感。接着另一个界面中的信息通过不透明度的显示而逐渐显示，同时显示卡片扫描动效，当卡片扫描成功后，同样通过不透明度变化切换到卡片信息界面，该界面中内容通过位置移动进入到界面中。整个转场动画的设计中并没有使用过多复杂的特效，只是使用了位置、不透明度等基础属性来表现动画效果，同样可以实现简洁、流畅的过渡动画效果。

图 6-174

6.5.3 制作登录转场动效

很多 App 应用都会设置登录界面，通过登录界面来验证用户的身份。在本节中将带领读者完成一个登录转场动效，该动效属于演示动效，用于演示该 App 应用的用户登录以及登录成功跳转到主界面的整体表现效果。具体操作步骤可扫描二维码看电子书。

实例 34——制作登录转场动效

源文件：源文件 \ 第 6 章 \6–5–3.aep

视频：视频 \ 第 6 章 \6–5–3.mp4

扫码看电子书

6.5.4 制作 App 解锁转场动效

解锁操作是移动端 App 应用常见的操作之一，当解锁成功就会自动跳转到该 App 应用的主界面中。在本节中将带领读者完成一个 App 解锁转场动效的制作，在该动效的制作过程中，当解锁成功时，界面中各元素将通过“位置”“缩放”和“不透明度”属性的变化在界面中消失，而主界面中的元素则同样通过“位置”“缩放”和“不透明度”属性的变化出现在界面中，从而实现界面的转场，在制作过程中要特别注意运动规律和细节的处理。

实例 35——制作 App 解锁转场动效

源文件：源文件\第 6 章\6-5-4.aep　　视频：视频\第 6 章\6-5-4.mp4

01 在 Photoshop 中打开一个设计好的引导界面 PSD 文件“源文件\第 6 章\素材\65401.psd”，可以看到相关的图层，如图 6-175 所示。打开 After Effects，执行“文件” > “导入” > “文件”命令，在弹出的“导入文件”对话框中选择该 PSD 素材文件，如图 6-176 所示。

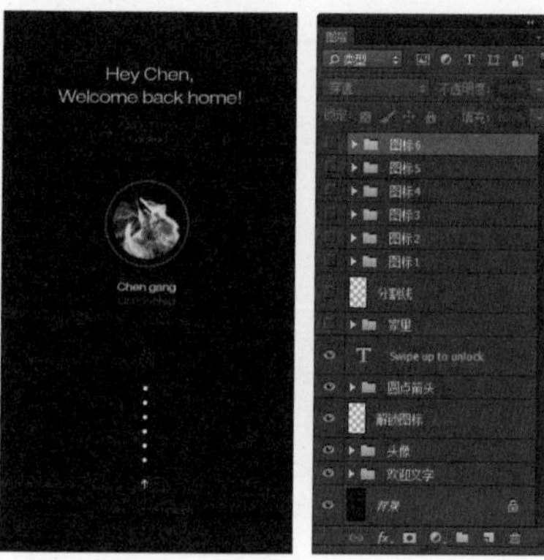

图 6-175

图 6-176

提示

在 PSD 素材文件的图层中可以看到，有一部分图层和图层文件夹进行了隐藏，该部分为解锁后需要在界面中显示的内容。

02 单击“导入”按钮，弹出设置对话框，设置如图 6-177 所示。单击“确定”按钮，导入 PSD 素材并自动生成合成，如图 6-178 所示。

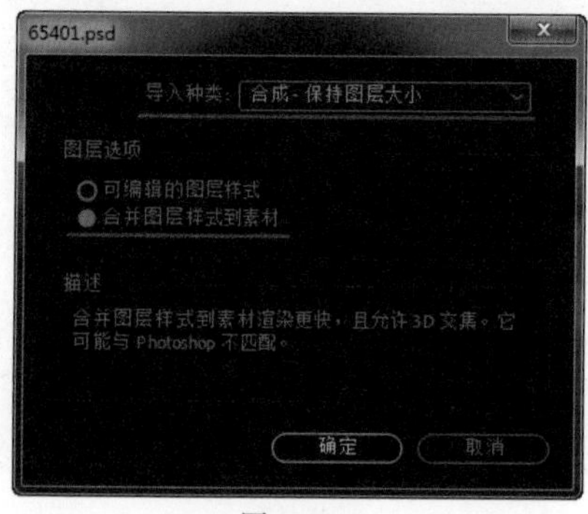

图 6-177

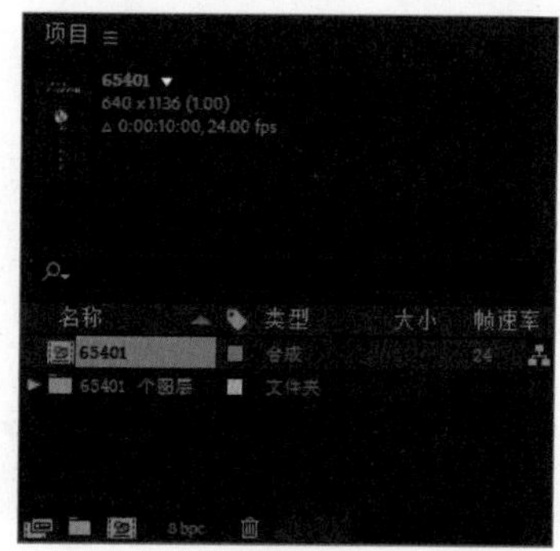

图 6-178

03 在“项目”面板中的 65401 合成上右击，在弹出的菜单中选择“合成设置”命令，弹出“合成设置”对话框，设置“持续时间”为 4 秒，如图 6-179 所示。单击“确定”按钮，完成对话框的设置，双击 65401 合成，在“合成”窗口中打开该合成，效果如图 6-180 所示。

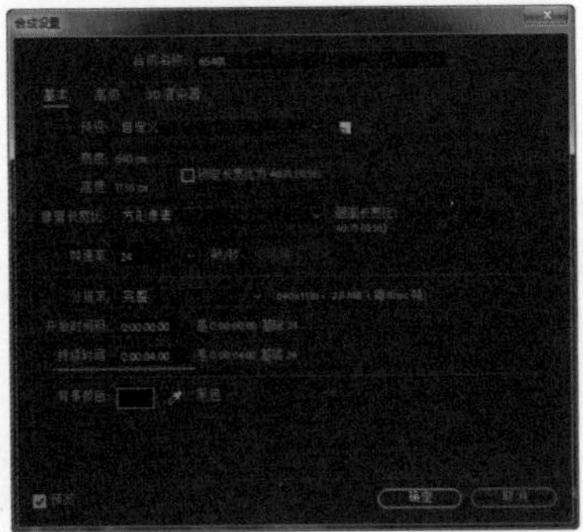

图 6-179

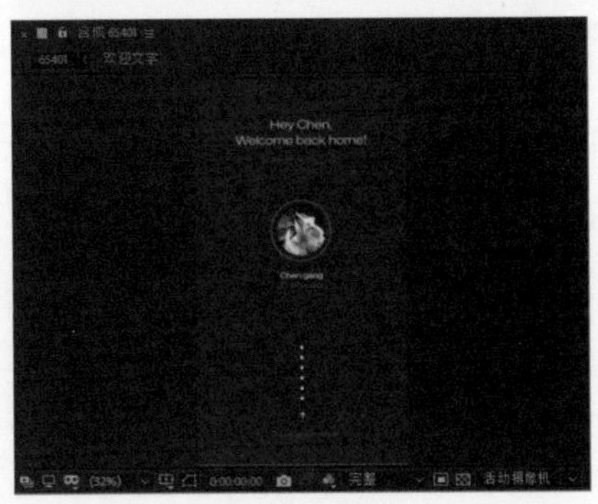

图 6-180

04 在“时间轴”面板中可以看到该合成中相应的图层，如图 6–181 所示。接下来首先制作滑动解锁动画。不要选中任何对象，使用“椭圆工具”，在工具栏中设置“填充”为 #A39EBB，“填充不透明度”为 20%，“描边”为 #C2A6E5，“描边不透明度”为 45%，“描边宽度”为 2 像素，在“合成”窗口中，按住 Shift 键拖动鼠标绘制一个正圆形，如图 6–182 所示。

图 6-181

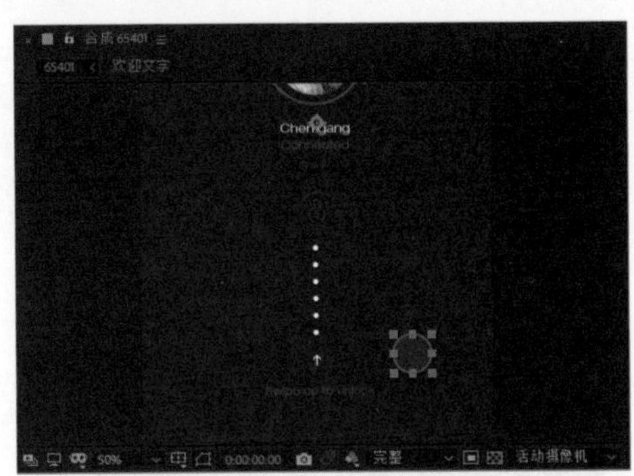

图 6-182

提示

在“时间轴”面板中可以看到其图层与 PSD 素材中的图层是一一对应的，并且 PSD 素材中的图层文件夹都会自动创建为相应的合成，PSD 素材中隐藏的图层和图层文件夹，导入 After Effects 中后，同样保持隐藏的状态。

05 将该图层重命名为“光标”，将“时间指示器”移至 0 秒 04 帧的位置，按快捷键 T，显示该图层的“不透明度”属性，为该属性插入关键帧，并设置其属性值为 0%，如图 6–183 所示。将“时间指示器”移至 0 秒 10 帧的位置，设置其“不透明度”为 100%，效果如图 6–184 所示。

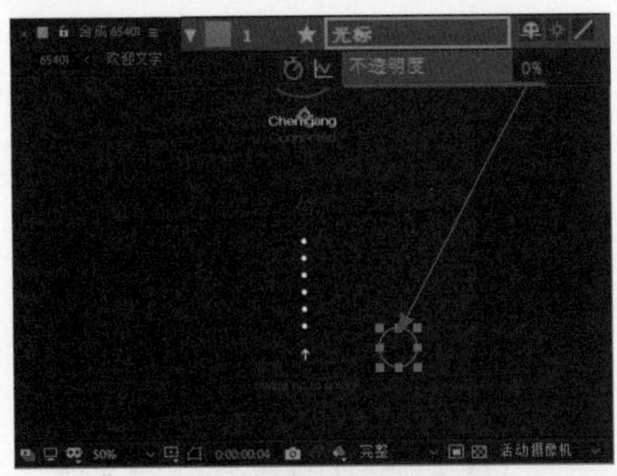

图 6-183

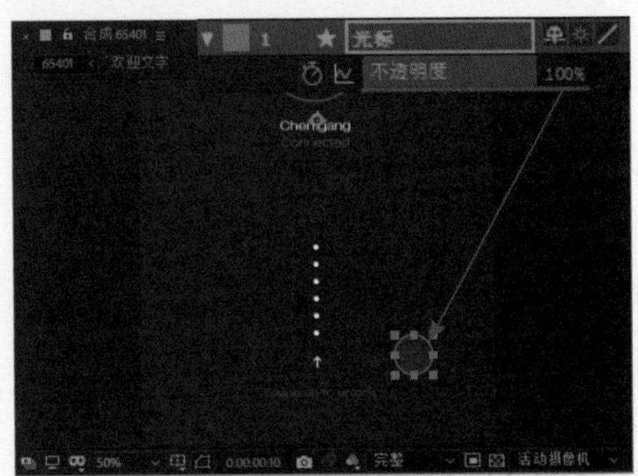

图 6-184

06 使用“向后平移(锚点)工具”，将该正圆形的锚点调整至正圆形的中心位置，显示该图层的“位置”属性，为该属性插入关键帧，如图 6–185 所示。将“时间指示器”移至 0 秒 23 帧的位置，在“合成”窗口中将正圆形移至合适的位置，如图 6–186 所示。

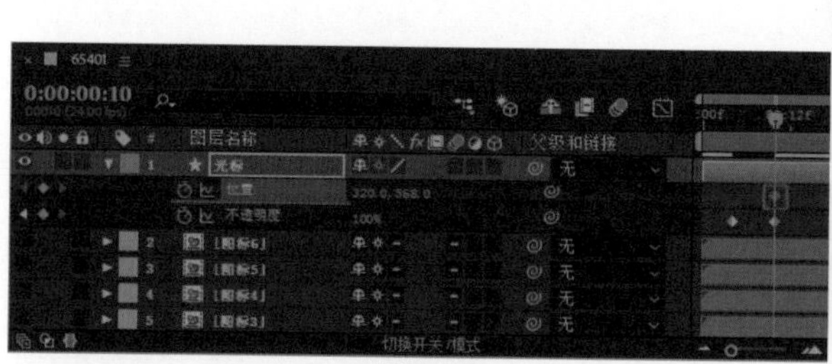

图 6-185

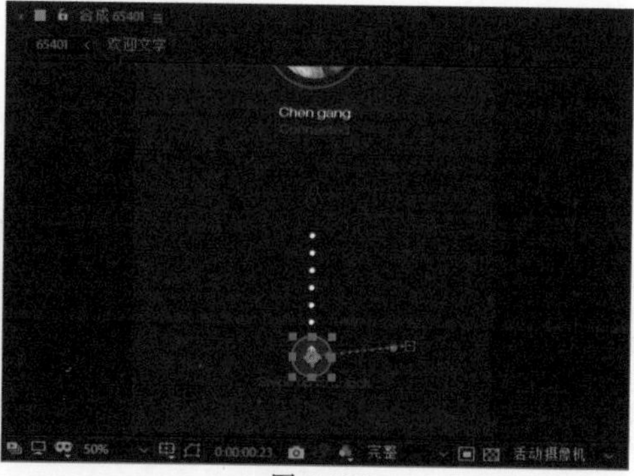

图 6-186

07 将“时间指示器”移至 1 秒 18 帧的位置，在“合成”窗口中将正圆形移至合适的位置，如图 6–187 所示。将“时间指示器”移至 0 秒 23 帧的位置，显示该图层的“缩放”属性，为该属性插入关键帧，如图 6–188 所示。

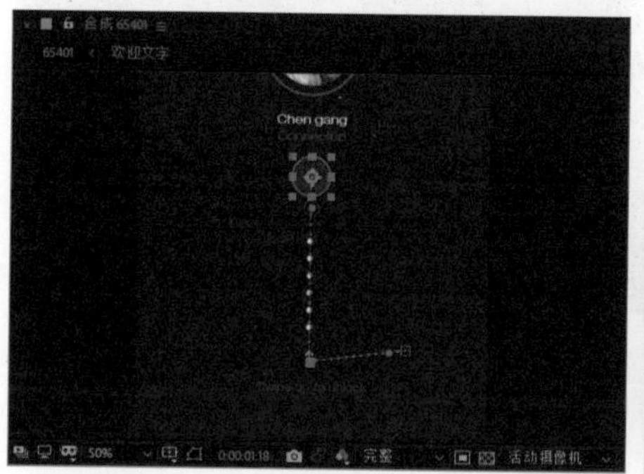

图 6-187

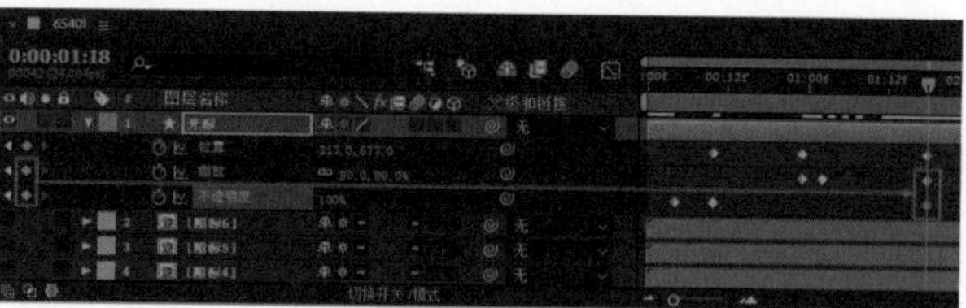

图 6-188

08 将“时间指示器”移至 1 秒 02 帧的位置，设置“缩放”属性值为 80%，效果如图 6–189 所示。将“时间指示器”移至 1 秒 18 帧的位置，为“缩放”属性和“不透明度”属性添加关键帧，如图 6–190 所示。

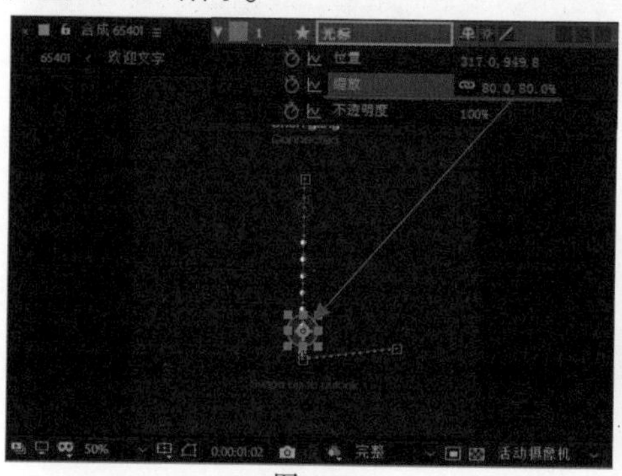

图 6-189

图 6-190

09 将“时间指示器”移至 1 秒 21 帧的位置，设置“缩放”属性值为 100%，“不透明度”属性值为 0%，效果如图 6–191 所示。同时选中该图层中“位置”和“缩放”属性的所有关键帧，按快捷键 F9，为其应用“缓动”效果，如图 6–192 所示。

10 选择“欢迎文字”图层，将“时间指示器”移至 1 秒 08 帧的位置，分别为该图层的“位置”“缩放”和“不透明度”属性插入关键帧，如图 6–193 所示。将“时间指示器”移至 1 秒 18 帧的位置，设置“缩放”属性值为 50%，“不透明度”属性值为 0%，将其向上移动一些距离，效果如图 6–194 所示。

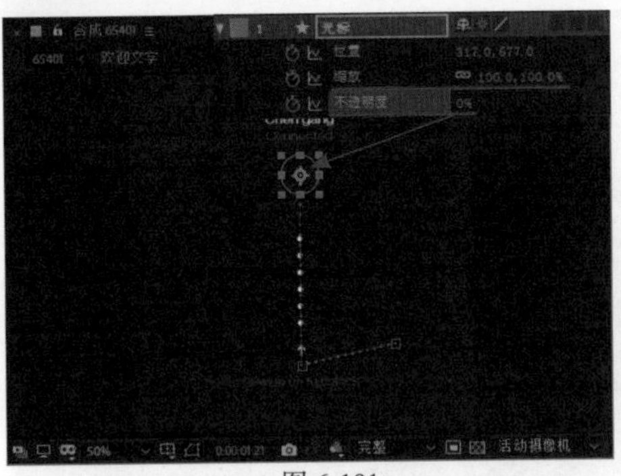
图 6-191

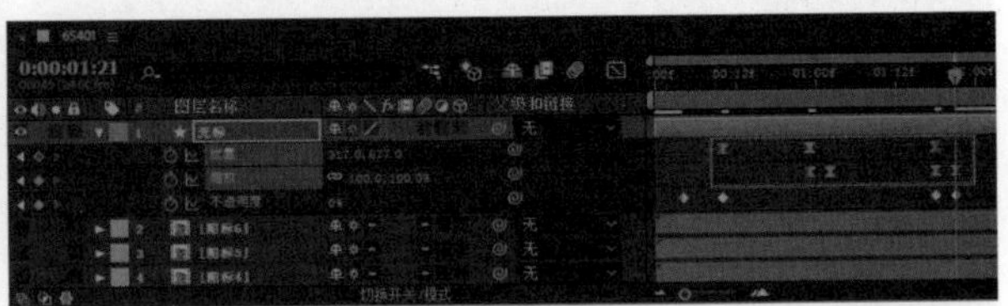
图 6-192

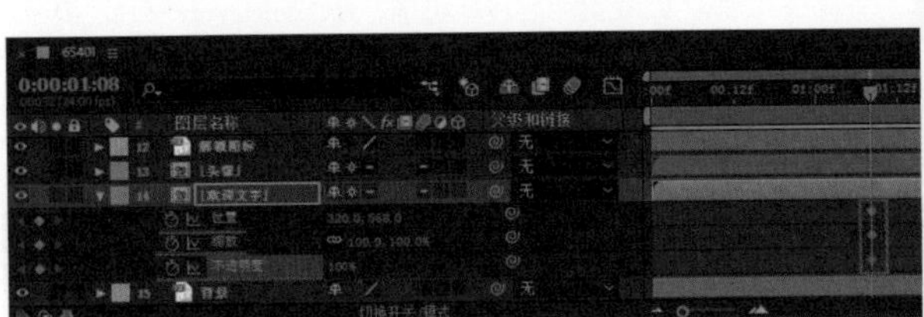
图 6-193

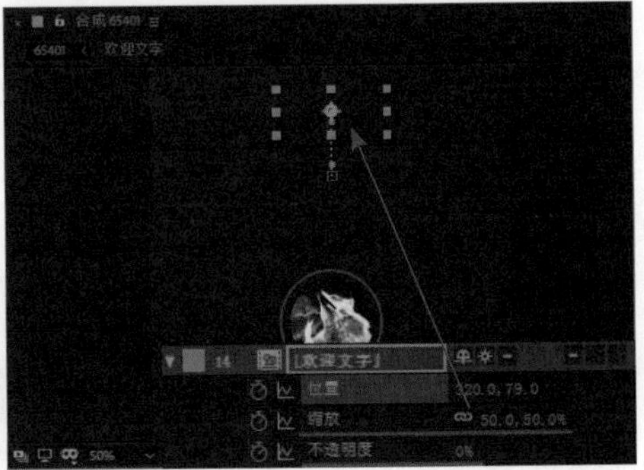
图 6-194

11 同时选中该图层中“位置”和“缩放”属性的所有关键帧，按快捷键 F9，应用“缓动”效果，如图 6–195 所示。选择“头像”图层，将“时间指示器”移至 1 秒 08 帧的位置，分别为该图层的“位置”和“缩放”属性插入关键帧，如图 6–196 所示。

图 6-195

图 6-196

12 将“时间指示器”移至 1 秒 23 帧的位置，设置“缩放”属性值为 35%，将其调整至界面的左上角位置，如图 6–197 所示。同时选中该图层中的所有关键帧，按快捷键 F9，应用“缓动”效果，如图 6–198 所示。

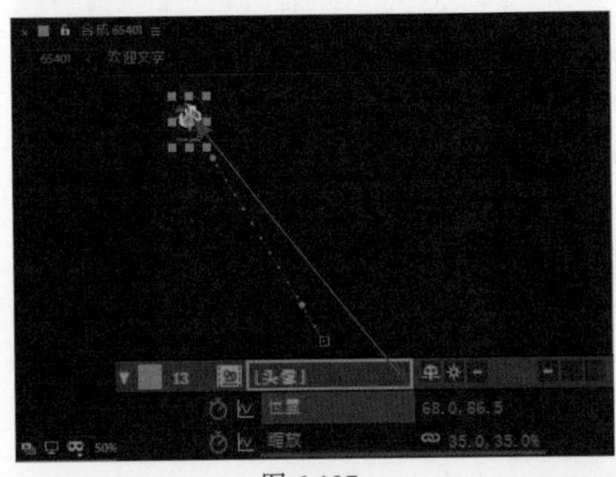
图 6-197

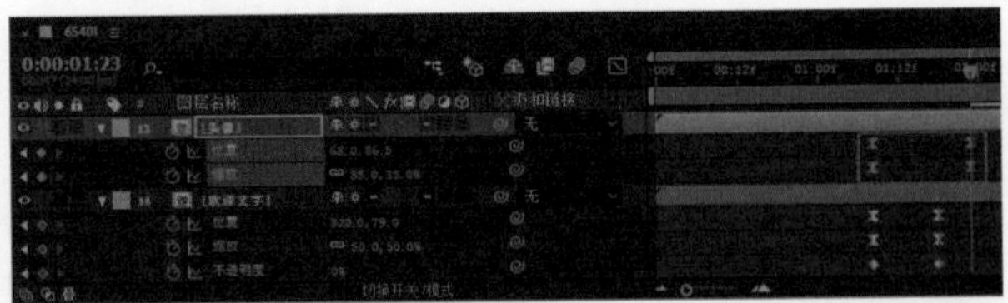
图 6-198

13 选择“解锁图标”图层，将“时间指示器”移至 1 秒 11 帧的位置，分别为该图层的“缩放”和“不透明度”属性插入关键帧，如图 6–199 所示。将“时间指示器”移至 1 秒 17 帧的位置，设置“缩放”属性值为 110%，“不透明度”属性值为 0%，效果如图 6–200 所示。

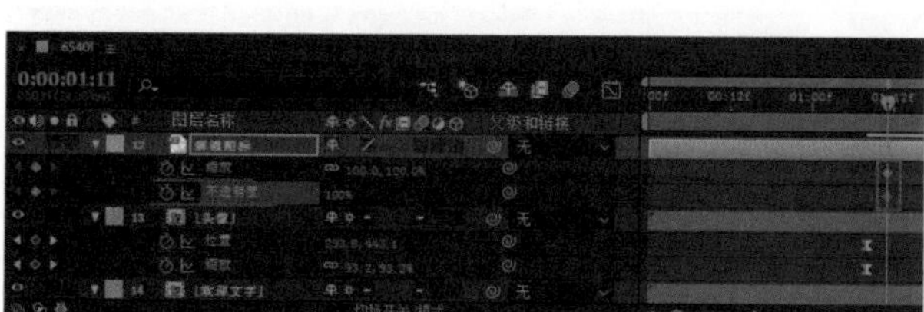
图 6-199

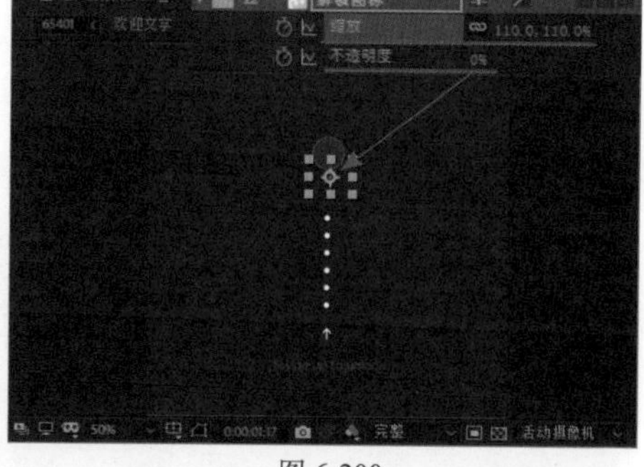
图 6-200

14 使用相同的制作方法，可以分别制作出“圆点箭头”和 Swipe up to unlock 图层中的动画，“时间轴”面板如图 6-201 所示。

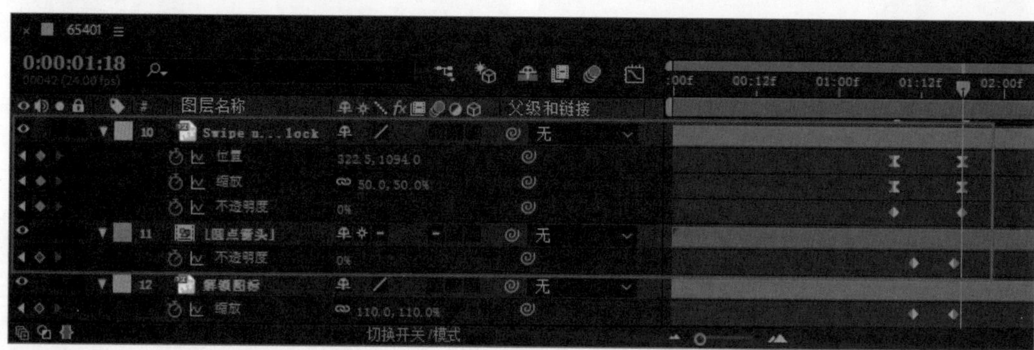

图 6-201

15 显示并选择“家里”图层，将“时间指示器”移至 2 秒 05 帧的位置，分别为该图层的“位置”“缩放”和“不透明度”属性插入关键帧，如图 6-202 所示。将“时间指示器”移至 1 秒 17 帧的位置，设置“不透明度”为 0%，“缩放”为 90%，并将其向下移动位置，效果如图 6-203 所示。

图 6-202

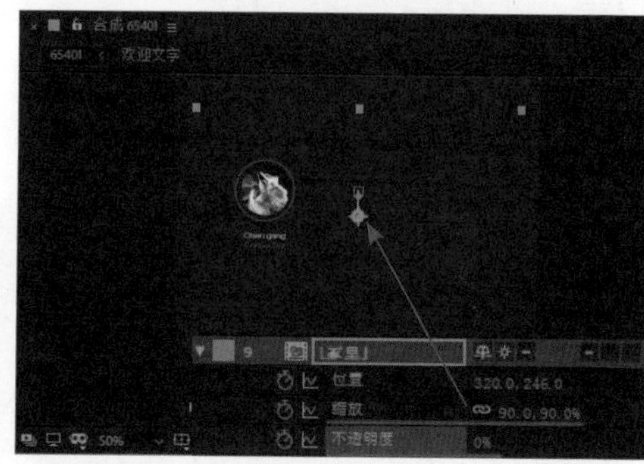
图 6-203

16 同时选中该图层中“位置”和“缩放”属性的所有关键帧，按快捷键 F9，应用“缓动”效果，如图 6-204 所示。显示并选择“分隔线”图层，将“时间指示器”移至 1 秒 14 帧的位置，为该图层的“不透明度”属性插入关键帧，并设置“不透明度”属性值为 0%，如图 6-205 所示。

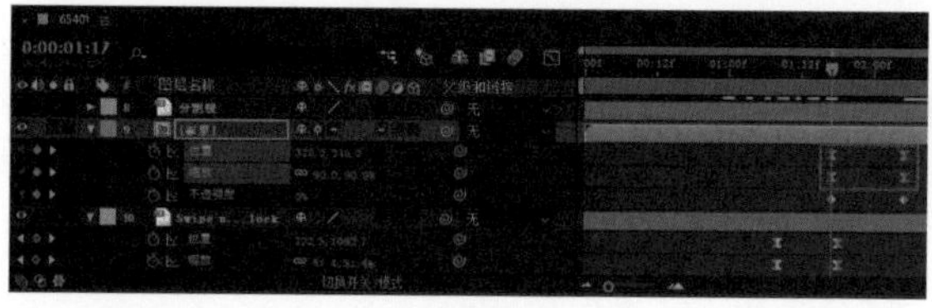
图 6-204

图 6-205

17 将“时间指示器”移至 1 秒 18 帧的位置，设置“不透明度”属性值为 100%，效果如图 6–206 所示。显示并选择“图标 1”图层，使用“向后平移（锚点）工具”，调整其锚点位于图层对象的中心位置，如图 6–207 所示。

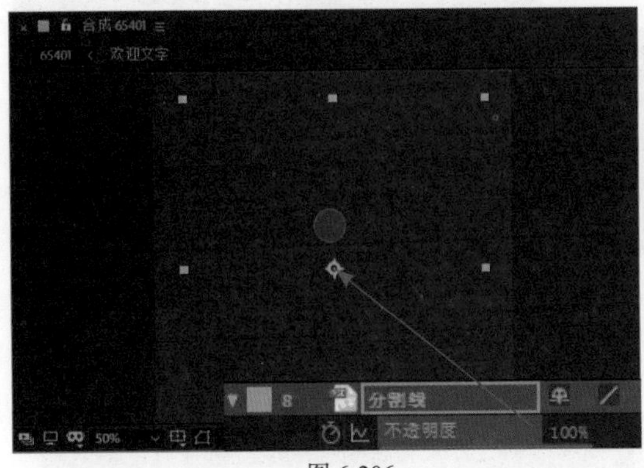

图 6-206

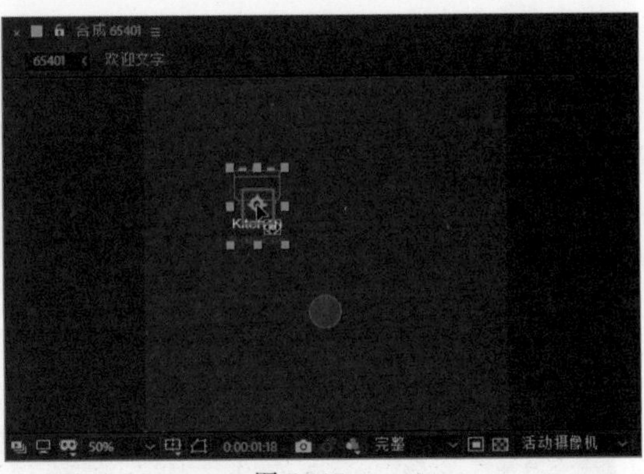

图 6-207

18 将“时间指示器”移至 2 秒 05 帧的位置，分别为该图层的“位置”“缩放”和“不透明度”属性插入关键帧，如图 6–208 所示。将“时间指示器”移至 1 秒 16 帧的位置，设置“缩放”为 140%，“不透明度”为 0%，并将其向左上角位置移动，如图 6–209 所示。

图 6-208

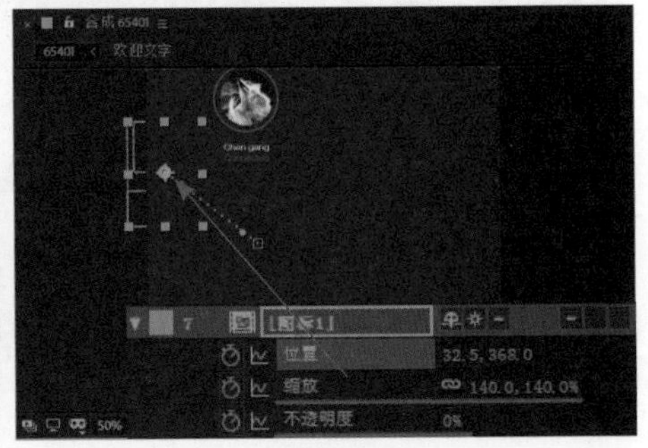

图 6-209

19 同时选中该图层中“位置”和“缩放”属性的所有关键帧，按快捷键 F9，应用“缓动”效果，如图 6–210 所示。

图 6-210

20 使用相同的制作方法，可以完成“图标 2”至“图标 6”图层中动画效果的制作，需要注意的是，可以制作每个图标从不同的方向入场，效果如图 6–211 所示，“时间轴”面板如图 6–212 所示。

21 完成该 App 解锁转场动效的制作，单击“预览”面板上的“播放 / 停止”按钮，可以在“合成”窗口中预览动画效果。也可以根据前面介绍的渲染输出方法，将该动画渲染输出为视频文件，再使用 Photoshop 将其输出为 GIF 格式的动画，动画效果如图 6–213 所示。

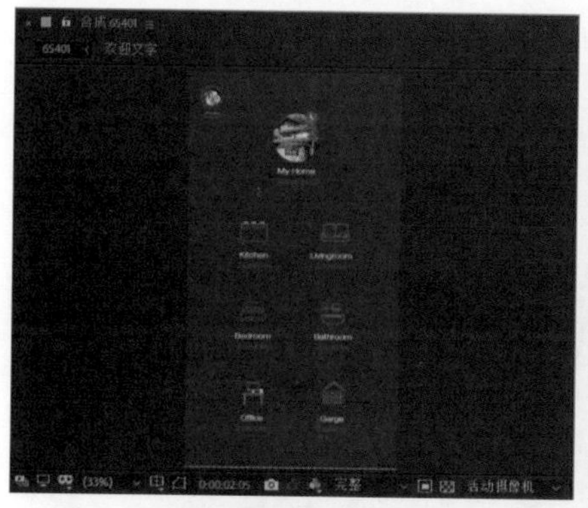

图 6-211

图 6-212

图 6-213

6.6 UI 界面交互动效设计规范

随着大家对 UI 界面交互动效的关注，我们发现 UI 界面动效设计与其他的 UI 设计分支一样，同样具备完整性和明确的目的性。伴随拟物化设计风潮的告一段落，UI 设计更加自由随心。现如今，UI 交互动效设计已经具备丰富的特性，酷炫灵活的特效已经是 UI 界面设计中不可分割的一部分。

6.6.1 界面动效设计要点

UI 界面交互动效可以认为是新兴的设计领域的分支，如同其他的设计一样，它也是有规律可循的。在开始动手设计制作各种交互动效之前，不妨先了解一下 UI 界面交互动效的设计要求。

1. 富有个性

这是 UI 界面动效设计最基本的要求，动效设计就是要摆脱传统应用的静态设定，设计独特的动画效果，创造引人入胜的效果。

在确保 UI 界面风格一致性的前提下，表达出 App 的鲜明个性，这就是 UI 动效设计“个性化”要做的事情。同时，还应该令动画效果的细节符合那些约定俗成的交互规则，这样动效就具备了“可预期性”，如此一来，UI 动效设计便有助于强化用户的交互经验，保持移动应用的用户黏度。如图 6–214 所示为个性的产品介绍界面。

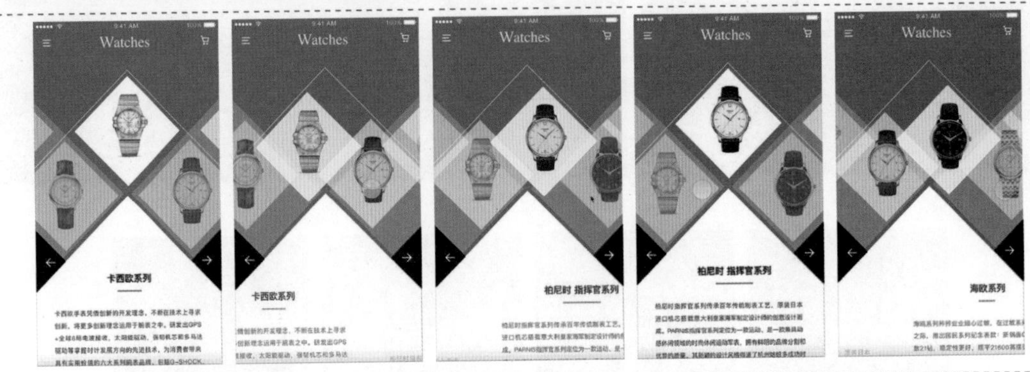

该产品介绍界面首先从内容的排版设计上就比较富有个性，打破传统的排版方式，采用了菱形的设计布局方式，界面中各产品信息的切换则使用了位置和不透明度变化的方式进行呈现，不仅可以单击产品图片实现产品信息的切换，还可以单击界面左右两侧的箭头图标，界面的表现富有个性，给人留下深刻的印象。

图 6-214

2. 为用户提供操作导向

UI 界面中的动效应该令用户轻松愉悦，设计师需要将屏幕视作一个物理空间，将 UI 元素看作物理实体，它们能在这个物理空间中打开、关闭，任意移动、完全展开或者聚焦为一点。动效应该随动作移动而自然变化，为用户做出应有的引导，不论是在动作发生前、过程中还是动作完成以后，UI 动效就应该如同导游一样，为用户指引方向，防止用户感到无聊，减少额外的图形化说明，如图 6–215 所示。

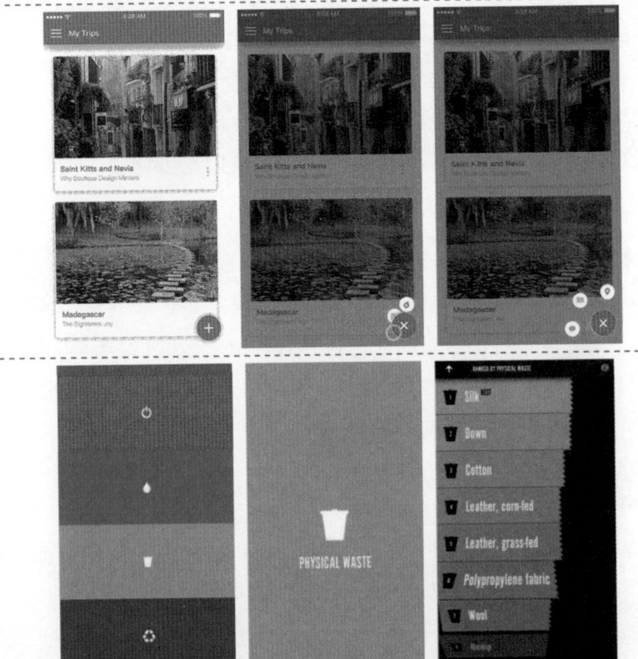

在该界面的工具图标弹出动画设计中，使用了界面背景变暗和图标元素惯性弹出相结合的动画效果，从而有效地创造出界面的视觉焦点，使用户的注意力被吸引到弹出的 3 个彩色的功能操作图标上，引导用户操作。

在该界面的动画设计中，当用户在导航主界面中点击某个选项后，该选项会自动展开充满整个界面，然后再通过一个优雅的展开动画效果过渡到相关操作选项界面，无论是色彩还是界面的切换顺序都表现出明显的层次感。

图 6-215

3. 为内容赋予动态背景

动效应该为内容赋予背景，通过背景来表现内容的物理状态和所处环境。再摆脱模拟物品细节和纹理的设计束缚之后，UI 界面设计甚至可以自由地表现与环境设定矛盾的动态效果。为对象添加拉伸或者形变的效果，或者为列表添加俏皮的惯性滚动，都不失为增加 UI 界面用户体验的有效手段，如图 6–216 所示。

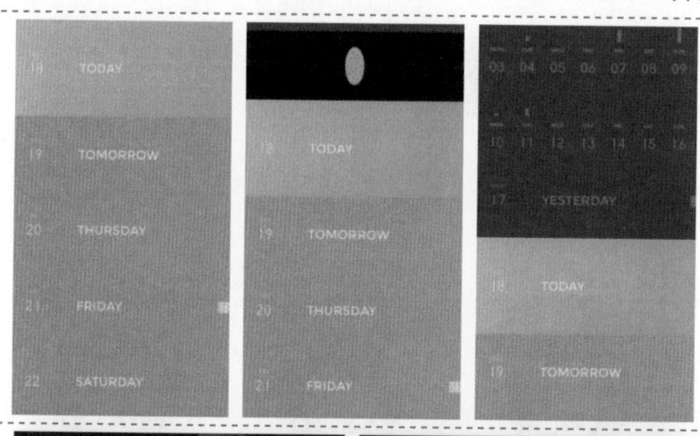

在该与日期相关的应用界面设计中，使用不同的背景颜色表现当前日期和未来的日期，当用户在界面中向下拖动时，以拉伸的圆点表现拖动效果，并且在界面上方使用不同的背景颜色来表现以前的日期信息，从而有效地区分界面中不同的信息内容。

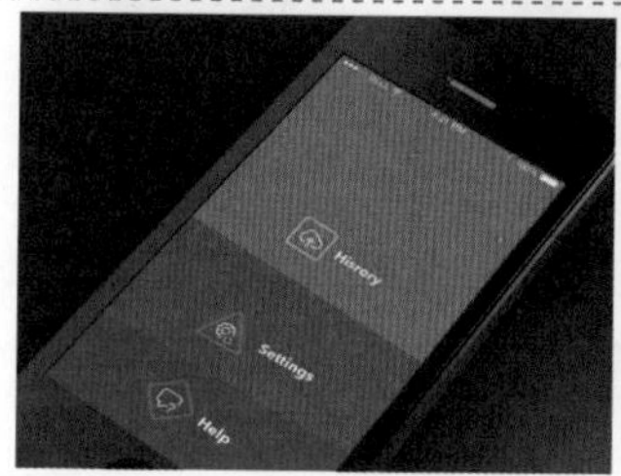

在该导航界面的设计中，使用不同的背景颜色搭配简洁的图标表现各功能导航选项，并且在显示导航菜单的过程中，各导航选项表现为晃动的动效，给人一种富有趣味性的印象。

图 6-216

4. 引起用户共鸣

UI 界面中所设计的动效应该具有直觉性和共鸣性。UI 动效的目的是与用户互动，并产生共鸣，而非令用户困惑甚至感到意外。UI 动效和用户操作之间的关系应该是互补的，两者共同促成交互完成。如图 6–217 所示为一组 UI 界面。

5. 提升用户情感体验

出色的 UI 界面动效是能够唤起用户积极的情绪反应的，平滑流畅的滚动能带来舒适感，而有效的动作执行往往能带来令人兴奋的愉悦和快感，如图 6–218 所示。

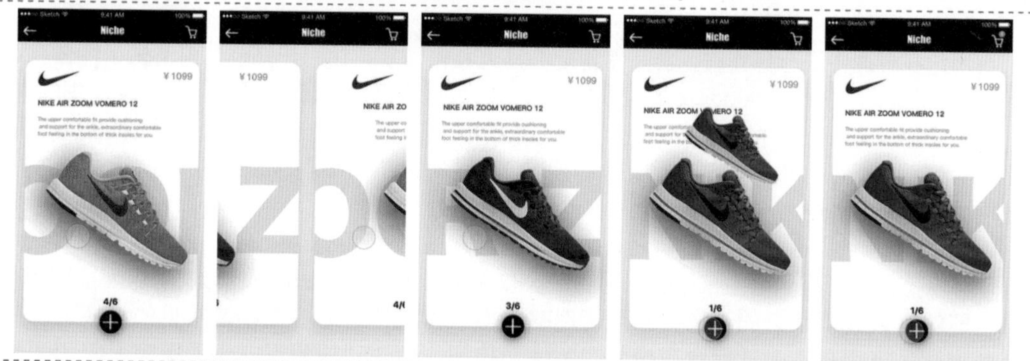

在该电商 App 应用的界面中，可以通过左右滑动的方式来切换不同商品的显示，当用户选中某款商品时，可以单击该商品图片上方的加号按钮，这时该产品图片会缩小并通过位置的移动飞入界面右上角的购物车中，表现效果非常直观，能够有效提升用户的操作体验。

图 6-217

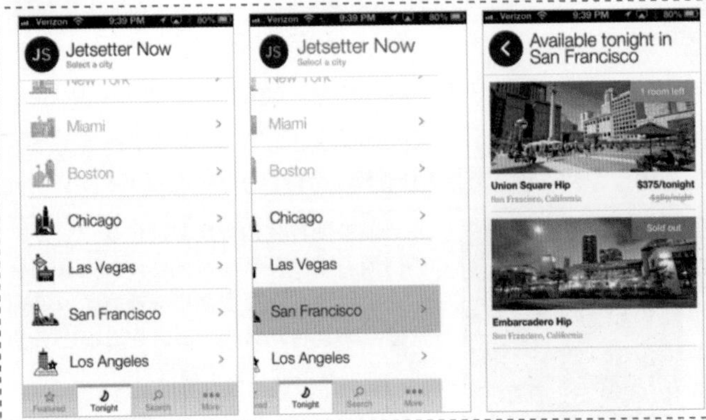

在该移动 App 应用中根据界面设计了符合用户直觉性的界面切换过渡动画效果。在列表界面中，每个列表项的右侧都有一个“右向”的箭头图标，当点击某个列表项时，则采用符合用户预期的向左滑动切换到相应的界面中，在该界面右上角则显示了“左向”的箭头图标，暗示点击可返回上级界面。

图 6-217(续)

在该音乐 App 界面的动效设计中，当用户单击专辑介绍界面中间的播放按钮时，该按钮会向下移动并变形为暂停按钮，而界面上方的专辑图片同样向上移动位置，显示出完整的唱片图形。与此同时，在界面中出现相关的其他功能操作按钮和播放进度条，并自动开始播放音乐，平滑的切换过渡给用户带来流畅感，并有效提升用户体验。

图 6-218

6.6.2 通过动效设计提升 UI 界面用户体验

在用户体验中，我们总是强调“以人为本”，如何才能做到“以人为本”，我们所设计的应用应该使用日常用语，包括情绪、口语，界面应该成为用户的好朋友，在 UI 界面中加入恰当的动画效果，表达当前的操作反馈和状态，无论背景的逻辑多么复杂，都能够使界面更加亲切。

1. 显示系统状态

当用户在界面中进行操作时，总是希望能够马上获得回复，让用户知晓当前发生了什么。例如在用户进行操作时，在界面中显示图形，反映完成百分比，或者播放声音，让用户了解当前发生的事情。

这个原则也关系到文件传输，不要让用户觉得无聊，需要为用户提供文件传输的进度显示，即使是不太令人愉快的通知，例如传输失败，也应该以令人喜爱的方式展现。如图 6–219 所示为动画图标。

2. 突出显示变化

图标状态的切换是界面中常见的一种表示状态变化的方式，通过动画的形式来表现按钮状态的变化，能够有效吸引用户的注意，不至于忽略界面中重要的信息。例如最常见的“播放”按钮状态的变化，当用户点击其后会变换为“暂停”按钮，通过动效的形式表现更容易吸引用户。如图 6–220 所示为突出表现信息的界面。

当用户在界面中进行上传文件操作时，上传图标会以动画的形式转换成为上传进度的效果，并动态显示当前的上传进度，当上传完成后，同样以动画的形式将该上传图标转成上传完成的图标，并给出文字提示，给用户在不同状态下的提醒，非常直观。

图 6-219

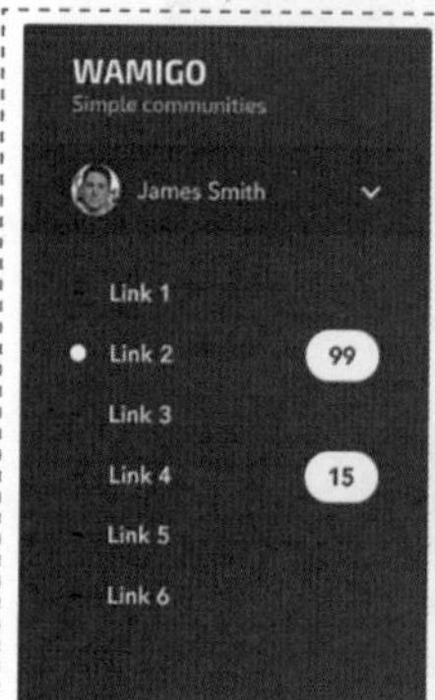

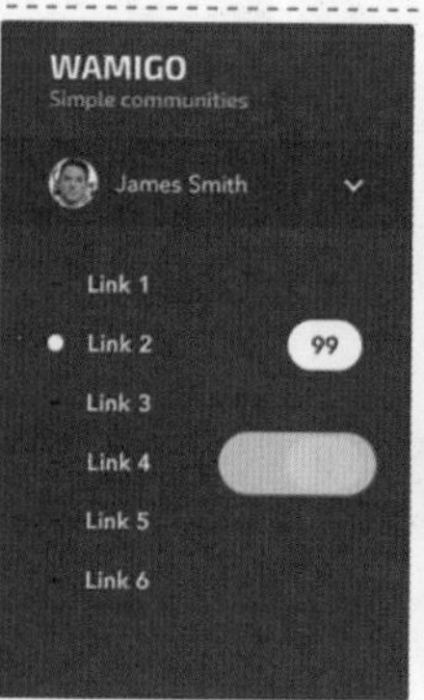

在该界面中，各信息选项以静态方式呈现，选项右侧会以白色背景来突出表现未读信息，当用户收到新的未读信息时，会以动效的形式来突出表现，很好地吸引用户的注意力。

图 6-220

3. 保持前后关联

智能移动设备的屏幕尺寸有限，很难在屏幕中同时展现大量的信息内容，这时候就需要为移动应用设计一种处理方式，能够在不同的界面之间保持清晰的导航，让用户理解该界面从何而来，与之前的界面有什么关联，如何返回到之前的界面中，这样才能够使用户的操作更加得心应手，如图 6–221 所示。

当用户在界面中点击某个选项后，界面中各选项将以展开的形式非常自然地过渡到相应的界面中，而在该界面中用户又可以通过点击界面右上角的“关闭”图标来返回到上级界面，当用户单击该图标时，界面采用了收缩的形式逐渐过渡到上级界面，前后界面的过渡非常流畅，并且具有很好的关联性。

图 6-221

4. 非标准布局

如果 UI 界面采用了非标准的布局方式，那么就需要通过在 UI 界面中添加交互动效的方式来帮助用户理解如何操作非标准的布局，去除用户不必要的疑惑。如图 6–222 所示为卡片切换动效。

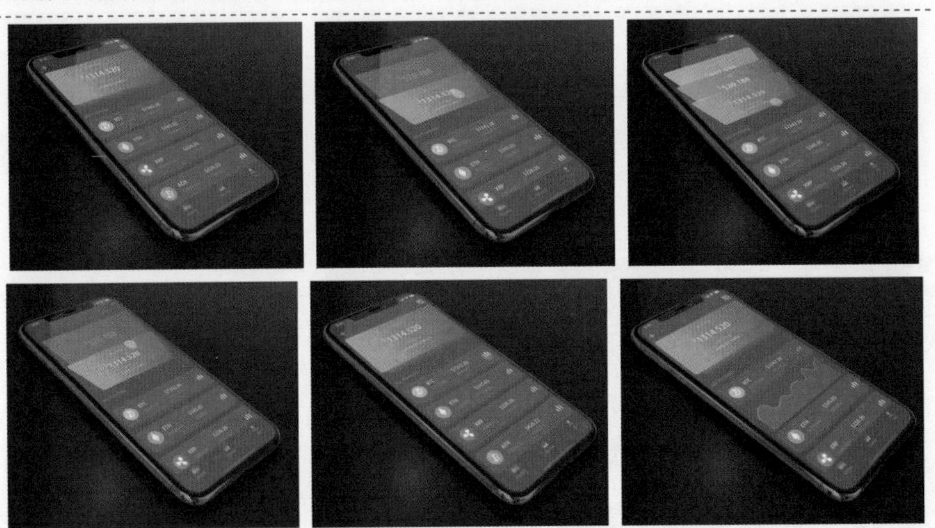

在该界面中卡片切换的动效比较特殊，模拟了三维卡片的表现形式，在界面中以纵深方式排列各卡片，给人带来强烈的立体空间感。当用户单击选择某张卡片后，该卡片变换为平铺显示，并在其下方显示相关的选项，单击某个选项，可以在该选项下方显示其相关内容。

图 6-222

5. 行动号召

UI 界面中的动效设计除了能够帮助用户有效地操作应用程序外，还能够有效地鼓励用户在界面中的其他操作，例如持续浏览、点赞或分享内容等，只有充分地发挥动画的吸引力，才能够更有效地吸引用户。如图 6–223 所示为动画界面。

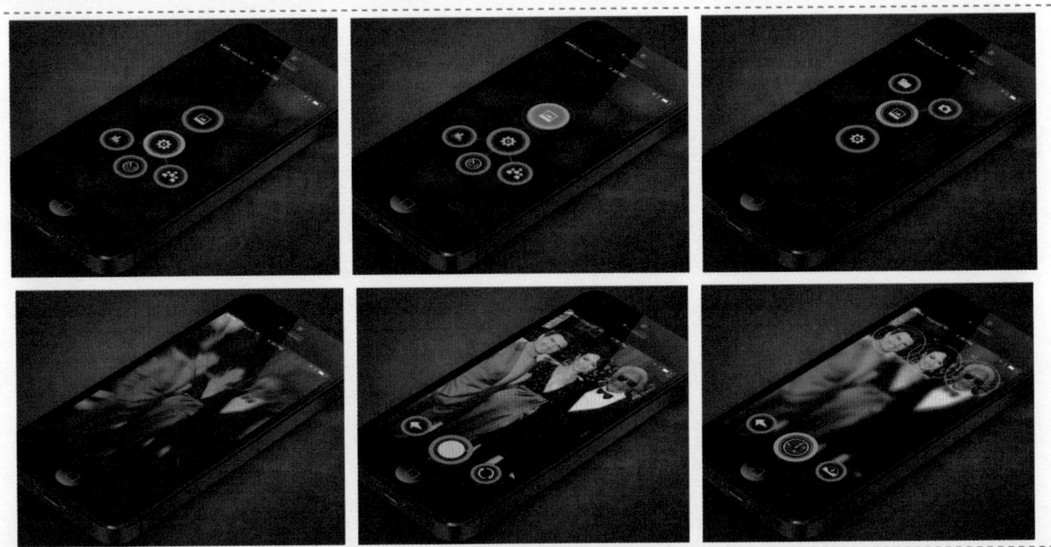

在该应用的主界面中单击某个功能操作图标后，将以动画的形式显示出其相关的功能操作图标，而将无关的功能操作图标隐藏，再次单击某个功能操作图标，以动画的方式呈现相应的界面，并且同样为用户提供了相应的功能操作图标，就这样一步一步地吸引用户进行操作。

图 6-223

6. 输入的视觉化

在所有应用中，数据输入都是最重要的操作之一，数据的输入重点是尽可能防止用户输入错误，而且可以在用户输入过程中加入适当的交互动效，使数据输入过程不是那么枯燥和无趣，如图 6–224 所示。

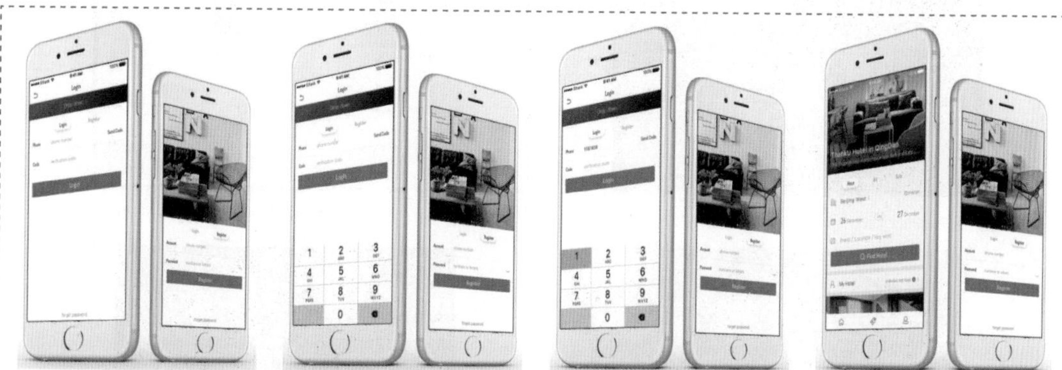

在该 App 应用的登录界面中，当用户在表单元素中单击，即可在界面下方通过动画的形式显示出输入法键盘，如果用户在键盘上点击输入数据，每点击一个数字，该数字区域就会以动画的形式进行突出表现，从而有效吸引用户的注意力，使用户专注于信息内容的输入。

图 6-224

提示

UI 界面中的动效是用来保持用户的关注点、引导用户操作的，不要为了动效而强硬地在界面中添加动画效果。在 UI 界面中滥用动效会让用户分心，过度表现和过多的转场动效会令用户烦躁，所以还需要把握好动效在 UI 界面中的平衡。

6.6.3 制作天气界面动效

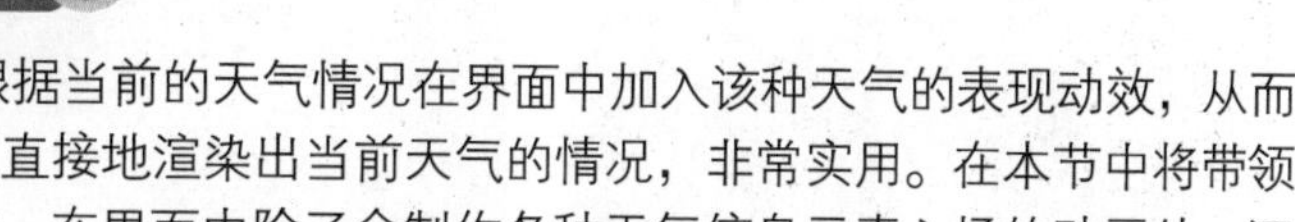

在天气应用 App 界面中，常常会根据当前的天气情况在界面中加入该种天气的表现动效，从而使界面的信息表现更加直观，也能够更直接地渲染出当前天气的情况，非常实用。在本节中将带领读者完成一个下雪天气界面动效的制作，在界面中除了会制作各种天气信息元素入场的动画外，还将通过 CC Snowfall 效果制作出下雪的动效，从而使整个天气界面的动效表现更加真实。

实例 36——制作天气界面动效

源文件：源文件 \ 第 6 章 \6–6–3.aep　　视频：视频 \ 第 6 章 \6–6–3.mp4

01 在 Photoshop 中打开一个设计好的 PSD 素材文件“源文件 \ 第 6 章 \ 素材 \66301.psd”，打开“图层”面板，可以看到该 PSD 文件中的相关图层文件夹和图层，如图 6–225 所示。打开 After Effects，执行“文件” > “导入” > “文件”命令，在弹出的“导入文件”对话框中选择该 PSD 素材文件，如图 6–226 所示。

02 单击“导入”按钮，弹出设置对话框，设置如图 6–227 所示。单击“确定”按钮，导入该 PSD 格式素材，自动创建相应的合成，如图 6–228 所示。

图 6-225

图 6-226

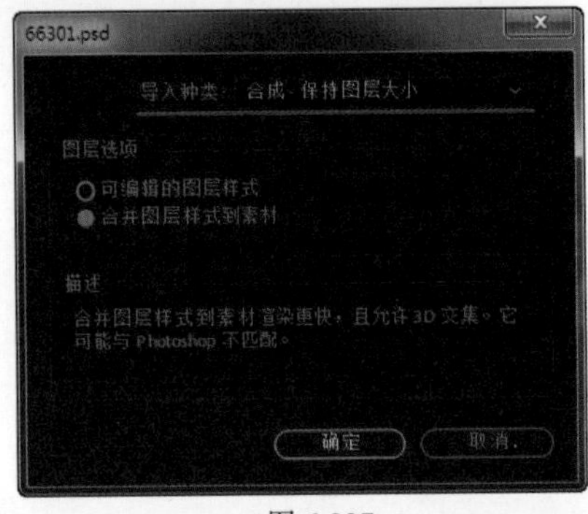
图 6-227

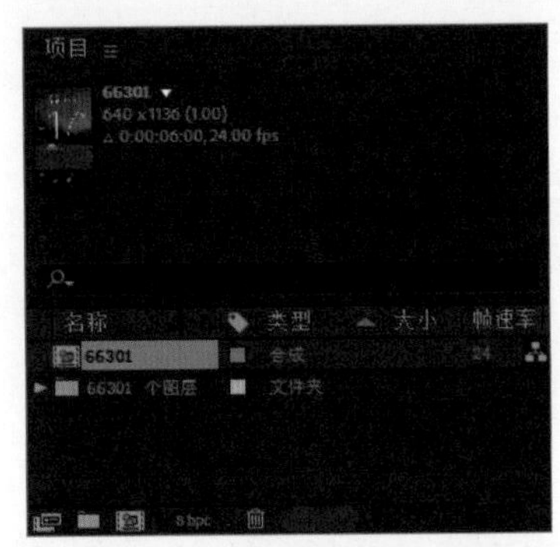
图 6-228

03 在自动创建的合成上右击，在弹出的菜单中选择“合成设置”命令，弹出“合成设置”对话框，设置“持续时间”为 10 秒，如图 6–229 所示。单击“确定”按钮，完成“合成设置”对话框的设置，双击 66301 合成，在“合成”窗口中打开该合成，在“时间轴”面板中可以看到该合成中相应的图层，如图 6–230 所示。

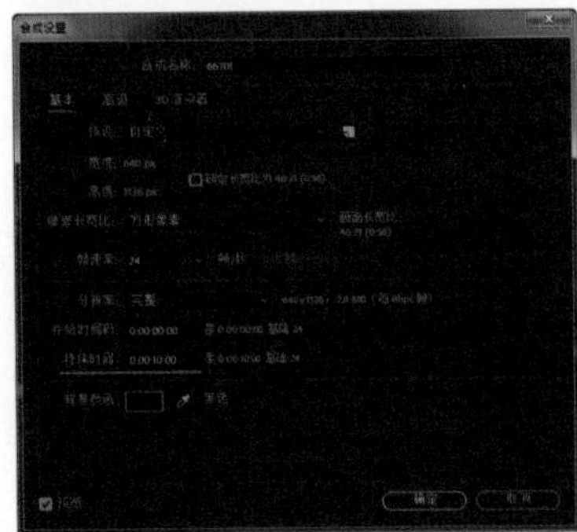
图 6-229

图 6-230

提示

在“时间轴”面板中可以发现，所导入的 PSD 素材中的图层文件夹同样会自动创建为相应的合成，在合成中包含相应的图层内容。这里不仅需要设置 66301 合成的“持续时间”为 10 秒，也需要将“当前天气”和“未来天气”这两个合成的“持续时间”设置为 10 秒，并且将所有图层的持续时间都调整为 10 秒。

04 在“时间轴”面板中双击“当前天气”合成，进入该合成的编辑界面中，如图 6–231 所示。选择“天气图标”图层，将“时间指示器”移至 0 秒 12 帧的位置，按快捷键 P，显示该图层的“位置”属性，为该属性插入关键帧，如图 6–232 所示。

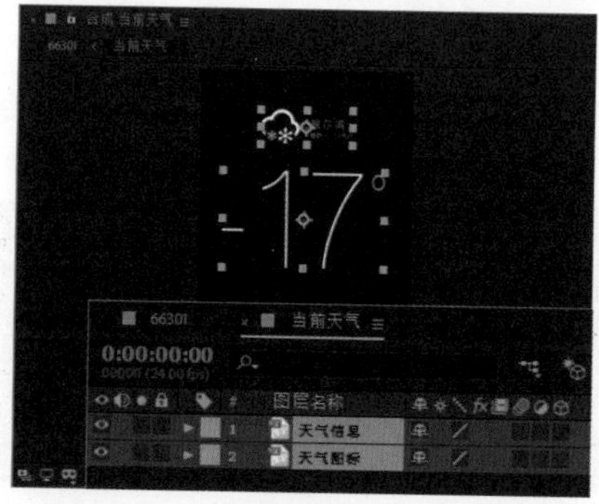

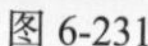
图 6-231

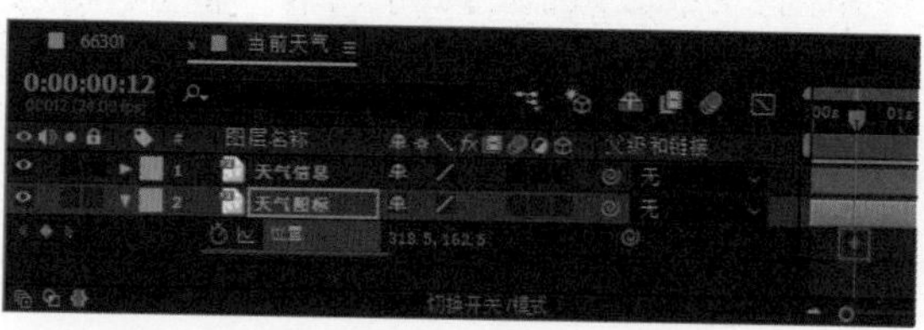

图 6-232

05 将“时间指示器”移至起始位置，在“合成”窗口中将该图层内容垂直向上移至合适的位置，如图 6-233 所示。在“时间轴”面板中同时选中该图层的两个关键帧，按快捷键 F9，为所选中的关键帧应用“缓动”效果，如图 6-234 所示。

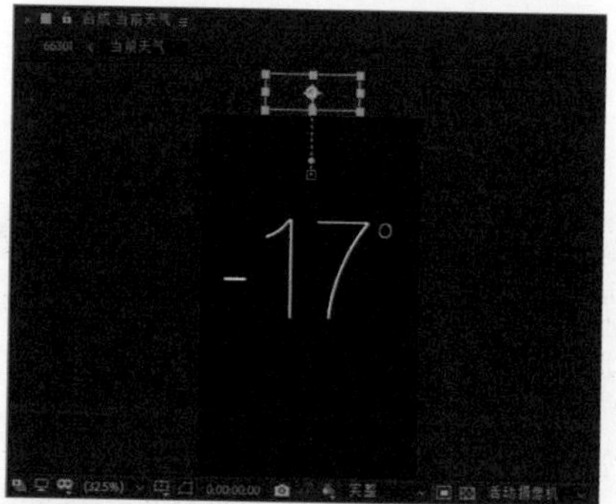

图 6-233

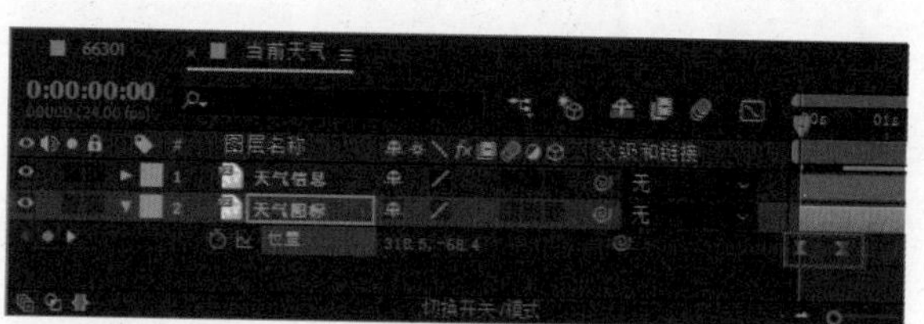

图 6-234

提示

此处制作的是该图层中的内容从场景外垂直向下移动进入场景中的动画效果，为什么要采用倒着做的方法呢？这是因为我们在设计稿中已经确定好了元素最终的位置，所以先在移动结束的位置插入关键帧，再在开始的位置将内容向上移出场景，这样可以确保内容最终移动结束的位置与设计稿相同。

06 选择“天气信息”图层，按快捷键 S，显示该图层的“缩放”属性，将“时间指示器”移至 0 秒 06 帧的位置，为“缩放”属性插入关键帧，并设置该属性值为 0%，如图 6-235 所示，“合成”窗口中的效果如图 6-236 所示。

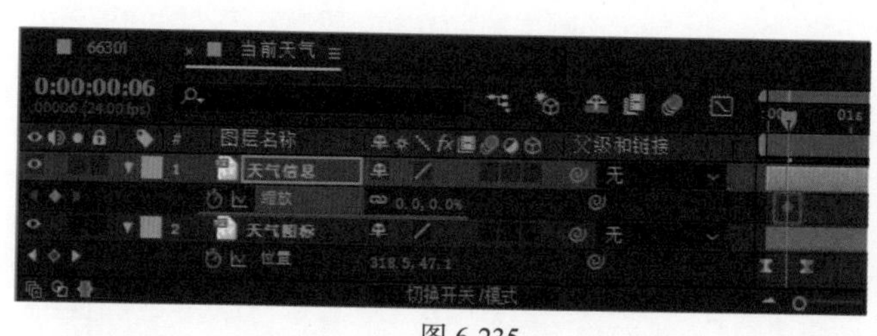

图 6-235

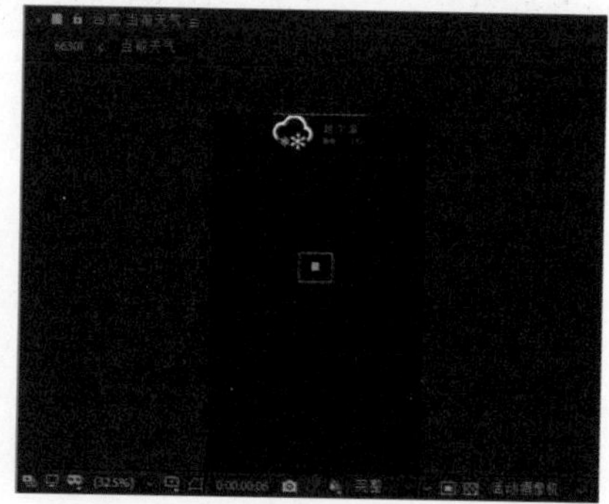

图 6-236

07 将“时间指示器”移至 0 秒 20 帧的位置，设置“缩放”属性值为 100%，如图 6-237 所示。在“时间轴”面板中同时选中该图层的两个关键帧，按快捷键 F9，为所选中的关键帧应用“缓动”效果，如图 6-238 所示。

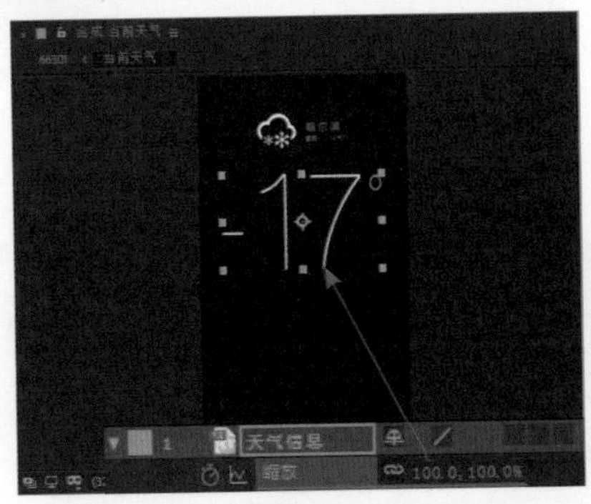

图 6-237

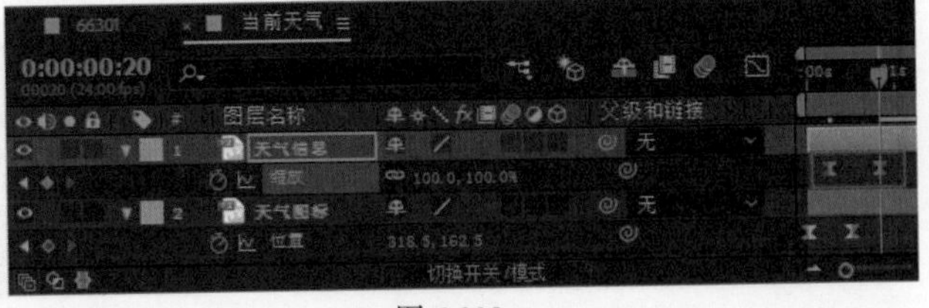

图 6-238

08 完成“当前天气”合成中动画效果的制作，返回到 66301 合成中，双击“未来天气”合成，进入该合成的编辑界面中，如图 6-239 所示。选择“信息背景”图层，按快捷键 T，显示该图层的“不透明度”属性，将“时间指示器”移至 0 秒 20 帧的位置，设置“不透明度”属性值为 0%，并插入该属性关键帧，如图 6-240 所示。

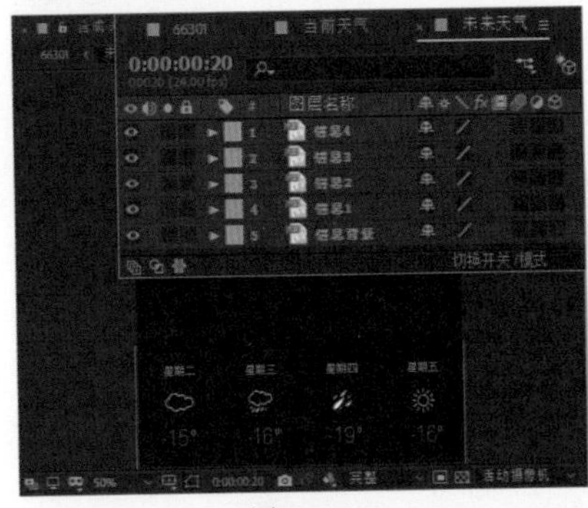

图 6-239

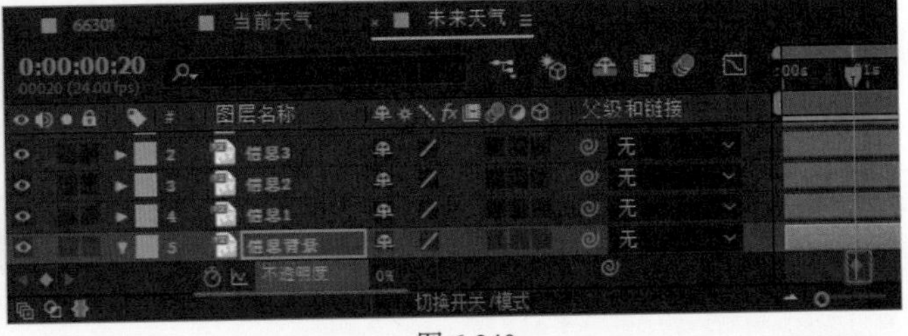

图 6-240

09 将“时间指示器”移至 1 秒 08 帧的位置，设置该图层的“不透明度”属性值为 100%，效果如图 6-241 所示。选择“信息 1”图层，按快捷键 P，显示该图层的“位置”属性，将“时间指示器”移至 1 秒 20 帧的位置，为“位置”属性插入关键帧，如图 6-242 所示。

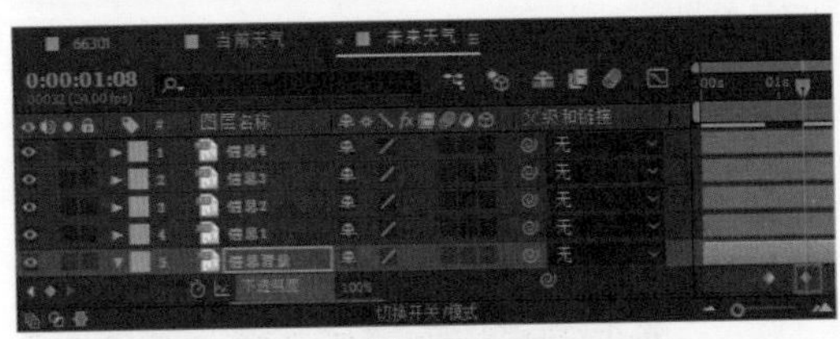

图 6-241

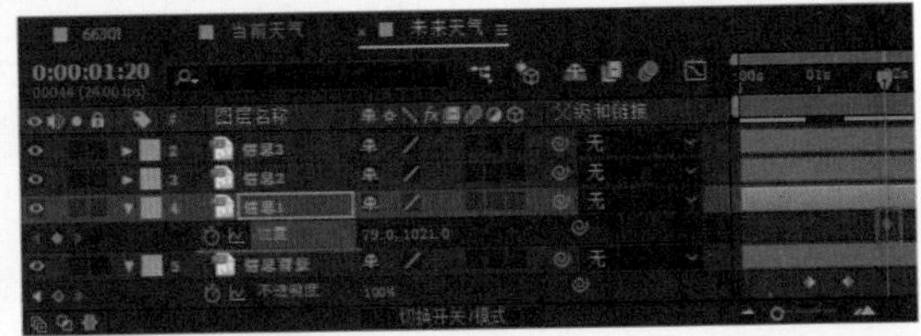

图 6-242

10 将“时间指示器”移至 1 秒 08 帧的位置，在“合成”窗口中将该图层内容向下移至合适的位置，如图 6-243 所示。选择“信息 2”图层，按快捷键 P，显示该图层的“位置”属性，将“时间指示器”移至 2 秒 03 帧的位置，为“位置”属性插入关键帧，如图 6-244 所示。

11 将“时间指示器”移至 1 秒 16 帧的位置，在“合成”窗口中将该图层内容向下移至合适的位置，如图 6-245 所示。选择“信息 3”图层，按快捷键 P，显示该图层的“位置”属性，将“时间指示器”移至 2 秒 11 帧的位置，为“位置”属性插入关键帧，如图 6-246 所示。

12 将“时间指示器”移至 1 秒 23 帧的位置，在“合成”窗口中将该图层内容向下移至合适的位置，如图 6-247 所示。选择“信息 4”图层，按快捷键 P，显示该图层的“位置”属性，将“时间指示器”移至 2 秒 19 帧的位置，为“位置”属性插入关键帧，如图 6-248 所示。

13 将“时间指示器”移至 2 秒 07 帧的位置，在“合成”窗口中将该图层内容向下移至合适的位置，如图 6-249 所示。为每个图层中的关键帧都应用“缓动”效果，如图 6-250 所示。

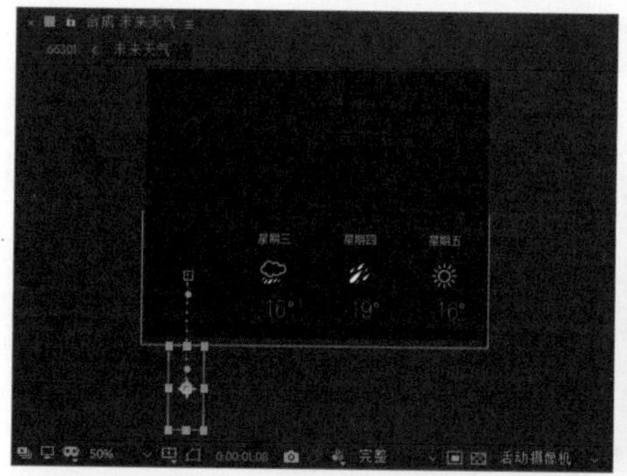
图 6-243

图 6-244

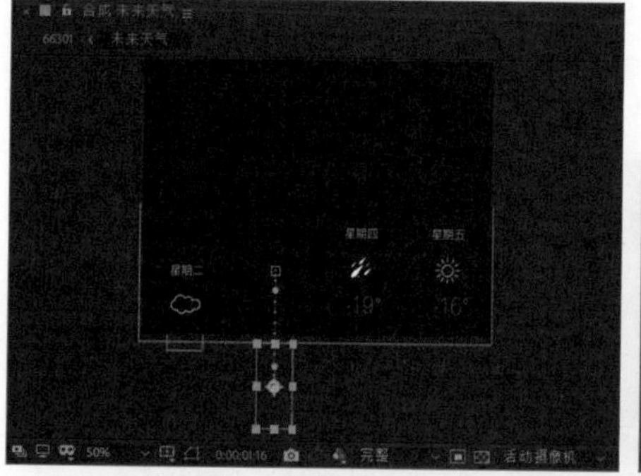
图 6-245

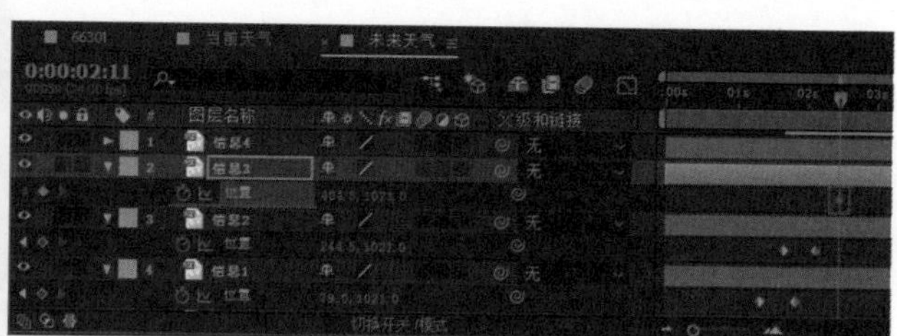
图 6-246

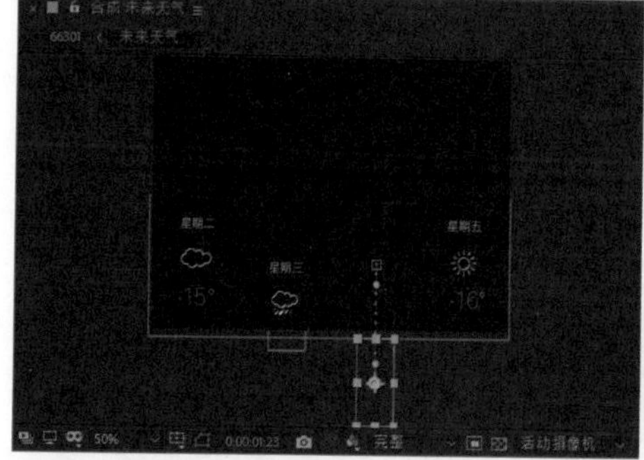
图 6-247

图 6-248

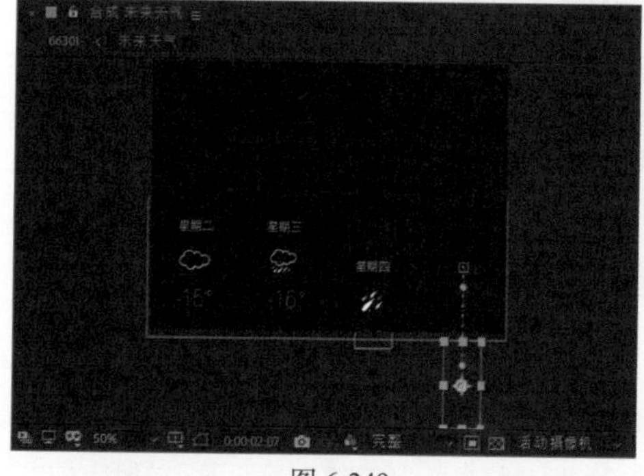
图 6-249

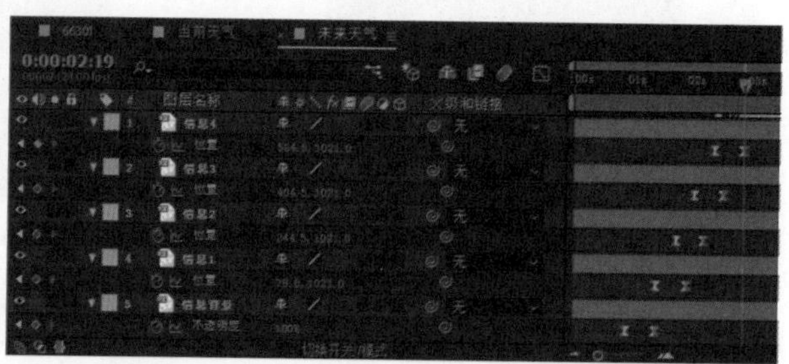
图 6-250

14 完成“未来天气”合成中动画效果的制作，返回到 66301 合成中。执行“图层”>“新建”>“纯色”命令，弹出“纯色设置”对话框，设置颜色为白色，如图 6-251 所示。单击“确定”按钮，新建纯色图层，将该图层调整至“背景”图层上方，如图 6-252 所示。

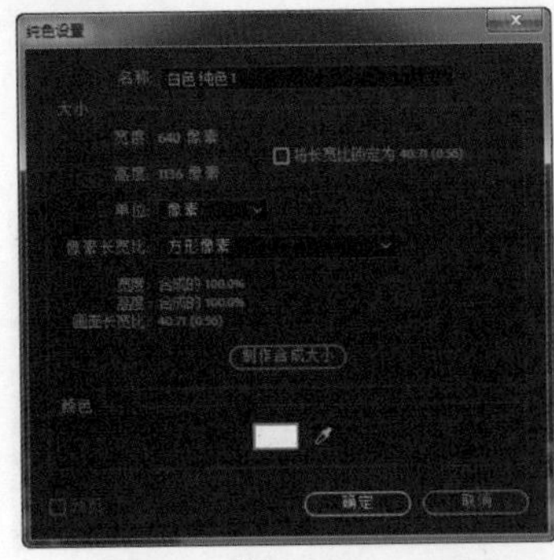

图 6-251

图 6-252

15 选择刚新建的纯色图层，执行“效果”>“模拟”> CC Snowfall 命令，为该图层应用 CC Snowfall 效果，在“效果控件”面板中取消 Composite With Origina 复选框的勾选状态，如图 6-253 所示。在“合成”窗口中可以看到 CC Snowfall 所模拟的下雪效果，如图 6-254 所示。

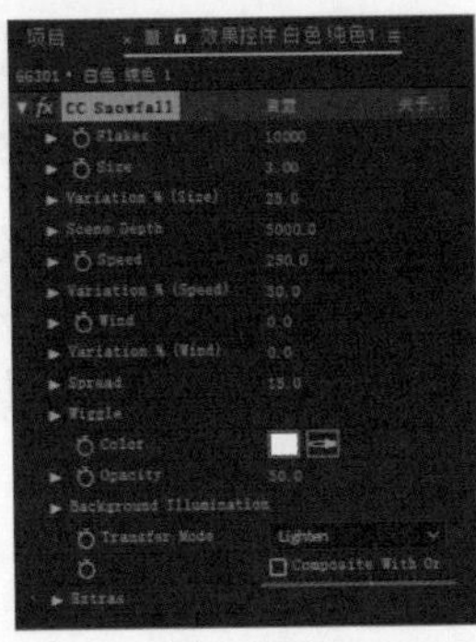

图 6-253

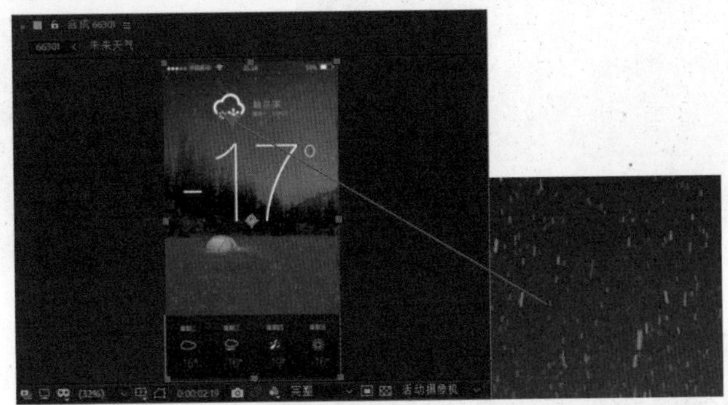

图 6-254

16 在“效果控件”面板中对 CC Snowfall 效果的相关属性进行设置，从而调整下雪的动画效果，如图 6-255 所示。在“合成”窗口中可以看到设置后的下雪效果，如图 6-256 所示。

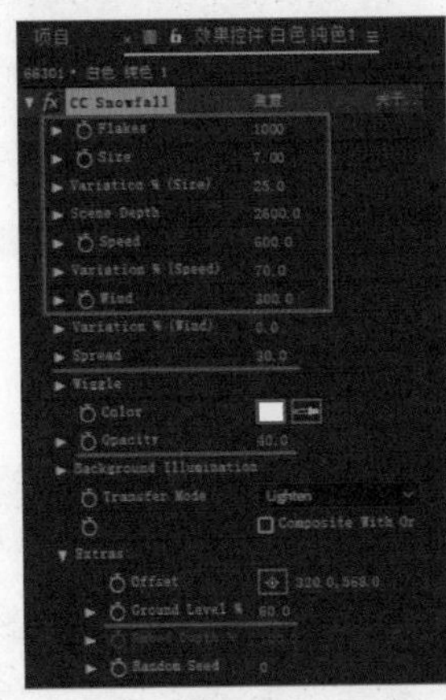

图 6-255

图 6-256

提示

在 CC Snowfall 效果的“效果控件”面板中，可以通过各属性来控制雪量的大小、雪花的尺寸、下雪的偏移方向等多种效果，用户在设置的过程中完全可以根据自己的需要对参数进行调整。

17 完成该天气界面动效的制作，单击“预览”面板上的“播放/停止”按钮▶，可以在“合成”窗口中预览动画效果。也可以根据前面介绍的渲染输出方法，将该动画渲染输出为视频文件，再使用 Photoshop 将其输出为 GIF 格式的动画，其动画效果如图 6-257 所示。

图 6-257

6.6.4 制作界面列表入场动效

为 App 应用界面中的列表添加入场的动效，可以使界面的表现效果更加具有动感，为用户带来独特的视觉效果。在本节中将带领读者完成一个界面列表入场动效的制作，主要通过“位置”属性来实现该动画效果，并且开启图层的“运动模糊”功能，从而使元素位置移动的动画效果表现动感十足。具体操作步骤可扫描二维码看电子书。

实例 37——制作界面列表入场动效

源文件：源文件 \ 第 6 章 \6-6-4.aep

视频：视频 \ 第 6 章 \6-6-4.mp4

扫码看电子书

6.7 如何设计出优秀的 UI 交互动效

交互设计的重点体现在界面中细节的交互设计。出色的细节设计可以使 App 应用在竞争中脱颖而出，它们可能是实用的、不起眼的衬托，抑或使用户印象深刻，为用户提供帮助，甚至吸引人流连忘返。

6.7.1 明确系统状态

系统应该在合理的时间内，通过合适的反馈来保持告知用户将要发生的事情，也就是说，UI 界面必须能够持续为用户提供良好的操作反馈。移动应用不应该引起用户不断的猜测，而是应该告诉用户当前发生的事情。

通过合理的交互动效就能够很好地为用户的操作提供合适的视觉反馈。对于移动端应用的操作过程状态，交互动效能够为用户提供实时的告知，使用户可以快速地理解发生的一切，如图 6-258 所示。

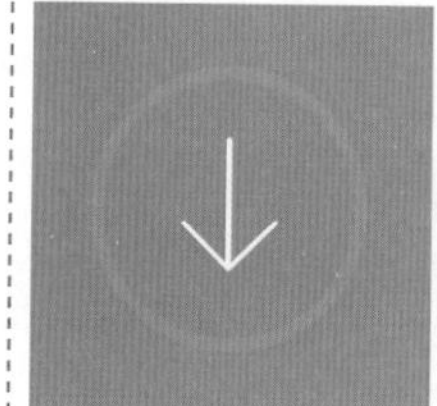
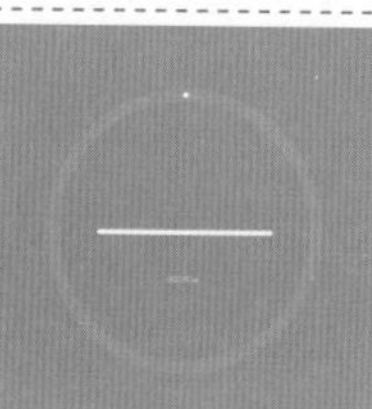
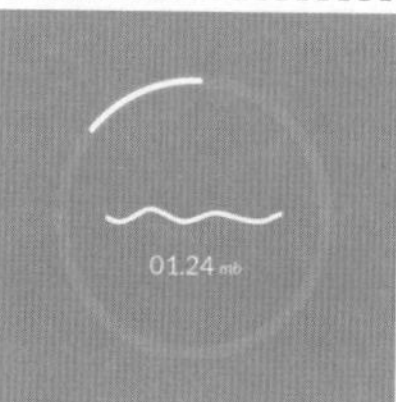

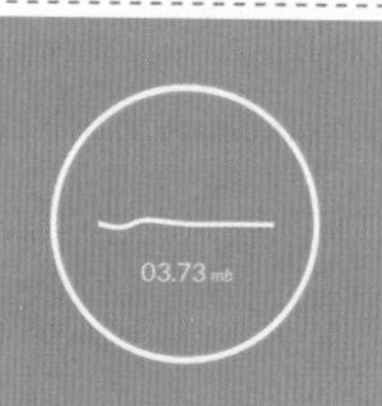

这是移动端界面中一个文件下载的交互动画，当用户单击下载图标后，该下载图标将会以交互动画的形式呈现整个下载过程，直到最终文件下载完成后，图标变形成为一个完成图标的效果，整体给用户很好的指引和提示。

图 6-258

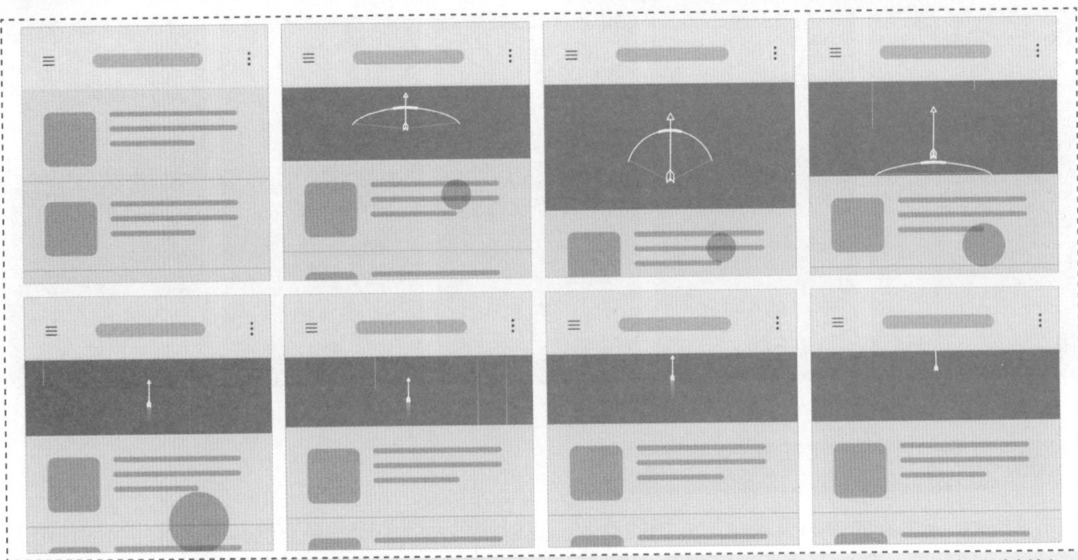

这是移动端 App 应用界面设计中常见的下拉刷新操作的交互动画效果，这类动画引发了移动设备上的内容设计创新，充满趣味性的刷新动画总是能够博得用户会心一笑，给用户留下深刻的印象。

图 6-258(续)

6.7.2 让按钮和操控拥有触感

UI 界面中的元素和操控组件无论处于界面中的哪个位置，它们的操控都应该是可感触的。通过及时响应输入和设计相应的操作反馈动效，能够为用户带来很好的视觉和动态指引。简单来说，就是可以对用户在界面中的操作行为给予视觉反馈，从而提升用户界面感知的清晰度。

合理的操作视觉反馈，能够有效满足用户对接收信息的欲望而产生作用，当用户在移动端界面中进行操作时，用户时刻能够感觉到掌控一切，给用户带来很好的交互体验，如图 6–259 所示。

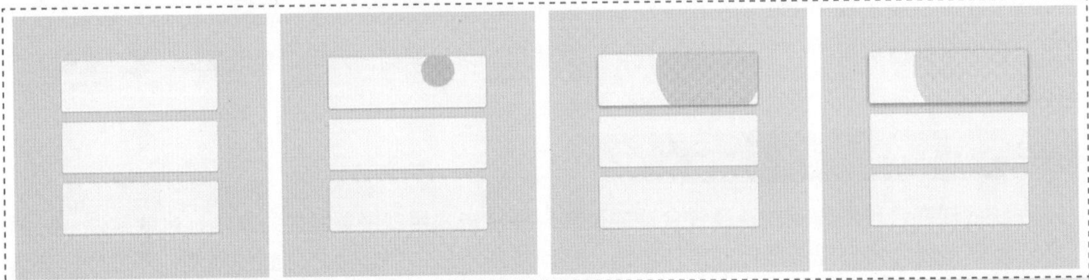

在该交互动画中，为界面中的每个选项都应用了相应的交互反馈动画效果，当用户在界面中点击某个选项时，在所点击的选项上就会出现浅灰色圆形逐渐放大并消失的动画效果，为用户提供很好的反馈，使用户明确知道当前操作的是哪个选项。

图 6-259

6.7.3 有意义的转场动效

可以借助交互动效的形式让用户在导航和内容之间流畅地切换，来理解屏幕中布置的元素的变化，或以此强化界面元素的层级。界面中的转场动效设计是一种取悦用户的手段，能够有效地吸引用户的注意。在移动设备上显得尤其出色，毕竟方寸之间容不下大量信息的堆砌，如图 6–260 所示。

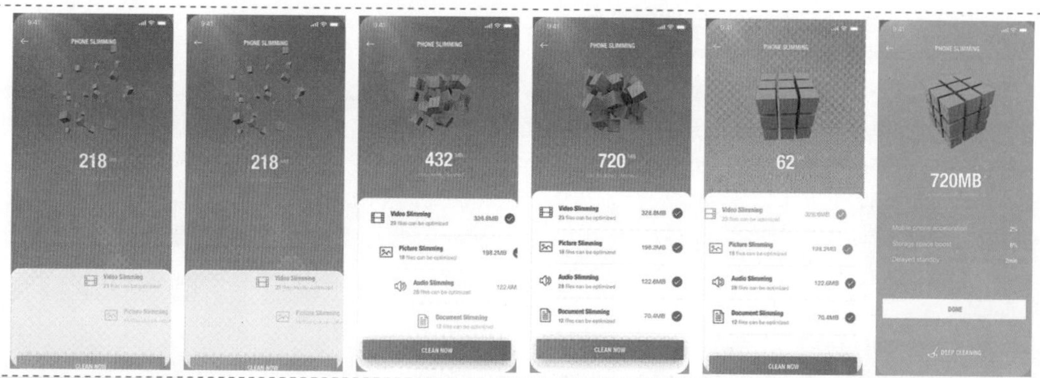

这是一个系统垃圾清理 App 应用的动效设计，在进入垃圾清理界面时，界面中以图形动画的形式显示查询垃圾的过程，并且在界面下方过渡显示出所搜索的垃圾分类，查询完成后，单击界面下方的按钮，开始清理所找到的系统垃圾，同时显示清理垃圾动画效果，界面的背景颜色同时变化为绿色，并在界面中显示相关的垃圾清理信息，平滑的转场过渡为用户带来操作的流畅感。

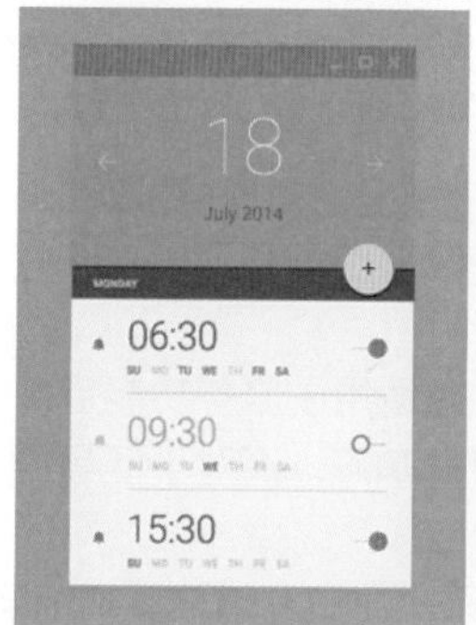

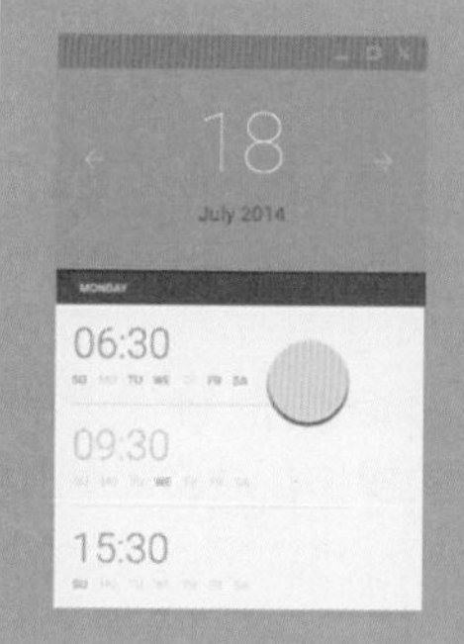

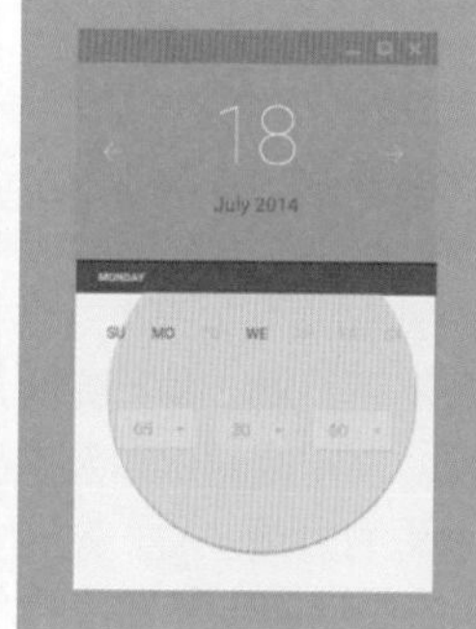

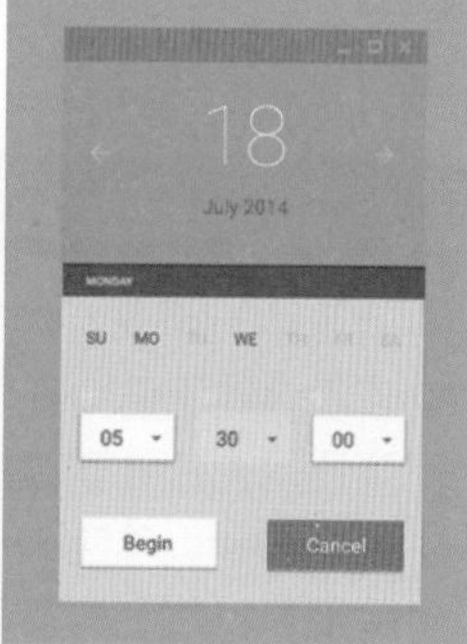

该移动端通过元素的流动和颜色的变化来实现转场的动画效果，当用户在界面中单击黄色的功能操作按钮后，该元素会移动至界面的下方并逐渐放大填充整个界面的下半部分，并显示相应的选项，界面的转场切换显示轻松流畅，并且能够很好地使两个界面之间产生关联。

图 6-260

6.7.4 帮助用户开始 

合理的载入体验与交互动效设计，能够为用户初次接触该移动应用时产生极大的冲击，它们在信息载入过程中发挥了重大作用。当用户在进入该 App 应用时，通过动画的表现形式能够突出最重要的特性和操控，给用户提供及时的引导和帮助，如图 6–261 所示。

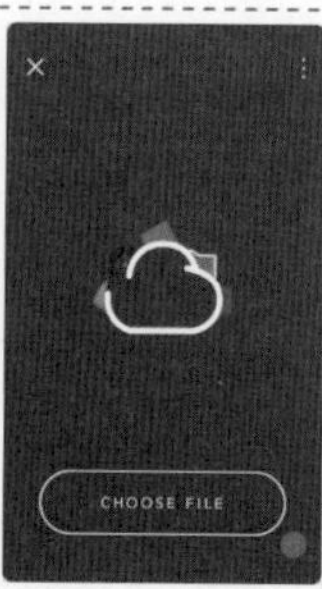

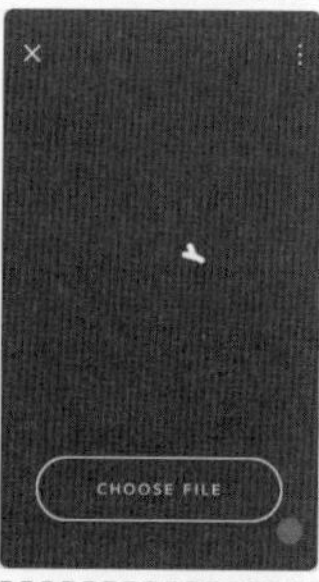

这是某移动端应用启动后的初始界面，在该初始界面中通过演示动效的形式来向用户展示该 App 应用的主要功能和特点，为用户提供必要的信息，并且能够引导用户高效地达到相应的操作目的。

图 6-261

6.7.5 强调界面的变化 

在许多情况下，界面中的动效用于吸引用户对界面中重要细节的注意和关注。但是在界面中应用这类动效时需要注意，确保该动效服务于界面中非常重要的功能，从而为用户提供良好的视觉指引，而不是为了界面更酷炫而盲目地添加动画效果。如图 6–262 所示为动态通知图标。

这是一个移动应用中常见的通知图标，默认状态下该图标以静态效果显示，当用户接收到新的通知信息时，该图标将左右摇晃并在图标右上角显示未读信息数量，从而更好地吸引用户的关注。

图 6-262

6.7.6 需要注意的细节 

在界面中应用交互动效时应该注意以下几个方面的细节。

- **交互动效在界面中几乎是不可见的，并且完全是功能性的。**确保交互动效适用于服务功能目的，不要让用户感觉到被打扰。对于常用的以及次要的操作，建议采用适度的响应；而对于低频的、主要的操作，响应则应该更有分量。
- **了解用户群体。**根据前期的用户调研和目标受众群体，可以使界面中所设计的交互动效更加精确、有效。
- **遵循 KISS 原则。**在界面中设计过多的交互动效会对产品造成致命的问题。交互动效不应该使屏幕信息过载，造成用户长时间的等待。相反地，它应该通过迅速地传达有价值的信息来节省用户的时间。
- **与界面元素视觉效果统一。**在界面中所设计的交互动效应该与 App 应用的整体视觉风格相协调，营造出和谐、统一的产品感知。

6.7.7 制作 App 界面菜单滑动动效 

在一些特殊的 App 界面中，当用户对 App 界面进行滑动操作时，为界面添加一个交互操作动效，可以使 App 界面的表现更加富有个性和趣味性。本节将带领读者完成一个 App 界面菜单滑动动效的制作，当用户在界面中进行向上或向下的滑动操作时，界面中的菜单选项会表现出弯曲变形的效果，从而使界面的表现更加富有趣味性。

实例 38——制作 App 界面菜单滑动动效

源文件：源文件\第 6 章\6–7–7.aep　　视频：视频\第 6 章\6–7–7.mp4

01 在 After Effects 中新建一个空白的项目，执行“合成”>“新建合成”命令，弹出“合成设置”对话框，对相关选项进行设置，如图 6–263 所示。执行“文件”>“导入”>“文件”命令，在弹出的“导入文件”对话框中同时选中多个需要导入的素材，如图 6–264 所示。

02 单击“导入”按钮，将选择的多个素材同时导入“项目”面板中，如图 6–265 所示。执行“合成”>“新建合成”命令，弹出“合成设置”对话框，对相关选项进行设置，如图 6–266 所示。

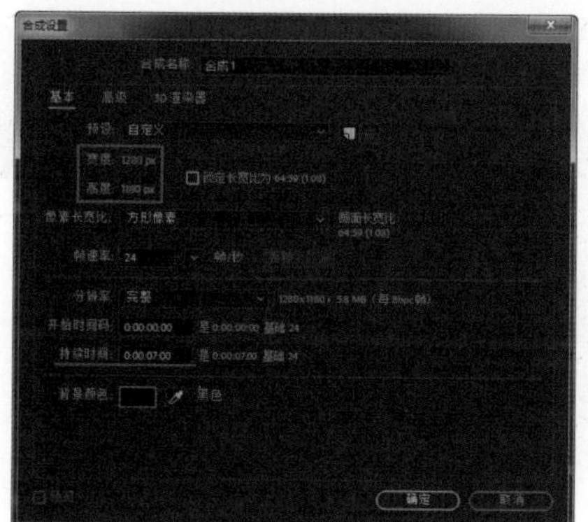

图 6-263

图 6-264

图 6-265

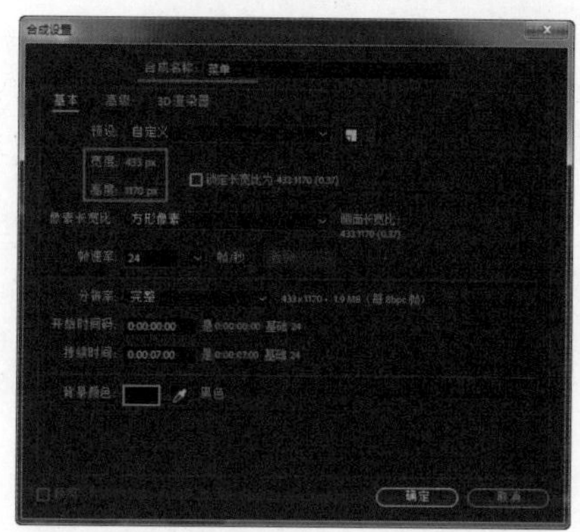

图 6-266

03 单击“确定”按钮，创建合成并进入该合成的编辑状态。使用“矩形工具”，在工具栏中设置“填充”为 #CD725C，“描边”为无，在“合成”窗口中绘制一个矩形，如图 6-267 所示。展开该图层下方的“矩形 1”选项中的“路径 1”选项，对该矩形的相关选项进行设置，如图 6-268 所示。

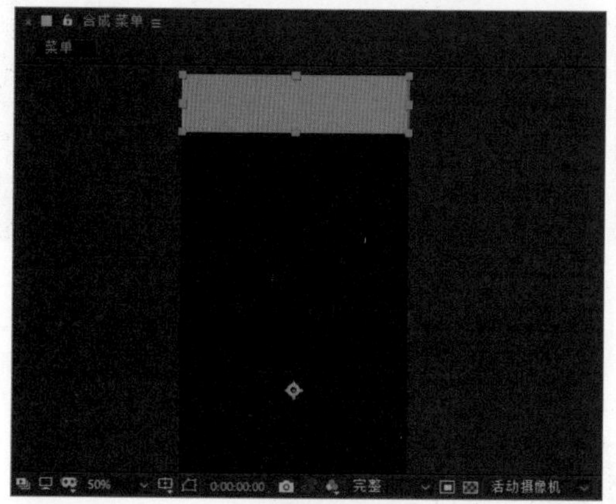

图 6-267

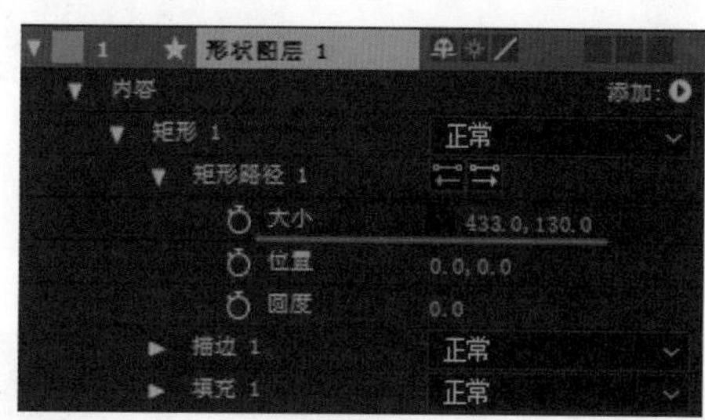

图 6-268

04 使用“向后平移（锚点）工具”，调整该图层的锚点位于所绘制的矩形的中心位置，并且调整该矩形与画布的顶部和两侧对齐，效果如图 6-269 所示。选择“形状图层 1”，按快捷键 Ctrl+D，复制该图层得到“形状图层 2”，修改复制得到的矩形的“填充”为 #BD84D6，在“合成”窗口中将其向下移至合适的位置，如图 6-270 所示。

05 使用相同的制作方法，将该矩形复制多次，并分别修改为不同的填充颜色调整至相应的位置，效果如图 6-271 所示。在“项目”面板中将 67703.png 素材拖入“合成”窗口中，调整至合适的位置，如图 6-272 所示。

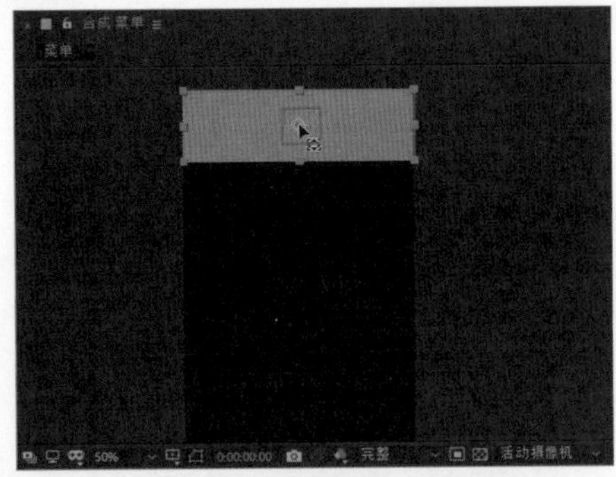

图 6-269

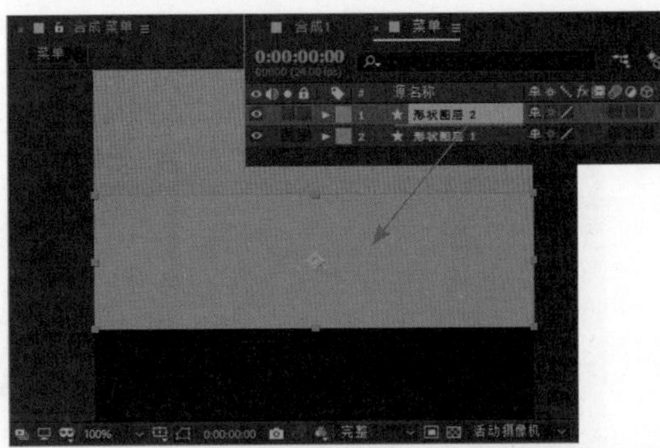

图 6-270

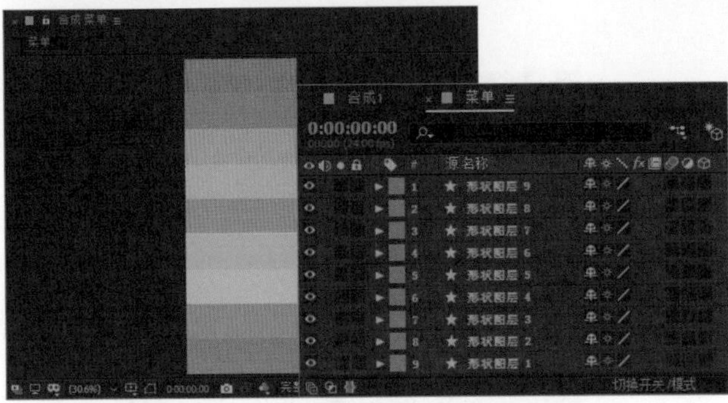

图 6-271

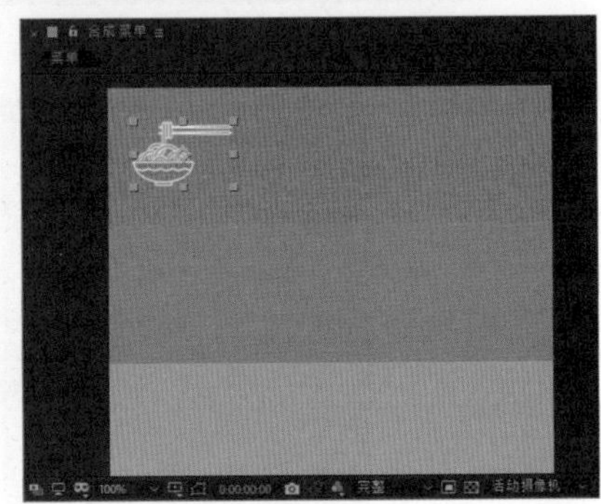

图 6-272

06 使用“横排文字工具”，在“合成”窗口中单击并输入相应的文字，效果如图 6–273 所示。在“项目”面板中将 67712.png 素材拖入“合成”窗口中，调整至合适的位置，如图 6–274 所示。

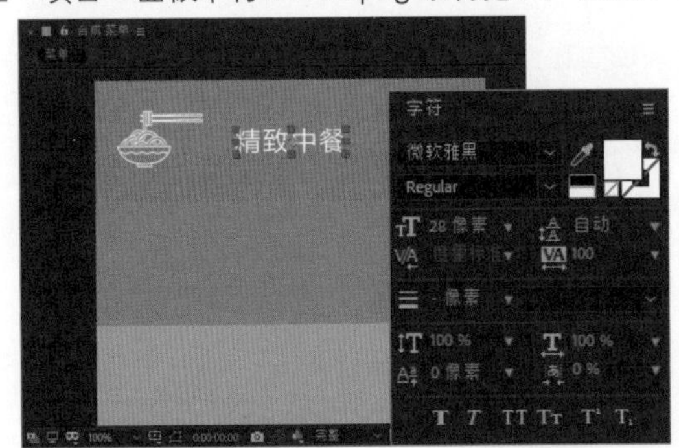

图 6-273

图 6-274

07 使用相同的制作方法，可以完成其他菜单选项的制作，效果如图 6–275 所示。返回到“合成 1”合成的编辑状态中，在“项目”面板中将 67701.jpg 素材拖入“合成”窗口中，在“时间轴”面板中将该图层锁定，如图 6–276 所示。

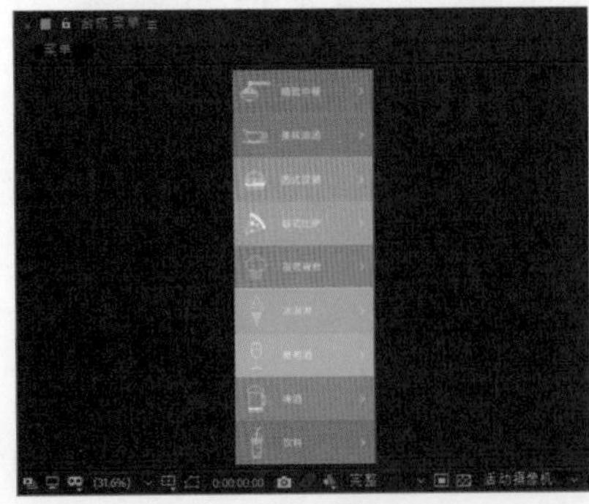

图 6-275

图 6-276

08 在“项目”面板中将名称为“菜单”的合成拖入“合成”窗口中，并调整至合适的位置，如图 6–277 所示。在“时间轴”面板中暂时将“菜单”图层隐藏，不要选择任何对象，使用“矩形工具”，设置“填充”为任意颜色，“描边”为无，在“合成”窗口中绘制与手机屏幕尺寸大小相同的矩形，如图 6–278 所示。

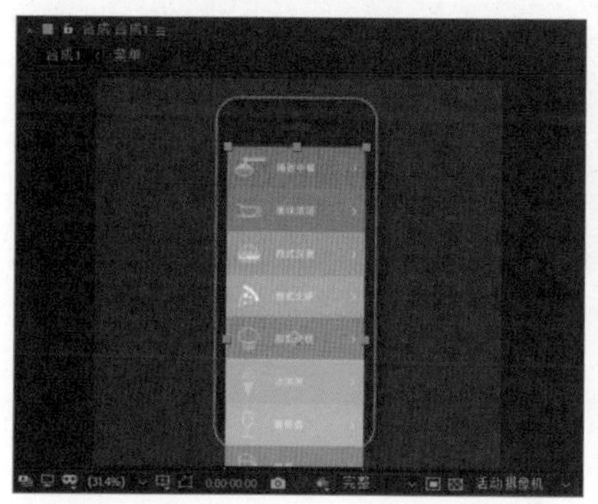

图 6-277

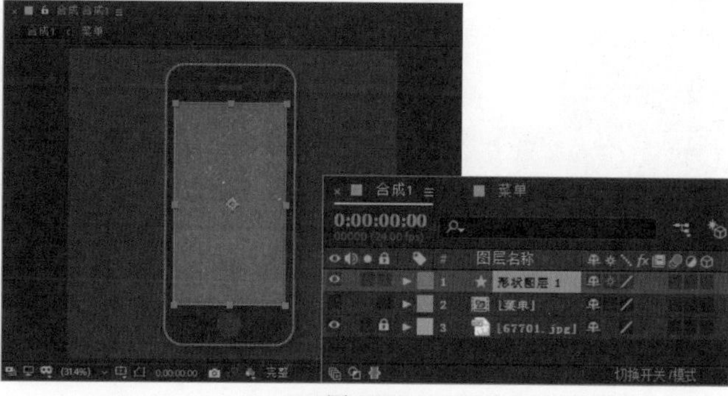

图 6-278

09 显示并选择“菜单”图层，设置该图层的 TrkMat 选项为“Alpha 遮罩‘形状图层 1’”，如图 6–279 所示。在“合成”窗口中可以看到将所绘制的矩形作为“菜单”图层遮罩的效果，如图 6–280 所示。

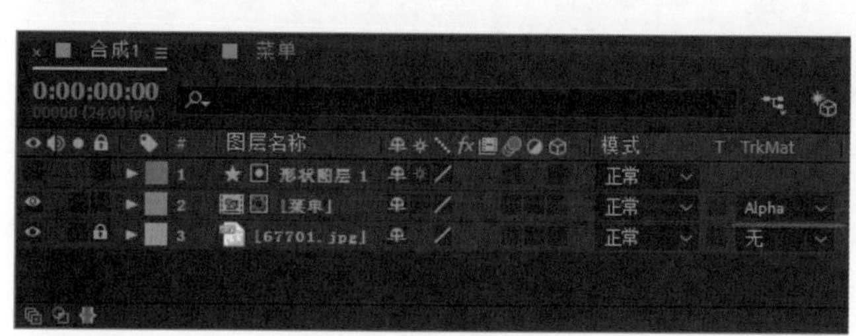

图 6-279

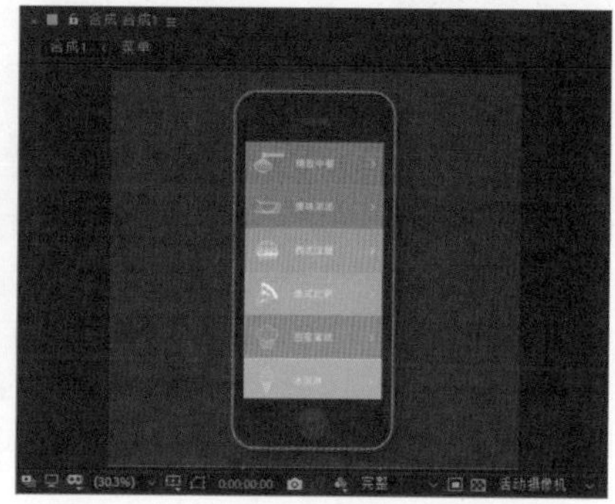

图 6-280

10 在“项目”面板中将 67702.png 素材拖入“合成”窗口中，调整至合适的位置，如图 6–281 所示。选择“菜单”图层，按快捷键 P，显示该图层的“位置”属性，将“时间指示器”移至 0 秒 10 帧的位置，为“位置”属性插入关键帧，如图 6–282 所示。

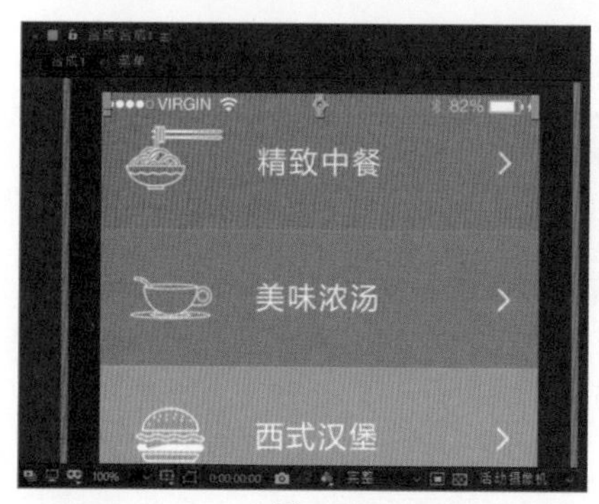

图 6-281

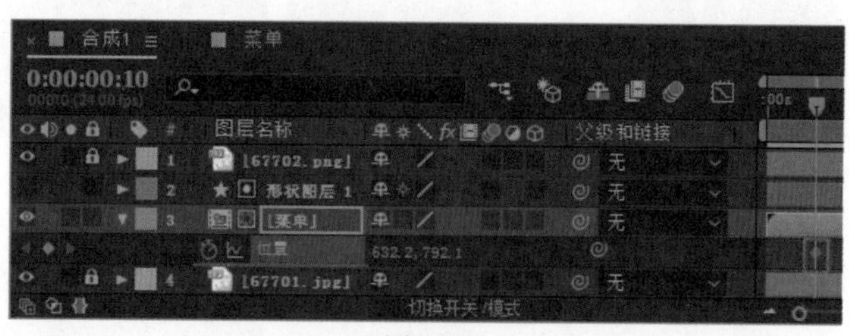

图 6-282

11 将“时间指示器”移至 1 秒 07 帧的位置，在“合成”窗口中将其向上移至合适的位置，如图 6–283 所示。将“时间指示器”移至 2 秒 03 帧的位置，单击“位置”属性左侧的“添加或移除关键帧”图标，在当前位置添加“位置”属性关键帧，如图 6–284 所示。

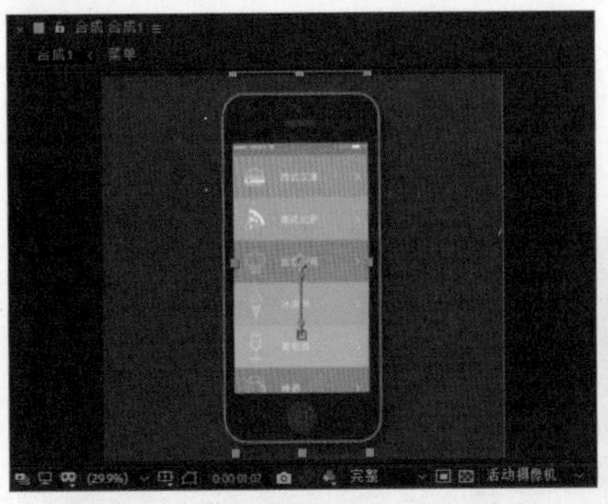
图 6-283

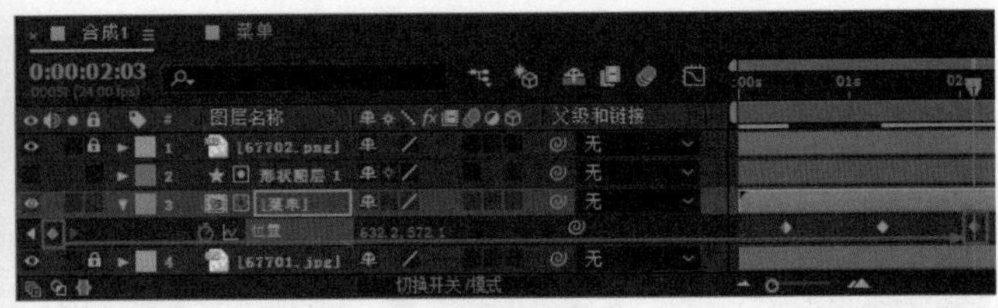
图 6-284

12 将“时间指示器”移至 3 秒 03 帧的位置，在“合成”窗口中将其向上移至合适的位置，如图 6–285 所示。将“时间指示器”移至 3 秒 23 帧的位置，单击“位置”属性左侧的“添加或移除关键帧”图标，在当前位置添加“位置”属性关键帧，如图 6–286 所示。

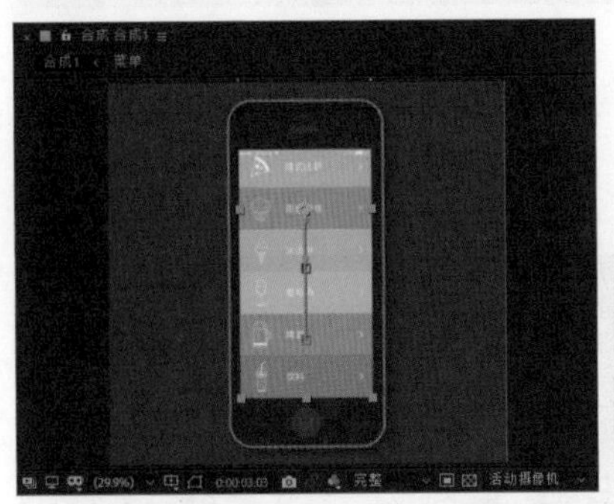
图 6-285

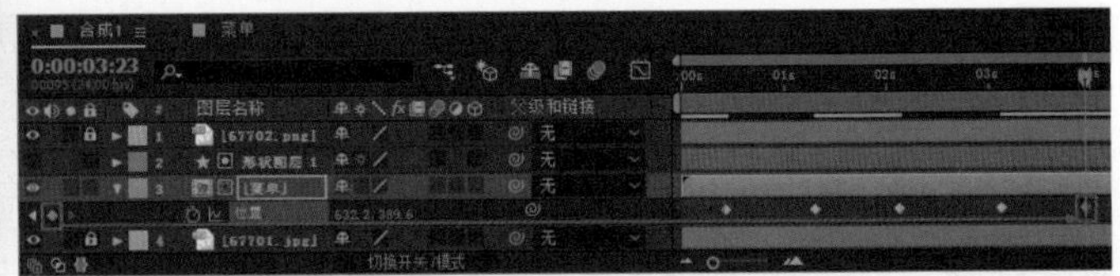
图 6-286

13 选择 1 秒 07 帧位置的关键帧，按快捷键 Ctrl+C 复制关键帧，将“时间指示器”移至 4 秒 17 帧的位置，按快捷键 Ctrl+V 粘贴关键帧，效果如图 6–287 所示。将“时间指示器”移至 5 秒 12 帧的位置，单击“位置”属性左侧的“添加或移除关键帧”图标，在当前位置添加“位置”属性关键帧，如图 6–288 所示。

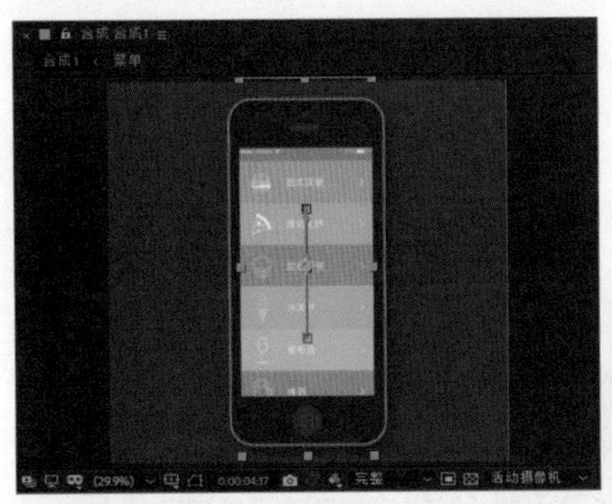
图 6-287

图 6-288

14 选择 0 秒 10 帧位置的关键帧，按快捷键 Ctrl+C 复制关键帧，将“时间指示器”移至 6 秒 12 帧的位置，按快捷键 Ctrl+V 粘贴关键帧，效果如图 6–289 所示。同时选中该图层中的所有关键帧，按快捷键 F9，为其应用“缓动”效果，如图 6–290 所示。

15 单击“时间轴”面板上的“图表编辑器”按钮，切换到图表编辑器状态，如图 6–291 所示。对该图层中对象位置移动的运动速度曲线进行调整，如图 6–292 所示。调整完成后，返回到默认的时间轴编辑状态。

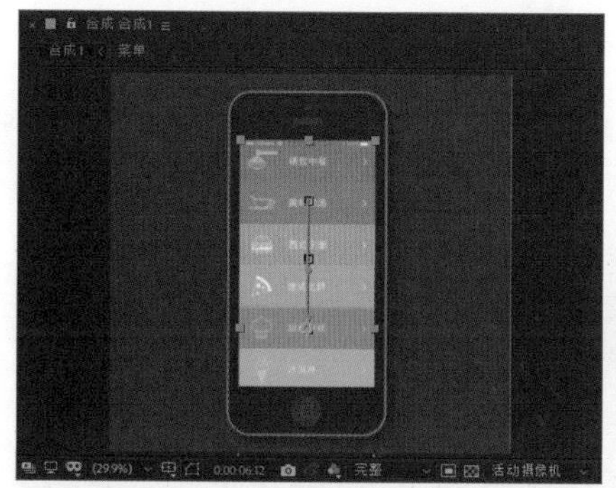

图 6-289

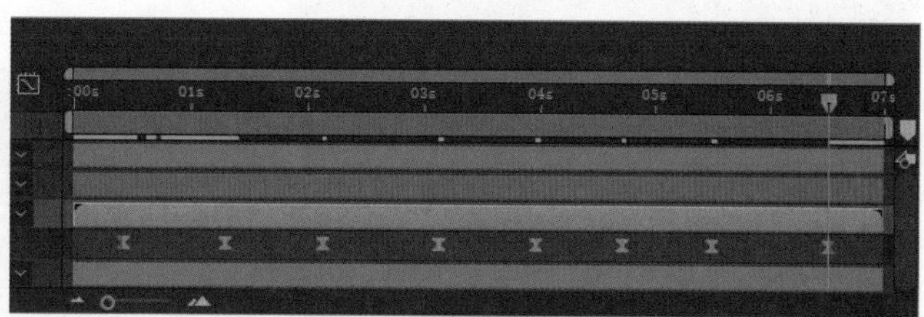

图 6-290

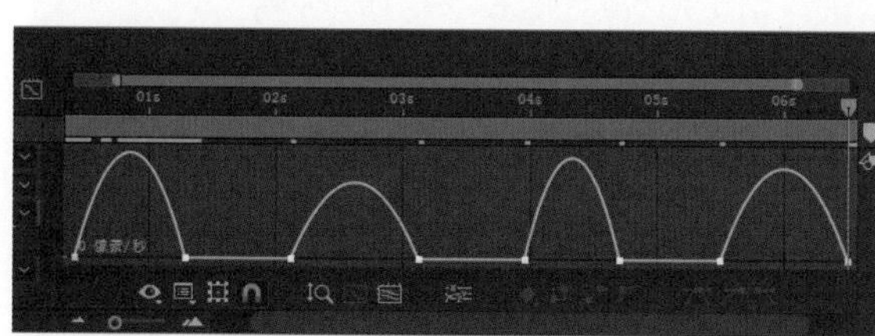

图 6-291

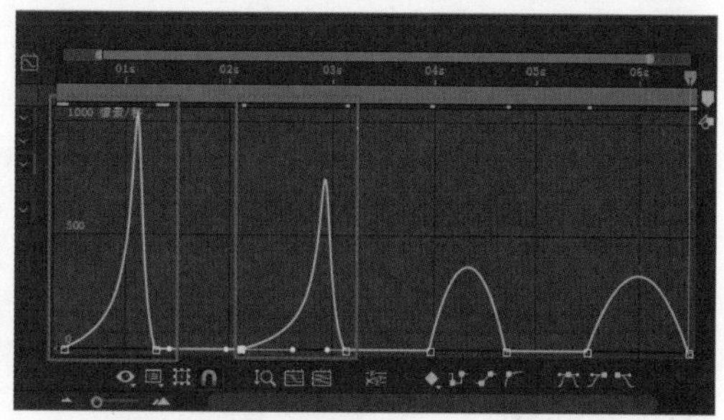

图 6-292

16 选择“菜单”图层，执行“效果”>“扭曲”>“变形”命令，为其应用“变形”效果，在“效果控件”面板中对“变形”效果的相关选项进行设置，如图 6-293 所示。将“时间指示器”移至 0 秒 10 帧的位置，为“变形”效果中的“弯曲”属性插入关键帧，如图 6-294 所示。

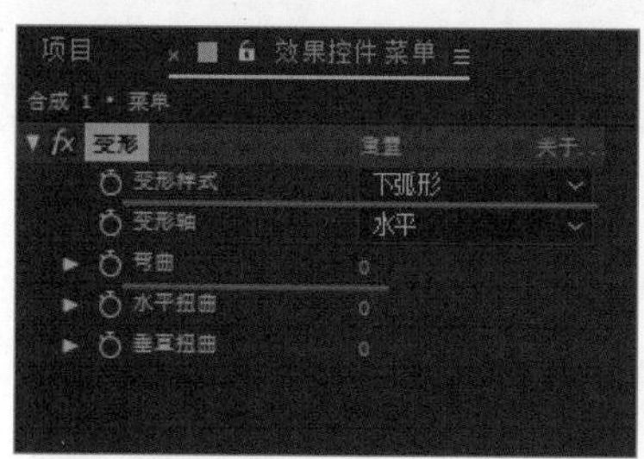

图 6-293

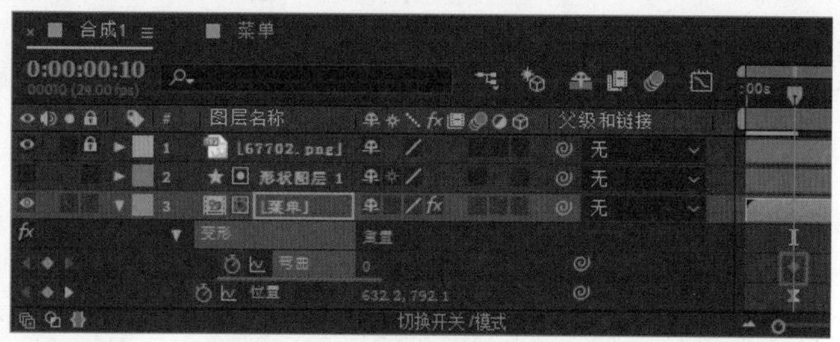

图 6-294

17 将“时间指示器”移至 1 秒 07 帧的位置，设置“弯曲”属性值为 −18，效果如图 6-295 所示。将“时间指示器”移至 1 秒 11 帧的位置，设置“弯曲”属性值为 5，效果如图 6-296 所示。

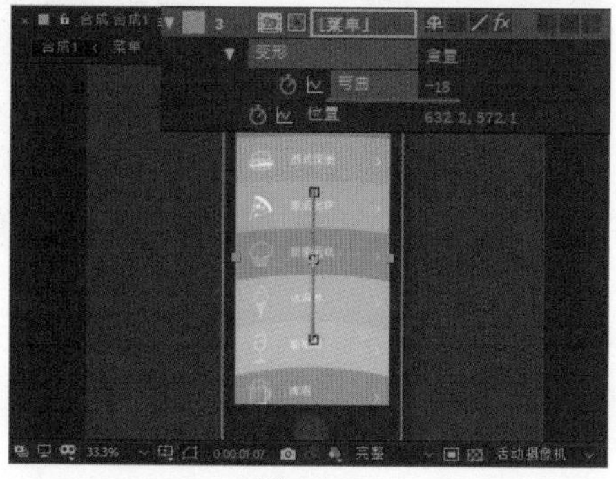

图 6-295

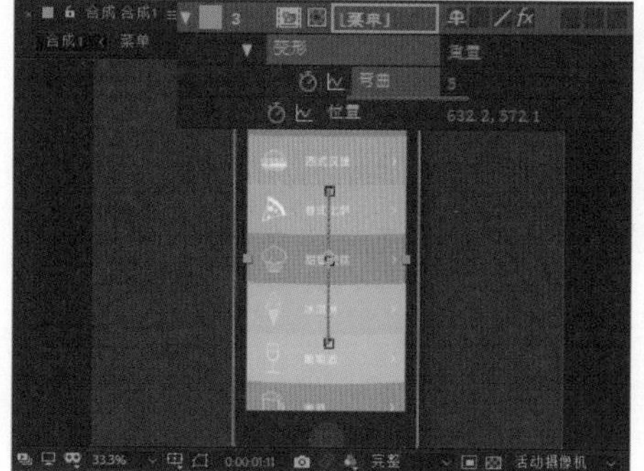

图 6-296

18 将“时间指示器”移至 1 秒 12 帧的位置，设置“弯曲”属性值为 0，效果如图 6-297 所示。将“时间指示器”移至 2 秒 03 帧的位置，单击“弯曲”属性左侧的“添加或移除关键帧”图标，在当前位置添加“弯曲”属性关键帧，如图 6-298 所示。

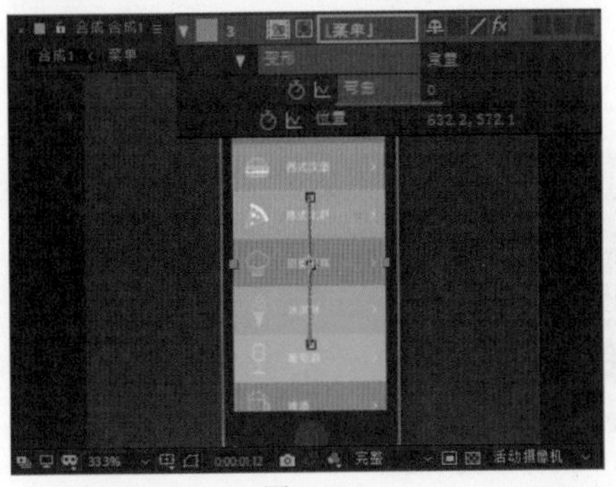

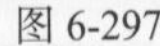

图 6-297

图 6-298

19 同时选中 1 秒 07 帧、1 秒 11 帧和 1 秒 12 帧的 3 个关键帧，按快捷键 Ctrl+C 进行复制，将“时间指示器”移至 3 秒 03 帧的位置，按快捷键 Ctrl+V 进行粘贴，效果如图 6-299 所示。将“时间指示器”移至 3 秒 23 帧的位置，单击“弯曲”属性左侧的“添加或移除关键帧”图标，在当前位置添加“弯曲”属性关键帧，如图 6-300 所示。

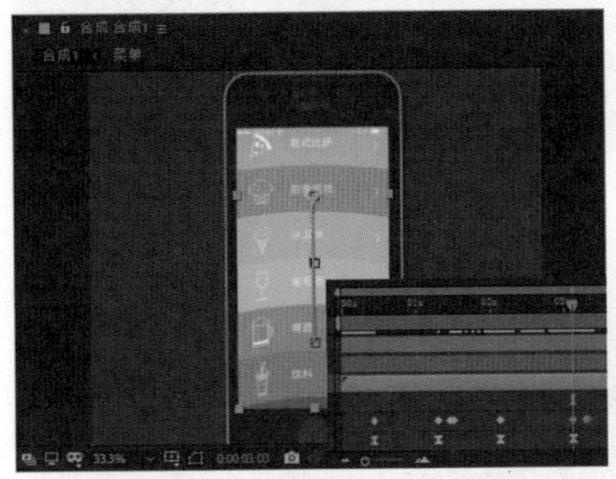

图 6-299

图 6-300

20 将“时间指示器”移至 4 秒 17 帧的位置，设置“弯曲”属性值为 18，效果如图 6-301 所示。将“时间指示器”移至 4 秒 20 帧的位置，设置“弯曲”属性值为 –5，效果如图 6-302 所示。

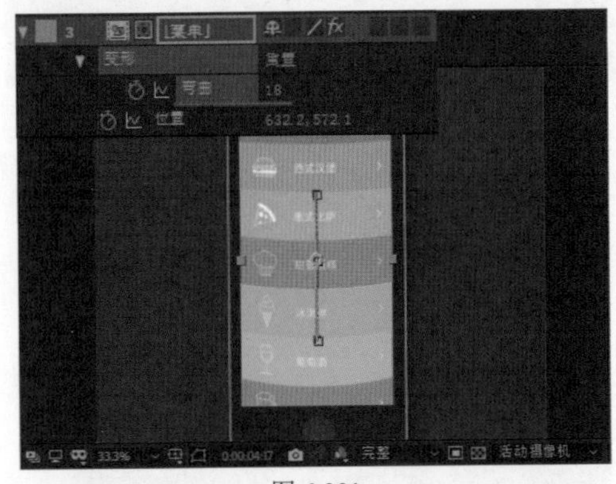

图 6-301

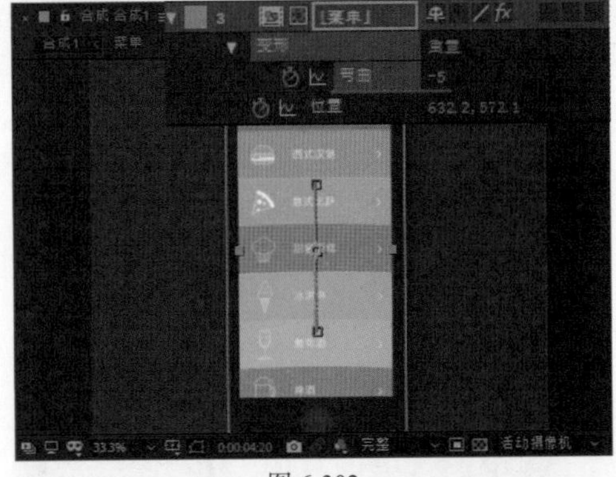

图 6-302

21 将“时间指示器”移至 4 秒 21 帧的位置，设置“弯曲”属性值为 0，效果如图 6-303 所示。将“时间指示器”移至 5 秒 12 帧的位置，单击“弯曲”属性左侧的“添加或移除关键帧”图标，在当前位置添加“弯曲”属性关键帧，如图 6-304 所示。

22 同时选中 4 秒 17 帧、4 秒 20 帧和 4 秒 21 帧的 3 个关键帧，按快捷键 Ctrl+C 进行复制，将“时间指示器”移至 6 秒 12 帧的位置，按快捷键 Ctrl+V 进行粘贴，效果如图 6-305 所示，“时间轴”面板如图 6-306 所示。

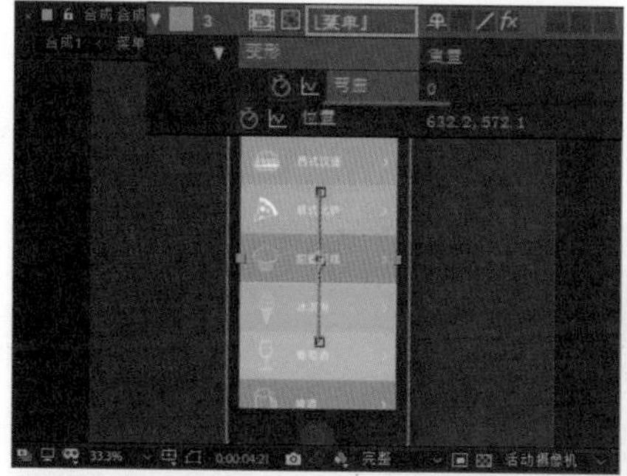

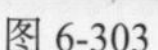

图 6-303

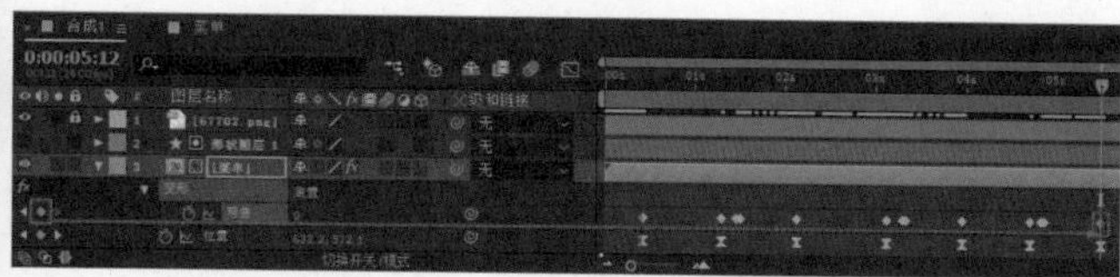

图 6-304

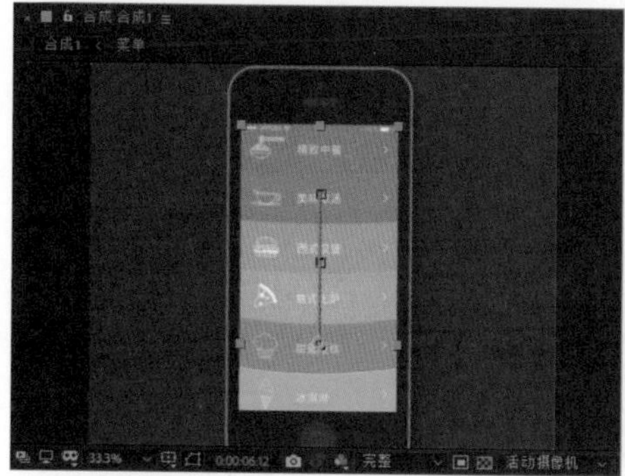

图 6-305

图 6-306

23 不要选择任何对象，使用“椭圆工具”，在工具栏中设置“填充”为白色，“不透明度”为 60%，“描边”为无，在“合成”窗口中按住 Shift 键拖动鼠标绘制正圆形，如图 6-307 所示。将该图层重命名为“光标”，将“时间指示器”移至 0 秒 10 帧的位置，为“位置”属性插入关键帧，如图 6-308 所示。

图 6-307

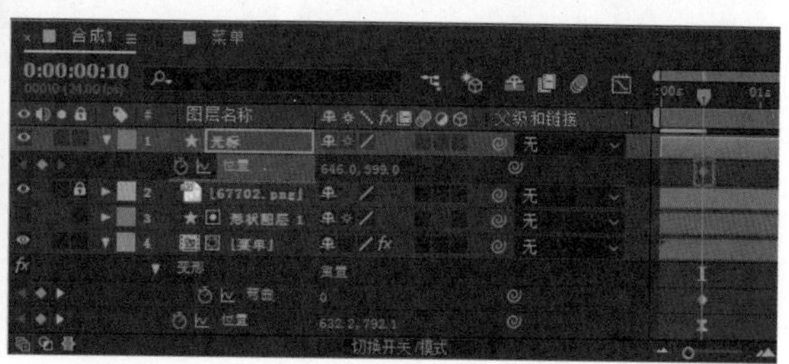

图 6-308

24 根据“菜单”图层相同的制作方法，在该图层中制作出光标向上和向下移动的动画效果，从而模拟出光标在手机屏幕上滑动触发菜单滚动的效果，“合成”窗口效果如图 6-309 所示，“时间轴”面板如图 6-310 所示。

25 完成该 App 界面菜单滑动动效的制作，单击“预览”面板上的“播放/停止”按钮，可以在“合成”窗口中预览动画效果。也可以根据前面介绍的渲染输出方法，将该动画渲染输出为视频文件，再使用 Photoshop 将其输出为 GIF 格式的动画，动画效果如图 6-311 所示。

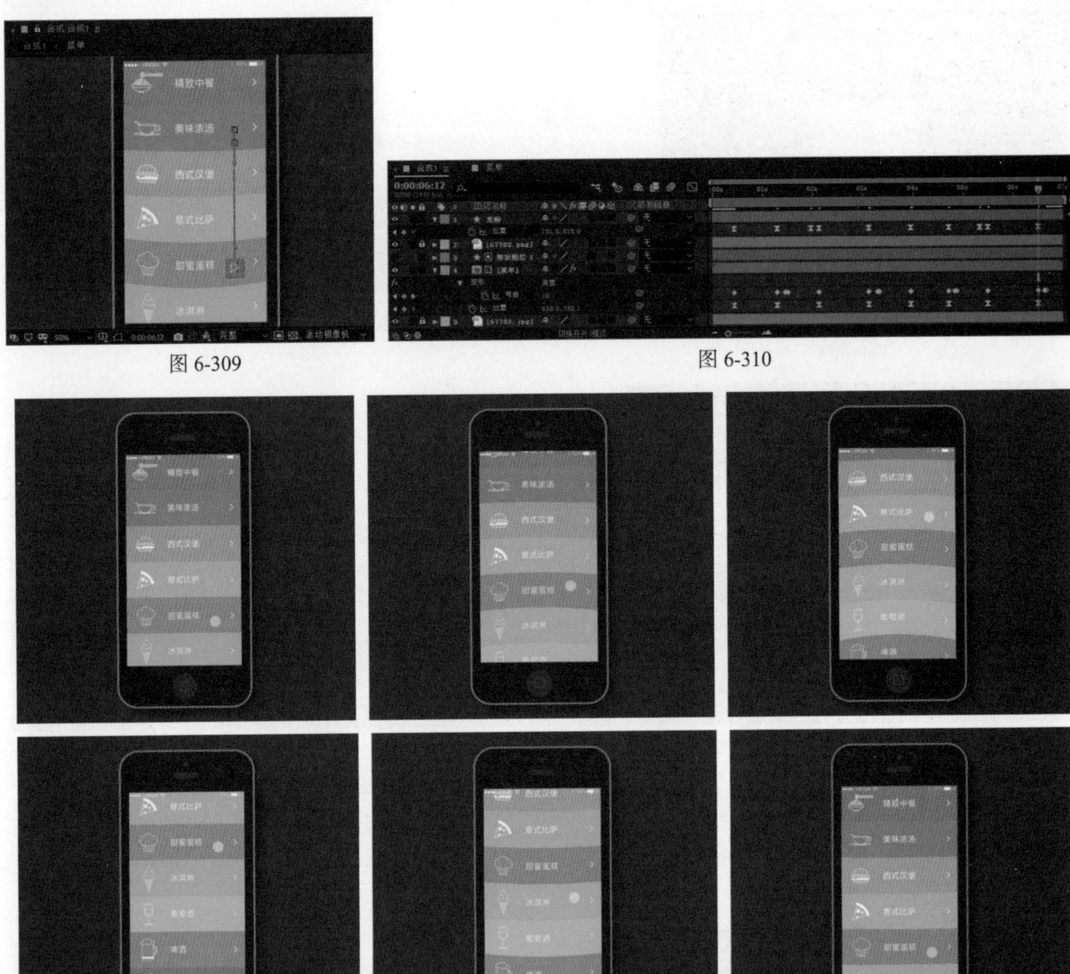

图 6-309

图 6-310

图 6-311